高职高专“十三五”精品规划教材

# 有机化学

（第二版）

张禄梅　李文有　主编

**内容提要**

本书是按照化工及相关专业有机化学教学的基本要求，在教学实践和广泛征集意见的基础上编写而成的。除绪论外，全书共有十二章，主要内容有饱和烃，不饱和烃，芳香烃，卤代烃，醇、酚和醚，醛和酮，羧酸及其衍生物，有机含氮化合物，杂环化合物，对映异构，碳水化合物，氨基酸、蛋白质及核酸等。各章设有学习指南、问题与章后习题，帮助学生复习总结和巩固提高。为扩展学生的知识面，还安排了一些有机化学前沿领域的阅读材料。本书采用了现行国家标准规定的术语、单位符号，化合物的命名依据 IUPAC 及中国化学会提出的命名原则，体现了科学性和先进性。

本书可作为高职院校或本科院校所办的职业技术学院化学、化工、生物、纺织、制药、分析检验等专业的教学用书，也可用作成人教育化工及相关专业的教材，还可供从事化学、化工及相关技术专业的工作人员参考。

**图书在版编目(CIP)数据**

有机化学／张禄梅，李文有主编. —2版. —天津：天津大学出版社，2018.10（2021.8重印）
高职高专“十三五”精品规划教材
ISBN 978-7-5618-6085-4

Ⅰ.①有… Ⅱ.①张… ②李… Ⅲ.①有机化学－高等职业教育－教材 Ⅳ.①O62

中国版本图书馆 CIP 数据核字(2018)第 029083 号

**出版发行** 天津大学出版社
**地　　址** 天津市卫津路 92 号天津大学内(邮编:300072)
**电　　话** 发行部:022-27403647
**网　　址** publish. tju. edu. cn
**印　　刷** 北京虎彩文化传播有限公司
**经　　销** 全国各地新华书店
**开　　本** 185mm×260mm
**印　　张** 22.25
**字　　数** 552 千
**版　　次** 2013 年 10 月第 1 版　2018 年 10 月第 2 版
**印　　次** 2021 年 8 月第 2 次
**定　　价** 45.00 元

---

# 第二版前言

《有机化学》第一版自2013年10月出版以来，在教学实践过程中，受到了师生的一致好评，同时我们收到了许多宝贵的建议。在编写第二版时，尽可能采纳这些建议，并改正第一版中出现的一些纰漏，在此向提供建议的师生和读者谨表衷心感谢！

第二版的编写精神与第一版一致，教材的体系和章次不变，仍然按官能团分类系统编写。除绪论外，全书共有十二章，包括饱和烃，不饱和烃，芳香烃，卤代烃，醇、酚和醚，醛和酮，羧酸及其衍生物，有机含氮化合物，杂环化合物，对映异构，碳水化合物，氨基酸、蛋白质及核酸。为使高职高专院校的学生更好地适应学习，本书适当地削减了一些过深的理论知识，降低了理论学习的难度；对章节内容进行了一定的修改和完善；对阅读材料进行了补充和更新，以加深学生对化学家的贡献以及相关化学史知识的了解，激发学生的学习兴趣；对习题部分做了较大修改，增加了选择题、填空题等题型，加重了习题分量，使习题与相关知识结合得更为紧密，有利于学生掌握相关知识。

本书编写工作由张禄梅主持完成，李文有负责全书的统稿工作。其中李文有编写了绪论、第一章至第五章；张禄梅编写了第六章至第十章；郭文婷编写了第十一章和第十二章。

本书在编写过程中得到了酒泉职业技术学院化学工程系同人的精心指导及使用本教材的各高等院校师生的大力支持，在此深表感谢！

限于编者水平，本书可能还有不少错漏之处，恳请同行及读者批评指正。

编者

2018年7月

# 第一版前言

本书是按照化工及相关专业有机化学教学的基本要求,在教学实践和广泛征集意见的基础上编写而成的。除绪论外,全书共有十二章,主要内容有饱和烃,不饱和烃,芳香烃,卤代烃,醇、酚和醚,醛和酮,羧酸及其衍生物,有机含氮化合物,杂环化合物,对映异构,碳水化合物,氨基酸、蛋白质及核酸等。各章设有学习指南、问题与章后习题,帮助学生复习总结和巩固提高。为扩展学生的知识面,还安排了一些有机化学前沿领域的阅读材料。

本书从教学实际出发,对各章节的教学内容进行了重新整合,使之更加方便教师备课和进行课堂教学;对有关物质结构(主要是成键轨道理论)、反应历程等方面的内容进行了适当的删减;对化合物的分类、命名以及制备方法等内容进一步加以提炼;精选了问题与章后习题,有利于指导学生学习。教材中还编写了一定数量的选学内容(以*标记),以便各校根据实际需要灵活取舍,使教材安排富有弹性。

本书可作为高职院校或本科院校所办的职业技术学院化学、化工、生物、纺织、制药、分析检验等专业的教学用书,也可用作成人教育化工及相关专业的教材,还可供从事化学、化工及相关技术专业的工作人员参考。

本书由李文有、张禄梅主持编写,其中李文有编写了绪论、第一章至第五章;张禄梅编写了第六章至第十章;杨文龙编写了第十一章;郭文婷编写了第十二章;刘吉和帮助排版、校稿;许兴兵对有关内容给予了精心指导,在此致以衷心的感谢。

限于编者的水平,本书不足之处在所难免,敬请同行与读者批评指正。

编者

2013 年 7 月

# 目　录

# 绪 论

**学习指南**

有机化学是研究有机化合物的化学。有机化合物就是碳氢化合物及其衍生物。有机化合物分子中的碳原子是四价的,它以共价键与其他原子结合。由于结构的特殊性,有机化合物具有不同于无机化合物的一些特殊性质。

本章主要介绍有机化合物的结构特点、有机化学中的酸碱概念、有机化合物的分类等。

学习本章内容,应在了解有机化学的研究对象和研究内容的基础上做到:

1. 了解有机化合物的结构特点,熟悉有机化合物的特征性质;
2. 理解有机化学中的酸碱概念,掌握有机化合物中的共价键;
3. 了解有机化合物的分类方法,掌握有机化合物构造式的书写方法。

## 第一节 有机化合物和有机化学

### 一、有机化合物

“有机”这个名称来源于化合物的分类。18 世纪末,人们把化合物分为无机物和有机物两类:无机物是从矿物中得到的化合物;有机物是从动植物,亦即生物体所产生的物质中得到的化合物。直到 20 世纪初,许多化学家还认为有机物只能在生物体中,于“生命力”的存在下制造得到,而不可能由无机物合成。

1828 年,德国化学家维勒(F. Wöhler)在合成无机化合物氰酸铵($NH_4CNO$)的过程中制得原来只能从人体排泄物尿中取得的有机化合物尿素($H_2NCONH_2$)。以后许多化学家在实验室中以简单的无机物为原料,合成了许多其他有机化合物。从此,化学家们摒弃了不科学的生命力学说,加强了有机化合物的人工合成研究,促进了有机化学学科的发展。有机化合物的数目也迅速增加,已知由合成或分离方法获得并已确定结构的有机化合物在 700 万种以上,且每年都有数以千计的新有机化合物出现。

绝大多数的有机化合物除含碳元素外,一般都含有氢,还含有氧、氮、卤素、硫、磷等少数元素。从结构上看,有机化合物可以看成是碳氢化合物以及由碳氢化合物衍生出来的化合物,即有机化合物是碳氢化合物及其衍生物。有机化学就是研究碳氢化合物及其衍生物的化学。这个提法体现了所有有机化合物在结构上的相互联系,是较为科学的定义。从历史遗留下来的“有机”这个名称,现在虽仍在采用,但它的含义已经发生了变化。

### 二、有机化学

有机化学是化学的一个分支,是研究有机化合物的组成、结构、性质、应用及其变化规律的科学。

有机合成化学是有机化学最重要的基础学科之一,是创造新有机化合物的主要手段。它关注的是化学区域选择性、立体选择性、对映选择性等有机合成的高选择性;选择反应速率大、反应时间短、产率高、工艺简便的合成路线,减少合成步骤,使用物美价廉的原料、平和的反应条件,从而提高效率,减少对环境的影响。

有机化合物遍布自然界,人们的衣、食、住、行都和有机化合物密切相关。有机化学的发展历史也是人类认识自然、征服自然的历史。从由生物体中分离出有机物开始,到今天可以合成许多极为复杂的有机物,都是随着人们对有机物分子结构的逐步深入了解和有机化学学科的发展而实现的。

有机合成产品正越来越广泛地应用于农业生产中。合成的有机杀虫剂、杀菌剂、除草剂和植物生长调节剂在农业生产中发挥了不小的作用，其他如兽用药物、医疗器材、饲料中的各种添加剂，还有农用塑料薄膜、塑料农具、燃料和润滑油等农用化学品也得到了广泛应用。只有了解这些化学品的组成、结构和理化性质等，人们才能安全、合理、有效地使用它们。

有机化学是一门与生命科学和人们日常生活密切相连的化学分支科学。一方面,人们的生活离不开有机化学工业,对生命现象本质的阐述也离不开有机化学的基础研究;另一方面,有机化学的发展有赖于人们日益增长的物质生活需求,也有赖于对生命现象的深入研究。在有机化学给人们带来诸多好处的同时,需不断加强对环境友好的新方法、新反应等的研究,不断减少直至消除对环境的污染。因此,有机化学也就成为化学学科及相关学科(如生命科学、药学、环境科学等多种学科)的一门主要基础课。

## 第二节　有机化合物的结构

### 一、分子的构造及构造式

有机化合物分子中的原子是按一定的顺序和方式相连接的。分子中原子间的排列顺序和连接方式叫作分子的构造,表示分子构造的化学式叫构造式。

有机化合物为什么用构造式表示,而不用分子式表示?

有机化合物是碳氢化合物及其衍生物。在有机化合物的分子中,碳原子与碳、氢、氧、氮、磷、硫、卤素等原子以四个共价键相连,可形成碳链、碳环,也可以与杂原子(除碳以外的原子)形成杂链或杂环;碳原子可以单键、双键、三键方式与碳原子或其他原子相连。因此分子式已不能表示唯一的化合物,必须用构造式表示。

有机化合物的构造式常用路易斯式、短线式、缩简式和键线式四种方式表示。

(1)路易斯构造式:也称为电子构造式。用两个圆点表示形成共价键的两个电子,放到两成键原子之间。标出所有共用和未成键电子的化学式,能清楚表达各原子的成键关系、价电子数。

(2)短线构造式:用一条短线表示一个共价键,放在两成键原子间。单键以一条短线表示,双键或三键则以两条或三条短线表示。

(3)缩简构造式:为了书写简便,在不致造成错觉的情况下,可省略一些代表单键的短线,这就是缩简式。这是目前使用较为普遍的书写方法。

(4)键线构造式:只表示出碳链或碳环(统称碳架或分子骨架)和除碳、氢原子以外的原子或基团与碳原子的连接关系。键线构造式中不写出碳原子和氢原子，用短线代表碳碳键，短线的连接点、端点，链或环的端点、折角处均表示一个碳原子。这种方法简便，表示清楚，被普遍接受。

具体示例如表 0-1 所示。

表 0-1　构造式的书写方式

| 化合物 | 路易斯构造式 | 短线构造式 | 缩简构造式 | 键线构造式 |
| --- | --- | --- | --- | --- |
| 丁烷 | H　H　H　H<br>H : C : C : C : C : H<br>H　H　H　H | H　H　H　H<br>H—C—C—C—C—H<br>H　H　H　H | $CH_3CH_2CH_2CH_3$ | |
| 2-溴丁烷 | H　H　H　H<br>H : C : C : C : C : H<br>H　Br　H　H | H　H　H　H<br>H—C—C—C—C—H<br>H　Br　H　H | $CH_3CHBrCH_2CH_3$ | Br |
| 2-甲基丙醇 | H　H　H<br>H : C : C : C : O : H<br>HH : C : HH<br>H | H　H　H<br>H—C—C—C—O—H<br>H H—C—H H<br>H | $(CH_3)_2CHCH_2OH$ | OH |

## 二、共价键

研究化合物的结构必须从化学键开始，化学键是分子中将原子结合在一起的力。

1916 年，人们提出了两种化学键：柯塞尔（Kossel）的离子键和路易斯（Lewis）的共价键。它们都是基于如下的原子概念提出来的。

在一个带正电荷的原子核周围，围拢着排列在各个同心壳层即不同能级的电子。每一壳层能容纳的电子数目有一个最大值：第一层 2 个，第二层 8 个，第三层 8 或 18 个等。当外层填满时，就像惰性气体那样，原子最稳定。

离子键和共价键都是由于原子要达到这个稳定的电子构型而形成的。离子键是通过电子转移而形成的。例如氟化锂的形成，一个锂原子内层有 2 个电子，外层（价电子层）有 1 个电子。失去 1 个电子就使锂具有一个 2 个电子的饱和外层。一个氟原子内层有 2 个电子，在价电子层中有 7 个电子，得到 1 个电子就使氟具有一个 8 个电子的饱和外层。氟化锂是通过锂转移 1 个电子给氟而形成的。电子转移的结果使锂带 1 个正电荷，氟带 1 个负电荷。即 $Li \longrightarrow Li^+$，$F \longrightarrow F^-$。带相反电荷的离子间的静电吸引力称为离子键。

共价键是通过电子的共用而形成的。例如氢分子的生成，每个氢原子各有 1 个电子，通过共用 1 对电子，两个氢原子都能具有 2 个电子的电子层。两个氯原子的价电子层都有 7 个电子，通过共用 1 对电子就可形成它们的八隅体结构。可以按同样方式设想 $CH_4$，$CCl_4$ 的形成，这里的键合力同样也是静电吸引力，但这里是指共用电子对之间的吸引力。

$$\cdot\dot{\underset{\cdot}{C}}\cdot + 4\cdot H \longrightarrow H-\underset{H}{\overset{H}{\underset{|}{\overset{|}{C}}}}-H$$

共价键是含碳化合物中典型的键，它是研究有机化学最重要的化学键。

### (一)原子轨道

电子不仅呈现出粒子性，而且还有波动性。因此，不能用经典的力学概念来描述原子核外电子的运动状态，只能用量子力学概念来描述，其基本表达式为薛定谔方程。它是根据能量来描述一个电子运动的数学表示式，称为波动方程。一个波动方程有一系列的解，称之为波函数，每一个波函数对应于电子的不同能级。对波动方程进行数学处理是非常困难的，目前只能得到它的近似解。虽然如此，但量子力学所给的结果与事实非常符合，是了解原子和分子结构的有效的近似法。

一个波动方程不能确切地告诉我们在某一瞬间电子在何处或它的运动速度有多快，就是说我们无法绘制出电子围绕原子核运动的精确轨道，只能告诉我们电子在某处出现的概率。1 个电子在空间中最可能出现(譬如在 95% 的时间里)的区域称为 1 个轨道，即原子轨道。轨道有不同的类型，它们大小和形状各不相同，而且以特定的方式围绕在原子核的周围。不同能量的电子在不同能级的原子轨道上运动。可以把电子运动状态表示为轮廓不清的一团云，把这团云想象成快速运动电子的一张模糊不清的照片，云的形状就是轨道的形状。

在有机化学中常遇到的原子轨道为 s(1s,2s)轨道和 p(2p)轨道。s 轨道是一个以原子核为中心的球体，1s 轨道的能量最低，2s 轨道的能量比 1s 高。2p 轨道有 3 个，它们的能级相同；每个 2p 轨道都呈哑铃形，由两瓣组成，原子核处在它们的中间；每个 2p 轨道的轴都垂直于其他两个 2p 轨道的轴，分别用 $2p_x$, $2p_y$, $2p_z$ 的名称来区别它们，这里的 $x,y,z$ 是指相应的轴。p 电子的原子轨道在空间中具有一定的取向，只有当它们在某一方向互相接近时，才能使原子轨道得到最大程度的重叠，生成分子时能量得到最大程度的降低，形成稳定的分子，如图 0－1 所示。

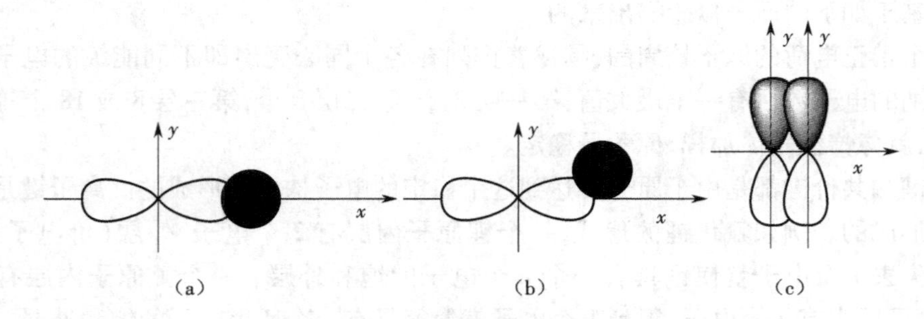


**图 0－1　共价键的方向性**

(a)1s 轨道与 $2p_x$ 轨道最大重叠　(b)1s 轨道与 $2p_x$ 轨道不是最大重叠

(c)p 轨道在侧面有最大重叠

### (二)共价键的形成

共价键是原子间通过电子的共用(配对)而形成的。量子力学在处理共价键和分子结构时有两种近似方法：价键法和分子轨道法。

价键法认为，如果两个原子轨道各有一个电子，而且自旋方向相反，那么，两个原子轨道就可重叠，两个自旋方向相反的电子就配对。配对的电子在两核之间即轨道重叠部分出现的概率最大，由于电子的屏蔽效应，克服了两核之间的斥力，使两个原子结合在一起，这就是共价键。现以两个氢原子形成氢分子为例，为了形成一个共价键，两个核必须靠得足够近，使两个原子轨道发生重叠，这样电子就配对形成共价键。

分子轨道理论是在1932年提出来的，它从分子的整体出发去研究分子中每一个电子的运动状态，认为形成化学键的电子是在整个分子中运动的。分子轨道理论认为化学键是原子轨道重叠产生的，当任何数目的原子轨道重叠时就可以形成同样数目的分子轨道。定域键重叠的原子轨道是两个，结果形成两个分子轨道，其中一个比原来的原子轨道的能量低，叫成键轨道；另一个叫反键轨道，比原来的原子轨道的能量高。

分子轨道同原子轨道一样，容纳电子时，也遵守能量最低原理、泡利不相容原理和洪特规则。分子轨道波函数的平方即为分子轨道电子云密度的分布。成键轨道中的电子云在核间较多，对核有吸引力，使两个核接近而能量降低，因此成键轨道能量较两个原子轨道为低。当电子从原子轨道进入成键轨道后，形成了化学键，体系能量降低，形成稳定的分子，能量降低得越多，形成的分子越稳定。相反，反键轨道中核间电子云密度小，而外侧对核的吸引力较大，使两个核远离，同时两核之间相互也有排斥力，因此反键轨道的能量比原子轨道要高。

分子轨道理论还认为，原子轨道要组合形成分子轨道，必须具备能量相近、电子云最大重叠和对称性相同这三个条件。能量相近是指形成分子轨道的两个原子轨道的能量应比较接近，因为当两个能量相差较大的原子轨道组合成分子轨道时，成键轨道的能量与能量较低的那个原子轨道的能量非常接近，生成的分子轨道自然不够稳定。电子云最大重叠则要求原子轨道在重叠时应有一定的方向，才能使重叠最大有效，形成较强的键。如两个p轨道应头碰头重叠或者肩并肩重叠，其他方向重叠则是无效或很少有效的。对称性相同实际上是形成化学键最主要的条件。

共价键具有以下两个特性：①饱和性，即两个自旋方向相反的电子配对后，就不能再与第三个电子配对；②方向性，即两个原子轨道只能按一定方向接近，才能实现最大程度的重叠，形成最稳定的共价键。

按原子轨道重叠的方式不同，共价键有两种：σ键和π键。

1. σ键

原子轨道重叠时，两个原子轨道都沿着轨道对称轴的方向重叠，键轴（原子核间的连线）与轨道对称轴重合。轨道重叠部分对称于键轴，这样形成的共价键称为σ键。形象地说，σ键是两个原子轨道以“头碰头”的方式重叠而形成的共价键，如图0－1(a)所示。

根据分子轨道的对称性，轨道呈圆柱形对称，沿键轴旋转，这种分子轨道称为σ轨道。两个s轨道或一个s轨道与一个p轨道或两个p轨道头碰头重叠时，形成的分子轨道对于键轴呈圆柱形对称，它们形成的键是σ键，此时成键轨道为σ，反键轨道则用$\sigma^*$表示，如图0－2所示。

2. π键

如果两个p轨道的对称轴相平行，同时它们的节面（即波函数位相正负号发生改变的地方）又互相重合，那么这两个p轨道就可以从侧面互相重叠，重叠部分对称于节面，这样形成的共价键称为π键。此时成键轨道为π，反键轨道则用$\pi^*$表示。形象地说，π键是两

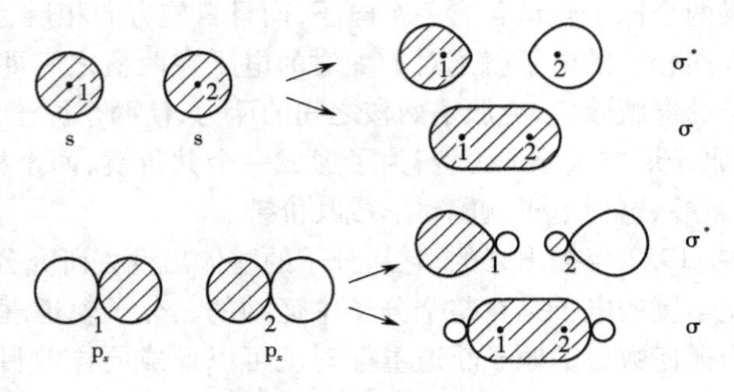

图 0-2　σ 分子轨道的形成

个 p 轨道以"肩并肩"的方式重叠而形成的共价键，如图 0-1(c)所示。这里需说明一点，π 键只存在于双键和三键中。

两个相互平行的 p 轨道在侧面重叠形成分子轨道，如 $p_z-p_z$ 或 $p_y-p_y$，所形成的分子轨道中间有节面，这种分子轨道叫作 π 轨道，如图 0-3 所示。

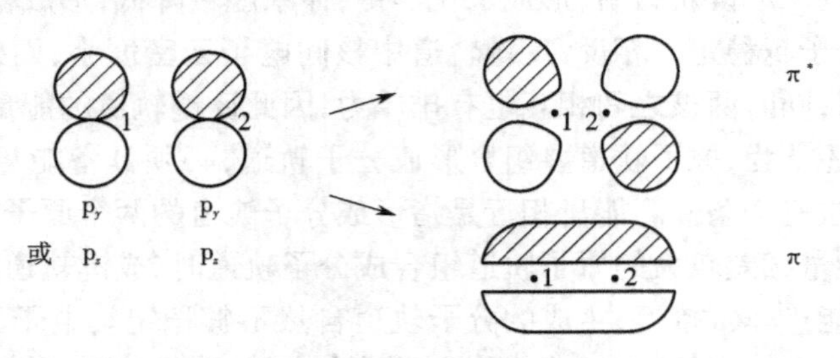

图 0-3　π 分子轨道的形成

3. σ 键和 π 键的比较

(1) σ 键是原子轨道以"头碰头"的方式重叠而成的，因而重叠程度比较大，键比较稳定。而 π 键是两个 p 轨道以"肩并肩"的方式重叠而成的，重叠程度比较小，键比较活泼。

(2) σ 键电子的流动性小，π 键电子的流动性大，易极化。

(3) 以 σ 键相连的两个原子可以绕键轴自由旋转，而以 π 键相连的两个原子不能旋转。

(4) 两个原子间只能有一个 σ 键，而 π 键可以有一个或两个，且 π 键不能单独存在。因此，单键必然是 σ 键；双键中有一个 σ 键，一个 π 键；三键中有一个 σ 键，两个 π 键。σ 键、π 键的特征比较见表 0-2。

表 0-2　σ 键、π 键的特征比较

| σ 键 | π 键 |
|---|---|
| 由原子轨道轴向交叠而成，交叠程度大 | 侧面交叠，交叠程度较小 |
| 电子云对键轴呈圆柱形对称分布，核对其束缚力较大 | π 电子云分布在分子平面上下，流动性较大，极化性也大 |
| 绕键轴旋转，不破坏交叠 | 不能自由旋转，C—C 原子相对旋转会减少甚至破坏交叠，造成键的断裂，因此有顺反异构现象 |
| 键能大，稳定 | 键能较小，易断裂，易起化学反应 |

## 三、有机化合物中的共价键

### （一）碳原子的杂化轨道

1. $sp^3$ 杂化

在甲烷（$CH_4$）分子中，碳原子与 4 个氢原子形成的 4 个 C—H 键是等同的，键长都是 0. 109 nm，键能为 435 kJ/mol，2 个 C—H 键间的夹角是 109. 5°。从这些实验数据可以知道，碳原子是不可能用 1 个 2s 轨道和 3 个 2p 轨道与 4 个氢原子形成 4 个 C—H 键的，因为这样就不能形成 4 个等同的 C—H 键。

现代价键理论认为，这 4 个等同的共价键是由 4 个原子轨道（1 个 2s 和 3 个 2p 轨道）经过杂化，形成 4 个完全等同的 $sp^3$ 杂化轨道后成键的。$sp^3$ 轨道的能量稍高于 2s 轨道，但略低于 2p 轨道。在每个 $sp^3$ 杂化轨道上都有 1 个可用于成键的电子（未配对电子）。

由 s 轨道和 p 轨道杂化后所形成的 $sp^3$ 杂化轨道的形状既不是球形也不是哑铃形，而是像保龄球那样具有一头大一头小的两个耳垂。杂化轨道小的一端不用于成键，大的一端用于成键，因此杂化轨道成键时可实现最大程度的重叠，以形成更强的共价键。

$sp^3$ 杂化轨道围绕在原子核周围，由于每个杂化轨道上都有 1 个电子，互相具有排斥力，为使轨道尽可能隔开，从几何学的角度，4 个轨道的分布呈夹角为 109. 5°的正四面体最为有利，甲烷分子中，4 个 $sp^3$ 杂化轨道分别与 4 个氢原子的 1s 轨道重叠，形成 4 个完全等同的 C—H 键（$sp^3$ – s σ 键）。为了使 $sp^3$ 杂化轨道彼此达到最大的距离及产生最小的干扰，以碳原子为中心，4 个轨道分别指向正四面体的每一个顶点，所以碳原子的 4 个轨道都有一定的方向性，轨道彼此间保持一定的角度，按照计算，这个角度应该是 109. 5°，这样可以使每个轨道达到最低干扰的程度。甲烷中碳原子的 $sp^3$ 杂化如图 0 – 4 所示。

把 1 个 s 轨道和 3 个 p 轨道重新组合，形成 4 个能量相等的杂化轨道，每一个杂化轨道含有 1/4 的 s 成分和 3/4 的 p 成分，所以这种杂化叫作 $sp^3$ 杂化。甲烷分子形成如图 0 – 5 所示。

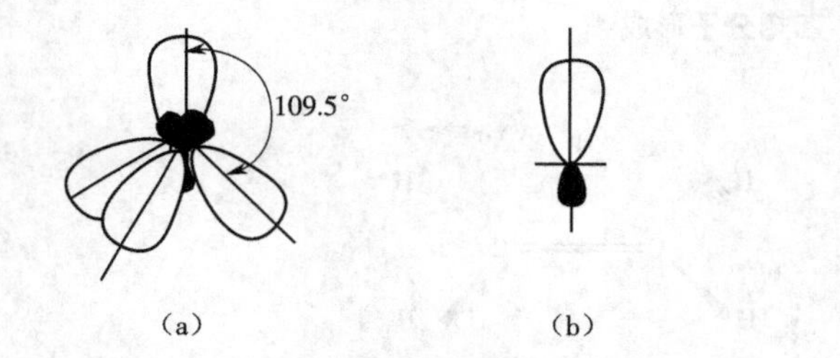


**图 0 – 4　碳原子的 $sp^3$ 杂化**

（a）4 个 $sp^3$ 杂化轨道　（b）$sp^3$ 杂化轨道

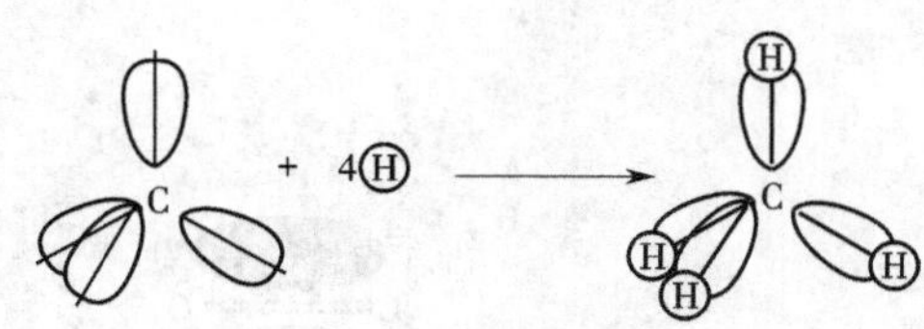


**图 0 – 5　甲烷分子形成示意**

2. $sp^2$ 杂化

当碳原子与其他原子形成双键时，碳原子是以 $sp^2$ 杂化轨道成键的，在 $sp^2$ 杂化中，碳原子的 2s 轨道和 2 个 2p 轨道杂化，形成 3 个完全等同的 $sp^2$ 杂化轨道，还有 1 个 2p 轨道未参与杂化。$sp^2$ 杂化轨道对称地分布在碳原子的周围，处于同一个平面上，三者之间的夹角是 120°。$sp^2$ 杂化轨道的形状与 $sp^3$ 相似。每个 $sp^2$ 杂化轨道都有 1 个可用于成键的电子，未参与杂化的 2p 轨道也有 1 个可成键的电子。

$sp^2$ 杂化轨道围绕着原子核,为使它们之间处于尽可能分开的位置,3 个 $sp^2$ 杂化轨道分布在一个正三角形的平面上,轨道的夹角为 120°,未参与杂化的 2p 轨道垂直于由 3 个 $sp^2$ 杂化轨道所组成的平面。碳原子的 $sp^2$ 杂化如图 0-6 所示。

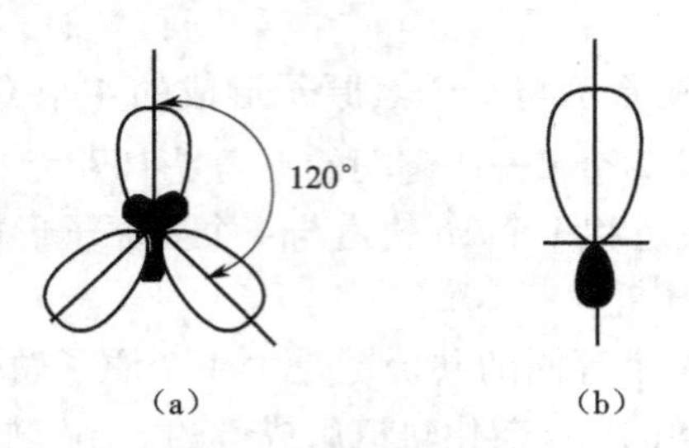


**图 0-6　碳原子的 $sp^2$ 杂化**

(a)3 个 $sp^2$ 杂化轨道　(b)$sp^2$ 杂化轨道

在乙烯分子中,2 个碳原子各用 1 个 $sp^2$ 杂化轨道形成 1 个 C—C σ 键(双键中的一个),碳原子余下的 2 个 $sp^2$ 杂化轨道分别与 2 个氢原子轨道形成 C—H σ 键,同时 2 个碳原子相互平行的未参与杂化的 2p 轨道从侧面重叠形成 π 键(双键中的第二个)。乙烯分子形成及乙烯分子中的键分别如图 0-7、0-8 所示。

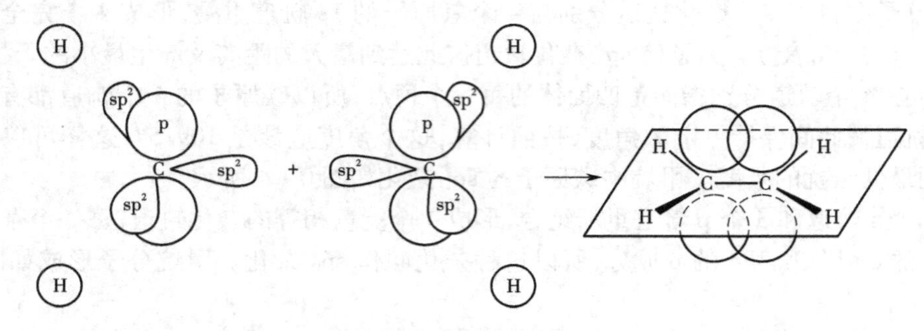


**图 0-7　乙烯分子形成**

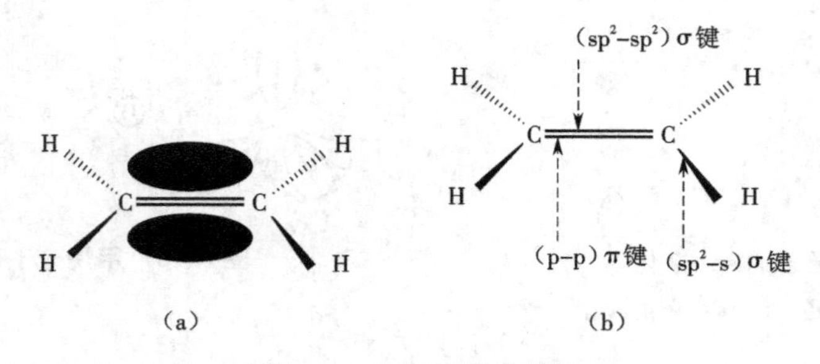


**图 0-8　乙烯分子中的键**

(a)乙烯中的 π 电子云　(b)乙烯中的 π 键和 σ 键

3. sp 杂化

当碳原子与其他原子形成三键时,碳原子是以 sp 杂化轨道成键的。在 sp 杂化中,碳原子的 2s 轨道和 1 个 2p 轨道杂化,形成 2 个完全等同的 sp 杂化轨道,还有 2 个 2p 轨道未参与杂化。sp 杂化轨道的形状也与 $sp^3$ 相似。每个 sp 杂化轨道都有 1 个可用于成键的电子,未参与杂化的2个2p轨道也都有1个可成键的电子。sp杂化轨道围绕着原子核,为使它们处于尽可能分开的位置,2个杂化轨道分布在一条直线上,轨道的夹角为180°,如图0－9所示。未参与杂化的2个2p轨道都垂直于由2个杂化轨道所构成的直线。

轨道杂化后,碳原子形成4个共价键,使整个体系的能量降低而稳定化。在杂化过程中,激发1个2s电子到2p轨道需耗能402 kJ/mol,而形成1个C—H键可以释放出414 kJ/mol的能量,杂化后可多形成2个共价键,这样可使整个体系的能量降低414×2－402＝426 kJ/mol。另外,轨道杂化后具有较强的方向性,使轨道能更有效地重叠,因而提高了成键能力。sp杂化轨道的形成如图0－9所示。

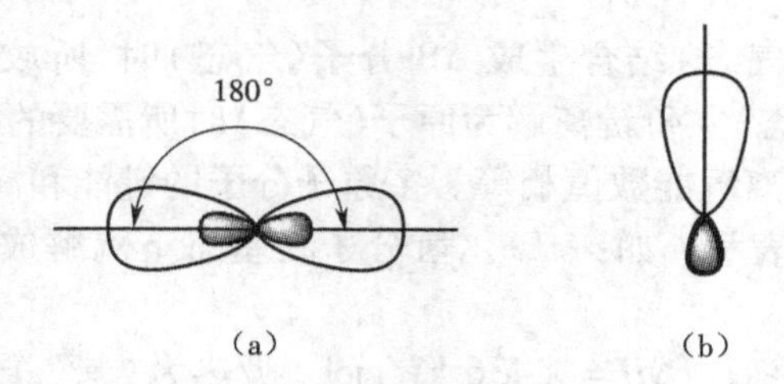


**图0－9　sp杂化轨道的形成**

(a)2个sp杂化轨道　(b)sp杂化轨道

1个s轨道和1个p轨道形成2个sp杂化轨道。乙炔分子的形成及乙炔中的键分别如图0－10、0－11所示。

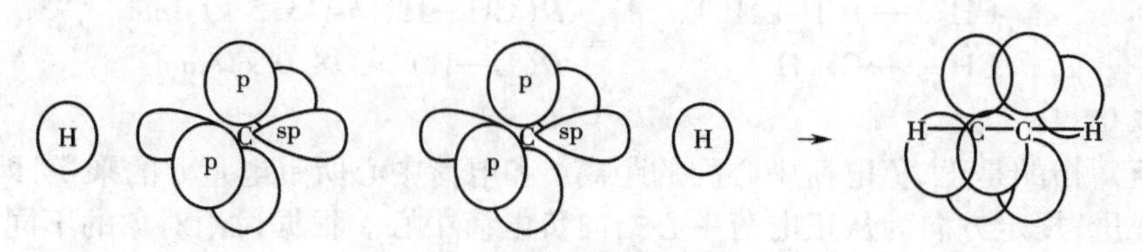


**图0－10　乙炔分子的形成**

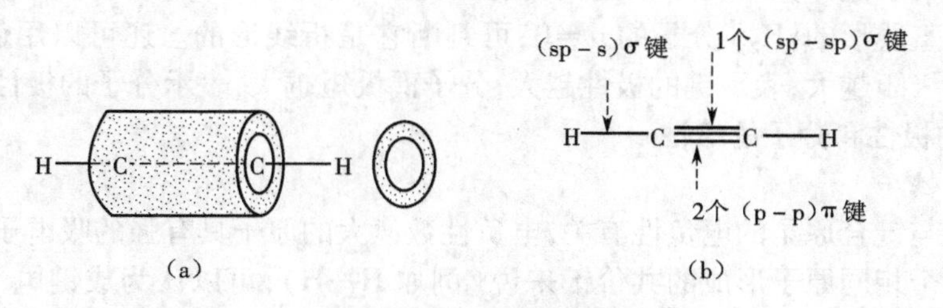


**图0－11　乙炔中的键**

(a)乙炔中的电子云　(b)乙炔中的σ键和π键

不同杂化轨道中含有的s成分和p成分不同。在杂化轨道中,$sp^3$杂化轨道含有1/4的s成分和3/4的p成分;$sp^2$杂化轨道含有1/3的s成分和2/3的p成分;sp杂化轨道含有1/2的s成分和1/2的p成分。除成键能力不同外,电负性也不同,含s成分越多,电负性就越强,即电负性为$s > sp > sp^2 > sp^3 > p$。

### （二）有机分子中共价键的属性

1. 键长

以共价键键合的两个原子核之间的距离称为键长。由不同原子组成的共价键有不同的键长。应注意，即使是同一类型的共价键，在不同化合物中键长也可能稍有不同。因为由共价键所连的两个原子在分子中不是孤立的，它们受到整个分子的相互影响。

2. 键角

共价键有方向性，因此任何一个多原子分子，两个共价键之间都有一个夹角，这个夹角称为键角。有机分子的键角与碳原子的杂化状态有关。

3. 键能

当 A 和 B 两个原子（气态）结合生成 AB 分子（气态）时，所放出的能量称为键能。使 1 mol AB 双原子分子（气态）共价键离解为原子（气态）时所需要的能量称为键的离解能。

双原子分子的键能和离解能数值相等。多原子分子的键能和离解能在概念上是有区别的，键能的单位用 kJ/mol 表示。如：一摩尔氢分子在基态下离解成两摩尔氢原子所需的热量为 436 kJ/mol。

$$H—H \longrightarrow H + H \quad \Delta H = +436\ \text{kJ/mol}$$（吸热为“+”，放热为“-”）

所谓键离解能是指断裂（或形成）一根键时所消耗（或放出）的能量。这是键的一种特性。如：断裂甲烷的四根 C—H 键时有四种不同的键离解能（$D$）。

$CH_4 \longrightarrow CH_3 + H \qquad D(CH_3—H) = 435\ \text{kJ/mol}$

$CH_3 \longrightarrow CH_2 + H \qquad D(CH_2—H) = 444\ \text{kJ/mol}$

$CH_2 \longrightarrow CH + H \qquad D(CH—H) = 443.5\ \text{kJ/mol}$

$CH \longrightarrow C + H \qquad D(C—H) = 338.9\ \text{kJ/mol}$

4. 偶极矩

偶极矩 $\mu$ 指的是正、负电荷中心间的距离 $r$ 和电荷中心所带电量 $q$ 的乘积，即 $\mu = r \times q$。它是一个矢量，规定方向为从正电荷中心指向负电荷中心。根据讨论对象的不同，偶极矩可以是键偶极矩，也可以是分子偶极矩。分子偶极矩可由键偶极矩经矢量加和后得到。实验测得的偶极矩可以用来判断分子的空间构型。例如：同属于 $AB_2$ 型分子，$CO_2$ 分子的 $\mu = 0$，可以判断它是直线形的；$H_2S$ 分子的 $\mu \neq 0$，可判断它是折线形的。还可以用偶极矩表示极性大小。键偶极矩越大，表示键的极性越大；分子偶极矩越大，表示分子的极性越大。

### （三）键的极性和分子的极性

1. 键的极性

键的极性与键合原子的电负性有关，电负性数值大的原子具有强的吸电子能力。

对于由两个相同原子形成的共价键来说（例如 H—H），可以认为成键电子云是均匀地分布在两核之间的，这样的共价键没有极性，为非极性共价键。但当两个不同原子形成共价键时，由于原子的电负性不一样，成键电子云就偏向电负性大的原子一边，就认为一个原子带有部分正电，而另一个原子带有部分负电。由于电子云不完全对称而呈现极性的共价键叫作极性共价键。可以用箭头表示这种极性键，也可以用 $\delta^+$ 或 $\delta^-$ 来表示构成共价键的原子的带电情况。

2. 分子的偶极

如果分子中只有非极性键，或者极性键在分子中的分布是对称的，正负电荷中心重合于一点，那么这种分子是非极性分子，没有偶极。如果极性键在分子中的分布不对称，正负电荷中心不重合于一点，那么这种分子是极性分子，有偶极。这种分子的固有偶极叫永久偶极。分子极性的大小用偶极矩表示，各同系物的偶极矩差不多。

外界电场（包括邻近的极性分子）可以使极性分子或非极性分子的正负电荷中心产生位移，从而使非极性分子产生极性，或极性分子极性增大。这种作用叫极化作用。由极化作用产生或增大的偶极叫诱导偶极。如果外界电场消失，诱导偶极也随即消失。分子中的电子在不停地运动，因而分子的负电荷中心位置也在不停地变动，使非极性分子或极性分子在每一瞬间都会产生或附加一个临时的偶极矩，这种偶极矩在每一瞬间都会在某个方向产生，叫作瞬时偶极。虽然不同方向的瞬时偶极可以互相抵消而使其总结果等于零，但是在每一瞬间却都在各方向发挥其作用。

#### （四）分子间力和氢键

1. 分子间力

由于分子间存在各种偶极，分子之间便会因偶极－偶极相互作用而产生一种弱的吸引力，这种吸引力称为分子间力或范德华力。分子间力大致与分子间距离的 6 次方成反比，所以它只有在两个分子相距很近时才有作用。物质在气态时，分子相距甚远，分子间力可略而不计。

由永久偶极产生的分子间力叫取向力；由诱导偶极产生的分子间力叫诱导力；由瞬时偶极产生的分子间力叫色散力。对于有机分子来说，色散力是主要的分子间力。

分子间力与分子的偶极矩、极化度和分子的电离势等因素正相关。也就是说，分子的极性、分子量、分子体积和分子的表面积大，它们的分子间力也大。分子聚集状况的改变（如三态互变）与分子间力密切相关。

分子间力没有方向性和饱和性，它是很微弱的，比键能小 1 ~ 2 个数量级。

2. 氢键

分子间还有一种特别强的偶极－偶极相互作用，这就是氢键。在氢键中，一个氢原子在两个电负性强的原子之间起一种桥梁作用，它以共价键与一个原子结合，又以纯粹的静电力与另一个原子结合。当氢原子与一个电负性强的原子结合时，电子云向电负性强的原子作很大的偏移，而使氢核暴露。这个屏蔽很薄弱的氢核的强正电荷受到第二个分子中电负性强的原子的负电荷的强烈吸引便形成氢键。氢键比氢原子与第一个原子结合形成的共价键要弱得多，氢键的键能约为 20 kJ/mol。但氢键比其他偶极－偶极相互作用要强得多。在式子中通常用虚线表示氢键，要形成有效的氢键，两个电负性原子必须来自下列元素：F，O，N。

氢键不仅对化合物的沸点和溶解度有很大的影响，而且对蛋白质和核酸的形状也起着很关键的作用。

## 四、共价键的断裂和反应类型

#### （一）共价键的断裂方式和有机反应类型

1. 共价键的断裂方式

任何一个有机反应过程都包括原有的化学键的断裂和新键的形成。共价键的断裂方式有两种：均裂和异裂。

1）均裂

共价键断裂后，两个键合原子共用的一对电子由两个原子各保留一个，这种键的断裂方式叫均裂。

$$A:B \longrightarrow A\cdot + \cdot B$$

$$Cl:Cl \longrightarrow Cl\cdot + \cdot Cl$$

$$H:\overset{\displaystyle H}{\underset{\displaystyle H}{\overset{..}{\underset{..}{C}}}}:H + Cl\cdot \longrightarrow H:\overset{\displaystyle H}{\underset{\displaystyle H}{\overset{..}{\underset{..}{C}}}}\cdot + H:Cl$$

均裂往往借助于较高的温度或光的照射作用。

通过均裂生成的带有未成对电子的原子或原子团叫自由基或游离基。有自由基参加的反应叫作自由基反应。这种反应往往被光、高温或过氧化物所引发。自由基反应是高分子化学中的一个重要的反应,它也参与许多生理或病理过程。

2)异裂

共价键断裂后,其共用电子对只归属于原来生成共价键的两部分中的一部分,这种键的断裂方式叫作异裂。它往往被酸、碱或极性溶剂所催化,一般在极性溶剂中进行。

碳原子与其他原子间的 σ 键断裂时,可得到碳正离子或碳负离子,例如:

$$A:B \longrightarrow A^+ + B^-$$

$$CH_3-\overset{\displaystyle CH_3}{\underset{\displaystyle CH_3}{\overset{|}{\underset{|}{C}}}}:Cl \longrightarrow CH_3-\overset{\displaystyle CH_3}{\underset{\displaystyle CH_3}{\overset{|}{\underset{|}{C^+}}}} + Cl^-$$

通过共价键的异裂而进行的反应叫作离子型反应,它有别于无机化合物瞬间完成的离子反应。它通常发生于极性分子之间,通过共价键的异裂而完成。

路易斯酸碱理论可以帮助我们理解离子型反应。按照路易斯的定义,接受电子对的物质为酸,提供电子对的物质为碱。碳正离子和路易斯酸是亲电的,在反应中它们总是进攻电子云密度较大的部位,所以是一种亲电试剂。碳负离子和路易斯碱是亲核的,在反应中它们往往寻求质子或进攻正电荷的中心,以中和其负电荷,是亲核试剂。由亲电试剂的进攻而发生的反应叫亲电反应;由亲核试剂的进攻而发生的反应叫亲核反应。

2. 有机反应类型

有机反应可根据产物与原料之间的关系分为取代反应、加成反应、消去反应、异构化反应和氧化还原反应等五种反应类型。

1)取代反应

连接在碳原子上的一个原子或原子团被另一个原子或原子团置换的反应叫取代反应。在反应中,该碳原子上有一个 σ 键断裂和一个新的 σ 键生成。如:

$$CH_4 + Cl_2 \longrightarrow CH_3Cl + HCl$$

2)加成反应

两个原子或原子团加到一个 π 键上形成两个 σ 键的反应叫加成反应。如乙烯和溴水反应,反应式如下:

$$CH_2=CH_2 + Br_2 \longrightarrow CH_2Br-CH_2Br$$

3)消去反应

一般地,两个相邻碳原子上的两个 σ 键断裂,并在这两个原子之间形成一个 π 键的反应叫消去反应。如：

$$CH_3—CH_2Br \longrightarrow CH_2=CH_2 + HBr$$

4）异构化反应

一个化合物通过原子或原子团的移动而转变为它的异构体的反应叫作异构化反应。例如：正丁烷在三溴化铝及溴化氢的存在下，在27 ℃可发生异构化反应而生成异丁烷。

$$CH_3CH_2CH_2CH_3 \longrightarrow (CH_3)_2CHCH_3$$

5）氧化还原反应

在有机化学中，氧化一般是指有机物得氧或脱氢的过程，还原是指有机物加氢或失氧的过程。因此，烃变成醇、醇变成醛、醛变成酸都是氧化反应，它们的逆过程都是还原反应。

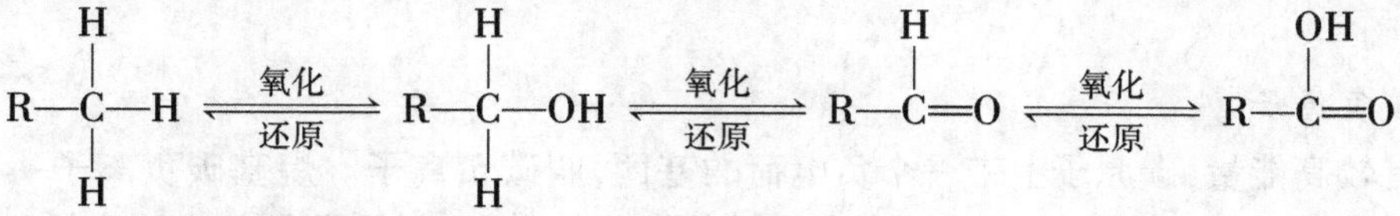

$$R-CH_3 \underset{还原}{\overset{氧化}{\rightleftharpoons}} R-CH_2-OH \underset{还原}{\overset{氧化}{\rightleftharpoons}} R-CH=O \underset{还原}{\overset{氧化}{\rightleftharpoons}} R-C(OH)=O$$

**（二）有机反应中的活性中间体**

如果一个反应不是一步完成，而是经过几步完成的，则在反应过程中会生成反应活性中间体。活性中间体能量高、性质活泼，是反应过程中生成的一种“短寿命”（远小于1 s）的中间产物，一般很难分离出来，只有比较稳定的才能在较低温度下被分离出来或被仪器检测出来（如三苯甲烷自由基）。因此，有机反应活性中间体是真实存在的物质。

1. 碳自由基

具有较高能量，带有单电子的原子或原子团，叫作自由基。自由基碳原子是电中性的，通常是 $sp^2$ 杂化，呈平面构型。能使其稳定的因素是 p－π 共轭和 σ－p 共轭。其结构一般为

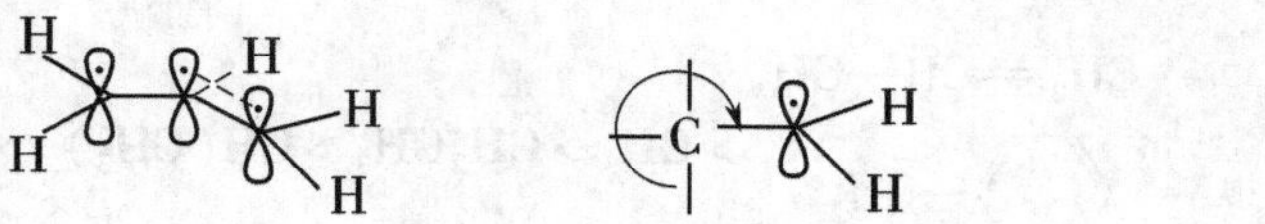

自由基稳定性的次序为

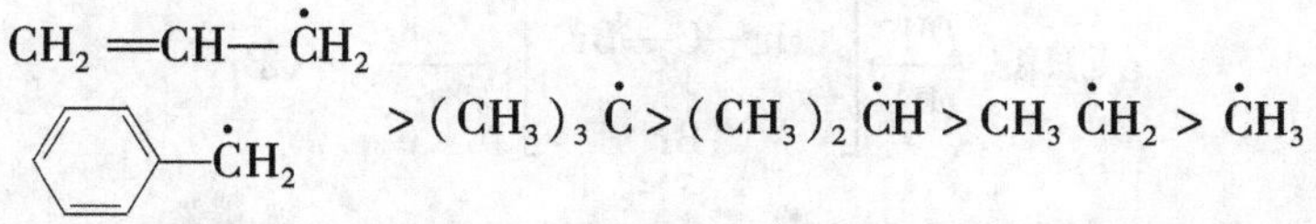

$$CH_2=CH-\dot{C}H_2,\ C_6H_5-\dot{C}H_2 > (CH_3)_3\dot{C} > (CH_3)_2\dot{C}H > CH_3\dot{C}H_2 > \dot{C}H_3$$

在自由基取代、自由基加成和加成聚合反应中都有自由基活性中间体产生。

2. 碳正离子

碳正离子就是以一个外层只有6个电子的碳原子作为其中心碳原子的正离子。碳正离子通常是 $sp^2$ 杂化，呈平面构型，p 轨道是空的。能使其稳定的因素有：①诱导效应的供电子作用；②p－π 共轭和 σ－p 共轭效应使正电荷得以分散。碳正离子是一个缺电子体系，是亲电试剂和路易斯酸。其结构一般为

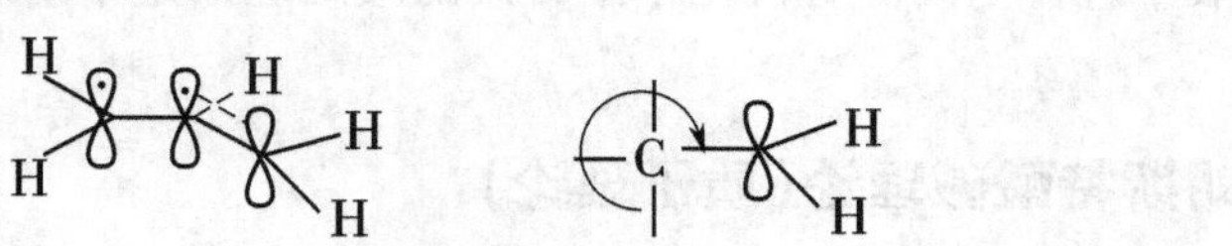

碳正离子的稳定性取决于所带电荷的分布情况,电荷愈分散,体系愈稳定。参加 σ - p 共轭的 C—H 键的数目愈多,则正电荷愈容易分散,碳正离子也愈稳定,愈易生成。在叔丁基碳正离子中起 σ - p 共轭效应的 C—H 键有 9 个,在异丙基碳正离子中有 6 个,在乙基碳正离子中有 3 个,在甲基碳正离子中为 0。不难看出带正电碳原子上所连的烷基愈多,正电荷就愈分散,因而也愈稳定。因此,各种碳正离子的稳定性顺序为

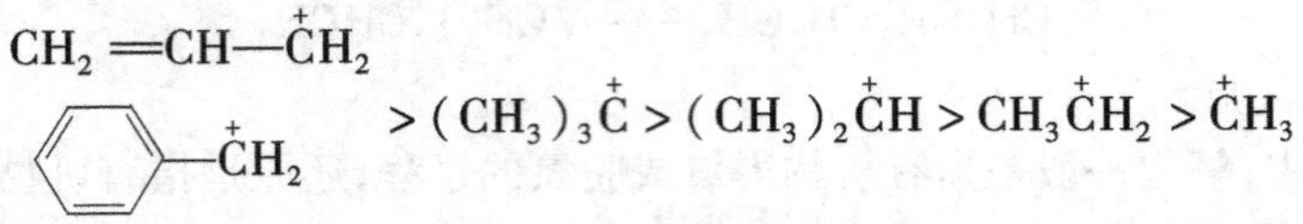

$$CH_2{=}CH{-}\overset{+}{C}H_2 \text{、} C_6H_5{-}\overset{+}{C}H_2 > (CH_3)_3\overset{+}{C} > (CH_3)_2\overset{+}{C}H > CH_3\overset{+}{C}H_2 > \overset{+}{C}H_3$$

在亲电加成、芳环上亲电取代、$S_N1$、E1、烯丙基重排反应中都经历碳正离子活性中间体。

3. 碳负离子

具有较高能量,碳原子上带一个负电荷的基团,叫碳负离子。烷基碳负离子一般是 $sp^3$ 杂化,呈三角锥形,孤对电子处于一个未成键的杂化轨道上;如果带负电荷的碳与双键相连,则这个烯丙位的碳负离子是 $sp^2$ 杂化,呈平面构型,一对未成键的电子处于 p 轨道上,可以和 π 键发生 p - π 共轭。碳负离子是一个富电子体系,是强亲核试剂,也是一个路易斯碱。其结构一般为

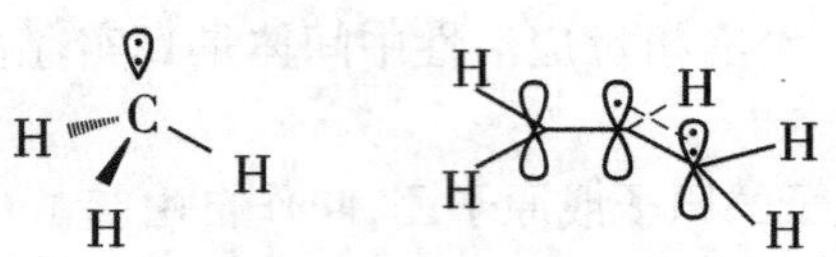

各种碳负离子的稳定性顺序为

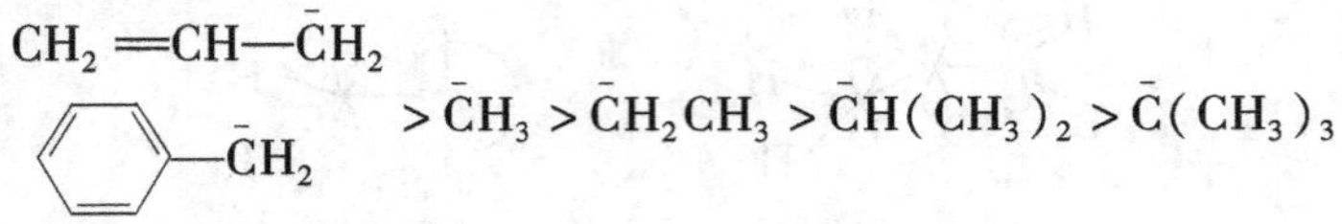

$$CH_2{=}CH{-}\overset{-}{C}H_2 \text{、} C_6H_5{-}\overset{-}{C}H_2 > \overset{-}{C}H_3 > \overset{-}{C}H_2CH_3 > \overset{-}{C}H(CH_3)_2 > \overset{-}{C}(CH_3)_3$$

4. 碳烯(卡宾)

$$CHBr_3 \xrightarrow[H^+]{OH^-} \left[ Br{-}\ddot{C}{-}Br \atop |\,Br \right]^- \xrightarrow{-Br^-} :CBr_2$$

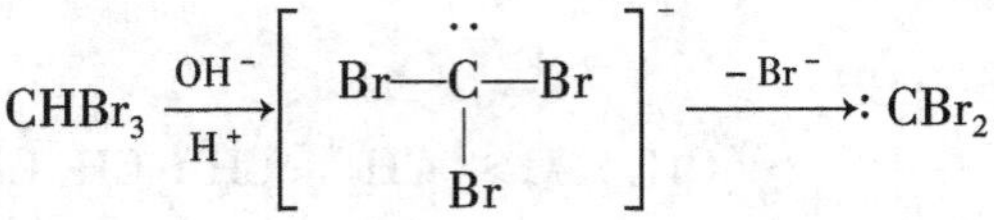

二溴碳烯

碳烯($:CH_2$)是个双自由基,外层只有 6 个电子,不满八隅体,能量高,反应活性大。

## 第三节 有机化学中的酸碱概念

早期的化学理论认为,酸是指在水溶液中能电离出氢离子的化合物;碱是指能电离产生氢氧根离子的化合物。此酸碱理论对有机化学并不适用,因为很多有机化合物都不溶于水,不能在水溶液中进行电离。有机化学中常用的酸碱理论是布朗斯特酸碱理论和路易斯酸碱理论。

### 一、布朗斯特酸碱理论(质子理论)

凡能给出质子的分子或离子都是酸;凡能与质子结合的分子或离子都称为碱。酸失去

质子后，剩余的基团就是它的共轭碱；碱得到质子后生成的物质就是它的共轭酸。例如：

| | | | | | | | |
|---|---|---|---|---|---|---|---|
| $CH_3COOH$ | + | $H_2O$ | = | $H_3O^+$ | + | $CH_3COO^-$ |
| $CH_3COOH$ | + | $NH_3$ | = | $NH_4^+$ | + | $CH_3COO^-$ |
| $CH_3CH_2OH$ | + | $OH^-$ | = | $H_2O$ | + | $CH_3CH_2O^-$ |
| 酸 | | 碱 | | 共轭酸 | | 共轭碱 |

根据 $K_a \times K_b = K_w$ 的关系，酸越强，对应的共轭碱就越弱；酸越弱，对应的共轭碱就越强。因此，由于乙醇是弱酸，所以 $CH_3CH_2O^-$ 或乙醇钠比氢氧化钠的碱性还强。

### 二、路易斯酸碱理论（电子理论）

1924 年，几乎在质子理论提出的同时，路易斯从化学键理论出发提出了从另一个角度考虑的酸碱理论，它以接受或放出电子对作为判别标准。定义酸是能接受电子对的物质，而碱是能放出电子对的物质。因此，酸和碱又可以分别称为电子对受体和供体。路易斯是共价键理论的创建者，所以他更倾向于用结构的观点为酸碱下定义。酸碱反应实际上是形成配位键的过程，生成酸碱加合物。或者说路易斯酸是亲电试剂，而路易斯碱是亲核试剂。

路易斯酸碱理论把更多的物质用酸碱概念联系起来。由于大部分反应，尤其是极性反应都可以看作电子供体 D 和电子受体 A 的结合，所以有机化学反应也都纳入酸碱反应来加以研究讨论。

## 第四节　有机化合物的分类

### 一、按碳干分类

分子中只含碳和氢两种元素的有机化合物称碳氢化合物，简称为烃。烃可分为开链烃和环状烃两大类，开链烃也称为脂肪烃，它又分为饱和烃和不饱和烃两类；环状烃也称闭链烃，它又分为脂环烃和芳香烃两类。有机化学传统的分类方法是根据碳干的不同把它们分类如下。

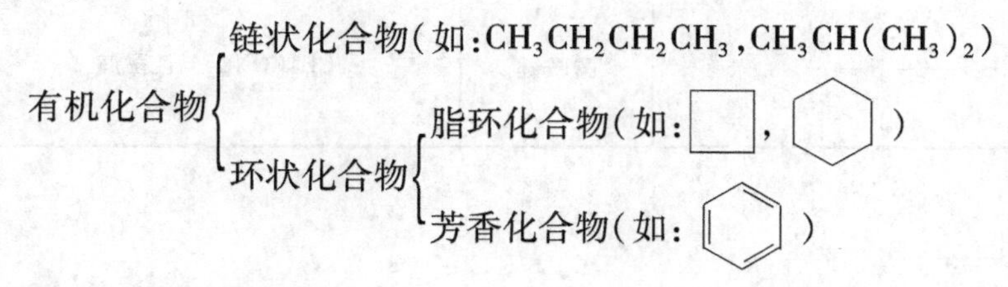


### 二、按官能团分类

实验证明，有机化合物的反应主要在官能团处发生。所谓官能团是指有机化合物分子中比较活泼、容易起化学反应的一些原子或原子团，它们常常可以决定化合物的主要性质。因此含有相同官能团的化合物具有类似的性质，可以把它们看成同类化合物。本书将主要按官能团分类来进行讨论和学习。官能团可分为烃（可分为烷烃、烯烃、炔烃、芳香烃等）、卤代烃、醇、酚、醚、醛、酮、羧酸、酯、胺等。常见有机化合物的类别及其官能团见表 0-3。

**表 0-3　常见有机化合物的类别及其官能团**

| 化合物类别 | 官能团结构 | 官能团名称 | 化合物实例 |
|---|---|---|---|
| 烯烃 | $\gt C=C\lt$ | 碳碳双键 | $CH_2=CH_2$　乙烯 |
| 炔烃 | $-C\equiv C-$ | 碳碳三键 | $CH\equiv CH$　乙炔 |
| 卤代烃 | $-X$ | 卤原子 | $CH_3CH_2Br$　溴乙烷 |
| 醇 | $-OH$ | 醇羟基 | $CH_3CH_2OH$　乙醇 |
| 酚 | $-OH$ | 酚羟基 | $C_6H_5-OH$　苯酚 |
| 醚 | $-O-$ | 醚键 | $CH_3CH_2OCH_2CH_3$　乙醚 |
| 醛 | $-\overset{O}{\overset{\Vert}{C}}-H$ | 醛基 | $CH_3-\overset{O}{\overset{\Vert}{C}}-H$　乙醛 |
| 酮 | $-\overset{O}{\overset{\Vert}{C}}-$ | 酮基 | $CH_3-\overset{O}{\overset{\Vert}{C}}-CH_3$　丙酮 |
| 羧酸 | $-\overset{O}{\overset{\Vert}{C}}-OH$ | 羧基 | $CH_3-\overset{O}{\overset{\Vert}{C}}-OH$　乙酸 |
| 硝基化合物 | $-NO_2$ | 硝基 | $C_6H_5-NO_2$　硝基苯 |
| 胺 | $-NH_2$ | 氨基 | $CH_3CH_2NH_2$　乙胺 |
| 腈 | $-CN$ | 氰基 | $CH_3CH_2CN$　丙腈 |
| 重氮化合物 | $-N^+\equiv N$ | 重氮基 | $C_6H_5-N^+\equiv NCl^-$　氯化重氮苯 |
| 偶氮化合物 | $-N=N-$ | 偶氮基 | $C_6H_5-N=N-C_6H_5$　偶氮苯 |
| 磺酸 | $-SO_3H$ | 磺酸基 | $C_6H_5-SO_3H$　苯磺酸 |
| 酯 | $-\overset{O}{\overset{\Vert}{C}}-O-$ | 酯键 | $CH_3-\overset{O}{\overset{\Vert}{C}}-O-C_2H_5$　乙酸乙酯 |
| 酰胺 | $-\overset{O}{\overset{\Vert}{C}}-\underset{H}{\underset{\vert}{N}}-$ | 酰胺键 | $CH_3CONH_2$　乙酰胺 |

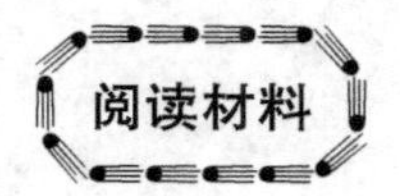


## 弗里德里希·维勒

弗里德里希·维勒(Friedrich Wöhler,1800—1882),德国化学家。他因人工合成尿素,打破了有机化合物的生命力学说而闻名。

少年时代的维勒喜欢诗歌、美术,爱好收藏矿物标本。在各门自然科学中,他最喜欢化学,尤其对化学实验感兴趣。在他居住的房间里,床下胡乱地堆放着许多木箱,里面盛满了各种各样的岩石、矿石和矿物标本;地上到处可见形形色色的矿物晶体;屋角摆放着一堆堆的实验仪器,有玻璃瓶、量筒、烧瓶、烧杯,还有打破的曲颈瓶以及钢质研钵等等。他的房间简直成了一间实验室和贮藏室。这引起了他父亲的极大不满,父亲要求自己的儿子学好每一门功课,不得偏废。为此,父子俩常发生口角。有一次,被激怒的父亲竟没收了儿子的《实验化学》一书。维勒很伤心,不得不跑去找父亲的好朋友布赫医生借书。布赫医生早年也曾对化学产生过极大兴趣,他一直存放着许多著名学者编著的化学教科书和专著,还有不少柏林、伦敦、斯德哥尔摩科学院的期刊。维勒寻求到了布赫的支持,他孜孜不倦地阅读着这些珍贵的化学资料,还经常同布赫医生讨论一些他们感兴趣的化学问题,在他的头脑里,知识一天天地积累起来。维勒的这种旺盛的求知欲重新激起了布赫对化学的浓厚兴趣。他们成了志同道合的忘年交,布赫在各方面给予维勒宝贵的支持和帮助。这位医生还很注意启发维勒的思想,经常对他说:“如果想要成为科学家,你就应当具备许多知识,要什么都知道……”这段友好交往,对维勒中学阶段的学习起了良好作用,使他更加勤奋地钻研各门功课。

1820 年,他以优异的成绩从中学毕业了。按照全家人的意见,维勒选择了学医。1820 年秋天,20 岁的维勒进入了马堡的医科大学。他喜欢上大学,白天他在学校里一心一意地攻读所有的功课,但只要回到宿舍,他就专心地搞起化学实验来,天天如此。这好像成了他的一种癖好,不做实验就不能安稳地入睡。晚上,维勒总是埋头于那些烧瓶和烧杯之间,似乎忘记了世上的一切。他的第一项科学研究,正是在那间简陋的大学生宿舍里获得成功的。他最早研究的是不溶于水的硫氰酸银和硫氰酸汞的性质问题。

有一次,当他把硫氰酸铵溶液与硝酸汞溶液混合时,得到了白色的硫氰酸汞沉淀。过滤后,他把沉淀物放在一边,自然地干燥着,就躺下睡觉了。但他脑子里还总想着实验的事情,无论如何也不能入睡。于是干脆爬起来,重新点燃蜡烛,接着做实验。他将一部分硫氰酸汞放在瓦片上,让它靠近壁炉里熊熊燃烧的炭火。不一会儿,瓦片被烧热了,上面的白色粉末开始噼啪作响,并逐渐在瓦片上分散开来。维勒高兴极了,他兴致勃勃地注视着所发生的一切。响声停止后,他取了一点白色粉末,蘸上点水,用手把它揉搓成一根白色的长条,放在瓦片上干燥片刻,然后对瓦片的一端猛烈加热。于是,又响起噼噼啪啪的声音,白色的长条受热后开始剧烈地膨胀,形成了一个大气泡。那气泡像球一样飞快地向另一端滚去。待反应停止后,剩下了一块不能流动的黄色物质。见到如此壮观与罕见的分解现象,维勒非常兴奋,他激动地度过了一个不眠之夜。

经过几个月的深入研究,他撰写了自己的第一篇科学论文,详细地描述了这一现象。经布赫医生推荐,这篇论文发表在《吉尔伯特年鉴》上。该文发表后,立即引起了瑞典化学家贝采里乌斯的重视。他在撰写的《年度述评》中,以十分赞许的口吻对维勒的论文给予了肯定的评价。

这一成果增强了这个青年学生的信心,为了继续深造,维勒决定到海德堡去,他要拜著名化学家列奥波德·格美林、生理学家蒂德曼教授为师。1822 年秋天,维勒到了海德堡,在蒂德曼教授指导下从事实验工作,准备将来当医生。同时,他还在格美林的实验室里工作。那里的实验条件较好,所需的物品应有尽有,维勒得以继续研究氰酸及其盐类。为此,他的时间被安排得满满的。然而,这个青年人,硬是坚持下来,取得了丰硕的成果。

维勒在化学方面取得的成果,表现出他卓越的研究才能和在化学上的较深造诣,因此他深得格美林和蒂德曼教授的欣赏,并与他们结下了深厚的友情。根据蒂德曼教授的建议,他又着手研究一个极为重要的生理学课题,即研究动物有机体尿液中排泄出来的各种物质。

维勒用狗做实验,也对自己进行实验,他从尿中分离出了纯净的尿素。这是一种易溶于水的无色晶体。维勒对它进行了全面分析,查明了该物质的一些重要性质。经过实验,他还得知在人们的一日三餐中,哪些食物能够引起尿中尿素含量的增加。这些实验结果,使蒂德曼教授感到十分满意。

1823 年 9 月 2 日,维勒通过了毕业考试,获得了外科医学博士学位。但他并没有为此而兴高采烈,因为这意味着他就要离开格美林的化学实验室,告别这位良师益友。格美林了解到这位年轻人的心情,于是推荐他到瑞典著名学者贝采里乌斯那里去学习与工作。当年冬天维勒就到了斯德哥尔摩,开始在这位卓越化学家的私人实验室里工作。此时的贝采里乌斯正在研究氟、硅和硼的化合物。在这里,维勒熟练地掌握了不少分析和制取各种元素的新方法。同时,他还继续研究氰酸。一年的留学时间转眼就过去了,1824 年 9 月维勒告别了贝采里乌斯,回到家乡法兰克福。回家后的第二天,他又来到布赫医生家里,同过去一样,他们几乎每天都在一起热烈地讨论有关化学问题。维勒重新把自己的住所变成了实验室。在继续研究氰酸的同时,他利用实验过程中的空闲时间,把贝采里乌斯主编的《年度述评》译成了德文。

当时,维勒正埋头研究制取氰酸铵的最简便的方法。他首先让氰酸和氨气这两种无机物进行反应。结果使他感到意外,生成物不是氰酸铵,而是草酸。他多次重复这一实验,结果仍然一样。于是他改用氰酸与氨水进行复分解反应,试图制得氰酸铵,结果他注意到"形成了草酸及一种肯定不是氰酸铵的白色结晶物"。他分析了这种白色物质,证明它确实不是氰酸铵。因为它与苛性钾反应,并不放出氨气;它与酸反应,也不能产生氰酸。因此,维勒肯定,他发现了一种与氰酸铵不同的新物质。那么,这种白色晶体究竟是什么呢?限于当时的实验条件,他自己还证明不了。他渴望有一个条件较好的实验室,为此,他毅然受聘到柏林工艺学校去任教。尽管那里的工资待遇不高,居住条件较差,但那里有一个设备齐全的实验室。

他使用了当时最先进的实验分析方法,证实了他发现过的白色晶体正是尿素。他还发现,用氯化铵与氰酸银或用氨水与氰酸铅反应,都能得到比较纯净的尿素。维勒感到无比兴奋,经过自己三四年的艰苦工作,他终于实现了由无机物人工合成尿素的设想。他把这一成果写成论文,题为《论尿素的人工制成》,发表在 1828 年《物理学和化学年鉴》第 12 卷上。这篇论文引起了化学界的一次震动。因为在 18 世纪至 19 世纪初,生物学和有机化学领域中普遍流行着一种生命力论。该理论认为有机物只能依靠一种生命力在动植物有机体内产生,在生产上和实验室里,人们只能合成无机物质,不能合成有机物质,尤其是由无机物合成有机物更不可能。贝采里乌斯曾认为,许多化学定律对有机物都不起作用。因此,维勒的成就在公之于世后,立即产生了巨大反响,不少人为之欢呼,纷纷祝贺,但同时也遭到了许多人的反对。贝采里乌斯最初听到这个消息时,幽默地讽刺说:"能不能在实验室造出一个孩子来?"

人工合成尿素,不仅为维勒本人赢得了荣誉,这一发现在化学史上也具有重大意义。首先,人工合成尿素又一次提供了同分异构现象的早期事例,成为有机结构理论的实验证明。其次,这一发现强烈地冲击了形而上学的生命力论,为辩证唯物主义自然观的诞生提供了科学依据。它填补了生命力论制造的无机物与有机物之间的鸿沟。恩格斯曾指出,维勒合成尿素,扫除了所谓有机物的神秘性的残余。最后,人工合成尿素在化学史上开创了一个新兴的研究领域。尽管这一发现最初仅限于孤立的个别事例,而且在生命力论者看来尿素不是真正的有机物,它是动物机体的排泄物,并易于分解成氨和二氧化碳,因此只是一种联系有机物和无机物的过渡产物,真正的有机物绝不能人工合成,但维勒提出的有机合成的新概念,促使乙酸、脂肪、糖类等一系列有机物的成功合成。因此可以说,维勒开创了一个有机合成的新时代。

维勒同时是一位化学教育家,他为人类培育了许多化学良才,他的学生中有不少人后来成了著名的教授、工程师和化学工艺师。

弗里德里希·维勒,最终成为世界上赫赫有名的伟大化学家。他一生中取得了科学研究的累累硕果,与此同时,他也有过重大失误,他曾因一时疏漏而失去了发现化学元素钒的机会。当时维勒正在斯德哥尔摩随贝采里乌斯从事研究工作,贝采里乌斯教授曾指定他分析墨西哥出产的黄铅矿石。在分析化验过程中,维勒发现过一种特殊的沉淀物,当时他认为这可能是铬的化合物,未去深究其真实面目,后来这一现象又被他的同学瑟夫斯特姆发现。后者却抓住这个现象不放,经过反复实验研究,终于发现那种沉淀物是一种含有新元素的物质,这种元素就是钒。维勒得知后,在感到震惊的同时,也很苦闷、内疚和失望。在恩师贝采里乌斯教授及时的鼓励和教导下,他才重新振作起来,但这件事令他终生难忘,他常常以此为戒教育他的学生及子女。

维勒的这一经历,成为后辈科学工作者的一面镜子。他的实践表明,在科学面前,不能有半点疏忽和粗心大意。对任何新现象、新问题,都不能单凭经验去做主观的猜测。要善于进行全面客观的观察与实验,思维要敏捷,注意捕捉科学实践中的一切机遇。

在无机化学领域,他也有不少贡献。1827 年和 1828 年他先后发现了铝和铍两种元素,还对硼、钛、硅的化合物进行了广泛研究并发现了硅的氢化物。

维勒和李比希合作在有机化学方面做出了很多贡献。1832 年他和李比希共同发现了苯甲酸基团,研究了有机化学的基团反应;1837 年又共同发现了扁桃苷;1848 年维勒发现了氢醌。

1882 年 9 月 23 日,弗里德里希·维勒因病医治无效,逝世于哥廷根。这无疑是化学事业发展中的一大损失。至今,每当人们提到尿素的人工合成时,都会很自然地想起维勒的名字。

## 习　题

### 一、选择题

1. 第一位人工合成有机物的化学家是(　　)。

A. 门捷列夫　　B. 维勒　　C. 范特霍夫　　D. 勒·贝尔

2. 下列物质属于有机物的是(　　)。

A. 氰化钾(KCN)　　B. 氢氰酸(HCN)　　C. 乙炔($C_2H_2$)　　D. 碳化硅(SiC)

3. 有机化学的研究领域是(　　)。

①有机物的组成　②有机物的结构、性质　③有机合成　④有机物的应用

A. ①②③④　　B. ①②③　　C. ②③④　　D. ①②④

4. 下列有机物是按照碳的骨架进行分类的是(　　)。

A. 烷烃　　　　B. 烯烃　　　　C. 芳香烃　　　　D. 卤代烃

5. 下列关于官能团的判断中说法错误的是(　　)。

A. 醇的官能团是羟基(—OH)　　　　B. 羧酸的官能团是羟基(—OH)

C. 酚的官能团是羟基(—OH)　　　　D. 烯烃的官能团是双键

6. 有机化学知识在生活中应用广泛,下列说法不正确的是(　　)。

A. 用天然气做燃料可以有效地减少“温室效应”气体的产生

B. 医用酒精的浓度为75%

C. 用灼烧的方法可以鉴别毛织物和棉织物

D. 油脂是产生能量最高的营养物质,在饮食中不必控制油脂的摄入量

7. 有机物分子中的重要化学键是(　　)。

A. 离子键　　　　B. 共价键　　　　C. 配位键　　　　D. 氢键

8. 有机化合物的性质主要取决于(　　)。

A. 组成分子间的聚集状态

B. 所含官能团的种类、数目和分子量

C. 构成分子的各原子的组成比例

D. 构成分子的各原子的空间排列

9. 下列为一般有机物所共有的性质是(　　)。

A. 易燃　　　　B. 高熔点　　　　C. 易溶于水　　　　D. 反应速度快

10. 下列物质属于有机物的是(　　)

A. CO　　　　B. $CH_4$　　　　C. $H_2CO_3$　　　　D. $Na_2CO_3$

## 二、填空题

1. 大多数有机化合物在组成上都含有______、______、______、______等元素。

2. 碳碳键的类型包括________、________、________。

3. 有机反应涉及反应物旧键的断裂和新键的形成。键的断裂主要有________、________两种方式。

4. 按原子轨道重叠的方式不同,共价键有两种,即________键和______键。

5. $sp^3$杂化又称正四面体杂化,是把________个s轨道和________个p轨道重新组合,形成______个能量相等的杂化轨道,每一个杂化轨道含有1/4的s成分和3/4的p成分。

6. σ键是原子轨道以________的方式重叠而成的,重叠程度比较大,键比较稳定。π键是两个p轨道以________的方式重叠而成的,重叠程度比较小,键比较活泼。

7. 烃是指由__________和____________两种元素组成的化合物。

## 三、简答题

1. 典型有机物和典型无机物在性质上有何不同? 试举例说明。

2. 解释为何C═C的键能比C—C的键能的2倍要小。

3. 用$\delta^+$和$\delta^-$分别表示下列化合物的正负极。

(1) $CH_3$—$NH_2$　(2) $CH_3$—OH

4. 按布朗斯特酸碱理论,下列化合物中哪些为酸? 哪些为碱? 哪些既为酸又为碱?

$NH_4^+$　　$HI$　　$CN^-$　　$HS^-$　　$H_2O$

5. 矿物油(相对分子质量较大的烃的混合物)能溶于己烷,但不溶于乙醇和水,试说明原因。

6. 按官能团的不同可以对有机物进行分类,你能指出下列有机物的类别吗?

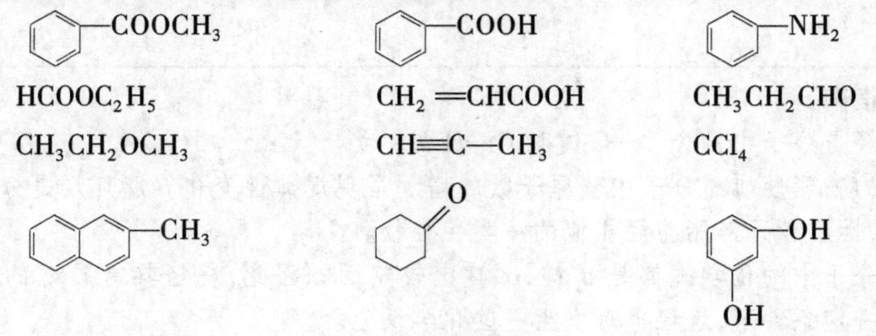

# 第一章　饱和烃

**学习指南**

饱和烃是分子中只含 C—C 键和 C—H 键的烃。

烷烃的物理性质随分子中碳原子数的增加呈现规律性变化。脂环烃是分子中含有碳环结构,性质和开链脂肪烃相似的一类化合物。

烷烃分子中的化学键都是 σ 键,σ 键比较牢固。因此,烷烃具有较好的化学稳定性。但在一定条件下,烷烃也可发生一些化学反应。

本章详细讨论有关烷烃和脂环烃的基本概念、命名方法、物理性质及其变化规律、化学反应及其实际应用。

学习本章内容,应在了解碳原子的四面体结构、σ 键的形成及其特性、脂环烃的结构特征的基础上做到:

1. 掌握烷烃、环烷烃的同分异构和命名方法,理解同系物、系差、同分异构体等概念;
2. 了解烷烃、脂环烃的物理性质及其变化规律;
3. 理解脂环烃的结构与稳定性的关系;
4. 掌握烷烃、脂环烃的化学反应类型及反应规律,了解其在生产、生活中的实际应用;
5. 了解重要的多环化合物的结构特点及用途。

## 第一节　烷烃

### 一、烷烃的结构

烷烃分子中的碳原子都是 $sp^3$ 杂化,碳原子的 4 个 $sp^3$ 杂化轨道只能以 4 个单键与碳原子或氢原子结合,不能再与其他原子结合了,这种碳原子称为饱和碳原子。烷烃分子中的碳原子都是饱和碳原子,所以烷烃又称饱和烃。饱和烃的结构特点是碳原子之间只存在单键。

#### (一)烷烃的同系列

**烷烃的通式为 $C_nH_{2n+2}$**,其中 $n$ 表示碳原子数目。从甲烷开始,每增加一个碳原子就增加两个氢原子,因此两个邻的烷烃分子之间总是相差一个 $CH_2$。**在组成上相差一个或几个 $CH_2$,且结构和性质相似的一系列化合物称为同系列,同系列中的几个化合物互称为同系物。在同系列中,相邻的两个分子式的差值 $CH_2$ 称为系差。**由于同系物结构相似,因而也具有相似的化学性质,它们的物理性质随着碳原子数目的增加而呈规律性变化。

最简单的烷烃是甲烷,其次是乙烷、丙烷……

在每个同系列中只要研究几个典型的、有代表性的化合物的性质,就可以推测其他同系物的性质，这为我们学习和研究有机化学提供了方便。但是应该指出，同系列中的第一个化合物，由于其构造与同系列中其他成员有较大的差异，往往表现出某些特殊性质。

**(二)烷烃的同分异构现象**

**烷烃的同分异构现象是由于分子中碳原子的排列方式不同引起的，所以烷烃的同分异构又叫作构造异构。**在烷烃同系列中，甲烷、乙烷、丙烷只有一种结合方式，没有异构现象，从丁烷起才有同分异构现象。

正丁烷和异丁烷具有相同的分子式($C_4H_{10}$)，但它们是不同的化合物。这种分子式相同而构造不同的异构体称为构造异构体。这实质上是由于碳干构造的不同而产生的现象，所以往往称为碳干异构体。

$(CH_3)_2CHCH_3$　　　$CH_3CH_2CH_2CH_3$

异丁烷　　　　　　正丁烷

在烷烃分子中随着碳原子数的增加，异构体的数目增加得很快。例如丁烷($C_4H_{10}$)有2种异构体，己烷($C_6H_{14}$)有5种，辛烷($C_8H_{18}$)有18种，二十烷($C_{20}H_{42}$)则达36万多种。低级烷烃的同分异构体的数目和构造式，可利用碳干不同推导出来。以己烷为例，其基本步骤如下。

(1)写出这个烷烃的最长直链式(省略氢原子)。如：

```
C—C—C—C—C—C
     ①
```

(2)把少一个碳原子的直链式作为主链，把剩下的碳当作支链。将取代基依次连在各碳原子上，就能写出可能的同分异构体的构造式。

应注意：支链不能连在端点的碳原子上，因为那样相当于接长了主链；也不能连在可能出现重复的碳原子上。如：

```
C—C—C—C—C        C—C—C—C—C
  |                  |
  C                  C
  ②                  ③
```

(3)把少两个碳原子的直链式作为主链。把两个碳原子当作支链(2个甲基)，接在各碳原子上，或把两个碳原子当作乙基，接在各碳原子上。如：

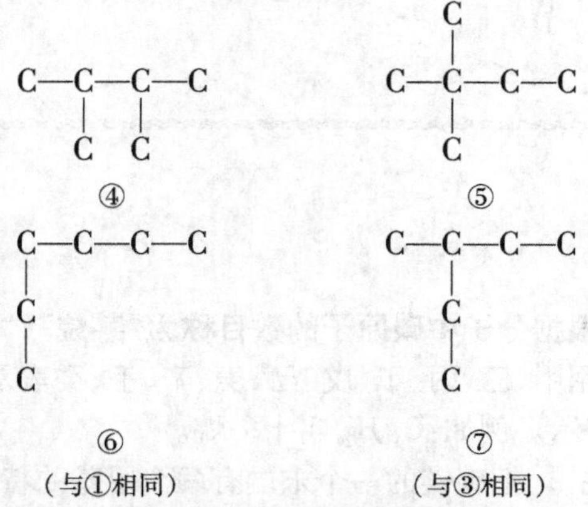

(与①相同)　　　(与③相同)

由于上式主链中只有四个碳原子，若将两个碳原子作为一个支链连在主链上，相当于接长了主链，如⑥，⑦所示，所以在这里就不能将两个碳原子作为一个支链连在主链上了。

(4)把重复者去掉。这样可得到己烷的全部同分异构体,分别为

```
C—C—C—C—C—C    C—C—C—C—C    C—C—C—C—C
                  |              |
                  C              C

                       C
                       |
   C—C—C—C        C—C—C—C
     |  |              |
     C  C              C
```

**(三)碳原子的类型**

从戊烷的异构体可以看出,分子中各碳原子所处的位置并不完全相同。把直接与一个碳原子相连的称为“伯”(primary)或一级碳原子,用1°表示;直接与两个碳原子相连的称为“仲”(secondary)或二级碳原子,用2°表示;直接与三个碳原子相连的称为“叔”(tertiary)或三级碳原子,用3°表示;直接与四个碳原子相连的称为“季”(quaternary)或四级碳原子,用4°表示。在上述四种碳原子中,除了季碳原子外,其他的都连接有氢原子。所以,**伯、仲、叔碳原子上连接的氢原子分别叫伯、仲、叔氢原子**。如戊烷的三个同分异构体的构造式中碳原子的类型分别标出如下:

```
                              1°                    1°
                              CH3                   CH3
                              |                1°   | 4°   1°
CH3CH2CH2CH2CH3          CH3CHCH2CH3           CH3—C—CH3
1°  2°  2°  2°  1°       1°  3° 2°  1°              |
                                                    CH3
                                                    1°
    正戊烷                    异戊烷                 新戊烷
```

---

**问题 1-1** 写出庚烷($C_7H_{16}$)的所有同分异构体,并用记号标出各同分异构体中的1°,2°,3°和4°碳原子及1°,2°和3°氢原子。

**问题 1-2** 下列各组化合物是否相同?为什么?

```
        Cl             H
        |              |
(1) Cl—C—H  和  Cl—C—Cl
        |              |
        H              H
```

(2) (键线式) 和 (键线式)

---

## 二、烷烃的命名

**(一)普通命名法**

**烷烃的普通命名法是根据分子中碳原子的数目称为“某烷”**,“某”是指烷烃中碳原子的数目。碳原子数由一到十用甲、乙、丙、丁、戊、己、庚、辛、壬、癸表示;碳原子数在十以上,用中文数字十一、十二……表示。例如:$C_{11}H_{24}$叫十一烷。

凡直链烷烃叫“正某烷”。把碳链的一个末端有两个甲基的特定结构的烷烃称为“异某烷”。如:

$CH_3CH_2CH_2CH_2CH_3$ 正戊烷

$$\begin{array}{l} H_3C—CH—CH_2CH_2CH_3 \\ \quad\quad\;\; | \\ \quad\quad\; CH_3 \end{array}$$

异己烷

在五或六个碳原子烷烃的异构体中含有季碳原子的可命名为“新某烷”。如：

$$\begin{array}{c} CH_3 \\ | \\ CH_3—C—CH_3 \\ | \\ CH_3 \end{array}$$

新戊烷

衡量汽油品质的基准物质异辛烷则属例外,因为它的名称沿用日久,已成习惯了。

普通命名法简单方便,但只适用于比较简单的烷烃。对于比较复杂的烷烃必须用系统命名法命名。为了学习系统命名法,对烷基要有初步的认识。

**烷烃分子中去掉一个或者几个氢原子后剩下的原子团称为烷基,通常用R—表示。**常见的烷基有以下几种。

$CH_3—$ 甲基　$CH_3CH_2—$ 乙基　$CH_3CH_2CH_2—$ 丙基　$CH_3CH_2CH_2CH_2—$ 丁基

$$\begin{array}{l} CH_3—CH—CH_2— \\ \quad\quad\;\; | \\ \quad\quad CH_3 \end{array}$$

异丁基

$$\begin{array}{l} \quad\quad\;\; CH_3 \\ \quad\quad\;\; | \\ CH_3—CH— \end{array}$$

异丙基

$$\begin{array}{l} CH_3CH_2—CH— \\ \quad\quad\quad\quad | \\ \quad\quad\quad\; CH_3 \end{array}$$

仲丁基

$$\begin{array}{c} CH_3 \\ | \\ CH_3—C— \\ | \\ CH_3 \end{array}$$

叔丁基

$>CH—$ 次甲基　$—C(—)—CH_3$ 次乙基

$>CH_2$ 亚甲基　$>CHCH_3$ 亚乙基　$—CH_2CH_2CH_2—$ 1,3-亚丙基

---

**问题1-3**　写出下列化合物的构造式:

(1)仲丁基与异丁基组成的烷烃　　(2)异丙基与仲丁基组成的烷烃

(3)叔丁基与乙基组成的烷烃

---

**(二)系统命名法**

为了找出一种较普遍适用的命名法,1892年在日内瓦召开了国际化学会议,制定了系统的有机化合物的命名法,叫作日内瓦命名法。其基本精神是体现化合物的系列和结构的特点。后来由国际纯粹和应用化学联合会(International Union of Pure and Applied Chemistry,IUPAC)做了几次修订,简称为IUPAC命名法。中文的系统命名法是中国化学会在英文IUPAC命名法的基础上,结合汉字的特点于1960年制定的。1980年根据1979年版英文IUPAC命名法进行了修订。

在系统命名法中,对于直链烷烃的命名和普通命名法是基本相同的,但不加“正”字。

如:$CH_3CH_2CH_2CH_2CH_3$,普通命名法叫正戊烷,系统命名法叫戊烷。对于支链烷烃,把它看作直链烷烃的烷基取代衍生物。

系统命名法的步骤如下。

(1)选取主链(母体)。选一个含碳原子数最多的碳链作为主链,写出相当于这个主链的直链烷烃的名称。如:(虚框内为主链)

```
        3       4      5      6
CH3 — CH  — CH2 — CH2 — CH3
       |
     2 CH2
       |
     1 CH3
```

在上式虚框内的碳链为最长的,作为母体,含六个碳原子故叫己烷,甲基则当作取代基。

(2)含多取代基时,编号采用“最低系列”原则。所谓最低系列指的是碳链从不同方向编号,得到两种或两种以上的不同编号序列,顺次比较各系列的不同位次,最先遇到的位次最小者为“最低系列”。例如在下式中从右到左取代基(甲基)的位次为4,而从左到右则为3,故这个烷烃的主链的编号应从左到右,才可使甲基的位次最小,叫3-甲基己烷,不能叫4-甲基己烷。

```
CH3—CH2—CH—CH2—CH2—CH3        3-甲基己烷
         |
         CH3
```

(3)对主链碳原子的位次进行编号。确定主链位次的原则是使取代基的位次最小。从距离支链最近的一端开始编号。位次和取代基名称之间要用半字线“-”连起来,写出母体的名称。如:

```
     3   4    5    6
CH3—CH—CH2—CH2—CH3        3-甲基己烷
     |
    2CH2
     |
    1CH3
```

(4)如果有几个不同的取代基,把小的取代基名称写在前面,大的写在后面;如果含有几个相同的取代基,把它们合并起来,取代基的数目用二、三、四……表示,写在取代基的前面,其位次必须逐个注明,位次的数字之间要用“,”隔开。如:

```
 6    5    4   3    2   1
CH3—CH2—CH—CH2—CH—CH3
          |        |
          CH2      CH3
          |
          CH3
```

2-甲基-4-乙基己烷

烷基的大小次序为:甲基 < 乙基 < 丙基 < 丁基 < 戊基 < 己基。

当有多个相同长度的链可作为主链时,应选择支链数目最多的链作为主链。

如果支链上还有取代基,从与主链相连的碳原子开始,把支链的碳原子依次编号,支链上取代基的位置就由编号所得的号数来表示。这个取代了的支链的名称可放在括号中,或用带撇的数字来表明支链中的碳原子。

此外,不少有机化合物还有习惯上使用的俗名,俗名是根据它的来源或性质来定名的。如甲烷的俗名叫沼气或坑气。在工业界使用较多的是俗名。

**问题 1-4** 用系统命名法写出问题 1-1 中庚烷的各同分异构体的名称。

**问题 1-5** 写出下列各化合物的结构式,假如某个名称违反系统命名原则,予以更正。

(1)3,3-二甲基丁烷　　(2)2,4-二甲基-5-异丙基壬烷

(3)2,4,5,5-四甲基-4-乙基庚烷　　(4)3,4-二甲基-5-乙基癸烷

(5)2,2,3-三甲基戊烷　　(6)2,3-二甲基-2-乙基丁烷

(7)2-异丙基-4-甲基己烷　　(8)4-乙基-5,5-二甲基辛烷

## 三、烷烃的构象

1. 乙烷的构象

所谓构象是指有一定构造的分子通过单键的旋转,形成的各原子或原子团在空间的排布。由于单键的旋转使连接在碳原子上的原子或原子团在空间的排布位置随之发生变化,所以构造式相同的化合物可能有许多构象。它们之间互为构象异构体。

由于乙烷是由一个 C—C σ 键,六个 C—H σ 键连接形成的,σ 键可绕键轴旋转。乙烷分子可以有无数构象,但其中最典型的构象只有两种,一种是交叉式,另一种是重叠式,如图 1-1 所示。常用透视式、纽曼投影式来表示构象。

(a)　　(b)

**图 1-1　乙烷的透视式**

(a)交叉式　(b)重叠式

1)透视式

在重叠式中,一个甲基上的三个氢原子刚好与另一个甲基上的三个氢原子全部重叠,这种构象称为重叠式;在交叉式中,一个甲基上的氢原子处于另一个甲基上的两个氢原子的正中间,这种构象称为交叉式。

2)纽曼(Newman)投影式

纽曼投影式是从 C—C 单键的延长线上观察分子的,两个碳原子在投影式中处于重叠位置。在重叠式中,两个碳原子上的氢原子相距最近,相互排斥作用最大,因而内能最高,是最不稳定的构象;在交叉式中,两个碳原子上的氢原子相距最远,相互排斥作用最小,分子内能最低,是最稳定的构象,称为优势构象。如图 1-2 所示。乙烷的两种典型构象在能量上的关系如图 1-3 所示。

由交叉式转变为重叠式必须吸收 12.5 kJ/mol 的能量,由重叠式转变为交叉式会放出 12.5 kJ/mol 的能量。这只是乙烷的两个极限式,低温时,交叉式构象增多。从理论上讲,乙

烷分子的构象是无数的，其他构象则介于上述两种极限构象之间。

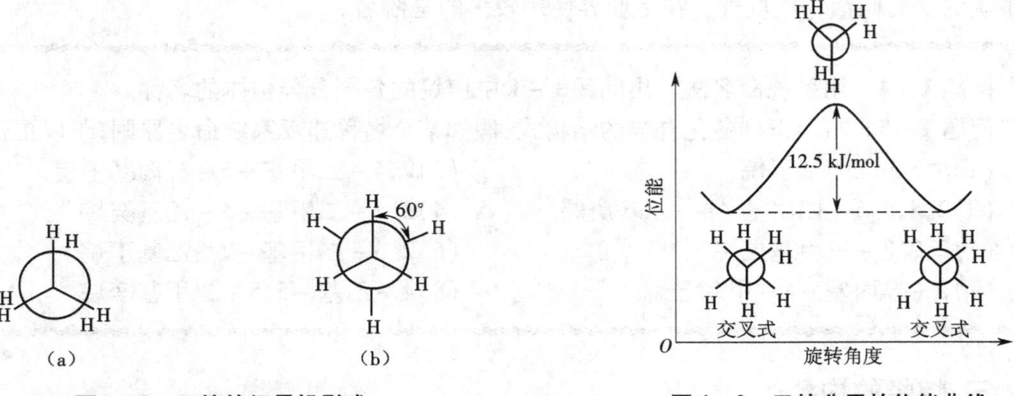


**图 1-2　乙烷的纽曼投影式**

(a)重叠式　(b)交叉式

**图 1-3　乙烷分子的位能曲线**

2. 丁烷的构象

在正丁烷分子中，以 $C_2$—$C_3$单键为轴旋转时也会产生无数种构象，其中具有典型意义的有四种——全重叠式、部分重叠式、对位交叉式、邻位交叉式，如图 1-4 所示。四种构象的稳定性次序为：对位交叉式 > 邻位交叉式 > 部分重叠式 > 全重叠式。在室温下，对位交叉式约占 68%，邻位交叉式约占 32%，其他两种构象极少。

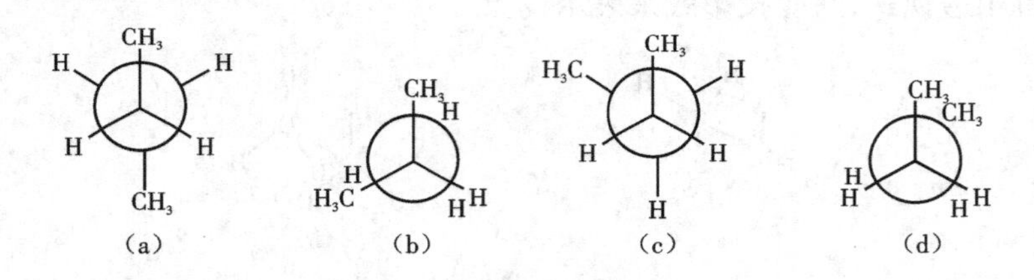


**图 1-4　丁烷的构象**

(a)对位交叉式　(b)部分重叠式　(c)邻位交叉式　(d)全重叠式

**问题 1-6**　用纽曼投影式写出乙二醇的典型构象，并指出何者为优势构象，原因是什么。

**问题 1-7**　把下列两个纽曼投影式写成透视式，它们是否为不同的构象？

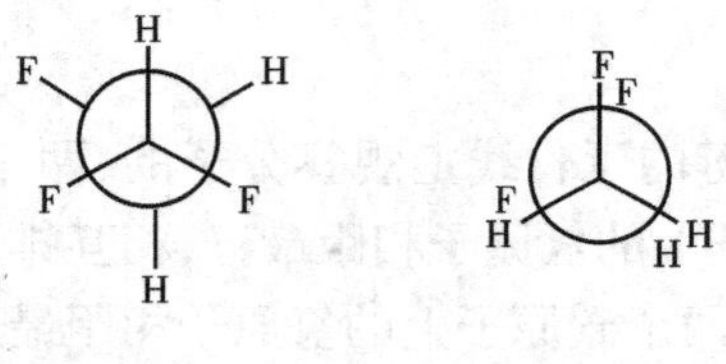

## 四、烷烃的物理性质

**物质的物理性质通常是指它们的物态、颜色、气味、熔点、沸点、密度、折射率、溶解度、旋**

光度等。纯的有机化合物的物理性质在一定条件下是不变的,其数值一般为常数。因此可通过测定物理常数来鉴别有机化合物或检验其纯度。这些物理常数是用物理方法测定出来的,可以从化学和物理手册中查出来。

同系列的有机化合物,其物理性质往往随相对分子质量的增大而呈规律性变化。一些直链烷烃的物理常数见表1-1。

**表1-1 一些直链烷烃的物理常数**

| 名称 | 沸点/℃ | 熔点/℃ | 相对密度 | 折射率 |
| --- | --- | --- | --- | --- |
| 甲烷 | -164 | -182.5 | 0.424 | — |
| 乙烷 | -88.6 | -183.3 | 0.546 | — |
| 丙烷 | -42.1 | -189.7 | 0.582 | — |
| 丁烷 | -0.5 | -138.4 | 0.579 | — |
| 戊烷 | 36.1 | -129.7 | 0.626 | 1.357 5 |
| 己烷 | 68.9 | -95 | 0.659 | 1.374 9 |
| 庚烷 | 98.4 | -90.6 | 0.684 | 1.387 6 |
| 辛烷 | 125.7 | -56.8 | 0.703 | 1.397 4 |
| 壬烷 | 150.8 | -51 | 0.718 | 1.405 4 |
| 癸烷 | 174 | -29.7 | 0.730 | 1.411 9 |
| 十一烷 | 195.5 | -25.6 | 0.740 | 1.417 6 |
| 十二烷 | 216.3 | -9.6 | 0.749 | 1.421 6 |
| 十三烷 | 235.4 | -5.5 | 0.756 | 1.423 3 |
| 十四烷 | 253.7 | 5.9 | 0.763 | 1.429 0 |
| 十五烷 | 270.6 | 10 | 0.769 | 1.431 5 |
| 十六烷 | 287 | 18.2 | 0.773 | 1.434 5 |
| 十七烷 | 301.8 | 22 | 0.778 | 1.436 0 |
| 十八烷 | 316.1 | 28.2 | 0.777 | 1.434 9 |
| 十九烷 | 329.1 | 32.1 | 0.777 | 1.440 9 |
| 二十烷 | 343 | 36.8 | 0.786 | 1.442 5 |
| 三十二烷 | 467 | 69.7 | 0.812 | — |
| 一百烷 | — | 115.2 | — | — |

1. 物态

常温常压下,$C_1 \sim C_4$的烷烃为气体;$C_5 \sim C_{16}$的烷烃为液体;$C_{17}$及以上的烷烃为固体。

2. 沸点

直链烷烃的沸点随着分子量的增大而有规律地升高。烷烃是非极性分子,随着分子中碳原子数目的增加,相对分子质量增大,分子间的范德华引力增强,若要使其沸腾汽化,就需要提供更多的能量,所以烷烃的相对分子质量越大,沸点越高。

在碳原子数目相同的烷烃异构体中,直链烷烃的沸点较高,支链烷烃的沸点较低;支链越多，沸点越低。这主要是由于烷烃的支链产生了空间阻碍作用，使得烷烃分子彼此间难以接近，分子间作用力大大减弱。支链越多，空间阻碍作用越大，分子间作用力越小，沸点就越低。如正戊烷的沸点为 36.1 ℃，异戊烷的沸点为 28 ℃，新戊烷的沸点为 9.5 ℃。

**问题 1－8** 试将下列烷烃按其沸点的高低排列顺序（把沸点高的排在前面）。

(1)2－甲基戊烷 (2)正己烷 (3)正庚烷 (4)十二烷

**问题 1－9** 将下列化合物按沸点由高到低排列（不要查表）。

(1)3,3－二甲基戊烷 (2)正庚烷 (3)2－甲基庚烷

(4)正戊烷 (5)2－甲基己烷

3. 熔点

正烷烃的熔点，同系列 $C_1 \sim C_3$不那么规则，但 $C_4$及以上的烷烃熔点随着碳原子数的增加而升高。其中，含偶数碳原子的烷烃熔点升高多一些，以至于含奇数和含偶数碳原子的烷烃各构成一条熔点曲线，偶数在上，奇数在下，如图 1－5 所示。

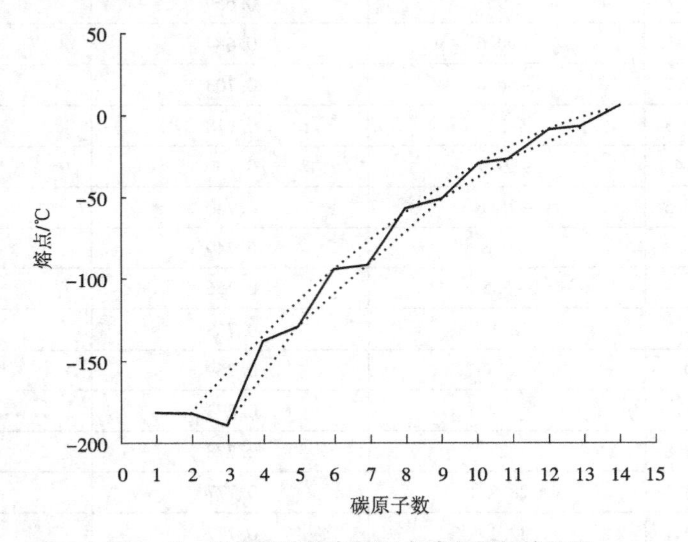


**图 1－5 正烷烃的熔点与所含碳原子数的关系**

因为在晶体中，分子间作用力不仅取决于分子的大小，而且取决于晶体中碳链的空间排布情况。烷烃分子的对称性越好，排列越紧密（分子间的色散力越大），熔点就越高。如正戊烷的熔点为 －129.7 ℃，新戊烷的熔点为 －16.6 ℃。在共价化合物晶体晶格中的质点是分子，偶数碳链的烷烃具有较高的对称性，使碳链之间的排列比奇数的紧密。所以，含偶数碳原子的烷烃的熔点比奇数的升高就多一些。

4. 溶解度

烷烃不溶于水，但能溶于某些有机溶剂，尤其易溶于烃类中。

**问题 1－10** 解释：异戊烷的熔点（－159.9 ℃）低于正戊烷的熔点（－129.7 ℃），而新戊烷的熔点（－16.6 ℃）却最高。

## 五、烷烃的化学性质

**物质的化学性质是指物质的化学稳定性和能够发生的化学反应。**烷烃是饱和烃，分子中只有 C—C 和 C—H 两种结合得比较牢固的共价键，需要较高的能量才能使其断裂，所以化学性质比较稳定，分子都无极性，极化度小。在一般条件下试剂不易进攻，与大多数强酸、强氧化剂、强还原剂及金属钠等都不起反应，或者反应速度极其缓慢。由于烷烃有这些特性，在生产上常用作反应中的溶剂。但在一定条件下，如在适当的温度、压力和催化剂的作用下，烷烃可发生氧化、裂解、取代反应等。

烷烃的 C—C 和 C—H 键极化程度小，不易发生异裂反应（即离子反应），容易发生均裂反应（即游离基反应）。

### （一）氧化反应

烷烃在空气中燃烧，生成二氧化碳和水，并放出大量的热能。

$$2C_nH_{2n+2}+(3n+1)O_2 \longrightarrow 2nCO_2+2(n+1)H_2O+\text{热能}$$

这就是汽油和柴油作为内燃机燃料的基本变化和根据。但这种燃烧通常是不完全的，特别是在氧气不充足的情况下会生成大量的一氧化碳。

烷烃在室温下一般不与氧化剂反应，与空气中的氧也不起反应，但在引发剂引发下可以使烷烃部分氧化，生成醇、醛、酸等。

$$\text{正丁烷} \xrightarrow{\text{氧化}} \text{乙酸}$$

$$\text{高级烷烃}(C_{20}\sim C_{30}) \xrightarrow{\text{氧化}} \text{高级脂肪酸}$$

将高级烷烃氧化成高级脂肪酸已实现工业化。由此得到的脂肪酸的混合物可用来代替植物油脂制造肥皂，节省大量的食用油脂。

### （二）裂化反应

在没有氧气的条件下，把烷烃的蒸气加热到 450 ℃以上时，分子中的 C—C 和 C—H 键都发生断裂，形成较小的分子。这种在高温及没有氧气的条件下发生键断裂的反应称为裂化反应。如：

$$\underset{\underset{H}{|}}{CH_3—CH}—\underset{\underset{H}{|}}{CH_2} \xrightarrow{460\ ℃} CH_3CH=CH_2+H_2$$

烷烃在 800 ~1 100 ℃时的裂化产物主要是乙烯，其次为丙烯、丁烯、丁二烯和氢气。

$$CH_3 \mid CH_2—\underset{\underset{H}{|}}{CH_2} \xrightarrow{800\sim1\,100\ ℃} CH_2=CH_2+CH_4$$

裂化反应相当复杂，在裂化的同时，还有部分小分子烃转变为较大的分子，有些甚至较原来的烃分子更大。另一种是应用催化剂的裂化反应，称为催化裂化。催化裂化的目的是生产高辛烷值的汽油。

### （三）取代反应

**分子中的原子或者原子团被其他原子或者原子团取代的反应叫取代反应。**被卤素原子取代的反应叫作卤代反应。烷烃的氢原子可被卤素取代，生成卤代烃，并放出卤化氢。

$$RH + X_2 \longrightarrow RX + HX \qquad (X = Cl, Br)$$

氟、氯、溴与烷烃反应生成一卤和多卤代烷，其反应活性为 $F_2 > Cl_2 > Br_2$，碘通常不与烷烃反应。除氟外，卤素在常温下和黑暗中与烷烃不发生或极少发生卤代反应，但在紫外光漫射或高温下，氯和溴与烷烃易发生反应，有时甚至剧烈到爆炸的程度。

$$CH_4 + 4Cl_2 \xrightarrow{强光} CCl_4 + 4HCl$$

在漫射光、热或催化剂的作用下，甲烷和氯反应生成一氯甲烷和氯化氢，同时放出热量。

$$CH_4 + Cl_2 \xrightarrow{光} CH_3Cl + HCl$$

甲烷的氯代反应较难停留在一氯甲烷阶段，继续氯化，生成二氯甲烷、三氯甲烷和四氯化碳。

$$CH_3Cl + Cl_2 \xrightarrow{光} CH_2Cl_2 + HCl$$

$$CH_2Cl_2 + Cl_2 \xrightarrow{光} CHCl_3 + HCl$$

$$CHCl_3 + Cl_2 \xrightarrow{光} CCl_4 + HCl$$

但控制一定的反应条件和原料的用量比，可以使其中一种氯代烷为主要产品。工业上采用加热氯化法，控制反应温度在 400 ~ 500 ℃，甲烷与氯的比例为 10∶1时，主要产物为一氯甲烷；甲烷与氯的比例为 0.263∶1时，主要生成四氯化碳。

一氯甲烷主要用作合成硅树脂、硅橡胶和甲基纤维素的原料，也可用作冷冻剂、萃取剂和低温聚合催化剂的载体。四氯化碳主要用作有机溶剂、纤维脱脂剂、分析试剂和灭火剂等。

**烷烃的卤代反应是自由基型反应。**发生取代反应时，可以在分子中不同的碳原子上取代不同的氢原子，得到各种氯代烃。实验表明，**烷烃分子中不同类型的氢原子发生取代反应的活性是不一样的。**例如丙烷的氯代反应：

$$CH_3CH_2CH_3 \xrightarrow[25\ ℃]{Cl_2,光} \underset{\substack{1-氯丙烷 \\ 43\%}}{CH_3CH_2CH_2Cl} + \underset{\substack{2-氯丙烷 \\ 57\%}}{\underset{\substack{| \\ Cl}}{CH_3—CH—CH_3}}$$

又如异丁烷的氯代反应：

$$\underset{\substack{| \\ CH_3}}{CH_3\,CHCH_3} \xrightarrow[光]{Cl_2} \underset{\substack{2-甲基-1-氯丙烷 \\ 64\%}}{\underset{\substack{| \\ CH_3}}{CH_3\,CHCH_2Cl}} + \underset{\substack{2-甲基-2-氯丙烷 \\ 36\%}}{\overset{\substack{CH_3 \\ |}}{\underset{\substack{| \\ Cl}}{CH_3—C—CH_3}}}$$

在丙烷分子中伯氢原子有 6 个，仲氢原子有 2 个，如果只考虑碰撞频率和推测概率因子，仲氢原子与伯氢原子的相对活性为(57/2)/(43/6) = 4/1，这就是说仲氢原子和伯氢原子的相对活性为 4∶1；叔氢原子与伯氢原子的相对活性为(36/1)/(64/9) = 5.1/1。实验结果表明，叔、仲、伯氢原子在室温下的相对活性为 5∶4∶1，即每个叔、伯、仲氢原子被氯原子取代生成相应的氯代烷的相对比例。这说明，烷烃的氯代在室温下有选择性，据此，可以预测在室温下某一烷烃的一氯代产物中异构体的得率。

异丁烷分子中有 9 个伯氢原子，只有 1 个叔氢原子。它们被取代的概率比应为 9∶1，而从实际产物的相对量来看，它们被取代的概率比约为 1∶5。

当升高温度（>450 ℃）时，叔氢、仲氢、伯氢原子的相对活性比逐步接近 1∶1∶1，即所得异构体的产量与各种氢原子的数目成正比，即在高温下反应，没有上述选择性，而只与氯原子和不同氢原子相碰撞的概率有关。

烷烃的卤代反应是制备卤代烷的方法之一，在工业上具有重要的应用价值。例如，用十二烷经氯代反应制取氯代十二烷：

$$C_{12}H_{26} + Cl_2 \xrightarrow{120\ ℃} C_{12}H_{25}Cl + HCl$$

氯代十二烷是合成洗涤剂十二烷基苯磺酸钠的原料之一。

**问题 1－11** 写出 2,2,4－三甲基戊烷进行氯代反应可能得到的一氯代产物的结构式。

## 第二节 脂环烃

### 一、脂环烃的分类、异构和命名

**分子中具有碳环结构，性质与链状脂肪烃相似的一类有机化合物叫作脂肪族环烃，简称脂环烃。分子中只有单键的脂环烃是环烷烃；**含有双键的脂环烃是环烯烃。具有脂环结构的化合物广泛存在于自然界中。本节主要讨论环烷烃。

**（一）环烷烃的分类**

环烷烃按成环碳原子数目可分为小环（含 3～4 个碳原子的环）、普通环（含 5～7 个碳原子的环）、中环（含 8～11 个碳原子的环）和大环（含 12 个及以上碳原子的环），目前已知的大环有三十碳环，最常见的是五碳环（环戊烷）和六碳环（环己烷）。根据分子中碳环的数目还可分为单环、二环和多环脂环烃。在二环脂环烃中，两个环共用一个碳原子的称为螺环烃（i）；两个环共用两个或两个以上碳原子的称为桥环烃（ii）。例如：

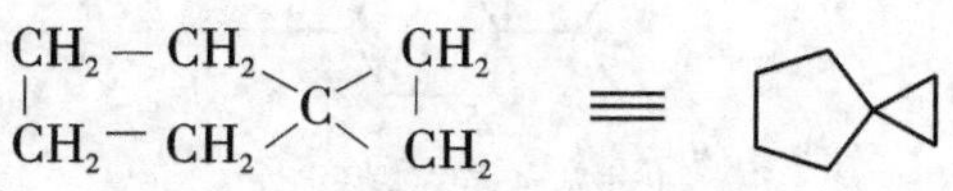

$CH_2-CH_2$　　$CH_2$
　　　　　　C
$CH_2-CH_2$　　$CH_2$
≡ （i）

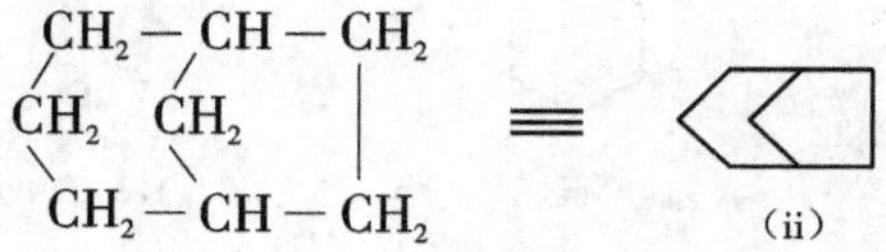

$CH_2-CH-CH_2$
$CH_2$　$CH_2$
$CH_2-CH-CH_2$
≡ （ii）

**（二）环烷烃的异构现象**

单环烷烃比相应的烷烃少两个氢原子，通式为 $C_nH_{2n}$（$n \geqslant 3$），与碳原子数目相同的单链烯烃互为同分异构体，但不是同一系列。

单环烷烃可因环的大小不同、环上支链的位置不同而产生不同的异构体。例如，分子式为 $C_4H_8$ 的异构体有以下几种。

环丁烷 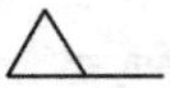　　　甲基环丙烷　　　$CH_2=CH-CH_2-CH_3$
1－丁烯

$CH_3-CH=CH-CH_3$
2－丁烯

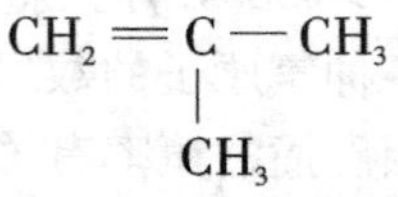

$CH_2=\underset{\displaystyle CH_3}{\underset{|}{C}}-CH_3$
2－甲基丙烯

此外,由于环烷烃分子中碳环上的碳碳 σ 键不能自由旋转,当环上有两个或两个以上的取代基连在不同的碳原子上时,有可能还会产生顺反异构体。较优基团在环平面同侧的为顺式构型,反之为反式构型。例如1,2－二甲基环丙烷存在顺反异构体,两个甲基在环平面同一侧的为顺式异构体,两个甲基分别在环平面两侧的为反式异构体。

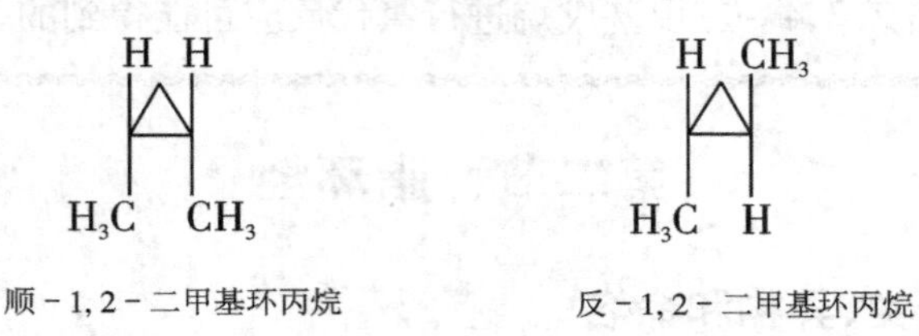

顺－1,2－二甲基环丙烷　　　反－1,2－二甲基环丙烷

**问题1－12**　试写出含有五个碳原子的环烷烃的构造异构体,并命名之。

**(三)环烷烃的命名**

1.单环烷烃的命名

未取代的单环烷烃的命名与烷烃相似,只在烷烃名称前加上“环”字。对有多个取代基的环烷烃,按照次序规则从连有最小基团的环碳原子开始,用阿拉伯数字给碳环编号,并使取代基的位次尽可能小。例如:

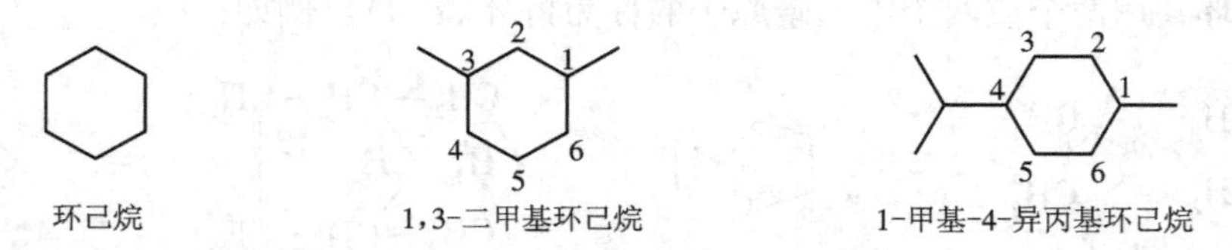

环己烷　　　1,3-二甲基环己烷　　　1-甲基-4-异丙基环己烷

如果分子内有大环与小环,命名时以大环作母体,小环作取代基;对于比较复杂的化合物,或环上带的支链不易命名时,则将环作为取代基来命名。例如:

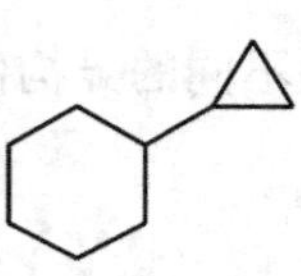

环丙基环己烷

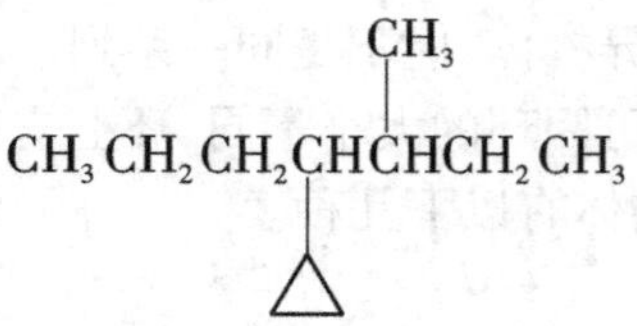

$CH_3CH_2CH_2CH(C_3H_5)CH(CH_3)CH_2CH_3$

3－甲基－4－环丙基庚烷

2. 螺环烃的命名

**两个碳环共用一个碳原子的脂环烃叫作螺环烃。**螺环烃分子中共用的碳原子称为“螺原子”。螺环烃的命名原则是:①按两个环的碳原子总数命名为“螺某烷”;②在“螺”字后用方括号注明两个环中除了螺原子以外的碳原子数目,小的数字写在前,数字间用下角圆点分开;③碳原子编号从小环中与螺原子相邻的碳原子开始,通过螺原子到大环,并使取代基的位次尽可能小。例如:

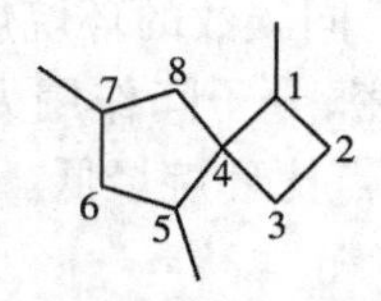

1,5,7 - 三甲基螺[3.4]辛烷

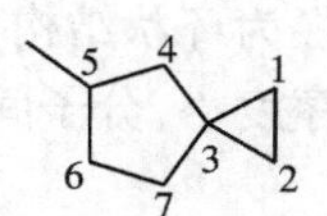

5 - 甲基螺[2.4]庚烷

3. 桥环烃的命名

**两个碳环共用两个或两个以上碳原子的脂环烃叫作桥环烃。**桥环烃分子各条桥共用的碳原子称为“桥头碳原子”。从一个桥头到另一个桥头的碳链称为“桥”,简单桥环烃的命名原则是:①按桥环母体的碳原子总数称为“二环某烷”;②在“二环”两字之后,用方括号注上各桥(两个环的有三条桥)所含的碳原子数(桥头碳原子不计入),大数在前,数字间用下角圆点隔开;③编号时自桥头碳原子开始,沿最长的桥编到另一桥头碳原子,再循次长桥编到开始的桥头碳原子,最短的桥上碳原子最后编号。例如:

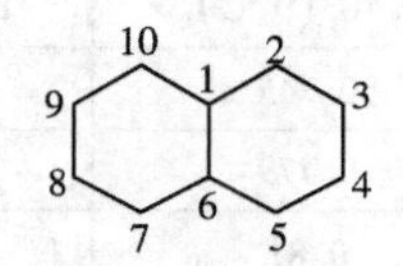

二环[4.4.0]癸烷

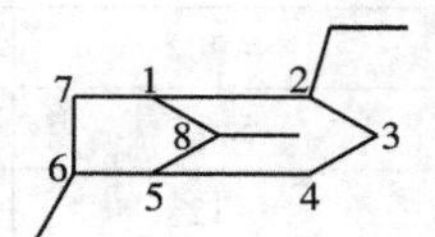

6,8 - 二甲基 - 2 - 乙基二环[3.2.1]辛烷

**问题 1 - 13** 用系统命名法命名下列化合物:

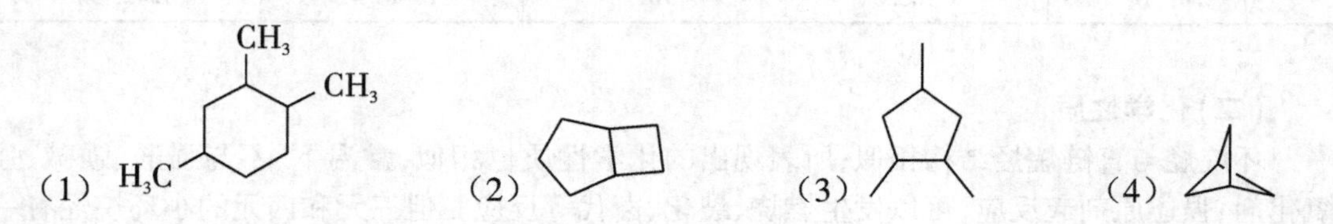


**问题 1 - 14** 写出下列化合物的结构式:

(1)乙基环丙烷 (2)甲基环丁烷 (3)1,2 - 二甲基 - 4 - 异丙基环己烷

(4)5 - 甲基螺[2. 4]庚烷 (5)二环[2. 2. 0]己烷 (6)二环[1. 1. 0]丁烷

## 二、环烷烃的性质

### (一)物理性质

1)物态

常温下 $C_3 \sim C_4$ 环烷烃是气体;$C_5 \sim C_{11}$ 环烷烃是液体;高级环烷烃为固体。

2)熔点、沸点

环烷烃的熔点、沸点随分子中碳原子数增加而升高。同碳数的环烷烃的熔点、沸点高于开链烷烃,因环烷烃为环状结构,分子较有序,排列较紧密,分子间作用力较大;而直链烷烃分子自由摇摆,有序度小,分子间作用力较弱,故熔点、沸点比环烷烃低。

3)密度

环烷烃的相对密度都小于1,比水轻,但比相应的开链烷烃的相对密度大。

4)溶解性

环烷烃不溶于水,易溶于有机溶剂。

几种常见环烷烃的物理常数见表1-2。

表1-2 常见环烷烃的物理常数

| 名称 | 沸点/℃ | 熔点/℃ | 相对密度 | 折射率 |
| --- | --- | --- | --- | --- |
| 环丙烷 | -127.6 | -33 | 0.720(-79 ℃) | 1.379 9(沸点时) |
| 环丁烷 | -80 | 13 | 0.703(0 ℃) | 1.375 2(0 ℃) |
| 环戊烷 | -90 | 49 | 0.745 | 1.406 5 |
| 环已烷 | 6.5 | 80.8 | 0.779 | 1.426 6 |
| 环庚烷 | -12 | 118.5 | 0.81 | 1.443 6 |
| 环辛烷 | 14.8 | 149 | 0.836 | 1.458 6 |
| 环十二烷 | 61 | — | 0.861 | — |
| 甲基环戊烷 | -142.4 | 72 | 0.748 6 | 0.406 7 |
| 甲基环已烷 | -126.6 | 101 | 0.769 4 | 1.423 1 |

### (二)化学性质

环烷烃与直链烷烃结构相似,所表现出的化学性质也相似,常温下,不与强酸、强碱、强氧化剂、强还原剂起反应,可以发生燃烧、裂化、卤代等反应。但三元和四元的小环烷烃有一些特殊的性质,由于成键轨道重叠程度小,分子内存在角张力而容易开环发生加成反应。

1. 加成反应

1)加氢

在催化剂如镍的作用下,环丙烷和环丁烷等小环烷烃可以开环发生加氢反应,生成开链烷烃。例如:

$$\text{环丙烷}(CH_2)_3 + H_2 \xrightarrow[120\ ℃]{Ni} \underset{|\atop H}{CH_2}—CH_2—\underset{|\atop H}{CH_2}$$

$$\begin{matrix} CH_2-CH_2 \\ | \quad\quad | \\ CH_2-CH_2 \end{matrix} + H_2 \xrightarrow[180\ ℃]{Ni} CH_3CH_2CH_2CH_3$$

环戊烷、环己烷需要在高温及铂催化剂下才能加氢变成相应的烷烃。

2）加卤素

环丙烷和环丁烷都能与卤素发生开环反应。环丙烷与溴在常温下就能发生开环加成，而环丁烷与溴必须加热才能开环加成。环戊烷及以上的环烷烃与溴很难进行加成反应，在光照下发生取代反应，不开环。

$$\text{环丙烷}(CH_2)_3 + Br_2 \xrightarrow{室温} \underset{Br}{\underset{|}{CH_2}}-CH_2-\underset{Br}{\underset{|}{CH_2}}$$

$$\begin{matrix} CH_2-CH_2 \\ | \quad\quad | \\ CH_2-CH_2 \end{matrix} + Br_2 \xrightarrow{光} \underset{Br}{\underset{|}{CH_2}}CH_2CH_2\underset{Br}{\underset{|}{CH_2}}$$

1,3－二溴丙烷和1,4－二溴丁烷都是微黄色液体，也都是重要的有机合成原料。其中1,4－二溴丁烷主要用于合成镇咳药物氨茶碱、咳必清等。

**小环烷烃与溴发生加成反应后，溴的红棕色消失，现象变化明显，可用于鉴别三元、四元环烷烃。**

3）加卤化氢

环丙烷和环丁烷都能与卤化氢发生反应，生成开链卤代烃。

$$\triangle + HBr \longrightarrow CH_3CH_2CH_2Br$$

$$\square + HBr \longrightarrow CH_3CH_2CH_2CH_2Br$$

1－溴丙烷为淡黄色透明液体，是合成医药、染料和香料的原料。1－溴丁烷是无色液体，主要用作麻醉药物盐酸丁卡因的中间体，也用于合成染料和香料。

分子中带有支链的小环烷烃在发生开环加成反应时，其断键位置通常在含氢较多与含氢较少的成环碳原子之间。与 HX 等不对称试剂加成时，符合马氏规则，氢原子加在含氢较多的碳原子上，$X^-$加在含氢原子最少的碳原子上。

$$\text{甲基环丙烷} + HBr \longrightarrow CH_3CH_2\underset{Br}{\underset{|}{CH}}CH_3$$

4）加水

环丙烷与水发生加成反应，生成醇。

$$\triangle + H_2O \xrightarrow{H_2SO_4} CH_3CH_2CH_2OH$$

2. 取代反应

在高温或光照下，环烷烃与烷烃一样能发生自由基取代反应，生成卤代环烷烃。例如：

$$\text{环戊烷} + Br_2 \xrightarrow[\text{或}\triangle]{\text{光}} \text{环戊基}-Br + HBr$$

$$\text{环己烷} + Cl_2 \xrightarrow[\text{或}\triangle]{\text{光}} \text{环己基}-Cl + HCl$$

溴代环戊烷是具有樟脑气味的油状液体，是合成利尿降压药物环戊甲噻嗪的原料。

氯代环己烷是具有窒息性气味的无色液体，主要用作合成抗癫痫病、抗痉挛病药物盐酸苯海索的原料。

环戊烷和环己烷分子中的C—H键都完全相同，所以一元取代物只有一种。

3. 氧化反应

与开链烷烃相似，环烷烃包括环丙烷和环丁烷这样的小环烷烃，在常温下都不能与一般的氧化剂（如高锰酸钾的水溶液）发生氧化反应。若环的支链上含有不饱和键，则不饱和键被氧化断裂，而环不发生破裂。例如：

$$\text{(2,2-二甲基环丙基)}-CH=C(CH_3)_2 \xrightarrow{KMnO_4} \text{(2,2-二甲基环丙基)}-COOH + CH_3\overset{\overset{O}{\|}}{C}CH_3$$

如果在加热情况下用强氧化剂，或在催化剂存在下用空气作氧化剂，环烷烃也可以被氧化。例如环己烷在加热时与硝酸反应可以生成己二酸。

$$\text{环己烷} + HNO_3 \xrightarrow{\triangle} \begin{matrix} CH_2CH_2COOH \\ | \\ CH_2CH_2COOH \end{matrix}$$

在125～165 ℃和1～2 MPa下，以环烷酸钴为催化剂，用空气氧化环己烷，可得到环己醇和环己酮的混合物，这是工业上生产环己醇和环己酮的方法之一。

$$\text{环己烷} + O_2(\text{空气}) \xrightarrow[125\sim165\ ℃,1\sim2\ MPa]{\text{环烷酸钴}} \text{环己醇(OH)} + \text{环己酮(O)}$$

环己醇是带有樟脑气味的无色油状液体，有毒，长期接触可刺激黏膜，损害肝脏，麻痹中枢神经。环己醇用途很广泛，是重要的化工原料和中间体，可用于制造消毒药皂、去垢乳剂、增塑剂、涂料添加剂等，也是合成尼龙纤维的原料。

环己酮是带有泥土香味的无色透明液体，有毒，可刺激呼吸道黏膜，长期接触能引起肝脏受损。环己酮主要用作合成尼龙－6的原料，也是优良的工业溶剂，可溶解油漆、高聚物、农药、燃料等，还可用作木材着色涂漆后的脱模、脱污和脱斑剂。

臭氧可对环烷烃或多环烷烃进行选择性氧化，通常氧化叔碳氢，特别是桥头氢。

$$\text{1-甲基环己烷}(H_3C,\ H) + O_3 \longrightarrow \text{1-甲基环己醇}(H_3C,\ OH)$$

单环烷烃的化学性质可归纳为：大环（五元环、六元环）似烷，易取代；小环（三元环、四元环）似烯，易加成；小环似烯不是烯，酸性氧化（$KMnO_4/H^+$）不容易。

**问题 1－15** 写出 1，1－二甲基环丙烷与 HBr 及 $Br_2$反应的可能产物，预计哪一种产物是主要产物。

**问题 1－16** 试用简便的化学方法区别 $C_5H_{10}$的下列异构体：2－戊烯、1，2－二甲基环丙烷和环戊烷。

## 三、环烷烃的结构与稳定性

环烷烃的化学性质表明，环的稳定性与环的大小有关。小环不稳定，大环较稳定。为了解释这一事实，拜耳在 1885 年提出了张力学说。其要点是环烷烃中碳原子（饱和，$sp^3$杂化）与其他原子结合时，正常两键角都是 109°28″，但环丙烷是三角形，其夹角是 60°，环丁烷是正方形，其夹角是 90°，这样环中的 C—C—C 键角不能是 109°28″，必须压缩到 60°、90°以适应环的几何形状。这种由于与正常键角的偏差引起的分子张力，称为角张力。这样的环称为张力环。张力环为减小张力，有生成更稳定的开链化合物的倾向。与正常键角偏差越大，环张力越大，越易起开环反应。根据张力学说，环己烷以上因键角向外扩张而存在张力，且环越大，键角扩张越大，环越不稳定，而事实上，它们都是稳定的。

拜耳张力学说对小环的结论是正确的，但无法解释环己烷以上大环的稳定性，其原因是成环碳原子都处于同平面这个假设是错误的，它们实际上不是共平面。

环丙烷分子中成键的 $sp^3$杂化轨道不能像开链烃那样沿对称轴的方向实现最大重叠形成正常的 σ 键，而只能偏离一定的角度，在碳碳连线的外侧重叠，形成一种键能比较小和稳定性较差的弯曲键，如图 1－6 所示。物理方法测定结果表明，环丙烷分子中的 C—C—C 轨道夹角为 105.5°，比正常的轨道夹角 109°28″小，因而使分子具有一种恢复正常键角的角张力。角张力的存在是环丙烷分子不稳定的主要因素。

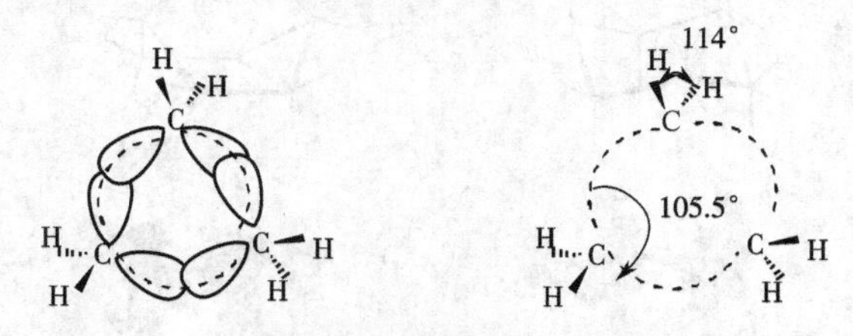


**图 1－6 具有张力的环丙烷的轨道结构及其键角**

环丁烷的结构与环丙烷相似，$sp^3$杂化轨道也是弯曲形成弯曲键的。但环丁烷的四个碳原子不在同一个平面上，通常呈蝶形折叠状构象，如图 1－7 所示，角张力和扭转张力均比环丙烷小些，因而比环丙烷稳定。

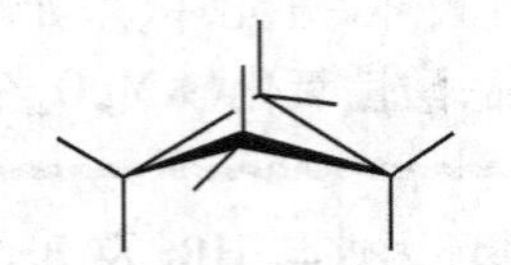

图 1－7　环丁烷的构象

环戊烷分子中的五个碳原子也不在同一个平面上，其中四个碳原子处于同一个平面，第五个碳原子向上或向下微微翘起，结构形状像一个开启的信封，如图 1－8 所示。其键角接近 109°28″，环张力很小，因而较稳定，不易发生开环反应，易发生取代反应。

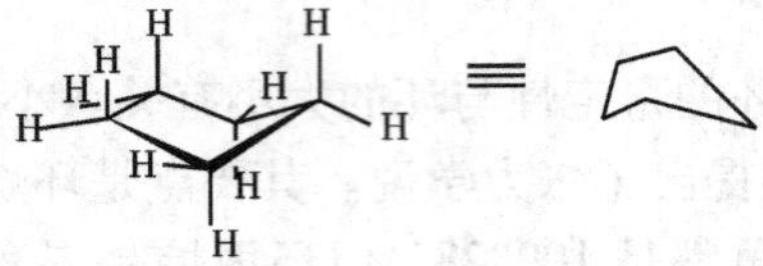

图 1－8　环戊烷的构象

环己烷分子中的碳原子也都不在同一个平面上，C—C—C 键角为 109°28″，分子中既无角张力，也无扭转张力，是个无张力的环，分子很稳定。它的性质类似于开链烷烃，难于发生开环反应。

## 四、环己烷及其衍生物的构象

### （一）环己烷的构象

环己烷分子中的 C—C 键扭动可以产生无数种构象，其中最典型的有椅式构象和船式构象，如图 1－9 所示。椅式构象和船式构象可以在环不受破坏的情况下互相转变，其中船式的势能比椅式高 29.7 kJ/mol，故椅式比船式稳定。

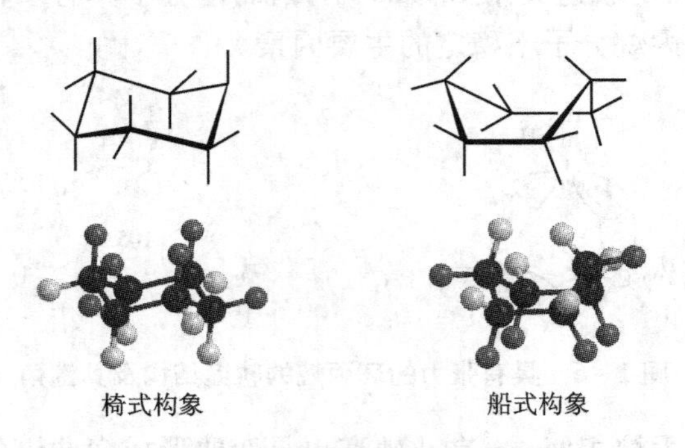


图 1－9　环己烷的椅式和船式构象

从图 1－10、图 1－11 中可以看出，椅式构象中所有相邻的两个碳原子上的碳氢键和碳碳键都处于邻位交叉式，没有扭转张力，故为优势构象。而在船式构象中，$C_2$ 与 $C_3$ 和 $C_5$ 与 $C_6$ 上的碳氢键处于全重叠式，因而具有扭转张力，而且 $C_1$ 与 $C_4$ 上两个向内伸展的氢原子相距只有 0.183 nm，小于它们的范德华半径之和（约 0.248 nm），故有范德华张力。由于这两种张力的存在，船式构象能量较高，不如椅式构象稳定。常温下，在两种构象的动态平衡中，椅式构象占 99.9%。

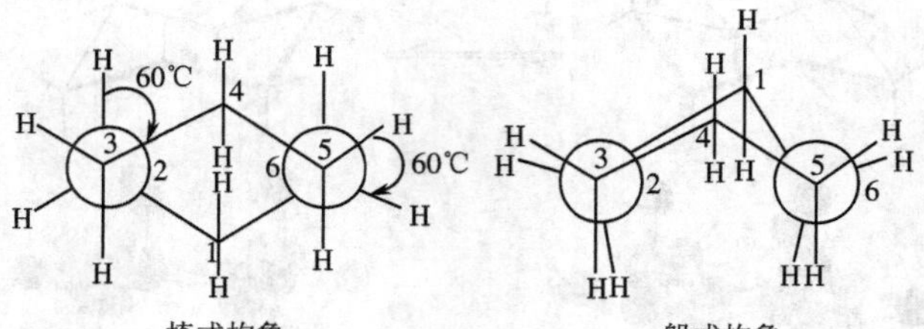

椅式构象　　船式构象

**图 1-10　环己烷椅式和船式构象的纽曼投影式**

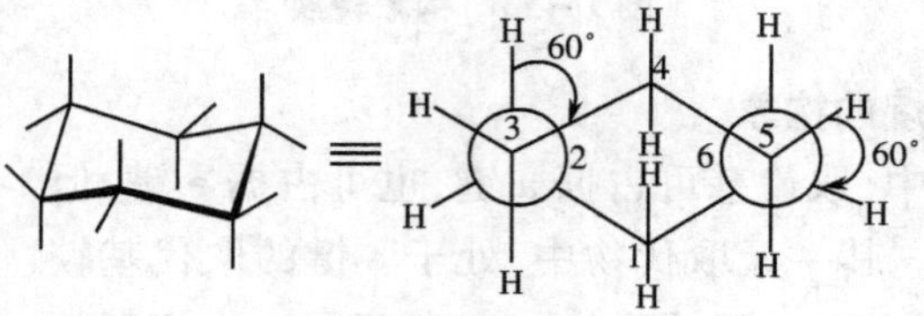

（a）

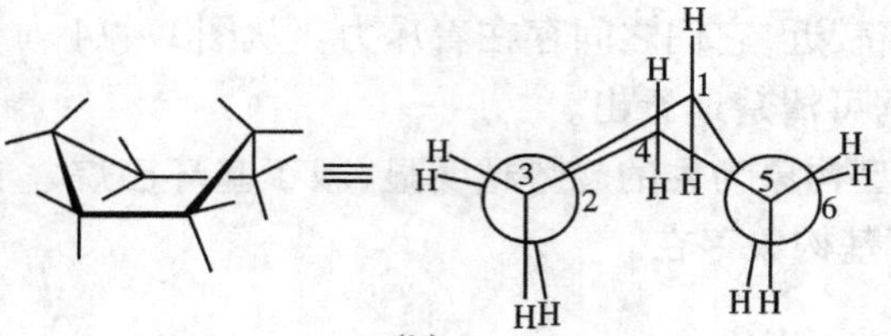

（b）

**图 1-11　环己烷的构象比较**

（a）相邻碳原子上的 C—H 键全部为交叉式　（b）相邻碳原子上的 C—H 键全部为重叠式

在椅式构象中 C—H 键分为两类。第一类六个 C—H 键与分子的对称轴平行，叫作直立键或 a 键（其中三个向环平面上方伸展，另外三个向环平面下方伸展）；第二类六个 C—H 键与直立键形成接近 109.5°的夹角，平伏着向环外伸展，叫作平伏键或 e 键。如图 1-12 所示。

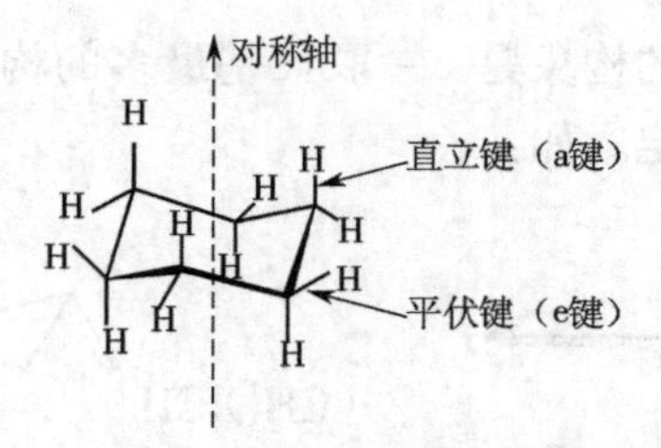


**图 1-12　环己烷分子中的直立键和平伏键**

在室温下，环己烷的椅式构象可通过 C—C 键的转动（而不经过碳碳键的断裂），由一种椅式构象变为另一种椅式构象，在互相转变中，原来的 a 键变成了 e 键，而原来的 e 键变成了 a 键。如图 1-13 所示。

转环作用是由于分子的热运动而产生的，这种作用不经过碳链断裂，且在常温下就可以进行。转环过程中，每一个 a 键都转化成了 e 键，而每个 e 键也相应地转化成了 a 键。

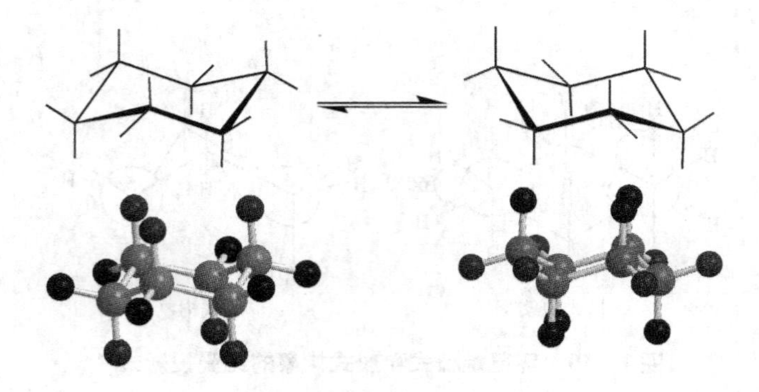

图 1－13　构象转换

### （二）一元取代环己烷的构象

在一元取代环己烷中，取代基可占据 a 键，也可占据 e 键，但占据 e 键的构象更稳定。其一元取代物中，处于 e 键的取代基较为稳定，能量较低。这是由于 a 键的取代基和在环同一边相邻的两个 a 键上的氢原子距离较近，它们之间存在着斥力。从图 1－14 中原子在空间的距离数据可清楚地看出。

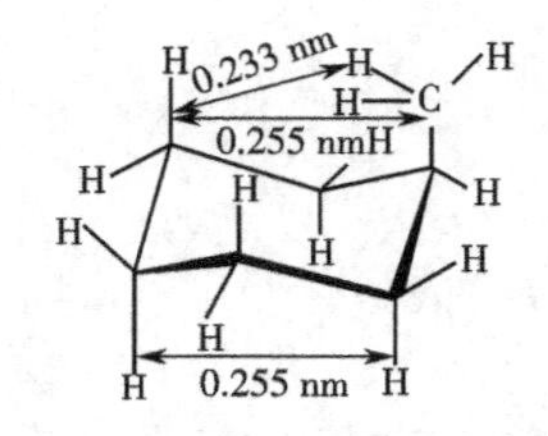


图 1－14　甲基环己烷原子间的距离

取代基越大，以 e 键型构象为主的趋势越明显，叔丁基环己烷几乎完全以一种 e－叔丁基构象存在。

$CH_3$ $CH_3$ $CH_3$　室温　$CH_3$ $CH_3$ $CH_3$

<0.1%　　>99.9%

### （三）二元取代环己烷的构象

环己烷多元取代物最稳定的构象是 e－取代基最多的构象。环上有不同的取代基时，大的取代基在 e 键的构象最稳定。如：

$CH_3$　$(CH_3)_2CH$

a，a型　　e，e型

一般都以 e，e 型构象存在。这是因为在 a，a 型构象中，上下两个取代基都受 1，4 竖键的作用而有范德华张力，较 e，e 型构象不稳定。这些不成键的原子或基团，当它们间的距离小于范德华半径时，就互相排斥，这种斥力叫作范德华张力。范德华半径是原子没有成键时的半径，是原子核与原子外沿的距离。所以，原子间的斥力与原子间的距离有关。距离越近,斥力越大。

综上所述,在判断分子构象的稳定性时,要考虑到三种张力,即角张力、扭转张力、范德华张力。角张力是由于键角偏离 109.5°(碳原子四面体的键角)而产生的,扭转张力是由于邻位碳原子的氢(或其他基团)相互重叠而产生的,范德华张力是由于原子的距离小于范德华半径而产生的。

---

**问题 1-17** 写出下列化合物的优势构象。

(1)反-1-甲基-2-异丙基环己烷 (2)顺-1-乙基-4-叔丁基环己烷

(3)反-1-甲基-3-叔丁基环己烷 (4)1,2,3,4,5,6-六氯环己烷(六六六)

---

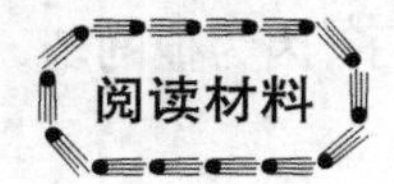


## 舍勒

舍勒(Carl Wilhelm Scheele,1742—1786),瑞典著名化学家,氧气的发现人之一。

1742 年 12 月 19 日,舍勒生于瑞典斯特拉尔松。由于经济困难,舍勒只勉强上完小学,年仅 14 岁就到哥德堡的班特利药店当了小学徒。药店的老药剂师马丁·鲍西,是一位好学的长者,他学识渊博,整天手不释卷,孜孜以求,同时有很高超的实验技巧。马丁·鲍西不仅是药剂师,而且是哥德堡的名医。在哥德堡的市民看来,他简直就像古希腊的盖伦和中国的扁鹊、华佗一样,他的高超医术,在广大市民中像神话一样地流传着。名师出高徒,马丁·鲍西的言传身教对舍勒产生了极为深刻的影响。舍勒在工作之余也勤奋自学,他如饥似渴地读了当时流行的制药化学著作,还学习了炼金术和燃素理论的有关著作。他自己动手制造了许多实验仪器,晚上在自己的房间里做各种各样的实验。他曾因一次小型的实验爆炸引起药店同事的许多非议,多亏马丁·鲍西的支持和保护,才没有被赶出药店。舍勒在药店里边工作,边学习,边实验,经过近 8 年的努力,他的知识和才干大有长进,从一个只有小学文化的学徒,成长为一位知识渊博、技术熟练的药剂师。同时,他也有了自己的一笔小小的“财产”——近 40 卷化学藏书和一套精巧的自制化学实验仪器。正当他准备大展宏图的时候,马丁·鲍西的药店破产了。药店负债累累,无力偿还,只好拍卖包括房产在内的全部财产。就这样,舍勒失去了生活的依托,他失业了。他只好孤身一人,在瑞典各大城市游荡。后来,舍勒在马尔摩城的柯杰斯垂姆药店找到了一份工作,药店的老板有点像马丁·鲍西,很理解舍勒,支持他搞实验研究,并给了他一套房子,方便他居住和安置藏书及实验仪器。从此,舍勒结束了游荡生活,再不用为糊口奔波。环境安定了,他又重操旧业,开始了他的研究和实验。

读书,对舍勒启发很大。他曾回忆说:“我从前人的著作中学会很多新奇的思想和实验技术,尤其是孔克尔的《化学实验大全》,给我的启示最大。”

实验,使舍勒探测到许多化学的奥秘。据考证,舍勒的实验记录有数百万字,而且在实验中,他创造了许多仪器和方法,甚至还做过许多验证炼金术的实验,并就此提出自己的看法。

马尔摩城的柯杰斯垂姆药店靠近瑞典著名的鲁恩德大学,这给他的学术活动提供了方便。马尔摩城学术气氛很浓,而且离丹麦的名城哥本哈根也不远,这不仅方便了舍勒的学术交流，而且使他得以及时掌握化学最新进展情况，买到最新出版的化学文献，这对他自学化学知识有很大的帮助。从学术角度考虑，舍勒认为真正的财富并不是金钱，而是知识和书籍。因此，他特别注意收藏图书，每月的收入，除了吃穿用，剩下的几乎全部用来买书。舍勒勤学好问，潜心于事业，且为人正派，救困扶贫。他的人品受到学术界的极高评价。舍勒研究化学专心致志，他对一切问题，都愿意用化学的观点来解释。舍勒的好友莱茨柯斯在回忆他与舍勒的交往时说，舍勒的天才完全用于实验科学，他有惊人的记忆力和理解力，但似乎只能记住与化学有关的事情，他把许多事情都与化学联系起来加以说明，他有化学家的独特的思考方式。

1775 年，33 岁的舍勒几经辗转，来到了科平城。在那里，舍勒接手了一家位置和规模都很理想的药店，名气很大，收入可观。舍勒十分喜欢这种把科学研究、生产和商业活动有机地结合在一起的工作。虽然有几所大学慕名请舍勒任教授，但都被他谢绝了，因为他的药店确实是一个很好的研究场所，舍勒不愿意离开。

舍勒一生对化学贡献极大，其中最重要的是发现了氧，并对氧气的性质做了很深入的研究。他的发现始于 1767 年对亚硝酸钾的研究。起初，他通过加热硝石得到一种他称之为“硝石的挥发物”的物质，但对这种物质的性质和成分，他当时尚不能解释。舍勒为深入研究这种现象废寝忘食，他曾对他的朋友说：“为了解释这种新的现象，我忘却了周围的一切，因为假使能达到最后的目的，那么这种考察是何等愉快啊！而这种愉快是从内心中涌现出来的。”舍勒曾反复多次做了加热硝石的实验，他发现，把硝石放在坩埚中加热到红热时，会放出气体，这种气体遇到烟灰的粉末就会燃烧，放出耀眼的光芒。这种现象引起了舍勒的极大兴趣，“我意识到必须对火进行研究，但是我注意到，假如不能把空气弄明白，那么对火的现象则不能形成正确的看法。”舍勒的这种观点已经接近“空气助燃”的观点，但遗憾的是他没有沿着这个思想深入研究下去。

舍勒正式发现氧气可以定在 1773 年以前，比英国的普利斯特列发现氧气要早一年。他制取氧气的方法比较多，主要有：①加热氧化汞（$HgO$）；②加热硝石（$KNO_3$）；③加热高锰酸钾（$KMnO_4$）；④加热碳酸银（$Ag_2CO_3$）、碳酸汞（$HgCO_3$）的混合物。

舍勒把这些实验结果整理成一本书，书名叫《火与空气》。此书书稿于 1775 年底送给出版家斯威德鲁斯，但一直到 1777 年才出版，对此舍勒十分不快。舍勒发现氧的优先权，正如他所担心的那样，真的因出版商的耽误而被人夺去了，但人们仍承认他是氧的独立发现人。

舍勒还对空气的成分进行过出色的研究，他做过许多杰出的实验。

第一个实验是把湿铁屑放在倒置于水中的密闭容器中，几天以后，铁屑生锈，空气减少了 1/4，容器中剩下的 3/4 的空气可以使燃烧的蜡烛熄灭。第二个实验是把一小块白磷置于倒置于水中的密闭容器中，让白磷在密闭容器中燃烧，器壁上沉积了一层白花，并且空气的体积减少了 1/4。类似以上的实验，舍勒曾做过多次。他对这类实验做的假定性说明是：“空气由两种性质不同的流体组成，其中一种表现出不能吸引燃素的性质，即不助燃，而占空气总量 1/3 到 1/4 的另一种流体，则特别能吸引燃素，即能助燃。”舍勒还把不助燃的空气称为“浊空气”，把助燃的空气称为“火空气”，火空气实际上就是现在大家熟悉的氧气。舍勒为了证明他的观点，千方百计地制造纯净的“火空气”，他用加热硝石的方法和加热氧化汞的方法收集了约 2 L 的“火空气”。后来他又改进了实验，能顺利地收集大量的“火空气”。

值得一提的是，舍勒还做过“浊空气”和“火空气”的生物实验。他把老鼠和苍蝇放在密封的“浊空气”容器中，过了一段时间老鼠和苍蝇都死掉了。与此同时，他把蜜蜂放在密闭的“火空气”容器中，过了一个星期，蜜蜂还生活得很好。这些实验足以证明，“火空气”可以帮助燃烧，维持生命，相反，“浊空气”不能帮助燃烧，不能维持生命。到此，舍勒本应对“火空气”和“浊空气”的性质有一个充分的认识，但是，非常可惜，舍勒并没有从他的出色实验中引出正确的结论。

舍勒终生笃信燃素说，认为燃素和“以太”相似，浊空气是因为吸足了燃素所致，火空气则是纯净的、没有吸过燃素的。他在理论上墨守成规，这使他的发现黯然失色。之所以出现这种情况，一是因为舍勒缺乏理论思维的能力，二是因为当时燃素说盛行，没人对这种学说提出怀疑，与舍勒交往的化学教授都对燃素说深信不疑。再加上舍勒重实验轻理论，只要用现有的理论能解释他的实验结果，他就满足了，至于这种理论是否正确，他没想到要去验证。

当然，对于理论上的错误，人们不应责怪舍勒。无论如何，舍勒的杰出贡献给化学的进步带来了巨大的影响。舍勒的研究涉及化学的各个分支，在无机化学、矿物化学、分析化学，甚至有机化学、生物化学等诸多方面，他都做出了出色贡献。舍勒除了发现了氧、氮等以外，还发现了砷酸、钼酸、钨酸、亚硝酸。他研究过从骨骼中提取磷的办法，还合成过氰化物，发现了砷酸铜的染色作用。后来很长一段时间里，人们把砷酸铜作为一种绿色染料，并把它称为“舍勒绿”。

舍勒应当是近代有机化学的奠基人之一。1768 年，他证明植物中含有酒石酸，但这个成果因为瑞典科学院的忽视，一直到 1770 年才发表。舍勒还从柠檬中提取出柠檬酸的结晶，利用肾结石中制取了尿酸，在苹果中发现了苹果酸，从酸牛奶中发现了乳酸，还提纯过没食子酸。统计表明，舍勒一共研究过 21 种水果和浆果的化学成分，探索过蛋白质、蛋黄、各种动物血的化学成分。当时的有机化学还很幼稚，缺乏系统的理论，在这种情况下，舍勒能发现十几种有机酸，实属难能可贵。

舍勒还研究过许多矿物，如石墨矿、二硫化铜矿等，提出了有效地鉴别矿物的方法。他在研究萤石矿时，发现了氢氟酸，同时探索了氟化硅的性质。他还测定过软锰矿（二氧化锰）的性质，证明软锰矿是一种强氧化剂。他用盐酸与软锰矿首次实现了下述反应：

$$MnO_2 + 4HCl = MnCl_2 + 2H_2O + Cl_2$$

他发现这种呛人的黄色气体（$Cl_2$）能使染料褪色，有许多奇特的性质。

舍勒在生物化学中解决了食醋长期保存的问题，这种方法后来被微生物学家所采用。

舍勒一生完成了近千个实验，因吸过有毒的氯气和其他气体，身体受到严重伤害。人们在他的笔记中发现，他还亲口尝过剧毒的氢氰酸，“这种物质气味奇特，但并不令人讨厌，味道微甜，使嘴发热，刺激舌头”。这种亲尝剧毒品的记载，字里行间语气平静得令人吃惊。

舍勒 1775 年当选瑞典科学院院士。他一生尽瘁于化学事业，给人类带来巨大的利益。他认为化学“这种尊贵的学问，乃奋斗的目标”。舍勒逝世后，瑞典人民十分怀念他，在他 150 和 200 周年诞辰时，为他举行了隆重的纪念会，这种会议也成了化学家们进行学术交流的场合。舍勒的遗作，大部分都整理出版了。

在科平城和斯德哥尔摩，人们都为他建立了纪念塑像。他的墓地前立有一块朴素的方形墓碑，碑上的浮雕是一位健美的男子，高擎着一把燃烧的火炬。

# 习　题

## 一、选择题

1. 关于甲烷分子中4个碳氢键的说法,错误的是(　　)。

A. 键的方向一致　B. 键长相等　C. 键角相等　D. 键能相等

2. 最简单的有机化合物是(　　)。

A. 甲烷　B. 乙烯　C. 乙炔　D. 苯

3. 下列气体中不含甲烷的是(　　)。

A. 天然气　B. 水煤气　C. 裂解气　D. 沼气

4. 下列有关甲烷分子的叙述正确的是(　　)。

A. 正四面体结构　B. C—H键之间的键角为90°

C. 含非极性共价键　D. 极性分子

5. 下列烷烃中沸点最低的是(　　)。

A. 新戊烷　B. 异戊烷　C. 正戊烷　D. 正己烷

6. 光照下,烷烃卤代反应的机理是通过哪一种中间体进行的?(　　)。

A. 碳正离子　B. 自由基　C. 碳负离子　D. 协同反应,无中间体

7. 烷烃分子中碳原子的空间几何形状是(　　)。

A. 四面体形　B. 平面四边形　C. 线形　D. 金字塔形

8. 实验室制取甲烷的方法正确的是(　　)。

A. 无水醋酸钠与碱石灰共热　B. 醋酸钠与氢氧化钠溶液

C. 无水醋酸钠与消石灰共热　D. 无水醋酸铵与消石灰共热

9. 关于烃和甲烷的叙述正确的是(　　)。

A. 烃的组成均符合通式 $C_nH_{2n+2}$

B. 烃类溶于水

C. 甲烷在同系物中含碳量最高,因而是清洁能源

D. 甲烷只能发生取代反应而不能发生加成反应

10. 下列物质中属于烷烃的是(　　)。

A. $C_2H_2$　B. $C_5H_{12}$　C. $C_2H_4$　D. $C_6H_6$

11. 己烷的异构体中沸点最高的是(　　)。

A. 己烷　B. 2-甲基戊烷

C. 2,3-二甲基丁烷　D. 2,2-二甲基丁烷

12. 四氯化碳灭火器已停止生产和使用,因为它在高温下会产生一种有毒气体,这种气体是(　　)。

A. $CHCl_3$　B. $CH_2Cl_2$　C. $CH_2{=\!=}CH_2$　D. $COCl_2$

13. 二氯丙烷可能的异构体数目是(　　)。

A. 2　B. 4　C. 6　D. 5

14. 烷烃分子的结构特点是(　　)。

A. 含双键　B. 含三键　C. 含苯环　D. 碳碳键为单键

15. 某烃的分子式为 $C_5H_{12}$,其构造异构体有(　　)种。

A. 2　　B. 3　　C. 4　　D. 5

16. 下列物质中,在光照条件下,能与丙烷发生取代反应的是(　　)。

A. $H_2$　　B. $H_2O$　　C. HBr　　D. $Cl_2$

17. "祥云"火炬的燃料的主要成分是丙烷,下列关于丙烷的叙述中错误的是(　　)。

A. 分子中碳原子不在一条直线上　　B. 光照下能够发生取代反应

C. 比丁烷更易液化　　D. 是石油分馏的一种产品

18. 2－甲基丁烷中最易被溴代的氢原子为(　　)。

A. 伯氢原子　　B. 仲氢原子　　C. 叔氢原子　　D. 没有差别

19. 氯仿($CHCl_3$)是常用的麻醉剂,常因保存不当生成有剧毒的光气($COCl_2$),反应式为:$2CHCl_3 + O_2 \longrightarrow 2COCl_2 + 2HCl$。检验氯仿是否变质的试剂是(　　)。

A. 氢氧化钠溶液　　B. 硝酸溶液

C. 硝酸银溶液、硝酸溶液　　D. 水

20. 下列环烷烃中加氢开环最容易的是(　　)。

A. 环丙烷　　B. 环丁烷　　C. 环戊烷　　D. 环己烷

21. 下列烃中不属于环烷烃的是(　　)。

A. 丙烷　　B. 环丙烷　　C. 环丁烷　　D. 环己烷

22. 下列化合物在室温下就可以与溴水发生反应的是(　　)。

A. 环丙烷　　B. 环丁烷　　C. 环戊烷　　D. 环己烷

23. 某饱和链烃密度与同温同压时 $CO_2$ 相同,其分子式为(　　)。

A. $CH_4$　　B. $C_2H_6$　　C. $C_3H_8$　　D. $C_4H_{10}$

24. 下列异构现象中属于立体异构的是(　　)。

A. 碳干异构　　B. 官能团异构　　C. 官能团位置异构　　D. 顺反异构

25. 下列关于同分异构体的说法中正确的是(　　)。

A. 结构不同、性质相异、化学式相同的物质互称同分异构体

B. 同分异构体现象是导致有机物数目众多的重要原因之一

C. 同分异构体现象只存在于有机化合物中

D. 同分异构体现象只存在于无机化合物中

## 二、填空题

1. 烷烃是指________________,通式为________。

2. 乙烷的优势构象为______;丁烷的四种典型构象分别是______、______、______、______,其中优势构象是________。

3. 烷烃是指______和______之间以______相连,其他共价键均与______相连的化合物。

4. 与大多数无机物相比,有机化合物一般具有______、______、______、______、______、______等特性。

5. 具有相同______,但______和______却不相同的化合物互称为同分异构体。

6. ________________称为同分异构现象。各举例一个:碳干异构______

______;官能团位置异构 ________________________;官能团异构________
________________________;顺反异构______________;立体异构____________。

7. 具有同一________,________相似,且在组成上相差________及其整数倍的一系列化合物称为________。

8. 有机物分子中,连接在伯、仲、叔碳原子上的氢原子分别称为________、________和________。

9. 烷烃的卤代反应中,卤素与烷烃的相对反应活性是______ > ______ > ________ > ______。

10. 烷烃分子中的______被其他原子或______取代的反应,称为取代反应,被卤原子取代的反应称为______。

11. 在有机化学中,通常把在有机化合物分子中______或______的反应,称为氧化反应。

12. 烷烃的异构现象主要表现在________的骨架不同,因此烷烃的异构体也称为______。

13. 烷烃分子中碳原子以______杂化成键。

14. 在有机化合物分子中,按照一个碳原子所连的碳原子数目不同,通常把碳原子分成四类,分别是______、______、______、______。

## 三、简答题

1. 用系统命名法命名下列化合物。

(1) 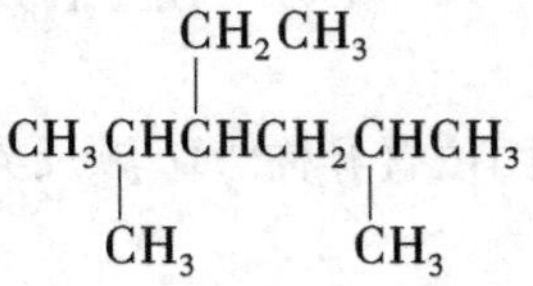 $CH_3CHCHCH_2CHCH_3$（第三个碳上连 $CH_2CH_3$，第二个碳和第五个碳上各连 $CH_3$）

(2) $(C_2H_5)_2CHCH(C_2H_5)CH_2CHCH_2CH_3$（倒数第三个碳上连 $CH(CH_3)_2$）

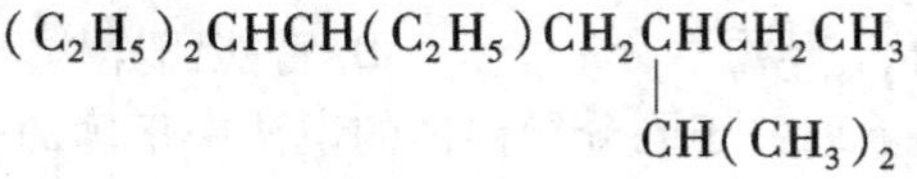

(3) $CH_3CH(CH_2CH_3)CH_2C(CH_3)_2CH(CH_2CH_3)CH_3$

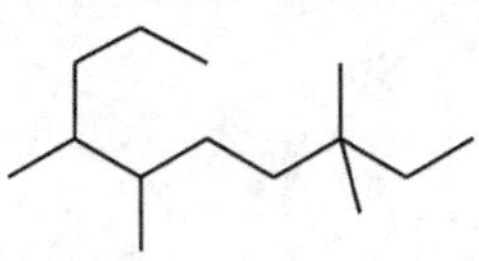

(4)

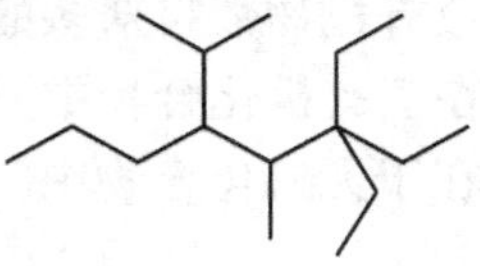

(5)

(6)

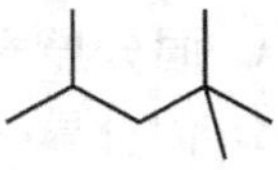

2. 写出下列化合物的构造式。

(1) 正戊烷、异戊烷和新戊烷

(2) 2,2,3－三甲基戊烷

(3) 2,2,3,4－四甲基戊烷

(4) 3－甲基－3－乙基己烷

(5) 3－甲基－3－乙基－6－异丙基壬烷

(6) 2,5－二甲基－3,4－二氯己烷

3. 下列各结构式共代表几种化合物？用系统命名法命名之。

(1) 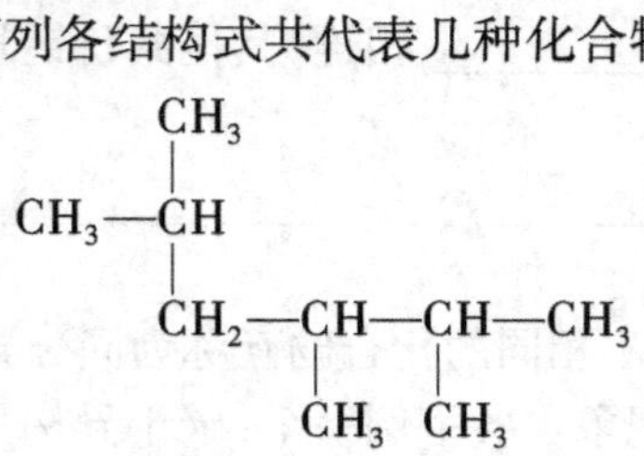 $CH_3—CH(CH_3)—CH_2—CH(CH_3)—CH(CH_3)—CH_3$

(2) $CH_3—CH(CH_3)—CH_2—CH(CH_3)—CH(CH_3)—CH_3$

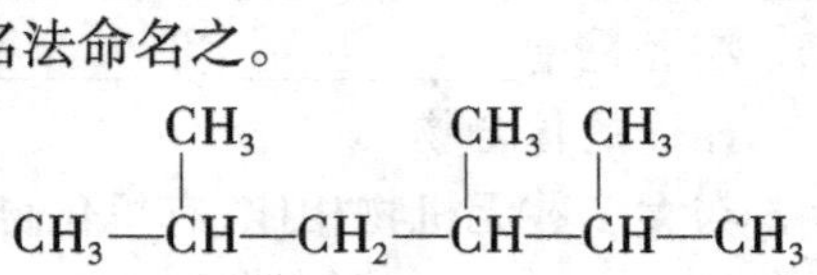

```
        CH3                                      CH3           CH3
        |                                        |             |
(3) CH3—CH—CH2—CH—CH3                  (4) CH3—CH—CH2—CH—CH—CH3
                |                                         |
                CH                                        CH3
               /  \
            CH3    CH3

        CH3       CH3                            CH3    CH3
        |         |                              |      |
(5) CH3—CH—CH—CH—CH—CH3                (6) CH3—CH—CH—CH
           |       |                                |    |
           CH3     CH3                              CH3  CH—CH3
                                                         |
                                                         CH3
```

4. 写出下列化合物的构造式,并用系统命名法命名之。

(1)仅含有伯氢原子,没有仲氢和叔氢原子的 $C_5H_{12}$;

(2)仅含有一个叔氢原子的 $C_5H_{12}$;

(3)仅含有伯氢和仲氢原子的 $C_5H_{12}$。

5. 写出下列化合物的构造简式。

(1)2,2,3,3 - 四甲基戊烷;

(2)由一个丁基和一个异丙基组成的烷烃;

(3)含一个侧链甲基,相对分子质量为 86 的烷烃;

(4)相对分子质量为 100,同时含有伯、叔、季碳原子的烷烃。

6. (1)把下列三个透视式写成纽曼投影式,它们是不是不同的构象?

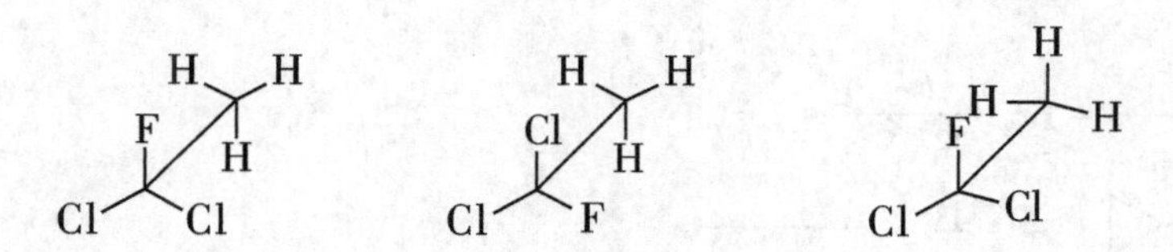

(2)把下列两个透视式写成纽曼投影式,它们是不是不同的构象?

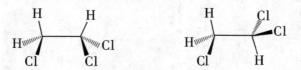

7. 写出 2,3 - 二甲基丁烷的主要构象式(用纽曼投影式表示)。

8. 写出下列化合物在室温下进行一氯代反应,预计得到的全部产物的构造式。

(1)正己烷　　(2)异己烷　　(3)2,2 - 二甲基丁烷

9. 根据以下溴代反应事实,推测相对分子质量为 72 的烷烃异构体的构造简式。

(1)只生成一种溴代产物;

(2)生成三种溴代产物;

(3)生成四种溴代产物。

10. 写出下列反应的主要产物。

(1) 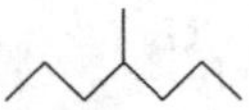 $\xrightarrow[127\ ℃]{Br_2, h\nu}$

(2) $(CH_3)_3CCH(CH_3)_2 \xrightarrow[127\ ℃]{Br_2, h\nu}$

11. 用简单的化学方法区别下列化合物。

(1)甲基环丙烷　　(2)丁烷　　(3)1－丁烯

12. 命名或写出下列物质的结构式。

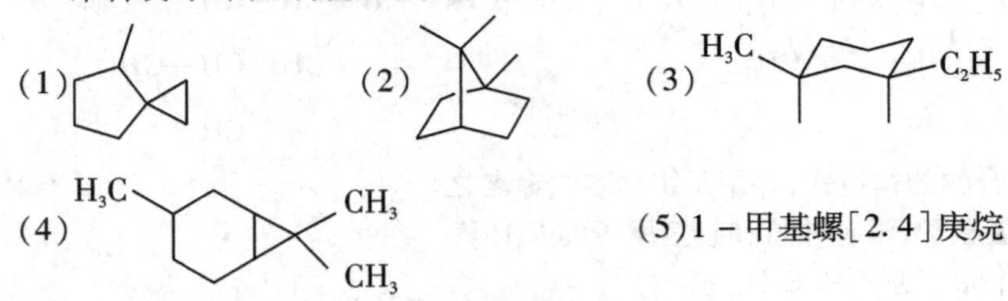


(5)1－甲基螺[2.4]庚烷

(6)1,8－二甲基－2－乙基二环[3.2.1]辛烷

(7)顺－1－甲基－4－叔丁基环己烷的优势构象

(8)乙基环己烷的优势构象

13. 写出下列反应的主要产物。

(1)  ＋ $Br_2 \xrightarrow{CCl_4}$

(2)  ＋ $HBr \longrightarrow$

(3) 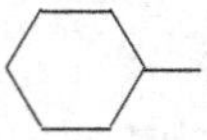 ＋ $Br_2 \xrightarrow[127\ ℃]{h\nu}$

(4) 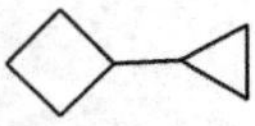 ＋ $H_2 \longrightarrow$

14. 分子式为 $C_8H_{18}$ 的烷烃与氯在紫外光照射下反应，产物中的一氯代烷只有一种，写出这个烷烃的结构。

# 第二章　不饱和烃

**学习指南**

烯烃是分子中含有碳碳双键(C═C)的不饱和烃。碳碳双键是由一个σ键和一个π键组成的。π键不能旋转,导致烯烃存在顺反异构现象。炔烃是分子中含有碳碳三键(C≡C)的不饱和烃。碳碳三键是由一个σ键和两个π键组成的。由于π键不稳定,所以烯烃和炔烃的化学性质比较活泼。二烯烃是分子中含有两个碳碳双键的不饱和烃。其中共轭二烯烃由于结构特殊,因此具有特殊的性质。

本章重点讨论烯烃、炔烃和重要二烯烃的结构、异构、命名、制法,学习烯烃、炔烃、二烯烃的加成、氧化、聚合、取代等一系列化学反应及其在生产、生活中的实际运用。

学习本章内容,应在了解烯烃结构和π键特点的基础上做到:

1. 熟悉烯烃、炔烃和二烯烃的异构现象,掌握其命名方法;
2. 了解烯烃、炔烃和二烯烃的物理性质及其变化规律;
3. 熟悉烯烃、炔烃和二烯烃的化学反应规律,掌握不饱和烃的化学反应在生产实际中的应用;
4. 掌握烯烃、炔烃的鉴别方法。

不饱和烃是指分子中含有碳碳双键或三键的烃类化合物,包括单烯烃、二烯烃、环烯烃和炔烃、环炔烃等。本章主要讨论单烯烃、炔烃及二烯烃。

## 第一节　单烯烃

**分子中含有碳碳双键( >C═C< )的烃叫烯烃。**与碳原子数相同的烷烃相比,烯烃的氢原子数较少,所以又叫**不饱和烃。分子中只含有一个碳碳双键的不饱和开链烃,称为单烯烃**,习惯上简称烯烃。其通式为 $C_nH_{2n}$($n \geq 2$)。

### 一、烯烃的结构

#### (一)碳碳双键

在烯烃分子中,组成双键的碳原子为 $sp^2$ 杂化,即一个 2s 轨道与两个 2p 轨道杂化形成三个等同的 $sp^2$ 杂化轨道。

乙烯是最简单的烯烃,分子式为 $C_2H_4$,构造式为 $H_2C═CH_2$,含有一个双键。双键为 >C═C< ,一般用两条短线来表示,但两条短线含义不同,一条代表σ键,另一条代表π键。现代物理方法证明,乙烯分子的所有原子都在同一平面上,每个碳原子只和三个原子相连,键长和键角如图 2－1 所示。

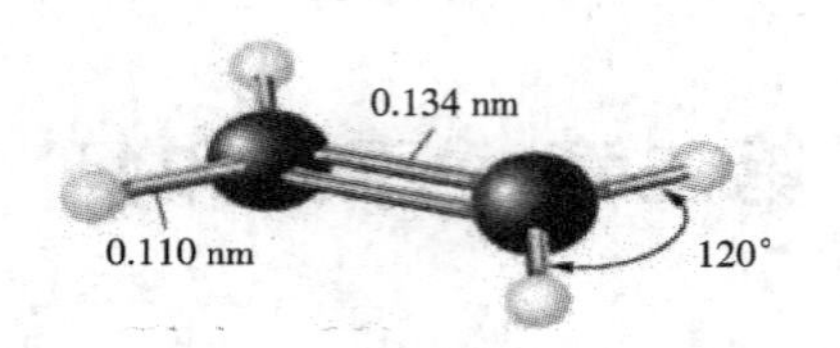


**图 2-1　乙烯分子的键长和键角**

### (二)$sp^2$杂化

为什么由双键相连的碳原子都在同一平面上？双键又是怎样形成的呢？杂化轨道理论认为,碳原子在形成双键时是以一种原子轨道杂化方式进行杂化的。设想碳原子成键时,由一个 s 轨道和两个 p 轨道进行杂化,形成三个等同的 $sp^2$ 杂化轨道,$sp^2$ 杂化轨道的对称轴在同一平面上,彼此成 120°,这种杂化称为 $sp^2$ 杂化。此外,还剩下一个 2p 轨道,它的对称轴垂直于 $sp^2$ 轨道所在的平面,如图 2-2 所示。

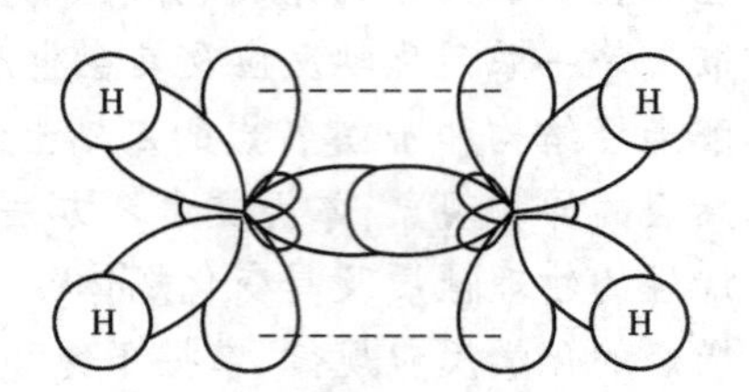


**图 2-2　乙烯分子中的 σ 键和 π 键**

在乙烯分子中,两个碳原子各以一个 $sp^2$ 轨道重叠形成一个 C—C σ 键,又各以两个 $sp^2$ 轨道和四个氢原子的 1s 轨道重叠,形成四个 C—H σ 键,五个 σ 键都在同一平面上。每个碳原子剩下一个 $p_y$ 轨道,它们平行地侧面重叠,形成新的分子轨道,称为 π 轨道。

其他烯烃的双键也都是由一个 σ 键和一个 π 键组成的。σ 键可绕键轴自由旋转,而 π 键则不能,因为旋转将破坏两个 p 轨道的平行状态,也就是破坏了 π 键。由于 π 键是 p 轨道从侧面重叠形成的,重叠程度比较小,所以 π 键不如 σ 键牢固,容易断裂。也正是由于这个原因,烯烃的化学活性比烷烃大得多。

## 二、烯烃的异构现象和命名

### (一)烯烃的异构现象

由于碳碳双键的存在,烯烃的同分异构现象比烷烃复杂,它包括碳干异构、双键位置不同引起的官能团位置异构以及双键两侧的基团在空间的位置不同引起的顺反异构。

1. 构造异构

从丁烯起,烯烃就有同分异构现象。丁烷只有正丁烷和异丁烷两个异构体,而丁烯有三个异构体,例如:1-丁烯( $CH_3CH_2CH{=}CH_2$ )和 2-丁烯( $CH_3CH{=}CHCH_3$ )是官能团位置异构,1-丁烯和 2-甲基丙烯( $CH_2{=}C(CH_3){-}CH_3$ )是碳干异构。

**问题 2-1** 写出分子式为 $C_5H_{10}$ 的链状单烯烃(戊烯)的所有同分异构体。

2. 顺反异构

烯烃也有顺反异构现象。例如 2-丁烯,由于其分子中的碳碳双键不能自由旋转,这两个双键碳原子所连接的原子和基团在空间就有两种不同的排列方式。相同取代基在双键同侧的为顺式构型,在双键异侧的为反式构型。

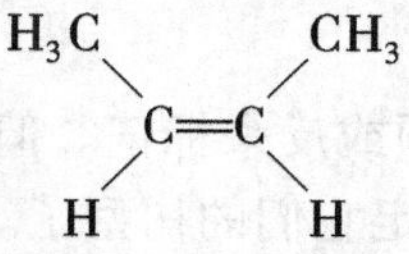

$H_3C$ $CH_3$ / C=C / H H　　$H_3C$ H / C=C / H $CH_3$

顺-2-丁烯 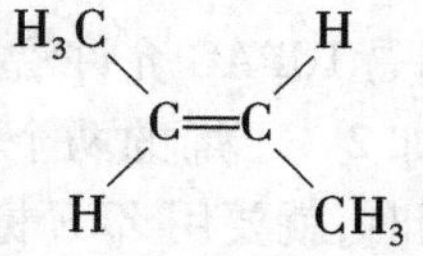　　反-2-丁烯

顺反异构现象在烯烃中很普遍,必须指出,并不是所有的烯烃都有顺反异构现象,产生顺反异构的必要条件是构成双键的两个碳原子各连有不同的原子或原子团,否则就不存在顺反异构现象。

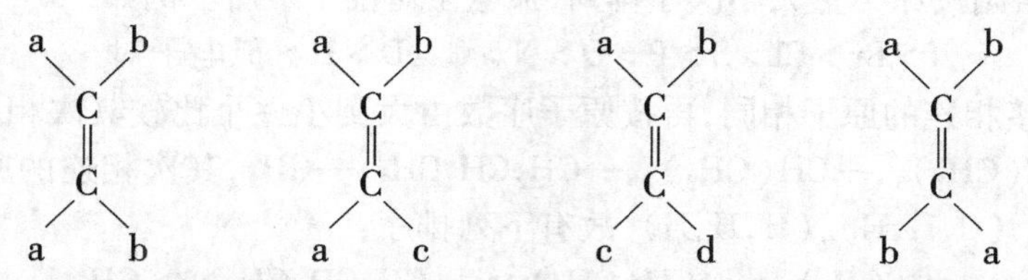

如果以双键相连的两个碳原子,其中有一个碳原子带有两个相同的原子或原子团,则这种分子就没有顺反异构体,因为它的空间排列只有一种。如:

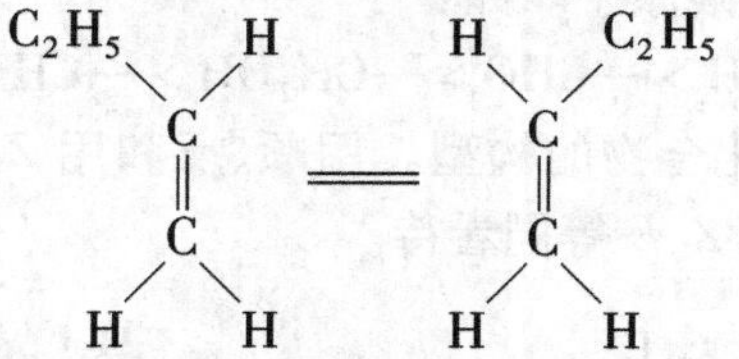

$C_2H_5$ H / C=C / H H ═ H $C_2H_5$ / C=C / H H

**问题 2-2** 写出 2-戊烯的所有顺反异构体。

**问题 2-3** 指出下列化合物有无顺反异构体,若有,试写出其顺反异构体。

(1)2-甲基-2-己烯 (2)3-己烯 (3)3-甲基-4-异丙基-3-庚烯

**(二)烯烃的命名**

烯烃的系统命名法和烷烃相似,但必须选择含碳碳双键在内的最长碳链作为主链,根据主链上碳原子的数目称为"某烯",从靠近双键的一端给主链碳原子编号,以较小的数字表示双键的位次,写在名称之前。如:

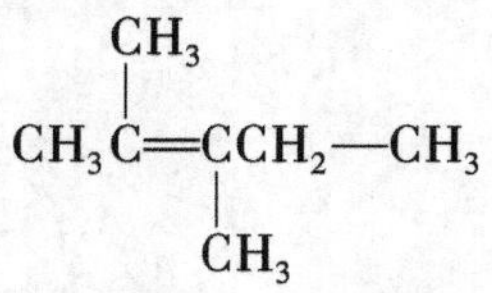

$CH_3C(CH_3)=C(CH_3)CH_2—CH_3$　　$CH_3—CH(CH_3)—C(CH_2CH_3)=CH_2$

2,3-二甲基-2-戊烯 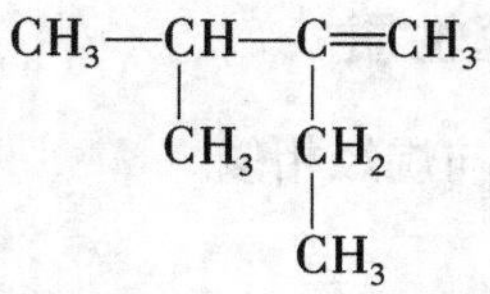　　3-甲基-2-乙基-1-丁烯

**烯烃分子去掉一个氢原子后剩下的基团叫作烯基。**几个常见烯基的名称如下：

| | |
|---|---|
| $CH_2{=}CH-$ | 乙烯基 |
| $CH_3CH{=}CH-$ | 丙烯基(1-丙烯基) |
| $CH_2{=}CH-CH_2-$ | 烯丙基(2-丙烯基) |
| $CH_2{=}C(CH_3)-$ | 异丙烯基 |

烯丙基和异丙烯基是 IUPAC 允许沿用的俗名。

对于顺反异构体，如 2-丁烯的两个构型可用顺或反来标记。但当两个双键上连接了四个不同的原子和基团时，就要用 *Z/E* 标记法来确定它们的构型了。根据 IUPAC 命名法，字母 *Z* 是德文 Zusammen 的字头，为同一侧的意思。*E* 是德文 Entgegen 的字头，为相反的意思。用“次序规则”来决定 *Z*,*E* 的构型，主要内容有三点。

(1)将双键碳原子所连接的原子或基团按原子序数的大小排列，把大的排在前面，小的排在后面，同位素则按原子量大小次序排列，孤电子对位于最后。例如：

$$I > Br > Cl > S > P > O > N > C > D > H > \text{孤电子对}$$

(2)如果直接相连的原子相同，再按原子序数由大到小逐个比较其次相连的原子，并依次类推。如：$-C(CH_3)_3$，$-CH(CH_3)_2$，$-CH_2CH_2CH_3$，$-CH_3$，其次相连的原子分别为(C，C，C)，(C，C，H)，(C，H，H)，(H，H，H)，故有下列排序：

$$-C(CH_3)_3 > -CH(CH_3)_2 > -CH_2CH_2CH_3 > -CH_3$$

(3)当基团中有双键或三键时，把双键或三键当作连着两个或三个相同的基团，苯环看成环上每一个碳原子连接三个碳原子。如：

$$-COOH > -CHO > -CH_2OH > -CH{=}CH_2$$

根据这个规则，便可确定化合物的构型。用顺、反和用 *Z*,*E* 是表示烯烃构型的两种不同方法，不能简单地把顺、反和 *Z*,*E* 等同看待。

顺-2-丁烯或(*Z*)-2-丁烯　　反-2-丁烯或(*E*)-2-丁烯

**问题 2-4**　写出 2,3,4-三甲基-3-己烯的顺反异构体，并用 *Z/E* 法标记其构型。

**问题 2-5**　试判断下列化合物有无顺反异构体，如果有，写出其构型和名称。

(1)异丁烯　(2)4-甲基-3-庚烯　(3)2-己烯　(4)3,4-二甲基-2-戊烯

## 三、烯烃的物理性质

烯烃的物理性质与烷烃相似。

1. 物态

在常温常压下，$C_2 \sim C_4$的烯烃是气体，$C_5 \sim C_{18}$的烯烃是易挥发的液体，$C_{19}$及以上的烯

烃是固体。

2. 沸点

烯烃的沸点与烷烃相似，随分子中碳原子数目的增加而升高。在顺反异构体中，顺式异构体因为极性较大，沸点通常较反式异构体高。

3. 熔点

烯烃熔点的变化规律与沸点相似，也是随分子中碳原子数目的增加而升高。但在顺反异构体中，反式异构体的熔点比顺式异构体高。这是因为反式异构体的对称性较大，在晶格中的排列较为紧密。顺式异构体较难填入晶格，故熔点较低。

4. 溶解性

烯烃都难溶于水，易溶于有机溶剂。

5. 相对密度

烯烃的相对密度都小于1，比水轻。

6. 颜色、气味

纯的烯烃都是无色的。乙烯略带甜味，液态烯烃具有汽油的气味。

一些常见烯烃的物理常数见表2-1。

**表2-1　一些常见烯烃的物理常数**

| 名称 | 熔点/℃ | 沸点/℃ | 相对密度 | 折射率 |
|---|---|---|---|---|
| 乙烯 | -169.15 | -103.71 | 0.570（在沸点时） | 1.363（-100 ℃） |
| 丙烯 | -184.9 | -47.4 | 0.610（在沸点时） | 1.356 7（-40 ℃） |
| 1-丁烯 | -183.35 | -6.3 | 0.625（在沸点时） | 1.396 2 |
| (*Z*)-2-丁烯 | -138.91 | 3.7 | 0.621 3 | 1.393 1（-25 ℃） |
| (*E*)-2-丁烯 | -105.55 | 0.88 | 0.604 2 | 1.384 8（-25 ℃） |
| 异丁烯 | -140.35 | -6.9 | 0.631（-10 ℃） | 1.392 6（-25 ℃） |
| 1-戊烯 | -138 | 29.968 | 0.640 5 | 1.371 5 |
| (*Z*)-2-戊烯 | -151.39 | 36.9 | 0.655 6 | 1.383 |
| (*E*)-2-戊烯 | -136 | 36.358 | 0.648 2 | 1.379 3 |
| (*Z*)-2-己烯 | -141.35 | 68.84 | 0.686 9 | 1.397 7 |
| (*E*)-2-己烯 | -133 | 67.9 | 0.678 | 1.303 5 |
| 1-庚烯 | -119 | 93.6 | 0.697 | 1.399 8 |
| 1-辛烯 | -101.7 | 121.3 | 0.714 9 | 1.408 7 |
| 1-壬烯 | — | 146 | 0.73 | — |
| 1-癸烯 | — | 172.6 | 0.74 | 1.421 5 |

续表

| 名称 | 熔点/℃ | 沸点/℃ | 相对密度 | 折射率 |
|---|---|---|---|---|
| 1-十八碳烯 | 17.5 | 179 | 0.791 | 1.444 8 |
| 1-十九碳烯 | 21.5 | 177(1 333 Pa) | 0.785 8 | — |

## 四、烯烃的化学性质

烯烃的化学性质很活泼，可以和很多试剂作用，主要发生在碳碳双键上，双键是烯烃的官能团。烯烃可以发生加成、氧化、聚合等反应。**与双键直接相连的碳原子叫α-碳原子，α-碳原子上的氢原子叫α-氢原子**。例如，丙烯分子中有一个α-碳原子和三个α-氢原子。

$$CH_2{=}CH{-}\underset{\underset{\textstyle H}{|}}{\overset{\overset{\textstyle H}{|}}{C}}{-}H$$

（α-碳原子 → C；α-氢原子 → H）

烯烃的化学反应主要发生在官能团碳碳双键以及受碳碳双键影响较大的α-C—H键上。由于碳碳双键中的π键不牢固，容易断裂，烯烃的化学性质比较活泼，可发生多种化学反应。

### （一）加成反应

加成反应一般是指含有不饱和键的化合物与试剂作用，π键断裂，两个不饱和原子与试剂的两个原子或基团形成两个σ键，从而降低了分子不饱和度的反应。

1. 催化加氢

$$R{-}CH{=}CH_2 + H_2 \xrightarrow{\text{催化剂}} RCH_2CH_3$$

一般情况下，烯烃和氢气在200 ℃时仍不起反应。但在催化剂（如铂、钯或镍等）存在时，烯烃可以与氢气发生加成反应生成烷烃。

烯烃的氢化反应是放热反应，1 mol不饱和化合物氢化时放出的热量叫**氢化热**。根据氢化热的不同，可以分析不同烯烃的相对稳定性。如，顺-2-丁烯和反-2-丁烯氢化的产物都是丁烷，反式的比顺式的少放出4.2 kJ/mol的热量，意味着反式的内能少4.2 kJ/mol，也就是说反-2-丁烯更为稳定。

2. 与卤化氢的加成

烯烃可与卤化氢加成，生成卤代烷。

$$CH_2{=}CH_2 + HX \longrightarrow CH_3CH_2X$$

1）HX的活性次序

加成时，不同卤化氢的活性次序为：HI > HBr > HCl。

浓HI、浓HBr能和烯烃起反应，浓盐酸要用$AlCl_3$催化才行。

2）马氏规则

1869年，俄国化学家马尔可夫尼可夫（Markovnikov）根据大量的实验事实总结出一条经验规律：**不对称烯烃与卤化氢等不对称试剂加成时，试剂中的氢原子（或带正电的部分）加到烯烃中含氢较多的双键碳原子上，卤原子或其他带负电的基团加到含氢较少的双键碳原**

**子上,这个规律被称作马尔可夫尼可夫加成规则,简称马氏规则**。利用马氏规则可预测烯烃加成反应的主要产物。

$$(CH_3)_2C{=}CH_2 + HCl \longrightarrow (CH_3)_2\underset{\displaystyle Cl}{\underset{|}{C}}CH_3$$

3)过氧化物的影响

在过氧化物($H_2O_2$,ROOR′等)存在下,HBr与不对称烯烃加成,产物是反马氏规则的。如:

$$CH_3CH{=}CH_2 + HBr \longrightarrow CH_3CH_2CH_2Br$$

过氧化物的存在,对于不对称烯烃与HCl和HI等的加成方式没有影响。

---

**问题2-6** 下列化合物与溴化氢起加成反应时,主要产物是什么?写出反应式。

(1)异丁烯 (2)3-甲基-1-丁烯 (3)2-甲基-2-丁烯

---

3.与卤素的加成

烯烃能与卤素发生加成反应,不同的卤素反应活性不同。氟与烯烃的反应非常猛烈,常使烯烃完全分解;氯与烯烃的反应较氟缓和,但也要加溶剂稀释;溴与烯烃可正常反应。

$$>C{=}C< + X_2 \longrightarrow -\underset{\displaystyle X}{\underset{|}{C}}-\underset{\displaystyle X}{\underset{|}{C}}-$$

将乙烯通入溴的四氯化碳溶液中,溴的红棕色迅速褪去,生成1,2-二溴乙烷。**在实验室里,常用此法鉴别碳碳双键的存在,利用这个反应来检验烯烃**。如:

$$CH_3CH{=}CH_2 + Br_2 \xrightarrow{CCl_4} CH_3\underset{\displaystyle Br}{\underset{|}{CH}}\underset{\displaystyle Br}{\underset{|}{CH_2}}$$

1,2-二溴丙烷

---

**问题2-7** 用化学方法鉴别下列化合物:

(1)乙烷和乙烯 (2)丙烷、丙烯和环丙烷

---

4.与卤素和水的作用

烯烃与卤素(溴或氯)在水溶液中可起加成反应,生成卤代醇。

$$CH_2{=}CH_2 + Cl_2 + H_2O \longrightarrow \underset{\displaystyle Cl}{\underset{|}{CH_2}}-\underset{\displaystyle OH}{\underset{|}{CH_2}}$$

2-氯乙醇

在实际生产中,常用氯气和水代替次氯酸。

氯乙醇是微黄色液体,有毒,常用作医药和农药(如驱蛔灵、普鲁卡因及异丙磷等)的原料,也是一种植物发芽催速剂。

不对称烯烃与次氯酸的加成符合马氏规则。例如丙烯与次氯酸加成时,带正电的$Cl^+$

加到含氢较多的双键碳原子上,而带负电的 $OH^-$ 加到含氢较少的双键碳原子上。

$$CH_3CH=CH_2 + Cl_2 + H_2O \longrightarrow \underset{\text{OH}}{CH_3\underset{|}{C}H}-\underset{\text{Cl}}{\underset{|}{C}H_2}$$

1-氯-2-丙醇

卤素与水作用生成次卤酸,使分子极化成 $\overset{\delta^-}{HO}-\overset{\delta^+}{X}-Z$,带正电荷的 $X^+$ 加在含氢原子多的双键碳原子上,带负电荷的 $OH^-$ 加在含氢原子少的双键碳原子上。

$$CH_3CH=CH_2 + \overset{\delta^-}{HO}-\overset{\delta^+}{Cl} \longrightarrow CH_3\underset{\text{OH}}{\underset{|}{C}H}-\underset{\text{Cl}}{\underset{|}{C}H_2}$$

类似次卤酸与烯烃反应的试剂还有以下三种。

$$\overset{\delta^+}{I}-\overset{\delta^-}{Cl} \qquad \overset{\delta^+}{I}-\overset{\delta^-}{Br} \qquad \overset{\delta^+}{Cl}\overset{\delta^-}{HgCl}$$

5. 与乙硼烷的加成(硼氢化反应)

烯烃与乙硼烷($B_2H_6$)容易发生加成反应而生成三烷基硼,这个反应叫硼氢化反应。此反应的特点为顺式加成,即在双键的同侧加成。

$$6RCH=CH_2 + B_2H_6 \longrightarrow 2\ (RCH_2CH_2)_3B$$

由于乙硼烷是一种在空气中能自燃的气体,一般不预先制好,而把氟化硼的乙醚溶液加到硼氢化钠与烯烃的混合物中,使 $B_2H_6$ 生成即与烯烃起反应。

$$3NaBH_4 + 4BF_3 \longrightarrow 2B_2H_6 + 3NaBF_4$$

与不对称的烯烃反应时,硼原子加到含氢较多的碳原子上,因硼原子含空 p 轨道。

$$CH_3\underset{CH_3}{\underset{|}{C}}=CH_2 + \frac{1}{2}B_2H_6 \longrightarrow CH_3\underset{CH_3}{\underset{|}{C}H}-\underset{BH_2}{\underset{|}{C}H_2}$$

6. 与硫酸的加成

烯烃可与冷的浓硫酸发生加成反应,生成硫酸氢酯。例如将乙烯通入冷的浓硫酸中:

$$H_2C=CH_2 + H-O-\overset{\overset{O}{\|}}{\underset{\underset{O}{\|}}{S}}-OH \xrightarrow{0\sim15\ ℃} \underset{\text{硫酸氢乙酯}}{CH_3CH_2OSO_2OH}$$

硫酸氢乙酯水解生成乙醇,相当于在烯烃分子中加入一分子水,因此这一反应又称烯烃的间接水合反应。

不对称烯烃与冷的浓硫酸加成时,产物符合马氏规则。**烯烃与浓硫酸的加成产物硫酸氢酯溶于硫酸。利用这一性质,可将混在烷烃中的少量烯烃分离除去。**

**问题 2-8** 己烷中含有少量的 1-己烯,试用化学方法将其分离除去。

7. 与水的加成

在酸催化下，烯烃与水直接发生加成反应，生成醇。例如：

$$CH_2=CH_2 + H-OH \xrightarrow[300\ ^\circ C, 7\ MPa]{\text{磷酸-硅藻土}} CH_3CH_2OH$$

不对称烯烃与水的加成反应符合马氏规则。例如：

$$CH_3CH=CH_2 + H-OH \xrightarrow[250\ ^\circ C, 4\ MPa]{\text{磷酸-硅藻土}} CH_3\underset{\displaystyle OH}{\underset{|}{C}}HCH_3$$

烯烃直接加水制备醇叫作直接水合法。这是工业上生产乙醇、异丙醇的重要方法。直接水合法的优点是避免了硫酸对设备的腐蚀和酸性废水的污染，节省了投资。但直接水合法对烯烃的纯度要求较高，需要达到97%以上。

**（二）氧化反应**

1. $KMnO_4$氧化

1）$KMnO_4$在碱性条件下（或用冷的稀 $KMnO_4$溶液）

冷的稀 $KMnO_4$中性或碱性溶液与烯烃作用，可使烯烃的 π 键断裂，氧化生成邻位二元醇。

$$3R-CH=CH_2 + 2KMnO_4 + 4H_2O \longrightarrow 3R-\underset{\displaystyle OH}{\underset{|}{CH}}-\underset{\displaystyle OH}{\underset{|}{CH_2}} + 2KOH + 2MnO_2\downarrow$$

随着氧化反应的发生，高锰酸钾溶液的紫色逐渐消退，生成邻位二元醇和棕褐色的二氧化锰沉淀。**由于反应前后有明显的现象变化，所以可利用此反应来鉴别烯烃。**

2）$KMnO_4$在酸性条件下

如果用酸性高锰酸钾溶液氧化，烯烃的双键断裂生成低级的酮、羧酸和二氧化碳。如：

$$\begin{matrix}R \\ \quad\diagdown \\ \quad C=CHR'' \\ \quad\diagup \\ R'\end{matrix} \xrightarrow[H_2SO_4]{KMnO_4} \begin{matrix}R \\ \quad\diagdown \\ \quad C=O \\ \quad\diagup \\ R'\end{matrix} + HOOCR''$$

$$R-CH=CH_2 \xrightarrow[H_2SO_4]{KMnO_4} R-\underset{\displaystyle OH}{\underset{|}{C}}=O + CO_2$$

$$\begin{matrix}R \\ \quad\diagdown \\ \quad C= \\ \quad\diagup \\ R'\end{matrix} \longrightarrow \begin{matrix}R \\ \quad\diagdown \\ \quad C=O \\ \quad\diagup \\ R'\end{matrix} \qquad RCH= \longrightarrow RCOOH \qquad H_2C= \longrightarrow CO_2$$

从上例可以看出，不同构造的烯烃发生强烈氧化时，产物也不相同。因此，可根据氧化产物推测原烯烃的结构。

---

**问题 2－9**　某烯烃分子式为 $C_5H_{10}$，用酸性高锰酸钾溶液氧化后，得到乙酸和丙酮，试

推测该烯烃的构造式。

2. 重铬酸钾氧化

重铬酸钾是一种强氧化剂，烯烃与其发生反应时，双键处发生断裂，氧化生成酮或酸。

$$CH_3CH_2CH{=}CH_2 \xrightarrow{K_2Cr_2O_7} CH_3CH_2COOH + CO_2$$

$$CH_3CH_2\underset{\displaystyle CH_3}{\underset{|}{C}}{=}CHCH_3 \xrightarrow[H_2SO_4]{K_2Cr_2O_7} CH_3COOH + CH_3CH_2\underset{\displaystyle CH_3}{\underset{|}{C}}{=}O$$

**利用此反应也可以推测原烯烃的结构。**不同构造的烯烃发生强烈氧化时，产物也不相同。

3. 臭氧化反应

在低温下，烯烃易与臭氧反应生成臭氧化物，这个反应称为臭氧化反应。生成的臭氧化物在还原剂锌粉存在下水解生成醛或酮。

$$>C{=}C< + O_3 \longrightarrow >C\overset{O}{\phantom{x}}C<\ (\text{O—O}) \xrightarrow[\text{或}H_2]{Zn/H_2O} >C{=}O + O{=}C< + H_2O$$

臭氧化物具有爆炸性，因此反应过程中不必把它从溶液中分离出来，可以直接在溶液中水解，在有还原剂（如 $Zn/H_2O$）存在下得到的水解产物是醛或酮。如果在水解过程中不加还原剂，则反应生成的 $H_2O_2$ 便将醛氧化为酸。

根据臭氧化物的还原水解产物，能确定烯烃中双键的位置和碳干中碳原子的连接方式，故臭氧化反应常被用来研究烯烃的结构。

$$\begin{matrix}R\\R'\end{matrix}\!\!>C{=}C<\!\!\begin{matrix}H\\R''\end{matrix} + O_3 \longrightarrow \begin{matrix}R\\R'\end{matrix}\!\!>C\overset{O}{\phantom{x}}C<\!\!\begin{matrix}H\\R''\end{matrix}\ (\text{O—O}) \xrightarrow[\text{或}H_2]{Zn/H_2O} \begin{matrix}R\\R'\end{matrix}\!\!>C{=}O + O{=}C<\!\!\begin{matrix}H\\R''\end{matrix}$$

$$(CH_3)_2C{=}CHCH_3 \xrightarrow{O_3} (CH_3)_2C\overset{O}{\phantom{x}}CHCH_3\ (\text{O—O}) \xrightarrow[\text{或}H_2]{Zn/H_2O} CH_3\overset{\displaystyle O}{\overset{\|}{C}}CH_3 + CH_3CHO$$

**问题 2-10** 有一化合物 A，分子式为 $C_7H_{14}$，经臭氧化还原水解后得到一分子醛（乙醛）和一分子酮（3-甲基-2-丁酮），试推测该化合物的结构。

4. 催化氧化

1）银催化氧化

乙烯在银催化剂存在下，被空气中的氧气直接氧化为环氧乙烷，这是工业上制取环氧乙烷的方法。

$$CH_2=CH_2 + \frac{1}{2}O_2 \xrightarrow[220\sim280\ ℃]{Ag} H_2C\overset{O}{—}CH_2$$

2) $PdCl_2-CuCl_2$催化氧化

$$CH_3CH=CH_2 + \frac{1}{2}O_2 \xrightarrow{PdCl_2-CuCl_2} CH_3—\overset{\overset{O}{\|}}{C}—CH_3$$

$$CH_2=CH_2 + \frac{1}{2}O_2 \xrightarrow{PdCl_2-CuCl_2} CH_3—\overset{\overset{O}{\|}}{C}—H$$

3) 烃的氨氧化反应

把丙烯中的甲基氧化为氰基(—CN):

$$CH_3—CH=CH_2 + \frac{3}{2}O_2 + NH_3 \xrightarrow{MoO_3-Bi_2O_3} H_2C=CHCN + 3H_2O$$

$$CH_3—\overset{\overset{CH_3}{|}}{C}=CH_2 + \frac{3}{2}O_2 + NH_3 \xrightarrow{MoO_3-Bi_2O_3} H_2C=\overset{\overset{CH_3}{|}}{C}—CN + 3H_2O$$

**(三)聚合反应**

烯烃在一定条件下π键断裂,分子间一个接一个地加合,成为相对分子质量巨大的高分子化合物。**烯烃的这种自相加成反应叫聚合反应。能发生聚合反应的相对分子质量较小的化合物叫单体。聚合后得到的相对分子质量较大的化合物叫聚合物。**如乙烯聚合生成聚乙烯:

$$\underset{单体}{nCH_2=CH_2} \xrightarrow[200\sim300\ ℃,100\sim150\ MPa]{微量氧气} \underset{聚合物(聚乙烯)}{[\!-CH_2—CH_2-\!]_n}$$

因为上述反应是在100~150 MPa下进行的,工业上称由此生产的聚乙烯为高压聚乙烯。高压聚乙烯质地软而韧,弹性大,电绝缘性好,耐化学腐蚀,无毒,故可用于农业生产和食品包装。如果加入适当的添加剂,加工成型,就成为常用的聚乙烯塑料制品。

常温下聚乙烯为乳白色半透明物质,熔化后是无色透明液体。从分子构造来看,聚乙烯相当于大分子烷烃,化学性能稳定,可耐酸、碱及无机盐类的腐蚀作用,常用作化工生产中的防腐材料;对水的抵抗力较强,水蒸气透过率很低,是良好的防潮材料;具有较好的电绝缘性能,可用于制造电线、电缆及电工部件的绝缘材料;透光性好,可制成农用薄膜;无毒、易加工成型,可制作食品、药品的容器及各类工业、生活用具。

## 第二节　炔烃

**炔烃是分子中含有碳碳三键(C≡C)的烃类化合物。单炔烃的通式为$C_nH_{2n-2}$,**与碳原子数相同的二烯烃互为同分异构体。二烯烃是分子中含有两个碳碳双键(C=C)的不饱和烃。

## 一、炔烃的结构和命名

### (一)sp 杂化碳原子和碳碳三键

杂化轨道理论认为,乙炔分子中的碳原子在形成三键时,以一个 2s 轨道和一个 2p 轨道重新组合成两个完全相同的新轨道,叫 sp 杂化轨道。两个 sp 杂化轨道向碳原子核的两边伸展,它们的对称轴在一条直线上,互成 180°。

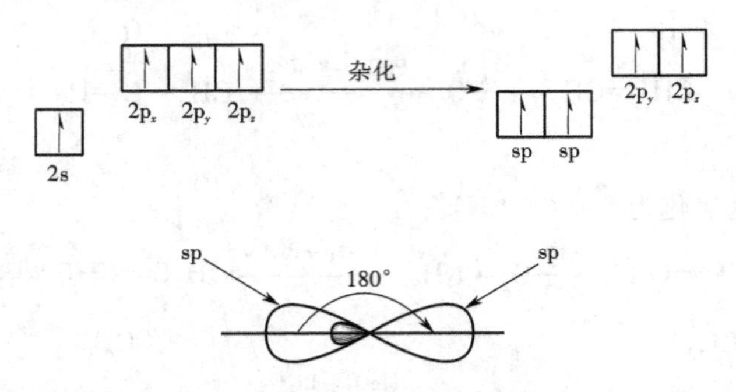


乙炔的分子式是 $C_2H_2$,构造式为 H—C≡C—H ,碳原子为 sp 杂化。在乙炔分子中,两个碳原子各以一个 sp 轨道互相重叠,形成一个 C—C σ 键,每个碳原子又各以一个 sp 轨道分别与一个氢原子的 1s 轨道重叠形成 C—H σ 键。

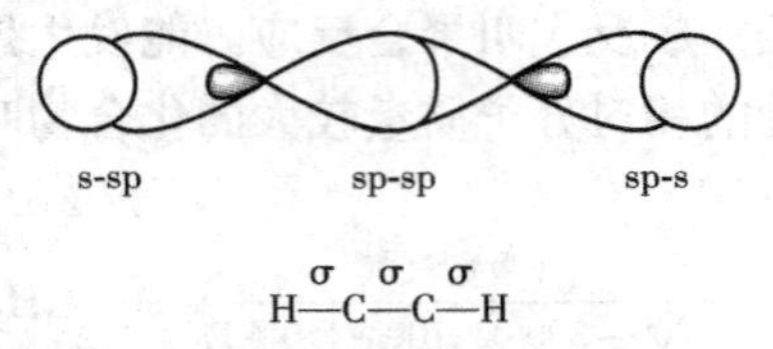


此外,每个碳原子还有两个互相垂直的未杂化的 p 轨道($p_y$,$p_z$),它们与另一个碳原子的两个 p 轨道两两相互侧面重叠,形成两个互相垂直的 π 键。

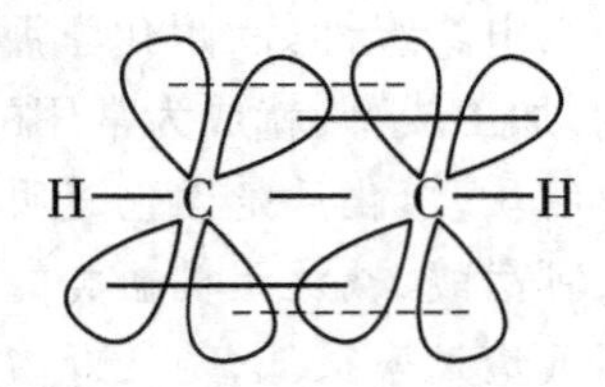


故**乙炔的三键由一个 σ 键和两个相互垂直的 π 键组成**。两个 π 键的电子云分布好像是围绕两个碳原子核心的圆柱状的 π 电子云。

乙炔分子中两个碳原子的 sp 轨道有 1/2 s 性质,s 轨道中的电子较接近原子核,因此被约束得较牢。sp 轨道比 $sp^2$轨道要小,因此 sp 杂化的碳原子所形成的碳键比 $sp^2$杂化的碳键要短,它的 p 电子云有较多的重叠。

现代物理方法证明:乙炔中所有的原子都在一条直线上, C≡C 键的键长为 0.12 nm,比 C ═C 键的键长短。 C≡C 键能为 835 kJ/mol, C═C 键能为 610 kJ/mol。就是说乙炔分子中两个碳原子的距离较乙烯短,原子核对于电子的吸引力强。

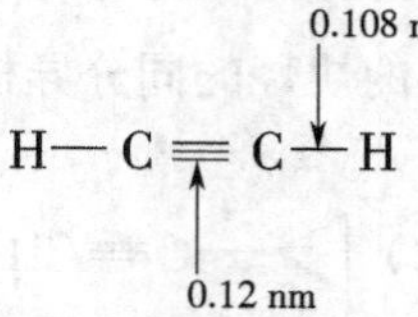

$$H—C\equiv C—H$$

(C≡C 键长 0.12 nm；C—H 键长 0.108 nm)

问题 2－11　从参与杂化的轨道名称、数目及杂化轨道的特点，比较 sp、$sp^2$、$sp^3$ 杂化；并说明 σ 键和 π 键有何不同。

问题 2－12　炔烃有无顺反异构现象，为什么？

### （二）炔烃的异构现象及命名

炔烃的构造异构与烯烃相似，也存在碳干异构和官能团位置异构。但由于以三键相连的两个碳原子均在一条直线上，因而炔烃没有顺反异构体，比相应烯烃的异构体数目少。例如炔烃 $C_5H_8$ 只有三种异构体：

$CH_3CH_2CH_2C\equiv CH$　　$CH_3CH_2C\equiv CCH_3$　　$CH_3CH(CH_3)C\equiv CH$

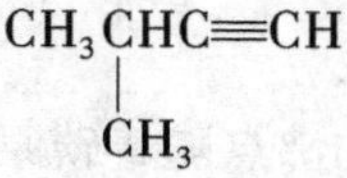

炔烃的命名法和烯烃相似，只是将"烯"字改为"炔"。如：

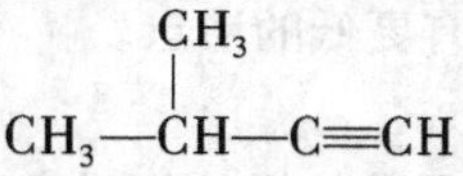

$CH_3—CH(CH_3)—C\equiv CH$　　3－甲基－1－丁炔

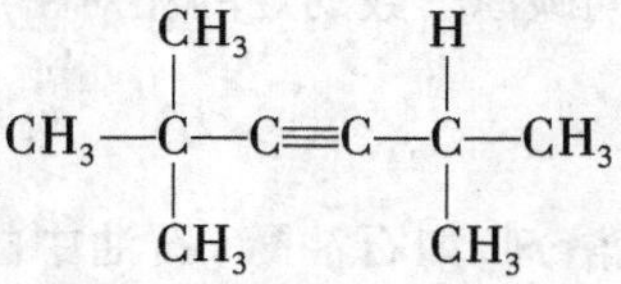

$CH_3—C(CH_3)_2—C\equiv C—CH(CH_3)—CH_3$　　2,2,5－三甲基－3－己炔

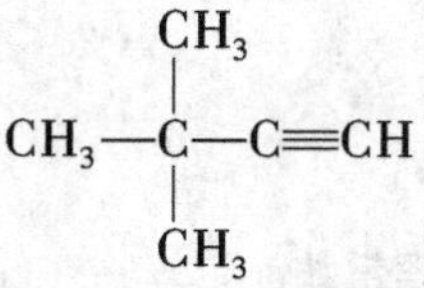

$CH_3—C(CH_3)_2—C\equiv CH$　　3,3－二甲基－1－丁炔

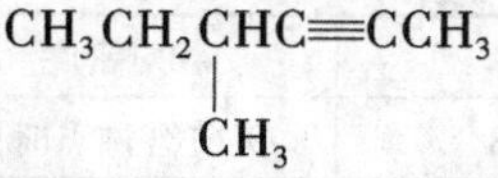

$CH_3CH_2CH(CH_3)C\equiv CCH_3$　　4－甲基－2－己炔

同时含有三键和双键的不饱和烃称为"烯炔"。它的命名首先选取含双键和三键的最长碳链为主链，从离不饱和键较近的一端开始给主链碳原子编号；当主链两端不饱和键距离相同时，应使双键具有最小的位次。如：

$CH_3—CH=CH—C\equiv CH$　　3－戊烯－1－炔（而非 2－戊烯－4－炔）

$CH_2=CHCH_2C\equiv CH$　　1－戊烯－4－炔

问题 2-13　写出分子式为 $C_6H_{10}$ 的炔烃的同分异构体，并予以命名。

问题 2-14　命名下列化合物：

(1) $(CH_3)_3CC\equiv CCH_2CH_3$　(2) $\triangleright\!-C\equiv CH$

(3) $BrH_2C-C\equiv CH$　(4) $CH_2=CH-C\equiv CH$

(5) $CH_3-CH=CH-C\equiv CH$　(6) $(CH_3)_2CHC\equiv C\underset{}{C}H(CH_3)CH_3$（即 $(CH_3)_2CHC\equiv CCHCH_3$，其中 CH 上连有 $CH_3$）

## 二、炔烃的物理性质

炔烃的物理性质和烷烃、烯烃基本相似，同样是随着分子量的增加而有规律地变化。

1. 物态

常温常压下，$C_2\sim C_4$ 的炔烃是气体，$C_5\sim C_{17}$ 的炔烃为液体，$C_{18}$ 及以上的炔烃为固体。

2. 沸点

炔烃的沸点随着碳原子数目增加而升高，一般比相应的烷烃、烯烃稍高一点，这是因为碳碳三键键长较短，分子间距离较近，作用力较强。三键位于碳链末端的炔烃（又称末端炔烃）和三键位于碳链中间的异构体相比较，前者具有更低的沸点。

3. 相对密度

炔烃的相对密度都小于1，比水轻。相同碳原子数的烃的相对密度顺序为：烷烃 < 烯烃 < 炔烃。

4. 溶解性

炔烃不溶于水，但易溶于极性小的有机溶剂，如石油醚（石油中的低沸点馏分）、苯、乙醚、四氯化碳等。

一些炔烃的物理常数见表 2-2。

**表 2-2　炔烃的物理常数**

| 名称 | 沸点/℃ | 熔点/℃ | 相对密度 | 折射率 |
|---|---|---|---|---|
| 乙炔 | -84 | -80.8 | 0.618（沸点时） | — |
| 丙炔 | -23.2 | -101.5 | 0.671（沸点时） | — |
| 1-丁炔 | 8.1 | -125.7 | 0.668（沸点时） | 1.396 2 |
| 2-丁炔 | 27 | -32.2 | 0.691 | 1.392 1 |
| 1-戊炔 | 40.2 | -90 | 0.69 | 1.385 2 |
| 2-戊炔 | 56 | -101 | 0.71 | 1.403 9 |
| 3-甲基-1-丁炔 | 29.5 | -89 | 0.666 | 1.372 3 |
| 1-己炔 | 71.3 | 131.9 | 0.719 | 1.398 9 |
| 4-甲基-1-戊炔 | 61~62 | -105.1 | 0.709 2（15 ℃） | 1.393 6（15 ℃） |
| 3,3-二甲基-1-丁炔 | 39~40 | -81.2 | 0.669 5 | — |

续表

| 名称 | 沸点/℃ | 熔点/℃ | 相对密度 | 折射率 |
| --- | --- | --- | --- | --- |
| 2-己炔 | 84 | -89.6 | 0.731 5 | 1.373 8 |
| 3-己炔 | 81.5 | -103 | 0.723 1 | 1.413 8 |
| 1-庚炔 | 99.7 | -81 | 0.732 8 | 1.411 5 |
| 1-辛炔 | 125.2 | -79.3 | 0.746 1 | 1.408 7 |
| 1-壬炔 | 150.8 | -50 | 0.756 8 | 1.415 9 |
| 1-癸炔 | 174 | -36 | 0.765 5 | 1.421 7 |
| 1-十八碳炔 | 180(0.052 MPa) | 28 | 0.802 5 | 1.426 5 |

## 三、炔烃的化学性质

炔烃的化学性质与烯烃相似，也可以发生加成、氧化和聚合等反应，但由于双键和三键有所不同，因而炔烃与烯烃在很多反应中是有差别的。此外，炔烃还有一些自己的独特性质。反应都发生在三键上，所以三键是炔烃的官能团。

### (一)加成反应

1.催化加氢

炔烃能与两分子 $H_2$加成，断开一个 π 键，加入一分子 $H_2$，成为烯烃；然后再断开第二个 π 键，加入另一分子 $H_2$，成为烷烃。

$$R—C\equiv CH \xrightarrow[\text{催化剂}]{H_2} R—CH=CH_2 \xrightarrow[\text{催化剂}]{H_2} R—CH_2—CH_3$$

选择一定的催化剂，能使炔烃氢化停留在烯烃阶段，还可控制产物的构型。用林德拉(Lindlar)催化剂(用醋酸铅钝化后沉积在碳酸钙上的钯[$Pd/CaCO_3$])和 P-Z 催化剂($Ni_2B$，由醋酸镍和钠硼氢制成)催化氢化，主要生成顺式烯烃；用钠或锂在液氨中还原，生成反式烯烃。例如：

$$CH_3—C\equiv C—CH_3 + H_2 \xrightarrow[\text{喹啉}]{Pb/CaCO_3} \begin{matrix} CH_3 & & CH_3 \\ & C=C & \\ H & & H \end{matrix}$$

$$CH_2=CH—\underset{}{\overset{CH_3}{\overset{|}{C}H}}—C\equiv CH + H_2 \xrightarrow[\text{喹啉}]{Pb/CaCO_3} CH_2=CH—\overset{CH_3}{\overset{|}{C}H}—CH=CH_2$$

$$C_2H_5—C\equiv C—C_2H_5 + H_2 \xrightarrow{P-Z} \begin{matrix} C_2H_5 & & C_2H_5 \\ & C=C & \\ H & & H \end{matrix}$$

$$C_3H_7—C\equiv C—C_3H_7 + H_2 \xrightarrow{Li+NH_3} \begin{matrix} C_3H_7 & & H \\ & C=C & \\ H & & C_3H_7 \end{matrix}$$

2. 与卤素和卤化氢加成

与烯烃一样，炔烃也能与卤素、卤化氢等起亲电加成反应，但比烯烃困难。如：

$$CH\equiv CH \xrightarrow{Br_2} \underset{H}{\overset{Br}{}}C=C\underset{Br}{\overset{H}{}} \xrightarrow{Br_2} \underset{H}{\overset{Br\ Br}{}}C-C\underset{Br}{\overset{H\ Br}{}}$$

乙烯可使溴的四氯化碳溶液立即褪色，而乙炔则需几分钟的时间。

乙炔与氯也能发生类似的加成反应。如：

$$CH\equiv CH \xrightarrow{Cl_2} CHCl=CHCl \xrightarrow{Cl_2} CHCl_2-CHCl_2$$

1,2－二氯乙烯是无色、具有令人愉快气味的液体。其有微弱的毒性，主要用作油漆、树脂、蜡和橡胶等的溶剂，也可作为干洗剂、杀菌剂、麻醉剂、低温萃取剂和冷冻剂等。

1,1,2,2－四氯乙烷为不燃、不爆、无色透明液体，有毒。其主要用作药物、树脂、蜡等的溶剂，也用作金属清洗剂、涂料除去剂、杀虫剂和除草剂等。

炔烃与卤化氢加成可得一卤代烯，继续反应得二卤代烷，产物符合马氏规则。如：

$$R-C\equiv CH \xrightarrow{HX} R-\overset{X}{\overset{|}{C}}=CH_2 \xrightarrow{HX} R-\underset{X}{\underset{|}{\overset{X}{\overset{|}{C}}}}-CH_3$$

当分子中同时存在碳碳三键和双键时，亲电加成首先发生在双键上。如：

$$CH_2=CH-CH_2-C\equiv CH \xrightarrow{Br_2} \underset{Br}{\underset{|}{CH_2}}-\underset{Br}{\underset{|}{CH}}-CH_2-C\equiv CH$$

这是因为三键的 σ 键较短，p 轨道之间的重叠程度较大，所以炔烃中的 π 键比烯烃中的 π 键稳定，亲电反应也就难一些。

$$C_2H_5-C\equiv C-C_2H_5 \xrightarrow{HCl} \underset{C_2H_5}{\overset{Br}{}}C=C\underset{Br}{\overset{C_2H_5}{}} + \underset{Br}{\overset{C_2H_5}{}}C=C\underset{Br}{\overset{C_2H_5}{}}$$

3. 与氢氰酸加成

氢氰酸与烯烃难起加成反应，但在催化剂存在下可与炔烃加成生成烯腈。

$$CH\equiv CH + HCN \xrightarrow[80\sim 90\ ℃]{Cu_2Cl_2} CH_2=CH-CN$$

丙烯腈是合成橡胶和合成纤维的原料。

4. 水合反应

在硫酸汞的稀硫酸溶液催化下，炔烃与水加成，首先生成烯醇，烯醇立即重排为稳定的醛或酮。炔烃的水合反应又称为库切洛夫(Kucherov)反应。

$$CH_3-C\equiv CH + H-OH \xrightarrow[H_2SO_4]{HgSO_4} [\ CH_2=\overset{OH}{\overset{|}{C}}-CH_3\ ] \longrightarrow CH_3\overset{O}{\overset{\|}{C}}CH_3$$

这一反应相当于水加到三键上，先生成一个很不稳定的乙烯醇，然后进行分子内部重排成为羰基化合物。这里的炔与H—OH的加成遵循马氏规则，其他炔烃水化时，则变成酮。

$$C_6H_5-C\equiv CH + H-OH \xrightarrow[H_2SO_4]{HgSO_4} [\ CH_2=\underset{}{\overset{OH}{|}}{C}-C_6H_5\ ] \longrightarrow CH_3\overset{O}{\overset{\|}{C}}-C_6H_5$$

这类反应的一个缺点是，汞盐毒性大，影响健康，污染水域，所以目前世界各国都在寻找其他低毒或无毒的催化剂。（工业上主要改用以乙烯为原料的威克(Waeker)法）

$PdCl_2$催化乙炔水合为乙醛，$CuCl_2$为辅助催化剂。

$$CH\equiv CH + H_2O \xrightarrow{PdCl_2-CuCl_2} CH_3CHO$$

只有乙炔的水合反应得到乙醛，其他炔烃反应后都得到酮。炔烃的水合反应也遵从马氏规则。

5. 与醇加成

在碱催化下，乙炔可与醇发生加成反应，生成乙烯基醚。这是工业上生产乙烯基醚的一种方法。例如，在20%氢氧化钠水溶液中，于160～165 ℃和2 MPa下，乙炔和甲醇加成生成甲基乙烯基醚：

$$CH\equiv CH + CH_3OH \xrightarrow[2\ MPa]{160\sim165\ ℃} CH_2=CH-O-CH_3$$

甲基乙烯基醚为无色气体，是合成高分子材料、涂料、增塑剂和胶黏剂等的原料。

6. 与乙酸加成

在催化剂作用下，乙炔能与乙酸发生加成反应。例如，在乙酸锌－活性炭催化下，乙炔与乙酸加成，生成乙酸乙烯酯：

$$CH\equiv CH + CH_3COOH \xrightarrow[180\sim220\ ℃]{乙酸锌-活性炭} CH_2=CH-O-\overset{O}{\overset{\|}{C}}-CH_3$$

这是工业上生产乙酸乙烯酯的方法之一。乙酸乙烯酯俗称醋酸乙烯，是无色液体，主要用作合成纤维维纶的原料。

**(二)炔烃的酸性**

**与三键碳原子直接相连的氢原子叫炔氢原子。**在乙炔和链端炔烃（$R-C\equiv CH$）分子中，连接在sp杂化碳原子上的炔氢原子比较活泼，具有微弱的酸性（$pK_a=25$），可被碱金属或重金属原子取代，生成金属炔化物。

1. 与钠或氨基钠反应

乙炔在110 ℃时能和熔化的金属钠作用，生成乙炔钠并放出氢气。高温时（190～220 ℃）更能生成乙炔二钠。如：

$$2CH\equiv CH + 2Na \xrightarrow{110\ ℃} 2CH\equiv CNa + H_2$$

$$CH\equiv CH + 2Na \xrightarrow{190\sim220\ ℃} NaC\equiv CNa + H_2$$

一般先将金属钠和液氨作用，成为$NaNH_2$，然后再通入乙炔成为乙炔钠。

$$CH\equiv CH + NaNH_2 \xrightarrow[-40\ ℃]{液氨} HC\equiv CNa + NH_3$$

炔化钠的性质活泼，可与卤代烷作用，在炔烃中引入烷基。这是有机合成上用于增长碳链的一个方法。如用溴乙烷和1－丁炔合成3－己烯(先由1－丁炔制备丁炔钠,再由丁炔钠和溴乙烷反应,制得3－己炔。采用林德拉催化剂控制加氢,使3－己炔转变为3－己烯)。

**问题2－15** 由溴乙烷和1－丁炔合成3－己烯。

2. 与硝酸银或氯化亚铜的氨溶液反应

乙炔与硝酸银的氨溶液作用生成白色的银化合物或与氯化亚铜的氨溶液生成棕红色的亚铜化合物。

$$CH{\equiv}CH + 2Ag(NH_3)_2^+ \longrightarrow AgC{\equiv}CAg \downarrow + 2NH_4^+ + 2NH_3$$

$$CH{\equiv}CH + 2Cu(NH_3)_2^+ \longrightarrow CuC{\equiv}CCu \downarrow + 2NH_4^+ + 2NH_3$$

其他含有炔氢原子的炔烃也可以发生这一反应,例如:

$$R{-}C{\equiv}CH + Ag(NH_3)_2^+ \longrightarrow R{-}C{\equiv}CAg \downarrow + NH_4^+ + NH_3$$

$$R{-}C{\equiv}CH + Cu(NH_3)_2^+ \longrightarrow R{-}C{\equiv}CCu \downarrow + NH_4^+ + NH_3$$

重金属炔化物受热或震动时易发生爆炸生成金属和碳。所以,试验完毕后,应立即加稀硝酸把炔化物分解,以免发生危险。

$$Ag{-}C{\equiv}C{-}Ag + 2HNO_3 \longrightarrow CH{\equiv}CH\uparrow + 2AgNO_3$$

通常含有端基三键( $-C{\equiv}CH$ )的1－炔烃都能发生这些反应。因此,可以用能否与硝酸银的氨溶液生成白色的银化合物或与氯化亚铜的氨溶液生成棕红色的亚铜化合物来**鉴别**一个烃类化合物是否是1－炔烃。也可利用这一性质**分离、提纯炔烃**,或从其他烃类中除去少量炔烃杂质。

**问题2－16** 区别下列各组化合物:

(1)1－丁炔、2－丁炔　　(2)1－丁炔、1－丁烯和丁烷

(3)乙炔、乙烯和乙烷

**(三)氧化反应**

炔烃受氧化剂氧化时,三键断裂生成羧酸、二氧化碳等产物。

$$3HC{\equiv}CH + 10KMnO_4 + 2H_2O \longrightarrow 6CO_2\uparrow + 10KOH + 10MnO_2\downarrow$$

反应后高锰酸钾溶液的颜色褪去,同时生成棕褐色的二氧化锰沉淀。因此,这个反应可用于作定性鉴定。

$$R{-}C{\equiv}C{-}R' \xrightarrow[H_2O]{KMnO_4} RCOOH + R'COOH$$

$$R{-}C{\equiv}C{-}H \xrightarrow{KMnO_4} RCOOH + CO_2$$

$$R{-}C{\equiv}C{-}R' \xrightarrow[CCl_4]{O_3} RCOOH + R'COOH$$

此反应和烯烃的氧化一样,可以根据氧化产物来推测原来炔烃的结构。

**问题2－17** 某烃的分子量为68,且含有一个叔碳原子,并能与硝酸银的氨溶液作用生成灰白色沉淀,试写出该烃的构造式。

（四）聚合反应

炔烃也能进行聚合反应，但与烯烃不同，炔烃只能由少数几个分子形成低聚物，不能聚合成高分子化合物。如：

$$CH\equiv CH + CH\equiv CH \xrightarrow[NH_4Cl]{CuCl_2} CH_2=CH-C\equiv CH$$

$$3CH\equiv CH \xrightarrow[Ni(CO)_2\ 配合催化剂]{Ph_3P} \text{(苯)}$$

## 第三节　二烯烃

**分子中含有两个碳碳双键的不饱和烃称为二烯烃。二烯烃的通式为 $C_nH_{2n-2}$。**

### 一、二烯烃的分类和命名

#### （一）二烯烃的分类

根据二烯烃分子中两个双键的相对位置不同，二烯烃可分为以下三类。

1. 累积二烯烃

分子中含有 $>C=C=C<$ 结构，两个双键连在同一个碳原子上的二烯烃叫作累积二烯烃。例如：

$$CH_2=C=CH_2 \qquad \text{丙二烯}$$

2. 共轭二烯烃

两个双键被一个单键隔开，即含有 $>C=CH-CH=C<$ 体系的二烯烃叫作共轭二烯烃。例如：

$$H_2C=CH-CH=CH_2 \qquad \text{1,3-丁二烯}$$

这样的体系叫共轭体系，这样的两个双键叫作共轭双键。

3. 孤立（隔离）二烯烃

两个双键被两个或两个以上单键隔开的二烯烃称为孤立二烯烃。即 $>C=CH-(CH_2)_n-CH=C<$ （$n\geqslant1$）。例如：

$$H_2C=CH-CH_2-CH=CH_2 \qquad \text{1,4-戊二烯}$$

三种不同类型的二烯烃中，孤立二烯烃分子中的两个双键相距较远，彼此没有什么影响，相当于两个孤立的单烯烃，其性质和单烯烃相似。累积二烯烃由于分子中两个双键连在同一个碳原子上，很不稳定，极少见，且很容易异构化变成炔烃，实际应用的也不多。只有共轭二烯烃分子中两个双键被一个单键连接起来，由于结构比较特殊，具有不同于其他二烯烃的特殊性质，无论在理论上，还是在实际应用中都很重要。下面主要讨论共轭二烯烃。

#### （二）二烯烃的命名

和烯烃的命名相似，命名时，将双键的数目用汉字表示，位次用阿拉伯数字表示。例如：

$$H_2C{=}\underset{\displaystyle CH_3}{\underset{|}{C}}{-}CH{=}CH_2$$

2-甲基-1,3-丁二烯(异戊二烯)

$$CH_2{=}CH{-}CH{=}\underset{\displaystyle CH_3}{\underset{|}{C}}{-}CH_3$$

4-甲基-1,3-戊二烯

(环己二烯环状结构)

1,3-环己二烯

$$CH_2{=}CH{-}CH{=}CH{-}CH{=}CH_2$$

1,3,5-己三烯

多烯烃的顺反异构体用顺、反或 $Z,E$ 表示(每一个双键的构型均应标出)。例如:

```
              H         H
    CH3        \       /
       \        C═C
        C═C    /    \
       /    \        CH3
      H      H
```

顺,顺-2,4-己二烯或$(Z),(Z)$-2,4-己二烯

```
              H         CH3
    CH3        \       /
       \        C═C
        C═C    /    \
       /    \        H
      H      H
```

顺,反-2,4-己二烯或$(Z),(E)$-2,4-己二烯

1,3-丁二烯分子中两个双键可以在碳原子2、3之间的同一侧或在相反的一侧,这两种构象式分别称为 $s$-顺式或 $s$-反式($s$ 表示连接两个双键之间的单键)。

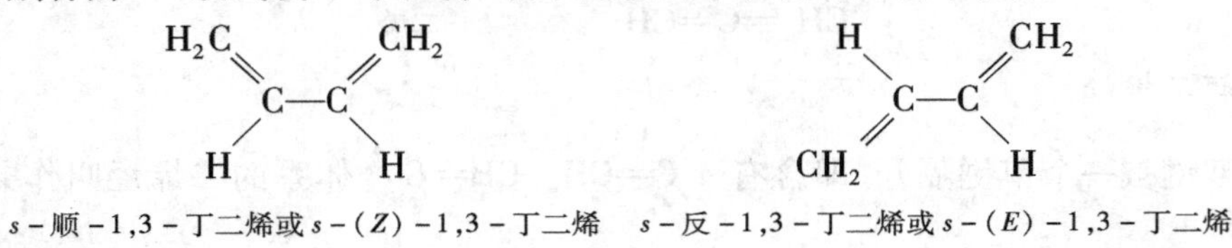

$s$-顺-1,3-丁二烯或 $s$-$(Z)$-1,3-丁二烯　　$s$-反-1,3-丁二烯或 $s$-$(E)$-1,3-丁二烯

## 二、二烯烃的结构

1. 累积二烯烃结构(以丙二烯为例)

累积二烯烃分子中具有两个相互垂直的 $\pi$ 轨道,其结构示意如图2-3所示。

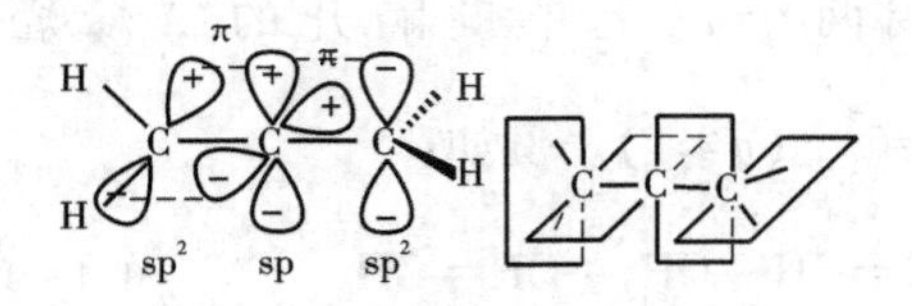


**图2-3　丙二烯分子中的 $\pi$ 键**

丙二烯较不稳定,性质较活泼,双键可以一个一个打开发生加成反应,也可发生水化和异构化反应。

$$CH_2{=}C{=}CH_2 \xrightarrow{H_2O/H^+} CH_3\overset{\displaystyle O}{\overset{\|}{C}}CH_3$$

$$(CH_3)_2C{=}C{=}CH_2 \xrightarrow[\text{异构化}]{KOH/CH_3CH_2OH} (CH_3)_2CHC{\equiv}CH$$

2. 共轭二烯烃结构(以1,3－丁二烯为例)

1,3－丁二烯分子中碳原子都以 $sp^2$ 杂化轨道相互重叠或与氢原子的1s轨道重叠,形成三个C—C σ键和六个C—H σ键,所有的原子都在同一平面上,键角都接近于120°。此外,每个碳原子上还剩下一个未参与杂化的p轨道均垂直于上述平面,四个轨道的对称轴互相平行侧面重叠,形成了包含四个碳原子的四个电子共轭体系。这种在多个原子之间形成的π键称为离域π键,亦称大π键。如图2－4所示。

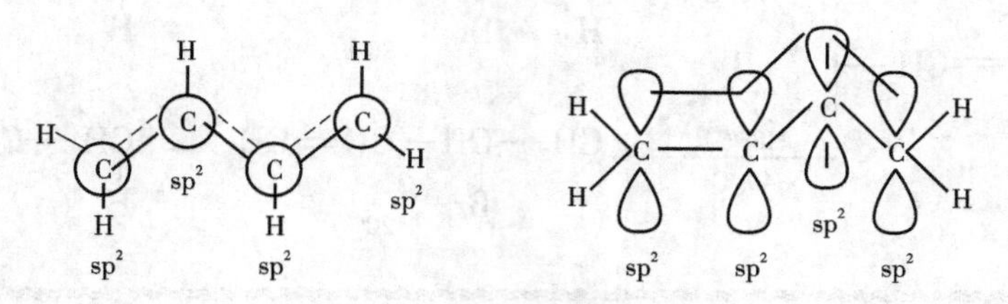

图2－4　1,3－丁二烯的结构

1,3－丁二烯分子中的单、双键已经没有了它们特有的特征,而是介于单、双键之间的一种状态,其原因是受分子中双键离域作用的影响。

## 三、共轭二烯烃的反应

共轭二烯烃具有烯烃的通性,但由于是共轭体系,故又具有共轭二烯烃的特有性质。

1. 1,4－加成反应

共轭二烯烃加成时有两种可能。试剂不仅可以加到一个双键上,而且也可以加到共轭体系两端的碳原子上,前者称为1,2－加成,产物在原来的位置上保留一个双键;后者称为1,4－加成,原来的两个双键消失了,而在2、3两个碳原子间生成一个新的双键。共轭二烯烃与卤化氢加成时,符合马氏规则。例如:

$$CH_2{=}CH{-}CH{=}CH_2 \xrightarrow{Br_2} \underset{Br}{CH_2}{-}\underset{Br}{CH}{-}CH{=}CH_2 + \underset{Br}{CH_2}{-}CH{=}CH{-}\underset{Br}{CH_2}$$

$$CH_2{=}CH{-}CH{=}CH_2 \xrightarrow{HCl} \underset{H}{CH_2}{-}\underset{Cl}{CH}{-}CH{=}CH_2 + \underset{H}{CH_2}{-}CH{=}CH{-}\underset{Cl}{CH_2}$$

$$CH_2{=}CH{-}CH{=}CH_2 \xrightarrow[\text{催化剂}]{H_2} \underset{H}{CH_2}{-}\underset{H}{CH}{-}CH{=}CH_2 + \underset{H}{CH_2}{-}CH{=}CH{-}\underset{H}{CH_2}$$

共轭二烯烃进行加成反应时,既可1,2－加成,也可1,4－加成。1,2－加成和1,4－加成是同时发生的,哪一种反应占优,取决于反应的温度、反应物的结构、产物的稳定性和溶剂的极性。

在极性溶剂中或在较高温度下,有利于1,4－加成;在非极性溶剂中或在较低温度下,有利于1,2－加成。例如:

$$CH_2{=}CH{-}CH{=}CH_2 \xrightarrow[-15\ ℃]{Br_2/CHCl_3} \underset{Br}{CH_2}{-}\underset{Br}{CH}{-}CH{=}CH_2\ (37\%) + \underset{Br}{CH_2}{-}CH{=}CH{-}\underset{Br}{CH_2}\ (63\%)$$

$$CH_2{=}CH{-}CH{=}CH_2 \xrightarrow[-15\ ℃]{Br_2/\text{正己烷}} \underset{Br}{CH_2}{-}\underset{Br}{CH}{-}CH{=}CH_2\ (54\%) + \underset{Br}{CH_2}{-}CH{=}CH{-}\underset{Br}{CH_2}\ (46\%)$$

$$CH_2{=}CH{-}CH{=}CH_2 \xrightarrow[-80\ ℃]{HBr/\text{醚}} \underset{H}{CH_2}{-}\underset{Br}{CH}{-}CH{=}CH_2\ (80\%) + \underset{H}{CH_2}{-}CH{=}CH{-}\underset{Br}{CH_2}\ (20\%)$$

$$CH_2{=}CH{-}CH{=}CH_2 \xrightarrow[40\ ℃]{HBr/\text{醚}} \underset{H}{CH_2}{-}\underset{Br}{CH}{-}CH{=}CH_2\ (20\%) + \underset{H}{CH_2}{-}CH{=}CH{-}\underset{Br}{CH_2}\ (80\%)$$

**问题 2－18**　写出 1 mol 2－甲基－1,3－丁二烯与 1 mol HCl 反应生成的主要产物。

2. 狄尔斯(Diels)－阿尔德(Alder)反应(双烯合成反应)

在一定条件下,共轭二烯烃和某些具有碳碳双键、三键的不饱和化合物进行 1,4－加成,生成环状化合物的反应称为**双烯合成反应,也叫狄尔斯－阿尔德反应**。例如:

200 ℃
高压

实践证明,当乙烯双键碳上连有吸电子基(例如—CHO、—COOR、—COR、—CN、—$NO_2$)时,反应能顺利进行,且产率也很高。如:

O
OCH₂CH₃ 160 ℃,15 h
O
OCH₂CH₃

O
H 100 ℃,3 h
O
H

在此反应中,共轭二烯烃称为双烯体,与双烯体发生反应的不饱和化合物称为亲双烯体。这一反应又称为环加成反应,是将链状化合物变为六元环状化合物的方法之一。环加成反应是可逆反应,加热至温度较高时,加成产物又会分解为原来的共轭二烯烃,可以用来检验或提纯共轭二烯烃。

**问题 2－19**　鉴别化合物环丙烷、丁烯和 1,3－丁二烯。

**问题 2－20**　完成下列反应：

(1) $CH_2=CH-CH=CH_2 + HBr \xrightarrow{低温}$

(2) $CH_3-CH=CH-CH=CH_2 + Br_2 \xrightarrow{CCl_4}$

(3) $CH_2=CH-CH=CH_2 + CH_2=CHCHO \xrightarrow{300\ ℃}$

(4) $CH_3-CH=CH-CH=CH_2 + CH_2=CH_2 \xrightarrow[高压]{200\ ℃}$

3. 聚合反应

共轭二烯烃比较容易发生聚合反应生成高分子化合物，工业上利用这一反应来生产合成橡胶。例如：1,3－丁二烯聚合生成顺丁橡胶，1,3－丁二烯与苯乙烯聚合生成丁苯橡胶等聚合反应。

$$nCH_2=CH-CH=CH_2 \xrightarrow{齐格勒-纳塔催化剂} \left[\begin{matrix} CH_2 & & & & CH_2 \\ & \diagdown & & \diagup & \\ & & C=C & & \\ & \diagup & & \diagdown & \\ H & & & & H \end{matrix}\right]_n$$

上述反应是按 1,4－加成方式，首尾相接生成聚合物，由于链节中相同的原子或基团在碳碳双键同侧，所以称作顺式。这样的聚合方式称为定向聚合。由定向聚合生产的顺丁橡胶，由于结构排列有规律，具有耐磨、耐低温、抗老化、弹性好等优良性能，因此在合成橡胶中的产量占世界第二位，仅次于丁苯橡胶。

**阅读材料**

## 齐格勒和纳塔

卡尔·齐格勒(Karl Ziegler,1898—1973)，德国化学家，在聚合反应催化剂研究方面有很大贡献，并因此与意大利化学家居里奥·纳塔共同获得 1963 年诺贝尔化学奖。

齐格勒 1898 年 11 月 26 日出生于德国卡塞尔附近的海尔萨。1920 年在奥沃斯教授指导下从马堡大学毕业。1923 年取得讲师资格，曾在法兰克福短期执教，随后十年一直在海德堡大学执教。1935 年因对叔碳自由基的研究和环状化合物合成而获得李比希奖章。1936 年成为教授，担任哈尔大学化学所所长，同时任芝加哥大学访问教授。1943—1969 年担任位于鲁尔区曼海姆的马克－普朗克煤炭研究所所长，从事有机金属化合物合成及其在催化剂上的应用，成功进行了高密度聚乙烯的合成。1973 年 8 月 12 日在曼海姆去世。

齐格勒早期主要研究碱金属有机化合物、自由基化学、多元环化合物等。1928 年开始研究用金属钠催化的丁二烯聚合及其反应机理。此后又出色地完成烷基铝的合成和用以代替格利雅试剂的工作。齐格勒发现金属氢化物可与碳碳双键加成，如由氢化铝锂合成四烷基铝锂。这在发展金属有机化学方面起了很大的作用。齐格勒最大的成就是发现金属铝和氢、烯烃一起反应生成三烷基铝。在此研究成果的基础上，齐格勒成功地进行了下列研究：①$\alpha$－烯烃的催化二聚作用，合成高级$\alpha$－烯烃；②乙烯经烷基铝催化合成高级伯醇；③由烯烃合成萜醇;④由烷基铝经电化学或其他方法合成其他金属的烷基化合物;⑤利用氢化烷基铝和三烷基铝做有机物官能团的还原剂;⑥以三烷基铝与四氯化钛为催化剂(称为齐格勒-纳塔催化剂)使乙烯在常温常压下聚合成线型聚乙烯,这项研究为高分子化学和配位催化作用开辟了广阔的研究领域。

居里奥·纳塔(Giulio Natta,1903-1979),意大利化学家,在聚合反应催化剂研究上做出很大贡献,因此与德国化学家卡尔·齐格勒共同获得1963年诺贝尔化学奖。

居里奥·纳塔1903年2月26日出生于意大利因佩里亚。1924年毕业于米兰工学院化学工程系。1927年取得米兰工学院讲师资格。1932—1935年成为帕维亚大学正教授和普通化学研究所所长。1936年任罗马大学物理化学正教授。1936—1938年任都灵工学院正教授与工业化学研究所所长。1938年任米兰工学院全职教授与工业化学研究所所长。1978年改为退职荣誉教授。

纳塔长期从事合成化学的研究,是最早应用X射线和电子衍射技术研究无机物、有机物、催化剂及聚合物结构的研究者之一。1938年他由1-丁烯脱氢制得丁二烯,进一步发展了最早的合成橡胶方法。他最重要的成就是在研究催化分解过程中非均相催化剂的吸附现象和动力学方面。他于1954年从事规化聚合(即定向聚合)的研究,成功地通过廉价的丙烯获得性能良好的,可用于塑料、纤维的等规聚丙烯。后来这一方法被成功地应用到一般烯烃和双烯烃。他最先在乙烯-丙烯共聚合上使用的催化体系,被称作齐格勒-纳塔催化剂,可用于制成种种具有立体规整结构的聚合物和共聚物。规化聚合是高分子科学发展过程中的一个里程碑,它标志着人类第一次可以在实验室内从烯烃、二烯烃及其他单体合成过去只有生物体内才能合成的高分子。

纳塔和他的助手共发表了1 200篇科学论文,其中,以他个人名义发表的有540篇;取得约500项专利。他还在国内外获得许多金质奖章和多种荣誉称号。

纳塔和齐格勒所开创的配位催化聚合和立体定向聚合,应用于烯烃、二烯烃及乙烯基单位的聚合等,开拓了高分子科学和工艺的崭新领域,成为其发展史上的里程碑,被称为齐格勒-纳塔催化剂及齐格勒-纳塔聚合。20世纪50年代德国化学家卡尔·齐格勒合成了这一催化剂,并将其用于聚乙烯的生产,得到了支链很少的高密度聚乙烯。意大利化学家纳塔将这一催化剂用于聚丙烯生产,得到了具有高聚合度、高规整度的聚丙烯。

从生产角度来讲,齐格勒-纳塔催化剂的出现使得很多塑料的生产不再需要高压,降低了生产成本,并且使得生产者可以对产物结构与性质进行控制。从科学研究角度来讲,齐格勒-纳塔催化剂带动了对聚合反应机理的研究。随着机理研究的深入,一些对产物控制性更好的有机金属催化剂系统不断出现,如茂金属催化剂、凯明斯基催化剂等。基于这些贡献,卡尔·齐格勒和居里奥·纳塔分享了1963年的诺贝尔化学奖。

为了纪念齐格勒和纳塔的业绩,在德国的普朗克煤炭研究院铸有介绍这两位科学家生平的铜像。

## 习　题

### 一、选择题

1. 一炔烃的通式是(　　)。

A. $C_nH_{2n-6}$　　B. $C_nH_{2n+2}$　　C. $C_nH_{2n-2}$　　D. $C_nH_{2n-4}$

2. 下列物质中与1－丁烯互为同系物的是(　　)。

A. 2－丁烯　　B. 2－甲基丙烯　　C. 乙炔　　D. 乙烯

3. 分子式为$C_5H_8$的炔烃,其同分异构体的数目为(　　)。

A. 2　　B. 3　　C. 4　　D. 5

4. 下列烯烃中用作水果催熟剂的是(　　)。

A. 乙烯　　B. 丙烯　　C. 丁烯　　D. 异戊二烯

5. 下列反应中属于加成反应的是(　　)。

A. 甲烷与氯气在光照下反应

B. 乙炔与$[Cu(NH_3)_2]Cl$溶液反应生成红棕色沉淀

C. 乙烯使酸性高锰酸钾溶液褪色

D. 乙炔与溴的四氯化碳溶液反应,使之褪色

6. 为了延长水果的保鲜期,下列存放方法最合适的是(　　)。

A. 放入敞口容器中

B. 放入密封容器中

C. 放入充有少量乙烯的密封容器中

D. 放入有浸泡过高锰酸钾溶液的硅土的密封容器中

7. 在不对称烯烃与$H_2O$的加成反应中,羟基加到含氢较(　　)的碳原子上。

A. 多　　B. 少　　C. 不能确定　　D. 没有规律

8. 下列操作中能用来鉴别甲烷和乙烯的是(　　)。

A. 通入溴水中　　B. 通入水中　　C. 通入氢氧化钠溶液中　　D. 通入品红溶液中

9. 下列有机物可使稀冷高锰酸钾溶液褪色的是(　　)。

A. 己烯　　B. 己烷　　C. 甲烷　　D. 丙烷

10. 鉴别乙烯和乙炔的试剂是(　　)。

A. 溴水　　B. 酸性高锰酸钾溶液

C. 硝酸银的氨溶液　　D. 氢氧化钠溶液

11. 下列物质中可能具有顺反异构体的是(　　)。

A. 2－丁烯　　B. 丙烯　　C. 1－戊烯　　D. 乙烯

12. 室温下,下列物质分别与硝酸银的氨溶液作用,能立即产生沉淀的是(　　)。

A. 乙烯　　B. 2－丁炔

C. 2－戊烯　　D. 3－甲基－1－丁炔

13. 分子式为$C_4H_8$的化合物经酸性高锰酸溶液氧化后产物是二氧化碳和丙酮,此化合物是(　　)。

A. 2－甲基丙烯　　B. 1－丁烯　　C. 2－丁烯　　D. 环丁烷

14. 下列不饱和烃被酸性$KMnO_4$溶液氧化只得到一种产物的是(　　)。

A. $CH_3—CH_2—CH═CH_2$　　B. $CH_2═CH—CH═CH_2$

C. $CH═CH—CH_2—CH_3$　　D. $CH_3—CH═CH—CH_3$

15. 下列物质中不能使溴水褪色的是(　　)。

A. 乙烯　　B. 乙烷　　C. 乙炔　　D. 氯乙烯

16. 下列卤化氢与烯烃进行加成反应,活性大小次序正确的是(　　)。

A. HCl > HBr > HI　　B. HI > HBr > HCl　　C. HI > HCl > HBr　　D. HBr > HCl > HI

17. 丙炔在 $Hg^{2+}$、酸存在下水解生成的产物为(　　)。

A. 丙醛　　B. 丙酮　　C. 丙烯　　D. 丙醇

18. 下列化合物中不产生顺反异构的是(　　)。

A. 3-甲基-2-戊烯　　B. 3,4-二甲基-2-己烯

C. 1-氯-1-苯基-1-丁烯　　D. 3-甲基-2-丁烯醛

19. 下列化合物中被酸性高锰酸钾溶液氧化后只生成丙酮的是(　　)。

A. 3-甲基戊烯　　B. 2,3-二甲基丁烯　　C. 戊烷　　D. 异丁烯

20. 下列化合物中可能有 $E,Z$ 异构体的是(　　)。

A. 2-甲基-2-丁烯　　B. 2,3-二甲基-2-丁烯

C. 2-甲基-1-丁烯　　D. 2-戊烯

21. 某烯烃经臭氧化和还原水解后只得乙酸,该烯烃为(　　)。

A. $(CH_3)_2C{=}CHCH_3$　　B. $CH_3CH{=}CHCH_3$

C. $(CH_3)_2C{=}C(CH_3)_2$　　D. $(CH_3)_2C{=}CH_2$

22. 分子式为 $C_7H_{14}$ 的化合物 G 与高锰酸钾溶液反应生成 4-甲基戊酸,并有一种气体逸出,则 G 的结构式是(　　)。

A. $(CH_3)_2CHCH_2CH_2CH{=}CH_2$　　B. $(CH_3)_3CCH{=}CHCH_3$

C. $(CH_3)_2CHCH{=}C(CH_3)_2$　　D. $CH_3CH_2CH{=}CHCH(CH_3)_2$

23. 下列化合物中能与氯化亚铜氨溶液作用产生红色沉淀的是(　　)。

A. $CH_3CH{=}CHCH_3$　　B. $CH_3CH_2C{\equiv}CH$

C. 苯乙烯　　D. $CH_3CH{=}CH{-}CH{=}CH_2$

24. 下列各组物质中不能用硝酸银的氨溶液进行鉴别的是(　　)。

A. 丁烷与1-丁炔　　B. 1-丁烯与1-丁炔

C. 1-丁炔与2-丁炔　　D. 丁烷与1-丁烯

25. $CH_3CH_2C{\equiv}CH$ 与 $CH_3CH{=}CHCH_3$ 可用(　　)试剂鉴别。

A. 硝酸银的氨溶液　　B. $Br_2$ 的 $CCl_4$ 溶液

C. 三氯化铁溶液　　D. 酸性 $KMnO_4$ 溶液

## 二、填空题

1. 分子中含有______或______的烃称为不饱和烃,不饱和烃包括______、________、________和________。

2. ________________________称为不饱和烃,单烯烃分子组成通式为____________,官能团为________;炔烃的分子组成通式____________________,官能团为__________。

3. 由于烯烃分子中存在______,所以烯烃的异构现象比烷烃复杂,概括起来,烯烃的异构主要有三种,分别是______、______和______。

4. 双键碳原子属于________杂化,双键中含有________键和__________键。三键碳原子属于______杂化,三键中含有________键和______键。

5. 某烃 A 能使高锰酸钾溶液和溴水褪色,与 HBr 作用得 B,已知 B 是 1-溴丙烷的同

分异构体。那么 A 是__________，B 是__________。

6. 分子式为 $C_5H_8$ 的炔烃，经高锰酸钾溶液氧化，得到产物 2 - 甲基丙酸和二氧化碳，该炔烃的结构式为__________。

7. 当不对称烯烃和氢卤酸等不对称试剂发生加成反应时，酸中的氢原子加在含氢原子______的双键碳原子上，卤原子或其他原子及基团加在含氢原子______的双键碳原子上，这一规则简称马氏规则。

8. 产生顺反异构的条件是：__________和__________。

9. 丙烯与溴化氢发生______反应，生成物的结构简式为______，名称为__________。

10. 根据两个碳碳双键的相对位置不同，二烯烃可分为______、______和______。

11. 在共轭体系中，由于原子间相互影响，使整个分子的电子云的分布趋于________，键长也趋于________，体系能量________而稳定性________，这种效应称为共轭效应。

12. 炔烃的同分异构与烯烃相似，既有______异构又有______异构，但无____异构，其异构体的数目比同碳原子数的烯烃______，另外，炔烃与______互为同分异构体。

13. 不饱和烃分子中________键断裂，加入其他原子或原子团的反应称__________。

## 三、简答题

1. 用系统命名法命名下列化合物。

(1) $(CH_3)_2C{=}CH_2$ (2) $CH_3{-}CH{=}CH{-}CH{=}CH_2$

(3) $CH_3{-}CH{=}CH{-}\underset{\displaystyle CH_3}{\underset{|}{C}}{=}CH_2$ (4) $CH_3{-}CH_2{-}CH_2{-}\underset{\displaystyle CH_2}{\underset{\|}{C}}{-}CH_3$

(5) 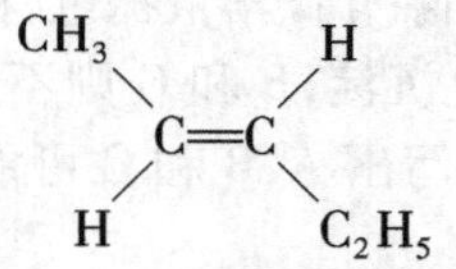
```
CH3       H
   \     /
    C=C
   /     \
H         C2H5
```

(6) 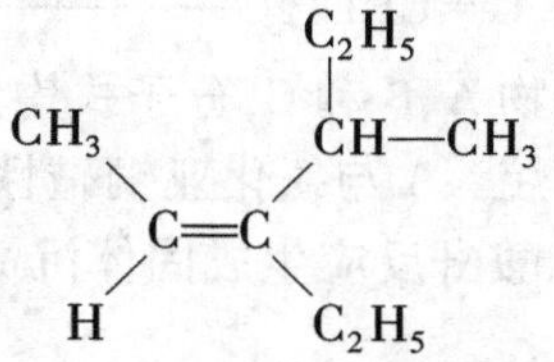
```
              C2H5
              |
CH3           CH—CH3
   \         /
    C=C
   /     \
H         C2H5
```

(7) $(CH_3)_3CC{\equiv}CCH_2C(CH_3)_3$ (8) $C_4H_9{-}C{\equiv}C{-}CH_3$

(9) $CH_3CH{=}CHCH(CH_3)C{\equiv}C{-}CH_3$

(10) 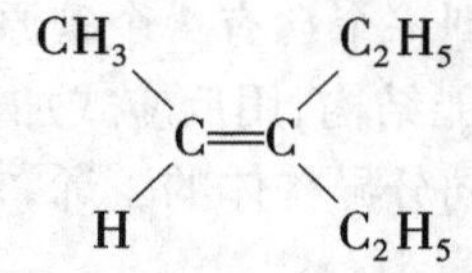
```
CH3       C2H5
   \     /
    C=C
   /     \
H         C2H5
```

2. 两瓶没有标签的无色液体，一瓶是正己烷，另一瓶是 1 - 己烯，用什么简单方法可以给它们贴上正确的标签？

3. 用化学方法区别下列各组化合物：

(1) 戊烷、2 - 戊烯和 1,2 - 二甲基环丙烷 (2) 1 - 己炔、2 - 己炔和 2 - 甲基戊烷

(3) 环己烯、环己烷和溴代环己烷 (4) 正庚烷、1,4 - 庚二烯和 1 - 庚炔

4. 如何完成下列转变？

(1) $CH_3\overset{\displaystyle Br}{\overset{|}{C}}HCH_3 \longrightarrow CH_3CH_2CH_2Br$

(2) $CH_3CH_2C(CH_3){=}CH_2 \longrightarrow CH_3CH_2CH(CH_3)_2$

(3) $CH_3CH_2C(CH_3){=}CH_2 \longrightarrow CH_3CH_2CH(CH_2OCH_3)CH_3$

(4) 亚甲基环戊烷 $\longrightarrow$ 环戊酮

(5) 溴代环戊烷 $\longrightarrow$ 环戊醇

5. 写出下列反应的主要产物：

(1) $(CH_3)_2C{=}CH_2 + HBr \xrightarrow{低温}$

(2) $CF_3CH{=}CHCl + HCl \xrightarrow{CCl_4}$

(3) $CH_3CH{=}CHCH_3 \xrightarrow{O_3}$

(4) 2,3-二甲基-1,3-丁二烯 $+ CH_2{=}CH{-}COOH \xrightarrow{\triangle}$

(5) 2-戊烯 $+ Cl_2 \xrightarrow{CCl_4}$

(6) $(CH_3)_2C{=}CHCH_3 \xrightarrow{KMnO_4/H_2SO_4}$

6. 三个化合物 A、B 和 C，分子式均为 $C_5H_8$，都可以使溴的四氯化碳溶液褪色，在催化下加氢都得到正戊烷。A 与氯化亚铜碱性氨溶液作用生成棕红色沉淀，B 和 C 则不反应。C 可以与顺丁烯二酸酐反应生成固体沉淀物，A 和 B 则不能。试写出 A、B 和 C 可能的结构式。

7. 分子式为 $C_5H_{10}$ 的化合物 A 与 1 分子氢作用得到 $C_5H_{12}$ 的化合物。A 在酸性溶液中与高锰酸钾作用得到一个含有 4 个碳原子的羧酸。A 经臭氧化并还原水解，得到两种不同的醛。推测 A 的可能结构，用反应式加简要说明表示推断过程。

8. 有两种互为同分异构体的丁烯，它们与溴化氢加成得到同一种溴代丁烷，写出这两个丁烯的结构式。

9. 某化合物 A，经臭氧化、锌还原水解或用酸性 $KMnO_4$ 溶液氧化都得到相同的产物，A 的分子式为 $C_7H_{14}$，推测其结构式。

10. A 的分子式为 $C_4H_8$，它能使溴的 $CCl_4$ 溶液褪色，但不能使稀的高锰酸钾溶液褪色。1 mol A 与 1 mol HBr 作用生成 B，B 也可以由 A 的同分异构体 C 与 HBr 作用得到，C 能使溴的 $CCl_4$ 溶液褪色，也能使稀的高锰酸钾溶液褪色。试推测 A、B、C 的结构式，并写出各步反应。

# 第三章 芳香烃

**学习指南**

芳香烃是分子中具有苯环结构的一类碳氢化合物。苯环是一个具有闭合共轭大π键的共轭体系，由于其结构的特殊性，苯及其同系物具有特殊的化学性质。

本章重点讨论单环芳烃的结构、性质及其取代反应的定位规律以及重要的稠环芳烃。

学习本章内容，应在了解苯的结构和闭合共轭体系特点的基础上做到：

1. 了解单环芳烃的分类，掌握单环芳烃及其衍生物的命名方法；
2. 熟悉单环芳烃的化学性质，掌握其在工业生产中的应用；
3. 掌握单环芳烃取代反应的定位规律及其在有机合成中的应用；
4. 了解重要的稠环芳烃及其在生产实际中的应用。

在有机化合物中，有一类分子中含苯环结构、高度不饱和、性质却相当稳定的化合物。由于这类化合物最初是在香精油、香树脂中发现的，具有芳香气味，因此被称为芳香族化合物。但随着有机化学的发展，人们发现许多具有芳香族化合物特性的物质并没有芳香气味，有些还带有令人不愉快的刺激性气味。因此，“芳香”二字早已失去原来的意义，只是人们已习惯了这一叫法，仍然沿用旧称而已。

现代芳烃是指具有芳香族特性的一类环状化合物，它们不一定具有芳香气味，也不一定含有苯环结构。根据分子中是否含有苯环可将芳香烃分为两大类：苯系芳香烃（含有苯环）和非苯芳香烃。

- 苯系芳烃
  - 单环芳烃（如：苯，苯—$C_2H_5$，苯—$CH(CH_3)CH_3$ 和 苯—$CH{=}CH_2$）
  - 多环芳烃
    - 联苯（如：联苯 和 三联苯）
    - 稠芳烃（如：萘 和 蒽）
    - 多苯代脂烃（如：苯—$CH_2$—苯）
- 非苯芳烃（如：环戊二烯负离子，环庚三烯正离子 和 薁）

芳烃是芳香族化合物的母体，它们是有机化学工业的原料。

## 第一节 苯的结构

苯是芳香烃中最典型的化合物，而且苯系芳香烃分子中都含有苯环。所以在学习芳香烃的知识之前，必须首先了解苯的结构。

## 一、苯的凯库勒式

1825 年从煤焦油中发现一种无色液体，其分子式为 $C_6H_6$，被命名为苯。

苯催化加氢可以生成环己烷，说明苯分子具有六碳环的碳骨架，由于苯在进行取代反应时只生成一种一取代物，说明碳环上六个碳、氢原子都是等同的。因此，1865 年凯库勒从苯的分子式 $C_6H_6$ 出发，提出苯分子是一个对称的六碳环，双键和单键是交替排列的，这种结构称为苯的凯库勒式。

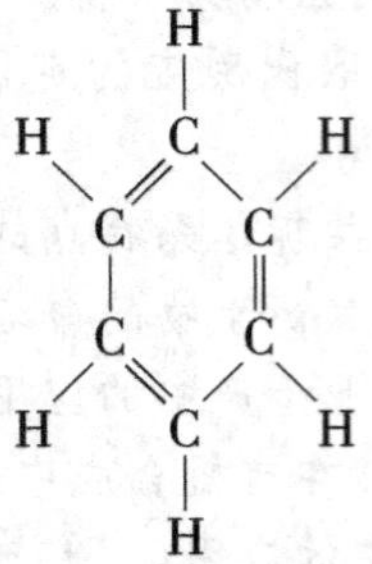

（简写为 ）

凯库勒结构主要有两个缺点：①不能说明苯的稳定性；②按凯库勒式，苯分子中单双键交替，有单双键的区别，邻位二元取代物应该有两种，但实际上只有一种，仍然不能解释苯的性质。

目前仍采用凯库勒式，但在使用时不能误认为其有单双键之分。也有用一个带有圆圈的正六角形来表示苯环的，六角形的每个角都表示连有一个氢原子的碳原子，直线表示 σ 键，圆圈表示大 π 键。

## 二、苯分子结构的价键观点

现代物理方法（射线法、光谱法、偶极距）测定表明，苯分子是一个平面正六边形分子，键角都是 120°，C—C 键长都是 0. 139 7 nm，C—H 键长均为 0. 110 nm，所有的原子共平面，如图 3 - 1 所示。

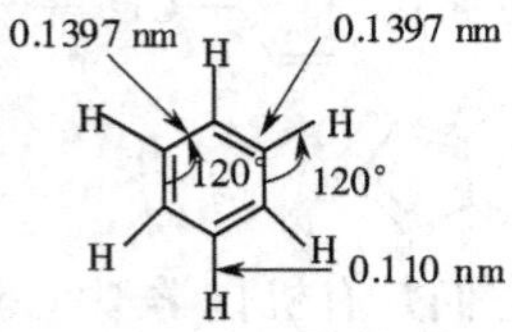

0.1397 nm
0.1397 nm
120°
120°
0.110 nm

**图 3 - 1　苯分子中的键长和键角**

苯分子中的碳原子都是以 $sp^2$ 杂化轨道成键的，故键角均为 120°，所有原子均在同一平面上。按照杂化轨道理论，苯分子中六个碳原子都以 $sp^2$ 杂化轨道互相沿对称轴的方向重叠形成六个 C—C σ 键，组成一个正六边形。每个碳原子各以一个 $sp^2$ 杂化轨道分别与氢原子的 1s 轨道沿对称轴方向重叠形成六个 C—H σ 键。由于是 $sp^2$ 杂化，所以键角都是 120°，所有碳原子和氢原子都在同一平面上。每个碳原子还有一个垂直于 σ 键平面的 p 轨道，每个 p 轨道上有一个 p 电子，六个 p 轨道组成了大 π 键，如图 3－2 所示。

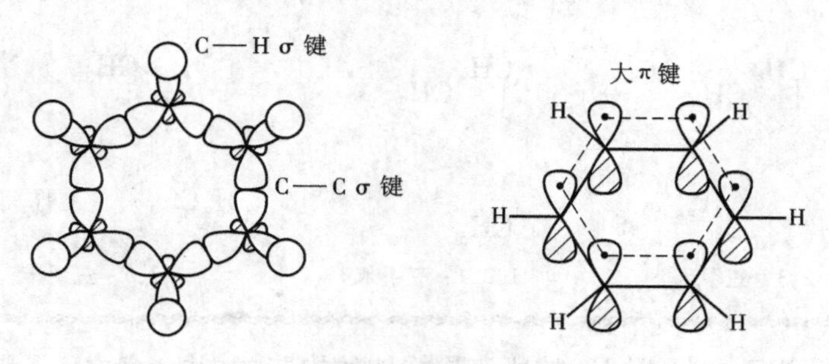


**图 3－2　苯分子的 σ 键和大 π 键**

**问题 3－1**　苯的分子式为 $C_6H_6$，1，4－己二炔的构造式也符合 $C_6H_6$，为什么不用它作为苯的构造式呢？

## 第二节　芳烃的异构现象和命名

### 一、芳烃的异构现象

单环芳香烃的构造异构有两种情况，一种是侧链构造异构，另一种是侧链在苯环上的位置异构。

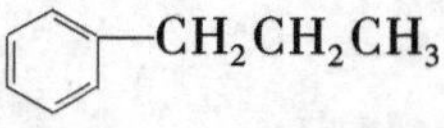

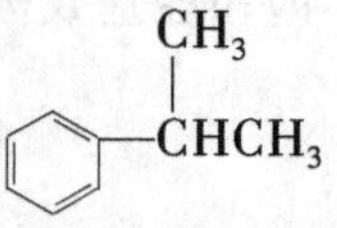

$C_6H_5$—$CH_2CH_2CH_3$　　$C_6H_5$—$CH(CH_3)CH_3$

当苯环上连有两个或两个以上侧链时，可因侧链在环上的相对位置不同而产生异构体。当苯环上有两个侧链时，其位置异构体有三种（1-R-2-R′；1-R-3-R′；R—$C_6H_4$—R′（1，4-））。例如：

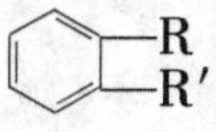

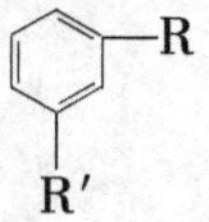

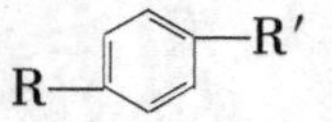

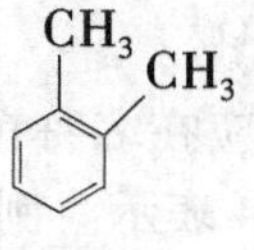

1，2－二甲苯 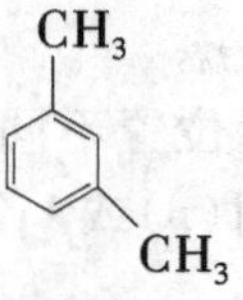　　1，3－二甲苯 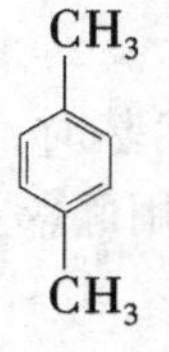　　1，4－二甲苯

当苯环上有三个侧链时，其位置异构体有三种（1,2,4-R,R′,R″、1,2,3-R,R′,R″、1,3,5-R,R′,R″）。例如：

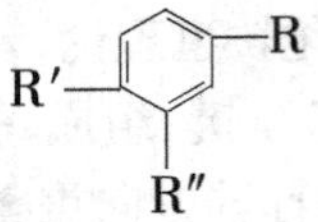

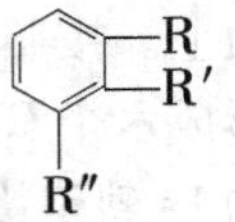

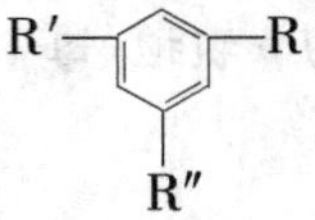

$$\text{1,2,3-三甲苯} \qquad \text{1,2,4-三甲苯} \qquad \text{1,3,5-三甲苯}$$

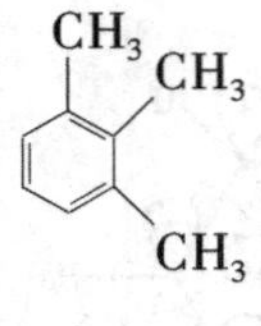

1,2,3-三甲苯 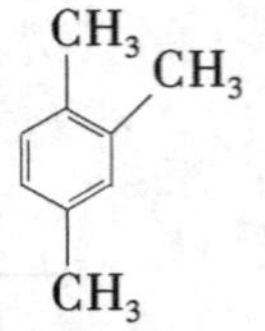　　1,2,4-三甲苯 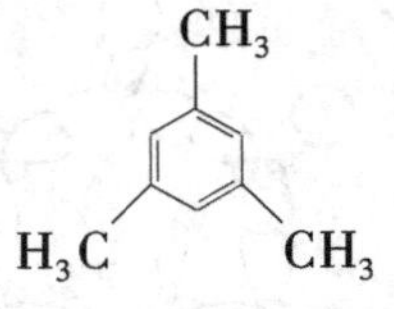　　1,3,5-三甲苯

**问题 3-2**　写出芳香烃 $C_{10}H_{14}$ 的所有异构体的构造式，并命名之。

## 二、芳烃的命名

芳烃分子去掉一个氢原子所剩下的基团称为芳基(Aryl)，用 Ar 表示。苯环上去掉一个氢原子剩下的基团叫作苯基，常用 Ph 表示。甲苯分子中去掉甲基上的一个氢原子剩下的基团叫作苯甲基，也叫苄基，常用 Bz 表示。

单环芳烃的命名通常以苯环为母体，烷基作为取代基，称为某烷基苯，其中“基”字通常可以省略。例如：

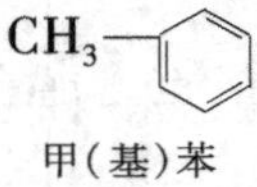

$CH_3-C_6H_5$　　$CH_3CH_2-C_6H_5$　　$CH(CH_3)_2-C_6H_5$

甲(基)苯 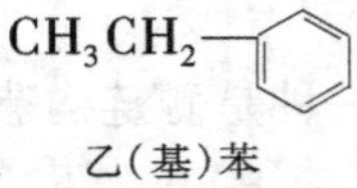　　乙(基)苯 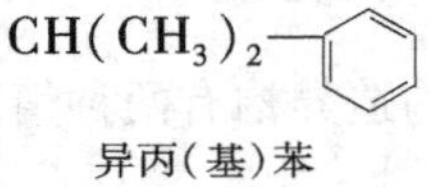　　异丙(基)苯

当苯环上的侧链为不饱和烃基或构造较为复杂的烷基时，也可将苯环作为取代基，以侧链为母体来命名。例如：

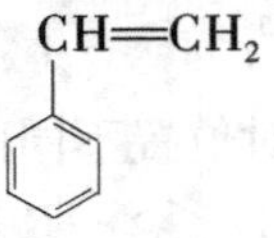

$C_6H_5-CH{=}CH_2$　　$C_6H_5-CH{=}CH-C_6H_5$　　$C_6H_5-CH_2-C_6H_5$

苯乙烯 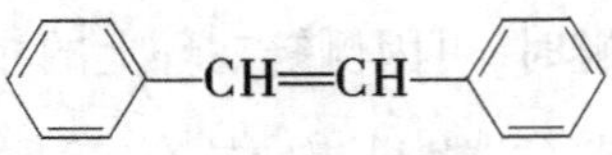　　1,2-二苯乙烯 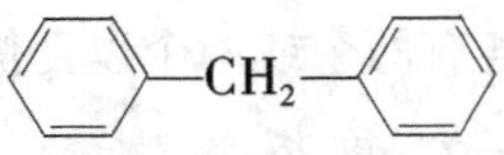　　二苯甲烷

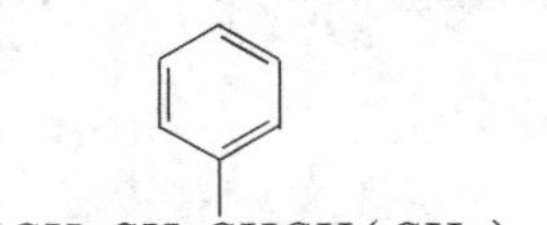

$CH_3CH_2CH(C_6H_5)CH(CH_3)_2$　　$C_6H_5-C{\equiv}CH$

2-甲基-3-苯基戊烷 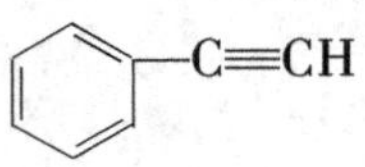　　苯乙炔

苯环上有多个取代基时，由于取代基位置不同，命名时应在名称前注明取代基位置。如：二元取代基的位置用邻($o$)、间($m$)、对($p$)或1,2、1,3、1,4表示。例如：

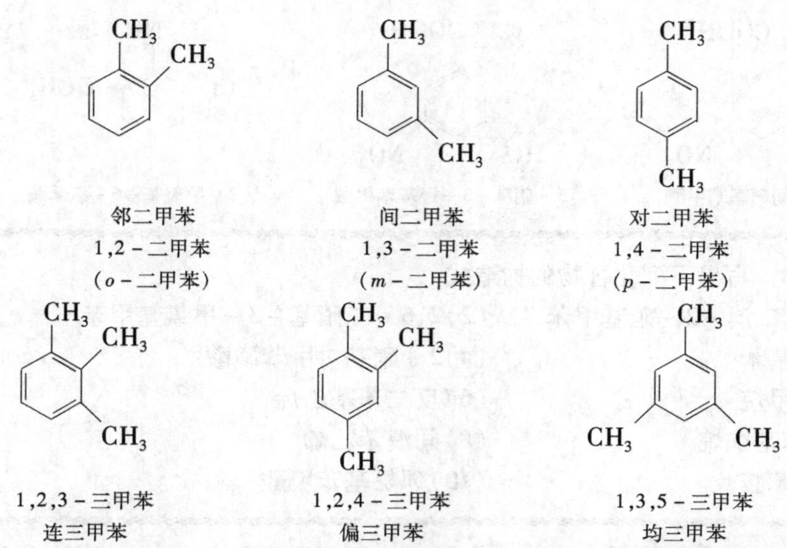


邻二甲苯 1,2－二甲苯 （$o$－二甲苯）　间二甲苯 1,3－二甲苯 （$m$－二甲苯）　对二甲苯 1,4－二甲苯 （$p$－二甲苯）

1,2,3－三甲苯 连三甲苯　1,2,4－三甲苯 偏三甲苯　1,3,5－三甲苯 均三甲苯

当苯环上连的是—$NO_2$，—X 等基团时，则以苯环为母体，这些基团只能作为取代基，叫作某基苯。例如：

$NO_2$　Cl　NO

硝基苯　氯苯　亚硝基苯

当苯环上连有—COOH，—$SO_3H$，—$NH_2$，—OH，—CHO 等时，则成为一类化合物，以最优先的官能团作为母体，其他基团作为取代基。常见的官能团优先次序为：—COOH（羧基）>—$SO_3H$（磺酸基）>—COOR（酯基）>—COX（卤基甲酰基）>—$CONH_2$（氨基甲酰基）>—CN（氰基）>—CHO（醛基）>—CO—（羰基）>—OH（醇羟基）>—OH（酚羟基）>—SH（巯基）>—$NH_2$（氨基）>—C≡C—（碳碳三键）> >C=C< （碳碳双键）>—O—（醚基）>—R（烷基）>—X（卤素）>—$NO_2$（硝基）。例如：

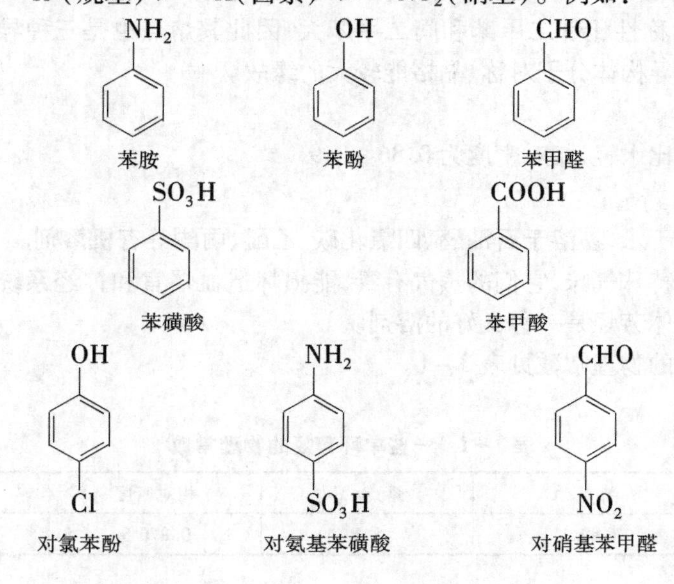


苯胺　苯酚　苯甲醛

苯磺酸　苯甲酸

对氯苯酚　对氨基苯磺酸　对硝基苯甲醛

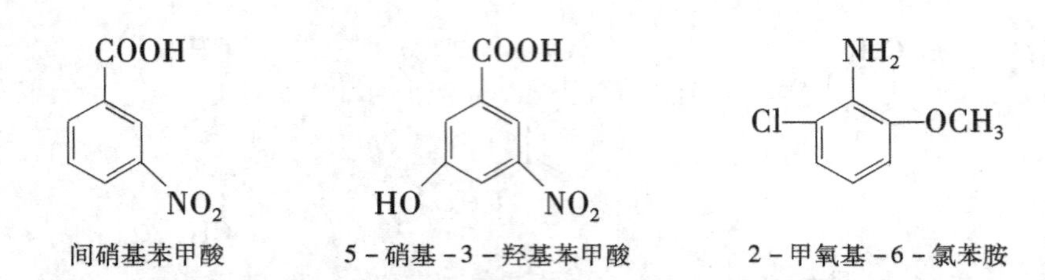

间硝基苯甲酸　　5－硝基－3－羟基苯甲酸　　2－甲氧基－6－氯苯胺

**问题3－3**　写出下列化合物的构造式。

(1)3,5－二溴－2－硝基甲苯　　(2)2,6－二硝基－3－甲氧基甲苯
(3)环己基苯　　(4)2－硝基对甲苯磺酸
(5)三苯甲烷　　(6)反二苯基乙烯
(7)3－苯基戊烷　　(8)间溴苯乙烯
(9)对溴苯胺　　(10)邻氨基苯甲酸

# 第三节　单环芳烃的性质

## 一、单环芳烃的物理性质

1. 物态

常温下,苯及其同系物都是无色且具有芳香气味的液体。

2. 沸点

单环芳烃的沸点随着分子中碳原子数目的增加而升高。侧链的位置对其没有大的影响,例如二甲苯的三个异构体的沸点很接近,难于分离。

3. 熔点

单环芳烃的熔点变化与分子的对称性有关。对称性较大的分子熔点高于对称性小的分子。例如苯是高度对称的分子,它的熔点比甲苯、乙苯高得多;二元取代苯的三种异构体中,对二甲苯分子的对称性比邻二甲苯和间二甲苯大,因此其熔点也是三种异构体中最高的。这可能是由于对位异构体分子对称、晶格能较大的缘故。

4. 相对密度

一般单环芳烃比水轻,相对密度为0.86～0.9。

5. 溶解性

单环芳烃不溶于水,易溶于石油醚、四氯化碳、乙醚、丙酮等有机溶剂。

单环芳烃具有特殊气味,它们的蒸气有毒,能损坏造血器官和神经系统,燃烧时火焰带有较浓的黑烟。液体芳烃是一种良好的溶剂。

一些单环芳烃的物理常数见表3－1。

**表3－1　一些单环芳烃的物理常数**

| 化合物 | 沸点/℃ | 熔点/℃ | 相对密度 | 折射率 |
|---|---|---|---|---|
| 苯 | 80.1 | 5.5 | 0.876 5 | 1.501 1 |

续表

| 化合物 | 沸点/℃ | 熔点/℃ | 相对密度 | 折射率 |
|---|---|---|---|---|
| 甲苯 | 110.6 | −95 | 0.866 9 | 1.496 1 |
| 乙苯 | 136.2 | −95 | 0.867 0 | 1.495 9 |
| 邻二甲苯 | 144.4 | −25.2 | 0.882 0(10 ℃) | 1.505 5 |
| 间二甲苯 | 139.1 | −47.9 | 0.864 2 | 1.497 2(10 ℃) |
| 对二甲苯 | 138.3 | 13.3 | 0.861 1 | 1.495 8 |
| 正丙苯 | 159.2 | −99.5 | 0.862 0 | 1.492 0 |
| 异丙苯 | 152.4 | −96 | 0.861 8 | 1.491 5 |
| 2-乙基甲苯 | 165.2 | −80.8 | 0.880 7 | 1.504 6 |
| 3-乙基甲苯 | 161.3 | −95.5 | 0.864 5 | 1.496 6 |
| 4-乙基甲苯 | 162 | −62.3 | 0.861 4 | 1.495 9 |
| 1,2,3-三甲苯 | 176.1 | −25.4 | 0.894 4 | 1.513 9 |
| 1,2,4-三甲苯 | 169.3 | −43.8 | 0.875 8 | 1.504 8 |
| 1,3,5-三甲苯 | 164.7 | −44.7 | 0.865 2 | 1.499 4 |
| 正丁苯 | 183 | −83 | 0.860 1 | 1.489 8 |
| 仲丁苯 | 173 | −75.5 | 0.862 1 | 1.490 2 |
| 异丁苯 | 172.8 | −51.5 | 0.853 2 | 1.486 6 |
| 叔丁苯 | 169 | −57.8 | 0.866 5 | 1.492 7 |
| 十二烷基苯 | 331 | −7 | 0.855 1 | 1.482 4 |
| 苯乙烯 | 145.2 | −30.6 | 0.906 0 | 1.566 8 |
| 苯乙炔 | 142~144 | −44.8 | 0.928 1 | 1.548 5 |

## 二、单环芳烃的化学性质

单环芳烃的化学反应主要发生在苯环上。在一定条件下，苯环上的氢原子容易被其他原子或基团取代，生成许多重要的芳烃衍生物。在特定条件下，苯环也能发生加成和氧化反应。但这往往会使苯环结构遭到破坏。当苯环上连有侧链时，直接与苯环相连的 α-C—H 键表现出较大的活泼性，可以在一定条件下发生取代、氧化等反应。

### （一）亲电取代反应

1. *硝化反应*

苯与混酸（浓硝酸和浓硫酸的混合物）共热，苯环上的氢原子被硝基（$—NO_2$）取代，生成硝基苯，这一反应叫作芳烃的硝化反应。

$$C_6H_6 + HO—NO_2\ (浓) \xrightarrow[55\sim60\ ℃]{H_2SO_4} C_6H_5—NO_2 + H_2O$$

在这一反应中，浓硫酸的主要作用是催化剂，同时也是脱水剂。

硝基苯一般不容易继续硝化。若使用发烟硝酸和发烟硫酸，在更高的温度下反应，可引入第二个硝基，主要生成间二硝基苯。

$$\text{C}_6\text{H}_5\text{-NO}_2 \xrightarrow[\text{浓 }H_2SO_4\text{,95 ℃}]{\text{发烟 }HNO_3} \text{间二硝基苯} \xrightarrow[\text{浓 }H_2SO_4\text{,110 ℃}]{\text{发烟 }HNO_3} \text{1,3,5-三硝基苯}$$

间二硝基苯是浅黄色晶体,有毒,主要用于合成燃料、农药和医药等。

烷基苯在比较低的温度条件下与混酸作用,生成邻位和对位产物,此反应比苯容易进行。例如甲苯在 30 ℃就可以发生硝化反应,生成**邻硝基甲苯和对硝基甲苯**。硝基甲苯进一步硝化可以得到 2,4,6 - 三硝基甲苯,即炸药 TNT。

$$\text{C}_6\text{H}_5\text{-CH}_3 \xrightarrow[\text{30 ℃}]{\text{混酸}} \text{邻硝基甲苯} + \text{对硝基甲苯} \xrightarrow[\text{60 ℃}]{\text{混酸}} \text{2,4-二硝基甲苯} \xrightarrow[\text{110 ℃}]{\text{混酸}} \text{2,4,6-三硝基甲苯}$$

邻硝基甲苯是具有苦杏仁味的黄色油状液体,对硝基甲苯是浅黄的晶体。它们都是剧毒物质,能通过人的呼吸系统及皮肤引起中毒;也都是重要的有机合成原料,主要用作油漆、染料、医药和农药的中间体。

硝化反应是一个放热反应。因此,必须使硝化反应缓慢进行。

2. 卤代反应

在铁粉或三卤化铁等催化剂的作用下,加热至 55 ~ 60 ℃,苯环上的氢原子被卤素(一般指氯和溴)取代生成卤代苯,同时放出卤化氢。例如:

$$\text{C}_6\text{H}_6 + Cl_2 \xrightarrow[\text{55 ~ 60 ℃}]{\text{Fe 或 }FeCl_3} \text{C}_6\text{H}_5\text{-Cl} + HCl$$

$$\text{C}_6\text{H}_6 + Br_2 \xrightarrow[\text{55 ~ 60 ℃}]{\text{Fe 或 }FeBr_3} \text{C}_6\text{H}_5\text{-Br} + HBr$$

这也是工业上和实验室中制备氯苯和溴苯的方法之一。氯苯是无色挥发性液体,有毒,对肝脏有损害作用。溴苯是无色油状易燃液体,有毒。溴苯和氯苯都是重要的有机合成原料,广泛用于生产农药、染料、医药等。

在比较强烈的条件下,卤代苯可继续和卤素反应,主要生成邻位和对位取代物。

$$\text{C}_6\text{H}_6 + Cl_2 \xrightarrow[\text{55 ~ 60 ℃}]{\text{Fe 或 }FeCl_3} \text{C}_6\text{H}_5\text{-Cl} \xrightarrow{Cl_2} \text{邻二氯苯} + \text{对二氯苯}$$

烷基苯与卤素作用也发生苯环的卤代,反应比苯容易进行,主要得到邻位和对位取代物。而在光照下则会取代侧链上的氢原子,通常反应发生在 $\alpha$ 位,即 $\alpha$ - 氢原子被取代。例如:

$$C_6H_5CH_3 + Cl_2 \xrightarrow{FeCl_3} o\text{-}ClC_6H_4CH_3 + p\text{-}ClC_6H_4CH_3$$

$$C_6H_5CH_3 + Cl_2 \xrightarrow{h\nu} C_6H_5CH_2Cl \xrightarrow{Cl_2} C_6H_5CHCl_2 \xrightarrow{Cl_2} C_6H_5CCl_3$$

$$C_6H_5CH_2CH_3 + Cl_2 \xrightarrow{h\nu} \underset{91\%}{C_6H_5CHClCH_3} + \underset{9\%}{C_6H_5CH_2CH_2Cl}$$

3. 磺化反应

苯与浓硫酸或发烟硫酸反应，生成苯磺酸，在苯环上引入磺酸基（$-SO_3H$）。例如：

$$C_6H_6 \xrightarrow[30\sim50\ ℃]{H_2SO_4 \cdot SO_3} C_6H_5SO_3H$$

苯磺酸为无色针状或叶状晶体，是主要的有机合成原料，用于制备苯酚、间苯二酚等。

烷基苯在室温下也可以发生磺化反应，主要生成邻位和对位产物。

$$C_6H_5CH_3 + H_2SO_4 \longrightarrow o\text{-}CH_3C_6H_4SO_3H + p\text{-}CH_3C_6H_4SO_3H$$

| | | 邻甲基苯磺酸 | 对甲基苯磺酸 |
|---|---|---|---|
| 反应温度不同， | 0 ℃ | 43% | 53% |
| 产物比例不同 | 25 ℃ | 32% | 62% |
| | 100 ℃ | 13% | 79% |

磺化反应是可逆反应，在过热水蒸气作用下或与稀硫酸或稀盐酸共热时可水解脱去磺酸基。故磺化反应在有机合成中应用较广，可作占位基团，反应完成后，再脱去磺酸基。如：

$$C_6H_5SO_3H + H_2O \xrightarrow{180\ ℃} C_6H_6 + H_2SO_4$$

$$C_6H_5CH_3 \xrightarrow{磺化} p\text{-}CH_3C_6H_4SO_3H \xrightarrow{氯化} 2\text{-}Cl\text{-}4\text{-}SO_3H\text{-}C_6H_3CH_3 \xrightarrow{去磺酸基} o\text{-}ClC_6H_4CH_3$$

用磺酸基占位的策略，避免了甲苯直接氯化生成对氯甲苯。

芳烃不溶于浓硫酸，但生成的苯磺酸却可以溶解在硫酸中。可利用这一性质将芳烃从混合物中分离出来。

磺酸及其钠盐都易溶于水，可利用这一特性，在不溶于水的有机物分子中引入磺酸基，得到可溶于水的化合物。例如日常使用的合成洗涤剂的主要成分对十二烷基苯磺酸钠就是用十二烷基苯经磺化反应制得对十二烷基苯磺酸,再用碱中和而得到。

**问题3-4** 写出由甲苯制备邻氯甲苯各步骤的反应条件。

4. 傅瑞德尔-克拉夫茨反应

1877年法国化学家傅瑞德尔(Friedel,1832—1899)和美国化学家克拉夫茨(Crafts,1839—1917)发现了制备烷基苯(PhR)和芳酮(ArCOR)的反应,简称为 傅-克反应。

$$C_6H_6 + RX \xrightarrow{\text{催化剂}} C_6H_5-R + HX$$

$$C_6H_6 + RCOCl \longrightarrow C_6H_5-\overset{O}{\overset{\|}{C}}-R + HCl$$

在无水三氯化铝等催化剂的作用下,苯及其衍生物与卤代烷或酰氯作用,苯环上的氢原子被烷基或酰基取代,前者又叫傅-克烷基化反应,后者又叫傅-克酰基化反应,统称为傅-克反应。

$$C_6H_6 + CH_3CH_2Br \xrightarrow[0\sim25\ ℃]{AlCl_3} C_6H_5-CH_2CH_3 + HBr$$

乙苯为无色油状液体,具有麻痹与刺激作用。主要用于合成树脂单体苯乙烯,也是医药工业的原料。

$$C_6H_6 + CH_3COCl \xrightarrow[70\sim80\ ℃]{AlCl_3} C_6H_5-\overset{O}{\overset{\|}{C}}-CH_3 + HCl$$

$$C_6H_5-\overset{O}{\overset{\|}{C}}-CH_3 \xrightarrow[HCl]{Zn-Hg} C_6H_5-CH_2CH_3$$

$$C_6H_5CH_3 + (CH_3CO)_2O \xrightarrow[70\sim80\ ℃]{AlCl_3} CH_3-C_6H_4-\overset{O}{\overset{\|}{C}}-CH_3 + CH_3COOH$$

常用的催化剂除无水 $AlCl_3$ 以外,还有 $FeCl_3$, $BF_3$, $ZnCl_2$ 以及无水 $AlBr_3$, $SnCl_4$, HF 等。其作用是增加烷基化试剂的亲电性。常用的烷基化试剂有卤代烷、烯烃和醇。常用的酰基化试剂有酰卤和酸酐。反应中苯需要过量,因为它不仅是反应物,而且是反应的溶剂,同时,由于烷基苯较苯更容易烷基化,因此也导致苯过量,这是因为碳正离子重排的缘故。

当用含三个或三个以上碳原子的卤代烃时,会有异构化产物。例如:

$$C_6H_6 + CH_3CH_2CH_2Br \xrightarrow{AlCl_3} \underset{70\%}{C_6H_5-CH(CH_3)_2} + \underset{30\%}{C_6H_5-CH_2CH_2CH_3}$$

异丙苯是无色液体，主要用于制苯酚和丙酮，也用作其他化工原料。

$$C_6H_6 + (CH_3)_2CHCH_2Cl \xrightarrow{AlCl_3} C_6H_5—C(CH_3)_3$$

烷基化反应会继续进行生成多取代苯，不易停在一元取代阶段。因为烷基是供电子基团（“活化”基团），它增大了苯环上的电子云密度，从而增强了苯环的亲核性，使其与烷基化试剂更易反应。而酰基化反应不发生多取代，也不发生异构化。

$$C_6H_6 \xrightarrow[AlCl_3]{CH_3Cl} C_6H_5—CH_3 \xrightarrow[AlCl_3]{CH_3Cl} \left\{ \begin{array}{l} \text{1,2-}C_6H_4(CH_3)_2 \\ \text{1,4-}C_6H_4(CH_3)_2 \end{array} \right. \xrightarrow[AlCl_3]{CH_3Cl} \text{1,2,4-}C_6H_3(CH_3)_3$$

当苯环上有强吸电子基团，如—$NO_2$，—COOH，—COR，—$CF_3$，—$SO_3H$，—$N^+(CH_3)_3$等时，傅－克烷基化反应不能进行。因为吸电子基使得苯环上的电荷密度降低，“钝化”了苯环，使苯环的反应活性降低。

当苯环上有—$NH_2$，—NHR，—$NR_2$时，傅－克烷基化反应也不能进行。因为氨基或取代氨基与催化剂形成了配合物而“钝化”了苯环。

$$C_6H_5—\ddot{N}H_2 + AlCl_3 \longrightarrow C_6H_5—N^+H_2—{}^-AlCl_3$$

烯烃和醇也可以作为烷基化试剂。例如：

$$C_6H_6 + CH_3CH=CH_2 \xrightarrow{H_2SO_4} C_6H_5—CH(CH_3)_2$$

$$C_6H_6 + (CH_3)_3C—OH \xrightarrow{H_2SO_4} C_6H_5—C(CH_3)_3$$

芳烃还可以和多元卤代烷进行烷基化反应，得取代烷烃。例如：

$$2C_6H_6 + CH_2Cl_2 \xrightarrow{AlCl_3} C_6H_5—CH_2—C_6H_5 + 2HCl$$

$$3C_6H_6 + CHCl_3 \xrightarrow{AlCl_3} (C_6H_5)_3CH + 3HCl$$

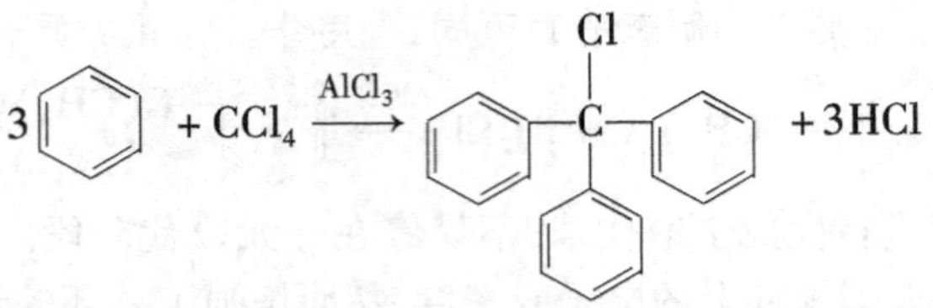

$$3\,C_6H_6 + CCl_4 \xrightarrow{AlCl_3} (C_6H_5)_3CCl + 3HCl$$

四氯化碳只有三个氯被芳基取代,这可能是由于空间阻碍的关系。

**问题 3-5** 写出苯与下列化合物进行亲电取代反应所生成的主要产物。

(1)1-氯-2-甲基丙烷 (2)2-溴-2-甲基丙烷 (3)苯甲酰氯

(4)邻苯二甲酸酐 (5)丙烯 (6)二氯甲烷

**(二)加成反应**

苯环易起取代反应而难起加成反应,但并不是绝对的,在特定条件下,也能发生某些加成反应。

1. 加氢——催化氢化反应

在钯、铂或镍的催化下,苯能与氢加成生成环己烷。例如:

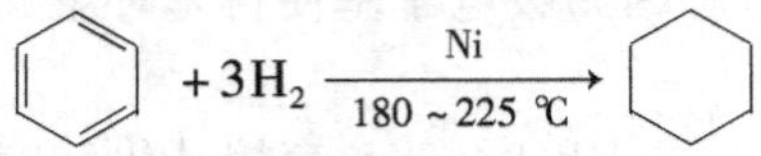

$$C_6H_6 + 3H_2 \xrightarrow[180\sim225\ ^\circ C]{Ni} C_6H_{12}$$

这是工业生产环己烷的方法,产品纯度较高。

2. 加氯

在日光或紫外线照射下,苯与氯发生加成反应生成六氯环己烷。

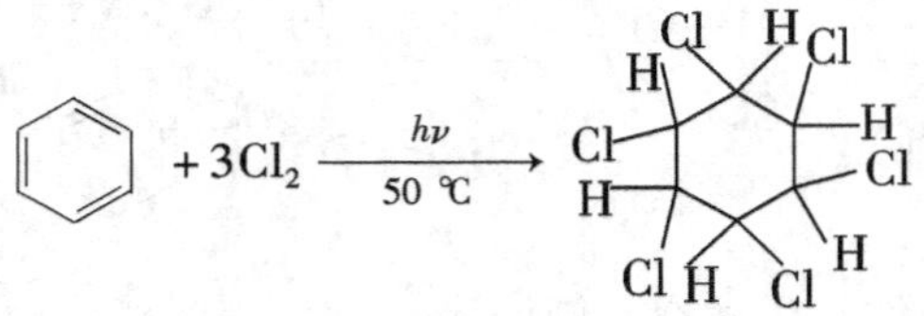

$$C_6H_6 + 3Cl_2 \xrightarrow[50\ ^\circ C]{h\nu} C_6H_6Cl_6$$

六氯环己烷分子中含有六个碳原子、六个氢原子和六个氯原子,所以俗称“六六六”。六六六有八种立体异构体,其中 $\gamma$-异构体具有较强的杀虫活性,曾广泛用作杀虫农药。但因其性能稳定,不易分解,残毒严重,不仅对人畜有害,也污染环境,现已停止生产和使用。

**(三)氧化反应**

1. 侧链氧化反应($\alpha$-H 氧化)

苯环比较稳定,一般的氧化剂不能使其氧化,但如果苯环上连有侧链,由于受苯环的影响,其 $\alpha$-H 比较活泼,容易被氧化。

烃基苯侧链可被高锰酸钾(或重铬酸钾)的酸性或碱性溶液或稀硝酸所氧化,并在与苯环直接相连的碳氢键上进行。**如果与苯环直接相连的碳上没有氢(如叔丁基),不被氧化。** 氧化时,不论烷基的长短,最后都变为羧基,苯环不容易被氧化。例如:

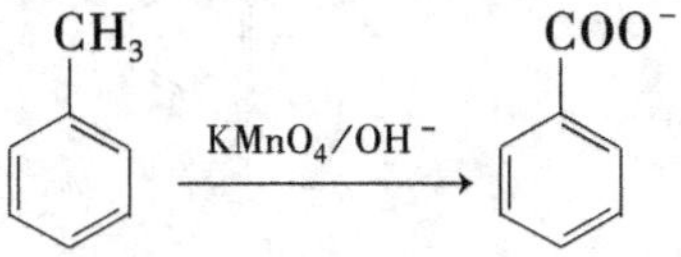

$$C_6H_5CH_3 \xrightarrow{KMnO_4/OH^-} C_6H_5COO^-$$

$$C_6H_5CH_2CH_2CH_3 \xrightarrow{KMnO_4/H^+} C_6H_5COOH$$

$$\text{3-}C(CH_3)_3\text{-}C_6H_4\text{-}CH_3 \xrightarrow{KMnO_4/H^+} \text{3-}C(CH_3)_3\text{-}C_6H_4\text{-}COOH$$

$$\text{4-}CH(CH_3)_2\text{-}C_6H_4\text{-}CH_3 \xrightarrow{KMnO_4/H^+} \text{4-}HOOC\text{-}C_6H_4\text{-}COOH$$

也可以发生催化氧化，若两个烃基处在邻位，氧化的最后产物是酸酐。例如：

$$\text{邻-}C_6H_4(CH_3)_2 \xrightarrow[V_2O_5,350\sim450\ ℃]{O_2} C_6H_4(CO)_2O$$

$$C_6H_2(CH_3)_4 \xrightarrow[V_2O_5,350\sim450\ ℃]{O_2} C_6H_2[(CO)_2O]_2$$

均苯四甲酸二酐可用作环氧树脂的固化剂等。

烷基苯氧化是制备芳香族羧酸常用的方法。此外，**高锰酸钾溶液氧化烷基苯后，自身的紫红色逐渐消失，实验室中可利用这一反应鉴别含有 $\alpha-H$ 的烷基苯。**

---

**问题 3－6** 用化学方法鉴别化合物苯、乙苯和苯乙烯。

---

2. 苯环氧化反应

苯环一般不易被氧化，在特殊条件下能发生氧化而使苯环被破坏。例如，在高温和催化剂作用下，苯可被空气氧化生成顺丁烯二酸酐。

$$2C_6H_6 + 9O_2 \xrightarrow[450\sim500\ ℃]{V_2O_5} 2C_4H_2O_3 + 4CO_2 + 4H_2O$$

这是顺丁烯二酸酐的工业制法。

顺丁烯二酸酐又叫马来酸酐或失水苹果酸酐,是无色结晶粉末,具有强烈的刺激性气味,主要用于制聚酯树脂、醇酸树脂和马来酸等,也用作脂肪和油类的防腐剂。

苯燃烧生成二氧化碳和水。

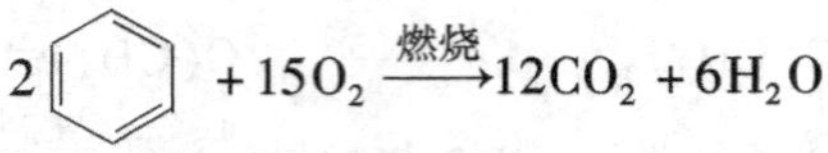

$$2C_6H_6 + 15O_2 \xrightarrow{\text{燃烧}} 12CO_2 + 6H_2O$$

二甲苯与臭氧发生作用,生成三种化合物:丁二酮、丙醛酮和乙二醛。这说明苯和苯的衍生物可能真如凯库勒所建议的那样,有两种双键排列不同的结构,因为如只有一种,只应产生两种化合物。

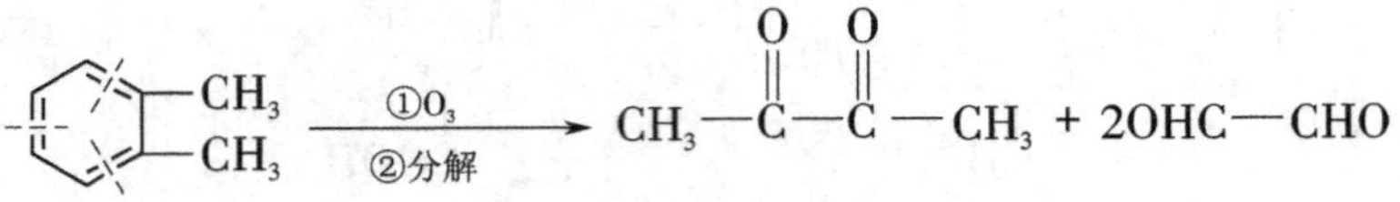

$$C_6H_4(CH_3)_2 \xrightarrow[\text{②分解}]{\text{①}O_3} CH_3-\overset{O}{\overset{\|}{C}}-\overset{O}{\overset{\|}{C}}-CH_3 + 2OHC-CHO$$

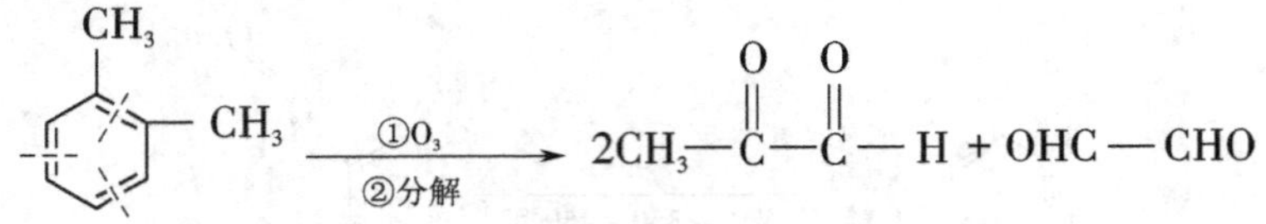

$$C_6H_4(CH_3)_2 \xrightarrow[\text{②分解}]{\text{①}O_3} 2CH_3-\overset{O}{\overset{\|}{C}}-\overset{O}{\overset{\|}{C}}-H + OHC-CHO$$

**问题 3-7** 某芳烃分子式为 $C_9H_{12}$,用 $K_2Cr_2O_7$ 加硫酸氧化后得到一种二元酸。若将原芳烃硝化,则得到两种一元硝基化合物,试推测该芳烃的结构。

## 第四节 苯环的亲电取代定位效应

苯环上有一个氢原子被其他原子或基团取代后生成的产物叫作一元取代苯,有两个氢原子被其他原子或基团取代后生成的产物叫作二元取代苯。一元取代苯或二元取代苯再发生取代时,反应按照一定规律进行。

### 一、定位基和定位效应

一元取代苯有两个邻位、两个间位和一个对位,在发生一元亲电取代反应时,都可接受亲电试剂进攻,如果取代基对反应没有影响,则生成物中邻、间、对位产物的比例应为2:2:1。但从前面的性质讨论可知,原有取代基不同,发生亲电取代反应的难易就不同,第二个取代基进入苯环的相对位置也不同。

硝基苯的硝化比苯困难,新引入的取代基主要进入原取代基的间位。例如:

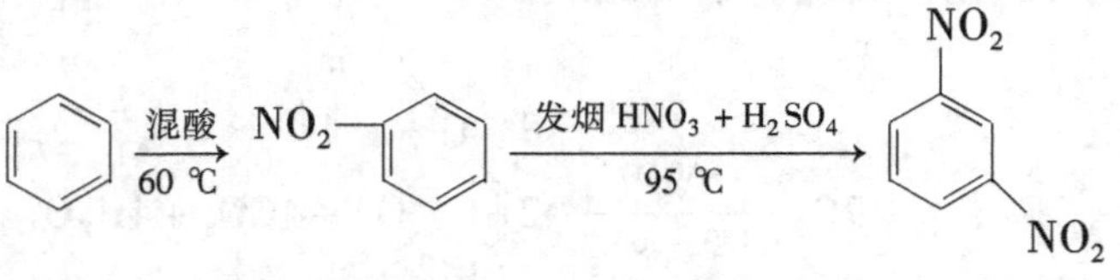

$$C_6H_6 \xrightarrow[60\ ℃]{\text{混酸}} NO_2-C_6H_5 \xrightarrow[95\ ℃]{\text{发烟 } HNO_3 + H_2SO_4} \text{间-}C_6H_4(NO_2)_2$$

甲苯的硝化比苯容易,新引入的取代基主要进入原取代基的邻对位。

CH$_3$ —混酸→ CH$_3$ / NO$_2$ + CH$_3$ / NO$_2$

可见,苯环上的原有取代基决定了第二个取代基进入苯环的位置,也影响着亲电取代反应的难易程度。把原有取代基决定新引入取代基进入苯环位置的作用称为取代基的定位效应。苯环上新引入的取代基的位置主要与原有取代基的性质有关,把原有的取代基叫作定位基。

常见的定位基分为以下两类。

1. 第一类定位基(邻对位定位基)

第一类定位基使新引入的取代基主要进入原基团的邻位和对位(邻对位产物之和所占比例大于60%),并且活化苯环,使取代反应比苯易进行。邻对位定位基与苯环相连的原子上只有单键,除碳以外,都带有未成键的电子对,这些原子或基团一般具有供电子作用(卤素除外)。属于这一类定位基的有(按强弱次序排列):

—O$^-$(氧负离子)>—N(CH$_3$)$_2$(二甲氨基)>—NH$_2$(氨基)>—OH(羟基)>—OCH$_3$(甲氧基)>—NHCOCH$_3$(乙酰氨基)>—CH$_3$(甲基)>—R(烷基)>—X(卤素基)(—Cl>—Br>—I)>—C$_6$H$_5$(苯基)

一般来说,对苯环活化作用较大的基团,其定位能力较强。

2. 第二类定位基(间位定位基)

第二类定位基使新引入的取代基主要进入原基团的间位(间位产物所占比例大于50%),且钝化苯环,使取代反应比苯难以进行。间位定位基与苯环相连的原子或有正电荷,或以单键、重键、配价键与其他电负性更强的原子组成基团,它们具有从苯环吸电子的能力,从而降低苯环上的电子云密度。属于这一类定位基的有(按强弱次序排列):

—$^+$N(CH$_3$)$_3$(三甲氨基)>—NO$_2$(硝基)>—CF$_3$>—CCl$_3$>—CN(氰基)>—SO$_3$H(磺酸基)>—CHO(醛基)>—COCH$_3$(乙酰基)>—COOH(羧基)>—COOCH$_3$(甲氧羰基)>—CONH$_2$(氨基甲酰基)

一般来说,对苯环钝化作用较大的基团定位能力较强。

## 二、定位效应的解释

苯是一个闭合的共轭体系,由于苯环上 π 电子的高度离域,苯环上每个碳原子的电子云是完全平均分布的。当苯环上有一个取代基(定位基)后,由于取代基的诱导效应或共轭效应影响,环上的电子云分布就发生了变化,出现电子云密度较大与较小的交替现象,亲电试剂优先进攻电子云密度较大的部位,于是苯环上各个部位进行亲电取代反应的难易程度就不同,进入的位置也不同。环上电子云密度变化情况与取代基(定位基)的性质有关。

1. 邻对位定位基

邻对位定位基大多是供电子基团(卤素除外)或与苯直接相连的原子上有孤对电子的基团,它们能通过诱导效应或共轭效应使苯环上电子云密度增大,有利于亲电试剂的进攻,使其比苯的亲电取代反应更容易进行,对苯环的亲电取代反应有致活效应。

1）甲基

甲基的碳原子是 $sp^3$ 杂化，苯环的碳原子是 $sp^2$ 杂化，从轨道电负性看 $sp^2 > sp^3$，所以甲基表现为斥电子。此外，甲基的三个 C—H 键的 σ 电子和苯环形成了 σ－π 超共轭体系，使苯环上电子云密度增大。

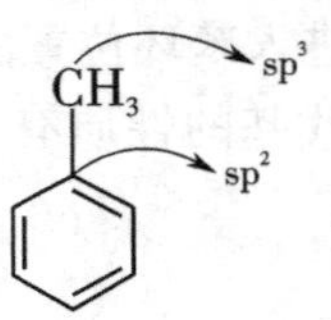

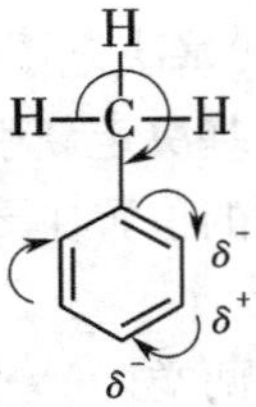

羟基、氨基中虽然氧、氮原子的电负性大，具有吸电子诱导效应，但同时又可以形成 p－π 共轭体系，使氧、氮原子上的孤对电子向苯环转移，具有给电子的共轭效应。诱导效应和共轭效应方向相反，共轭效应占优势，总的结果是苯环上电子云密度增大，在取代基的邻位和对位电子云密度增大较多。故甲基使苯环活化，亲电取代反应比苯易进行，主要发生在邻对位上。

2）具有孤电子对的取代基（—OH，—$NH_2$，—OR，—OCOR，—NHCOR，—$NR_2$ 等）

这些定位基的氧原子或氮原子都直接与苯环连接。从诱导效应来看，氧和氮的电负性强于碳，本应是吸电子的，使苯环的电子云密度降低。然而，这些基团的氧或氮原子具有未共用电子对，它与苯环形成 p－π 共轭，氧或氮上的电子云向苯环转移。这样，诱导效应和共轭效应发生了矛盾。在反应时，动态共轭效应占了主导，总的结果是共轭 π 键电子云向苯环移动，邻对位产物增加较多，故为邻对位定位基，使亲电取代反应比苯容易进行。

以苯甲醚为例：

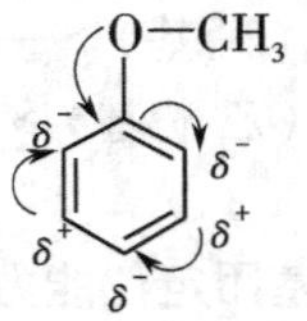

3）卤素

对于卤素取代基，卤素的电负性大于碳，吸电子诱导使苯环的电子云密度降低。虽然卤素的未共用电子对与苯环形成 p－π 共轭，但因氯、溴、碘的原子半径大而共轭不好，因此，总的结果是诱导大于共轭，诱导效应占优势。氟原子尽管共轭较好，但电负性较大，总的结果也是诱导大于共轭。而苯环间位碳原子电子云密度降低得较多，于是亲电试剂进攻邻位、对位。所以，卤素原子是第一类定位基中的一个例外，即具有邻对位定位作用和钝化效应，使亲电取代反应难以进行。

2. 间位定位基

间位定位基大多是强吸电子基团或与苯相连的原子上有重键的基团，它们能通过诱导效应和共轭效应使苯环上电子云密度降低，不利于亲电试剂的进攻，对苯环的亲电取代反应起钝化作用。它们使苯环各个位置 π 电子云密度降低的程度也不同,邻位和对位降低得多些,间位降低得少些。所以新引入的取代基主要进入间位。

例如硝基中的氮原子电负性较大,具有吸电子诱导作用,同时能形成 π－π 共轭体系,使苯环上电子云向硝基转移,苯环上电子云密度降低,使其亲电取代反应比苯更难进行。如苯的硝化反应比硝基苯快一万倍。这种作用使苯环上的邻位和对位电子云密度降低得更多些,间位电子云密度相对较大。因此,亲电试剂进攻间位,得到以间位为主的产物。例如:

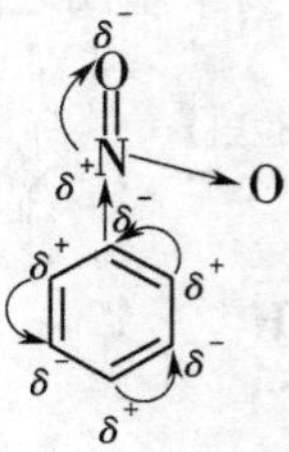

由于电负性 O > N > C,因此硝基为强吸电子基,具有诱导效应,使苯环钝化。硝基的 π 键与苯环上的大 π 键形成 π－π 共轭。因硝基的强吸电子作用,使 π 电子向硝基转移,降低了苯环的 π 电子云密度。

硝基苯苯环上的相对电荷密度如下所示。

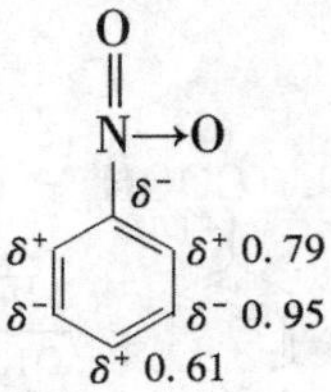

## 三、二元取代苯的定位规则

如果苯环上已经有两个取代基,第三个取代基进入的位置同时受两个取代基的制约,有如下规律。

(1)两个取代基的定位效应一致时,则由定位规则决定。例如:

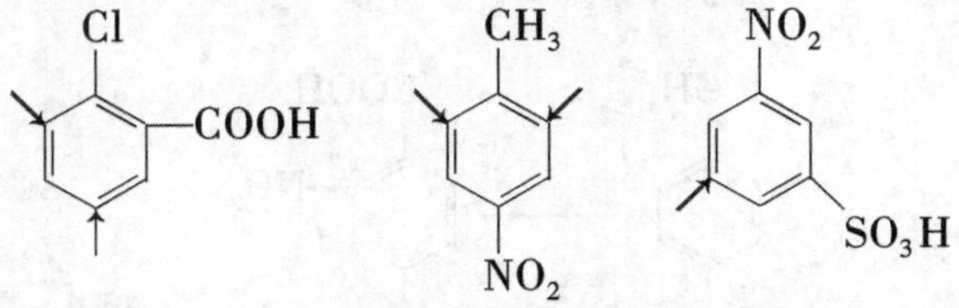

(2)两个取代基的定位效应不一致时,若两个取代基属于同一类定位基,则应由定位效应强的定位基决定基团进入的位置;若两个取代基不属于同一类定位基,则由第一类定位基决定基团进入的位置。例如:

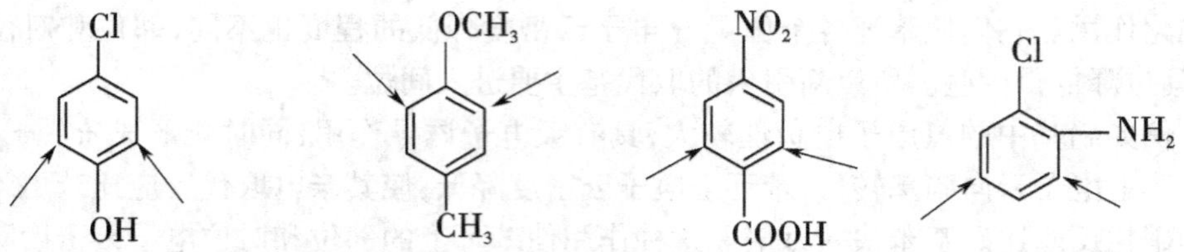

Cl　OH　　$OCH_3$　$CH_3$　　$NO_2$　COOH　　Cl　$NH_2$

定位基强弱：—OH > —Cl　—$OCH_3$ > —$CH_3$　—$NO_2$ > —COOH　—$NH_2$ > —Cl

(3)由于空间位阻作用，处于间位的两个基团之间很少发生取代反应。

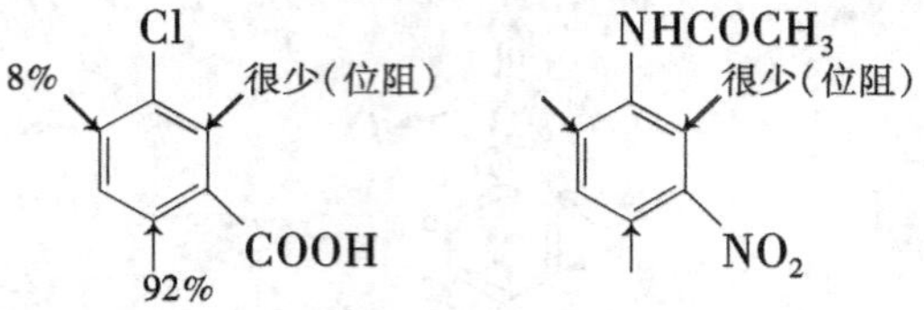

Cl　8%　很少(位阻)　COOH　92%　　$NHCOCH_3$　很少(位阻)　$NO_2$

## 四、取代定位效应的应用

苯环上的亲电取代反应的定位规则不仅可以用来解释某些实验现象，更主要的是应用它来指导多官能团取代苯的合成。合成多取代苯时必须考虑定位效应，否则难以达到预期目的。

1. 指导选择合成路线

例1：

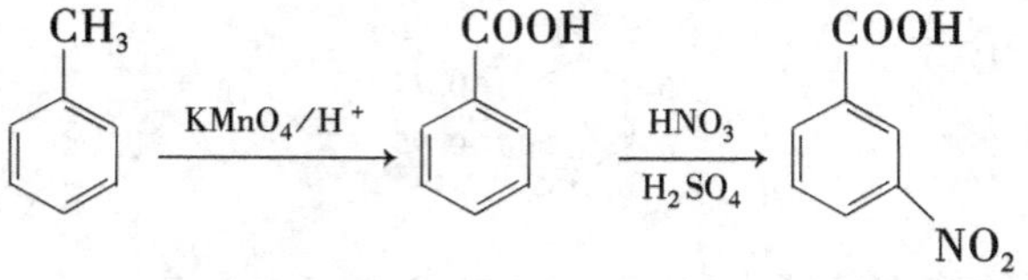

$CH_3$ $\xrightarrow{KMnO_4/H^+}$ COOH $\xrightarrow[H_2SO_4]{HNO_3}$ COOH, $NO_2$

合成路线分析：这一合成涉及两步反应，一步是氧化反应，即将甲基氧化成羧基，另一步是硝化反应，即将硝基引入苯环。由于甲基是邻对位定位基，如果先硝化，则主要得到邻对位产物，这与题意不符。因此必须先氧化，将甲基转变为羧基后，羧基是间位定位基，这时再硝化，就可得到间位产物间硝基苯甲酸。

例2：

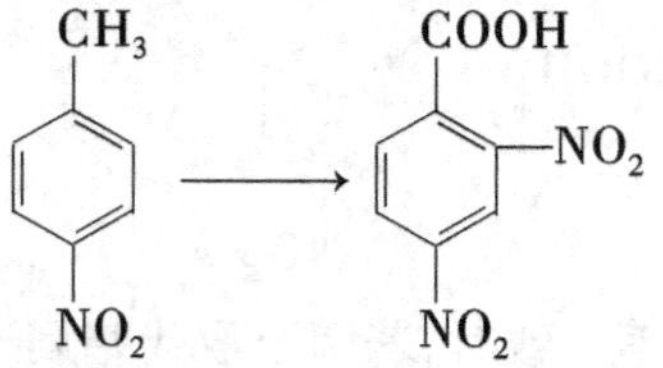

$CH_3$, $NO_2$ $\longrightarrow$ COOH, $NO_2$, $NO_2$

路线一：先硝化，后氧化。

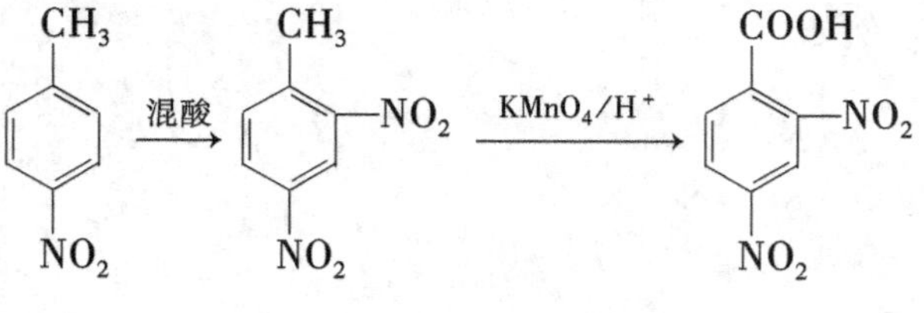

$CH_3$, $NO_2$ $\xrightarrow{混酸}$ $CH_3$, $NO_2$, $NO_2$ $\xrightarrow{KMnO_4/H^+}$ COOH, $NO_2$, $NO_2$

路线二：先氧化，后硝化。

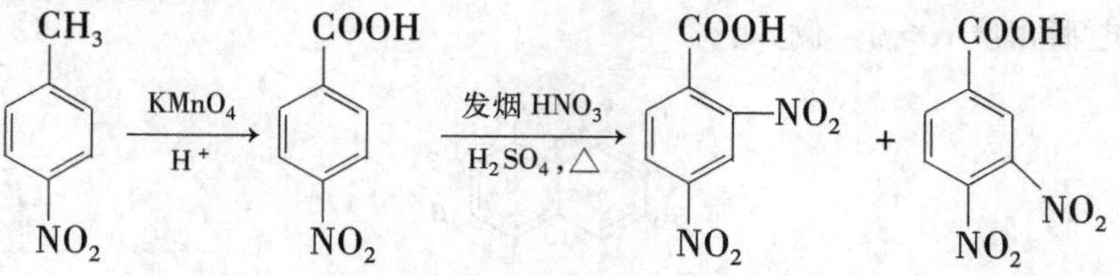

路线二有两个缺点：①反应条件高；②副产物。所以路线一为优选路线。

2. 判断亲电取代反应的速度快慢

可按以下排序判断甲苯、苯甲酸、对甲苯甲酸、苯、对苯二甲酸、间二甲苯进行硝化反应的难易：

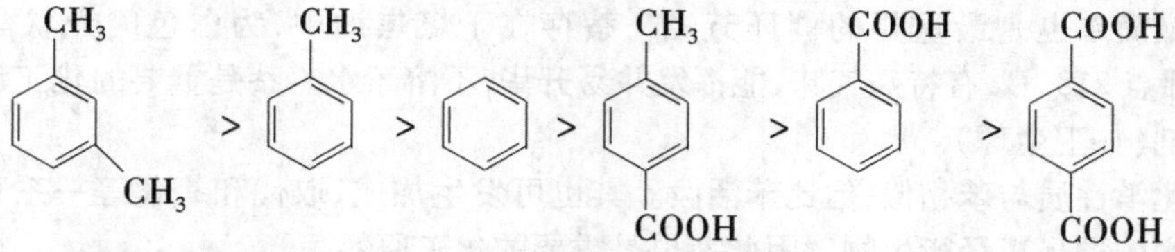

**问题 3－8**　试设计合成 3－硝基－4－氯苯磺酸的路线。

**问题 3－9**　以甲苯为原料合成下列化合物：

(1)对溴苯甲酸　　(2)3－硝基－4－氯苯甲酸

# 第五节　稠环芳烃

两个或两个以上苯环共用两个相邻的碳原子而组成的多环体系称为稠环芳烃，典型的稠环芳烃有萘、蒽和菲等。它们与苯的结构相比，有如下异同点：①碳原子都是 $sp^2$ 杂化，都是平面分子，分子中都存在由 p 轨道侧面重叠形成的闭合共轭体系；②都有离域 π 键，都具有芳香性；③p 轨道重叠程度不同，电子云密度分布不均匀，键长不完全相等，反应活性也不同，芳香性不如苯典型。

## 一、萘

### (一)萘的结构及命名

萘的分子式为 $C_8H_{10}$，是由两个苯环共用两个相邻的碳原子稠合而成，根据 X 射线的分析，两个苯环处在同一个平面上，所有的碳原子都是 $sp^2$ 杂化的，是大 π 键体系。

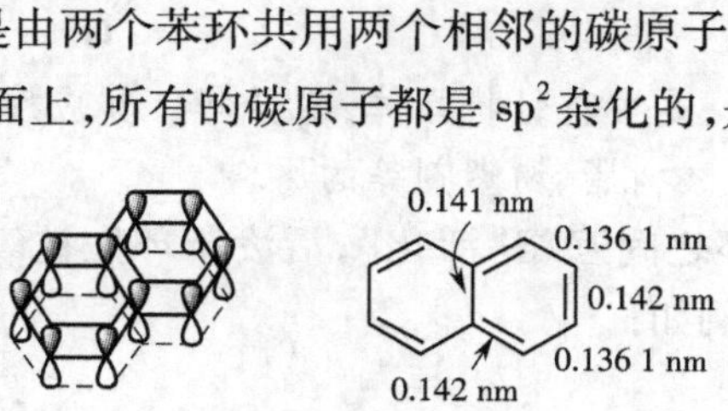

键长数据说明萘环中各碳原子的 p 轨道重叠的程度不完全相同，稳定性不如苯。

萘分子命名时，分子中十个碳原子不是等同的，为了区别，对其编号。从共用的碳原子的邻位开始编号，共用碳原子最后编号，也可用 $\alpha$,$\beta$ 表示。1,4,5,8 位又称为 $\alpha$ 位，2,3,6,7 又称为 $\beta$ 位，电荷密度 $\alpha>\beta$。例如：

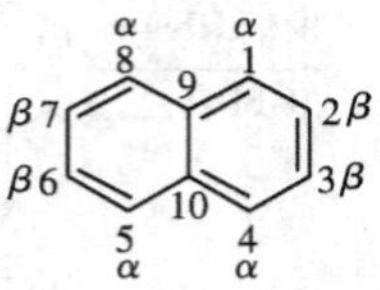

α α
8 1
β7 9 2β
β6 10 3β
5 4
α α

由于萘分子中的 C—H 键有两种类型，所以萘的一元取代物只有两种异构体，一种是 $\alpha$ 位的取代物，另一种是 $\beta$ 位的取代物。二元取代物当两取代基相同时有 10 种，不同时有 14 种。

**（二）萘的性质**

萘是最简单也是最重要的稠环芳烃。萘存在于煤焦油中，为白色闪光状晶体，熔点 80.6 ℃，沸点 218 ℃，有特殊气味，能挥发并易升华，不溶于水。萘是重要的化工原料，也常用作防蛀剂（如卫生球）。

萘的化学性质与苯相似，但比苯活泼。其也可发生加成、取代和氧化等一系列反应，生成许多有用的稠环芳烃衍生物。因此萘也是重要的化工原料。

1. 加成反应

萘比苯易加成，在不同的条件下，可发生部分或全部加氢。

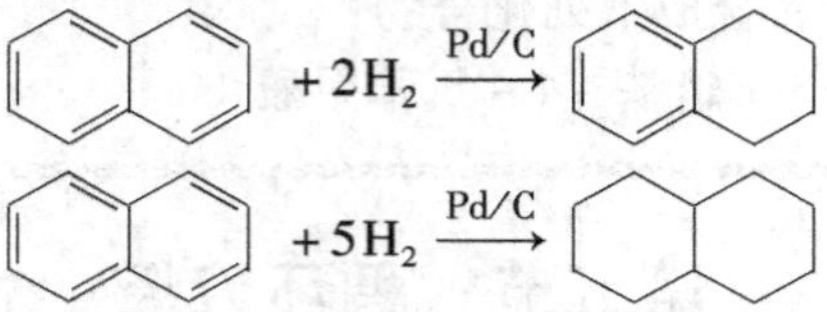

$$\text{萘} + 2H_2 \xrightarrow{Pd/C} \text{四氢化萘}$$

$$\text{萘} + 5H_2 \xrightarrow{Pd/C} \text{十氢化萘}$$

四氢化萘又叫萘满，十氢化萘又叫萘烷，它们都是良好的高沸点溶剂，可以溶解许多高分子化合物，如油脂、树脂、油漆等，也用作内燃机燃料。

2. 氧化反应

萘比苯易被氧化，随反应条件不同生成不同的氧化产物。例如：

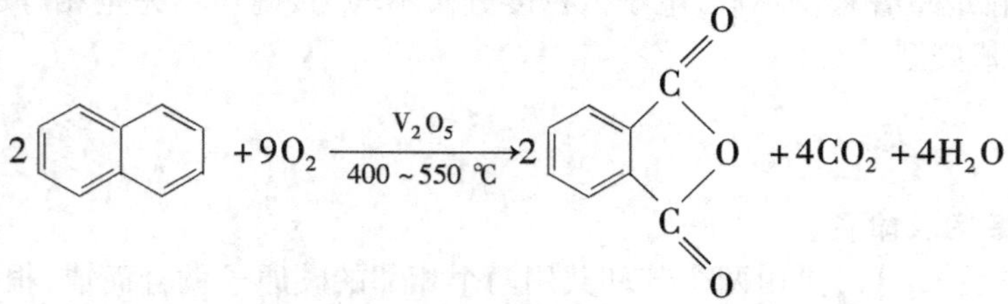

$$2\,\text{萘} + 9O_2 \xrightarrow[400\sim550\ ℃]{V_2O_5} 2\,\text{邻苯二甲酸酐} + 4CO_2 + 4H_2O$$

邻苯二甲酸酐俗称苯酐，是白色针状晶体，易升华。其应用很广，主要用作染料、药物、塑料、涤纶以及聚酯树脂、醇酸树脂、增塑剂等的原料。

萘易被氧化是因为苯环之间互相“活化”，活泼苯环先被氧化。含邻对位基时同环氧化，含间位基时异环氧化。例如：

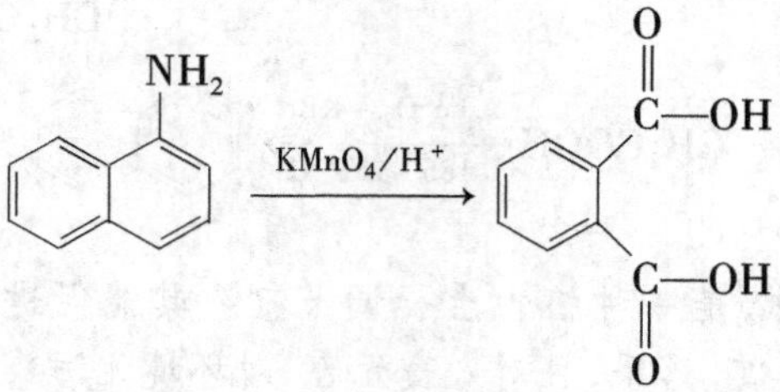

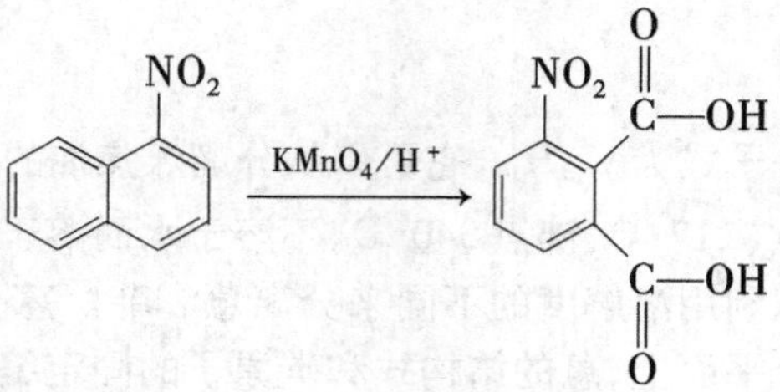

$$NH_2 \xrightarrow{KMnO_4/H^+} \text{C(=O)—OH, C(=O)—OH}$$

$$NO_2 \xrightarrow{KMnO_4/H^+} NO_2,\ \text{C(=O)—OH, C(=O)—OH}$$

3. 取代反应

1）硝化反应

与苯相似，萘环上的氢原子也可被其他原子或基团取代。萘环的取代反应比苯容易进行，而且由于 $\alpha$ 位比较活泼，反应一般发生在 $\alpha$ 位上。萘与混酸在常温下就可以反应，产物几乎全是 $\alpha$－硝基萘。

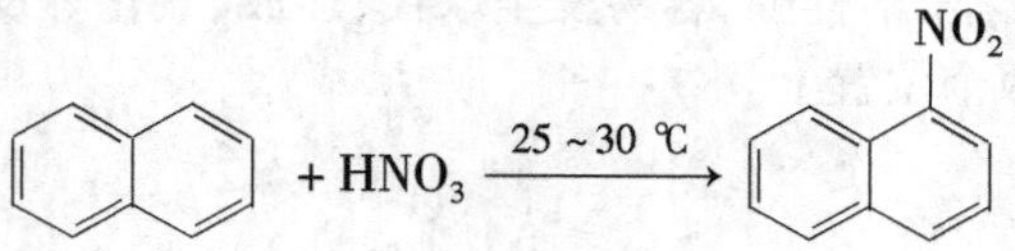

$$+ HNO_3 \xrightarrow{25\sim30\ ℃} NO_2$$

2）磺化反应

磺化反应的产物与反应温度有关。低温时多为 $\alpha$－萘磺酸，较高温度时则主要是 $\beta$－萘磺酸，$\alpha$－萘磺酸在硫酸中加热到 165 ℃时，大多数转化为 $\beta$－异构体。其反应式如下：

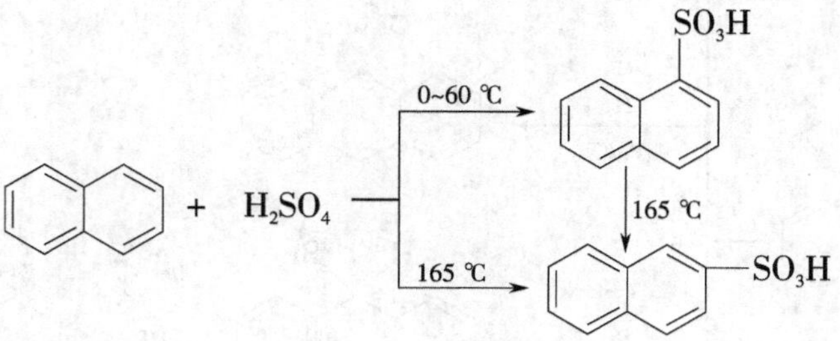

$$+ H_2SO_4 \xrightarrow{0\sim60\ ℃} SO_3H \xrightarrow{165\ ℃} SO_3H$$

$$+ H_2SO_4 \xrightarrow{165\ ℃} SO_3H$$

3）卤代反应

萘环的卤代反应比较容易进行。例如，在没有催化剂存在的情况下，萘与溴共热，就可发生溴代反应，生成 $\alpha$－溴萘。在氯化铁作用下，将氯气通入熔融的萘中，可发生萘的氯代反应，生成 $\alpha$－氯萘。

4）乙酸化反应

在催化剂存在下，萘可与氯乙酸发生取代反应，生成 $\alpha$－萘乙酸。

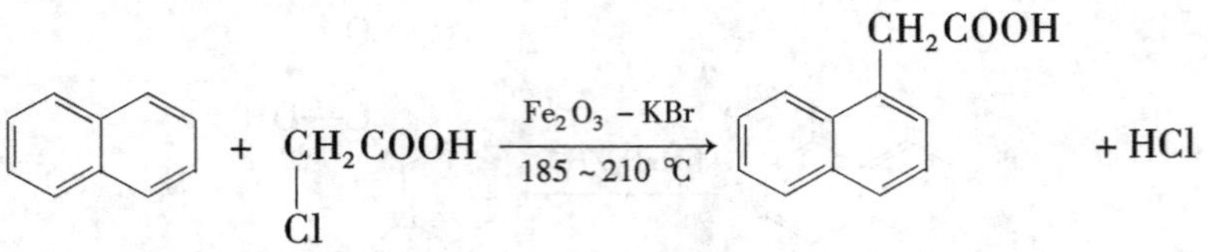

$$\text{C}_{10}\text{H}_8 + \underset{\displaystyle \text{Cl}}{\text{CH}_2\text{COOH}} \xrightarrow[185\sim210\ ℃]{Fe_2O_3-KBr} \text{C}_{10}\text{H}_7\text{CH}_2\text{COOH} + \text{HCl}$$

α－萘乙酸为无色晶体，是一种植物生长调节剂。其能促进植物生根、开花、早熟、高产，也能防止果树和棉花落花、落果，且对人畜无害，对环境无污染。

## 二、蒽

蒽存在于煤焦油中，分子式为 $C_{14}H_{10}$，它可以从分馏煤焦油的蒽油馏分中提取。蒽是片状结晶，具有蓝色荧光，熔点 217 ℃，沸点 340 ℃，不溶于水而溶于有机溶剂。由于蒽在有机溶剂中的溶解度很小，可以利用溶解度的不同来分离蒽和菲。蒽分子中含有三个稠合的苯环，所有的原子都在同一个平面上，蒽的结构式和碳原子的固定编号如下所示：

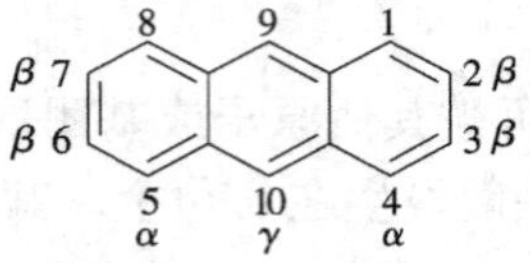

α 8　γ 9　α 1
β 7　　　2 β
β 6　　　3 β
α 5　γ 10　α 4

蒽的芳香性比苯差，化学活性强，容易发生取代、加成、氧化等反应。9，10 位特别活泼，大部分反应都发生在这两个位置上。

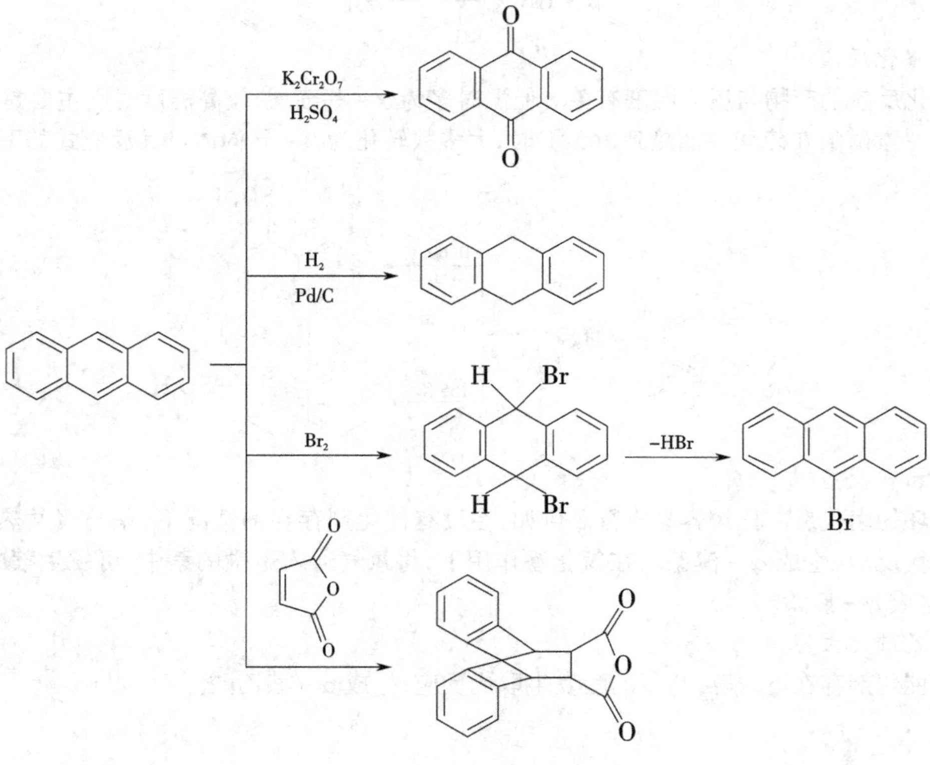

$K_2Cr_2O_7$ / $H_2SO_4$ → O, O

$H_2$ / Pd/C →

$Br_2$ → H Br / H Br $\xrightarrow{-HBr}$ Br

O O O →  O O O

## 三、菲

菲存在于煤焦油的蒽油馏分中，为带光泽的无色晶体，熔点 101 ℃，沸点 340 ℃，不溶于水，溶于乙醇、苯和乙醚中，溶液有蓝色的荧光。其分子式为 $C_{14}H_{10}$，是蒽的同分异构体。与蒽相似，它也由三个苯环稠合而成，但菲与蒽不同的地方在于，三个六元环不是连成一条直线，而是形成一个角度。菲的结构式和碳原子的固定编号如下所示：

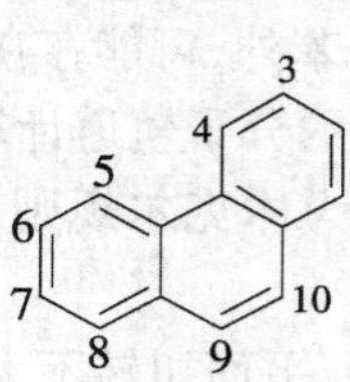

菲的化学性质界于萘和蒽之间，它也可以在 9、10 位起加成反应，但没有蒽容易。

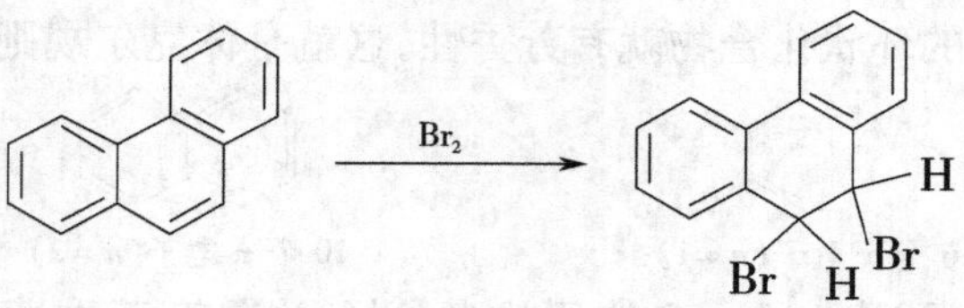

$\xrightarrow{Br_2}$

## 四、其他稠环芳烃

多环芳烃是个尚未很好开发的领域，而且来源丰富，大量存在于煤焦油和石油中。现在已从焦油中分离出几百种稠环芳烃，有待研究利用。

人们在很久以前就注意到，在动物体上长期涂抹煤焦油，可以引起皮肤癌。经长期的实验发现，合成的 1,2,5,6 - 二苯并蒽具有致癌的性质，后来又从煤焦油中分离出一个致癌的物质 3,4 - 苯并芘。3,4 - 苯并芘进入人体后能被氧化成活泼的环氧化物，后者与细胞的 DNA（脱氧核糖核酸）结合，引起细胞变异。因此，3,4 - 苯并芘是强烈的致癌物质。煤、石油、木材、烟草等不完全燃烧时都产生这种致癌物质。在环境监测项目中，空气中苯并芘的含量是监控的重要指标之一。现在已知的致癌物质中以 6 - 甲基 - 1,2 - 苯并 - 5,10 - 次乙基蒽的效力最强。

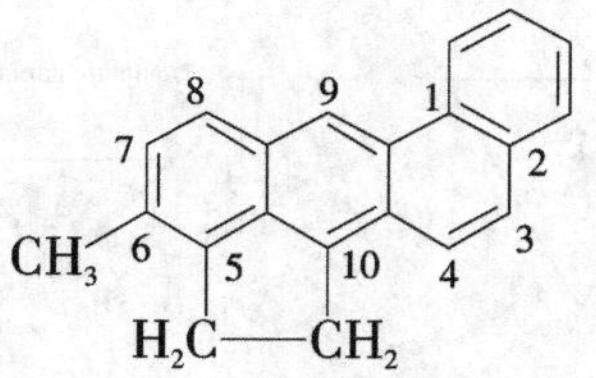

6 - 甲基 - 1,2 - 苯并 - 5,10 - 次乙基蒽

# 第六节　芳烃

## 一、休克尔规则

既然苯环是一个环状的闭合共轭体系，具有芳香性，那么由 $sp^2$ 杂化碳原子所组成的任何一个环状共轭多烯是否都具有芳香性呢？具有芳香性的化合物，是否一定具有苯环结构呢？一百多年前，凯库勒就预见到，除了苯外，可能存在其他具有芳香性的环状共轭多烯烃。

1931 年，休克尔（E. Hückel）用简单的分子轨道计算了单环多烯烃的 π 电子能级，从而提出了一个判断芳香性体系的规则，称为休克尔规则。休克尔提出，单环多烯烃要有芳香性，必须满足以下三个条件：

（1）成环原子共平面或接近于平面，平面扭转不大于 0.1 nm；

（2）具有环状闭合共轭体系；

（3）环上 π 电子数为 $4n+2$（$n=0,1,2,3\cdots\cdots$）。

符合上述三个条件的环状化合物就有芳香性，这就是休克尔规则。例如：

6 个 π 电子（$n=1$）　　10 个 π 电子（$n=2$）

其他不含苯环，π 电子数为 $4n+2$ 的环状多烯烃，也具有芳香性，称它们为非苯系芳香烃，简称非苯芳烃。

## 二、非苯芳烃

凡符合休克尔规则，但又不含有苯环的烃类化合物都属于非苯芳烃。非苯芳烃包括一些环多烯和芳香性离子。

1. 具有芳香性的离子

1）环丙烯正离子

环丙烯失去一个氢负离子，就得到只有两个 π 电子的环丙烯正离子，具有平面环状共轭结构，π 电子数符合休克尔规则（$n=0$），因此，具有芳香性。经测定，环丙烯正离子中的碳碳键长都是 0.140 nm，说明环丙烯正离子的两个 π 电子完全离域在三个碳原子上，形成缺电子型 π 键（三原子两电子 π 键），基态时两个 π 电子正好填满一个成键轨道，很稳定。

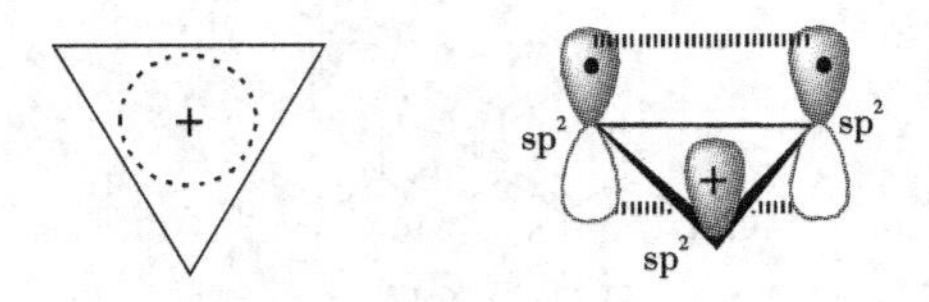


2）环戊二烯负离子

环戊二烯无芳香性，当用强碱，如叔丁醇钾处理时，亚甲基上的一个质子被取代生成钾盐。环戊二烯负离子具有平面结构，π 电子数为 6，符合休克尔规则（$n=1$），因此，具有芳香性。

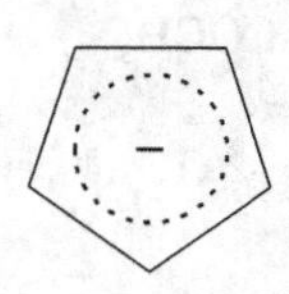

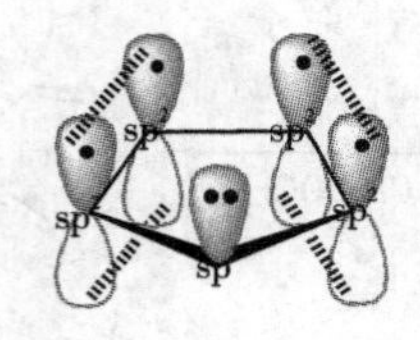

3）环庚三烯正离子

环庚三烯失去一个氢负离子生成环庚三烯正离子。环庚三烯正离子具有平面结构，π 电子数为 6，符合休克尔规则（$n=1$），因此，具有芳香性。

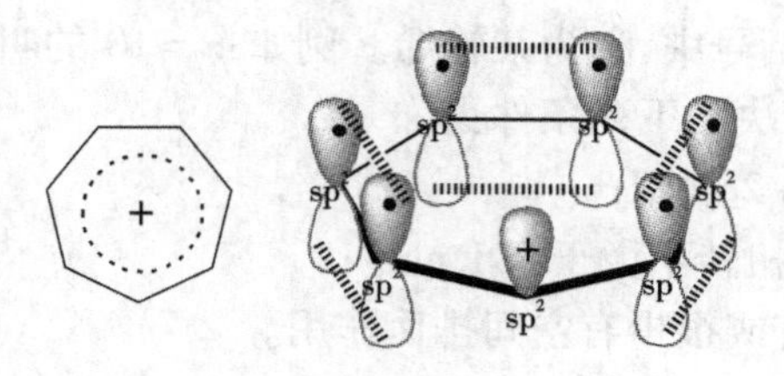

4）环辛四烯双负离子

环辛四烯双负离子具有平面结构，π 电子数为 10，符合休克尔规则（$n=2$），因此，具有芳香性。

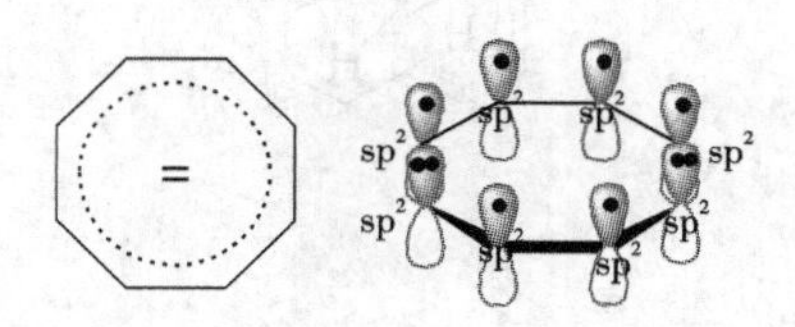

2. 薁

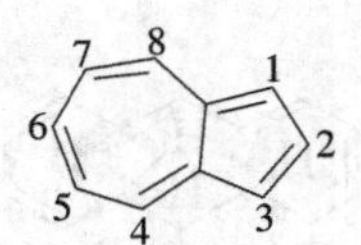


薁为天蓝色片状固体，熔点为 90 ℃，含有 10 个 π 电子，成环碳原子都在一个平面，是共轭体系，有芳香性。薁有明显的极性，它是一个五元环的环戊二烯和七元环的环庚三烯稠合而成的。其中五元环是负性的，七元环是正性的，可表示如下：

薁有明显的芳香性，表现为能起亲电取代反应。例如，薁能起酰基化反应，取代基进入 1，3 位：

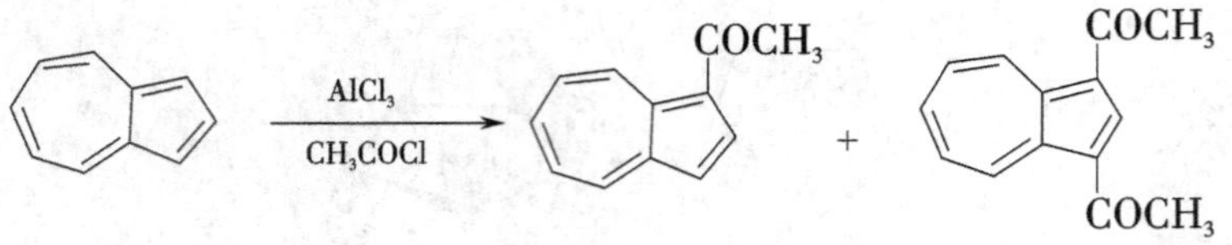

AlCl$_3$ / CH$_3$COCl → 1-COCH$_3$ 薁 + 1,3-(COCH$_3$)$_2$ 薁

薁的衍生物如1,4-二甲基-7-异丙基薁存在于香精中,若含有万分之一,就显蓝色,它又叫愈创蓝油烃,是治疗烧伤、烫伤和冻疮的药物。

3. 轮烯

具有交替的单双键的单环多烯烃,通称为轮烯。轮烯的分子式为$(CH)_x$,其中$x \geqslant 10$。命名时将碳原子数放在方括号中,称为某轮烯。例如:$x=10$的叫[10]轮烯。

轮烯是否有芳香性,取决于下列条件:

(1)π电子数符合$4n+2$规则;

(2)碳环共平面(平面扭转不大于0.1 nm);

(3)轮内氢原子间没有或很少有空间排斥作用。

1)[10]轮烯

π电子数符合$4n+2$规则,等于10,$n=2$。但由于轮内氢原子间的斥力大,使环发生扭转,不能共平面,故无芳香性。

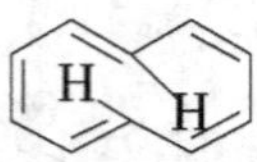

2)[14]轮烯

π电子数等于14,$n=3$。但由于轮内氢原子间的斥力大,使环发生扭转,不能共平面,故无芳香性。

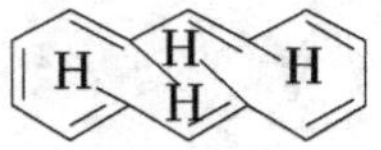

3)[18]轮烯

18个π电子,符合$4n+2$规则。经X射线衍射,环中碳碳键长几乎相等。整个分子基本处于同一平面上,说明轮烯内氢原子的排斥力是很微弱的,具有一定的芳香性。[18]轮烯受热至230 ℃仍然稳定,可发生溴代、硝化等反应,足可见其芳香性。

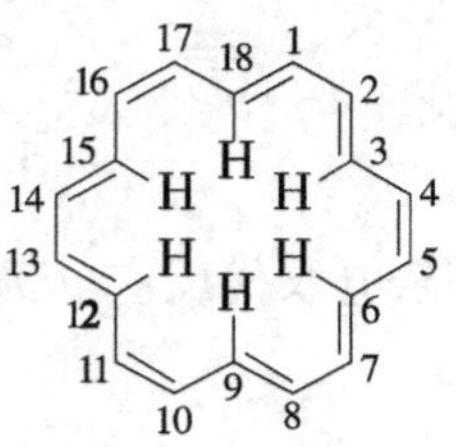

[22]和[26]轮烯具有芳香性。[26]轮烯是目前知道的最大的芳香性轮烯。

4. 杂环化合物

此类化合物参与成环的原子除碳原子之外，还有其他元素的原子。一般把除了碳原子以外的成环原子叫杂原子。常见的杂原子有氧、硫和氮原子。例如：

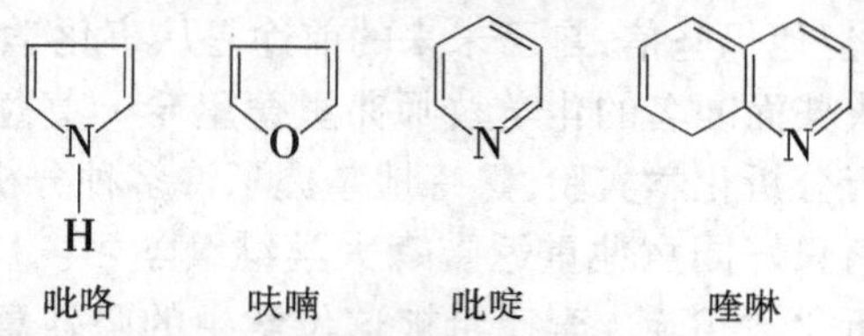


上述杂环化合物都符合休克尔规则，故都有芳香性。

**问题 3－10** 指出下列化合物中哪些有芳香性：

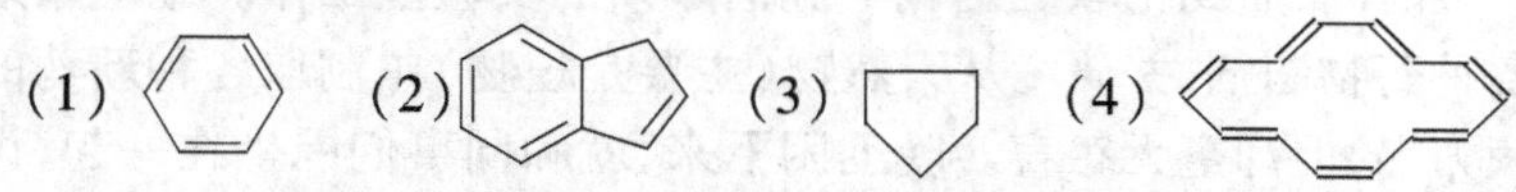


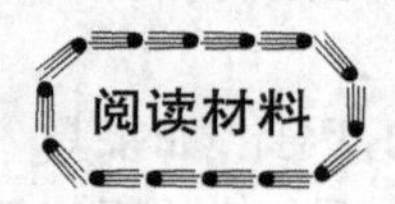


## 凯库勒

凯库勒（Friedrich A. Kekule，1829—1896），德国有机化学家，主要研究有机化合物的结构理论。他在梦中发现了苯的结构简式，成为化学史上一大美谈。

凯库勒 1829 年出生于德国的达姆斯塔德市，从小热爱建筑，立志长大后要当一名优秀的建筑大师。18 岁时，他以优异的成绩考入了吉森大学。这是德国当时最为著名的一所大学，校园美丽、学风淳朴，更为值得骄傲的是，这所大学还拥有一批知名度极高的教授，而且，允许学生不受专业的限制，自由选择他们喜爱的教授。

凯库勒在上大学前，就为达姆斯塔德设计了三栋房子。初露锋芒的他深信自己有建筑的天赋。因此，进入吉森大学后，他毫不犹豫地选择了建筑专业，并以惊人的速度很快修完了几何学、数学、制图和绘画等十几门专业必修课。

在他正准备扬起自己的理想风帆时，一个偶然的事件，却改变了他的人生道路。这就是赫尔利茨伯爵夫人的案件。此案开庭审理时，凯库勒参加了旁听。在黑森法庭，他见到了本案的真正的判决者——大名鼎鼎的李比希教授。教授手里拿着一枚戒指。这是一枚价值连城的宝石戒指，上面镶着两条缠在一起的金属蛇，一条是赤金的，一条是白金的，看上去精美绝伦。李比希教授测定了金属的成分，然后缓缓地站起身来面对着台下急不可耐的听众，用一种平和而又坚定的语气说道："白色是金属铂，即所谓'白金'。现在伯爵夫人侍仆的罪行是明显的，因为白金从 1819 年起才用于首饰业中，而他却硬说这个戒指从 1805 年就到了他手中。"清晰的逻辑分析、确凿的实验结论，使罪犯终于供认了盗窃戒指的事实。该案件的审理使凯库勒对这位知名教授产生了一种由衷的敬佩之情。

其实，凯库勒在吉森大学早就听说过李比希教授的大名，同学们也多次劝说他听听这位教授的化学课，但他对化学毫无兴趣，不愿将时间花费在自己不愿做的事情上，因此，他对这位教授的了解仅限于道听途说。这次偶然的接触，使凯库勒一改初衷，他决定去听听李比希教授的化学课。课堂上，李比希教授那轻松的神态、幽默的语言、广博的知识把凯库勒带入了一个全新的世界，这个世界像梦一般美，强烈地吸引着凯库勒，使他产生了极大的兴趣。自此，凯库勒常去听李比希的化学课，渐渐地他对化学研究着了魔。不久，凯库勒放弃了建筑学，立志转学化学。此举遭到了亲人们的坚决反对，为此，他曾一度被迫转入达姆施塔特市的高等工艺学校求学。但他仍坚信，自己未来的前途是从事化学，别无他路。进入工艺学校不久，他就同因发明磷火柴而闻名的化学教师弗里德里希·莫登豪尔接近起来。凯库勒在这位老师的指导下，进行分析化学实验，熟练地掌握了许多种分析方法。当亲人们了解到凯库勒决心不放弃化学时，只好同意他重返吉森大学继续学习。1849 年秋天，他回到了李比希实验室，继续进行分析化学实验。李比希被这位学生的坚强意志深深地感动了。在他的指引下，凯库勒从此走上了研究化学的道路。

1852 年 6 月，凯库勒获得化学博士学位。经李比希介绍，凯库勒到阿道夫·冯·普兰特的私人实验室工作过一段时间，后到伦敦的约翰·施但豪斯的实验室工作。施但豪斯实验室的主要任务是分析各种药物制剂，并研究从天然物（主要是植物）中制取各种新药的方法。凯库勒每天累得精疲力竭，但却毫无怨言。晚上闲下来，就和同事们围坐在一起，讨论有机化学中的理论问题和哲学问题，像“化合价”“原子量”“分子”等概念，都是他们多次争论的话题。

凯库勒对原子价问题特别关注。他反复设想着，二价的硫和氧是一样的，因此，如果具备适当的条件，某些含氧有机化合物分子中的氧原子应该能被硫原子所取代，不久他的想法果然得到了实验证明，由此凯库勒认为原子的“化合价”概念可以作为新理论的基础。原子之间是按照某种简单的规律化合的。他把元素的原子设想为一个个极小的球，它们之间的差别只是大小不同而已。每当他闭上眼睛，就仿佛清晰地看到了这些小球在不停地运动着。当它们相互接近时，就彼此化合在一起。在施但豪斯的实验室里，紧张而单调的工作几乎占据了凯库勒的全部时间，他的许多科学思想、新的假说都无暇去深入思考和进行实验验证。因此，他渴望回到德国去，即使在某大学当个讲师，也可以有进行自己科研工作的时间。

1855 年春天，凯库勒离英回国。他先后访问了柏林、吉森、葛廷根和海德堡等城市的一些大学，但令他失望的是，这么多地方都未能为他提供一份合适的工作。于是，他决定在海德堡以副教授的身份私人开课。他的这个想法得到了海德堡大学化学教授罗伯特·本生的支持。凯库勒租了一套房子，把其中的一间作为教室，一间改装成实验室。经济上完全由叔父资助。到他这里来听课的人，最初只有 6 人，但没过多久，教室里就座无虚席了。这使凯库勒获得一笔可观的收入。而预约登记到他的实验室来工作的实习生还在与日俱增。他一边讲课，一边带实习生做实验，并用所有的空闲时间继续自己的研究。主要课题还是在伦敦时开始的有机物的“类型论”和原子的“化合价”。资金虽不充足，但尚可维持研究能不断进行下去。凯库勒用弄到的各种化学试剂合成了许多新物质，研究了它们的性质。他特别集中精力研究了雷酸及其盐类，期望搞清它们的结构。

凯库勒投身化学的时期，正是有机化学成为化学主流的时期。有机化学以前所未有的速度向前发展：化学家们发现了有机化合物大量存在的事实，并人工合成了许多罕见的有机化合物；维勒和李比希提出了基因理论；法国化学家日拉尔建立了“类型论”；等等。这无疑大大丰富了有机化学的知识，但此时的有机化学无论如何也不能和无机化学相比，因为无机化学的研究有道尔顿原子论指导，而有机化学没有。没有理论指导的实践，必然是盲目的、混乱的。为了描述醋酸的结构，人们使用了 19 种表达方式，谁是谁非？化学家们各持己见，互不相让,有机化学界一片混乱。

1859年,已颇有建树的凯库勒担任了根特大学的化学教师。他在根特大学的化学实验室里集中研究有机化合物的主干——碳链问题。自然界中的碳原子,不像其他无机元素那样单个地组成物质分子,而是在碳原子之间形成手拉手似的碳链。短的链有几个碳原子,长的链有成百上千个碳原子。凯库勒通过对醋酸的氯化研究,认识到碳链在化学反应中是不变的、牢固稳定的。紧接着,他又用琥珀酸、富马酸及顺丁烯二酸等有机化合物进行了一系列的实验研究,来印证该观点。不久,凯库勒发表了他对碳链的见解,还提出了有机化合物的结构理论。他以碳四价为核心,建立起碳链结构理论。凯库勒的理论后来经过俄国著名化学家布列特列夫的发展和完善,成为经典的有机化合物结构理论。

日新月异的有机化学,使在根特大学教授系统化学的凯库勒感到传统的教材已经过时,应该重新编写一本有机化学的教科书以适应新的课题的需要。

但是,凯库勒在收集资料过程中深深地感到化学界的混乱。为了提高化学家的理论统一性,他于1859年秋来到了卡尔斯鲁厄。凯库勒此行的目的,是要和化学教授卡尔·魏尔青商讨关于召开世界化学家会议的问题。会议的主要内容,是解决化学家们在化学价、元素符号、原子和分子概念等方面的不同意见。凯库勒的这种想法立即得到世界化学界的响应。

1860年9月3日,第一届世界化学家大会在德国卡尔斯鲁厄城召开,来自十几个国家的150位化学家出席了这次大会。这次会议解决了所有无机化学存在的混乱问题,可以说达到了预期目的。但是作为会议发起人的凯库勒却很不满意,因为在这次会议上占主导地位的是无机化学,他的有机化学结构问题却被大多数人淡忘了。也许是有机化学真像维勒所说的那样是一片狰狞的、可怕的原始森林。

自1861年起,凯库勒编著的《有机化学教程》一书,分册陆续问世。1862年33岁的凯库勒与照明用煤气厂厂长的女儿斯特凡尼娅结了婚。美满的婚姻使凯库勒力量倍增,他以更大的热情投入了工作。可惜幸福时光转瞬即逝,怀孕后妻子的健康状况令人担忧,使凯库勒非常焦虑。结果,由于儿子的诞生,牺牲了妻子的生命。凯库勒沉浸在无限悲痛之中。多少亲朋好友的劝慰,都未能使他从痛苦中解脱。唯有研究工作,使他在紧张中暂时忘却不幸,于是他集中精力研究起苯及其衍生物。

凯库勒关于苯环结构的假说,为有机化学发展史做出了卓越贡献。他早年受到建筑师的训练,具有一定的形象思维能力,善于运用模型方法,把化合物的性能与结构联系起来。他的苦心研究终于有了结果,1864年冬天,他的科学灵感使他获得了重大的突破。他曾记载道:“我坐下来写我的教科书,但工作没有进展,我的思想开小差了。我把椅子转向炉火,打起瞌睡来了。原子又在我眼前跳跃起来,这时较小的基团谦逊地退到后面。我的思想因这类幻觉的不断出现变得更敏锐了,现在能分辨出多种形状的大结构,也能分辨出有时紧密地靠近在一起的长行分子,它在绕动、旋转,像蛇一样地动着。看!那是什么?有一条蛇咬住了自己的尾巴,这个形状虚幻地在我的眼前旋转着。像是电光一闪,我醒了。我花了这一夜的剩余时间,做出了这个假想。”凯库勒首次满意地写出了苯的结构式,指出芳香族化合物的结构含有封闭的碳原子环,它不同于具有开链结构的脂肪族化合物。

苯环结构的诞生是有机化学发展史上的一块里程碑,凯库勒认为苯环中六个碳原子是由单键与双键交替相连的,以保持碳原子为四价。1866年,他画出一个单、双键的空间模型,与现代结构式完全等价。

作为一个杰出的科学家，凯库勒的成就得到了全世界的普遍公认。许多国家的科学院曾选他为名誉院士。他的意见不仅受到科学家的重视，而且也常为工业家们所采纳，成为19世纪以来有机化学界的真正权威。

## 习 题

### 一、选择题

1. 苯的烷基同系物分子式符合(　　)。

A. $C_nH_{2n-6}$　B. $C_nH_{2n+2}$　C. $C_nH_{2n-2}$　D. $C_nH_{2n-4}$

2. 邻甲基乙苯在酸性 $KMnO_4$溶液作用下主要产物是(　　)。

A. 邻甲基苯甲酸　B. 邻苯二甲酸　C. 邻甲基苯乙酸　D. 邻乙基苯甲酸

3. 鉴别苯、甲苯、1－丁炔、苯乙烯应选择的试剂是(　　)。

A. 高锰酸钾、溴　B. 浓硫酸、浓硝酸

C. 催化加氢　D. 硝酸银氨溶液、溴水、高锰酸钾

4. 下列化合物中不能被酸性 $KMnO_4$溶液作用氧化成苯甲酸的是(　　)。

A. 甲苯　B. 乙苯　C. 叔丁苯　D. 环己基苯

5. 苯环上含有下列取代基时，最易发生硝化反应的是(　　)。

A. $—NO_2$　B. —OH　C. —COOH　D. $—CH_3$

6. 用苯制取间硝基苯甲酸，发生反应的顺序为(　　)。

A. 氧化、硝化、甲基化　B. 甲基化、氧化、硝化

C. 硝化、氧化、甲基化　D. 氧化、甲基化、硝化

7. 连接下列基团能使苯环钝化的是(　　)。

A. $—NH_2$　B. —COOH　C. —Cl　D. —OH

8. 下列试剂中既能使溴水褪色，又能使酸性高锰酸钾溶液褪色的是(　　)。

A. 1－丁烯　B. 甲苯　C. 苯　D. 己烷

9. 用苯与烷基化试剂反应制取乙苯，下列试剂中不合适的是(　　)。

A. $CH_2{=\!=}CH_2$　B. $CH_3CH_2OH$　C. $CH_3CHO$　D. $CH_3CH_2Br$

10. 在铁的催化作用下，苯与溴反应生成溴苯，这一反应属于(　　)。

A. 氧化反应　B. 加成反应　C. 还原反应　D. 取代反应

11. 下列化合物中进行硝化反应最容易的是(　　)。

A. 苯　B. 硝基苯　C. 甲苯　D. 氯苯

12. 能用来区别苯和乙苯的试剂是(　　)。

A. 酸性高锰酸钾溶液　B. 硝酸　C. 溴水　D. 硫酸

13. 在下列有机物中，能跟溴水发生加成反应，又能被酸性高锰酸钾溶液氧化的是(　　)。

A. 乙炔　B. 苯　C. 甲苯　D. 乙烷

14. 能用酸性高锰酸钾溶液鉴别的一组物质是(　　)。

A. 乙烯、乙炔　B. 苯、己烷　C. 苯、甲苯　D. 己烷、环己烷

15. 分子式为 $C_8H_{10}$的芳烃的同分异构体有(　　)种。

A. 1　　B. 2　　C. 3　　D. 4

16. 下列各组物质不属于同系物的是(　　)。

A. 苯与甲苯　　B. 乙烷和十五烷　　C. 苯与萘　　D. 己烯和2－戊烯

17. 区别乙烯和正己烷可以用的试剂或方法是(　　)。

A. $FeCl_3$　　B. $[Ag(NH_3)_2]^+$　　C. $KMnO_4$　　D. 点燃

18. 与苯不是同系物,但属于芳香烃的有(　　)。

A. 甲苯　　B. 苯　　C. 苯并呋喃　　D. 蒽

19. 下列化合物在常温下能使溴水褪色的是(　　)。

A. 苯　　B. 环己烷　　C. 甲苯　　D. 环丙烷

## 二、填空题

1. 苯分子中碳原子为________杂化,杂化轨道与其他原子的原子轨道形成3个________键。______轨道可以"肩并肩"互相重叠形成______键。

2. 芳香烃的芳香性通常指________、________、________。

3. 苯与卤素反应生成卤代苯的催化剂常用__________,发生傅－克反应的催化剂常用__________。

4. 分子式为$C_7H_8$的芳香烃,其中1个氢原子被氯原子取代,生成的化合物的同分异构体共______种,其结构简式为____________。

5. 甲苯跟硝酸、浓硫酸的混合酸发生__________反应,可以制得__________(写名称)。

6. 某烃可以使高锰酸钾溶液褪色,则该烃可能是__________。若该烃的分子式为$C_8H_{10}$,则该烃属于________烃,是________的同系物,该烃可能具有的同分异构体的结构简式分别是__________。

7. 苯____与常用的强氧化剂发生化学反应,但苯的同系物可被强氧化剂氧化为________。

8. 苯及其他单环芳烃的化学性质____________,易发生__________反应,难发生________和______反应。

9. 各举三个例:邻、对位定位基__________,间位定位基__________。

10. 稠环芳香烃是指含有________个或________个苯环,并且苯环共用________个________碳原子结合而成的芳香烃。

## 三、简答题

1. 命名下列化合物:

(1) 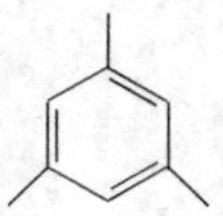　　(2) 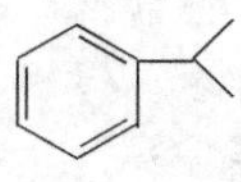　　(3) 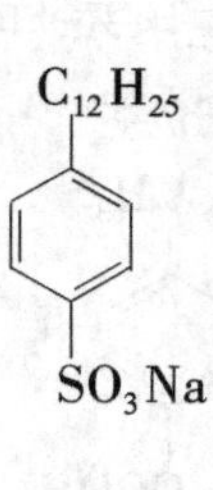 $C_{12}H_{25}$ / $SO_3Na$

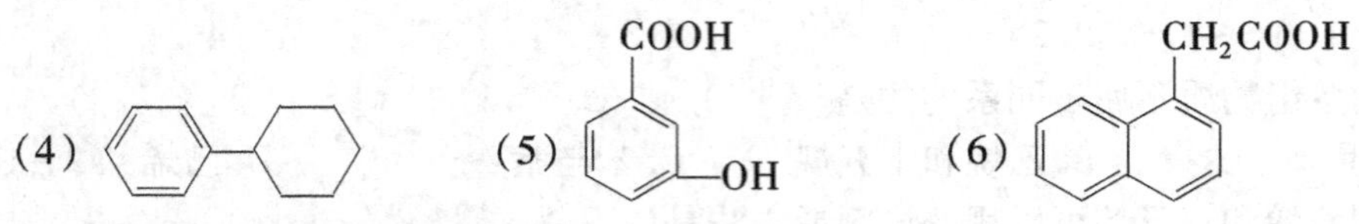


2. 写出下列反应物的构造式：

(1) $C_8H_{10} \xrightarrow[H^+]{KMnO_4}$ $C_6H_5$—COOH

(2) $C_9H_{12} \xrightarrow[H^+]{KMnO_4}$ $C_6H_5$—COOH

(3) $C_8H_{10} \xrightarrow[H^+]{KMnO_4}$ HOOC—$C_6H_4$—COOH

(4) $C_9H_{12} \xrightarrow[H^+]{KMnO_4}$ HOOC, COOH（间苯二甲酸）

3. 写出下列反应的主要产物的构造式和名称：

(1) $C_6H_6 + CH_3CH_2CH_2CH_2Cl \xrightarrow[100\ ℃]{AlCl_3}$

(2) $m-C_6H_4(CH_3)_2 + (CH_3)_3CCl \xrightarrow[100\ ℃]{AlCl_3}$

(3) $C_6H_6 + CH_3CHClCH_3 \xrightarrow{AlCl_3}$

4. 试利用傅－克烷基化反应的可逆性，由甲苯制取1,2,3－三甲苯。

5. 将下列化合物进行一次硝化，试用箭头表示硝基进入的位置（指主要产物）。

$CH_3$, $NO_2$；NHCOCH₃, $NO_2$；$SO_3H$, Br；Cl, $NO_2$

Cl, OH；COOH, $CH_3$；$CH_3$, OH；$COCH_3$, COOH

6. 比较下列各组化合物进行硝化反应时的难易。

(1) 苯、1,2,3－三甲苯、甲苯和间二甲苯

(2) 苯、硝基苯和甲苯

(3) COOH/COOH ， $CH_3$/COOH ， COOH 和 $CH_3$

(4) $NO_2$-苯，$CH_2NO_2$-苯 和 $CH_2CH_3$-苯

7. 以甲苯为原料合成下列各化合物，请提供合理的合成路线。

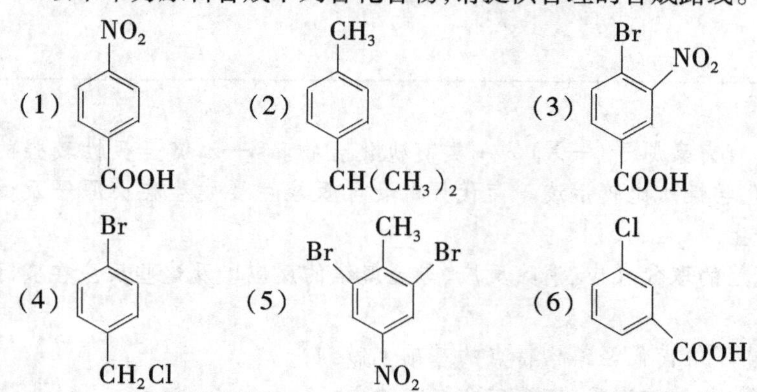


8. 甲、乙、丙三种芳烃分子式同为 $C_9H_{12}$，氧化时甲得一元羧酸，乙得二元酸，丙得三元酸。但经硝化时甲和乙分别得到两种一硝基化合物，而丙只得一种一硝基化合物，求甲、乙、丙三者的结构。

9. 分子式为 $C_9H_{12}$ 的芳烃 A，以高锰酸钾氧化后得二元羧酸。将 A 进行硝化，只得到两种一硝基产物。试推测 A 的结构，并用反应式加简要说明表示推断过程。

10. 化合物 A 分子式为 $C_{16}H_{16}$，能使 $Br_2/CCl_4$ 及冷的稀 $KMnO_4$ 溶液褪色。在温和条件下催化加氢，A 能与等物质的量的氢加成。用热的 $KMnO_4$ 氧化时，A 仅能生成一种二元 $C_6H_4(COOH)_2$，其一硝化取代物只有一种，A 与 $Br_2$ 加成生成物为内消旋体，推测 A 的结构式。

11. 下列化合物有无芳香性，为什么？

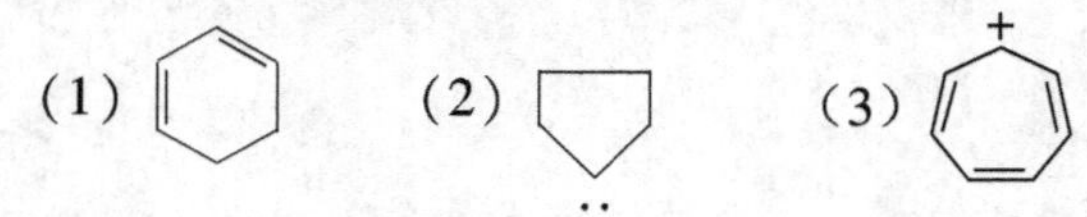


12. 用休克尔规则说明环辛四烯二价负离子在结构和性质上的差异。

13. 以乙烷、乙烯、乙炔、苯和萘为例子，列表比较烷、烯、炔和芳烃几类化合物的结构和性质。

# 第四章 卤代烃

**学习指南**

卤代烃是分子中含有卤素原子(—X)的一类有机化合物。C—X 键是极性较强的共价键,因此卤代烃的化学性质比较活泼。卤代烃的化学反应主要发生在卤原子及受卤原子影响的 $\beta$ 氢原子上。

本章重点介绍卤代烃的取代反应、消除反应、与金属镁的反应以及这些反应在实际中的应用。

学习本章内容,应在了解卤代烃结构特点的基础上做到:

1. 了解卤代烃的分类和异构现象,掌握其命名方法;
2. 了解卤代烃的物理性质及其变化规律;
3. 掌握卤代烃的化学反应及其应用,掌握卤代烃的鉴别方法;
4. 了解重要的卤代烃的工业制法、工艺条件及其在生产、生活中的实际应用。

## 第一节 卤代烃的分类、异构及命名

**卤代烃是烃类分子中一个或者多个氢原子被卤原子取代后所生成的化合物,一般用 RX 来表示,其中卤素原子是卤代烃的官能团。**

卤代烃的性质比较活泼,能发生多种化学反应而转变成其他各类化合物,所以卤代烃是一类重要的有机化合物。

### 一、卤代烃的分类及异构

1. 卤代烃的分类

根据卤代烃分子中所含卤素原子的不同,卤代烃可分为氟代烃、氯代烃、溴代烃和碘代烃。例如:

| $CH_3CH_2F$ | $CH_2Cl_2$ | $CH_3CH_2Br$ | $CH_3I$ |
|---|---|---|---|
| 氟代烃 | 氯代烃 | 溴代烃 | 碘代烃 |

根据卤代烃分子中所含卤原子的多少,卤代烃又可分为一元卤代烃、二元卤代烃和多元卤代烃。例如:$CH_3CH_2Br$,$CH_2Br—CH_2Br$,$CHI_3$,$CCl_4$ 等。

根据卤代烃分子中烃基结构的不同,卤代烃可分为饱和卤代烃、不饱和卤代烃和卤代芳烃等。例如:

卤代烷烃　$R—CH_2—X$

卤代烯烃　$R—CH═CH—X$　　乙烯式

$R—CH═CH—CH_2—X$　　烯丙式

$R—CH═CH(CH_2)_n—X$　$(n\geqslant 2)$　孤立式

卤代芳烃　　(苯环)—X　　乙烯式

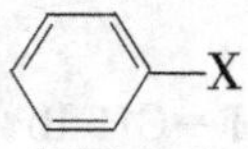

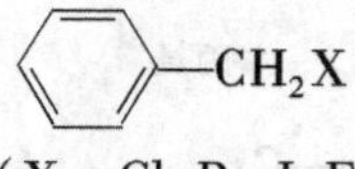

(苯环)—$CH_2X$　　烯丙式

$(X = Cl、Br、I、F)$

按照与卤素原子相连的碳原子类型不同，卤代烃可分为伯卤代烃（一级卤代烃）$RCH_2X$、仲卤代烃（二级卤代烃）$R_2CHX$ 和叔卤代烃（三级卤代烃）$R_3CX$。

卤代烃在我们生活中有着广泛的应用，二氯甲烷、氯仿、四氯化碳是常用的有机溶剂，三氯乙烯（$ClCH=CCl_2$）是一种很好的干洗剂，六六六、DDT 是杀虫剂，许多卤代烃是有机合成的中间体。

绝大多数的卤代烃是人工合成的，自然界中卤代烃存在甚少，甲状腺素是存在于人体中的含碘有机物。

2. 卤代烃的同分异构

卤代烷的同分异构体的数目比相应的烷烃的异构体要多。碳原子数目相同的卤代烷，可因碳链构造和卤原子位置不同而产生异构体。甲烷和乙烷分子中所有的氢原子是等同的，它们的一卤代物只有一种。丙烷分子有两种不同的氢原子，一卤代丙烷就有两种异构体：$CH_3CH_2CH_2Cl$ 和 $CH_3CHClCH_3$。一氯丁烷有四种同分异构体：$CH_3CH_2CH_2CH_2Cl$、$CH_3CHClCH_2CH_3$、$(CH_3)_2CHCH_2Cl$ 和 $(CH_3)_3CCl$。

**问题4-1**　写出分子式为 $C_5H_{11}Br$ 的同分异构体的构造式，并指出一级、二级和三级卤代物。

## 二、卤代烃的命名

结构比较简单的卤代烃用普通命名法命名，以烃为母体，卤素为取代基命名。也可以按照与卤原子相连的烃基的名称来命名，称为卤代某烃或某基卤。某些多卤代烃常用俗名。例如：

| | | | |
|---|---|---|---|
| $(CH_3)_2CHBr$ | 溴代异丙烷（异丙基溴） | $C_6H_5CH_2Cl$ | 氯代苄（苄基氯） |
| $CH_2=CHCH_2Cl$ | 烯丙基氯 | $CH_3CH=CH—Br$ | 丙烯基溴 |
| $(CH_3)_3CCl$ | 叔丁基氯 | $CHI_3$　碘仿 | $CHCl_3$　氯仿 |

较复杂的卤代烃按系统命名法命名。卤代烷以含有卤原子的最长碳链作为主链，根据主链的碳原子数称为“某烷”，从靠近取代基的一端将主链碳原子依次编号。将卤原子或其他支链作为取代基。命名时，取代基的先后顺序按“次序规则”，较优的原子或基团在后列出。例如：

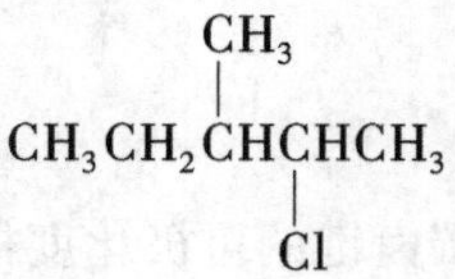

$CH_3CH_2CH(CH_3)CH(Cl)CH_3$　　3-甲基-2-氯戊烷

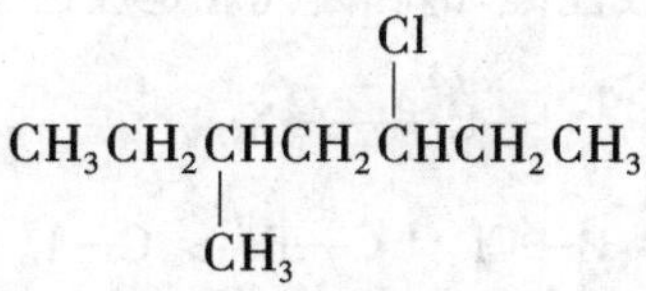

$CH_3CH_2CH(CH_3)CH_2CH(Cl)CH_2CH_3$　　3-甲基-5-氯庚烷

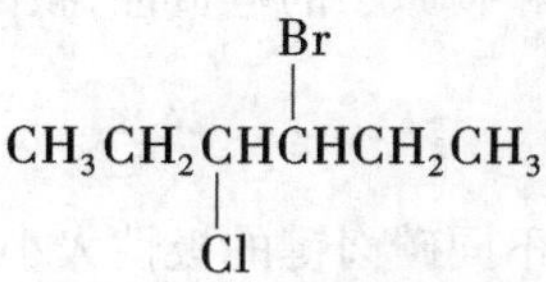

$CH_3CH_2CH(Cl)CH(Br)CH_2CH_3$　　3-氯-4-溴己烷

卤代烯烃命名，选含双键的最长碳链为主链，以双键的位次最小为原则进行编号。以烯烃为母体，将卤素作为取代基。

$CH_3—CH=CClCH_3$ 2-氯-2-丁烯

$CH_2=CH—CH_2Br$ 3-溴丙烯

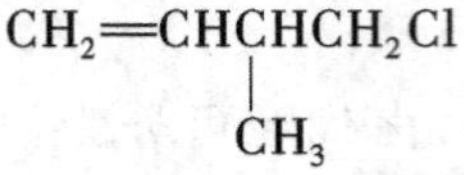

$CH_2=CHCH(CH_3)CH_2Cl$ 3-甲基-4-氯-1-丁烯

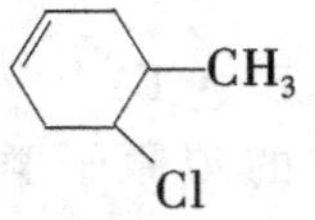

4-甲基-5-氯环己烯

卤代芳烃，则以芳烃为母体，卤原子为取代基来命名；多卤代烃则按 F,Cl,Br,I 的顺序命名。例如：

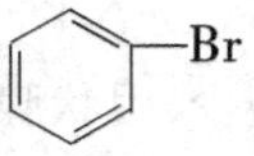

溴苯 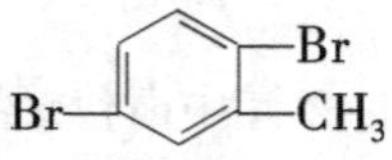　　2,5-二溴甲苯 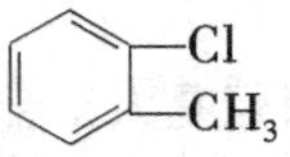　　2-氯甲苯

侧链卤代芳烃，常以烷烃为母体，卤原子和芳环作为取代基。

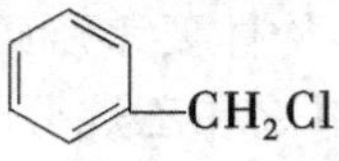

$C_6H_5—CH_2Cl$ 苯氯甲烷

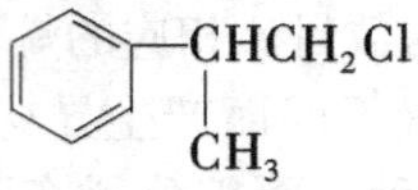

$C_6H_5—CH(CH_3)CH_2Cl$ 2-苯基-1-氯丙烷

卤代环烷则一般以脂环烃为母体命名，卤原子及支链都看作它的取代基。较小的(原子序数小的)基团编号最小。

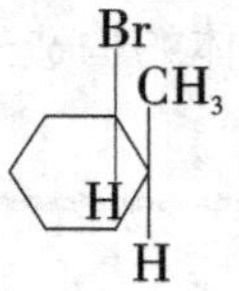

顺-1-甲基-2-溴环己烷

---

**问题 4-2**　写出符合下列名称的结构式：

(1)异丙基氯　　(2)2-甲基-3-氯-1-戊烯

(3)2-甲基-2-氯丁烷　(4)2,4-二溴甲苯

**问题 4-3**　写出 $C_4H_9Cl$ 和 $C_4H_7Br$ 的同分异构体的结构式，用系统命名法命名，并指出其中的卤代烃类型。

---

## 三、卤代烃的结构

饱和卤代烃分子中，$sp^3$ 杂化碳原子与卤原子以共价键相结合，由于卤原子的电负性大于饱和碳原子的电负性，碳卤键是极性键，饱和卤代烃是极性分子。

$$\overset{\delta^+}{C} \longrightarrow \overset{\delta^-}{X}$$

不同碳卤键的极性大小次序为：C—Cl > C—Br > C—I。不同碳卤键的可极化度根据卤原子变形性的大小可推断为：C—I > C—Br > C—Cl。碳卤键的 σ 电子偏向卤原子，使碳原子表现出缺电子的特征，易被亲核试剂进攻发生取代反应。

不饱和碳原子与卤素原子直接相连的卤乙烯型及卤苯型不饱和卤烃结构特征为

$$-\underset{|}{C}=\underset{|}{C}\longrightarrow\underset{..}{\ddot{X}}:$$

卤原子 p 轨道中的孤对电子与相邻 π 键之间存在 p－π 共轭效应，电子离域的结果是电子的密度降低，碳卤键键长缩短，键的解离能增大，偶极矩减小，从而导致不饱和卤代烃的化学活性降低，卤原子不易被亲核试剂取代，卤乙烯型亲电加成反应活性和卤苯芳环亲电取代反应活性下降。

## 第二节　卤代烃的性质

### 一、卤代烃的物理性质

1. 状态

在室温下，低级的卤代烷多为气体和液体。含 1～3 个碳原子的一氟代烷，含 1～2 个碳原子的氯代烷和溴甲烷为气体，其余的一卤代烷为液体。15 个碳原子以上的高级卤代烷为固体。

2. 沸点

卤代烃的沸点比同碳原子数的烃高。在烃基相同的卤代烃中，氯代烃沸点最低，碘代烃沸点最高。在卤素相同的卤代烃中，随烃基碳原子数的增加，沸点升高。在卤素相同的各异构体中，直链异构体沸点最高；支链越多，沸点越低。

3. 相对密度

一氯代脂肪烃的相对密度小于 1，其他氯代烃、溴代烃、碘代烃以及多卤代烃的相对密度都大于 1。相同烃基的卤代烃，氯代烃相对密度最小，碘代烃相对密度最大。在卤素相同的卤代烃中，随烃基分子量增大，相对密度降低。

4. 水溶性

卤代烃虽然有一定的极性，但由于它们不能和水形成氢键，所以卤代烃均不溶于水，而溶于烃、醇、醚等有机溶剂。有些卤代烃本身就是良好的有机溶剂，如二氯甲烷、三氯甲烷和四氯化碳等。

5. 毒性

卤代烃的蒸气有毒，应尽量避免吸入体内。

一些常见卤代烷的物理常数见表 4－1。

**表 4－1　卤代烷的物理常数**

| 烷基名称（或卤代烷名称） | 氯化物 | | 溴化物 | | 碘化物 | |
|---|---|---|---|---|---|---|
| | 沸点/℃ | 相对密度 | 沸点/℃ | 相对密度 | 沸点/℃ | 相对密度 |
| 甲基 | －24.2 | 0.916 | 3.5 | 1.676 | 42.4 | 2.279 |
| 乙基 | 12.3 | 0.898 | 38.4 | 1.46 | 72.3 | 1.936 |
| 正丙基 | 46.6 | 0.891 | 71 | 1.354 | 102.5 | 1.749 |

续表

| 烷基名称（或卤代烷名称） | 氯化物 | | 溴化物 | | 碘化物 | |
|---|---|---|---|---|---|---|
| | 沸点/℃ | 相对密度 | 沸点/℃ | 相对密度 | 沸点/℃ | 相对密度 |
| 异丙基 | 35.7 | 0.862 | 59.4 | 1.314 | 89.5 | 1.703 |
| 正丁基 | 78.5 | 0.886 | 101.6 | 1.276 | 130.5 | 1.615 |
| 仲丁基 | 63.3 | 0.873 | 91.2 | 1.259 | 120 | 1.592 |
| 异丁基 | 68.9 | 0.875 | 91.5 | 1.261 | 120.4 | 1.605 |
| 叔丁基 | 52 | 0.842 | 73.3 | 1.221 | 100 | 1.545 |
| 二卤甲烷 | 40 | 1.335 | 97 | 2.492 | 181 | 3.325 |
| 1,2-二卤乙烷 | 83.5 | 1.256 | 131 | 2.18 | 分解 | 2.13 |
| 三卤甲烷 | 61.2 | 1.492 | 149.5 | 2.89 | 升华 | 4.008 |
| 四卤甲烷 | 76.8 | 1.594 | 189.5 | 3.27 | 升华 | 4.5 |

**问题4-4** 将下列化合物按沸点从高到低的顺序排列：

(1)1-氯丁烷 (2)2-氯丁烷 (3)2-甲基-2-氯丙烷

(4)1-氯丙烷 (5)1-氯戊烷

## 二、卤代烃的化学性质

卤代烃的主要化学性质是由官能团卤素原子决定的。由于卤素的电负性较大，C—X键是极性共价键，因此，卤代烃的化学性质主要表现为C—X键的断裂反应。

$$\overset{\delta^+}{\text{—C}}\rightarrow\overset{\delta^-}{\text{X}}$$

碳卤键是极性较大的化学键，因此卤代烃的化学性质比较活泼。在不同试剂作用下，碳卤键断裂，生成一系列的化合物。

### (一)取代反应

1. 水解反应

卤代烃与氢氧化钠（或氢氧化钾）的水溶液共热，卤原子被羟基取代生成醇。例如：

$$RX + H_2O \underset{\triangle}{\overset{NaOH}{\rightleftharpoons}} ROH + NaX$$

卤代烃水解反应是可逆反应，而且反应速度很慢。为了提高产率和增加反应速度，常常将卤代烷与氢氧化钠的水溶液共热，使水解反应能顺利进行。

通常卤代烷是由相应的醇制得的，因此该反应只适用于制备少数结构较复杂的醇。

2. 氰解反应

卤代烷和氰化钠（或氰化钾）在醇溶液中反应生成腈。

$$RX + NaCN \underset{\triangle}{\overset{醇}{\rightleftharpoons}} RCN + NaX$$

氰基经水解可以生成羧基(—COOH)，可以制备羧酸及其衍生物，也是增长碳链的一种方法。

$$C_6H_5-CH_2Br + NaCN \xrightarrow{醇} C_6H_5-CH_2CN + NaBr$$

$$C_6H_5-CH_2CN \xrightarrow[H_2O]{HCl} C_6H_5-CH_2COOH$$

$$C_6H_5-CH_2CN \xrightarrow{LiAlH_4} C_6H_5-CH_2CONH_2$$

3. 氨解反应

卤代烷与氨在乙醇溶液中共热时，发生氨解反应，卤原子被氨基（$-NH_2$）取代生成胺。这是工业上制取伯胺的方法之一。

$$R-X + H-NH_2 \xrightarrow[\triangle]{乙醇} RNH_2 + NH_4X$$

例如，1－溴丁烷与过量的氨反应生成正丁胺：

$$CH_3CH_2CH_2CH_2Br + NH_3 \xrightarrow[\triangle]{乙醇} CH_3CH_2CH_2CH_2NH_2 + NH_4Br$$

正丁胺为无色透明液体，有氨的气味。其可用作裂化汽油防胶剂、石油产品添加剂、彩色相片显影剂，还可用于合成杀虫剂、乳化剂及治疗糖尿病的药物等。

4. 醇解反应

卤代烷与醇钠在相应的醇溶液中发生醇解反应，卤原子被烷氧基（$-OR$）取代生成醚。此反应称为威廉森合成法，是制备混醚的最好方法。

$$RX + NaOR' \underset{\triangle}{\overset{R'OH}{\rightleftharpoons}} ROR' + NaX$$

例如，工业上用溴甲烷与叔丁醇钠反应制取甲基叔丁基醚：

$$CH_3Br + NaOC(CH_3)_2CH_3 \longrightarrow CH_3OC(CH_3)_2CH_3 + NaBr$$

甲基叔丁基醚为无色液体，是一种高辛烷值汽油调和剂，可代替有毒的四乙基铅，对直馏汽油、催化裂化汽油、宽馏分重整汽油和烷基化汽油均有良好的调和效应。研究发现，甲基叔丁基醚会对地下水造成不可逆污染（自然条件下很难降解），使水有难喝的味道，危害人体健康。

5. 与硝酸银的醇溶液反应

卤代烷与硝酸银在醇溶液中反应生成硝酸酯，同时析出卤化银沉淀，常用于各类卤代烃的鉴别。

$$R-X + AgNO_3 \longrightarrow \underset{硝酸酯}{R-O-NO_2} + AgX\downarrow$$

$$\left.\begin{matrix} RCH_2X \\ R_2CHX \\ R_3CX \end{matrix}\right\} \xrightarrow[醇]{AgNO_3} AgX\downarrow$$

| | |
|---|---|
| $RCH_2X$：反应速度最慢 | 过 1 h 或加热下才有沉淀 |
| $R_2CHX$：反应速度第二 | 过 3～5 min 产生沉淀 |
| $R_3CX$：反应速度最快 | 立即产生沉淀 |

不同卤代烃与硝酸银的醇溶液的反应活性不同，不同卤代烷的反应活性为

R—I > R—Br > R—Cl

叔卤代烷 > 仲卤代烷 > 伯卤代烷

**这一反应活性的差异可用于鉴别伯、仲、叔三种类型的卤代烷。**

$$\left.\begin{array}{l} CH_3CH_2CH_2CH_2Br \\ CH_3CH_2\underset{\underset{Br}{|}}{CH}CH_3 \\ CH_3-\underset{\underset{Br}{|}}{\overset{\overset{CH_3}{|}}{C}}-CH_3 \end{array}\right\} \xrightarrow[\text{醇}]{AgNO_3} \left\{\begin{array}{l} \text{微热或放置后出现沉淀} \\ \text{常温下，静置 3 ~ 5 min 出现沉淀} \\ \text{常温下，立即产生沉淀} \end{array}\right.$$

另外，烯丙基卤和苄基卤也很活泼，同叔卤代烷一样，与硝酸银的反应速度很快，加入试剂可立即反应。

---

**问题 4 – 5** 用化学方法鉴别下列化合物：

(1)1 – 氯丁烷 (2)2 – 氯丁烷 (3)2 – 甲基 – 2 – 氯丙烷

---

### (二)消除反应

**在一定条件下，从有机物分子中相邻的两个碳原子上脱去卤化氢、氨或水等小分子，生成不饱和化合物的反应叫作消除反应。**

卤代烷与氢氧化钾(钠)的醇溶液共热，分子中脱去一分子卤化氢生成烯烃。

$$RCH_2CH_2Br + NaOH \xrightarrow[\triangle]{\text{乙醇}} RCH=CH_2 + NaBr + H_2O$$

不同结构的卤代烷的消除反应速度如下：

$$3°R—X > 2°R—X > 1°R—X$$

不对称卤代烷在发生消除反应时，可得到两种不同的烯烃。如：

$$RCH_2CHXCH_3 + NaOH \xrightarrow[\triangle]{\text{乙醇}} RCH=CHCH_3 + RCH_2CH=CH_2 + NaX$$

实验表明，**卤代烷脱卤化氢时，主要脱去含氢较少的 $\beta$ – 碳上的氢原子，从而生成含烷基较多的烯烃。这一经验规律叫作查依采夫(Saytzeff)规则。**例如：

$$CH_3CH_2-\underset{\underset{Br}{|}}{\overset{\overset{CH_3}{|}}{C}}-CH_3 \xrightarrow{KOH/\text{乙醇}} \underset{71\%}{CH_3CH=C(CH_3)_2} + \underset{29\%}{CH_3CH_2\underset{\underset{CH_3}{|}}{C}=CH_2}$$

$$CH_3CH_2CH_2-\underset{\underset{Br}{|}}{CH}-CH_3 \xrightarrow{KOH/\text{乙醇}} \underset{69\%}{CH_3CH_2CH=CHCH_3} + \underset{31\%}{CH_3CH_2CH_2CH=CH_2}$$

### (三)与碱金属反应

1. 伍尔兹反应

卤代烷与金属钠反应可制备烷烃,此反应称为伍尔兹反应。

$$2CH_3CH_2Cl + 2Na \longrightarrow CH_3CH_2CH_2CH_3 + 2NaCl$$

2. 格氏试剂反应

在卤代烷的无水乙醚溶液中,加入金属镁条,反应立即发生,生成的溶液叫格氏试剂。一般用 RMgX 表示。

$$RX + Mg \longrightarrow \underset{\text{烷基卤化镁}}{RMgX}$$

$$CH_3CH_2Br + Mg \longrightarrow \underset{\text{乙基溴化镁}}{CH_3CH_2MgBr}$$

格氏试剂是一种很重要的试剂,由于分子内含有极性键,化学性质很活泼,它在有机合成中有广泛的应用。

(1)与含活泼氢的化合物反应制备各种烃类化合物:

$$RMgX \xrightarrow{HX} RH + MgX_2$$

$$RMgX \xrightarrow{H_2O} RH + Mg(OH)X$$

$$RMgX \xrightarrow{R'OH} RH + Mg(OR')X$$

$$RMgX \xrightarrow{NH_3} RH + Mg(NH_2)X$$

(2)与二氧化碳反应制备羧酸:

$$RMgX + CO_2 \longrightarrow RCOOMgX \longrightarrow RCOOH$$

(3)与酰卤、酯反应制备酮,进一步反应得叔醇:

$$RCOCl \xrightarrow[\text{乙醚}]{R'MgX} \xrightarrow{H_2O} R-\overset{\overset{\displaystyle O}{\|}}{C}-R' \xrightarrow[\text{乙醚}]{R'MgX} \xrightarrow{H_2O} R-\underset{\underset{\displaystyle R'}{|}}{\overset{\overset{\displaystyle R'}{|}}{C}}-OH$$

$$RCOOCH_3 \xrightarrow{R'MgX} R-\underset{\underset{\displaystyle R'}{|}}{\overset{\overset{\displaystyle OMgX}{|}}{C}}-OCH_3 \xrightarrow{H_2O} R-\overset{\overset{\displaystyle O}{\|}}{C}-R' \xrightarrow{R'MgX} \xrightarrow{H_2O} R-\underset{\underset{\displaystyle R'}{|}}{\overset{\overset{\displaystyle R'}{|}}{C}}-OH$$

(4)与环氧乙烷反应制备醇:

$$RMgX + \overset{\triangledown}{O} \longrightarrow RCH_2CH_2OH$$

**问题 4-6** 用简便的化学方法鉴别下列化合物:

(1)3-溴环己烯 (2)氯代环己烷 (3)碘代环己烷 (4)甲苯 (5)环己烷

## 第三节　卤代烯烃和卤代芳烃

卤原子取代不饱和烃或芳烃中的氢原子分别生成不饱和卤代烃和芳香族卤代烃。烃基结构对卤代烃的化学性质有很大的影响。

### 一、乙烯型卤代烯烃和卤苯

乙烯型卤代烯烃中最简单的化合物是氯乙烯。在氯乙烯分子中,氯原子的孤对电子所处的3p 轨道和双键中的 π 轨道相互平行发生侧面重叠,形成 p-π 共轭体系。由于 p-π 共轭使氯原子上的 p 轨道电子向碳原子上发生离域,结果使 C—Cl 键之间具有部分双键的性质。C—Cl 键结合得比较牢固,很难断键,氯原子极不活泼。

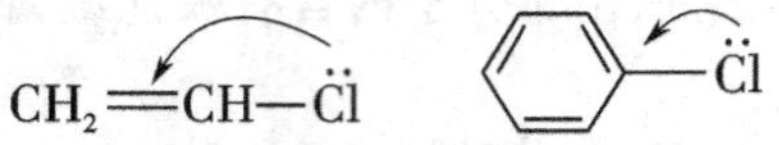

$CH_2=CH-\ddot{Cl}$　　$C_6H_5-\ddot{Cl}$

乙烯卤和芳卤的偶极矩比卤代烷小,其分子中 C—X 键键长比卤代烷短。一般 C—Cl 键长为 0.177 nm,而 $CH_2=CHCl$ 中 C—Cl 键长为 0.172 nm。(C—Cl 键较稳定)造成这些差别的原因,一方面是由于与卤素直接相连的碳原子杂化态不一样,另一方面是由于卤原子上未共用的 p 电子对与双键或苯环上的 π 电子云相互作用,形成 p-π 共轭体系。由于 p-π 共轭的结果,电子云分布趋向平均化,因此 C—Cl 键的偶极矩减小。

$R-CH_2Cl$　　　　$CH_2=CH-Cl$

$sp^3$　　　　$sp^2$

(s 成分较多,电负性较强,C—Cl 电子云密度大)

乙烯型卤代烃的结构特征,表现在化学性质上具有某些特性。乙烯型卤代烃亲电加成反应活性下降,反应取向符合马氏规则。

### 二、烯丙基型卤代烃和苄基型卤代烃

烯丙基型卤代烃和苄基型卤代烃最典型的化合物分别是烯丙基氯和苯氯甲烷。烯丙基型卤代烃和苄基型卤代烃在室温下能与 $AgNO_3$ 的醇溶液迅速反应,生成 AgX 沉淀,说明卤原子很活泼。这是因为它们离解后形成的烯丙基正离子和苄基正离子可以形成 p-π 共轭体系,使正电荷得到分散,具有特殊的稳定性。所以烯丙基型和苄基型卤代烃容易离解形成碳正离子,容易发生取代反应。

### 三、孤立型卤代烃

这类卤代烃又分为伯、仲、叔卤代烃,在进行 $S_N1$ 反应时,由于碳正离子稳定性的原因,反应活性表现为叔卤代烃 > 仲卤代烃 > 伯卤代烃。在进行 $S_N2$ 反应时,反应活性表现为:伯卤代烃 > 仲卤代烃 > 叔卤代烃。这主要是由于烃基的空间位限效应,影响了过渡态的稳定性。

叔卤代烃在室温下能与 $AgNO_3$ 的醇溶液迅速反应,生成 AgX 沉淀,而伯卤代烃和仲卤代烃要加热才能产生沉淀。

综合上述卤代烃的结构和化学活性的关系,用 $AgNO_3$ 的醇溶液和不同烃基的卤代烷作

用，根据卤化银沉淀生成的快慢，可以测得这些卤代烃在进行取代反应时的活性顺序为

$$-\overset{|}{C}=\overset{|}{C}CH_2X,\ C_6H_5-\overset{|}{\underset{|}{C}}X > RX > -\overset{|}{C}=\overset{|}{C}X,\ C_6H_5X$$

## 第四节　重要的卤代烃

### 一、氯乙烷

氯乙烷是带有甜味的气体，沸点是 12.2 ℃，低温时可液化为液体。在工业上用作冷却剂，在有机合成上用以进行乙基化反应。施行小型外科手术时，将氯乙烷用作局部麻醉剂，喷洒在要施行手术的部位，因氯乙烷沸点低，很快蒸发，吸收热量，温度急剧下降，局部暂时失去知觉。

### 二、三氯甲烷

三氯甲烷俗名氯仿，为无色具有甜味的液体，沸点 61 ℃，不能燃烧，也不溶于水。其在工业上用作溶剂，在医药上也曾用作全身麻醉剂，因毒性较大，现已很少使用。

### 三、二氟二氯甲烷

二氟二氯甲烷（$CCl_2F_2$），俗名氟利昂，为无色气体，加压可液化，沸点 -29.8 ℃，不能燃烧，无腐蚀和刺激作用，高浓度时有乙醚气味，但遇火焰或高温金属表面时，放出有毒物质。氟利昂可用作冷冻剂。

### 四、四氟乙烯

四氟乙烯（$CF_2=CF_2$）为无色气体，沸点 -76 ℃，四氟乙烯聚合得到聚四氟乙烯：

$$nCF_2=CF_2 \longrightarrow \left[ CF_2-CF_2 \right]_n$$

聚四氟乙烯化学性能非常稳定，具有良好的耐热、耐寒和延展性，可在 -269 ~ 250 ℃使用，化学性能超过一般塑料，与强酸、强碱、强氧化剂均不发生作用，是化工设备耐腐蚀性的理想材料，有“塑料王”之称。

**阅读材料**

### 维克多·格林尼亚

维克多·格林尼亚，全称弗朗索瓦·奥古斯特·维克多·格林尼亚（Francois Auguste Victor Grignard，1871—1935），法国化学家，因发明格氏试剂与他的同事保罗·萨巴捷一同获得诺贝尔化学奖。

1871 年 5 月 6 日，在法国美丽的海滨小城瑟堡市一位很有名望的造船厂业主的家里，一个名叫维克多·格林尼亚的小男孩出世了。父母看着自己的孩子心里有说不出的高兴。哪个父母不疼爱自己的孩子，更何况家里经济条件又这么好？于是，孩子想要什么就给什么，一切都听命于孩子。夫妻俩以为只要孩子过得痛快就行了，从来不批评和管教孩子。

到了上学的年龄，父母早早就送他去上学，希望他成为一个有知识、有教养的人，而且还请了家庭教师辅导。无奈格林尼亚已经养成了娇生惯养、游手好闲的坏习惯。小学、中学从来就不知道好好学习，当然也没有学到什么知识。更糟糕的是父母管不了，别人也不敢管。又有谁愿意得罪这位财大气粗的主儿呢？父母的宠爱为社会上造就了一个二流子。整个瑟堡市都知道维克多·格林尼亚是有名的纨绔子弟。而他自己还自命不凡，以为在这个城市里，谁都怕他这位了不起的“英雄”呢。

1892年秋，维克多·格林尼亚已经21岁了，他仍然整天无所事事，寻欢作乐。一天，瑟堡市的上流社会又举行舞会，格林尼亚自然不会放过这个机会。似乎这种舞会活动就是专门为他举办的，他可以任意挑选中意的舞伴，尽情地狂舞。在舞场上，他发现坐在对面的一位姑娘美丽端庄，气质非凡，在瑟堡市是很少见到的。不知不觉便动起心来，何不请她共舞呢？格林尼亚很潇洒地走到这位姑娘的面前，微施一躬，习惯地将手一挥，说道：“请您跳舞。”

姑娘端坐不动，似乎颇有心事。格林尼亚近身细语道：“小姐，请您赏光。”姑娘微微转动了一下眼珠，流露出不屑一顾的神态。对格林尼亚的劣迹，这位姑娘早有耳闻，她是不会与这种不学无术的纨绔子弟共舞的。格林尼亚长这么大，还没有碰过这么实实在在的钉子。这当头一棒打得格林尼亚有点不知东南西北了。他气、恼、羞、怒、恨五味俱全，一时竟站在那里不知如何是好。一位好友走上来悄悄耳语道：“这位姑娘是巴黎来的著名的波多丽女伯爵。”格林尼亚不禁倒吸一口凉气，冷汗渗出。他定了定神，重又走上前向波多丽伯爵表示歉意，总得给自己找个台阶下吧。

谁知这位女伯爵早就想教训教训这个无人敢管的二流子了，她并不买格林尼亚的账，只是冷冷地一笑，脸上显出鄙夷的神态，用手指着格林尼亚说：“请快点走开，离我远一点，我最讨厌像你这样不学无术的花花公子挡住了我的视线！”

被人宠坏了的格林尼亚此时已无地自容，他的威风、傲气、蛮霸一扫而空。在瑟堡市称雄称霸多年的格林尼亚被波多丽女伯爵三言两语打得落花流水。

应该庆幸的是格林尼亚自尊心尚未丧失，还知道羞耻。知耻近乎勇，格林尼亚闭门不出，检讨自己的行为。多年来在父母的宠爱下，在社会的纵容下，自己扮演了一个什么样的角色呀。20多岁的人了，五尺男子汉，要本事没有本事，要品德没有品德，竟成了社会上的一个“公害”。他想到波多丽女伯爵教训自己时，周围人都窃窃私语，人们早已看透了自己的品行，而自己的狐朋狗友也都纷纷躲藏起来，不敢露面，看来真是不得人心啊。看透了自己的行为，认识到自己的错误，格林尼亚感到有生以来从未有过的轻松。他并不是天生的坏蛋，优越的家庭条件和瑟堡市居民对他的家族的敬重使得他走到了当时的境地。在瑟堡市不会有人来批评他，也不会有人相信他能够幡然悔悟。要想重新开始必须离开瑟堡市。找到了犯错误的原因，就必须马上改正。格林尼亚决心离家出走。他给家里留下了一封信：“请不要找我，让我重新开始，我会战胜自己创造出一些成绩来的……”

格林尼亚的父母早已认识到自己教育的失败，却无从下手。现在儿子觉悟了，要走一条重新做人的道路，他们从心眼里感到高兴。他们终于清醒了：再也不能宠爱儿子了，应该让儿子自己去闯出一条新路。老两口没有阻止儿子的行动，也没有到处寻找，只是静静地等待着儿子的好消息。

格林尼亚离家出走来到里昂，他本想进入里昂大学就读，但是他从来就没有认真读过书，中小学的学业荒废得太多了，这样的基础如何考得上大学？格林尼亚只好一切从头开始。幸好有一个叫路易·波尔韦的教授很同情他的遭遇，愿意帮助他补习功课。经过老教授的精心辅导和自己的刻苦努力，他花了两年的时间，才把耽误的功课补习完。就这样，格林尼亚进入了里昂大学插班读书。他深知读书的机会来之不易，眼前只有一条路，就是努力、努力、再努力，发奋、发奋、再发奋。当时学校有机化学权威巴比尔看中了他的刻苦精神和才能，于是，格林尼亚在巴比尔教授的指导下，学习和从事研究工作。1901 年格林尼亚由于发现了格氏试剂而被授予博士学位。

离家出走 8 年之后，格林尼亚实现了出走时许下的诺言。离开家乡时，他是一个人人讨厌的纨绔子弟，而现在他已成为杰出的化学家了。家乡的父老为之欢呼，决定为他举行庆祝大会，并邀请他回家乡。但他不愿出席这样的大会，他无法原谅自己青少年时所做出的种种恶劣行为，无颜面对家乡的父老乡亲。

金属有机化合物，通式为 RMgX（R 代表烃基，X 代表卤素）。1901 年由格利雅首次使用卤代烃 RX 与镁在醚类溶液中反应制得，又称格利雅试剂或格氏试剂。格氏试剂广泛用于有机合成中，从 RMgX 可以制得 RH，R—COOH，R—CHO，R—$CH_2OH$，R—OH，CROHRR′，CRR'O 和 $R_nM$（$n$ 为金属的化合价，M 为其他金属）。在合适的情况下，RMgX 还能与$\alpha$，$\beta$ - 不饱和羰基化合物发生共轭的加成反应。

格林尼亚制作格氏试剂的方法是：将卤代烃（常用氯代烷或溴代烷）乙醚溶液缓缓加入被乙醚浸泡的镁屑中，加料速度应能维持乙醚微沸，直至镁屑消失，即得格氏试剂。反应是放热的，如果反应启动迟钝，可加一小粒碘来启动，一旦反应开始，乙醚发生沸腾后，乙醚的蒸气足以排除系统内空气的氧化作用，但不允许有水。格氏试剂易与空气或水反应，故制得后应就近在容器中反应。反应的第二步，向格氏试剂中加入醛、酮或酯等羰基化合物。格氏试剂中的碳负离子对羰基碳进行亲核加成，生成的化合物为一种醇。氯乙烯和结合在烯碳上的氯不能在乙醚中与镁反应，如用四氢呋喃代替乙醚，可制得氯化乙烯基镁试剂。这种试剂有人称为诺曼试剂。为了更好地启动镁与卤代烃的反应，可用少量 1，2 - 二溴乙烷代替碘，特别是乙醚中有少量水时，二溴乙烷与镁很快发生反应，生成溴化镁和乙烯，溴化镁有去水干燥作用，新鲜的镁与给定的卤代烃可反应生成需要的格氏试剂。

格氏试剂在醚的稀溶液中以单体形式存在，并与两分子醚络合，在浓溶液中以二聚体形式存在。

1912 年瑞典皇家科学院鉴于格林尼亚发明了格氏试剂，对当时有机化学发展产生的重要影响，决定授予他诺贝尔化学奖。当格林尼亚得知自己获得诺贝尔化学奖时，心情难以平静，他知道自己取得的成绩与巴比尔老师是分不开的，是巴比尔老师把自己已经开创的课题交给格林尼亚去继续研究。在巴比尔老师的精心指导下，格林尼亚发现了格氏试剂。为此，格林尼亚上书瑞典皇家科学院诺贝尔基金委员会，诚恳地请求把诺贝尔化学奖发给巴比尔老师，此时的格林尼亚不仅是一位勤奋好学、成果累累的学者，更是一位道德高尚的人。

当格林尼亚获奖的消息传开之后，一天，他收到了一封贺信。信里只有一句话："我永远敬爱你！"这是波多丽女伯爵写给他的贺信。多少年来，格林尼亚始终牢记女伯爵对自己的教育和严厉训斥。假使没有当年女伯爵的逆耳忠言，格林尼亚也不会有今天。现在她又写信表示祝贺，实在难得。格林尼亚永记女伯爵的"一骂"深情，激励自己不断前进。一个人犯错误并不可怕，怕的是没有自尊，不知羞耻。波多丽女伯爵骂倒了一个纨绔子弟，骂出了一个诺贝尔奖获得者。

维克多·格林尼亚在有机化学领域，一生之中著有科学论文 6 000 多篇，对人类科学事业做出了巨大的贡献。格林尼亚最著名的科学贡献是他发现了一种增长碳链的有机合成方法。这种方法被后人称为“格林尼亚反应”，反应中用到的烃基卤化镁则被后人称为“格氏试剂”。

# 习　题

## 一、选择题

1. 下列物质中与 $AgNO_3$ 的乙醇溶液作用时有白色沉淀产生的是(　　)。

A. 乙炔　　B. 氯乙烷　　C. 溴乙烷　　D. 乙醛

2. 在加热条件下，2－甲基－3－氯戊烷与 KOH 醇溶液作用的主要产物是(　　)。

A. 4－甲基－2－戊烯　　B. 2－甲基－2－戊烯

C. 2－甲基－3－戊烯　　D. 3－甲基－3－戊烯

3. 制备格氏试剂所用的溶剂为(　　)。

A. 无水乙醇　　B. 无水乙醛　　C. 丙酮　　D. 无水乙醚

## 二、填空题

1. 卤代烃的种类很多，根据烃基的不同卤代烃可分为________、________和________；根据卤原子连接饱和碳原子的种类不同，卤代烃可分为________、________和________；根据分子中所含卤原子的数目不同，卤代烃可分为________、________和________。此外，根据卤素原子的种类不同，还可分为________、________、________和________。

2. 卤代烃是烃类分子中一个或者多个________被卤原子取代后所生成的化合物，一般用 RX 来表示。其中________是卤代烃的官能团。

3. 卤代烷脱卤化氢时，主要脱去含氢________的$\beta$－碳原子上的氢原子，从而生成含烷基较多的烯烃，这一规律叫作________规则。

4. 溴乙烷与氢氧化钠溶液共热，主要产物是________，反应属于________。

5. 某烃 A 与 $Br_2$ 发生加成反应，产生二溴衍生物 B；B 用热的 NaOH－乙醇溶液处理得到化合物 C；经测试知 C 的结构中含有两个双键，化学式是 $C_5H_6$；将 C 催化加氢生成环戊烷。写出 A,B,C 的结构式。A ________,B ________,C ________。

6. 某一溴代烷 A 与 NaOH 溶液混合后充分振荡，产生有机物 B；A 在 NaOH 和 B 混合液中共热生成一种气体 C；C 可由 B 与浓硫酸混合加热制得，C 可用作果实催熟剂。则：①A 的结构简式为________；②B 的结构简式为________；③C 的结构简式为________；④由 B 生成 C 的化学反应类型为________。

7. 卤代烃在________中与________作用，生成化合物被称为格林尼亚试剂，简称________，一般用通式________表示。

8. 氯仿的化学名称为________，在光照条件下，能被逐渐氧化为有剧毒的________。

## 三、简答题

1. 写出乙苯的各种一氯代物的构造式,用系统命名法命名,并说明它们在化学性质上相应于哪一类卤代烯烃?

2. 写出溴代丁烯的各种构造异构式。哪些有顺反异构体?这些异构体在结构上各属于哪一类卤代烯烃?

3. 写出1,2-二氯乙烷的各种构象的纽曼式,并指出哪一种构象最稳定?为什么?

4. 用系统命名法命名下列各化合物。

(1) $(CH_3)_2CHCH(Br)C(CH_3)_3$　(2) $(CH_3)_2CCl CH_2CH_3$

(3) 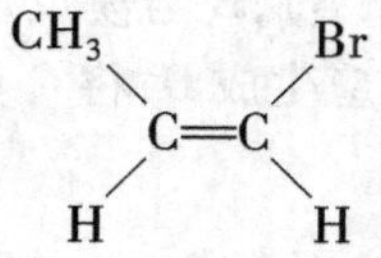 $CH_3(H)C{=}C(Br)H$　(4) 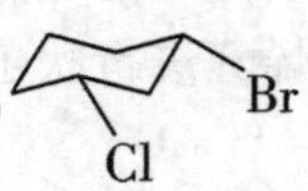 环己烷椅式构象,取代基 Br、Cl

(5) $CH_3CH_2CH_2C(CH_3)_2{-}Br$　(6) $CH_3C{\equiv}CCH(CH_3)CH_2Cl$

5. 写出符合下列名称的结构式。

(1)叔丁基氯　(2)烯丙基溴　(3)苄基氯　(4)对氯苄基氯

6. 用方程式分别表示正丁基溴、$\alpha$-溴代乙苯与下列化合物反应的主要产物。

(1)NaOH(水)　(2)KOH(醇)　(3)Mg、乙醚　(4)NaI/丙酮

(5)$NH_3$　(6)NaCN　(7)$AgNO_3$　(8)$C_2H_5ONa$

7. 完成下列反应式。

(1) 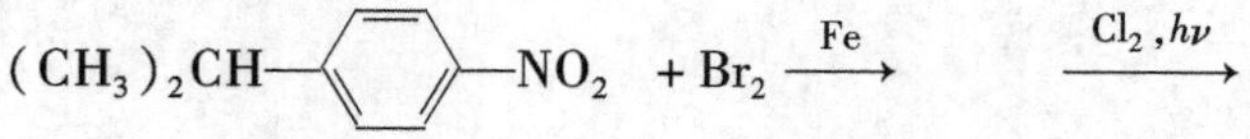 $(CH_3)_2CH{-}C_6H_4{-}NO_2 + Br_2 \xrightarrow{Fe} \quad \xrightarrow{Cl_2,\,h\nu}$

(2) $CH_3{-}CH{=}CH_2 \xrightarrow{HBr} \quad \xrightarrow[\text{无水乙醚}]{Mg}$

(3)  $C_6H_5{-}CH_2Cl \xrightarrow{KCN} \quad \xrightarrow{H_2O/H^+}$

(4) $CH_3CH_2C(CH_3)_2{-}Br \xrightarrow[\text{乙醇}]{KOH} \quad \xrightarrow{HCl} \quad \xrightarrow{NH_3}$

8. 写出下列两组化合物在浓 KOH 醇溶液中脱卤化氢的反应式,并比较反应速度的快慢。

(1)溴代正丁烷、2-甲基-2-溴丁烷和2-溴丁烷

(2)3-溴环己烯、5-溴-1,3-环己二烯和溴代环己烯

9. 用简便的化学方法鉴别下列几组化合物。

(1) $CH_3CH_2CH_2Br$, $(CH_3)_3CBr$, $CH_2{=}CH{-}CH_2Br$ 和 $HBrC{=}CHCH_3$

(2)对氯甲苯、氯化苄和$\beta$－氯乙苯

10.用简便的化学方法精制或分离下列化合物。

(1)如何将含有杂质的粗1,3－丁二烯提纯?

(2)试分离1－丁烯与2－丁烯的混合物,并获得这两种纯粹的烯烃。

11.分子式为$C_4H_8$的化合物A,加溴后的产物用NaOH/醇处理,生成$C_4H_6$(B),B能使溴水褪色,并能与$AgNO_3$的氨溶液发生沉淀,试推出A、B的结构式并写出相应的反应式。

12.某烃$C_3H_6$(A)在低温时与氯作用生成$C_3H_6Cl_2$(B),在高温时则生成$C_3H_5Cl$(C)。C与碘化乙基镁作用得$C_5H_{10}$(D),后者与NBS作用生成$C_5H_9Br$(E)。E与氢氧化钾的酒精溶液共热,主要生成$C_5H_8$(F),后者又可与丁烯二酸酐发生双烯合成得G,写出各步反应式以及由A至G的构造式。

13.某卤代烃(A)分子式为$C_6H_{11}Br$,用乙醇溶液处理得$C_6H_{10}$(B),B与溴反应的生成物再用KOH－乙醇处理得C,C可与丙烯醛进行狄尔斯－阿尔德反应生成D,将C臭氧化及

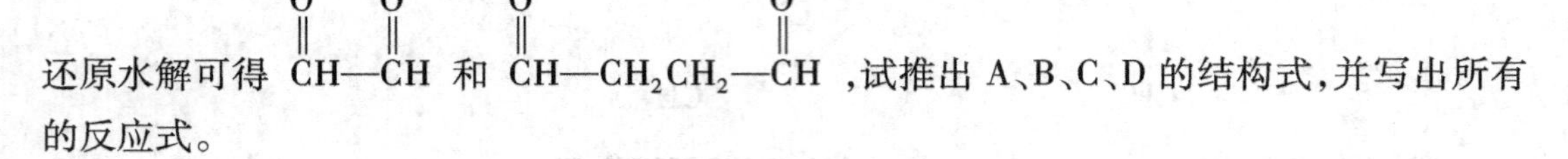

还原水解可得 $\overset{\overset{\displaystyle O}{\|}}{C}H-\overset{\overset{\displaystyle O}{\|}}{C}H$ 和 $\overset{\overset{\displaystyle O}{\|}}{C}H-CH_2CH_2-\overset{\overset{\displaystyle O}{\|}}{C}H$ ,试推出A、B、C、D的结构式,并写出所有的反应式。

# 第五章　醇、酚和醚

**学习指南**

醇、酚、醚都是烃的含氧衍生物。

醇是分子中含有羟基(—OH)官能团的一类有机化合物。由于分子间以及与水之间能形成氢键,对其物理性质影响较大。醇的化学反应主要发生在羟基及受羟基影响的$\alpha$和$\beta$氢原子上。

酚是羟基(—OH)与苯环直接相连的一类芳香族化合物。由于官能团之间的相互影响,酚羟基与醇羟基的性质有较大的差异,酚的化学反应主要发生在酚羟基和苯环上。

醚是氧原子与两个烃基相连的一类有机化合物。醚分子的极性较小,化学性质很不活泼,其稳定性仅次于烷烃。

本章主要介绍醇、酚、醚的结构特点及其物理化学性质。

学习本章内容,应在了解醇、酚、醚的结构特点及其差异的基础上做到:

1. 了解醇、酚、醚的分类和异构现象,掌握醇、酚、醚的命名方法;
2. 了解醇、酚、醚的物理性质及其变化规律,理解氢键对醇、酚的沸点和溶解性的影响;
3. 了解醇羟基和酚羟基的区别,掌握醇、酚、醚的化学反应及应用;
4. 熟悉官能团的特征反应,掌握醇、酚、醚的鉴别方法。

醇、酚、醚都是烃的含氧衍生物,醇和酚分子中都含有羟基,可以看作烃分子中的氢原子被羟基取代而生成的化合物。**羟基与脂肪烃基或芳环侧链碳原子相连的化合物叫醇,羟基跟芳环直接相连的化合物叫酚。**醇和酚羟基上的氢原子被烃基取代而生成的化合物则叫醚。

| R—H | R—OH | Ar—OH | R(Ar)—O—R′(Ar′) |
|---|---|---|---|
| 烃 | 醇 | 酚 | 醚 |

## 第一节　醇

### 一、醇的结构、分类和命名

1. 醇的结构

醇是烃分子中的氢原子被羟基(—OH)取代后生成的衍生物(R—OH)。醇的结构特点是羟基与$sp^3$杂化碳原子相连,在醇分子中,因为氧原子的电负性比较大,所以C—O键和O—H键都是极性键,这对醇的性质有较大的影响。

2. 醇的分类

根据羟基所连碳原子的类型不同醇可分为一级醇(伯醇)、二级醇(仲醇)、三级醇(叔醇）。

根据分子中烃基的不同醇可分为脂肪醇、脂环醇和芳香醇。

根据分子中所含羟基的数目不同醇可分为一元醇、二元醇和多元醇。

脂肪醇　$CH_3CH_2CH_2OH$　　$CH_3CHCH_2OH$（2位上连 $CH_3$）　　$H_3C-C(CH_3)(OH)-CH_3$

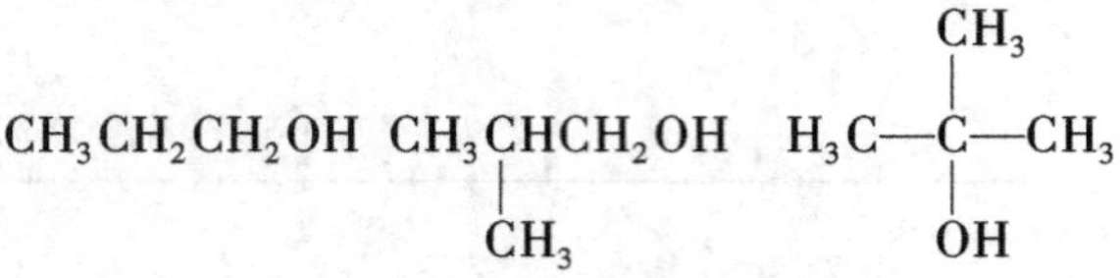

丙醇（伯醇）　异丁醇（仲醇）　叔丁醇（叔醇）

芳香醇　$C_6H_5-CH_2OH$　　$(C_6H_5)_3C-OH$

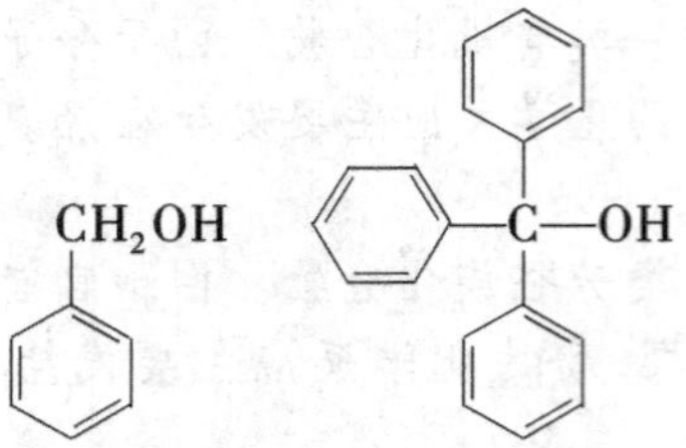

苯甲醇（伯醇）　三苯甲醇（叔醇）

脂环醇　$C_6H_{11}-OH$

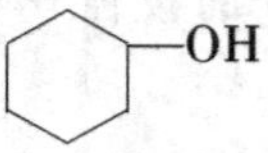

环己醇

多元醇　$CH_2(OH)-CH(OH)-CH_2(OH)$　　$CH_2(OH)-CH(OH)-CH_3$

丙三醇（三元醇）　1,2－丙二醇（二元醇）

两个羟基连在同一个碳上的化合物不稳定，这种结构会自发失水，故同碳二醇不存在。另外，烯醇是不稳定的，容易互变成为比较稳定的醛和酮。

3. 醇的同分异构

碳原子数相同的醇，可因碳链构造和羟基位置不同产生异构体。例如，分子中有四个碳原子的饱和一元醇具有下列四种异构体：

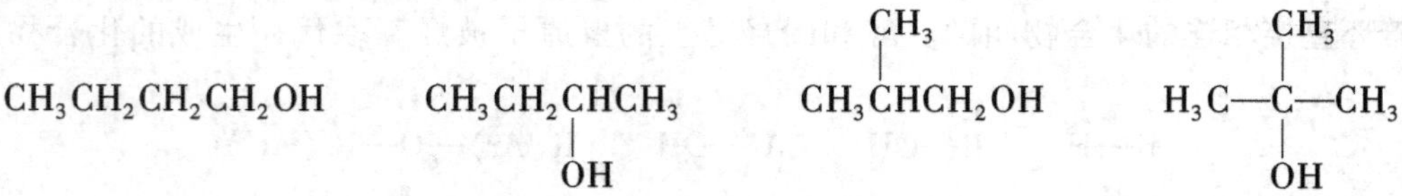

$CH_3CH_2CH_2CH_2OH$　①

$CH_3CH_2CH(OH)CH_3$　②

$CH_3CH(CH_3)CH_2OH$　③

$H_3C-C(CH_3)(OH)-CH_3$　④

其中：①和②、③和④为位置异构；①和③、②和④为碳干异构。

醇还可以与酚、醚互为官能团异构，如乙醇和甲醚，苯甲醇、邻甲苯酚和苯甲醚等。

$CH_3CH_2OH$　　$CH_3OCH_3$

乙醇　甲醚

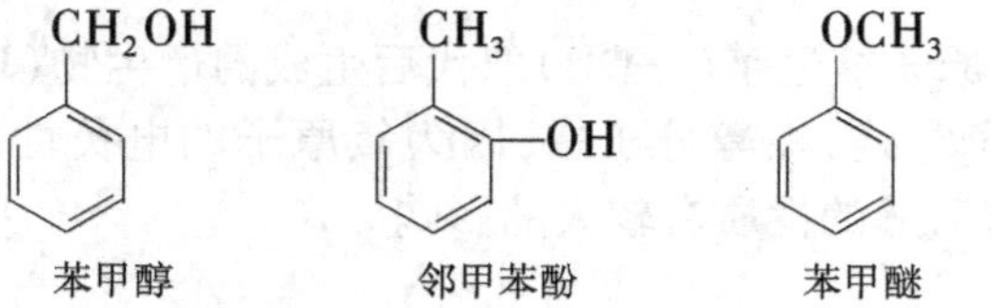

$C_6H_5-CH_2OH$　　$o\text{-}CH_3-C_6H_4-OH$　　$C_6H_5-OCH_3$

苯甲醇　邻甲苯酚　苯甲醚

4. 醇的命名

1)普通命名法

简单醇常采用普通命名法,即根据和羟基相连的烃基名称来命名。在“醇”字前加上烃基的名称,“基”字一般可省去。例如:

$CH_3OH$ 甲醇　$CH_3CH_2OH$ 乙醇　$CH_2=CHCH_2OH$ 烯丙醇

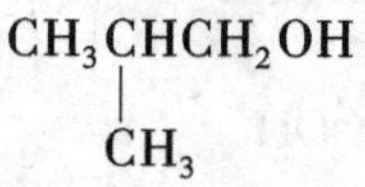

$CH_3CH(CH_3)CH_2OH$ 异丁醇　$(CH_3)_3C-OH$ 叔丁醇 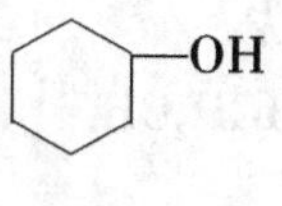　环己醇　$C_6H_5CH_2OH$ 苄醇

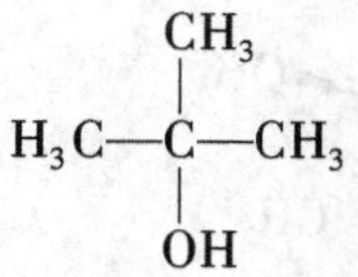

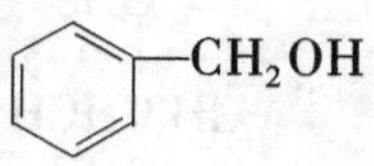

结构比较复杂的醇采用系统命名法。

2)系统命名法

选取含有羟基的最长碳链为主链,把支链作为取代基,从离羟基最近的一端开始编号。按照主链所含碳原子数目称为“某醇”,羟基的位次用阿拉伯数字注明在醇名称的前面,并在醇名称与数字之间加一短线,支链取代基的位次和名称加在醇名称的前面。

如果是不饱和醇,则选含有羟基和不饱和键的最长链为主链,从离羟基最近的一端开始编号。分子中含有多个羟基时,则选含羟基数目尽可能多的最长碳链为主链,根据羟基的数目称为某元醇。例如:

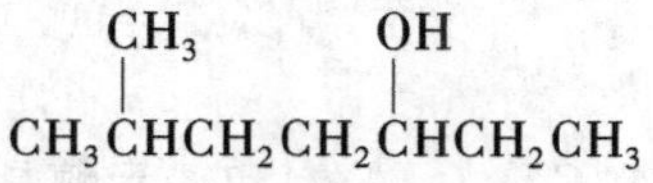

$CH_3CH(CH_3)CH_2CH_2CH(OH)CH_2CH_3$

6-甲基-3-庚醇

(从离羟基最近的一端编号)

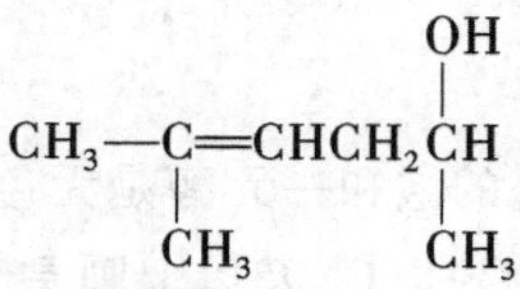

$CH_3-C(CH_3)=CHCH_2CH(OH)CH_3$

5-甲基-4-己烯-2-醇

(选含羟基和重键的最长碳链为主链)

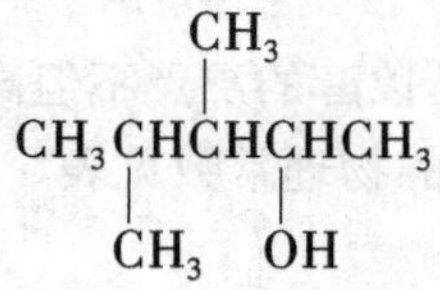

$CH_3CH(CH_3)CH(CH_3)CH(OH)CH_3$

3,4-二甲基-2-戊醇

$H_3CC\equiv CCH_2OH$

2-丁炔-1-醇

$CH_3CH=CHCH_2OH$

2-丁烯醇(巴豆醇)

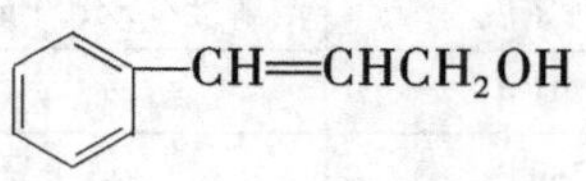

$C_6H_5-CH=CHCH_2OH$

3-苯基-2-丙烯醇

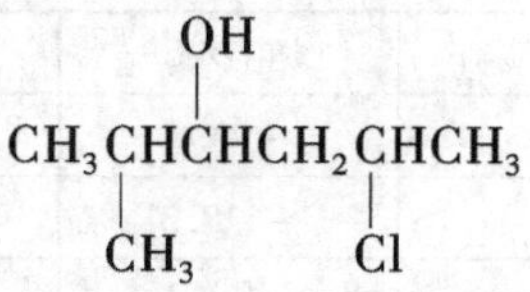

$CH_3CH(CH_3)CH(OH)CH_2CH(Cl)CH_3$

2-甲基-5-氯-3-己醇

$CH_3CH(OH)CH_2CH=CH_2$

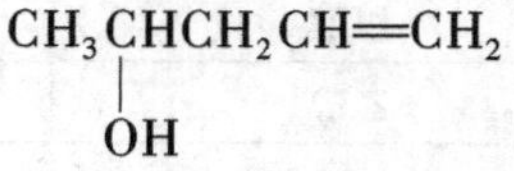

4-戊烯-2-醇

如果分子中除羟基外还有其他官能团,需按规定的官能团次序选择最前面的一个官能团作为这化合物的类名,其他官能团则作为取代基。IUPAC 规定的次序大体如下:

正离子(铵盐)⟶羧酸⟶磺酸⟶酸的衍生物(酯、酰卤、酰胺等)⟶腈⟶醛⟶酮⟶醇⟶酚⟶硫醇⟶胺⟶醚⟶硫醚⟶过氧化物(卤素、硝基等只作为取代基来命名)

例如:

$$\overset{1}{CH_3}\overset{2}{C}H(OH)\overset{3}{C}H_2\overset{4}{C}H_2\overset{5}{C}H_2\overset{6}{C}H_2NH_2$$

6－氨基－2－己醇

$$HO-CH_2CH_2CH_2-CHO$$

4－羟基丁醛

多元醇命名选取含有尽可能多的羟基的碳链做主链，羟基的数目写在醇字的前面，用二、三、四等数字来表示，用2,3,4等阿拉伯数字标明羟基的位次。例如：

$$\overset{1}{CH_3}\overset{2}{C}H(OH)\overset{3}{C}H_2\overset{4}{C}H(OH)\overset{5}{C}H(CH_3)\overset{6}{C}H_2\overset{7}{C}H_3$$

5－甲基－2,4－庚二醇

反－2－甲基环戊醇

反－1,2－环戊二醇

**问题 5－1** 用系统命名法命名下列化合物，并指出伯、仲、叔醇。

(1) $CH_3CH(OH)CH_2CH_3$ (2) $CH_3CH(OH)CH(OH)CH_3$

**问题 5－2** 写出分子式为 $C_5H_{11}OH$ 的一级、二级、三级醇的构造式各一个，并用系统命名法命名。

## 二、醇的物理性质

1. 物态

常温常压下 $C_1 \sim C_4$ 的饱和一元醇是无色有酒香的液体，$C_5 \sim C_{11}$ 的饱和一元醇是具有不愉快气味的无色油状液体，$C_{12}$ 及以上则是无臭无味的蜡状固体。二元醇、三元醇等多元醇是具有甜味的无色液体或固体。

2. 沸点

醇是极性分子，分子中的羟基之间可以通过氢键而缔合，所以醇的沸点不但高于分子量相近的烃，而且也高于分子量相近的卤代烃和醛类等。一些醇的物理常数见表 5－1。

**表 5－1 一些醇的物理常数**

| 名称 | 沸点/℃ | 熔点/℃ | 相对密度 | 溶解度/(g/100 g 水) |
|---|---|---|---|---|
| 甲醇 | 64.7 | −93.9 | 0.791 4 | ∞ |
| 乙醇 | 78.3 | −117.3 | 0.789 3 | ∞ |
| 1－丙醇 | 97.4 | −126.5 | 0.803 5 | ∞ |
| 2－丙醇(异丙醇) | 82.4 | −89.5 | 0.785 5 | ∞ |
| 1－丁醇(正丁醇) | 117.2 | −89.5 | 0.809 8 | 7.9 |
| 2－丁醇(仲丁醇) | 99.5 | −89 | 0.808 0 | 9.5 |
| 2－甲基－1－丙醇(异丁醇) | 108 | −108 | 0.801 8 | 12.5 |
| 2－甲基－2－丙醇(叔丁醇) | 82.3 | 25.5 | 0.788 7 | ∞ |
| 1－戊醇 | 138 | −79 | 0.814 4 | 2.7 |

续表

| 名称 | 沸点/℃ | 熔点/℃ | 相对密度 | 溶解度/(g/100 g 水) |
|---|---|---|---|---|
| 1-己醇 | 158 | -46.7 | 0.813 6 | 0.59 |
| 1-庚醇 | 176 | -34.1 | 0.821 9 | 0.2 |
| 1-辛醇 | 194.4 | -16.7 | 0.827 0 | 0.05 |
| 1-十二醇 | 255~259 | 26 | 0.830 9 | — |
| 烯丙醇 | 97.1 | -129 | 0.854 0 | ∞ |
| 环己醇 | 161.1 | 25.1 | 0.962 4 | 3.6 |
| 苯甲醇 | 205.3 | -15.3 | 1.041 9(24 ℃) | 4 |
| 乙二醇 | 198 | -11.5 | 1.108 8 | ∞ |
| 丙三醇 | 290(分解) | 20 | 1.261 3 | ∞ |

直链饱和一元醇的沸点随相对分子质量的增大而有规律地升高，每增加一个 $CH_2$ 系差，沸点升高 18~20 ℃。同碳数的醇支链越多，沸点越低，这是因为烃基的数目越多，对形成氢键的空间阻碍作用也越大。多元醇由于羟基数目的增多，分子间的氢键作用增强，沸点升高。

$CH_3CH_2CH_2CH_2OH$ 117.2 ℃

$CH_3CH_2CH(OH)CH_3$ 99.5 ℃

$CH_3CH(CH_3)CH_2OH$ 108 ℃

$H_3C—C(CH_3)(OH)—CH_3$ 82.3 ℃

3. 溶解度

低级的醇能溶于水，随分子量增在溶解度降低。含有三个以下碳原子的一元醇可以和水混溶。正丁醇在水中的溶解度很小，只有 8%，正戊醇就更小了，只有 2%。高级醇和烷烃一样，几乎不溶于水。低级醇之所以能溶于水主要是由于它们的分子中有和水分子相似的部分——羟基。醇和水分子之间能形成氢键，所以促使醇分子易溶于水。

H—O(—H)······H—O(—R)······H—O(—H)······H—O(—R)······

当醇的碳链增长时，羟基在整个分子中的影响减弱，在水中的溶解度也就降低，以至于不溶于水。相反的，当醇中的羟基增多时，分子中和水相似的部分增加，同时能和水分子形成氢键的部位也增加了，因此二元醇的水溶性要比一元醇好。甘油富有吸湿性，故纯甘油不能直接用来滋润皮肤，一定要掺一些水，不然它要从皮肤中吸取水分，使人感到刺痛。

醇也能溶于强酸($H_2SO_4$，HCl)，这是由于它能和酸中的质子结合成鲜盐的缘故。正因为醇能和质子形成鲜盐，故醇在强酸水溶液中的溶解度要比在纯水中大。如正丁醇，它在水中的溶解度只有 8%，但是它能和浓盐酸混溶。醇能溶于浓硫酸，这个性质在有机分析上很重要，它常被用来区别醇和烷烃，因为后者不溶于强酸。

4. 生成结晶醇

低级醇可与一些无机盐($MgCl_2$，$CaCl_2$，$CuSO_4$)形成结晶状的分子化合物，称为结晶醇。它们可溶于水，但不溶于有机溶剂。利用这一性质，可使醇与其他化合物分离，或从反应产物中除去少量醇。如工业用的乙醚中常含有少量乙醇,可利用乙醇与氯化钙生成结晶醇的性质,除去乙醚中少量的乙醇。但也正因如此不能用 $CaCl_2$ 干燥醇。

**问题 5-3** 将下列化合物按沸点的高低排列顺序:

(1)3-己醇 (2)正己烷

(3)正己醇 (4)正辛醇。

**问题 5-4** 为什么乙醚沸点(34 ℃)比正丁醇沸点(118 ℃)低得多?

## 三、醇的化学性质

醇的化学性质主要由羟基官能团所决定,同时也受到烃基的一定影响,从化学键来看,反应的部位有 C—O,O—H 和 C—H 键:①O—H 键断裂,氢原子被取代;②C—O 键断裂,羟基被取代;③$\alpha$-(或$\beta$-)C—H 键断裂,形成不饱和键。

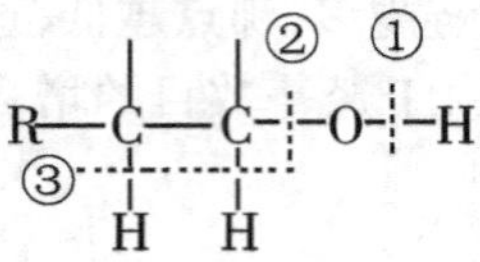

```
        |       | ②  ①
   R—C—C-¦-O-¦-H
  ③  ¦ ‥‥‥ ¦
        H       H
```

分子中的 C—O 键和 O—H 键都是极性键,因而醇分子中有两个反应部位。又由于受 C—O 键极性的影响,使得 $\alpha$—H 具有一定的活性,所以醇的反应都发生在这三个部位上。

*1. 与活泼金属反应*

醇中羟基上的氢较活泼,能被金属所取代,生成氢气和醇金属盐,醇能和 Na,Mg,Al 等反应。

$$2R—O—H + 2Na \longrightarrow 2R—O—Na + H_2\uparrow$$

水和金属钠反应,生成氢氧化钠和氢气,醇羟基中的氢也可以被金属钠取代生成氢气和醇钠。**由于这一反应有明显的现象产生(随着反应的进行,金属钠逐渐消失,并有氢气产生),因此可用于鉴别 $C_6$ 以下的低级醇**。各类醇与金属钠反应的活性顺序为甲醇 > 伯醇 > 仲醇 > 叔醇。

醇与金属的反应速度随着醇分子量的加大而变慢。

醇钠非常活泼,常在有机合成中用作强碱或缩合剂等。醇钠遇水立即水解生成醇和氢氧化钠:

$$RONa + H_2O \longrightarrow ROH + NaOH$$

**问题 5-5** 列出 1-丁醇、2-丁醇、2-甲基-2-丙醇与金属钠反应的活性次序。

*2. 羟基的取代反应*

醇分子中的羟基可以被卤素取代,生成卤代烃。常用的卤代试剂有 HX、$SOCl_2$、$PCl_5$ 等。

1) 与 HX 的反应

醇与浓氢卤酸(HX)反应,分子中的—OH 被—X 取代,生成相应的卤代烃和水:

这是一个可逆反应。可通过增加反应物之一的用量或移去一种生成物的方法,使平衡

$$R-OH + H-X \rightleftharpoons RX + H_2O$$

向右移动，提高卤代烷的产率。这是制备卤代烃的重要方法之一。例如实验室中用正丁醇与过量的氢溴酸反应制取1－溴丁烷：

$$CH_3CH_2CH_2CH_2OH \xrightarrow{NaBr + 浓 H_2SO_4} CH_3CH_2CH_2CH_2Br$$

1－溴丁烷为无色透明液体，是合成麻醉药盐酸丁卡因的中间体，也用于生产燃料和香料。

一级醇与氢碘酸（47%）一起加热就可生成碘代烃。例如：

$$RCH_2OH + HI \xrightarrow{\triangle} RCH_2I + H_2O$$

与氢溴酸（48%）作用时必须在 $H_2SO_4$ 存在下加热才能生成溴代烃。例如：

$$RCH_2OH + HBr \xrightarrow[\triangle]{H_2SO_4} RCH_2Br + H_2O$$

与浓盐酸作用必须有氯化锌存在并加热才能生成氯代烃。例如：

$$RCH_2OH + HCl(浓) \xrightarrow[\triangle]{ZnCl_2} RCH_2Cl + H_2O$$

烯丙式醇（$CH_2{=}CHCH_2OH$ 或 $C_6H_5CH_2OH$）和三级醇在室温下和浓盐酸一起振荡就有氯代烃生成。例如：

$$H_3C-\underset{CH_3}{\overset{CH_3}{\underset{|}{\overset{|}{C}}}}-OH \xrightarrow[室温]{浓 HCl} H_3C-\underset{CH_3}{\overset{CH_3}{\underset{|}{\overset{|}{C}}}}-Cl$$

不同类型的氢卤酸反应活性为：HI > HBr > HCl（HF 通常不发生此反应）。

不同结构的醇反应活性为：$CH_2{=}CH-CH_2OH$、苄醇 > $R_3C-OH$ > $R_2CH-OH$ > $RCH_2OH$。

利用醇和盐酸作用的快慢，可以区别一、二、三级醇，所用试剂为浓盐酸和无水氯化锌所配成的溶液，称为卢卡斯（Lucas）试剂，用于鉴别 $C_6$ 以下的醇。因为 $C_6$ 以下的醇溶于卢卡斯试剂，生成的卤代烷则不溶。由出现浑浊所需要的时间可以衡量醇的反应活性，判断醇的类型。例如：

$$(CH_3)_3COH + HCl(浓) \xrightarrow[室温, 1\ min]{ZnCl_2} (CH_3)_3CCl + H_2O$$

$$CH_3\underset{OH}{\underset{|}{C}H}CH_2CH_3 + HCl(浓) \xrightarrow[室温, 10\ min]{ZnCl_2} CH_3\underset{Cl}{\underset{|}{C}H}CH_2CH_3 + H_2O$$

$$CH_3CH_2CH_2CH_2OH + HCl(浓) \xrightarrow[室温, 1\ h]{ZnCl_2} CH_3CH_2CH_2CH_2Cl + H_2O$$

叔醇反应最快，由于生成的卤代烷不溶于水，溶液立即变浑浊并分层；仲丁醇反应较慢，需10 min左右才出现浑浊并分层；正丁醇在室温下几乎不反应。**可根据这一差异鉴别伯、仲、叔三级醇。**

**问题5-6** 如何区别下列各组化合物：

(1)2-甲基-2-丙醇、1-丁醇和2-丁醇 (2)苄醇、$\alpha$-苯基乙醇和$\beta$-苯基乙醇

2)与亚硫酰氯($SOCl_2$)的反应

醇与亚硫酰氯(二氯亚砜)作用生成氯代烃，同时生成气体HCl和$SO_2$。

$$R—OH + SOCl_2 \longrightarrow R—Cl + SO_2\uparrow + HCl\uparrow$$

该法是由醇制备卤代烃的常用方法。其特点是反应效率高，速度快，分离操作简单。但应对生成的酸性气体进行吸收或利用，避免污染环境。

3)与卤化磷的反应

卤化磷与醇反应得到相应的卤代烃，是$S_N2$反应，反应中心碳原子发生构型转化，没有重排的产物生成。例如：

$$3R—OH + PCl_3 \longrightarrow 3R—Cl + H_3PO_3$$

$$R—OH + PCl_5 \longrightarrow R—Cl + HCl + POCl_3$$

$PCl_3$和醇反应比较复杂，因其副反应很严重，不被用来制备氯代烃。尤其是和伯醇作用时，产物常常是亚磷酸酯而不是氯代烃。$PCl_5$和醇制备氯代烃的方法也不太好，仍有酯生成，一般磷酸酯很难被除清，因此影响产物的质量。

在卤代烷的制备过程中，常常用红磷和溴或碘直接与醇作用。因为红磷与溴或碘能很快作用，生成$PBr_3$，$PI_3$。所以实际操作中往往用红磷与溴或碘代替$PBr_3$或$PI_3$。

例如：

$$6CH_3CH_2CH_2CH_2OH + 2P + 3Br_2 \longrightarrow 6CH_3CH_2CH_2CH_2Br + 2H_3PO_3$$

$$6CH_3CH_2CH_2CH_2OH + 2P + 3I_2 \longrightarrow 6CH_3CH_2CH_2CH_2I + 2H_3PO_3$$

3.与含氧酸反应

醇与无机含氧酸反应，生成相应的无机酸酯。这种醇和酸作用生成酯的反应称酯化反应。这里着重介绍醇和无机酸的酯化反应。

1)与硫酸作用

醇与浓硫酸生成硫酸氢酯并放出热量。两分子硫酸氢酯通过减压蒸馏，脱去一分子硫酸生成中性硫酸酯——硫酸二酯。例如：

$$R\text{—}\boxed{OH + H}\text{—}OSO_3H \rightleftharpoons ROSO_3H + H_2O$$

$$2ROSO_3H \xrightarrow{\text{减压蒸馏}} (RO)_2SO_2 + H_2SO_4$$

式中：R =—$CH_3$，—$C_2H_5$。

$$CH_3\text{—}\boxed{OH + H}\text{—}OSO_3H \rightleftharpoons \underset{\text{硫酸氢甲酯}}{CH_3OSO_3H} + H_2O$$

$$2CH_3OSO_3H \xrightarrow{\text{减压蒸馏}} \underset{\text{硫酸二甲酯}}{(CH_3O)_2SO_2} + H_2SO_4$$

硫酸二甲酯为无色油状液体，是良好的甲基化试剂。但其蒸气有毒，对呼吸器官和皮肤

有严重的刺激性，使用时应格外小心。

工业上以十二醇（月桂醇）为原料，与硫酸发生酯化后，再加碱中和，制取十二烷基硫酸钠。例如：

$$C_{12}H_{25}OH + H_2SO_4 \longrightarrow C_{12}H_{25}OSO_3H + H_2O$$

$$C_{12}H_{25}OSO_3H + NaOH \longrightarrow C_{12}H_{25}OSO_3Na + H_2O$$

十二烷基硫酸钠又称月桂醇硫酸钠，为白色晶体，是一种阴离子型表面活性剂。其可用作润湿剂、洗涤剂和牙膏发泡剂等。

2）与硝酸作用

**醇与硝酸作用，生成硝酸酯。**例如工业上用丙三醇（甘油）与浓硝酸反应制取甘油三硝酸酯：

$$\begin{array}{l} CH_2-OH \\ | \\ CH-OH \\ | \\ CH_2-OH \end{array} + 3H-ONO_2 \xrightarrow[10\sim20\ ℃]{浓H_2SO_4} \begin{array}{l} CH_2-ONO_2 \\ | \\ CH-ONO_2 \\ | \\ CH_2-ONO_2 \end{array} + 3H_2O$$

甘油三硝酸酯

甘油三硝酸酯又称硝酸甘油，是无色或淡黄色黏稠液体。其受热或撞击时立即发生爆炸，是一种烈性炸药。由于其具有扩张冠状动脉的作用，在医学上用作治疗心绞痛的急救药物。

4. 脱水反应

在浓硫酸或氧化铝作用下，醇能发生脱水反应。醇脱水反应有两种方式，一种是在较高温度下分子内脱水生成烯烃，另一种是在较低温度下分子间脱水生成醚。

$$CH_3CH_2OH \xrightarrow{浓H_2SO_4} \begin{cases} \xrightarrow{140\ ℃} CH_3CH_2OCH_2CH_3 + H_2O \\ \xrightarrow{170\ ℃} H_2C=CH_2 + H_2O \end{cases}$$

仲醇、叔醇分子内脱水，当有两种不同的取向时，遵守查依采夫规则，**即脱去羟基和与它相邻的含氢较少的碳原子上的氢原子，而生成含烷基较多的烯烃。**例如：

$$\begin{array}{c} CH_3 \\ | \\ CH_3CHCHCHCH_3 \\ \ \ \ \ \ \ \ |\ \ \ \ | \\ \ \ \ \ \ \ \ H\ \ OH \end{array} \xrightarrow[350\sim400\ ℃]{Al_2O_3} \begin{array}{c} CH_3 \\ | \\ CH_3CHCH=CHCH_3 \end{array}$$

$$\begin{array}{c} CH_3CHCH_2CH_3 \\ | \\ OH \end{array} \xrightarrow[\triangle]{H_2SO_4} CH_3CH=CHCH_3 + H_2C=CHCH_2CH_3$$

亲核取代反应与消除反应往往是两个相互竞争的反应。消除反应涉及 $\beta$ 位 C—H 的断裂，需要较高的能量。故升高温度对分子内脱水生成烯有利。对叔醇来说，只能分子内脱水生成烯烃。

上述两种脱水反应方式是竞争反应，在反应过程中以哪一种脱水方式为主呢？实验表明，影响脱水反应方式的主要因素是醇的结构与反应条件。

1）反应温度

反应温度对脱水反应的产物有很大的影响，低温有利于发生取代反应生成醚，高温有利于发生消除反应生成烯烃。

$$CH_3CH_2OH \xrightarrow{浓H_2SO_4} \begin{cases} \xrightarrow[S_N2]{140\ ℃} CH_3CH_2OCH_2CH_3 + H_2O \\ \xrightarrow[E1]{170\ ℃} H_2C{=}CH_2 + H_2O \end{cases}$$

2）醇的结构

醇脱水反应方式和活性与醇的结构有关。叔醇和伯醇在强酸中以消除反应为主，不同类型的醇分子内脱水反应的难易程度相差很大，反应活性顺序为三级醇 > 二级醇 > 一级醇。这可以从下列各反应中所用硫酸的浓度和反应温度比较出来。

$$CH_3CH_2CH_2CH_2OH \xrightarrow[140\ ℃]{75\%\ H_2SO_4} CH_3CH_2CH{=}CH_2 + H_2O$$

$$CH_3CH_2CH(OH)CH_3 \xrightarrow[100\ ℃]{60\%\ H_2SO_4} CH_3CH{=}CHCH_3 + H_2O$$

$$(CH_3)_3COH \xrightarrow[80\ ℃]{30\%\ H_2SO_4} (CH_3)_2C{=}CH_2 + H_2O$$

3）分子内消除反应的取向

在质子酸催化下醇分子内脱水生成烯烃，反应取向符合查依采夫规则，脱去的是羟基和含氢较少的 $\beta$ 碳上的氢原子，从而形成比较稳定的烯烃。

$$\text{2-甲基环己醇} \xrightarrow{H_3PO_4} \text{1-甲基环己烯 (84\%)} + \text{3-甲基环己烯 (6\%)}$$

**问题 5－7** 选择哪些醇合成下列烯烃？

(1) $H_2C{=}C(CH_3)CH_2CH_3$ (2) 1-甲基环己烯（环己烯环上双键碳连 $CH_3$） (3) $(CH_3)_2C{=}CHCH_2CH_2Br$

5. 氧化和脱氢反应

氧化反应是有机化学中重要的和较普遍的反应，广义地讲，在有机化合物中加入氧或脱去氢都属于氧化反应。在醇分子中，由于羟基的影响，使 $\alpha$－H 原子较活泼，容易被氧化和脱氢。

1）氧化反应

伯醇很容易被氧化剂氧化成醛，醛被进一步氧化为羧酸。仲醇可以被氧化，其产物是酮。叔醇连羟基的叔碳原子上没有氢原子，所以不容易被氧化。

氧化醇时可用的氧化剂很多，通常有 $KMnO_4$，浓 $HNO_3$，$Na_2Cr_2O_7$，$CrO_3/H_2SO_4$ 等，它们的氧化能力以 $KMnO_4$ 和 $HNO_3$ 为最强。

用重铬酸钾和硫酸作氧化剂，伯醇可被氧化成醛，醛很容易继续被氧化成羧酸。

$$RCH_2OH \xrightarrow{[O]} R-\overset{H}{\overset{|}{C}}=O \xrightarrow{[O]} R-\overset{O}{\overset{\|}{C}}-OH$$

醛的沸点比相应的醇低得多，所以如果在氧化过程中及时将生成的醛从反应体系内蒸馏出来，就可避免醛被进一步被氧化。例如实验室中就利用边滴加氧化剂边分馏的方法由正丁醇制取正丁醛。例如：

$$CH_3CH_2CH_2CH_2OH \xrightarrow[\text{分馏}]{K_2Cr_2O_7+H_2SO_4} CH_3CH_2CH_2CHO$$

**仲醇被氧化生成酮**，酮比较稳定，一般不被继续氧化。例如工业上用3－戊醇氧化制取3－戊酮。

$$R\overset{OH}{\overset{|}{C}}H-R' \xrightarrow{[O]} R\overset{O}{\overset{\|}{C}}-R'$$

$$CH_3CH_2\underset{OH}{\underset{|}{C}}HCH_2CH_3 \xrightarrow[90\ ℃]{K_2Cr_2O_7+H_2SO_4} CH_3CH_2\underset{O}{\underset{\|}{C}}CH_2CH_3$$

$$\text{环己醇}-OH \xrightarrow{Na_2Cr_2O_7/H_2SO_4} \text{环己酮}=O$$

**反应时$Cr_2O_7^{2-}$被还原为$Cr^{3+}$，溶液由橘红色转变成绿色，所以可用于醇的鉴别。**例如检查司机是否酒后开车的"呼吸分析仪"就是根据乙醇被重铬酸钾氧化后，溶液变色的原理设计的。

脂环醇如用$HNO_3$等强氧化剂氧化，则碳环断裂生成含相同碳原子数的二元羧酸。

$$\text{环己醇} \xrightarrow[V_2O_5,55\sim60\ ℃]{50\%\ HNO_3} \begin{matrix} CH_2CH_2COOH \\ | \\ CH_2CH_2COOH \end{matrix}$$

硝酸与重铬酸钾的混合溶液在常温时能氧化大多数一、二级醇使溶液变绿。三级醇不能发生氧化反应，因此可用这个方法区别三级醇与一、二级醇。

2）催化脱氢

在铜、银等金属催化剂作用下，伯和仲醇可发生脱氢反应，分别生成醛和酮。

$$RCH_2OH \xrightleftharpoons{Cu,300\ ℃} RCHO+H_2$$

$$R-\overset{OH}{\overset{|}{C}}H-R' \xrightarrow[300\ ℃]{Cu} R-\overset{O}{\overset{\|}{C}}-R' +H_2$$

$$CH_3CH_2OH \rightleftharpoons CH_3CHO+H_2$$

$$CH_3\overset{OH}{\overset{|}{C}}HCH_3 \rightleftharpoons CH_3\overset{O}{\overset{\|}{C}}CH_3 +H_2$$

叔醇分子中不含$\alpha-H$，不能脱氢，只能脱水生成烯烃。

醇的催化脱氢对$C=C$双键的存在没有影响，是工业上生产醛、酮常用的方法。

一般醇的催化脱氢反应是可逆的，为了使反应完全，往往通入一些空气使消除下来的氢转变成水。现在工厂中由甲醇制甲醛、乙醇制乙醛都是采用这个方法。

$$CH_3CH_2OH \xrightarrow[550\ ℃]{Ag或Cu} CH_3CHO + H_2$$

3）α－二醇的特有反应

相邻两个碳原子上具有两个羟基的二元醇或多元醇能和许多金属离子螯合，生成可溶性的络合物。例如：

$$\begin{array}{l} CH_2OH \\ | \\ CHOH \\ | \\ CH_2OH \end{array} + Cu(OH)_2 \longrightarrow \begin{array}{l} CH_2O \\ | \\ CHO \\ | \\ CH_2OH \end{array}\!\!>Cu + 2H_2O$$

此反应可以用来区别一元醇和邻位具有两个羟基的二元醇或多元醇。

α－二醇可以被高碘酸（$HIO_4$）氧化，这时两个羟基之间的碳碳单键断裂，生成两分子的羰基化合物。

$$\begin{array}{c} | \\ -C-OH \\ | \\ -C-OH \\ | \end{array} + HIO_4 \longrightarrow 2\begin{array}{c} | \\ -C{=}O \end{array} + HIO_3 + H_2O$$

反应过程中，$HIO_4$被还原为 $HIO_3$，$HIO_3$可与 $AgNO_3$作用生成 $AgIO_3$白色沉淀，反应是定量进行的，可用于邻二醇的结构鉴定与定量分析。

能被 $HIO_4$氧化断键的除了邻二羟基化合物外还有α－羰基醇。

$$\begin{array}{c} O \quad OH \\ \| \quad | \\ -C-C- \\ \quad | \end{array}$$

$$R-\overset{\overset{\large O}{\|}}{C}-\underset{\underset{\large H}{|}}{\overset{\overset{\large OH}{|}}{C}}-R'(H) + HIO_4 \longrightarrow R-\overset{\overset{\large OH}{|}}{C}{=}O + H-\overset{\overset{\large R'(H)}{|}}{C}{=}O + HIO_3 + H_2O$$

应用四乙酸铅代替 $HIO_4$可得到同样的结果。

**问题 5－8** 以下化合物用 $HIO_4$处理，产物分别是什么？

（1）1，2－丙二醇 （2）2，3－二甲基－2，3－丁二醇

## 第二节 酚

### 一、酚的结构、分类和命名

**酚是羟基(—OH)直接与芳香环相连的化合物,酚的通式为Ar—OH。**

1. 酚的结构

从结构上看,羟基直接和芳环相连。酚羟基中氧原子为$sp^2$杂化,两个杂化轨道分别与碳原子和氢原子形成两个σ键,剩余一个杂化轨道被一对未共用电子对占据,还有一个也被一对未共用电子对占据的p轨道,此p轨道垂直于苯环并与环上的π键发生侧面重叠,形成大的p-π共轭体系。p-π共轭体系中,氧原子起着给电子的共轭作用,氧原子上的电子云向苯环偏移,苯环上电子云密度增加,苯环的亲电活性增大,氧、氢原子之间的电子云密度降低,增强了羟基上氢原子的解离能力。如图5-1所示。

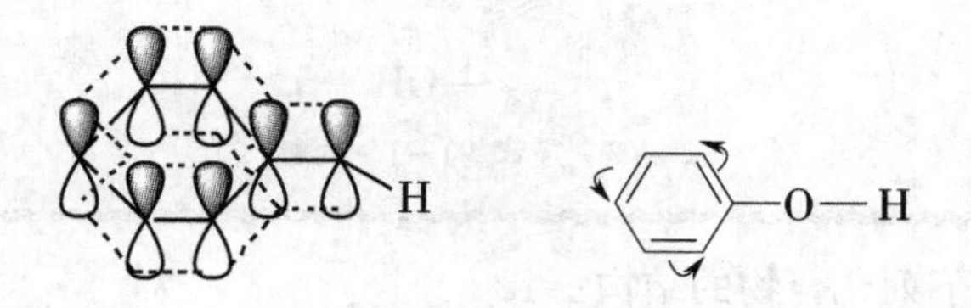


**图5-1 酚的结构(p-π共轭)**

2. 酚的分类和命名

酚可按羟基的数目多少分为一元酚、二元酚和多元酚;也可按照芳香环的不同分为苯酚、萘酚、蒽酚等。

苯酚(一元酚)　　1,4-萘二酚(二元酚)　　均苯三酚(三元酚)

酚的命名按官能团优先规则进行。如果苯环上没有比羟基优先的基团,则羟基与苯环一起作为母体,叫作酚;如果苯环上有比羟基优先的基团,则羟基作为取代基。多元酚的命名需对环上的羟基位置进行编号。例如:

1,3,5-苯三酚(均苯三酚)　　1,2,3-苯三酚(连苯三酚)　　1,2,4-苯三酚(偏苯三酚)　　1,4-萘二酚

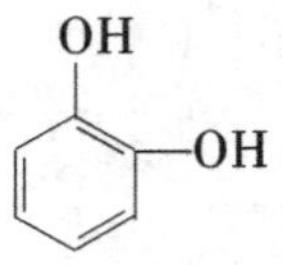

邻苯二酚 　对苯二酚 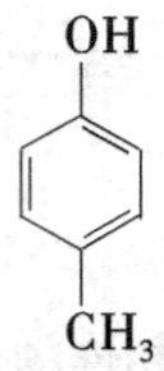　对甲苯酚 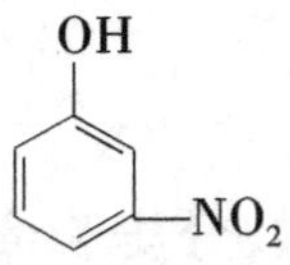　间硝基苯酚

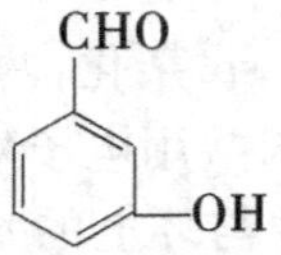

间羟基苯甲醛 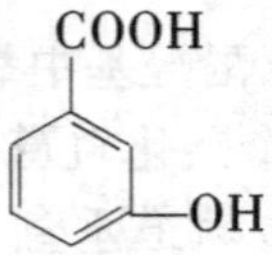　间羟基苯甲酸 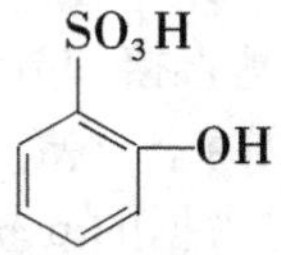　邻羟基苯磺酸

结构复杂的酚，也可将酚羟基作为取代基命名。例如：

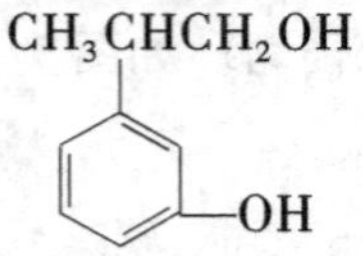

$CH_3CHCH_2OH$

2－(3－羟苯基)－1－丙醇

**问题5－9**　写出下列化合物的结构：

(1)对氯苯酚　(2)邻硝基苯酚　(3)2,4,6－三硝基苯酚　(4)间羟基苯甲醛

## 二、酚的物理性质

1. 物态

常温下，除少数烷基酚为高沸点液体外，大多数酚是无色结晶固体。纯的酚是无色的，由于易被氧化往往带有红色至褐色。

2. 沸点

**由于分子间可以形成氢键，所以酚的沸点都比较高。**酚类化合物的沸点比相对分子量相近的芳烃、芳卤要高，而且多元酚的沸点更高。在某些一取代苯酚中，邻位异构体的沸点往往较低，其原因之一是分子内可以形成氢键，使分子间力减小，这就是为什么邻硝基苯酚可以由水蒸气蒸馏法与它的两个异构体分离的原因。

3. 熔点

酚的熔点与分子的对称性有关，一般来说，对称性较大的酚，熔点较高；对称性较小的酚，熔点较低。

4. 溶解性

酚具有极性，也能与水分子形成氢键，但由于酚的相对分子质量较大，分子中烃基所占比例较大，因此**一元酚只能微溶于水，多元酚由于分子中极性的羟基增多，在水中的溶解度也随之增大(对苯二酚除外)**，苯酚在100 g水中可溶解约9 g，加热时苯酚在水中无限地溶解。常见的酚类化合物在乙醇、乙醚、苯及卤代烃等有机溶剂中均有良好的溶解性。

5. 相对密度

酚的相对密度大于1。

一些酚的物理常数见表5-2。

表5-2　一些酚的物理常数

| 名称 | 熔点/℃ | 沸点/℃ | 溶解度/(g/100 g 水) | $pK_a$(20 ℃) |
| --- | --- | --- | --- | --- |
| 苯酚 | 40.8 | 181.8 | 8 | 10 |
| 邻甲苯酚 | 30.5 | 191 | 2.5 | 10.29 |
| 间甲苯酚 | 11.9 | 202.2 | 2.6 | 10.09 |
| 对甲苯酚 | 34.5 | 201.8 | 2.3 | 10.26 |
| 邻硝基苯酚 | 44.5 | 214.5 | 0.2 | 7.22 |
| 间硝基苯酚 | 96 | 194(9.33 kPa) | 1.4 | 8.39 |
| 对硝基苯酚 | 114 | 295 | 1.7 | 7.15 |
| 邻苯二酚 | 105 | 245 | 45 | 9.85 |
| 间苯二酚 | 110 | 281 | 123 | 9.81 |
| 对苯二酚 | 170 | 285.2 | 8 | 10.35 |
| 1,2,3-苯三酚 | 133 | 309 | 62 | — |
| α-萘酚 | 96 | 279 | 难 | 9.34 |
| β-萘酚 | 123 | 286 | 0.1 | 9.01 |

酚毒性很大,具有杀菌和防腐作用。消毒用的"来苏水"即甲酚(甲基苯酚各异构物的混合物)与肥皂溶液的混合液。医用漱口水中的一种有效成分百里酚(5-甲基-2-异丙基苯酚)也有杀菌作用,五氯酚的钠盐即五氯酚钠可灭杀血吸虫疫区的丁螺。某些酚类衍生物还可用作木材或食物的防腐剂。

**问题5-10**　苯酚能溶于氢氧化钠溶液,但不能溶于碳酸氢钠溶液,为什么?

## 三、酚的化学性质

羟基既是醇的官能团也是酚的官能团,因此酚与醇具有共性。但由于酚羟基连在苯环上,苯环与羟基的互相影响又赋予酚一些特有性质,所以酚与醇在性质上又存在着较大的差别。

### (一)酚羟基的反应

1. 酸性

酚类化合物具有明显的弱酸性,其酸性大于醇和水,但比碳酸和乙酸弱。

一些化合物的酸性次序如下。

|  | R—OH | H—OH | Ph—OH | $H_2CO_3$ | $CH_3COOH$ |
| --- | --- | --- | --- | --- | --- |
| $pK_a$ | 16~18 | 15.7 | 10.0 | 6.35 | 4.76 |

苯酚能与 NaOH 水溶液作用,生成可溶于水的酚钠盐,但不能与 $NaHCO_3$ 作用。

$$C_6H_5OH + NaOH \longrightarrow C_6H_5ONa + H_2O$$

酚是弱酸，其酸性比碳酸弱。在酚钠的水溶液中通入 $CO_2$，则苯酚立即析出。

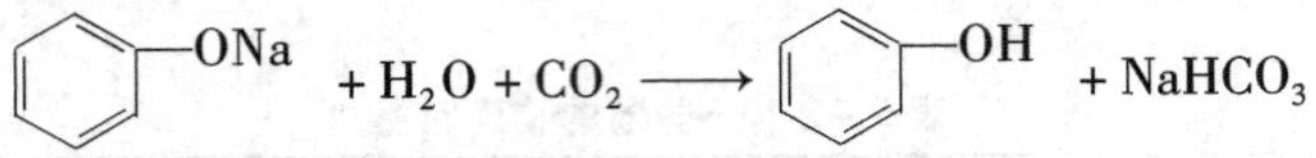

$$C_6H_5ONa + H_2O + CO_2 \longrightarrow C_6H_5OH + NaHCO_3$$

**利用这一性质，可将苯酚与醇、羧酸的混合物分离开来。**例如：

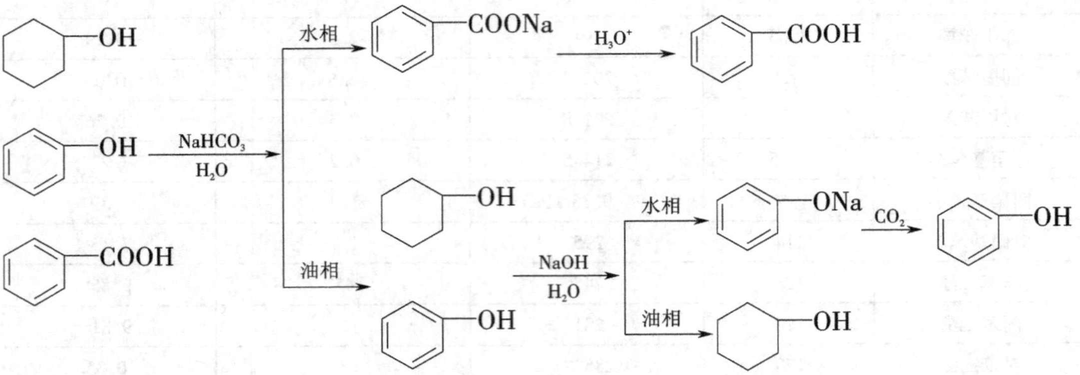

环己醇、苯酚、苯甲酸 $\xrightarrow[H_2O]{NaHCO_3}$ 水相：$C_6H_5COONa \xrightarrow{H_3O^+} C_6H_5COOH$；油相：环己醇、苯酚 $\xrightarrow[H_2O]{NaOH}$ 水相：$C_6H_5ONa \xrightarrow{CO_2} C_6H_5OH$；油相：环己醇

酚为什么具有酸性呢？这是由于在这个共轭体系中，电子云向苯环移动，从而使羟基氧上的电子云密度降低，使 O—H 间的结合力减弱，从而使氢原子以 $H^+$ 的形式解离而显酸性。

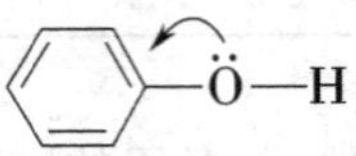

$$C_6H_5-\ddot{O}-H$$

当酚环上连有其他取代基时，会影响酚的酸性。取代酚的酸性与取代基的性质及其在环上的位置有关。**吸电子基（如硝基—$NO_2$）将使酚的酸性增强，供电子基（如烃基—R）将使酚的酸性减弱。**例如：

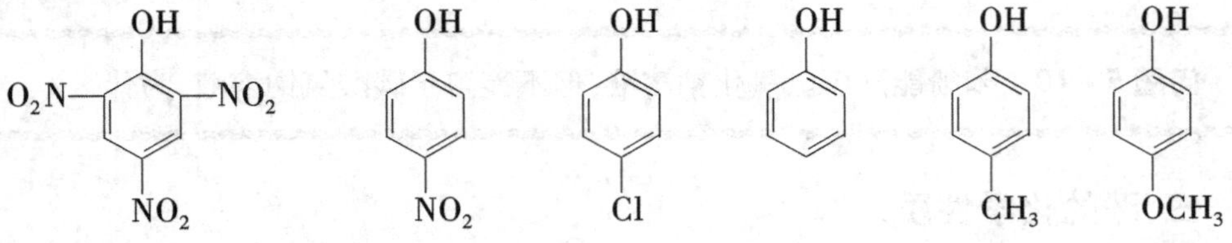

| | 2,4,6-三硝基苯酚（$O_2N$, $NO_2$, $NO_2$） | 对硝基苯酚（$NO_2$） | 对氯苯酚（Cl） | 苯酚 | 对甲苯酚（$CH_3$） | 对甲氧基苯酚（$OCH_3$） |
|---|---|---|---|---|---|---|
| $pK_a$ | 0.8 | 7.15 | 9.38 | 10.0 | 10.26 | 10.21 |

**问题 5－11** 排出下列化合物的酸性次序：对溴苯酚、对甲苯酚、对硝基苯酚、苯酚。

2. 与 $FeCl_3$ 的显色反应

酚与 $FeCl_3$ 溶液作用能够显色，生成的有色物质为酚氧离子与高价铁离子形成的络合物：

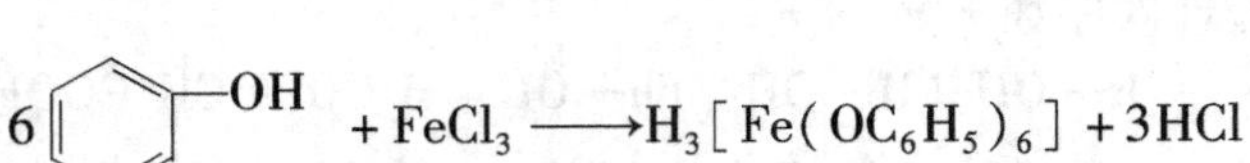

$$6C_6H_5OH + FeCl_3 \longrightarrow H_3[Fe(OC_6H_5)_6] + 3HCl$$

具有烯醇式结构（$>C=C-OH$）的脂肪族化合物都能够与 $FeCl_3$ 溶液发生显色反应。

**不同的酚与 $FeCl_3$ 溶液作用呈现不同的颜色，可以鉴别不同酚的存在，**如表 5－3 所示。

表 5－3 酚与三氯化铁作用呈现的颜色

| 化合物 | 生成的颜色 | 化合物 | 生成的颜色 |
|---|---|---|---|
| 苯酚 | 蓝紫色 | 间苯二酚 | 蓝紫色 |
| 邻甲苯酚 | 红色 | 对苯二酚 | 暗绿色结晶 |
| 间甲苯酚 | 蓝紫色 | 1,2,3－苯三酚 | 淡棕红色 |
| 对甲苯酚 | 蓝色 | 1,3,5－苯三酚 | 紫色 |
| 邻苯二酚 | 绿色 | α－萘酚 | 紫红色沉淀 |

3. 芳醚的生成

酚和醇相似，能够烷基化成醚，由于酚羟基与芳环存在 p－π 共轭效应，酚羟基很难直接脱水，分子间脱水也极为困难，所以芳醚一般是由酚在碱性溶液中与卤代烃作用生成的。

$$C_6H_5-OH \xrightarrow{OH^-} C_6H_5-O^- \xrightarrow{RX} C_6H_5-OR + X^-$$

苯甲醚也可用硫酸二甲酯来制备：

$$C_6H_5-ONa \xrightarrow{(CH_3)_2SO_4} C_6H_5-OCH_3 + CH_3OSO_3Na$$

这是工业上制备芳香族醚的方法。苯甲醚也叫大茴香醚，是具有芳香气味的无色液体，易燃。其主要用于制取香料和驱虫剂，也用作溶剂。

$$C_{10}H_7-ONa + CH_3CH_2Br \xrightarrow[\triangle]{OH^-} C_{10}H_7-OCH_2CH_3 + NaBr$$

β－萘乙醚是具有花果香甜气味的白色晶体。其可调制成草莓、石榴等水果香味或红茶香味，是常用的皂用、化妆品香料和定香剂。

4. 酚酯的生成

酚与酰氯、酸酐等作用时，生成酚酯。例如：

$$o\text{-}HOOC-C_6H_4-OH + (CH_3CO)_2O \xrightarrow[85\ ℃]{H_2SO_4} o\text{-}HOOC-C_6H_4-OCOCH_3 + CH_3COOH$$

邻羟基苯甲酸（水杨酸）　　乙酸酐　　乙酰水杨酸

这是工业上制取酚酯的方法。乙酰水杨酸又叫阿司匹林，为白色针状晶体，是解热镇痛药，也用于防治心脑血管病。

$$C_6H_5-OH + C_6H_5-COCl \xrightarrow[40\ ℃]{NaOH} C_6H_5-O-\overset{O}{\overset{\|}{C}}-C_6H_5 + HCl$$

苯甲酸苯酯是白色晶体，是有机合成原料，主要用于制甾体激素类药物。

**(二) 酚环上的反应**

酚羟基是活化芳环的邻对位定位基，所以，苯酚易在羟基的邻对位发生环上的亲电取代反应。

1. 卤代反应

苯酚与溴水反应，立即生成白色的 2,4,6－三溴苯酚白色沉淀，溴水过量则生成黄色沉淀。

$$C_6H_5OH + 3Br_2 \xrightarrow{H_2O} 2,4,6\text{-}Br_3C_6H_2OH \downarrow + 3HBr$$

这个反应很灵敏，2，4，6－三溴苯酚的溶解度很小，极稀的苯酚溶液（10 μg/g）也能与溴水生成沉淀，微量的苯酚也能检验出，**实验室中常用此法来定性或定量鉴定苯酚**。如需制一溴代苯酚，则反应要在 $CS_2$、$CCl_4$ 等非极性溶剂中，低温条件下进行。

$$C_6H_5OH + Br_2 \xrightarrow[0\ ℃]{CS_2} o\text{-}BrC_6H_4OH + p\text{-}BrC_6H_4OH + HBr$$

**问题 5－12** 用化学方法区别化合物己烷、环己醇和苯酚溶液。

2．*磺化反应*

苯酚与浓 $H_2SO_4$ 反应生成羟基苯磺酸，其产物与温度密切相关。

$$C_6H_5OH \xrightarrow{浓H_2SO_4} \begin{cases} \xrightarrow{15\sim25\ ℃} o\text{-}HOC_6H_4SO_3H \\ \xrightarrow{80\sim100\ ℃} p\text{-}HO_3SC_6H_4OH \end{cases} \xrightarrow[80\sim100\ ℃]{浓H_2SO_4} 4\text{-}HO\text{-}C_6H_3(SO_3H)_2\ (2,4\text{-}二磺酸)$$

在不同温度下，分别得到不同的一元取代物。两种产物进一步磺化，得到二元取代物。磺化反应是可逆的，在稀硫酸溶液中加热回流即可除去磺酸基。

3．*硝化反应*

苯酚在室温下与稀硝酸作用，生成邻硝基苯酚和对硝基苯酚的混合物。

$$C_6H_5OH + HNO_3(稀) \xrightarrow{20\ ℃} o\text{-}O_2NC_6H_4OH + O_2N\text{-}C_6H_4\text{-}OH\ (p)$$

邻硝基苯酚分子内易形成氢键，分子间不易形成氢键，故沸点比对硝基苯酚低。可用水蒸气蒸馏法将两种硝化产物分开。邻硝基苯酚随水蒸气被蒸馏出来，对硝基苯酚则不能。

（邻硝基苯酚分子内氢键结构式：O—H…O=N→O）

苯酚极易被硝酸氧化，所以多硝化产物一般是分步制得。制备 2，4，6－三硝基苯酚时，先用浓硫酸磺化苯酚，引入吸电子基使苯环钝化，提高苯酚的抗氧化能力，再用硝酸硝化，在较高温度下磺酸基被硝基取代。

$$C_6H_5OH \xrightarrow{\text{浓 } H_2SO_4} (HO_3S)C_6H_3(OH)(SO_3H) \xrightarrow{HNO_3} O_2N\text{-}C_6H_2(NO_2)_2\text{-}OH$$

制备不含邻位异构体的对硝基苯酚，常用苯酚与亚硝基化合物作用，生成的对亚硝基苯酚可被稀 $HNO_3$ 顺利氧化为对硝基苯酚。

$$C_6H_5OH \xrightarrow[7\sim8\ ℃]{NaNO_2, H_2SO_4} ON\text{-}C_6H_4\text{-}OH \xrightarrow{\text{稀 } HNO_3} O_2N\text{-}C_6H_4\text{-}OH$$

4. 与羰基化合物的缩合反应

1) 酚羟基邻对位上的氢还可以和羰基化合物发生缩合反应

苯酚与甲醛的稀水溶液在酸或碱的作用下反应，生成羟甲基化合物：

$$C_6H_5OH + HCHO \xrightarrow{\text{稀碱}} o\text{-}HOC_6H_4CH_2OH + HOH_2C\text{-}C_6H_4\text{-}OH$$

苯酚和甲醛的缩合反应可得到高相对分子质量的缩合产物——酚醛树脂。

2) 赖默尔－蒂曼（Reimer-Tiemann）反应

将酚的氢氧化物（钾）溶液与氯仿共热，在芳环上引入一个醛基，称为赖默尔－蒂曼反应。

$$C_6H_5OH \xrightarrow[60\ ℃]{CH_3Cl,\ \text{稀 } NaOH} o\text{-}HOC_6H_4CHO + p\text{-}HOC_6H_4CHO$$

一般以生成邻位异构体为主，当酚羟基的邻位上有取代基存在时，反应主要发生在对位上。

$$o\text{-}HOC_6H_4OCH_3 \xrightarrow[60\ ℃]{CH_3Cl,\ \text{稀 } NaOH} 4\text{-}HO\text{-}3\text{-}CH_3O\text{-}C_6H_3CHO$$

4－羟基－3－甲氧基苯甲醛俗称香兰素，是一种食用香料。

**（三）酚的氧化和还原**

1. 氧化反应

酚很容易被氧化，所以进行磺化、硝化、卤化时，必须控制反应条件，尽量避免酚被氧化。

$$C_6H_5OH \xrightarrow{K_2Cr_2O_7 - H_2SO_4} O{=}C_6H_4{=}O$$

对苯醌（黄色）

醌继续被氧化，碳环断裂，还能得到羧酸，产物为混合物。多元酚在碱性溶液中更易被氧化。特别是两个以上的羟基互为邻对位的多元酚最易氧化。如：

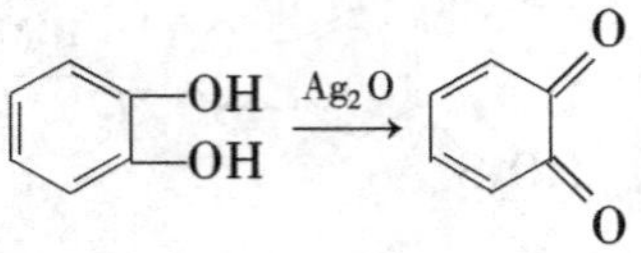

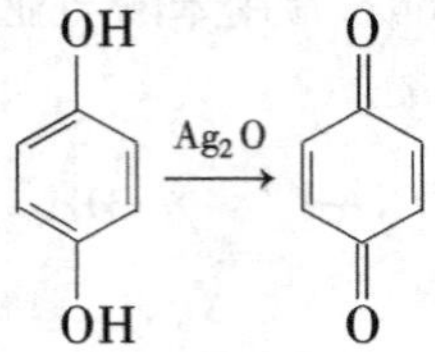

$$\text{邻苯二酚} \xrightarrow{Ag_2O} \text{邻苯醌}$$

$$\text{对苯二酚} \xrightarrow{Ag_2O} \text{对苯醌}$$

2. 还原反应

在较高温度下，苯酚可以催化加氢生成环己醇：

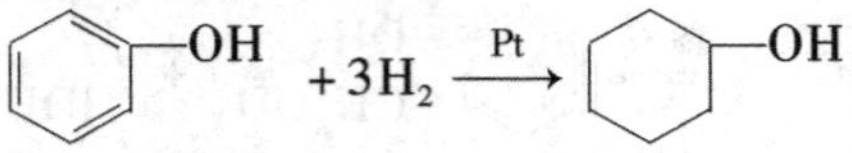

$$C_6H_5-OH + 3H_2 \xrightarrow{Pt} C_6H_{11}-OH$$

这是工业制取环己醇的重要方法。

## 第三节　醚

醚是两个烃基通过氧原子连接而成的化合物，可以看作醇或酚分子中羟基上的氢原子被烃基取代后的衍生物。

### 一、醚的结构、分类和命名

1. 醚的结构

醚是氧原子将两个烃基连接而成的化合物，烃基可以是烷基、烯基或芳基，所以醚的通式为 R—O—R，Ar—O—Ar 或 Ar—O—R。C—O—C 叫醚键，是醚的官能团。醚分子中的氧原子为 $sp^3$ 杂化，其中两个杂化轨道分别与两个碳原子形成两个 σ 键，余下两个杂化轨道各被一对孤电子对占据，因此醚可以作为路易斯碱，接受质子形成𬭩盐，也可与水、醇等分子形成氢键。醚分子结构为 V 字形，分子中 C—O 键是极性键，故分子有极性。乙醚的结构如图 5－2 所示。

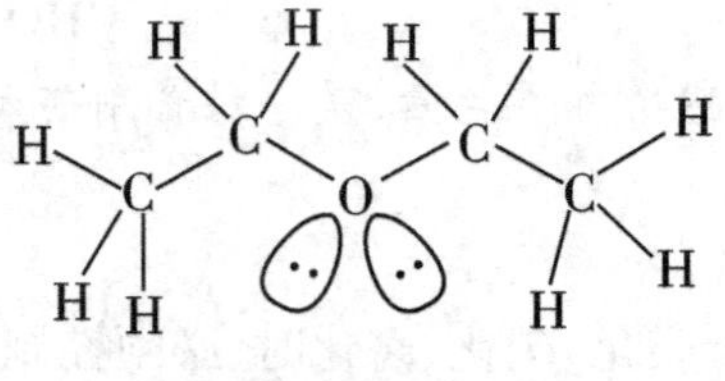

图 5－2　乙醚的结构

2. 醚的分类

醚分子中两个烃基相同，称“单醚”；两个烃基不同，则称“混醚”。若氧所连接的两个烃基形成环状，则称“环醚”。另外还有大环多醚等。例如：

饱和醚　　单醚　　$CH_3CH_2OCH_2CH_3$

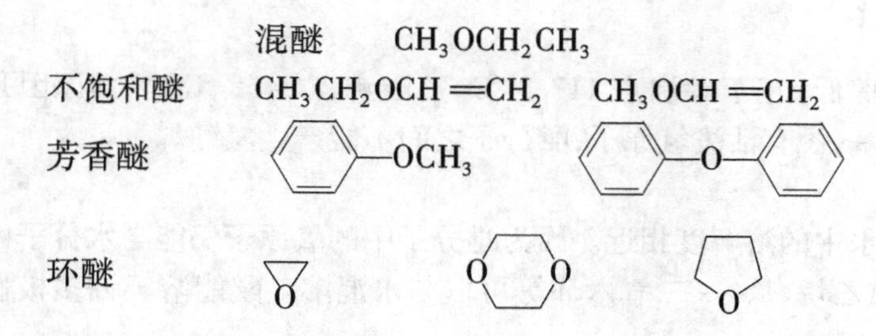


3. 醚的命名

烃基构造比较简单的醚，命名时在烃基名称前面加上“醚”字即可，饱和单醚“二”字常常省略。例如：

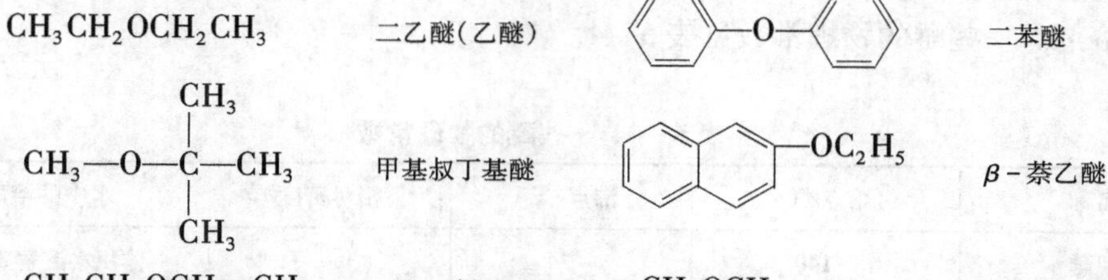


结构比较复杂的醚可以当作烃的烃氧基衍生物来命名。将较大的烃基当作母体，剩下的—OR 部分（烷氧基）看作取代基。

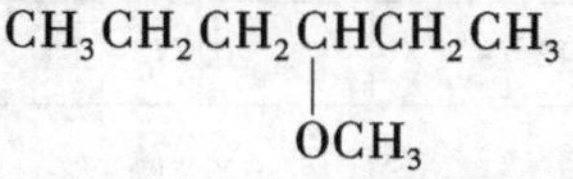

$$\underset{\displaystyle OCH_3}{CH_3CH_2CH_2\underset{|}{C}HCH_2CH_3}$$ 3－甲氧基己烷

环醚一般叫作环氧某烃或按杂环化合物命名的方法命名。

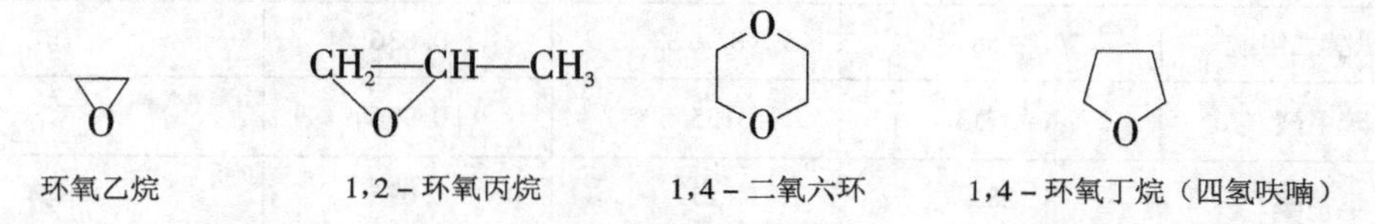


环氧乙烷　1，2－环氧丙烷　1，4－二氧六环　1，4－环氧丁烷（四氢呋喃）

多元醚（多元醇的衍生物）的命名，首先写出多元醇的名称，再写出另一部分烃基的数目和名称，最后加上“醚”字。

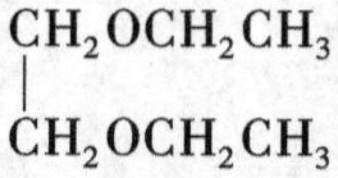

$$\begin{array}{l} CH_2OCH_2CH_3 \\ | \\ CH_2OCH_2CH_3 \end{array}$$ 乙二醇二乙醚

---

**问题 5－13**　命名下列化合物：

（1）$CH_3OCH_2CH_3$　（2）$CH_2$—$CH_2$—$CH_2$（两端 $CH_2$ 与 O 相连成环）　（3）苯环—$OCH_3$

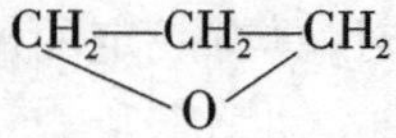

---

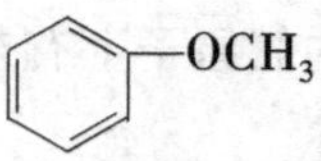

## 二、醚的物理性质

1. 物态

常温下，除了甲醚和甲乙醚为气体外，大多数醚为液体，有香味，易挥发，易燃烧。

2. 沸点

醚的沸点比相应分子量的醇低(正丁醇沸点 117.3 ℃,乙醚沸点 34.5 ℃)。其原因是醚分子中氧原子的两边均为烃基,没有活泼氢原子,醚分子之间不能产生氢键。

3. 溶解性

醚与碳原子数相同的醇在水中的溶解度相近。因为醚分子中的氧原子仍能与水分子中的氢原子生成氢键。甲醚、环氧乙烷、1,4-二氧六环等可以与水混溶。醚能溶于许多极性溶剂中。

4. 相对密度

液体醚的相对密度小于1,比水轻。

醚能溶解许多有机物,并且活性非常低,是良好的有机溶剂,常用来提取有机物或作有机反应溶剂。一些醚的物理常数见表5-4。

**表5-4 一些醚的物理常数**

| 名称 | 熔点/℃ | 沸点/℃ | 相对密度 | 水中的溶解度 |
|---|---|---|---|---|
| 甲醚 | -140 | -24 | — | 1体积水溶解37体积气体 |
| 乙醚 | -116 | 34.5 | 0.713 | 约8 g/100 g水 |
| 正丙醚 | -122 | 91 | 0.736 | 微溶 |
| 正丁醚 | -95 | 142 | 0.773 | 微溶 |
| 正戊醚 | -69 | 188 | 0.774 | 不溶 |
| 乙烯醚 | <-30 | 28.4 | 0.773 | 微溶 |
| 乙二醇二甲醚 | -58 | 82~83 | 0.836 | 溶 |
| 苯甲醚 | -37.3 | 155.5 | 0.996 | 不溶 |
| 二苯醚 | 28 | 259 | 1.075 | 不溶 |
| β-萘甲醚 | 72~73 | 274 | — | 不溶 |

## 三、醚的化学性质

醚的结构特征是分子中含有碳氧键(醚键),一般情况下醚键相当稳定,不与碱、稀酸、氧化剂和还原剂作用。在常温下不与金属钠反应,可用金属钠来干燥醚。但醚的稳定性是相对的,由于醚的氧原子上有未共用电子对,具有一定的碱性,可与强酸反应生成鎓盐,导致C—O键断裂。

1. 鎓盐的生成和醚键的断裂

所有的醚都能溶解在强酸中。醚的氧原子上有未共用电子对,能接受强酸中的$H^+$而生成鎓盐。

$$R-\ddot{\underset{..}{O}}-R + HCl \longrightarrow R-\underset{\underset{H}{|}}{O^+}-R + Cl^-$$

$$R-\ddot{\underset{..}{O}}-R + H_2SO_4 \longrightarrow R-\underset{\underset{H}{|}}{O^+}-R + HSO_4^-$$

锌盐是一种弱碱强酸盐，仅在浓酸中才稳定，遇水很快分解为原来的醚。烷烃不与冷的浓酸反应也不溶于其中，**利用这一性质，可鉴别醚或把醚从烷烃、卤代烃中分离出来**。如：正戊烷和乙醚几乎具有相同的沸点，醚溶于冷的浓硫酸中，正戊烷不溶于浓硫酸。把正戊烷和乙醚的混合液与冷浓硫酸混合，则得到两个明显的液层。

2. 醚键断裂

在较高温度下，强酸能使醚键断裂，使醚键断裂最有效的试剂是浓 HI 或 HBr 溶液。烷基醚断裂后生成卤代烷和醇，而醇又可以进一步与过量的 HX 作用形成卤代烷。

醚与强酸作用生成锌盐。锌盐的生成使醚键变弱，在较高温度下容易发生 C—O 键断裂。

$$ROR' + HI\ (HBr) \longrightarrow \underset{(Br)}{R-I} + R'OH \xrightarrow{HI(HBr)} \underset{(Br)}{R'-I}$$

在过量碘化氢的作用下，醚键断裂生成的醇也转变为碘代烃。

如果有过量的酸存在，则开始生成的醇即转为卤代烃。例如：

$$CH_3CH_2-O-CH_2CH_3 + 2HBr \longrightarrow 2CH_3CH_2Br + H_2O$$

(1)混醚与 HI 反应时，一般是较小的烷基生成卤代烷，较大的烷基生成醇。

$$CH_3-O-CH_2CH_3 + HI \longrightarrow CH_3I + CH_3CH_2OH$$

(2)带有芳基的混醚与 HI 反应时，通常生成卤代烷和酚。对于烷基芳基醚，断键只能发生在烷氧键之间，因为芳环上的 π 电子和氧原子上的未共用电子对发生离域，使碳氧键具有部分双键性质，很难发生断键。

$$C_6H_5-O-CH_3 + HI \longrightarrow C_6H_5-OH + CH_3I$$

HX 的反应活性：HI > HBr > HCl ≫ HF(不能与混醚发生反应)。

**问题 5-14** 完成下列化学反应：

(1) $CH_3CH_2OCH_3 + HI(浓) \longrightarrow$

(2) $C_2H_5OC_2H_5 + HCl(浓) \longrightarrow$

3. 过氧化物的生成

醚长期与空气接触，会慢慢生成不易挥发的过氧化物。

$$CH_3CH_2OCH_2CH_3 + O_2 \longrightarrow CH_3CH_2O\underset{\underset{OOH}{|}}{CH}CH_3$$

过氧化物不稳定，加热时易分解而发生爆炸，因此，醚类应尽量避免暴露在空气中，一般应放在棕色玻璃瓶中,避光保存。

蒸馏放置过久的乙醚时,要先检验是否有过氧化物存在,且不要蒸干。

检验醚中是否有过氧化物的方法,取少量乙醚,将碘化钾的醋酸溶液(或水溶液)加入醚中振荡,若有碘($I^-$ 与过氧化物反应生成 $I_2$)游离出来,溶液显紫色或棕红色,就表明有过氧化物存在。或用硫酸亚铁和硫氰化钾(KSCN)的混合物与醚振荡,如有过氧化物存在,会显红色。除去过氧化物的方法是在蒸馏以前加入适量还原剂,如 5% 的 $FeSO_4$ 于醚中,使过氧化物分解。为了防止过氧化物的形成,市售绝对乙醚中加有二乙基氨基二硫代甲酸钠作抗氧化剂。

$$\text{过氧化物} + Fe^{2+} \longrightarrow Fe^{3+} \xrightarrow{SCN^-} \underset{\text{红色}}{Fe(SCN)_6^{3+}}$$

## 四、环醚

### 1. 环氧乙烷

环氧乙烷是最简单的环醚,常温下为无色有毒气体。可与水互溶,也能溶于乙醇、乙醚等有机溶剂。沸点为 14 ℃,可与空气形成可爆炸混合物,常贮存于钢瓶中。

环氧乙烷化学性质活泼,在酸或碱催化下能与多种试剂反应,生成一系列重要的化工原料。

1)酸催化下的开环反应

在酸催化下,环氧乙烷可与水、醇、卤化氢等含活泼氢的化合物反应,生成双官能团化合物。

$$\text{环氧乙烷} + H^+ \begin{cases} \xrightarrow{H_2O} \underset{OH}{CH_2}-\underset{{}^+OH_2}{CH_2} \xrightarrow{-H^+} \underset{OH}{CH_2}-\underset{OH}{CH_2} \\ \xrightarrow{ROH} \underset{OH}{CH_2}-\underset{HO^+R}{CH_2} \xrightarrow{-H^+} \underset{OH}{CH_2}-\underset{OR}{CH_2} \\ \xrightarrow{HBr} \underset{Br}{CH_2}-\underset{{}^+OH_2}{CH_2} \xrightarrow{-H^+} \underset{Br}{CH_2}-\underset{OH}{CH_2} \end{cases}$$

2)碱催化下的开环反应

在碱催化下,环氧乙烷可与 $RO^-$,$NH_3$,RMgX 等反应生成相应的开环化合物。

$$C_2H_5O^- + \text{环氧乙烷} \xrightarrow{OH^-} \underset{\text{2-乙氧基乙醇}}{C_2H_5OCH_2CH_2OH}$$

$$\ddot{N}H_3 + \text{环氧乙烷} \xrightarrow{OH^-} NH_2CH_2CH_2OH \xrightarrow{\text{环氧乙烷}} (HOCH_2CH_2)_2NH$$

$$\xrightarrow{\triangle O} \begin{matrix} HOCH_2CH_2 \\ HOCH_2CH_2 \\ HOCH_2CH_2 \end{matrix} N$$

三（β-羟乙基）胺

环氧乙烷与 RMgX 反应，是制备增加两个碳原子的伯醇的重要方法。例如：

$$R—MgX + \triangle O \longrightarrow RCH_2CH_2OMgX \xrightarrow{H^+} RCH_2CH_2OH$$

$$C_6H_5CH_2MgBr + \triangle O \xrightarrow{\text{无水乙醚}} C_6H_5CH_2CH_2CH_2OMgBr \xrightarrow{H^+} C_6H_5CH_2CH_2CH_2OH$$

不对称的三元环醚的开环反应存在着一个取向问题，一般情况是酸催化条件下亲核试剂进攻取代较多的碳原子；碱催化条件下亲核试剂进攻取代较少的碳原子。这是因为在碱催化条件下，反应按 $S_N2$ 历程进行，烷氧基负离子向含有取代基最少的碳原子上进攻，因为那里的空间位阻较小。开环反应若在酸催化下进行，则先是环氧化合物质子化，质子化的环氧化合物使碳氢键进一步被削弱，以至它有部分离解成碳正离子。这样就使开环反应具有相当程度的 $S_N1$ 性质，所以亲核试剂进攻最能容纳正电荷的碳原子。

$$H_3C(H)C—CH_2(O) \xrightarrow{CH_3OH} \begin{cases} \xrightarrow[\text{酸催化}]{H^+} CH_3—CH(OCH_3)—CH_2OH \\ \xrightarrow[\text{碱催化}]{CH_3ONa} CH_3—CH(OH)—CH_2OCH_3 \end{cases}$$

2. 冠醚

冠醚的结构特征是分子中具有$\text{—}(OCH_2CH_2)_n\text{—}$重复单位。由于它们的形状似皇冠，故统称冠醚。

这类化合物具有特有的简化命名法（另有系统命名法），名称 *x* – 冠 – *y* 中的 *x* 代表环上原子的总数，*y* 代表氧原子总数。

12 – 冠 – 4　　　　15 – 冠 – 5

冠醚的重要特点是具有特殊的络合能力，因此根据环中间的空穴大小，可以与不同的离子络合，如：12 – 冠 – 4 可以络合 $Li^+$，但不能络合 $K^+$；而 18 – 冠 – 6 可以络合 $K^+$，但不络合 $Li^+$ 或 $Na^+$。

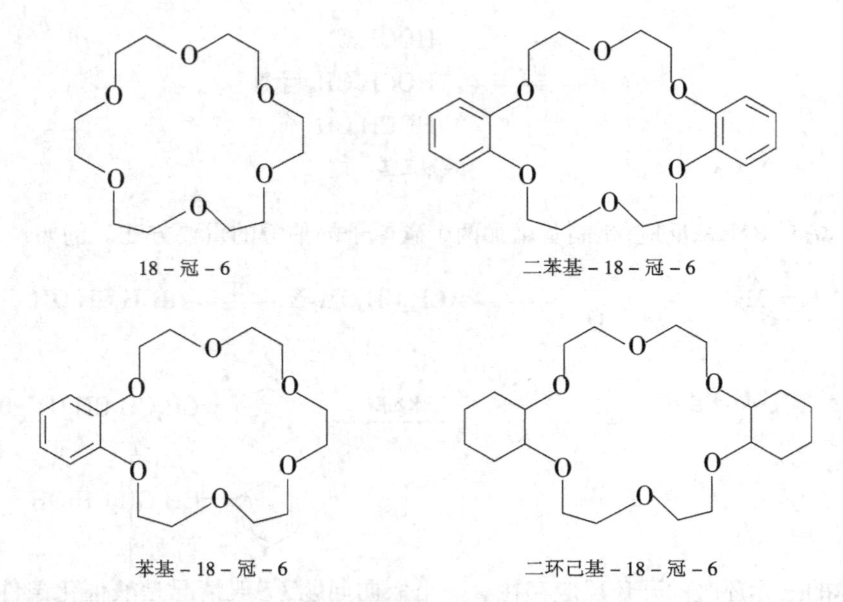


冠醚的另一个特点是可与许多有机物互溶。这点在有机合成上也很有用，因为有机合成常用无机试剂，而有机物与无机物常常找不到一个共同适合的溶剂，从而影响反应顺利地进行，冠醚在这方面可以起到很突出的作用。

环己烯 $+ KMnO_4 \longrightarrow$ 反应不易发生

环己烯 $+ KMnO_4 \xrightarrow{18-冠-6}$ 反应即刻发生

这是由于该醚能与 $K^+$ 络合，使高锰酸钾能以络合物形式溶于环己烯中，使氧化剂能很好地和反应物接触，因而氧化反应速率大大加快，产率也大为提高。在这个反应中，冠醚实际上是促使氧化剂由水转移到有机相，是相转移剂，所以冠醚被称为相转移催化剂。

$$\underset{固相或水相}{KMnO_4} + 18-冠-6 \rightleftharpoons \underset{溶于有机相}{(K^+)MnO_4^-}$$

冠醚的合成方法一般比较简单，例如：

$$2\ 邻苯二酚(OH, OH) + 2\ ClCH_2CH_2OCH_2CH_2Cl \xrightarrow[丁醇]{NaOH} 二苯基-18-冠-6 + 4HCl$$

二苯基－18－冠－6

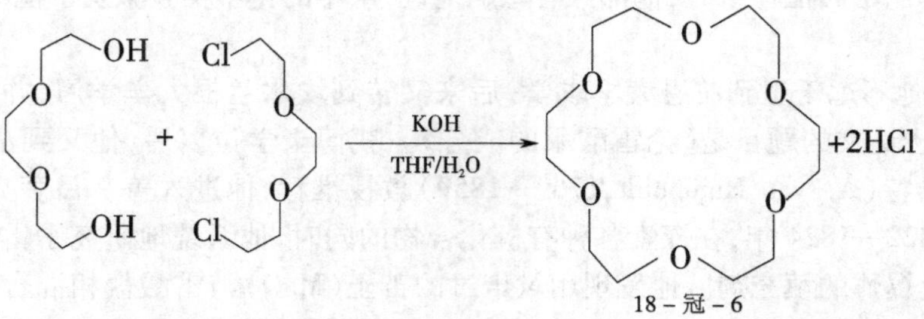

$$\text{HOCH}_2\text{CH}_2\text{OCH}_2\text{CH}_2\text{OCH}_2\text{CH}_2\text{OH} + \text{ClCH}_2\text{CH}_2\text{OCH}_2\text{CH}_2\text{OCH}_2\text{CH}_2\text{Cl} \xrightarrow[\text{THF}/H_2O]{\text{KOH}} \text{18-冠-6} + 2HCl$$

18－冠－6

问题 5－15　完成下列反应式：

$(CH_3)_2CHCH_2CH_2OH + HBr \longrightarrow$

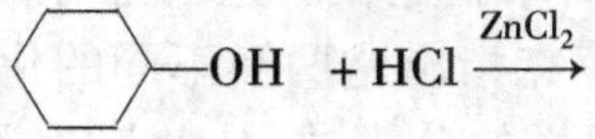

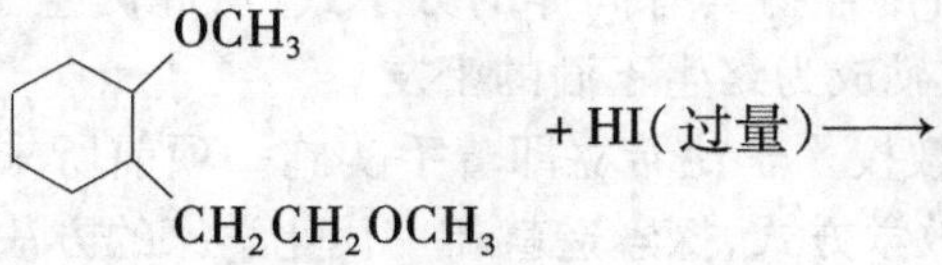

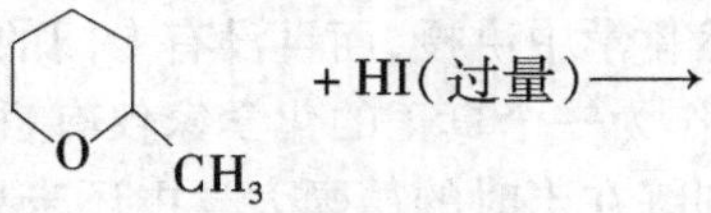

环己醇 $+ HCl \xrightarrow{ZnCl_2}$

1-甲氧基-2-($CH_2CH_2OCH_3$)环己烷 $+ HI(过量) \longrightarrow$

2-甲基四氢吡喃 $+ HI(过量) \longrightarrow$

$(CH_3)_2CHBr + C_2H_5ONa \longrightarrow$

$CH_3(CH_2)_2CH(OH)CH_3 \xrightarrow[OH^-]{KMnO_4}$

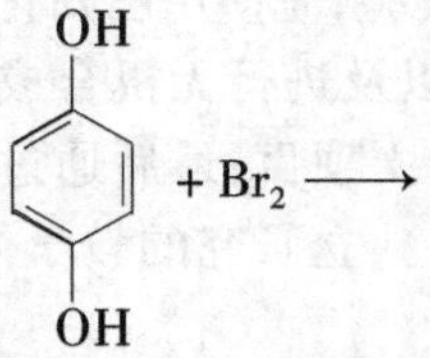

对苯二酚 $+ Br_2 \longrightarrow$

阅读材料

## 尤斯图斯·冯·李比希

尤斯图斯·冯·李比希(Justus von Liebig,1803—1873)是一位德国化学家,他最重要的贡献在于农业和生物化学。他还创立了有机化学,因此被称为"有机化学之父"。作为大学教授,他发明了面向实验室的现代教学方法,因为这一创新,他被誉为历史上最伟大的化学教育家之一。此外,他发现了氮对于植物营养的重要性,因此也被称为"肥料工业之父"。

1803 年 5 月 12 日,李比希生于德国的达姆斯塔特。他的父亲是一个染料制造商,因此家中有许多化学药品。小小的李比希经常自己动手做化学实验,他对实验和观察有着浓厚的兴趣。有一次他在做雷酸汞实验时引起了爆炸,震动了整个楼房,屋顶的一角也被炸毁了,但他本人没有受伤。对于这件事,李比希的父亲并没有责备他,反而说他有胆量,有追求精神。每当李比希回忆往事时,他都深有感触地说,童年的化学实验激发了他的想象力和对化学的热爱。

1820 年,他不远千里到波恩大学求学,后来又转到埃尔兰根大学学习,并于 1822 年获博士学位,博士论文的题目是《论雷酸汞的成分》。获博士学位以后,他又到法国巴黎继续深造。经洪堡特(A. von Humboldt,1769—1859)教授推荐,他进入盖 - 吕萨克实验室进行研究工作。1822—1824 年,在探索各种有机化合物的同时,他系统地研究了雷酸盐,并找到了防止雷酸盐爆炸的填充剂。他发现用烘焙过的苦土(MgO)与雷酸盐相混合,可以非常有效地防止雷酸盐爆炸。李比希在 1823 年 6 月 23 日向科学院报告了他的研究成果。当时,会议主持人洪堡特教授对李比希说:“您的研究不仅本身具有重要意义,更重要的是这一成果使人们感到,您是一位有杰出才干的人。”

李比希 1824 年完成了一系列关于雷酸化合物的研究,此时维勒正在研究氰化物。他们分别写的文章同时在盖 - 吕萨克主编的杂志上发表,盖 - 吕萨克指出这两类不同的化合物具有相同的分子式。这是化学家首次发现不同化合物具有同样的分子式,从此诞生了“同分异构体”这个名词。以此为契机,李比希与维勒成为终生不渝的密友。

1824 年李比希回到德国,任吉森大学化学教授。李比希立即着手实施一项前所未闻的计划,那就是改革德国的传统化学教育体制与教学方式,探索造就新一代化学家的方法。当时德国大学中的化学教育,通常是把化学知识混杂在自然哲学中讲授,而且没有专门的化学教学实验室,学生得不到实验操作的训练。李比希深知,作为一个真正的化学家仅有哲学思辨是不够的,化学知识只有从实验中获得。而这种实验训练在当时的德国大学中还未兴起。于是李比希下决心借鉴国外化学实验室的经验,在吉森建立一个现代化的实验室,让一批又一批的青年人在那里得到训练,从中培养出一代化学家。吉森实验室是一座供化学教学使用的实验室,它向全体学生开放,并在化学实验过程的同时进行讲授。李比希为实验室教学编制了一个全新的教学大纲,它规定学生在学习讲义的同时还要做实验,先使用已知化合物进行定性分析和定量分析,然后从天然物质中提纯和鉴定新化合物以及进行无机合成和有机合成;学完这一课程后,在导师指导下进行独立的研究作为毕业论文项目;最后通过鉴定获得博士学位。李比希这种让学生在实验室中从系统训练逐步转入独立研究的教学体制,在他之前并未被人们认识到,而它为近代化学教育体制奠定了基础。

化学教学大纲的编制和李比希热诚而严谨的治学,使得化学教育运动在德国比在其他任何地方以更大的势头和更深远的影响发展起来,从而吸引了四面八方的学生拥向吉森大学,聚集于李比希门下。在李比希的精心指导下,通过实验室中的系统训练培养出了一大批闻名于世的化学家。其中名列前茅的有为染料化学和染料工业奠定基础的霍夫曼,发现卤代烷和金属钠作用制备烃的武慈,因提出苯环状结构学说、为有机结构理论奠定坚实基础而被誉为“化学建筑师”的凯库勒以及被门捷列夫誉为“俄国化学家之父”的沃斯克列先斯基等。值得指出的是,这些学生还在本国仿效吉森的做法,建立了一批面向学生的教学实验室,使吉森的化学教育模式在全世界得到积极推广,培养出众多著名的化学家,并形成了吉森 - 李比希学派,为世界化学发展做出了巨大贡献。

李比希做过大量的有机化合物的准确分析,改进了有机分析的若干方法,确定了大批化合物的化学式,发现了同分异构现象。他在化学上的重要贡献还有:1829 年发现并分析马尿酸;1831 年发现并制得氯仿和氯醛;1832 年与. 维勒共同发现安息香基并提出基团理论,为有机结构理论的发展做出贡献;1839 年提出多元酸理论;1840 年以后的 30 年里,他转而研究生物化学和农业化学。他用实验方法证明:植物生长需要碳酸、氨、氧化镁、磷、硝酸以及钾、钠和铁的化合物等无机物;人和动物的排泄物只有转变为碳酸、氨和硝酸等才能被植物吸收。这些观点为近代农业化学打下基础。他大力提倡用无机肥料来提高收成。他还认为动物的食物不但需要一定的数量,还需要各种不同的种类,或有机物或无机物,而且须有相当的比例。他又证明糖类可生成脂肪,还提出发酵作用的原理。

当时有机物的分析技术还相当落后,他改进并完善了由盖-吕萨克和泰纳尔提出的有机物燃烧分析法,从而可以根据产生的二氧化碳和水的量精确地确定碳和氢的含量。后来杜马又发明了测定有机氮的好方法,这样就形成了完整的有机分析体系。吉森这个小地方也成为当时世界的化学中心,对 19 世纪德国成为化学强国起到重要作用。

1840 年李比希当选英国皇家学会会员,1842 年荣誉当选法国科学院院士,1845 年被封为男爵,1852 年任慕尼黑大学教授。1852 年后因健康状况恶化而退出教学工作,但仍然从事力所能及的研究工作,并开始对生物化学产生了兴趣,对“生命的活力由体内食物氧化产生的能量提供”的观点之建立起了积极作用。然而他对发酵过程的理解却和贝采利乌斯犯了同样的错误。在农业化学方面,他也是成功和失败并存的。他正确地指出:土地肥力丧失的主要原因是植物消耗了土壤里的生命所必需的矿物成分,诸如钠、钙、磷等。他主张用化肥代替天然肥料进行施肥。不过,他错误地认为植物所必需的氮是从大气中直接吸收的,所以在他的化肥配料表中没有加入氮化物。这一点后来被纠正了,从而使农业生产发生了巨大的飞跃。

在著名化学家波拉德发现元素溴的前四年,李比希曾试着把海藻烧成灰,用热水浸泡,再往里面通氯气。他发现,在残渣底部有一种棕红色的液体。他反复做了几次实验,都得到同样的结果。如果继续研究下去,以当时李比希的实验设备和实验技术,完全有条件从这瓶液体中发现新元素溴。但是,李比希没有做认真的化学分析,只是想,这些东西是通了氯气得到的,说明海藻中的碘和氯起了化学反应,生成了氯化碘。于是他在瓶子上贴了一个标签,上面写着“氯化碘”,然后就把这瓶液体放在柜子里,一放就是四年。1826 年 8 月 14 日,法国化学家波拉德宣布发现了新元素溴,这种元素性质介于氯和碘之间。这一发现,震惊了化学界。李比希看到了波拉德的报告以后,顿时想起他放到柜子里的那瓶“氯化碘”,他赶紧翻箱倒柜,找出了那瓶棕色液体,认真地进行了化学分析,分析结果使他激动又痛心。原来,那瓶棕色液体不含有氯,也不含有碘,更不是他猜测的“氯化碘”,其成分正是波拉德发现的新元素溴。如果李比希采取严格的科学态度,认真分析那瓶棕色液体,那么发现元素溴的就不会是波拉德,而将会是李比希。李比希与元素溴的发现失之交臂,他懊悔极了,恨自己粗心大意,恨自己进行了大半辈子的化学研究,却缺乏严格的科学态度。为了警诫自己,他特意把那瓶棕色液体放在原来的柜子里,并把柜子搬到大厅中,在上面贴上一个工整的字条:“错误之柜”。而且,他还把瓶子上的标签揭了下来,用镜框装上,挂在床头,不但自己看,还给朋友们看。李比希接受教训后,善于从异常现象中发现问题,又能通过实验找出解决问题的途径,所以成为化学史上的巨人。李比希用“错误之柜”警醒自己,教育学生。李比希逝世后,学术界对他十分怀念。人们把吉森大学李比希工作过的地方,改为李比希纪念馆,把李比希看成有机化学、生物化学和农业化学的开路人。

李比希一生共发表了 318 篇化学和其他科学的论文。著有《有机物分析》《生物化学》

《化学通信》《化学研究》《农业化学基础》《关于近世农业之科学信件》等。他还和维勒合编了《纯粹与应用化学词典》。1831 年创办《药物杂志》并任编辑,1840 年后此杂志改名为《化学和药物杂志》,他和维勒同任编辑。

李比希对无机化学、有机化学、生物化学、农业化学都做出了卓越的贡献。他发明和改进了有机分析的方法,准确地分析过大量的有机化合物,合成过氯仿($CHCl_3$)、三氯乙醛($CCl_3CHO$)和多种有机酸;他还曾与他人合作,提出了化合物基团的概念以及多元酸的理论。李比希开创了农业化学的研究,提出植物需要氮、磷、钾等基本元素,研究了提高土壤肥力的问题,因此,他被农学界称为“农业化学之父”。

## 习　题

### 一、选择题

1. 下列化合物中酸性最强的是(　　)。

A. 苯酚　　B. 邻硝基苯酚　　C. 对硝基苯酚　　D. 水

2. 下列化合物中在水中溶解度最大的是(　　)。

A. 乙醇　　B. 乙醛　　C. 乙烯　　D. 氯乙烯

3. 下列物质中既能与溴水反应又能与金属钠反应的是(　　)。

A. $CH_2{=\!=}CH_2$　　B. $CH_3CH_2Cl$　　C. $C_6H_5OH$　　D. $CH_3OCH_3$

4. 下列化合物中能形成分子间氢键的是(　　)。

A. $CH_3CH_2OH$　　B. $CH_3CH_2Br$　　C. $CH_3OCH_3$　　D. $C_2H_2$

5. 临床上常用作重金属解毒剂的化合物是(　　)。

A. 乙醇　　B. 二巯基丙醇　　C. 甘油　　D. 二硫化物

6. 除去卤代烃中少量的醚可用的试剂是(　　)。

A. 浓硫酸　　B. 氢氧化钠　　C. 硝酸银溶液　　D. 卢卡斯试剂

7. 下列化合物中遇 $FeCl_3$ 显紫色的是(　　)。

A. 甘油　　B. 苯酚　　C. 苄醇　　D. 对苯二酚

8. 以下叙述中正确的是(　　)。

A. 羟基可与水形成氢键,因此凡含羟基的化合物均易溶于水

B. 酚的苯环上供电子基越多,亲电取代的活性越高,酸性越强

C. 乙醚长期与空气接触可生成过氧化物,过氧化物受热易爆炸,故蒸馏乙醚时不要蒸干

D. 醇的脱水反应又称消除反应

9. 下列物质中不能用 $CaCl_2$ 来干燥的是(　　)。

A. 硫醇　　B. 低级醚　　C. 卤代烃　　D. 低级醇

10. 下列物质中能用以区别乙醇和乙二醇的是(　　)。

A. $FeCl_3$　　B. $Cu(OH)_2$　　C. $CuSO_4$　　D. $AgNO_3$

11. 下列试剂中,可用于检验醚中的过氧化物的是(　　)。

A. 碘液　　B. 淀粉碘化钾试液　　C. 冷浓硫酸　　D. 淀粉试纸

12. 下列试剂中,能将伯、仲、叔醇区别开的是(　　)。

A. 重铬酸钾　　B. 卢卡斯试剂　　C. 高碘酸　　D. 氢碘酸

13. ①2－丁醇、②2－甲基－2 丙醇、③甲醇，与金属钠的反应活性按顺序排列正确的是(　　)。

A. ①>②>③　B. ①>③>②　C. ③>②>①　D. ③>①>②

14. 乙醇与二甲醚是(　　)异构体。

A. 碳干异构　B. 位置异构　C. 官能团异构　D. 互变异构

15. 在实验室里下列物质中最易引起火灾的是(　　)。

A. 乙醇　B. 四氯化碳　C. 乙醚　D. 煤油

16. 下列各项中，与乙醇性质不符合的是(　　)。

A. 易溶于水　B. 能与金属钠反应生成氢气

C. 能被氧化生成酮　D. 能与无机酸反应生成酯

17. 乙醇氧化的最终产物是(　　)。

A. 乙酸　B. 乙醛　C. 乙烯　D. 乙醚

18. 来苏儿中的有效成分是(　　)。

A. 丙酮　B. 乙醛

C. 乙酸　D. 甲酚三种同分异构体的混合物

19. 禁用工业酒精配制饮用酒，是因为工业酒精中含有(　　)。

A. 甲醇　B. 乙醇　C. 丙醇　D. 丙三醇

20. 医药上用乙醇作消毒剂，其浓度为(　　)。

A. 750 mL/L　B. 500 mL/L　C. 950 mL/L　D. 300 mL/L

21. 乙醇在 170 ℃浓硫酸作用下反应生成乙烯，浓硫酸的作用是(　　)。

A. 催化剂　B. 氧化剂　C. 脱水剂　D. 催化剂和脱水剂

22. 下列说法中正确的是(　　)。

A. 醇的分子间脱水反应属于消除反应

B. 能发生银镜反应的有机物一定是醛

C. 含有碳碳双键的有机物都有顺反异构体

D. 醇的分子内脱水属于消除反应

23. 将无水氯化锌溶于浓盐酸所形成的饱和溶液称为(　　)。

A. 托伦试剂　B. 斐林试剂　C. 卢卡斯试剂　D. 希夫试剂

24. 苯酚具有弱酸性是因为分子中存在(　　)。

A. －I 效应　B. p－π 共轭效应　C. π－π 共轭效应　D. σ－π 共轭效应

25. 由苯不能一步反应制得的有机物是(　　)。

A. 环己烷　B. 苯磺酸　C. 苯酚　D. 乙苯

26. 下列各组物质中，互为同分异构体的是(　　)。

A. 甲醚和甲醇　B. 乙醇和乙醚　C. 甲醚和乙醇　D. 丙醇和丙醚

27. 下列各组物质中，能用 $Cu(OH)_2$ 来鉴别的是(　　)。

A. 乙醇和乙醚　B. 乙醇和乙二醇　C. 乙二醇和丙三醇　D. 甲醇和乙醇

28. 不同级别的醇与钠反应的活性顺序是(　　)。

A. 1°>2°>3°　B. 3°>2°>1°　C. 2°>1°>3°　D. 2°>3°>1°

29. 区别伯、仲、叔醇常用的试剂或反应是(　　)。

A. 托伦试剂　B. 斐林反应　C. 碘仿反应　D. 卢卡斯试剂

30. 下列化合物中能形成分子内氢键的是(　　)。

A. 邻硝基苯酚　B. 邻甲基苯酚　C. 间硝基苯酚　D. 对硝基苯胺

31. 以下各组化合物可用 $K_2Cr_2O_7$ 鉴别的是(　　)。

A. 乙醇和 2 - 丙醇　B. 溴乙烷和 2 - 溴丙烷

C. 2 - 丙醇和 2 - 甲基 - 2 - 丙醇　D. 2 - 溴丙烷和 2 - 甲基 - 2 - 溴丙烷

32. 下列醇中与卢卡斯试剂反应最慢的是(　　)。

A. $CH_3CH_2CH(OH)CH_3$　B. $(CH_3)_2C(OH)CH_2CH_3$

C. $CH_3CH_2CH_2OH$　D. $(CH_3)_3COH$

33. 下列化合物与卢卡斯试剂反应,在室温下可立即出现浑浊分层的是(　　)。

A. 2,2 - 二甲基丙醇　B. 异丁醇

C. 仲丁醇　D. 叔丁醇

34. 2 - 甲基环己醇进行分子内脱水得到的主产物为(　　)。

A. 甲基环已烷　B. 1 - 甲基环已烯　C. 3 - 甲基环已烯　D. 环已烯

35. 下列化合物中能与 $FeCl_3$ 发生反应的是(　　)。

A. 苯酚　B. 乙醛　C. 苯甲醚　D. 苯甲醇

36. 下列物质中氧化产物为丁酮的是(　　)。

A. 叔丁醇　B. 2 - 丁醇　C. 2 - 甲基丁醇　D. 1 - 丁醇;

37. 下列物质,不能溶于浓硫酸中的是(　　)。

A. 溴乙烷　B. 水　C. 乙醚　D. 乙烯

38. 下述氢卤酸与 2 - 丙醇反应,速率最慢的是(　　)。

A. HF　B. HCl　C. HBr　D. HI

39. 鉴别苯甲醚、苯酚最好选择(　　)。

A. 高锰酸钾　B. 浓硫酸　C. 三氯化铁　D. 卢卡斯试剂

40. 苯酚水溶液中滴加溴水,立即生成白色沉淀,经 $NaHSO_3$ 溶液洗涤后,该沉淀是(　　)。

A. 对溴苯酚　B. 邻溴苯酚　C. 2,4 - 二溴苯酚　D. 2,4,6 - 三溴苯酚

41. 从一种脂溶性的乙醚提取物中回收乙醚的下列操作过程中,不正确的是(　　)。

A. 在蒸出乙醚之前应干燥去水　B. 用明火直接加热

C. 室内有良好的通风　D. 不用明火加热

42. 下列醇中最易脱水生成烯烃是(　　)。

A. $CH_3CH_2CH_2OH$　B. $(CH_3)_2C(OH)CH_3$

C. $CH_3CH_2CH(OH)CH_3$　D. $CH_3CH_2OH$

## 二、填空题

1. 有机化合物中,与________直接相连的碳原子称为 $\alpha$ - 碳原子,$\alpha$ - 碳原子上的氢原子称为______。

2. 甲醇俗名__________,因为__________,所以能使人失明甚至死亡。乙醇俗称

__________，其结构式为__________。临床上常用浓度为__________的酒精作消毒剂，工业酒精不能用来勾兑饮用酒，因其含有较多的__________。

3. 醇可以看作__________、__________以及________与羟基相连的化合物，醇的官能团是__________，称为__________。

4. 醇分子中含有______，因此醇分子之间以及醇与水分子之间均可形成__________，导致低级醇有较高的沸点和良好的水溶性。

5. 按羟基所连接的烃基不同，醇可分为________、________和______；按羟基所连接的碳原子的种类不同，醇可分为________、________和________；按羟基数目的多少，醇可分为__________、__________和__________。

6. 伯醇首先被氧化成________，继续氧化成__________；仲醇被氧化成__________；叔醇因没有__________难以被氧化。

7. 醇在脱水剂________、________等存在下加热可发生脱水，分子内脱水生成________，分子间脱水生成__________，醇的脱水方式取决于__________和__________。

8. 由于烷基诱导效应的影响，甲醇、伯醇、仲醇和叔醇与金属反应时，它们的反应活性次序为__________ > __________ > __________ > __________。

9. 丙三醇俗称________，与浓硝酸反应生成的三硝酸甘油酯在医药上常用来治疗________。

10. 酚是羟基与________直接相连形成的化合物，最简单的酚是____________，俗称__________，其酸性较碳酸______________。

11. 邻硝基苯酚的沸点低于对硝基苯酚，是由于______________。

12. 苯酚的水溶液与溴立即产生________________________沉淀，此反应灵敏、迅速、简便，可用于苯酚的________和________分析。

13. 酚类易被______________，因此苯酚在空气中放置后，逐渐氧化变色。

14. 醚按与氧原子相连的两个烃基是否相同，可分为________、________；醚的沸点比相应的醇________，而其________与相应的醇相近。

15. 乙醚沸点__________，极易________、________，故使用时要防止____________。

16. 在一定条件下，有机物分子中脱去一个______（如水、卤化氢等），而生成________化合物的反应称为________反应。

17. 在有机化学中，物质____________或____________的反应都称为氧化反应；相反，物质__________或__________的反应都称为还原反应。

## 三、简答题

1. 命名下列化合物。

(1) $CH_3\underset{|}{\overset{OH}{C}}HCH_2CH_3$　(2) $H_3C-C_6H_4-\underset{OH}{CH}CH_2OH$　(3) （骨架式：异丙基乙基醚）

(4) (cyclohexyl ethyl ether structure) (5) (structure: OH) (6) (structure: OH, $C_2H_5$)

(7) (structure: OH, O) (8) $O_2N-C_6H_4-OCH_3$

2. 完成下列反应式。

(1) $C_2H_5OH + Na \longrightarrow$

(2) $(CH_3)_2C(OH)CH_2CH_2CH_3 \xrightarrow[\triangle]{H_2SO_4}$

(3) $C_6H_5CH_2OH \xrightarrow[\triangle]{H_2SO_4}$

(4) $2CH_3CH_2CH_2OH \xrightarrow[\triangle]{H_2SO_4}$

(5) $CH_3CH(OH)CH(CH_3)_2 \xrightarrow{SOCl_2}$

(6) $CH_3C(CH_3)(OH)CH_2OH \xrightarrow{HIO_4}$

(7) $CH_3CH(OH)CH_3 \xrightarrow[\triangle]{Cu}$

(8) $CH_3OCH_2CH_2CH_3 + HI \longrightarrow$

3. 完成下列转变。

(1) $C_6H_5-OH \longrightarrow SO_3H-C_6H_4-OH$

(2) (cyclopentyl)$-OH \longrightarrow$ (cyclopentanone)$=O$

(3) $CH_3CH_2CH{=}CH_2 \longrightarrow CH_3CH_2CH_2CH_2OH$

(4) $ClCH_2CH_2CH_2CH_2OH \longrightarrow$ (tetrahydrofuran, O)

(5) $CH_3CH_2CH_2CH_2OH \longrightarrow CH_3CH_2CH(OH)CH_3$

4. 用简便且有明显现象的方法鉴别下列各组化合物。

(1) $CH_3CH_2OCH_2CH_3$, $CH_3CH_2CH_2CH_2OH$ 和 $CH_3(CH_2)_4CH_3$

(2) $CH_3CH_2Br$ 和 $CH_3CH_2OH$

（3）$C_6H_5CH_2OH$ 和 （环状结构）$CH_2OH$

5. 下列化合物是否可形成分子内氢键？写出带有分子内氢键的结构式。

$CH_3COCH_2CH(OH)CH_3$　　2-硝基环己醇（$NO_2$、OH）　　$HO-C_6H_4-NO_2$　　2-羟基环己酮（O、OH）

6. 分子式为 $C_7H_8O$ 的芳香族化合物 A 与金属钠无反应；在浓氢碘酸作用下得到 B 及 C。B 能溶于氢氧化钠，并与三氯化铁作用产生紫色。C 与硝酸银乙醇溶液作用产生黄色沉淀。推测 A，B，C 的结构，并写出各步反应。

7. 分子式为 $C_5H_{12}O$ 的 A 能与金属钠作用放出氢气，A 与浓 $H_2SO_4$ 共热生成 B。用冷的高锰酸钾水溶液处理 B 得到产物 C。C 与高碘酸作用得到 $CH_3COCH_3$ 及 $CH_3CHO$。B 与 HBr 作用得到 D（$C_5H_{11}Br$），将 D 与稀碱共热又得到 A。推测 A 的结构，并用反应式表明推断过程。

8. 有一化合物 A 的分子式为 $C_5H_{11}Br$，和氢氧化钠水溶液共热后生成分子式为 $C_5H_{12}O$ 的化合物 B，B 具有旋光性，能和金属钠反应放出氢气，在浓硫酸的作用下脱水生成烯烃 C，C 经臭氧化和在还原剂存在下水解，生成丙酮和乙醛。请写出 A，B，C 的结构式和相关的反应方程式。

# 第六章　醛和酮

> **学习指南**
>
> 醛和酮都是分子中含有羰基( >C=O )官能团的有机化合物。碳原子数相同的醛和酮互为官能团异构体。由于两者都含有羰基,所以能发生许多相同的化学反应,但因羰基在分子中所处的位置不同,它们的性质又存在一些差异。
>
> 本章重点介绍醛和酮的化学反应及其实际应用。
>
> 学习本章内容,应在了解羰基结构特点的基础上做到:
>
> 1. 了解醛和酮的分类,掌握醛和酮的命名方法;
> 2. 熟悉醛和酮的物理性质及其变化规律;
> 3. 掌握醛和酮的化学反应及其实际应用,掌握醛和酮的鉴别方法;
> 4. 熟悉醛和酮的工业制法、工艺条件及其在生产、生活中的实际应用。

## 第一节　醛和酮的结构及命名

### 一、醛和酮的结构

**醛和酮分子中都含有相同的官能团——羰基( >C=O ),所以又叫羰基化合物。羰基最少和一个氢原子相连的化合物叫作醛,醛基是醛的官能团,醛基的简写为—CHO。羰基与两个烃基相连的化合物叫作酮。**酮分子中的羰基又叫酮基,是酮的官能团。碳原子数相同的醛和酮互为同分异构体。

醛:　(H)R(H)C=O　　Ar(H)C=O　　环己基—C(=O)—H

酮:　R(R)C=O　　Ar(R)C=O　　环己酮

醛和酮的官能团是羰基,所以要了解醛和酮必须先了解羰基的结构。醛和酮羰基中的碳原子为 $sp^2$ 杂化,而氧原子则是未经杂化的。碳原子的三个 $sp^2$ 杂化轨道相互对称地分布在一个平面上,其中之一与氧原子的2p轨道在键轴方向重叠构成C—O σ键。碳原子未参加杂化的2p轨道垂直于碳原子三个 $sp^2$ 杂化轨道所在的平面,与氧原子的另一个2p轨道侧面重叠,形成π键,即碳氧双键也是由一个σ键和一个π键组成的。由于氧原子的电负性比碳原子大,羰基中的π电子云就偏向于氧原子,羰基碳原子带上部分正电荷,而氧原子带上部分负电荷。

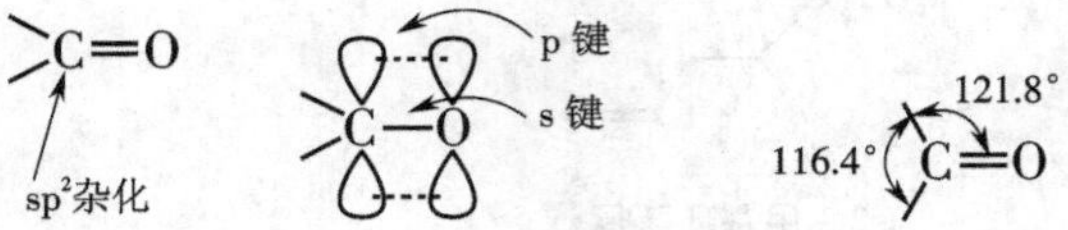

$>C=O$　sp$^2$杂化　p 键　s 键　121.8°　116.4°

## 二、醛和酮的分类及命名

1. 分类

根据分子中羰基的数目可以分为一元醛(酮)、二元醛(酮)和多元醛(酮)。也可按照烃基的不同分为脂肪醛(酮)、脂环醛(酮)和芳香醛(酮)。根据烃基是否含有重键,又可分为饱和醛(酮)和不饱和醛(酮)。例如:

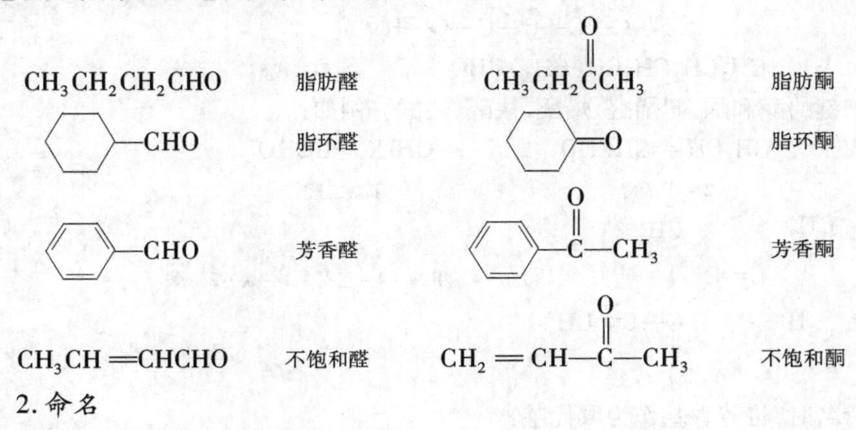


2. 命名

1) 普通命名法

醛的命名与醇的习惯命名法相似,称某醛。如:

| | | | |
|---|---|---|---|
| $CH_3CH_2OH$ | 乙醇 | $CH_3CHO$ | 乙醛 |
| $CH_3CH(CH_3)CH_2OH$ | 异丁醇 | $CH_3CH(CH_3)CHO$ | 异丁醛 |
| $CH_3CH_2CH_2CHO$ | 丁醛 | $HCHO$ | 甲醛 |

脂肪酮则按酮基所连接的两个烃基而称为某(基)某(基)酮。例如:

$CH_3COCH_3$　二甲酮

$CH_3COCH_2CH_3$　甲乙酮

2) 系统命名法

选择含有羰基的最长碳链作为主链,称为某醛或某酮。在醛分子中,醛基总是位于碳链的一端,所以羰基碳原子总是在第一位,命名时不必用数字标明其位置。酮基的位置则需用数字标明,写在"某酮"之前,并用数字标明侧链所在的位置及个数,写在母体名称之前。例如:

$CH_3CH(CH_3)CHO$　　2-甲基丙醛

$CH_3CH_2COCH(CH_3)CH_2CH_3$　　4-甲基-3-己酮

$CH_3CH{=}CHCHO$

2-丁烯醛

$CH_3CH(CH_3)CH{=}CHCOCH_3$

5-甲基-3-己烯-2-酮

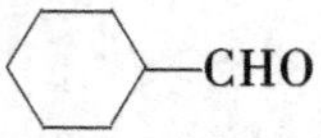

环己基甲醛

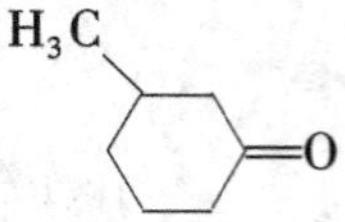

3-甲基环己酮

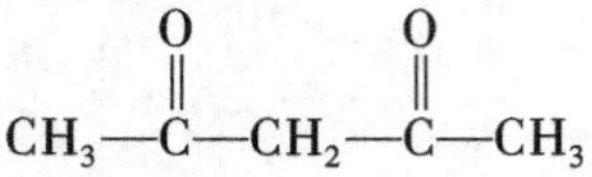

$CH_3-\overset{O}{\overset{\|}{C}}-CH_2-\overset{O}{\overset{\|}{C}}-CH_3$

2,4-戊二酮

$CH_3CH_2CH_2COCH_3$

2-戊酮

醛和酮命名时习惯上还采用希腊字母 $\alpha,\beta,\gamma$ 等，$\alpha$ 碳指与醛基或酮基直接相连的碳原子。例如：

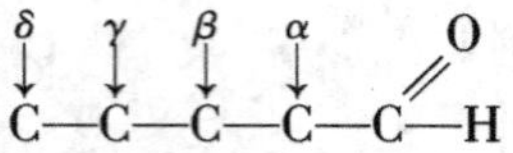

$\overset{\delta}{C}-\overset{\gamma}{C}-\overset{\beta}{C}-\overset{\alpha}{C}-\overset{O}{\overset{\|}{C}}-H$

$CH_3CH_2CH_2CH(CH_3)CHO$　　$\alpha$-甲基戊醛

含有双键、三键的醛和酮，叫烯醛、烯酮、炔醛、炔酮。例如：

$CH_3CH{=}CHCHO$

2-丁烯醛

$OHCC{\equiv}CCHO$

丁炔二醛

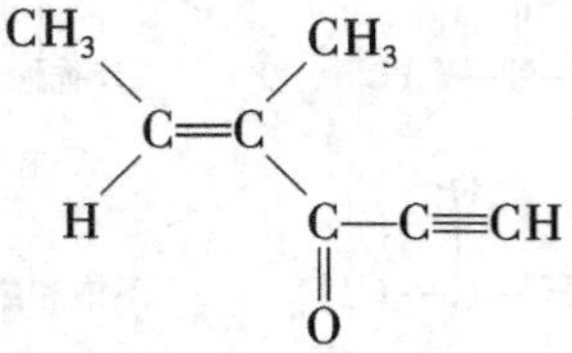

(*E*)-4-甲基-4-己烯-1-炔-3-酮

芳香醛、酮命名时，将芳香基作为取代基：

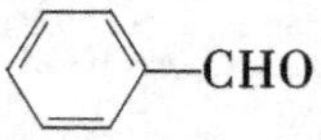

苯甲醛

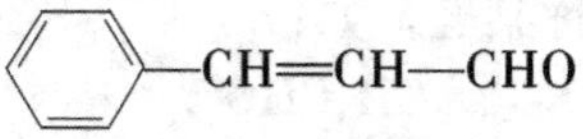

3-苯基丙烯醛

（肉桂醛）

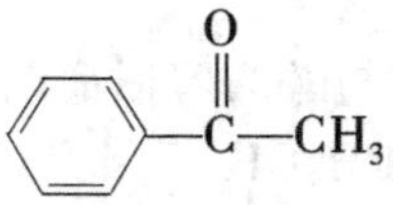

苯乙酮

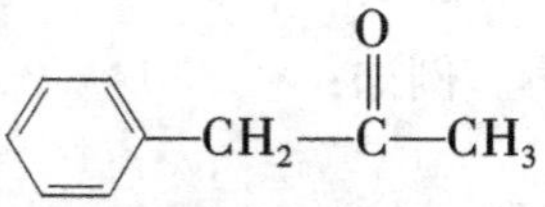

1-苯基丙酮

脂环酮的命名（羰基在环内）：

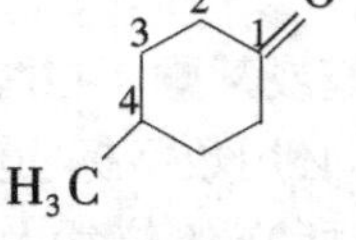

4-甲基环己酮

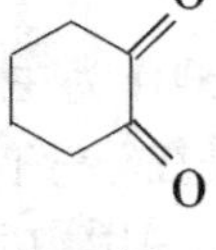

1,2-环己二酮

结构中同时存在酮基和醛基的，将酮基看作取代基。例如：

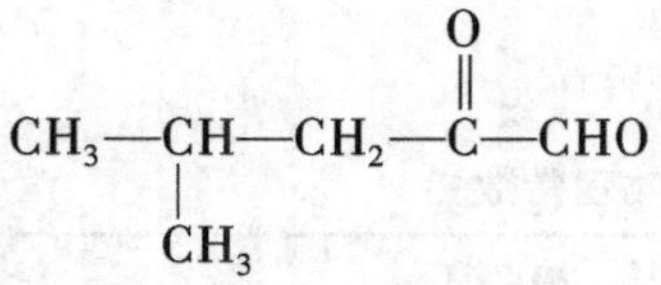

$CH_3-\underset{\displaystyle CH_3}{\underset{|}{CH}}-CH_2-\overset{\displaystyle O}{\overset{\|}{C}}-CHO$

2－甲基－4－羰基戊醛

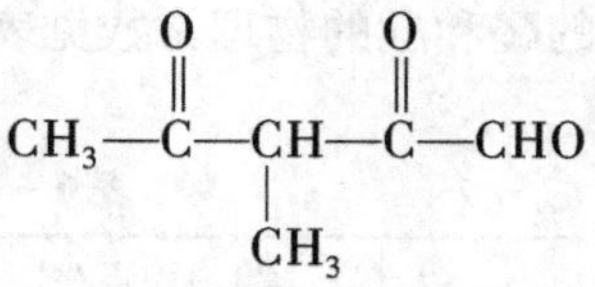

$CH_3-\overset{\displaystyle O}{\overset{\|}{C}}-\underset{\displaystyle CH_3}{\underset{|}{CH}}-\overset{\displaystyle O}{\overset{\|}{C}}-CHO$

3－甲基－2,4－二羰基戊醛

---

**问题 6－1**　试写出下列醛和酮的名称：

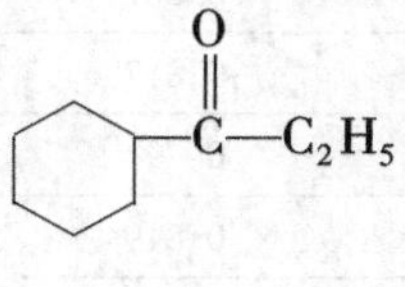

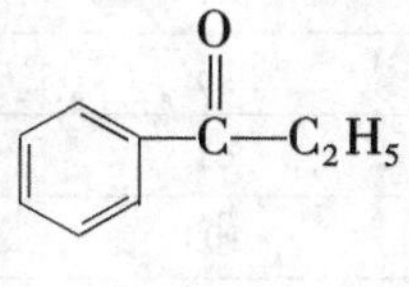

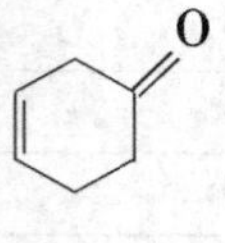

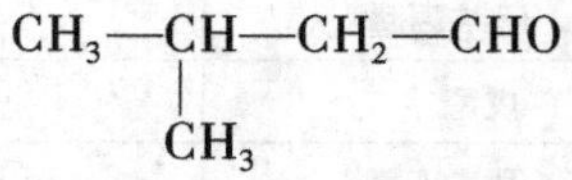

$C_6H_{11}-\overset{\displaystyle O}{\overset{\|}{C}}-C_2H_5$（环己基）　　$C_6H_5-\overset{\displaystyle O}{\overset{\|}{C}}-C_2H_5$（苯基）　　（环己烯酮）　　$CH_3-\underset{\displaystyle CH_3}{\underset{|}{CH}}-CH_2-CHO$

**问题 6－2**　写出分子式为 $C_6H_{12}O$ 的脂肪族醛、酮及分子式为 $C_{11}H_{14}O$ 的芳香族醛、酮的结构和名称。

**问题 6－3**　写出分子式为 $C_5H_{10}O$ 的所有醛和酮的结构式，并用系统命名法命名。

---

## 第二节　醛和酮的性质

### 一、醛和酮的物理性质

1. 物态

常温常压下，除甲醛是具有刺激性气味的气体外，其他低级醛是具有刺激性气味的液体，低级酮是具有令人愉快气味的液体，高级醛、酮为固体。$C_8$～$C_{13}$ 的中级脂肪醛和一些芳醛、芳酮是具有香味的液体或固体，可用于配制香精。

2. 沸点

由于醛或酮分子之间不能形成氢键，没有缔合现象，故它们的沸点比相对分子质量相近的醇低很多。但由于羰基具有较强的极性，其分子间的作用力比烃或醚大，所以它们的沸点较相应的烃或醚高。随着相对分子质量增大，醛和酮与醇或烃沸点的差别逐渐变小，这是因为随着相对分子质量的增大，醇分子间形成氢键的难度加大，而羰基在醛和酮分子中所占的比例也在减小，所以，它们的沸点越来越接近。

相对分子质量相近的烷、醇、醛、酮的沸点如下：

| 名称 | 正戊烷 | 正丁醇 | 丁醛 | 丁酮 |
| --- | --- | --- | --- | --- |
| 相对分子质量 | 72 | 74 | 72 | 72 |
| 沸点/℃ | 36.1 | 117.7 | 74.7 | 79.6 |

3. 溶解性

醛、酮羰基上的氧可以与水分子中的氢形成氢键，因而低级醛、酮（如甲醛、乙醛、丙酮等）易溶于水，但随着分子中碳原子数目的增加，对形成氢键有空间阻碍作用的烃基所占比例增大，醛和酮在水中的溶解度则迅速减小，直至不溶。醛和酮易溶于有机溶剂。丙酮是良好的有机溶剂，能溶解很多有机化合物。

4. 相对密度

脂肪醛、酮的相对密度小于1，比水轻；芳香醛、酮的相对密度大于1，比水重。

一些常见的醛和酮的物理常数见表6－1。

表6－1　醛和酮的物理常数

| 名称 | 熔点/℃ | 沸点/℃ | 相对密度 |
| --- | --- | --- | --- |
| 甲醛 | －92 | －21 | 0.815 |
| 乙醛 | －123 | 21 | 0.781 |
| 丙醛 | －81 | 49 | 0.807 |
| 丁醛 | －97 | 75 | 0.817 |
| 2－甲基丙醛 | －66 | 61 | 0.794 |
| 戊醛 | －91 | 103 | 0.819 |
| 3－甲基丁醛 | －51 | 93 | 0.803 |
| 己醛 | — | 129 | 0.834 |
| 丙烯醛 | －88 | 53 | 0.841 |
| 2－丁烯醛 | －77 | 104 | 0.859 |
| 苯甲醛 | －56 | 179 | 1.046 |
| 丙酮 | －95 | 56 | 0.792 |
| 丁酮 | －86 | 80 | 0.805 |
| 2－戊酮 | －78 | 102 | — |
| 3－戊酮 | －41 | 101 | 0.841 |
| 2－己酮 | －57 | 127 | 0.83 |
| 3－己酮 | — | 124 | 0.818 |
| 环戊酮 | －51 | 130 | — |
| 环己酮 | －45 | 157 | 0.948 |
| 苯乙酮 | 21 | 202 | 1.024 |
| 二苯甲酮 | 48 | 305 | 1.083 |

## 二、醛和酮的化学性质

醛、酮中的羰基由于π键的极化，使得氧原子上带部分负电荷，碳原子上带部分正电荷。氧原子可以形成比较稳定的氧负离子，它较带正电荷的碳原子要稳定得多，因此反应的活性中心是羰基中带正电荷的碳，这样在反应时，醛、酮分子中的碳氧双键很容易被带有负电荷或带有未共用电子对的试剂即亲核试剂所进攻。所以羰基易与亲核试剂进行加成反应(亲核加成反应)。

此外，受羰基的影响，与羰基直接相连的α碳原子上的氢原子(α－H)较活泼，能发生一系列反应。

亲核加成反应和α－H的活泼性是醛、酮的两类主要化学性质。

醛、酮的反应与结构关系一般描述如下：

$$\begin{array}{l} -\overset{|}{\underset{|}{C}}-C\overset{\nearrow O}{\searrow R(H)} \\ \quad H \end{array}$$

O ← 酸和亲电试剂进攻富电子的氧原子

C ← 碱和亲核试剂进攻缺电子的碳原子；涉及醛的反应（氧化反应）

R(H) ← 涉及醛的反应（氧化反应）

H ← α－H的反应：羟醛缩合反应；卤代反应

### (一)亲核加成反应

羰基由于 π 电子极化，碳原子高度缺电子，利于亲核试剂进攻。当亲核试剂与羰基作用时，羰基的 π 键逐渐异裂，π 电子转移到氧原子上，同时羰基碳原子和亲核试剂之间的 σ 键逐步形成。在反应前后，羰基的碳原子由 $sp^2$ 转变为 $sp^3$ 杂化态。

$$\underset{(R')H}{\overset{R}{>}}C=O + Nu^- \rightleftharpoons \underset{(R')H}{\overset{R}{>}}C\underset{Nu}{\overset{O^-}{<}}$$

#### 1. 亲核加成反应的影响因素

影响亲核加成反应的因素是空间因素和电子效应。

1)空间因素

醛和酮与 $NaBH_4$ 的加成是双分子反应：

$$\underset{R'}{\overset{R}{>}}C=O + H^- -BH_3 \xrightarrow[0\ ℃]{CH_3CH_2CH_2OH} R-\underset{R'}{\overset{OBH_3}{\overset{|}{\underset{|}{C}}}}-H$$

$$v = K[RCOR'][BH_4]$$

不同羰基化合物的活性：

| | PhCHO | $CH_3COCH_3$ | $PhCOCH_3$ | PhCOPh |
|---|---|---|---|---|
| $K\times10^4$ | 12 400 | 15.1 | 2.0 | 1.9 |

空间因素对羰基亲核加成反应的活性影响可以从两方面解释：

(1)在反应初始阶段，由于 R 或 R′体积较大，增加了对 Nu 的排斥作用，使它难于接近羰基碳原子；

(2)在反应过程中，羰基碳原子由 $sp^2$ 杂化转变为 $sp^3$ 杂化，键角由 120°减小为 109.5°，若 R、R′ 和 $Nu^-$ 体积较大，分子内化学键间或基团间排斥力都将增大，使反应速率减慢。

2)电子效应

羰基碳原子连有吸电子基团，使羰基活性增加。相反，斥电子基团则使羰基活性降低。可以预见，酸催化使羰基原子化，有利于亲核试剂的进攻。

$$\underset{R'}{\overset{R}{>}}C=O \overset{H^+}{\rightleftharpoons} \left[\underset{R'}{\overset{R}{>}}C=\overset{+}{O}H \longleftrightarrow \underset{R'}{\overset{R}{>}}\overset{+}{C}-OH\right]$$

从电子效应和空间因素两方面综合考虑，羰基化合物亲核加成反应的活性次序为

$$\mathrm{H_2C{=}O} > \mathrm{RCHO} > \mathrm{ArCHO} > \mathrm{(CH_3)_2C{=}O} > \text{环己酮} > \mathrm{ArCOCH_3} > \mathrm{Ar_2C{=}O}$$

2. 亲核加成反应类型

下面介绍几类较为重要的亲核加成反应类型。

1) 与 HCN 加成

在微量碱的催化作用下，醛和酮与 HCN 反应，生成 α－羟基腈。

$$\mathrm{R(H)(CH_3)C{=}O} + \mathrm{HCN} \underset{\mathrm{H^+}}{\overset{\mathrm{OH^-}}{\rightleftharpoons}} \mathrm{R(CH_3)(H)C(OH)CN}$$

α－羟基腈在酸性溶液中水解生成 α－羟基酸。反应产物比原来的醛或酮增加了一个碳原子。因而成为有机合成上增长碳链的方法之一。

α－羟基腈是很有用的中间体，它的氰基能水解成羧基，也能被还原成氨基，可以转化成多种化合物。因此，该反应在有机合成中具有重要的作用。

$$\mathrm{(CH_3)_2C(OH)CN} \xrightarrow{-\mathrm{H_2O}} \mathrm{H_2C{=}C(CH_3){-}CN} \xrightarrow[\mathrm{H^+}]{\mathrm{CH_3OH}} \mathrm{H_2C{=}C(CH_3){-}COOCH_3}$$

$$\mathrm{(CH_3)_2C(OH)CN} \xrightarrow{\mathrm{H_2O/H^+}} \mathrm{(CH_3)_2C(OH)COOH}$$

$$\mathrm{(CH_3)_2C(OH)CN} \xrightarrow{[\mathrm{H}]} \mathrm{(CH_3)_2C(OH)CH_2NH_2}$$

醛（酮）的反应活性为

$$\mathrm{H_2C{=}O} > \mathrm{RCHO} > \mathrm{ArCHO} > \text{环己酮} > \mathrm{ArCOCH_3}$$

RCOR′，ArCOR，ArCOAr 活性低甚至不反应。

HCN 是一种弱酸，它在水中的解离常数很小，加入碱，则加大 HCN 的解离，提高亲核试剂的浓度，从而促进了加成反应；加入酸，则抑制了加成反应。

$$\mathrm{H{-}CN} \underset{\mathrm{H^+}}{\overset{\mathrm{OH^-}}{\rightleftharpoons}} \mathrm{H^+} + \mathrm{CN^-}$$

HCN 有剧毒，且易于挥发。如果利用 $NaHSO_3$ 与羰基化合物加成反应的可逆性，将 NaCN 与 α－羟基磺酸钠作用制备 α－羟基腈可以避免直接使用 HCN。

**问题 6－4** 排出下列化合物与氢氰酸反应的活性顺序：

（1）二苯酮 （2）氯乙醛 （3）丙酮 （4）乙醛 （5）苯甲醛

2）与 $NaHSO_3$ 加成

醛、脂肪族甲基酮以及少于八个碳的环酮可以与 $NaHSO_3$ 的饱和水溶液发生加成反应，生成 α－羟基磺酸钠。

$$\underset{R'}{\overset{R}{}}\!\!>C{=}O + H{-}SO_3Na \rightleftharpoons \underset{R'\quad SO_3Na}{\overset{R\quad OH}{C}}$$

α－羟基磺酸钠

虽然 $HSO_3^-$ 的亲核性较强，但其体积较大，所以，羰基碳上下基团越小，空间效应越小，反应越易进行。若所连基团较大，则不利于—$HSO_3$ 的加成。所以，与 $NaHSO_3$ 的加成反应仅限于醛、脂肪族甲基酮和少于八个碳的环酮。

使用过量的饱和 $NaHSO_3$ 溶液，可使平衡向生成不溶于饱和 $NaHSO_3$ 溶液的 α－羟基磺酸钠的方向移动。加成产物在稀酸或稀碱作用下，则分解为原来的羰基化合物。

$$R(H(CH_3))C(OH)SO_3Na \xrightarrow[H_2O]{HCl} R{-}\overset{O}{\overset{\|}{C}}{-}H(CH_3) + SO_2 + H_2O + NaCl$$

$$R(H(CH_3))C(OH)SO_3Na \xrightarrow[H_2O]{Na_2CO_3} R{-}\overset{O}{\overset{\|}{C}}{-}H(CH_3) + Na_2SO_3 + NaHCO_3$$

α－羟基磺酸钠为无色结晶，易溶于水，但不溶于饱和亚硫酸氢钠溶液。由于反应后有晶体析出，因此**可利用这一反应鉴别、分离和提纯醛和酮**。

3）与格氏试剂加成

格氏试剂的亲核性非常强，与醛和酮的加成反应是不可逆反应，加成产物直接水解生成相应的醇。

$$\underset{H}{\overset{R(H)}{}}\!\!>C{=}O + R'MgX \xrightarrow{无水乙醚} \underset{H\quad R'}{\overset{R(H)\quad OMgX}{C}} \xrightarrow{H_3O^+} \underset{H\quad R'}{\overset{R(H)\quad OH}{C}}$$

根据所用羰基化合物不同，可以分别制备伯、仲和叔醇。其中，甲醛与格氏试剂反应生成伯醇，其他醛生成仲醇，酮则得到叔醇。这是实验室制备醇常用的方法。

$$HCHO + C_6H_{11}{-}MgCl \xrightarrow{无水乙醚} H{-}\underset{H}{\overset{OMgBr}{C}}{-}C_6H_{11} \xrightarrow{H_3O^+} C_6H_{11}{-}CH_2OH$$

$$CH_3CH_2CHO + CH_3MgBr \xrightarrow{无水乙醚} CH_3CH_2\overset{OMgBr}{CH}CH_3 \xrightarrow{H_3O^+} CH_3CH_2\overset{OH}{CH}CH_3$$

$$\text{Ph}_2\text{C=O} + \text{PhMgBr} \xrightarrow{\text{无水乙醚}} \text{Ph}_3\text{C-OMgBr} \xrightarrow[\text{H}_2\text{O}]{\text{NH}_4\text{Cl}} \text{Ph}_3\text{C-OH}$$

这类加成反应还可在分子内进行。例如：

$$\text{Br(CH}_2)_3\text{COCH}_3 \xrightarrow[\text{THF}]{\text{Mg,微量氯化汞}} \text{1-甲基环丁醇（环丁烷C上连 OH 和 CH}_3\text{）}$$

其他四元环、五元环化合物也可用类似方法制得。

**问题 6－5** 选用适当的原料合成化合物 3－甲基－1－丁醇。

4）与醇加成

醇是一种较弱的亲核试剂。在干燥的 HCl 或 $H_2SO_4$ 作用下，羰基与一分子醇的亲核加成产物是半缩醛或半缩酮，继续与另一分子的醇发生分子间脱水，则生成缩醛或缩酮。

$$\text{RCH=O} \underset{\text{H}^+}{\overset{\text{R'OH}}{\rightleftharpoons}} \text{RCH(OH)(OR')} \underset{\text{H}^+}{\overset{\text{R'OH}}{\rightleftharpoons}} \text{RCH(OR')(OR')}$$

在酸性条件下，乙二醇与酮作用较容易得到缩酮，这是由于半缩酮分子内脱水生成的缩酮是一个五元的环醚型结构，比较稳定。例如：

$$\text{RR'C=O} + \text{HO—CH}_2\text{—CH}_2\text{—OH} \overset{\text{H}^+}{\rightleftharpoons} \text{RR'C(OH)(O—CH}_2\text{CH}_2\text{—OH)} \overset{\text{H}^+}{\rightleftharpoons} \text{RR'C(O—CH}_2\text{—CH}_2\text{—O，环状)} + \text{H}_2\text{O}$$

半缩醛（酮）不稳定，存在于溶液中不能被分离出来。缩醛（酮）稳定，可以看作同碳二醇的醚，性质和醚相近，不受碱的影响，对氧化剂、还原剂和格氏试剂比较稳定，对碱也较稳定；但在酸性条件下，易水解生成原来的醛或酮，是可逆反应。这就提供了一种保护醛、酮羰基的好方法，使羰基在多步反应中免于破坏。

与醇的加成反应应用于以下方面。

（1）有机合成中用来保护羰基。

例 1：

$$\text{HOH}_2\text{C—C}_6\text{H}_{10}\text{—CHO} \longrightarrow \text{COOH—C}_6\text{H}_{10}\text{—CHO}$$

必须要先把醛基保护起来再氧化。

$$\text{HOH}_2\text{C—C}_6\text{H}_{10}\text{—CHO} \xrightarrow{\text{CH}_3\text{OH}} \text{HOH}_2\text{C—C}_6\text{H}_{10}\text{—CH(OCH}_3)_2$$

$$\xrightarrow[\triangle]{KMnO_4} HOOC-C_6H_{10}-CH(OCH_3)_2 \xrightarrow[H_2O,\triangle]{H^+} HOOC-C_6H_{10}-CHO$$

例 2：　$BrCH_2CH_2\overset{O}{\overset{\|}{C}}CH_3 \longrightarrow CH_3\overset{O}{\overset{\|}{C}}CH_2CH_2COOH$

将 Br 转变为 COOH，可用 RMgX 与 $CO_2$ 反应，但必须将分子中的羰基保护起来。

$$BrCH_2CH_2\overset{O}{\overset{\|}{C}}CH_3 \xrightarrow[HCl]{(CH_2OH)_2} BrCH_2CH_2C(OCH_2CH_2O)CH_3 \xrightarrow[C_2H_5OC_2H_5]{Mg} BrMgCH_2CH_2C(OCH_2CH_2O)CH_3$$

$$\xrightarrow{CO_2} BrMgOOCCH_2CH_2C(OCH_2CH_2O)CH_3 \xrightarrow[H_3^+O]{} CH_3\overset{O}{\overset{\|}{C}}CH_2CH_2COOH$$

(2)改善产品性能。

聚二烯醇的分子中包含多个亲水性羟基，不能作为合成纤维使用。为了提高其耐水性能，在酸催化下用甲醛使其部分缩醛化，得到性能优良的合成纤维——维尼纶。

$$\left[ H_2C-\underset{OH}{\underset{|}{CH}} \right]_n \xrightarrow[H^+]{HCHO} \cdots CH_2-\underset{OH}{\underset{|}{CH}}-CH_2-\underset{OH}{\underset{|}{CH}}-CH_2\cdots \xrightarrow[H^+]{HCHO}$$

$$\cdots CH_2-CH(O-CH_2-O)(CH_2)CH-CH_2\cdots$$

---

**问题 6－6**　在有机合成中常用来保护醛基的反应是(　　)。

A. 羟醛缩合反应　　B. 康尼查罗反应　　C. 碘仿反应　　D. 缩醛的生成反应

---

5)与炔烃加成

炔钠是一个强碱性的盐，也有很强的亲核性，与羰基化合物作用生成 $\alpha$－炔醇。

$$C_6H_{10}{=}O + NaC{\equiv}CH \xrightarrow[-33\ ℃]{NH_3(l)} C_6H_{10}(ONa)(C{\equiv}CH) \xrightarrow{H_3O^+} C_6H_{10}(OH)(C{\equiv}CH)$$

相应地，羰基化合物与烷基锂反应，也生成亲核加成产物。有机锂的亲核性比格氏试剂强，锂原子的体积又小，反应几乎无副反应发生，能顺利进行。

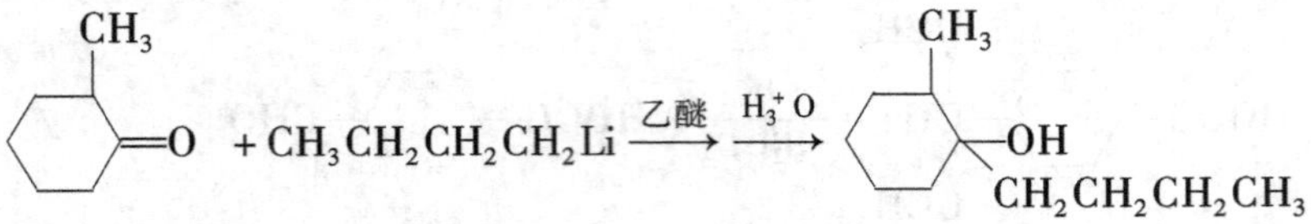

$$\text{2-甲基环己酮} + CH_3CH_2CH_2CH_2Li \xrightarrow{\text{乙醚}} \xrightarrow{H_3^+O} \text{1-丁基-2-甲基环己醇}$$

6)与氨及其衍生物的加成消除反应

**氨分子中氢原子被其他原子或基团取代后的生成物叫作氨的衍生物。**

醛和酮都可以与亲核试剂氨及其衍生物进行加成反应,再脱去一分子水,生成有 C═N 键结构的缩合产物。常用氨的衍生物有以下几种。

$NH_2—OH$ 羟胺　　$NH_2—NH_2$ 肼

$C_6H_5—NH—NH_2$ 苯肼 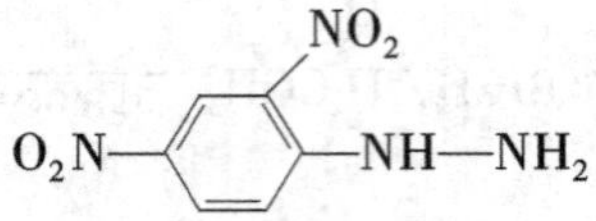　　2,4-二硝基苯肼　　$H_2N—NH—\overset{O}{\overset{\|}{C}}—NH_2$ 氨基脲

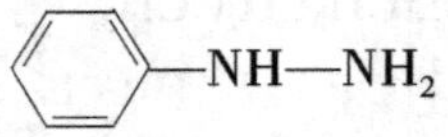

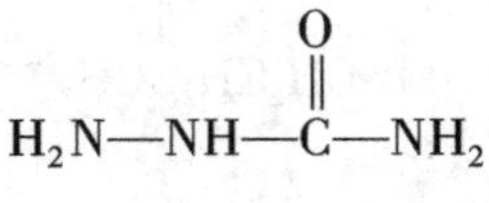

$$\rangle C═O + H_2N—Y \rightleftharpoons \left[ —\underset{OH}{\overset{|}{C}}—\underset{H}{N}—Y \right] \xrightarrow{\triangle} \rangle C═N—Y + H_2O$$

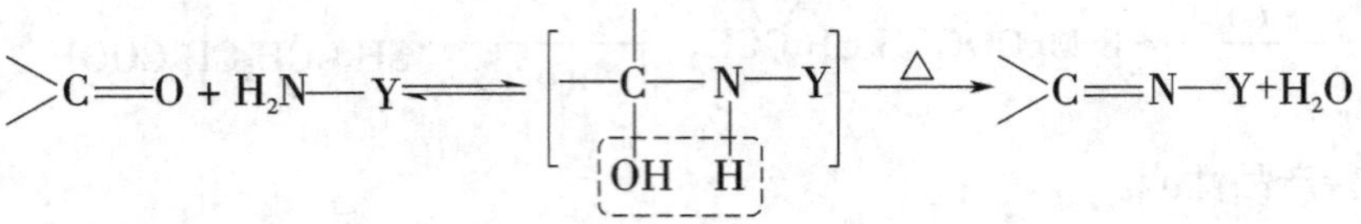

式中 Y =—H、—R、—Ar、—$NH_2$、—NH—$C_6H_5$、—$NHCONH_2$、—OH 等。上式也可以直接写成

$$\rangle C═O + H_2N—Y \rightleftharpoons \rangle C═N—Y + H_2O$$

(1)与 $NH_3$、$NH_2$—R(Ar)反应。氨、伯胺与脂肪族醛、酮加成,生成的羟胺再脱去一分子水,得到亚胺,也称为席夫碱。亚胺中含有 C═N 键,在反应条件下很不稳定,易于发生聚合反应。

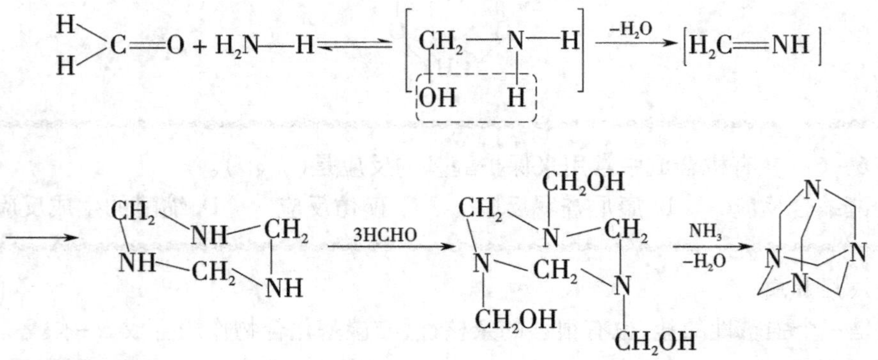

$$\begin{matrix}H\\H\end{matrix}\rangle C═O + H_2N—H \rightleftharpoons \left[ \underset{OH}{CH_2}—\underset{H}{N}—H \right] \xrightarrow{-H_2O} [H_2C═NH]$$

$$\longrightarrow \text{(CH}_2\text{NH)}_3 \xrightarrow{3HCHO} \text{(CH}_2\text{NCH}_2\text{OH)}_3 \xrightarrow[-H_2O]{NH_3} \text{六次甲基四胺}$$

六次甲基四胺

芳香族醛、酮与伯胺反应生成的亚胺比较稳定。

(2)与肼、苯肼、氨基脲加成。醛、酮与肼、苯肼及氨基脲在弱酸性条件下(pH =3 ~5)反应,可分别生成腙、苯腙和缩氨脲等加成缩合产物。

$$>C=O + H_2N-NH_2 \rightleftharpoons \left[ -\underset{OH}{\overset{|}{C}}-\underset{H}{N}-NH_2 \right] \xrightarrow{\triangle} -\overset{|}{C}=N-NH_2 + H_2O$$

$$>C=O + H_2N-NH-C_6H_5 \rightleftharpoons \left[ -\underset{OH}{\overset{|}{C}}-\underset{H}{N}-NH-C_6H_5 \right]$$

$$\xrightarrow{\triangle} -\overset{|}{C}=N-NH-C_6H_5 + H_2O$$

$$>C=O + H_2N-NH-\overset{O}{\overset{\|}{C}}-NH_2 \xrightarrow{加成-消除} >C=N-NH-\overset{O}{\overset{\|}{C}}-NH_2$$

$$\underset{H}{\overset{H_3C}{>}}C=O + H_2N-NH-\overset{O}{\overset{\|}{C}}-NH_2 \xrightarrow{加成-消除} \underset{H}{\overset{H_3C}{>}}C=N-NH-\overset{O}{\overset{\|}{C}}-NH_2$$

上述反应一般是在弱酸催化下进行的,酸的作用是增加羰基碳的正电性,提高羰基的活性。

$$>C=O + H^+ \rightleftharpoons \left[ >C=\overset{+}{O}H \longleftrightarrow >\overset{+}{C}-OH \right]$$

酸性太强,会使氨的衍生物成盐而丧失亲核能力。

$$H_2N-Y + H^+ \rightleftharpoons H_3\overset{+}{N}-Y$$

一般控制反应在 pH = 3 ~ 5 的条件下进行。

醛、酮与氨的衍生物的加成缩合产物一般为具有固定熔点的晶体,颜色多为黄棕色,在稀酸或稀碱作用下,又可水解为原来的醛和酮。

$$>C=N-Y + H_2O \overset{H^+}{\rightleftharpoons} >C=O + NH_4Y$$

这就为羰基化合物的鉴别、分离和提纯提供了一个有效的方法。因此**实验室中常用 2,4-二硝基苯肼作羰基试剂来鉴别醛、酮**。由于反应产物在稀酸作用下分解成原来的醛和酮,所以**又可用于醛、酮的分离和提纯**,在分离提纯上常用苯肼。

**问题 6-7** 设计从乙醛和乙醇的混合物中分离提纯乙醇和乙醛的步骤,并加以鉴别。

(3)与 $NH_2OH$ 反应——酮肟的贝克曼重排。醛和酮与羟胺反应,分别生成醛肟和酮肟。

$$C_6H_5-CHO + H_2N-OH \longrightarrow C_6H_5-CH=N-OH + H_2O$$

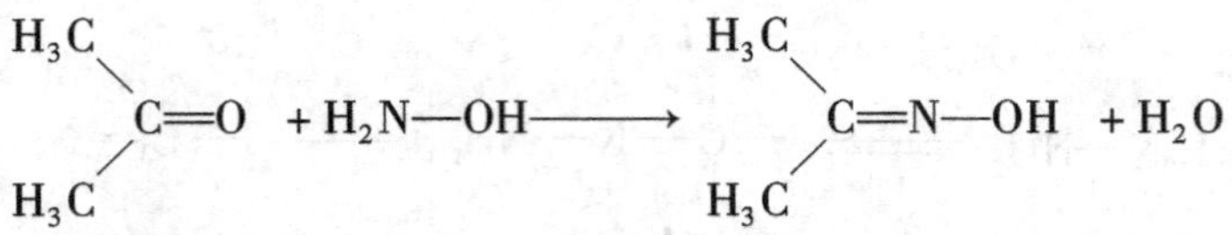

$$(CH_3)_2C{=}O + H_2N{-}OH \longrightarrow (CH_3)_2C{=}N{-}OH + H_2O$$

在肟分子中，如果双键碳原子上所连的两个基团不同，有 $Z$,$E$ 两种不同构型。

$$\underset{(Z)\text{-苯甲醛肟}}{Ph(H)C{=}N{-}OH} \qquad \underset{(E)\text{-苯甲醛肟}}{Ph(H)C{=}N{-}OH}$$

酮肟在酸性试剂作用下，发生重排生成酸胺的反应，称为贝克曼重排。

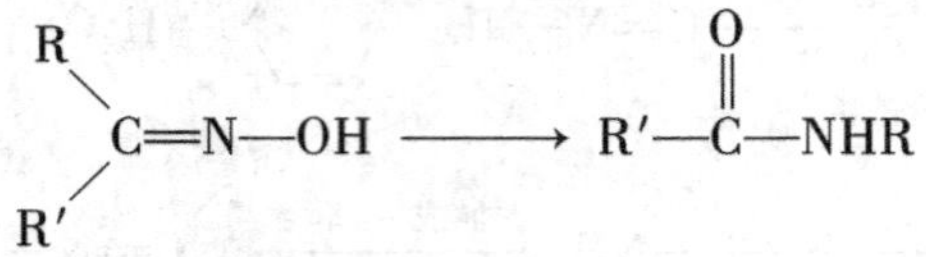

$$RR'C{=}N{-}OH \longrightarrow R'{-}\overset{O}{\overset{\|}{C}}{-}NHR$$

酸性试剂包括 $PCl_3$、$H_2SO_4$、$H_3PO_4$、$POCl_3$ 和 $SOCl_2$ 等。

**(二) $\alpha$-H 的反应**

醛和酮分子中与羰基相邻的碳原子上的氢原子称为 $\alpha$-H 原子。醛、酮中的 $\alpha$-H 受羰基的影响具有很大的活性，它容易在碱的作用下作为质子离去表现出酸性，所以带有 $\alpha$-H 的醛、酮具有如下的性质。

1. 互变异构

在溶液中，有 $\alpha$-H 的醛、酮是以酮式和烯醇式互变平衡而存在的。

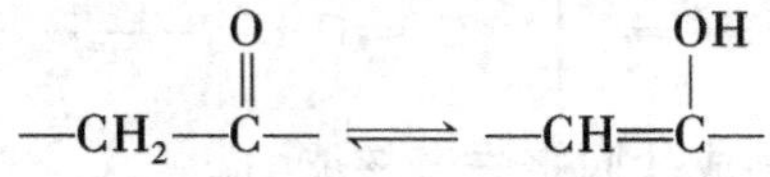

$$\underset{\text{酮式}}{{-}CH_2{-}\overset{O}{\overset{\|}{C}}{-}} \rightleftharpoons \underset{\text{烯醇式}}{{-}CH{=}\overset{OH}{\overset{|}{C}}{-}}$$

简单脂肪醛的平衡体系中烯醇式含量极少。但对于酮或二酮，烯醇式双键能与其他不饱和基团共轭而稳定化，在平衡体系中，烯醇式含量会增多。

酮式 烯醇式

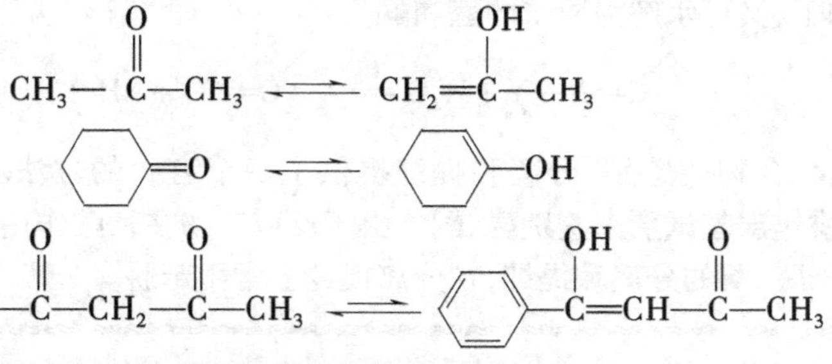

$$CH_3{-}\overset{O}{\overset{\|}{C}}{-}CH_3 \rightleftharpoons CH_2{=}\overset{OH}{\overset{|}{C}}{-}CH_3$$

$$\text{环己酮}(C_6H_{10}{=}O) \rightleftharpoons \text{环己烯醇}(C_6H_9{-}OH)$$

$$C_6H_5{-}\overset{O}{\overset{\|}{C}}{-}CH_2{-}\overset{O}{\overset{\|}{C}}{-}CH_3 \rightleftharpoons C_6H_5{-}\overset{OH}{\overset{|}{C}}{=}CH{-}\overset{O}{\overset{\|}{C}}{-}CH_3$$

烯醇式中存在着 C═C 双键，可用溴滴定其含量。

由于醛、酮平衡体系中存在酮式和烯醇式两种结构，不仅具有羰基，还具有第二个官能团烯醇。烯醇既是烯，又是醇，这样就有两个反应中心，所以醛、酮反应类型多，产物复杂。

2. $\alpha$-H 的卤代反应和卤仿反应

1) 卤代反应

醛、酮的 $\alpha$-H 非常活泼，易被卤素取代，生成 $\alpha$-卤代醛、酮。例如：

$$C_6H_5-\overset{O}{\overset{\|}{C}}-CH_3 + Br_2 \xrightarrow[0\ ℃]{乙醚} C_6H_5-\overset{O}{\overset{\|}{C}}-CH_2Br + HBr$$

2)卤仿反应

含有α－甲基的醛、酮在碱溶液中与卤素反应，则生成卤仿。

$$R(H)-\overset{O}{\overset{\|}{C}}-CH_3 + 3X_2 \xrightarrow{NaOH} R(H)-\overset{O}{\overset{\|}{C}}-CX_3 + 3HX$$

$$R(H)-\overset{O}{\overset{\|}{C}}-CX_3 + NaOH \longrightarrow R(H)-COONa + CHX_3$$

若$X_2$用$Cl_2$则得到$CHCl_3$(氯仿)液体；若$X_2$用$Br_2$则得到$CHBr_3$(溴仿)液体；若$X_2$用$I_2$则得到黄色$CHI_3$(碘仿)固体，称其为碘仿反应。具有$CH_3\overset{O}{\overset{\|}{C}}-R(H)$结构的醛、酮和具有$CH_3\overset{OH}{\overset{|}{C}}HR(H)$结构的醇，都能发生碘仿反应。因为NaOX也是一种氧化剂，能将α－甲基醇氧化为α－甲基酮。碘仿为浅黄色晶体，现象明显，故常用来鉴定上述反应范围的化合物。

**问题6－8**　用化学方法分离下列化合物：

(1)环已醇和环已酮　(2)2－戊酮和3－戊酮

**问题6－9**　下列化合物中哪些能发生碘仿反应？哪些能与饱和亚硫酸氢钠加成？

甲醛　环已酮　乙醇　苯乙酮　3－甲基－2－戊酮

3．羟醛缩合反应

在稀碱的催化下含α－H的醛或酮发生分子间的加成反应，生成β－羟基醛或β－羟基酮的反应称为**羟醛缩合反应**。

$$CH_3\overset{O}{\overset{\|}{C}}-H + CH_2\overset{H}{\overset{|}{}}\overset{O}{\overset{\|}{C}}-H \xrightarrow{稀碱} CH_3-\overset{OH}{\overset{|}{C}H}-\overset{H}{\overset{|}{C}H}CHO \xrightarrow[\triangle]{-H_2O} CH_3CH=CHCHO$$

巴豆醛

巴豆醛是一种重要的化工原料，可用来制备正丁醛、正丁醇等许多化工产品。常温下为无色可燃性液体，有催泪性，因此可用作烟道气警告剂。

1)醛的羟醛缩合

$$2CH_3CH_2CHO \xrightleftharpoons{稀碱} CH_3CH_2\overset{OH}{\overset{|}{C}H}\underset{CH_3}{\underset{|}{C}H}CHO \xrightleftharpoons[-H_2O]{\triangle} CH_3CH_2CH=\underset{CH_3}{\underset{|}{C}}CHO$$

含α－H的不同醛进行缩合反应的产物复杂，反应后生成四种不同的β－羟基醛的混合物，不易分离，有机合成意义不大。不含α－H的醛和含α－H的醛发生不同分子间的交叉

$$2CH_3\underset{\substack{|\\CH_3}}{C}HCHO \xrightleftharpoons{\text{稀碱}} H_3C—\underset{}{\overset{CH_3}{\overset{|}{C}}}H—\underset{\underset{OH}{|}}{C}H—\overset{CH_3}{\underset{CH_3}{\overset{|}{\underset{|}{C}}}}—CHO \xrightarrow[\times]{\triangle} \text{无}\alpha-H\text{不脱水}$$

羟醛缩合反应。

$$C_6H_5—CHO + CH_3CHO \xrightleftharpoons{\text{稀 }OH^-} C_6H_5—\overset{OH}{\overset{|}{C}}HCH_2CHO \xrightarrow{\triangle} C_6H_5—CH═CHCHO$$

肉桂醛

肉桂醛是淡黄色液体,有肉桂油的香气,可用于配制皂用香精,也用作糕点等食品的增香剂。

随着醛的分子量的加大,生成$\beta$-羟基醛的速度越来越慢,需要提高温度或碱的浓度,这样就使羟基醛脱水,因此,最后产物为$\alpha,\beta$-不饱和醛。

对于原料碳原子数少于7的醛,一般首先得到$\beta$-羟基醛,接着在加热情况下才脱水生成$\alpha,\beta$-不饱和醛。庚醛以上的醛在碱性溶液中缩合只能得到$\alpha,\beta$-不饱和醛。

2)酮的羟醛缩合

丙酮在碱的催化下,也可以发生羟醛缩合反应,但由于电子效应和空间效应的关系,使平衡偏向反应物方向,产率很低。

$$2CH_3\overset{O}{\overset{\|}{C}}CH_3 \xrightarrow{\text{稀碱}} CH_3—\overset{OH}{\overset{|}{\underset{CH_3}{\underset{|}{C}}}}—\overset{H}{\overset{|}{C}}H\underset{O}{\underset{\|}{C}}CH_3 \xrightarrow[\triangle]{-H_2O} (CH_3)_2C═CH\underset{O}{\underset{\|}{C}}CH_3$$

$\beta$-羟基醛或酮的$\alpha$-H原子受羰基和羟基两者的影响反而比缩合前更活泼,在受热或酸作用下很容易脱水,生成$\alpha,\beta$-不饱和醛或酮。

3)醛和酮的羟醛缩合(交叉羟醛缩合)

两种不同的醛、酮之间发生的羟醛缩合反应称为交叉羟醛缩合反应。

(1)一种醛或酮有$\alpha$-H,另一种酮或醛无$\alpha$-H。

$$C_6H_5—CHO + CH_3—\overset{O}{\overset{\|}{C}}—CH_3 \xrightarrow[100\ ℃]{\text{稀碱}} C_6H_5—CH═CH—\overset{O}{\overset{\|}{C}}—CH_3 + H_2O$$

$$C_6H_5—CHO + CH_3—\overset{O}{\overset{\|}{C}}—C_6H_5 \xrightarrow[100\ ℃]{\text{稀碱}} C_6H_5—CH═CH—\overset{O}{\overset{\|}{C}}—C_6H_5 + H_2O$$

如果先用强碱使一种醛或酮完全转变成烯醇盐,然后再与另一种酮或醛起加成反应,可以使羟醛缩合向预定的方向进行。

(2)两种醛、酮都有$\alpha$-H。

含$\alpha$-H的不同醛、酮进行缩合反应的产物复杂,反应后生成混合物,不易分离,有机合成意义不大。

羟醛缩合反应是一种可逆反应。正反应的操作条件是低温、碱性条件，逆反应的操作条件是在水中加少量 $OH^-$，加热回流。

**（三）氧化反应**

醛和酮的结构不同，在氧化反应的活性上表现出明显的差异。

1）醛的氧化

在空气中，醛可被 $O_2$ 按自由基反应机理氧化成酸，芳醛较脂肪醛易被氧化，因为芳醛的羰基较易形成自由基。醛容易被氧化为羧酸，所以久置的醛在使用前应重新蒸馏。这反映出醛基的不稳定性和化学活泼性。

$$C_6H_5CHO \xrightarrow{O_2} C_6H_5COOH$$

醛还可被多种氧化剂如 $HNO_3$、$KMnO_4$、$Na_2Cr_2O_7$、$CrO_3$、$H_2O_2$、$Br_2$、NaOX、活性 $Ag_2O$、新生 $MnO_2$ 等氧化成羧酸，一般属离子型氧化反应，脂肪族醛易于被氧化。

较弱的氧化剂，如氢氧化银的氨溶液（称托伦试剂）可将芳醛或脂肪醛氧化成相应的羧酸，析出的还原性银可附在清洁的器壁上呈现光亮的银镜，常称“银镜反应”，可用这个反应来鉴别醛，工业上用此反应原理来制镜。例如：

$$R—CHO + 2Ag(NH_3)_2OH \longrightarrow RCOONH_4 + 2Ag\downarrow + H_2O + 3NH_3$$

斐林试剂是由硫酸铜、酒石酸钾钠、氢氧化钠组成的碱性混合液。醛与斐林试剂反应时，二价铜离子被还原成砖红色的氧化亚铜沉淀。例如：

$$RCHO + 2Cu^{2+} + NaOH + H_2O \longrightarrow RCOONa + Cu_2O\downarrow + 4H^+$$

甲醛的还原性较强，与斐林试剂反应可生成铜镜。

$$HCHO + Cu^{2+} + NaOH \xrightarrow[\text{加热}]{\text{水浴}} HCOONa + Cu\downarrow + 2H^+$$

脂肪醛可以被托伦试剂和斐林试剂所氧化，芳香醛的氧化活性比脂肪醛低，可被托伦试剂氧化，但不能与斐林试剂作用。**醛与托伦试剂和斐林试剂的反应可用来区别醛和酮**。其中斐林试剂可区别脂肪醛和芳香醛，并可鉴定甲醛。

氧化银是一个温和的氧化剂，它可把醛氧化成酸，但不氧化 C═C、—OH、C═N 等官能团。例如：

$$\text{4-HO-3-}(OCH_3)C_6H_3CHO \xrightarrow[NaOH]{Ag_2O, H_2O} \xrightarrow[H_2O]{HCl} \text{4-HO-3-}(OCH_3)C_6H_3COOH$$

2）酮的氧化

与醛相比，酮不容易被氧化；在强烈的氧化条件下，酮被氧化成小分子的羧酸。

环酮被氧化可生成二元酸，有应用价值。在工业上，由苯加氢得到的环己烷经催化空气氧化可以得到环己醇及环己酮，环己酮继续被氧化则得到己二酸，后者是合成纤维尼龙-66的原料。

$$RCH_2(②)C(=O)CH_2R'(①) \xrightarrow{①} RCH_2COOH + R'COOH$$

$$\xrightarrow{②} R'CH_2COOH + RCOOH$$

$$环己酮 \xrightarrow[60\sim100\ ℃]{60\%\ HNO_3} HOOC(CH_2)_4COOH$$

酮类化合物用过氧酸氧化,发生重排反应生成酯:

$$环己酮 + CH_3CO_3H \xrightarrow[40\ ℃]{CH_3COOC_2H_5} ε\text{-己内酯} + CH_3COOH$$

$$p\text{-}CH_3C_6H_4COCH_3 \xrightarrow{C_6H_5CO_3H} p\text{-}CH_3C_6H_4OCOCH_3$$

$$C_5H_9COCH_3 \xrightarrow{C_6H_5CO_3H} C_5H_9OCOCH_3$$

这个反应称为拜耳－维林格(Baeyer-Villiger)反应。

**(四)还原反应**

利用不同的条件,可将醛、酮还原成醇、烃或胺。

1. 还原成醇

1)催化氢化

在镍、钯、铂等催化剂存在下,醛、酮可以加氢还原。醛被还原为伯醇,酮被还原为仲醇。如果分子中有不饱和键,可加氢还原生成饱和醇。例如:

$$\begin{matrix}R\\ \diagdown \\ C{=}O \\ \diagup \\ (R')H\end{matrix} + H_2 \xrightarrow[热,加压]{Ni} \begin{matrix}R\\ \diagdown \\ CH{-}OH \\ \diagup \\ (R')H\end{matrix}$$

$$环己酮 + H_2 \xrightarrow[50\ ℃,6.5\ MPa]{Ni} 环己醇(C_6H_{11}OH)$$

用催化加氢的方法,不仅还原羰基,还可以还原碳碳双键和碳碳三键,而且产率高,后处理简单,是由醛、酮合成饱和醇的好方法。例如,工业上以2－乙基－2－己烯醛为原料催化加氢制取2－乙基－1－己醇。

$$CH_3CH_2CH_2CH{=}C(CH_2CH_3){-}CHO \xrightarrow[Ni]{H_2} CH_3CH_2CH_2CH_2{-}CH(CH_2CH_3){-}CH_2OH$$

2－乙基－1－己醇,又称辛醇,是无色、有特殊气味的液体,用于生产增塑剂、消泡剂、分散剂、选矿剂和石油添加剂,也用于印染、油漆、胶片等方面。

2)用还原剂(金属氢化物)还原

如要保留分子中的碳碳双键,而只还原羰基,则应选用金属氢化物为还原剂。如氢化铝锂($LiAlH_4$)、硼氢化钠($NaBH_4$)、异丙醇铝($Al[OCH(CH_3)_2]_3$)等还原剂有较好的选择性。例如:

$$CH_3CH{=}CHCH_2CHO \xrightarrow[②H_3O^+]{①LiAlH_4,\text{干乙醚}} CH_3CH{=}CHCH_2CH_2OH$$

$LiAlH_4$是一种强还原剂,但存在两个缺点。①选择性差,除还原醛、酮中的羰基,还可以还原羧酸、酯中的羰基、—$NO_2$、—CN 等许多不饱和基团。但是,它不还原C ═C和C≡C。②不稳定,遇水发生剧烈反应,通常只能在无水醚或 THF 中使用。

$$CH_3CH{=}CHCH_2CHO \xrightarrow[②H_3O^+]{①NaBH_4} CH_3CH{=}CHCH_2CH_2OH$$

$NaBH_4$还原有以下两个特点:

(1)硼氢化钠是一种缓和的还原剂,并且选择性较高,一般只还原醛、酮、酰卤中的羰基,而不影响其他的不饱和基团,不还原其他基团;

(2)稳定(不受水、醇的影响,可在水或醇中使用)。

工业上利用这一性质以肉桂醛为原料还原制取肉桂醇。如:

$$C_6H_5{-}CH{=}CHCHO \xrightarrow[②H_3^+O]{①NaBH_4\text{ 或 }LiAlH_4} C_6H_5{-}CH{=}CHCH_2OH$$

肉桂醇有顺式和反式两种异构体,其中反式为无色或微黄色晶体,具有风信子的优雅香味。广泛用于配制花香型化妆品香精和皂用香精,也可用作定香剂。

2. 还原为烃

较常用的还原方法有两种。

1)沃尔夫-克日聂尔-黄鸣龙还原法

此反应最初是由俄国人沃尔夫、德国人克日聂尔完成的,如下所示。

$$\rangle C{=}O \xrightarrow[\text{加成,脱水}]{\text{无水 }NH_2{-}NH_2} \rangle C{=}N{-}NH_2 \xrightarrow[\text{200 ℃,加压; 回流,50~100 h}]{KOH\text{ 或 }C_2H_5ONa-C_2H_5OH} \rangle C{=}CH_2 + N_2\uparrow$$

反应要求高温、高压及回流 100 h 以上,操作很不方便,产率也不高。这是因为生成腙的同时生成了水,水的存在促进了逆反应。我国化学家黄鸣龙在 1946 年改进了这个方法,将醛或酮、氢氧化钠、肼的水溶液和高沸点的醇一起加热,使醛或酮成腙后,先将水和过量的肼蒸出,待温度达到腙的分解温度(一般为 195~200 ℃)时再回流 3~4 h,反应即完成。这样,可在常压下进行反应,反应时间大为缩短,而且产率一般都很高。

改进:将无水肼改为水合肼;碱用氢氧化钠;以高沸点的缩乙二醇为溶剂一起加热。

加热完成后,先蒸去水和过量的肼,再升温分解腙。例如:

$$C_6H_5{-}CO{-}CH_2CH_3 \xrightarrow[\text{(HOCH}_2\text{CH}_2)_2\text{O; 200 ℃,3~5 h}]{NH_2NH_2\cdot H_2O,\ NaOH} C_6H_5{-}CH_2CH_2CH_3$$

此反应可简写为

$$\rangle C{=}O + NH_2{-}NH_2 \xrightarrow[\triangle]{NaOH} \rangle CH_2 + N_2\uparrow$$

这种使碳氧双键变为亚甲基( $>C{=}O \longrightarrow\ >CH_2$ )的方法叫沃尔夫－克日聂尔－黄鸣龙还原法。

2)克莱门森(Clemmensen)还原法——酸性还原

醛或酮和锌汞齐、浓盐酸一起加热,羰基即被还原为亚甲基,称为克莱门森还原法。例如:

$$\underset{(R')H}{\overset{R}{>}}C{=}O \xrightarrow[\triangle]{Zn-Hg,浓\ HCl} \underset{(R')H}{\overset{R}{>}}CH_2$$

$$C_6H_5\overset{O}{\overset{\|}{C}}CH_2CH_2CH_3 \xrightarrow[\triangle]{Zn-Hg,浓\ HCl} C_6H_5CH_2CH_2CH_2CH_3$$

此法适用于还原芳香酮,是间接在芳环上引入直链烃基的方法。对酸敏感的底物不能使用此法。若要还原对酸敏感的醛、酮,可用沃尔夫－克日聂尔－黄鸣龙还原法。两种方法互为补充。

$$C_6H_6 + CH_3CH_2CH_2CHO \xrightarrow{AlCl_3} C_6H_5\overset{O}{\overset{\|}{C}}CH_2CH_2CH_3 \xrightarrow[\triangle]{Zn-Hg,浓HCl} C_6H_5CH_2CH_2CH_2CH_3$$

**(五)歧化反应——康尼查罗(Cannizzaro)反应**

不含 $\alpha-H$ 的醛在浓碱的作用下发生自身氧化还原(歧化)反应,即一分子被氧化为酸,另一分子被还原为醇。这种分子间氧化还原反应称为**歧化反应**或康尼查罗反应。例如:

$$2\,C_6H_5CHO \xrightarrow{浓\ NaOH} C_6H_5CH_2OH + C_6H_5COONa$$

两种不同的含 $\alpha-H$ 的醛与碱共热,可以发生交叉歧化反应,但产物复杂,不易分离,在合成上无实际意义。若两种醛之一为甲醛,则甲醛总是被氧化成甲酸盐,而另一种不含 $\alpha-H$ 的醛被还原成醇。例如:

$$C_6H_5CHO + HCHO \xrightarrow[\triangle]{浓\ NaOH} C_6H_5CH_2OH + HCOONa$$

这类反应称为交叉康尼查罗反应,是制备 $ArCH_2OH$ 型醇的有效手段。

**问题 6－10** 用化学方法鉴别下列化合物:

(1)甲醛、苯甲醛、乙醛、2－丁酮

(2)正戊醛、2－戊酮、3－戊酮、2－戊醇

## 第三节 醌

醌(Quinone)是一类特殊的$\alpha,\beta$-不饱和环状共轭二酮。在醌分子中存在着环己二烯二酮的结构特征。醌主要分为苯醌、萘醌、蒽醌、菲醌四大类。醌的分类见表6-2。

表6-2 醌的分类

| 结构式 | 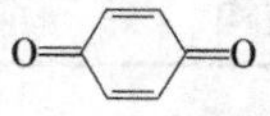 | 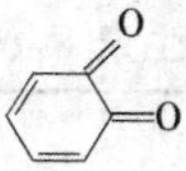 | 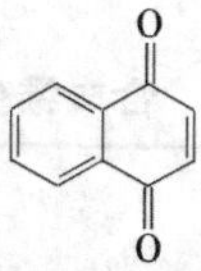 | 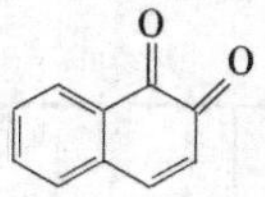 |
|---|---|---|---|---|
| 名称 | 1,4-苯醌 | 1,2-苯醌 | 1,4-萘醌 | 1,2-萘醌 |
| 熔点 | 116 ℃ | 60~70 ℃ | 128 ℃ | 115~120 ℃ |
| 晶体颜色 | 黄色 | 红色 | 黄色 | 橙黄色 |
| 结构式 | 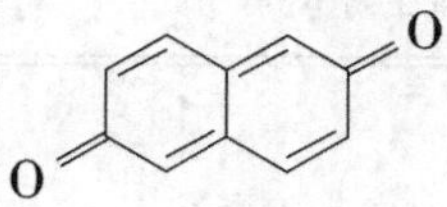 | 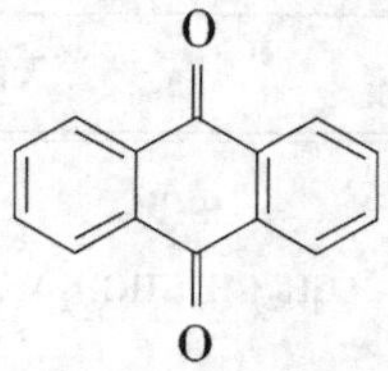 | 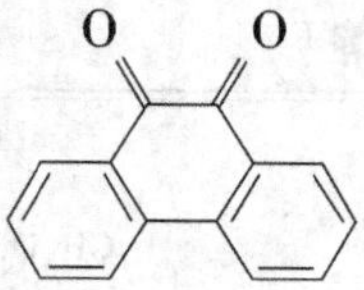 | 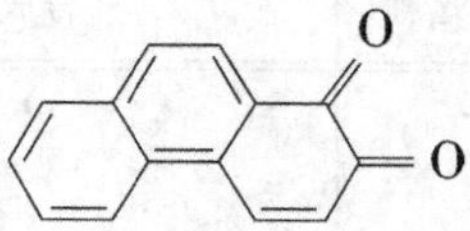 |
| 名称 | 2,6-萘醌 | 9,10-蒽醌 | 9,10-菲醌 | 1,2-菲醌 |
| 熔点 | 130~135 ℃ | 285 ℃ | 205 ℃ | 216 ℃ |
| 晶体颜色 | 黄红色 | 淡黄色针状 | 橘色针状 | 红色 |

醌型结构有对位和邻位两种,见表6-3。

表6-3 醌型结构

| | |
|---|---|
| 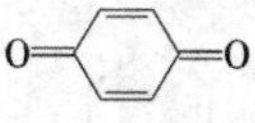 对醌型结构 | 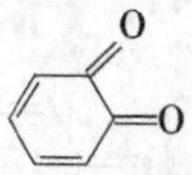 邻醌型结构 |

### 一、醌的结构

醌环不是芳环,没有芳香性。在醌分子中,由于两个羰基共同存在于一个不饱和的共轭环上,使醌类化合物的热稳定性很差。醌环的化学性质与$\alpha,\beta$-不饱和酮相似。

苯醌是稳定性最小的醌类化合物。在对苯醌中碳碳单键及碳碳双键的键长别为0.149 nm和0.132 nm,这与脂肪族的典型键长(0.154 nm和0.134 nm)相近。从9,10-蒽醌与蒽的结构比较中可见,蒽醌的性质应与芳香二酮相似。

当醌环上连有其他取代基时,构成取代醌,如合成维生素K、天然维生素$K_1$、辅酶Q等,结构见表6-4。

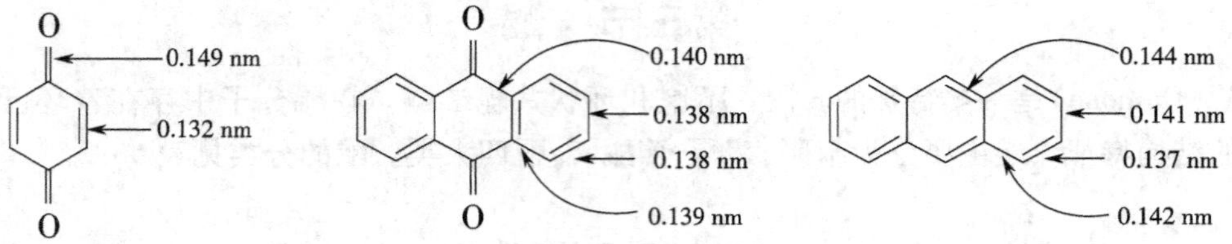

0.149 nm
0.132 nm
0.140 nm
0.138 nm
0.138 nm
0.139 nm
0.144 nm
0.141 nm
0.137 nm
0.142 nm

**表 6－4　合成维生素 K、天然维生素 $K_1$、辅酶 Q 的结构**

| | | |
|---|---|---|
| 结构式 | 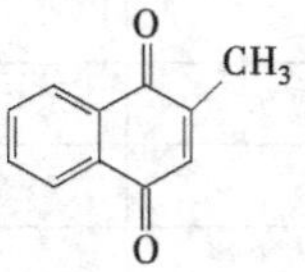 O, $CH_3$, O | 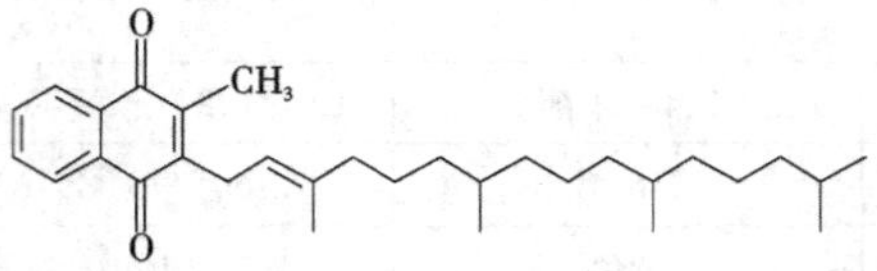 O, $CH_3$, O |
| 名称 | 合成维生素 K | 天然维生素 $K_1$ |
| 结构式 | 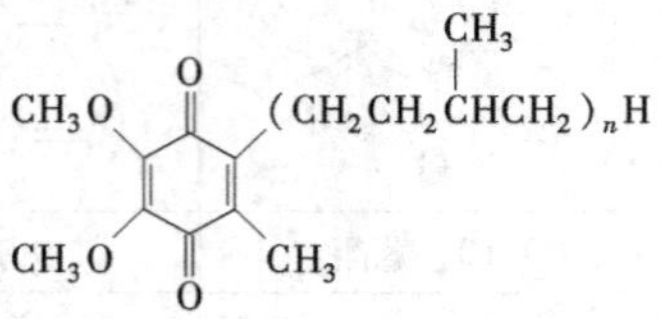 $CH_3O$, O, $(CH_2CH_2\overset{CH_3}{\overset{\vert}{C}}HCH_2)_nH$, $CH_3O$, O, $CH_3$ | |
| 名称 | 辅酶 Q | |

## 二、醌的命名

醌的命名一般是在"醌"字前加上芳香烃基的名称，并标出羰基的位置。例如：

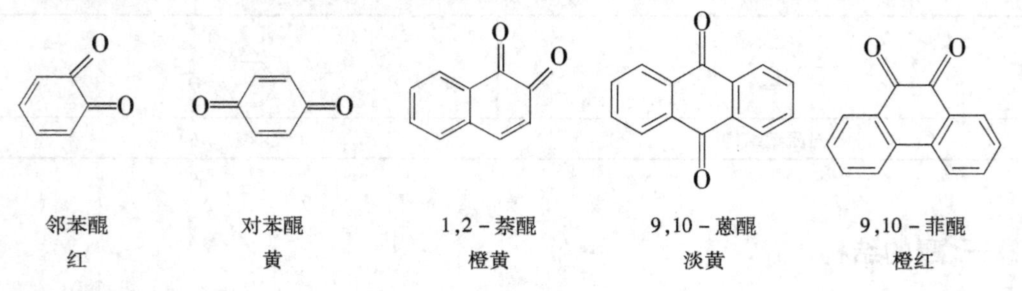


邻苯醌　　对苯醌　　1,2－萘醌　　9,10－蒽醌　　9,10－菲醌
红　　黄　　橙黄　　淡黄　　橙红

## 三、醌的化学性质

### (一)加成反应

醌中的羰基能与羰基试剂、格氏试剂等加成。

1. 羰基的亲核加成反应

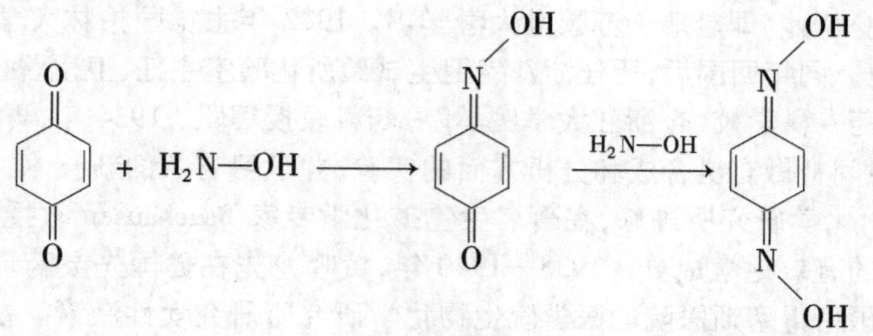

$$\text{对苯醌} + H_2N—OH \longrightarrow \text{对苯醌单肟} \xrightarrow{H_2N—OH} \text{对苯醌双肟}$$

对苯醌单肟　　对苯醌双肟

2. 碳碳双键的亲电加成反应

醌分子中的碳碳双键能和卤素、卤化氢等亲电试剂加成，如对苯醌与氯加成可得到二氯或四氯化物。例如：

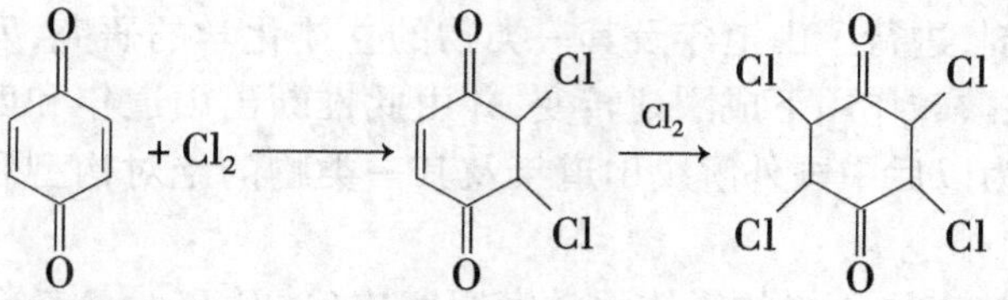

$$\text{对苯醌} + Cl_2 \longrightarrow \text{二氯化物} \xrightarrow{Cl_2} \text{四氯化物}$$

3. 苯醌的1,4－共轭加成反应

醌分子中的碳碳双键与羰基共轭，它可与氢卤酸、亚硫酸氢钠等许多试剂发生1,4－加成反应。

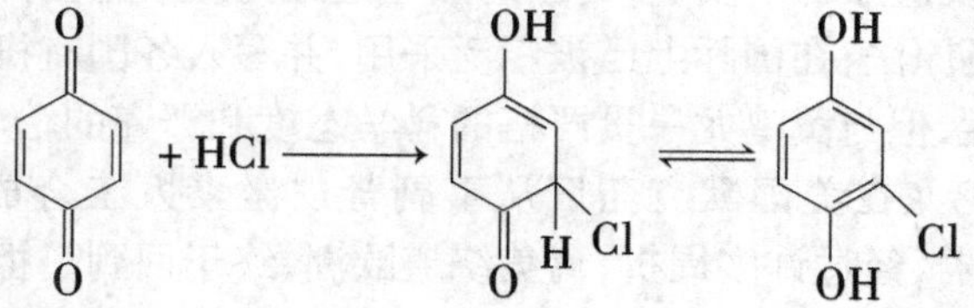

$$\text{对苯醌} + HCl \longrightarrow \text{烯醇中间体} \rightleftharpoons \text{2-氯对苯二酚}$$

**（二）还原反应**

对苯醌与对苯二酚（或称氢醌）可以通过还原和氧化反应相互转变。

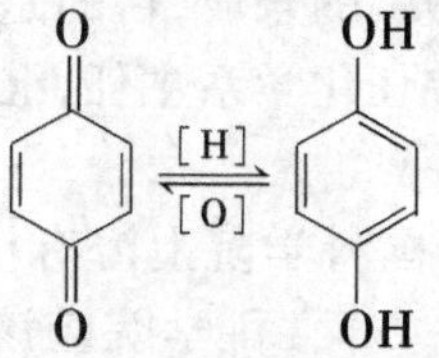

$$\text{对苯醌} \underset{[O]}{\overset{[H]}{\rightleftharpoons}} \text{对苯二酚}$$

醌与酚之间的氧化－还原反应是可逆的，利用两者之间的氧化－还原电对构成氢醌电极，常用来测定氢离子浓度。这种氧化还原性质在生理生化过程中也有重要意义。

**阅读材料**

## 黄鸣龙

黄鸣龙（1898—1979），有机化学家，毕生致力于有机化学的研究，特别是甾体化合物的合成研究，为我国有机化学的发展和甾体药物工业的建立以及科技人才的培养做出了突出贡献。

1898 年 8 月 6 日，黄鸣龙出生于江苏省扬州市。1920 年，从浙江公立医药专门学校（今浙江大学医学院）毕业，即赴瑞士苏黎世大学学习。1922 年去德国柏林大学深造，1924 年，获哲学博士学位。同年回国后，历任浙江省卫生试验所化验室主任、卫生署技正与化学科主任、浙江省立医药专科学校（今浙江大学医学院）药科教授等职。1934 年，再度赴德国，先在柏林用了一年时间补做有机合成和分析方面的实验，并学习有关的新技术，后于 1935 年入德国维次堡大学化学研究所进修，在著名生物碱化学专家 Bruchausen 教授指导下，研究中药延胡索、细辛的有效化学成分。1938—1940 年，黄鸣龙先在德国先灵药厂研究甾体化学合成，后又在英国密得塞斯医院的医学院生物化学研究所研究女性激素。在改造胆甾醇结构合成女性激素时，他们首先发现了甾体化合物中双烯酮酚的移位反应。

1940 年，黄鸣龙取道英国返回祖国，在昆明中央研究院化学研究所任研究员，并在西南联合大学兼任教授。在当时科研条件极差、实验设备与化学试剂奇缺的情况下，他仍想方设法就地取材。他从药房买回驱蛔虫药山道年，在频繁的空袭警报的干扰下，用仅有的盐酸、氢氧化钠、酒精等试剂，进行了山道年及其一类物的立体化学的研究，发现了变质山道年的四个立体异构体可在酸碱作用下成圈地转变，并由此推断出山道年和四个变质山道年的相对构型。这一发现，为以后中国外解决山道年及其一类物的绝对构型和全合成提供了理论依据。

1945 年，黄鸣龙应美国著名的甾体化学家费塞尔（L. F. Fieser）教授的邀请去哈佛大学化学系做研究工作。一次在做凯西纳－华尔夫（Kishner-Wolff）还原反应时，出现了意外情况，但黄鸣龙并未弃之不顾，而是继续做下去，结果得到出乎意料的好产率。于是，他仔细分析原因，又通过一系列反应条件的实验，终于对羰基还原为次甲基的方法进行了创造性的改进。此法简称黄鸣龙还原法，在国际上已被广泛采用，并写入各国有机化学教科书中。此方法的发现虽有其偶然性，但与黄鸣龙一贯严格的科学态度和严谨的治学精神是分不开的。

1949—1952 年黄鸣龙在美国默克药厂从事副肾皮激素人工合成的研究。1952 年 10 月，他携妻女及一些仪器，经过许多周折，离美绕道欧洲，终于回到了祖国。黄鸣龙回国后把发展有疗效的甾体化合物的工业生产作为甾体激素药物的工作目标。他与有关研究、生产单位协作，首先在植物性甾体化合物方面，调研甾体皂素，以期获得较好的甾体药物的半合成原料。在化学方面则偏重于甾体激素的合成，目的是寻找更经济的合成方法及疗效更高的化合物。黄鸣龙在军事医学科学院任化学系主任，继续从事甾体激素的合成研究和甾体植物资源的调查。

1956 年，他领导的研究室转到中国科学院上海有机化学研究所。在研究工作中，黄鸣龙十分重视理论联系实际，他说："一方面，科学院应该做基础性的科研工作，不应目光短浅，忽视暂时应用价值不显著的学术性研究；但另一方面，对于国家急需的建设项目，应根据自己所长协助有关部门共同解决，不可偏废，更不应将此两者相互对立起来。"他还以甾体化学研究为例，说明联系实际还可以发现许多新的研究课题，从而促进理论的进展和科学水平的提高。

1958 年，他利用薯蓣皂苷元为原料，用微生物氧化加入 11 $\alpha$ －羟基和用氧化钙－碘－醋酸钾加入 C21－OAc 的方法，七步合成了可的松，并协助工业部门很快投入了生产，使这项国家原来安排在第三个五年计划进行的项目提前数年实现了。中国的甾体激素药物也从进口一跃而为出口。这不仅填补了中国甾体工业的空白，而且使中国可的松的合成方法跨进了世界先进行列。有了合成可的松的工业基础,许多重要的甾体激素,如黄体酮、睾丸素、可的唑、强的松、强的唑龙和地塞米松等,都在 20 世纪 60 年代初期先后生产出来。不久他又合成了若干种疗效更好的甾体激素,如 6α -甲基可的唑、6α -甲基-17α -乙酰氧基黄体酮、Δ6-6-甲基副肾皮酮、Δ6-6-甲基-17α 羟基黄体酮和 Δ1-16-次甲基副肾皮酮等。1959 年 10 月,醋酸可的松获国家创造发明奖。与此同时,他还亲自开课,系统地讲授甾体化学,培养出一批熟悉甾体化学的专门人才。

1964 年,黄鸣龙出席第三届全国人大第一次会议,周恩来总理在政府工作报告中展示的"四化"宏图,使他受到很大鼓舞;当听到有关计划生育工作的重要性时,他联想到不久前国外文献上有关甾体激素可作为口服避孕药的研究报道,决心在计划生育科研方面做出新的贡献。考虑到这是一个多学科的综合性课题,需要组织全国范围内的大协作,黄鸣龙向国家科委提出了组织全国范围大协作的建议。这一建议受到国家科委领导的重视,于 1965 年成立了国家科委计划生育专业组,黄鸣龙任副组长。该项工作进展非常迅速,不到一年时间,几种主要的甾体避孕药很快投入了生产,并陆续在全国推广使用。

黄鸣龙在甾体激素的合成中比较重视合成方法的研究。他在引进 16α- 甲基合成地塞米松的过程中,发现化合物用酸处理得到的混合物经氢化后均得 16α -甲基化合物。这是一个十分简便的方法,既将易于得到的 16β -甲基变为 16α -甲基,同时又生成 17α -羟基,从化合物经若干步,即得地塞米松。中国曾用这个方法进行地塞米松的生产。

黄鸣龙在进行甾体合成方法的研究中,极为重视一些基本反应的研究。例如在副肾皮质激素的合成中,发现了一个 1,6-消除反应。在研究胆甾醇化合物 a~d1,6-消除反应的速率时,发现消除反应在稀碱溶液中,比在酸液中的速率为快,且竖键基团较横键基团易于消除。

黄鸣龙在改用高锰酸钾代替昂贵和稀少的四氧化锇合成双氢可的松的研究中,发现 20 腈-17-孕甾烯-3α ,21-双羟基-11 酮,用碱在甲醇或乙醇中处理发生立体异构化,并同时发生取代反应,生成 C21 醚化合物,在碱性甲醇中放置 24 小时或较久,其产量在 80% 以上,可使其变为 21-甲氧基可的松。

在口服避孕药的研究方面,黄鸣龙参考平卡斯(Pincus)的工作,结合中国情况认真制订科研计划,并与有关的生产单位一起合成了炔诺酮、甲地孕酮和氯地孕酮等药物。与此同时,他积极开展甾体口服避孕药结构改变的研究,以期获得具有更高疗效的药物。副肾皮质激素,如可的松及可的唑,在 C6α 位置引入一甲基,疗效大为加强,如在 C6.7 位加入双键,则效力也可加大,因此他设计合成 Δ6-6-甲基-17α -羟基黄体酮,它的 17-乙酸酯(简称甲地孕酮 14),口服效力比 6α -甲基-17α -乙酰氧基黄体酮大 5~6 倍。甲地孕酮用作口服避孕药是中国的首创,它在英国也被用作口服避孕药。此药虽然避孕功能甚佳,但合成方法不够经济。因此,1956 年,黄鸣龙又和工业部门一起对其合成方法进行了改进。原来国内合成甲地孕酮需要六步,总收率 18%,国外比较新的方法是五步,总收率 27%,而他改进的方法只要三步,总收率达 40%。这一改进不但有一定的经济价值,而且有一定的理论意义,因为和含溴不饱和基团一步即去溴成甲基,并同时使双键移位,似尚无先例。在避孕药合成的方法方面,黄鸣龙还采用还原法所得的 16α -羟基化合物,经四步反应获得了一种长效的避孕药。

黄鸣龙鉴于甾体化合物中加入 16β -甲基也同样地增强生理作用,故将化合物制成在

C16 位，既含甲基又含羟基（顺反异构体），从而可以合成具有这两个活性基团的甾体化合物。

黄鸣龙数十年如一日战斗在科研第一线，为中国社会主义建设事业做出了重大贡献，并培养了大批科研骨干。他发表研究论文近百篇，综述和专论近 40 篇。1955 年，他当选中国科学院数理化学部委员，并曾当选第三届全国人民代表大会代表，第二、第三、第五届全国政协委员，荣获 1978 年全国科学大会先进代表称号。黄鸣龙是中国药学会第十四届、第十六届副理事长，中国药学会上海分会第四届名誉理事长，中国化学会理事，曾任国际《四面体》杂志顾问编辑。

## 习　题

### 一、选择题

1. 下列化合物中，不发生银镜反应的是（　　）。

A. 丁酮　B. 苯甲醛　C. 丁醛　D. 甲醛

2. 下列化合物中，与格氏试剂作用后生成伯醇的是（　　）。

A. 甲醛　B. 环己酮　C. 丙酮　D. 丙醛

3. 制备仲醇应选择（　　）为原料。

A. 醛和格氏试剂　B. 甲醛和格氏试剂

C. 酮和格氏试剂　D. 环氧乙烷和格氏试剂

4. 下列试剂中，不能用来鉴别醛酮的是（　　）。

A. 希夫试剂　B. 托伦试剂　C. 斐林试剂　D. 溴水

5. 丙醛和丙酮的关系是（　　）。

A. 同素异形体　B. 同系物　C. 同分异构体　D. 同一种化合物

6. 下列物质中能发生碘仿反应的是（　　）。

A. 仲丁醇　B. 环己酮　C. 苯甲醛　D. 乙酸

7. 下列物质中能发生银镜反应的是（　　）。

A. 醇　B. 酮　C. 酸　D. 醛

8. 下列各组化合物中，不能用碘和氢氧化钠溶液来鉴别的是（　　）。

A. 甲醇和乙醇　B. 2 - 戊酮和 3 - 戊酮

C. 乙醛和丙酮　D. 2 - 戊醇和 3 - 戊醇

9. 下列各组化合物中，可用 2,4 - 二硝基苯肼来鉴别的是（　　）。

A. 甲醛和乙醛　B. 乙醇和乙醛　C. 丙醛和丙酮　D. 苯甲醛和苯乙酮

10. 下列化合物中，最容易和氢氰酸加成的是（　　）。

A. 甲醛　B. 丙酮　C. 环己酮　D. 乙醛

11. 下列化合物中，沸点最高的是（　　）。

A. 乙醚　B. 乙烷　C. 乙醇　D. 乙醛

12. 下列关于醛酮的叙述不正确的是（　　）。

A. 醛酮都能被弱氧化剂氧化成相应的羧酸　B. 醛酮分子中都含有羰基

C. 醛酮都可被催化氢化成相应的醇　D. 醛酮都能与羰基试剂作用

13. 鉴定甲基酮通常采用下列哪种方法或试剂？(　　)。

A. 托伦试剂　　B. 希夫试剂　　C. 碘仿试验　　D. 氧化作用

14. 卤仿反应必须(　　)条件下进行。

A. 酸性溶液　　B. 碱性溶液　　C. 中性溶液　　D. 质子溶剂

15. 下列化合物中不与氢氰酸反应的是(　　)。

A. 乙醛　　B. 丙酮　　C. 对苯醌　　D. 丁酮

16. 下列化合物不与斐林试剂作用的是(　　)。

A. HCHO　　B. $CH_3COOCH_3$　　C. $CH_3CHO$　　D. $CH_3CH_2CHO$

17. 生物标本防腐剂“福尔马林”的组成成分是(　　)。

A. 40%甲醛水溶液　　B. 4%甲酸水溶液

C. 40%乙醛水溶液　　D. 3%甲醛水溶液

18. 下列试剂中可把羰基还原为亚甲基的是(　　)。

A. $H_2/Ni$　　B. $NaBH_4$的醇溶液　　C. 浓 NaOH　　D. Zn－Hg/浓HCl

19. 下面不能与 $I_2$ 和 NaOH 发生碘仿反应的是(　　)。

A. 丙酮　　B. 乙醛　　C. 乙醇　　D. 乙炔

20. 下列化合物中，属于羰基试剂的是(　　)。

A. 氢氧化钠　　B. 盐酸　　C. 羟胺　　D. 碘化钾

21. 用化学方法鉴别苯酚和环己酮应选择的试剂是(　　)。

A. 饱和 $NaHCO_3$溶液　　B. $KMnO_4$溶液　　C. $FeCl_3$溶液　　D. NaCN 溶液

22. 在农业上常用稀释的福尔马林来浸种，给种子消毒，该溶液中含有的物质是(　　)。

A. 甲醛　　B. 乙醇　　C. 醋酸　　D. 乙醛

## 二、填空题

1. 因为羰基有极性，其中氧原子带有部分______电荷，碳原子带有部分______电荷，所以羰基化合物易发生______加成反应。

2. 根据羰基所连烃基的不同，醛酮可分为______、______和______，根据分子中所含羰基的数目，醛酮又可分为______和______。

3. 因为斐林试剂______氧化脂肪醛，______氧化芳香醛，所以可用斐林试剂来鉴别脂肪醛和芳香醛。

4. 用 $LiAlH_4$还原 $CH_3CH=CHCHO$，产物为______。

5. 在稀碱溶液中，含有______氢原子的醛能发生______反应。

6. ______、______和______环酮与亚硫酸氢钠的饱和溶液作用，有结晶状加成物 α－羟基磺酸钠析出。

7. 醛加氢还原生成______，酮加氢还原生成______。

8. 在干燥氯化氢存在下，______与______发生加成反应，生成半缩醛。半缩醛通常不稳定，可以继续反应生成稳定的化合物缩醛。

9. 羰基可以与许多氨的衍生物如______、______、______、______等加成，并进一步失水，形成含有碳氮双键的化合物。有机分析中常把这些氨的衍生物称为

________,因为它们可用于鉴别羰基化合物。

## 三、简答题

1. 命名下列化合物。

(1) 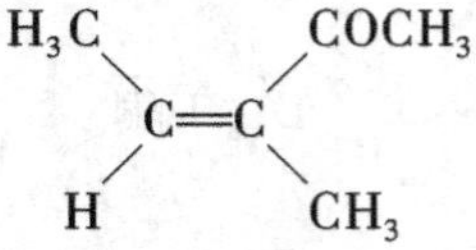 $\underset{H}{\overset{H_3C}{}}C=C\underset{CH_3}{\overset{COCH_3}{}}$ (2) $H_3CO-C_6H_4-CHO$(对位) (3) $CH_3CH_2C(CH_3)=CHCH_2CHO$

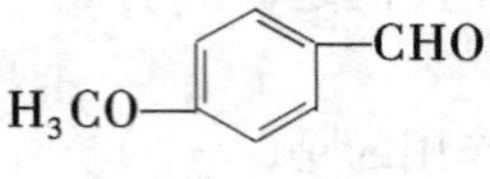

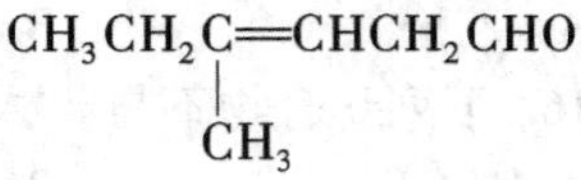

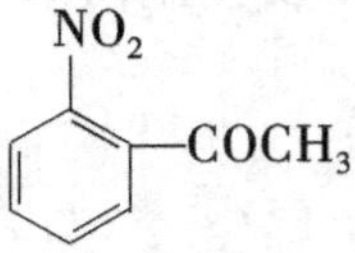

(4) 邻硝基苯乙酮结构:$C_6H_4(NO_2)(COCH_3)$ (5) 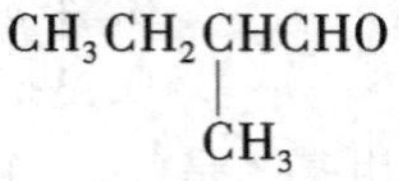 $CH_3CH_2CH(CH_3)CHO$ (6) $CH_3CH_2CH=NOH$

2. 写出下列化合物的结构式。

(1)乙二醛 (2)4-羟基-3-甲氧基苯甲醛 (3)邻羟基苯甲醛

(4)2-甲基环戊酮 (5)丙酮苯腙 (6) 1,4-环己二酮

3. 在下列反应式中填上适当的还原剂。

(1) 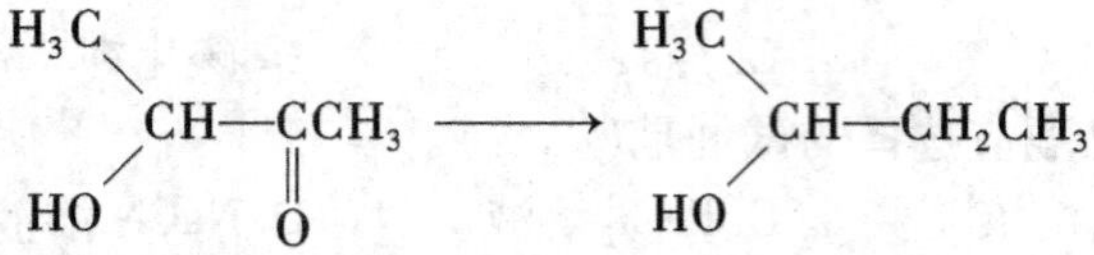 $CH_3CH(OH)-C(=O)CH_3 \longrightarrow CH_3CH(OH)-CH_2CH_3$

(2) 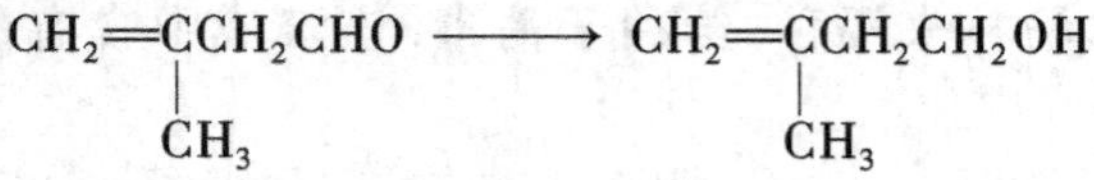 $CH_2=C(CH_3)CH_2CHO \longrightarrow CH_2=C(CH_3)CH_2CH_2OH$

4. 如何完成下列转变?

(1) 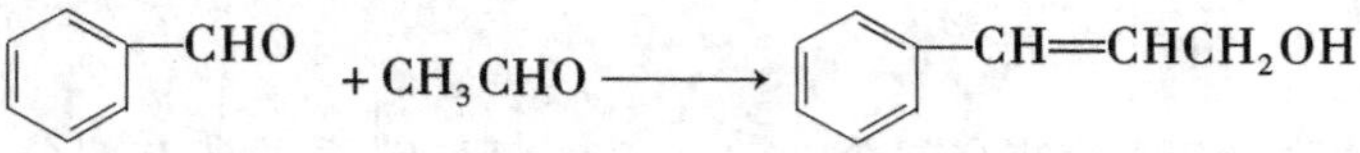 $C_6H_5CHO + CH_3CHO \longrightarrow C_6H_5CH=CHCH_2OH$

(2) 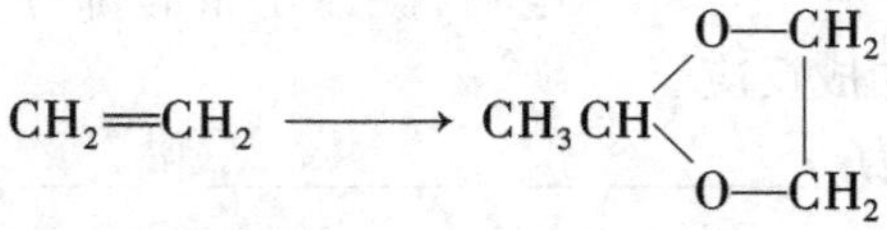 $CH_2=CH_2 \longrightarrow CH_3CH\langle_{O-CH_2}^{O-CH_2}$(环状缩醛)

5. 用化学方法鉴别下列各组化合物。

(1) $C_6H_5CHO$, $C_6H_5COCH_3$, $C_6H_5COCH_2CH_3$

(2) $C_6H_5CH(OH)CH_3$, $C_6H_5CH_2OH$, $CH_3COCH_2CH_3$, $C_6H_5OH$

6. 完成下列反应式。

(1) 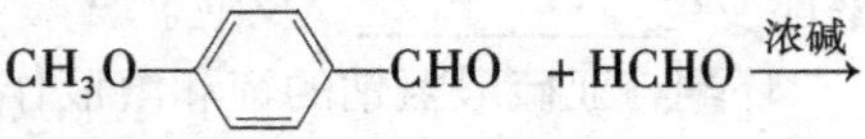 $CH_3O-C_6H_4-CHO + HCHO \xrightarrow{浓碱}$

(2) $2CH_3CH_2CH_2CHO \xrightarrow{稀碱}$

(3) 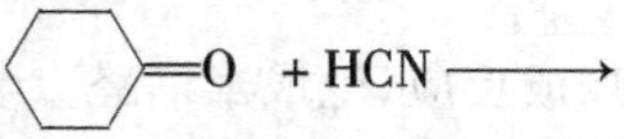 环己酮 $+ HCN \longrightarrow$

7. 完成下列各反应需要加什么试剂,并注明各反应类型。

(1) 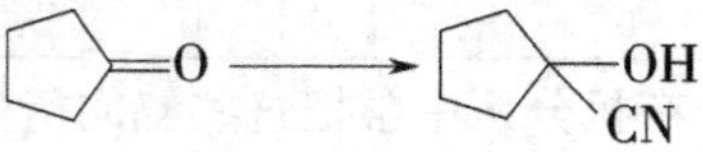 环戊酮 $\longrightarrow$ 1-羟基环戊基甲腈(环上同一碳连 $-OH$ 与 $-CN$)

(2) $H_3C(H)C{=}O \longrightarrow H_3C(H)C(OCH_3)_2$

(3) $C_6H_5COCH_3 \longrightarrow C_6H_5C(CH_3){=}NNHCONH_2$

(4) $CH_3C{\equiv}CC_6H_5 \longrightarrow$ $H_3C(H)C{=}C(H)C_6H_5$（$H_3C$ 与 $C_6H_5$ 同侧）

(5) $CH_3C{\equiv}CC_6H_5 \longrightarrow$ $H_3C(H)C{=}C(C_6H_5)H$（$H_3C$ 与 $C_6H_5$ 异侧）

(6) $CH_2{=}CHCH_2CHO \longrightarrow CH_2{=}CHCH_2CH_2OH$

8. 将下列化合物按羰基活性次序排列。

(1) $(CH_3)_3CCOC(CH_3)_3$，$CH_3COCHO$，$CH_3COCH_2CH_3$，$CH_3CHO$

(2) $CH_3CH_2COCH_3$，$CH_3COCCl_3$

(3) 环己酮，环丁酮

9. 某化合物分子式为 $C_5H_{12}O$(A)，氧化后得到 $C_5H_{10}O$(B)，B 能和苯肼反应，与碘的碱溶液共热时有碘仿生成；A 与硫酸共热得 $C_5H_{10}$(C)，C 经氧化后得丙酮和乙酸。试推导 A、B、C 的结构，并用反应式表示推导过程。

10. 从中草药陈蒿中得到一种治疗胆病的化合物，经确定分子式为 $C_8H_8O_2$。该化合物能溶于碱溶液，遇三氯化铁呈淡紫色，与 2,4－二硝基苯肼生成腙，并能起碘仿反应。试推导其可能的结构式，并写出推导过程。

11. 有一化合物 $C_8H_{14}O$(A)，可以很快使溴水褪色，并能与苯肼反应。A 氧化分解成一分子丙酮和另一化合物 B，B 有酸性，与碘和氢氧化钠溶液作用后生成一分子碘仿和一分子丁二酸钠。写出 A、B 的可能结构。

# 第七章　羧酸及其衍生物

**学习指南**

羧酸是分子中含有羧基的有机化合物。羧基是由羰基和羟基组成的官能团，羧酸的化学反应主要发生在羧基及受羧基影响的 $\alpha$ 位氢原子上。

羧酸分子中的羟基被其他原子或基团取代后生成羧酸衍生物。它们都是含有酰基的化合物，由于结构相似，所以具有许多相似的化学性质。

本章重点介绍羧酸及其衍生物的特征反应、官能团间的相互转化规律及其在实际中的应用。

学习本章内容，应在了解羧酸及其衍生物结构特点的基础上做到：

1. 了解羧酸及其衍生物的物理性质和变化规律，熟悉重要羧酸及其衍生物的化学反应及应用；
2. 掌握羧酸及其衍生物官能团的特征反应及鉴别方法，掌握羧酸及其衍生物间的相互转化关系；
3. 熟悉重要羧酸及其衍生物的工业制法以及在生产生活中的实际应用；
4. 了解羧酸的分类，掌握羧酸及其衍生物的命名方法。

## 第一节　羧酸及其衍生物的结构、分类和命名

### 一、羧酸及其衍生物的结构

1. 羧酸的结构

**由羰基和羟基组成的基团叫作羧基**。羧基的构造式为 $-\overset{\overset{\displaystyle O}{\|}}{C}-OH$（也可简写为—COOH）。羧酸就是分子中含有羧基的一类有机化合物，常用通式 RCOOH。在羧酸分子中，羧基的碳原子是 $sp^2$ 杂化，三个 $sp^2$ 杂化轨道分别与一个羰基氧原子，一个羟基氧原子和一个碳原子（在甲酸中是氢原子）形成三个 $\sigma$ 键，键角约 120°；$sp^2$ 杂化碳原子的 p 轨道与两个氧原子的 p 轨道重叠，形成一个四电子三中心的 p－π 共轭体系，增加了 O—H 键的极性，从而使 C—O 键的极性减弱。

羧基是羧酸的官能团，羧基由一个羰基和一个羟基组成，实质上并非两者的简单组合。

$-\overset{\overset{\displaystyle O}{\|}}{C}-$ （C=O 0.122 nm）　醛酮

$-\overset{|}{\underset{|}{C}}-OH$ （C—O 0.143 nm）　醇

$H-\overset{\overset{\displaystyle O}{\|}}{C}-OH$ （C=O 0.124 5 nm；C—O 0.131 2 nm）　甲酸

羧基的结构为 p－π 共轭体系。

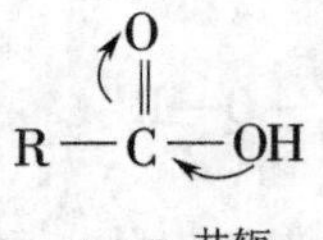

$$R-\overset{\overset{O}{\|}}{C}-OH$$

p－π 共轭

$$R-C(=O)-O-H$$

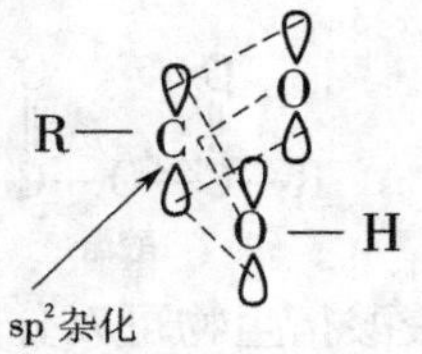

$sp^2$杂化

当羧基电离成负离子后，氧原子上带一个负电荷，更有利于共轭，故羧酸易离解成负离子。例如：

$$R-\overset{\overset{O}{\|}}{C}-OH \longrightarrow R-\overset{\overset{O}{\|}}{C}-O^- + H^+$$

由于共轭作用，羧基不是羰基和羟基的简单加和，所以羧基中既不存在典型的羰基，也不存在着典型的羟基，而是两者互相影响的统一体。

2. 羧酸衍生物的结构

羧酸衍生物在结构上的共同特点是都含有酰基，酰基与其所连的基团都能形成 p－π 共轭体系。

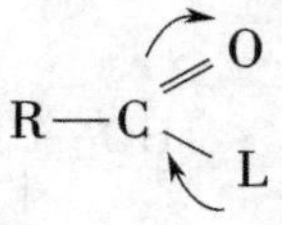

$$R-C(=O)-L$$

(1) L 与酰基相连的原子的电负性都比较大，故有吸电子诱导效应；

(2) L 与酰基相连的原子上有未共用电子对，故具有 p－π 共轭效应；

(3) 当吸电子诱导效应大于 p－π 共轭效应时，反应活性将降低；

(4) 当吸电子诱导效应小于 p－π 共轭效应时，反应活性将增大。

## 二、羧酸及其衍生物的分类

1. 羧酸的分类

根据羧酸分子中烃基的不同，可以把羧酸分成脂肪族羧酸、脂环族羧酸和芳香族羧酸。根据羧酸分子中含有羧基的数目，可以把羧酸分成一元羧酸、二元羧酸和多元羧酸。羧酸的烃基中如果还含有其他取代基，又可分为卤代酸、羟基酸、羰基酸和氨基酸等取代酸。

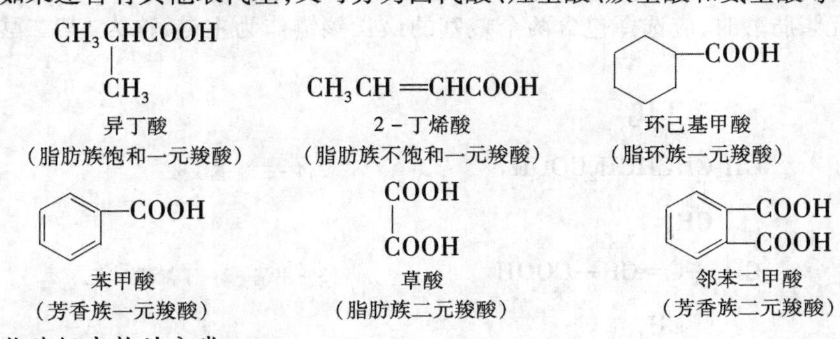


异丁酸（脂肪族饱和一元羧酸）　2－丁烯酸（脂肪族不饱和一元羧酸）　环己基甲酸（脂环族一元羧酸）

苯甲酸（芳香族一元羧酸）　草酸（脂肪族二元羧酸）　邻苯二甲酸（芳香族二元羧酸）

2. 羧酸衍生物的分类

羧酸衍生物是羧酸分子中的羟基被取代后的产物，重要的羧酸衍生物有酰卤、酸酐、酯和酰胺。

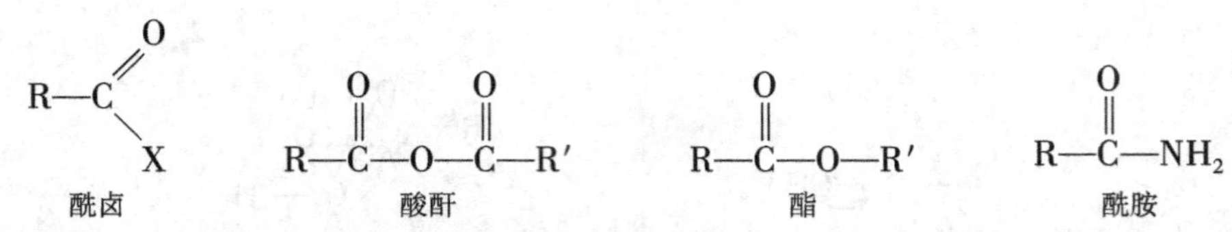


根据烃基的类别羧酸衍生物可以分为脂肪族和芳香族衍生物。酰卤的卤原子是 F,Cl,Br,以酰氯为常见。酸酐又分为同酸酐(R 和 R′相同)、混酸酐(R 和 R′不同)和内酐(二元酸分子内脱水的产物)三类。酯的 R 和 R′可以相同,也可以不同,若 R 和 R′之间以共价键相连,则构成内酯。酰胺根据氮原子上取代基、取代方式的不同,可以分为酰胺、内酰胺及二酰亚胺。

## 三、羧酸及其衍生物的命名

1. *羧酸的命名*

许多羧酸是从天然产物中得到的,因此常根据它的来源命名,例如甲酸最初是由蒸馏蚂蚁得到的,称为蚁酸。乙酸最初是由食用的醋得到,称为醋酸。还有草酸、琥珀酸、苹果酸、柠檬酸等都是根据它们最初的来源命名的。高级一元酸是由脂肪得到的,因此开链的一元酸又称为脂肪酸。

$$HOOC—\underset{\displaystyle OH}{\underset{|}{CH}}—CH_2COOH$$

苹果酸

$$\begin{array}{l} HO—CHCOOH \\ \quad\quad | \\ \quad\quad CHCOOH \\ \quad\quad | \\ \quad\quad CH_2COOH \end{array}$$

异柠檬酸

$$\begin{array}{c} CH_2COOH \\ | \\ HO—C—COOH \\ | \\ CH_2COOH \end{array}$$

柠檬酸

$$HOOC—CH_2—CH_2COOH$$

琥珀酸

$$\begin{array}{c} COOH \\ | \\ COOH \end{array}$$

草酸

脂肪酸的系统命名基本上与醛相似,即选择含羧基的最长碳链作为主链,根据主链上碳原子的数目称为“某酸”。主链碳原子上的编号从羧基碳原子开始,与羧基相连的碳原子也称为 $\alpha$ – 碳原子。不饱和脂肪酸的主链取含羧基和重键的最长碳链,根据主链上碳原子的数目称为“某烯酸”或“某炔酸”。编号时,从羧基碳原子开始,并把重键位置注于母体名称之前。命名二元脂肪酸时,应选择包含两个羧基的最长碳链作为主链,称为“某二酸”。例如:

$$\begin{array}{c} \quad\quad CH_3 \\ \quad\quad | \\ CH_3CHCHCH_2COOH \\ | \quad\quad\quad \\ CH_3 \quad\quad\quad \end{array}$$

3,4 – 二甲基戊酸

$$\begin{array}{l} CH_2—C{=}CH—COOH \\ \quad\quad\;\; | \\ \quad\quad\;\; CH_3 \end{array}$$

3 – 甲基 – 2 – 丁烯酸

$$HOOC—CH_2—CH_2COOH$$

丁二酸

$$HOOCCH_2COOH$$

丙二酸

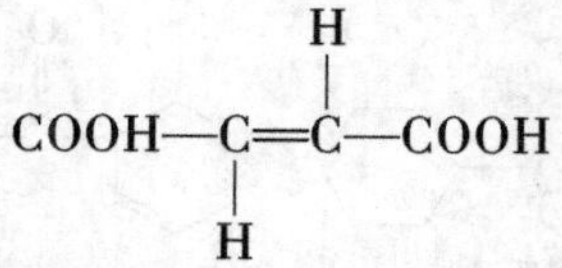

$$COOH—\overset{H}{\underset{H}{C}}=C—COOH$$ （上方 C 连 H，下方 C 连 H）

反丁烯二酸(延胡索酸)

芳香族羧酸和脂环族羧酸命名时，若羧基连在芳环或脂环侧链上，以芳环或脂环为取代基。例如：

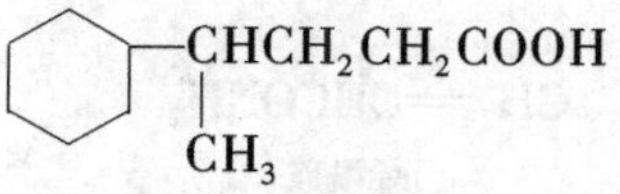

4－环己基戊酸 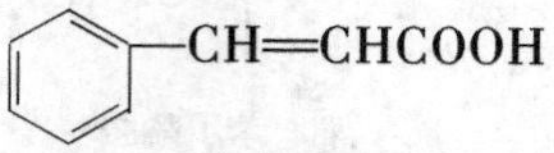　　3－苯丙烯酸 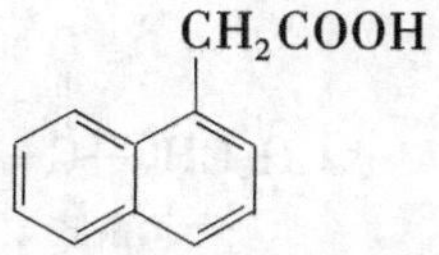　　α－萘乙酸

羧酸常用希腊字母来标明位次，即与羧基直接相连的碳原子位次为 $\alpha$，其余位次为 $\beta,\gamma$……距羧基最远的为 $\omega$ 位。

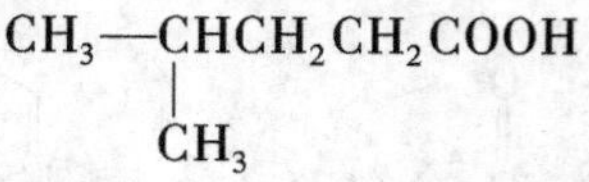

$$CH_3—\underset{CH_3}{CH}CH_2CH_2COOH$$

γ－甲基戊酸

Δ 表示双键的位次，把双键碳原子的位次写在 Δ 的右上角。例如 9－十八碳烯酸(油酸) $CH_3(CH_2)_7CH=CH(CH_2)_7COOH$：

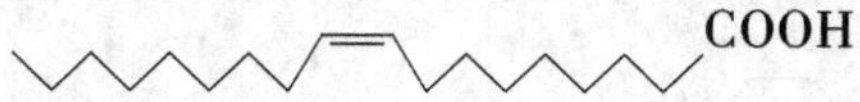

顺－$\Delta^9$－十八碳烯酸(油酸)

反－$\Delta^9$－十八碳烯酸(反油酸)

2. *羧酸衍生物的命名*

羧酸分子中去掉羟基后剩余的基团称为酰基。例如：

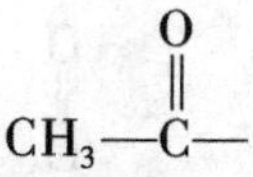

$$CH_3—\overset{O}{\overset{\|}{C}}—\qquad CH_3CH_2—\overset{O}{\overset{\|}{C}}—\qquad C_6H_5—\overset{O}{\overset{\|}{C}}—$$

乙酰基 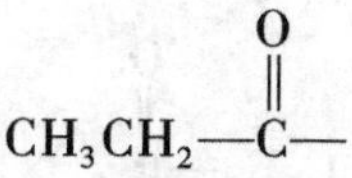　　丙酰基 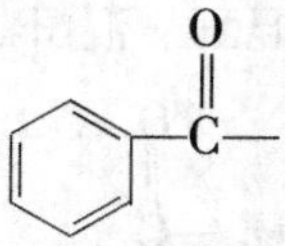　　苯甲酰基

酰卤的命名是根据酰基的名称称为某酰卤。例如：

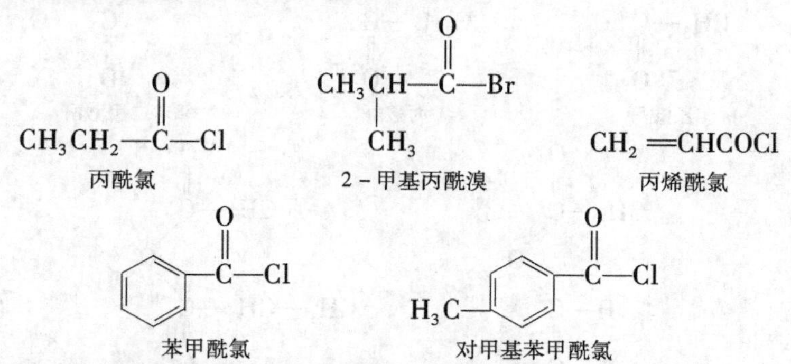

丙酰氯　　2－甲基丙酰溴　　丙烯酰氯

苯甲酰氯　　对甲基苯甲酰氯

酯的命名是根据形成它的酸和醇称为某酸某酯。例如：

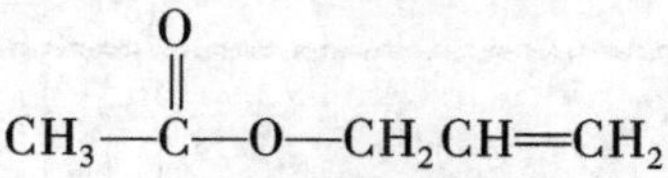

$$CH_3—\overset{O}{\overset{\|}{C}}—O—CH_2CH=CH_2\qquad H—\overset{O}{\overset{\|}{C}}—OCH_3\qquad CH_2=CHCOOCH_3$$

乙酸烯丙酯 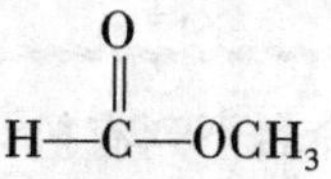　　甲酸甲酯　　丙烯酸甲酯

$H_3C—CHCOOC_2H_5$
$\quad\quad|$
$\quad CH_2COOC_2H_5$

甲基丁二酸二乙酯　　环戊基甲酸环己酯　　苯甲酸苄酯

酰胺的命名是根据酰基的名称称为某酰胺。例如：

$CH_3CH_2—\overset{O}{\overset{\|}{C}}—NH_2$　　$C_6H_5—\overset{O}{\overset{\|}{C}}—NH_2$　　$CH_2═CHCONH_2$

丙酰胺　　苯甲酰胺　　丙烯酰胺

酰胺分子中氮原子上的氢原子被烃基取代后所生成的取代酰胺称为 N－烃基某酰胺。例如：

$CH_3—\overset{O}{\overset{\|}{C}}—NHC_2H_5$　　$CH_3CH_2—\overset{O}{\overset{\|}{C}}—N(CH_3)_2$　　$C_6H_5—\overset{O}{\overset{\|}{C}}—N(CH_3)(C_2H_5)$

N－乙基乙酰胺　　N,N－二甲基丙酰胺　　N－甲基－N－乙基苯甲酰胺

含有—CONH—结构的环状酰胺称为内酰胺。例如：

己内酰胺

酸酐是根据它水解后生成的相应的羧酸来命名。酸酐中含有两个相同或不同的酰基时，分别称为单酐或混酐。混酐的命名与混醚相似。例如：

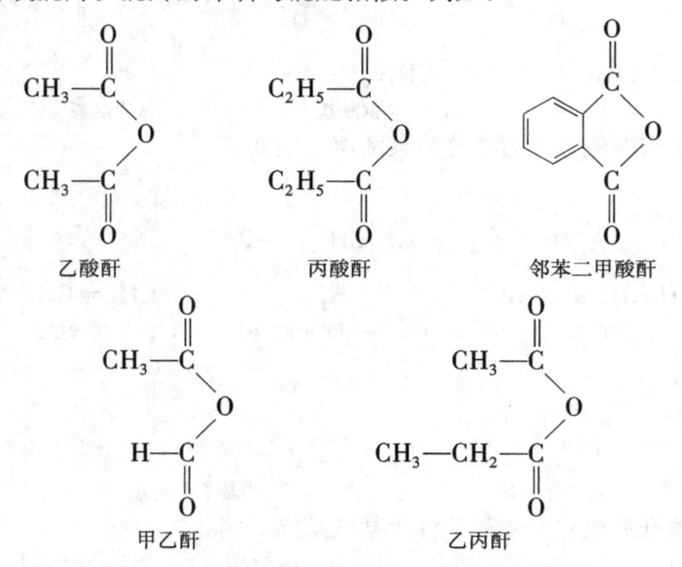


**问题 7－1**　用系统命名法命名下列有机化合物：

(1) 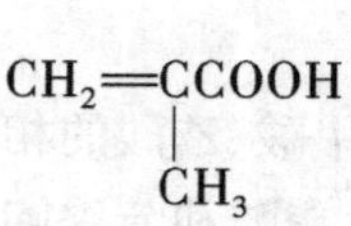 $CH_2{=}C(CH_3)COOH$　　(2) $COOH{-}C(CH_3){=}C(CH_3){-}COOH$　　(3) $CH_3COOCH(CH_3)_2$

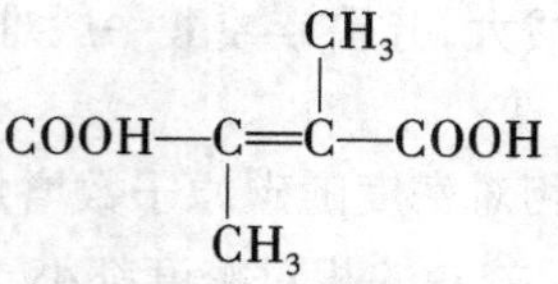

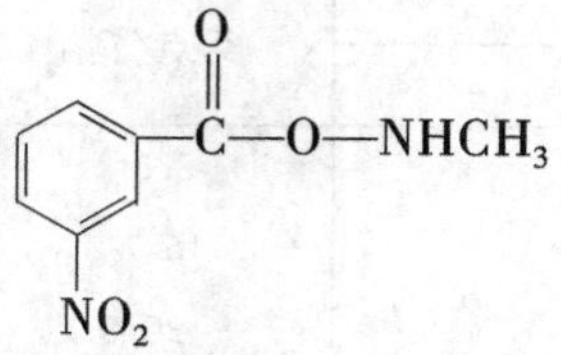

(4) 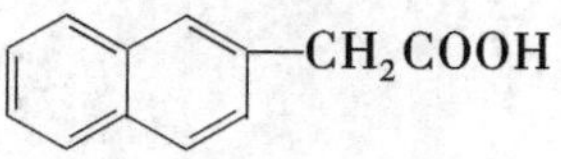 $C_{10}H_7{-}CH_2COOH$（2-萘基）　　(5) 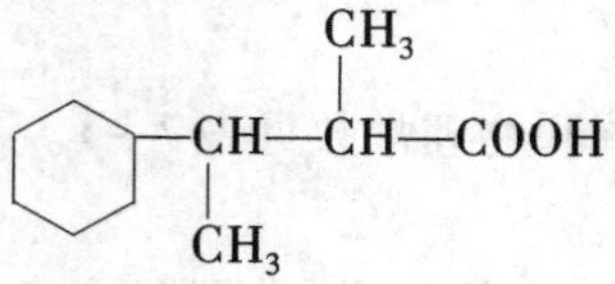 $C_6H_{11}{-}CH(CH_3){-}CH(CH_3){-}COOH$

**问题 7－2**　命名下列化合物：

(1) 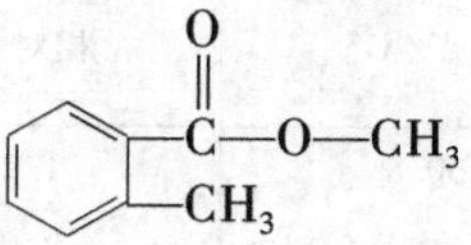 $o{-}CH_3C_6H_4{-}C(=O){-}O{-}CH_3$　　(2) $m{-}NO_2C_6H_4{-}C(=O){-}O{-}NHCH_3$　　(3) $C_6H_5{-}C(=O){-}Br$

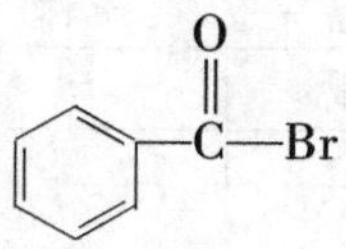

**问题 7－3**　写出下列化合物的构造式：

(1)乙酸苯酯　　(2)草酸二乙酯　　(3)2－甲基丙酰溴

(4)苯甲酐　　(5)N－甲基－N－乙基丁酰胺　　(6)N,N－二甲基甲酰胺

## 第二节　羧酸及其衍生物的性质

### 一、羧酸及其衍生物的物理性质

1.羧酸的物理性质

1)物态

常温常压下，$C_1$～$C_3$羧酸都是无色且具有刺激性酸味的液体。$C_4$～$C_9$羧酸是具有酸腐臭味的油状液体(丁酸为脚臭味)。$C_{10}$及以上的直链一元羧酸是无臭无味的白色蜡状固体。脂肪族二元羧酸和芳香族羧酸都是白色晶体。

2)熔点

羧酸的熔点有一定规律，随着分子中碳原子数目的增加呈锯齿状地升高。含偶数碳原子的直链饱和一元酸的熔点比相邻两个含奇数碳原子的同系物的熔点要高。这是因为含偶数碳原子的羧酸分子对称性高，排列比较紧密，分子间的作用力较大。乙酸熔点为16.6 ℃，当室温低于此温度时，立即凝成冰状结晶，故纯乙酸又称为冰醋酸。

3)沸点

饱和一元羧酸的沸点随着相对分子量的增大而升高。羧酸的沸点比相对分子质量相近的醇的沸点要高。这是因为羧酸分子间的缔合能力以及与水分子形成氢键的能力都比相应的醇强。

4)溶解性

$C_1$～$C_4$羧酸都易溶于水，可以任意比例与水混溶，$C_5$及以上的羧酸溶解度逐渐降低；$C_{10}$以上的羧酸已不溶于水，但都易溶于乙醇、乙醚、氯仿等有机溶剂。二元羧酸在水中的溶解

度比同碳原子数的一元羧酸大，芳香族羧酸一般难溶于水，其水溶性比相应的醇大。

5）相对密度

直链饱和一元羧酸的相对密度随碳原子数增加而降低。其中，甲酸、乙酸的相对密度大于1，比水重，其他饱和一元羧酸的相对密度都小于1，比水轻。二元羧酸和芳香族羧酸的相对密度都大于1。

一些常见羧酸的名称和物理常数见表7－1。

**表7－1　常见羧酸的名称和物理常数**

| 名称 | | 熔点/℃ | 沸点/℃ | 相对密度 |
|---|---|---|---|---|
| 系统名称 | 俗名 | | | |
| 甲酸 | 蚁酸 | 8.6 | 100.8 | 1.220 |
| 乙酸 | 醋酸 | 16.7 | 118 | 2.049 |
| 丙酸 | 初油酸 | －20.8 | 140.7 | 0.993 |
| 丁酸 | 酪酸 | －7.9 | 163.5 | 0.959 |
| 戊酸 | 缬草酸 | －34.0 | 185.4 | 0.939 |
| 己酸 | 羊油酸 | －3.0 | 205.0 | 0.929 |
| 庚酸 | 葡萄花酸 | －11 | 233.0 | 0.920 |
| 辛酸 | 亚羊脂酸 | 16.0 | 237.5 | 0.911 |
| 壬酸 | 天竺葵酸（风吕草酸） | 12.5 | 253.0 | 0.906 |
| 癸酸 | 羊蜡酸 | 31.5 | 270.0 | 0.887 |
| 十二酸 | 月桂酸 | 44 | 225 | 0.868（50 ℃） |
| 十四酸 | 肉豆蔻酸 | 58 | 250.5（13.3 kPa） | 0.844（80 ℃） |
| 十六酸 | 软脂酸（棕榈酸） | 63 | 271.5（13.3 kPa） | 0.849（70 ℃） |
| 十八酸 | 硬脂酸 | 71.5 | 383 | 0.941 |
| 丙烯酸 | 败脂酸 | 14 | 140.9 | 1.051 |
| 2－丁烯酸 | 巴豆酸 | 72 | 185 | 1.018 |
| 乙二酸 | 草酸 | 189.5 | 157（升华） | 1.900 |
| 丙二酸 | 缩水苹果酸（胡萝卜酸） | 135.6 | 140（升华） | 1.630 |
| 苯甲酸 | 安息香酸 | 122 | 249 | 1.266 |
| 己二酸 | 肥酸 | 152 | 330.5（分解） | 1.366 |
| 顺丁烯二酸 | 马来酸（失水苹果酸） | 130.5 | 135（分解） | 1.590 |
| 反丁烯二酸 | 富马酸 | 287 | 200（升华） | 1.625 |
| $\beta$－苯丙烯酸 | 肉桂酸 | 133 | 300 | 1.245 |
| 邻苯二甲酸 | 酞酸 | 231（速热） | — | 1.593 |

2. 羧酸衍生物的物理性质

1）酰卤

酰卤中以酰氯最重要，应用也最广泛。低级酰卤是具有刺激性气味的无色液体，高级酰卤是白色固体。酰卤的沸点低于原来的羧酸,这是因为酰卤不能通过氢键缔合。酰卤不溶于水,易溶于有机溶剂,遇水容易分解,如乙酰氯在空气中即与空气中的水作用而分解。

2)酸酐

甲酸酐不存在,低级酸酐是具有刺激性气味的无色液体,壬酸酐以上的酸酐为固体。酸酐的沸点较相对分子质量相近的羧酸低。酸酐不溶于水,溶于乙醚、氯仿和苯等有机溶剂。

3)酯

低级酯为无色、具有果香味的液体,许多花果的香味就是酯所引起的(例如乙酸异戊酯有香蕉气味,苯甲酸甲酯有茉莉花香味等)。高级酯为蜡状固体。酯的沸点比相对分子质量相近的醇和羧酸都低。除低级酯微溶于水外,其他酯都难溶于水,易溶于乙醇、乙醚等有机溶剂。

4)酰胺

除甲酰胺为液体外,其他酰胺均为无色结晶固体。低级酰胺能溶于水,随着相对分子质量的增大,溶解度逐渐降低。酰胺的沸点较高,这是因为酰胺分子间的缔合作用较强。

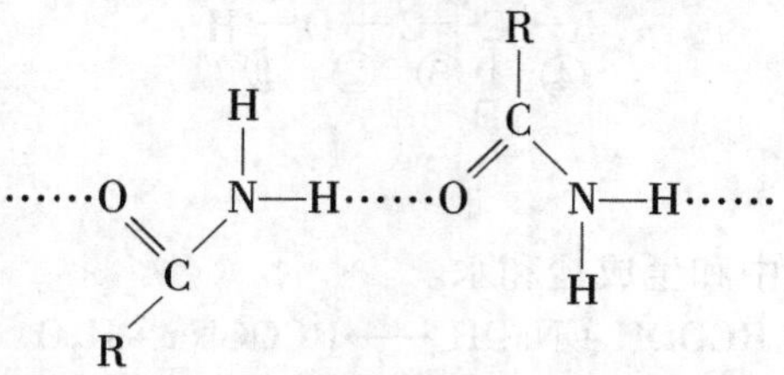

```
                              R
                              |
              H               C
              |             //  \
······O       N—H······O          N—H······
       \\    /                    |
         C                        H
        /
       R
```

相对分子量接近的羧酸衍生物的沸点高低顺序为:酰胺 > 羧酸 > 酸酐 > 酯 > 酰氯。

一些常见羧酸衍生物的物理常数见表 7-2。

**表 7-2　常见羧酸衍生物的物理常数**

| 名称 | 熔点/℃ | 沸点/℃ | 相对密度 | 名称 | 熔点/℃ | 沸点/℃ | 相对密度 |
|---|---|---|---|---|---|---|---|
| 乙酰氯 | -112 | 51 | 1.104 | 乙酸酐 | -73 | 140 | 1.082 |
| 乙酰溴 | -96 | 76.7 | 1.52 | 苯甲酸酐 | 42 | 360 | 1.199 |
| 乙酰碘 | — | 108 | 1.98 | 丁二酸酐 | 119.6 | 261 | 1.104 |
| 丙酰氯 | -94 | 80 | 1.065 | 顺丁烯二酸酐 | 60 | 200 | 1.48 |
| 苯甲酰氯 | -1 | 197 | 1.212 | 邻苯二甲酸酐 | 131 | 284 | 1.572 |
| 甲酰胺 | 2.5 | 195 | 1.13 | 甲酸甲酯 | -99 | 32 | 0.974 |
| 乙酰胺 | 81 | 222 | 1.159 | 甲酸乙酯 | -81 | 54 | 0.917 |
| 丙酰胺 | 80 | 213 | 1.042 | 乙酸甲酯 | -98 | 57 | 0.933 |
| 丁酰胺 | 116 | 216 | 1.032 | 乙酸乙酯 | -83 | 77 | 0.9 |
| 戊酰胺 | 106 | 232 | 1.023 | 乙酸丁酯 | -77 | 126 | 0.882 |
| 苯甲酰胺 | 130 | 290 | 1.341 | 乙酸戊酯 | -70.8 | 147.6 | 0.876 |
| 乙酰苯胺 | 114 | 305 | 1.21 | 乙酸异戊酯 | -78 | 142 | 0.876 |
| N-甲基甲酰胺 | — | 180 | — | 甲基丙烯酸甲酯 | -48 | 100 | 0.944 |
| N,N-二甲基甲酰胺 | -61 | 153 | 0.949 | 苯甲酸乙酯 | -34 | 213 | 1.05 |
| N,N-二甲基乙酰胺 | — | 165 | 0.937 | 乙酸苄酯 | -52 | 215 | 1.06 |

注:未注明熔点的常温下为液体。

**问题 7－4** 将下列化合物按沸点由高到低的顺序排列：

(1)丙酸、丙酰氯、丙酰胺 (2)乙醇、乙醛、乙酸 (3)丁烷、乙醚、丁醇、丁酸

## 二、羧酸及其衍生物的化学性质

### (一)羧酸的化学性质

从羧酸的结构可以看出，羧基中既存在羰基(C═O)，又存在羟基(—OH)，似应表现出羰基和羟基的性质，但事实并非如此，羧酸与羰基试剂($H_2NOH$)不发生反应，其酸性也比醇强得多。因此根据羧基的结构，它可以发生如下反应：①O—H 键断裂，表现出酸性；②C—O 键断裂，羟基被取代；③C—C 键断裂，发生脱羧反应；④α－C—H 键断裂，α－H 被取代。

$$\mathrm{R{-}\overset{H}{\underset{H}{C}}{\overset{③}{\vdots}}\overset{O}{\overset{\|}{C}}{\overset{②}{\vdots}}O{\overset{①}{\vdots}}H}\quad(④:\ \alpha\text{-C—H})$$

1. 酸性

羧酸是弱酸，它能与碱中和生成盐和水。

$$RCOOH + NaOH \longrightarrow RCOONa + H_2O$$

$$RCOOH + NH_3 \cdot H_2O \longrightarrow RCOONH_4 + H_2O$$

高级脂肪酸盐在工业和生活上有很大用处。例如，高级脂肪酸的钠盐和钾盐是肥皂的主要成分，镁盐用于医药工业，钙盐用于油墨工业，高级脂肪酸铵是雪花膏的主要成分。

羧酸在水溶液中存在着如下平衡：

$$RCOOH \rightleftharpoons RCOO^- + H^+$$

乙酸的离解常数 $K_a$ 为 $1.75 \times 10^{-5}$；甲酸的 $K_a = 2.1 \times 10^{-4}$，$pK_a = 3.75$；其他一元酸的 $K_a = (1.1 \sim 1.8) \times 10^{-5}$，$pK_a = 4.7 \sim 5$。可见羧酸的酸性小于无机酸而大于碳酸($H_2CO_3$ $pK_{a_1} = 6.73$)。故羧酸能与碱作用成盐，也可分解碳酸盐。

$$RCOOH + Na_2CO_3 \longrightarrow RCOONa + CO_2\uparrow + H_2O$$

$$RCOONa \xrightarrow{H^+} RCOOH$$

**实验室可根据与 $Na_2CO_3$、$NaHCO_3$ 反应放出 $CO_2$ 的性质鉴别羧酸；工业上还可利用羧酸盐与无机强酸作用重新转变为羧酸的性质分离、精制羧酸。**例如醇、酚、酸的鉴别和分离，不溶于水的羧酸既溶于 NaOH 也溶于 $NaHCO_3$，不溶于水的酚能溶于 NaOH 不溶于 $NaHCO_3$，不溶于水的醇既不溶于 NaOH 也不溶于 $NaHCO_3$。

**问题 7－5** 分离含有己酸、苯酚、环己酮和丁醚的混合物。

影响羧酸酸性的因素复杂，这里主要讨论诱导效应、共轭效应和场效应。

1)诱导效应的影响

当羧基与吸电子基相连时，酸性增强；与供电子基相连时，酸性减弱。**吸电子基数目越**

**多,电负性越大,离羧基越近,酸性越强**。吸电子诱导效应使酸性增强。例如:

| | $FCH_2COOH$ | $ClCH_2COOH$ | $BrCH_2COOH$ | $ICH_2COOH$ | $CH_3COOH$ |
|---|---|---|---|---|---|
| $pK_a$ | 2.66 | 2.86 | 2.89 | 3.16 | 4.76 |

**供电子诱导效应使酸性减弱**。例如:

| | $CH_3COOH$ | $CH_3CH_2COOH$ | $(CH_3)_3CCOOH$ |
|---|---|---|---|
| $pK_a$ | 4.76 | 4.87 | 5.05 |

**吸电子基数目越多,酸性越强**。例如:

| | $ClCH_2COOH$ | $Cl_2CHCOOH$ | $Cl_3CCOOH$ |
|---|---|---|---|
| $pK_a$ | 2.86 | 1.29 | 0.65 |

**取代基距羧基越近,酸性越强**。例如:

| | $CH_3CH_2CHClCOOH$ | $CH_3CHClCH_2COOH$ | $CH_2ClCH_2CH_2COOH$ | $CH_3CH_2CH_2COOH$ |
|---|---|---|---|---|
| PKa | 2.86 | 4.41 | 4.70 | 4.82 |

2)场效应的影响

诱导效应是原子间的静电作用。场效应则是空间静电作用,即取代基在空间产生一个电场,对另一个反应中心有影响。通常诱导效应和场效应难以区别,因为它们往往同时存在并且方向一致。但也有个别方向相反,显出场效应的作用。例如,邻位和对位氯代苯基丙炔酸,按理其酸性应是邻位大于对位,但实际上是对位大于邻位。

3)共轭效应的影响

苯甲酸比一般脂肪酸(甲酸除外)酸性强,原因是羧基负离子可与苯环共轭,使负电荷得到充分分散而稳定,氢离子更易解离。但当苯环上有取代基且诱导效应和共轭效应共存时,情况则比较复杂。例如:

| | $CH_3COOH$ | $C_6H_5$—COOH |
|---|---|---|
| $pK_a$ | 4.76 | 4.20 |

取代苯甲酸的酸性与取代基的位置、共轭效应与诱导效应的同时存在和影响有关,还有场效应的影响,情况比较复杂。可大致归纳如下。

(1)对对位取代基来说,对位上是第一类定位基时,取代基为—OH、—$OCH_3$、—$NH_2$时,吸电子诱导效应使酸性增强,共轭效应使酸性减弱,供电子共轭效应大于吸电子诱导效应,使酸性减弱;取代基为—Cl、—Br、—I 时,吸电子诱导效应大于供电子共轭效应,使酸性减弱;对位上是第二类定位基时,对—$NO_2$、—CN 来说,两种效应都是吸电子的,所以使酸性增强。

(2)对邻位取代基来说,共轭效应和诱导效应都发挥作用,同时由于取代基团之间距离很近,还要考虑空间立体效应。

(3)对间位取代基来说,共轭效应受到阻碍,诱导效应起主导作用,而共轭效应作用较小,使酸性增强。例如:

HO—C₆H₄—COOH（对羟基苯甲酸）　　　　m-HO—C₆H₄—COOH（间羟基苯甲酸）

$pK_a = 4.57$　　　　$pK_a = 4.08$

间羟基苯甲酸的酸性比对羟基苯甲酸强些，这是由于间位诱导效应较强（距离较近），而共轭效应受到阻碍的缘故。

一般情况下，二元羧酸的酸性比一元羧酸的酸性强。

不同结构的羧酸，其酸性强弱不同。一些羧酸及取代酸的 $pK_a$ 值见表 7-3。

**表 7-3　羧酸及取代酸的 $pK_a$ 值**

| 名称 | 构造式 | $pK_a$ | 名称 | 构造式 | $pK_a$ |
|---|---|---|---|---|---|
| 甲酸 | HCOOH | 3.77 | 氟乙酸 | $CH_2FCOOH$ | 2.66 |
| 乙酸 | $CH_3COOH$ | 4.76 | 氯乙酸 | $CH_2ClCOOH$ | 2.86 |
| 丙酸 | $CH_3CH_2COOH$ | 4.87 | 溴乙酸 | $CH_2BrCOOH$ | 2.90 |
| 丁酸 | $CH_3CH_2CH_2COOH$ | 4.82 | 碘乙酸 | $CH_2ICOOH$ | 3.18 |
| 苯甲酸 | $C_6H_5$—COOH | 4.17 | α-氯丁酸 | $CH_3CH_2CHClCOOH$ | 2.84 |
| 对氯苯甲酸 | Cl—$C_6H_4$—COOH | 4.03 | β-氯丁酸 | $CH_3CHClCH_2COOH$ | 4.08 |
| 对硝基苯甲酸 | $NO_2$—$C_6H_4$—COOH | 3.40 | γ-氯丁酸 | $CH_2ClCH_2CH_2COOH$ | 4.52 |

**问题 7-6**　比较下列化合物的酸性：

(1) 乙酸、乙二酸、甲酸、苯甲酸　　(2) 丙酸、2-氯丙酸、3-氯丙酸

2. *羧基上的羟基的取代反应*

羧基上的羟基可被一系列原子或原子团取代生成羧酸衍生物。羧酸分子中消去羟基后的剩余部分称为酰基。在一定条件下，羧酸中的羟基被卤素、氨基、酰氧基和烃氧基取代，分别生成酰卤、酰胺、酸酐和酯，统称为羧酸衍生物。例如：

$$\underset{\text{酰卤}}{R-\overset{O}{\overset{\|}{C}}-X} \qquad \underset{\text{酸酐}}{R-\overset{O}{\overset{\|}{C}}-O-\overset{O}{\overset{\|}{C}}-R'} \qquad \underset{\text{酯}}{R-\overset{O}{\overset{\|}{C}}-O-R'} \qquad \underset{\text{酰胺}}{R-\overset{O}{\overset{\|}{C}}-NH_2}$$

1) 酯化反应

羧酸与醇作用生成酯，称为酯化反应。酯化反应进行得很慢，常需要酸催化。酯化反应是可逆反应，$K_c \approx 4$，一般只有 2/3 的转化率。

为了提高酯的产率，使平衡向生成物方向移动，可采用两种方法：①增加反应物的浓度（例如加入过量的酸或醇，一般是加过量的醇）；②移走低沸点的酯或水。在酯化过程中采

用共沸等方法，随时把水蒸出除去，使平衡不断向生成酯的方向移动，可以提高产率。例如，在实验室中采用分水器装置，用过量的乙酸和异戊醇反应制取乙酸异戊酯。

$$CH_3COOH + HOCH_2CH_2CH(CH_3)_2 \xrightleftharpoons{H^+} CH_3COOCH_2CH_2CH(CH_3)_2 + H_2O$$

乙酸异戊酯为无色透明液体，因具有令人愉快的香蕉气味又称香蕉水。常用作溶剂、萃取剂、香料和化妆品的添加剂，也是一种昆虫信息素。

酯化反应的活性次序：醇相同时，$HCOOH > CH_3COOH > RCH_2COOH > R_2CHCOOH > R_3CCOOH$；酸相同时，$CH_3OH > RCH_2OH > R_2CHOH > R_3COH$。

酯化反应可用以下两种图式来表示：

$$R-\overset{\overset{\displaystyle O}{\|}}{C}-O-H + H-O-R' \xrightleftharpoons{H^+} R-\overset{\overset{\displaystyle O}{\|}}{C}-O-R' + H_2O$$

酰氧键断裂

$$R-\overset{\overset{\displaystyle O}{\|}}{C}-O-H + H-O-R' \xrightleftharpoons{H^+} R-\overset{\overset{\displaystyle O}{\|}}{C}-O-R' + H_2O$$

烷氧键断裂

酯化反应到底是酸的酰氧键断裂还是醇的烷氧键断裂，现在已有各种实验解决这个问题。在大多数情况下，是酰氧键断裂。例如，用含有 $O^{18}$ 的醇与酸作用，证明生成的酯含有 $O^{18}$，而水则为普通的水。$H_2O$ 中无 $O^{18}$，说明反应为酰氧键断裂。

$$R-\overset{\overset{\displaystyle O}{\|}}{C}-O-H + H-O^{18}-R' \xrightleftharpoons{H^+} R-\overset{\overset{\displaystyle O}{\|}}{C}-O^{18}-R' + H_2O$$

酰氧键断裂

2）酰卤的生成

羧基中的羟基可被卤素取代而生成酰卤，所用的试剂为 $PX_3$、$PX_5$、$SOX_2$。

$$3RCOOH + PCl_3 \longrightarrow 3RCOCl + H_3PO_3$$

$$RCOOH + PCl_5 \longrightarrow RCOCl + POCl_3 + HCl$$

$$RCOOH + SOCl_2 \longrightarrow RCOCl + SO_2 + HCl$$

若用 $PBr_3$ 与羧酸作用可以制得酰溴。

在制备酰卤时采用哪种试剂，取决于原料、产物和副产物之间是否容易分离。例如常用 $PCl_3$ 来制取低沸点的酰氯，因为副产物 $H_3PO_3$ 不易挥发，加热到 200 ℃才分解，因此很容易把低沸点的产物从反应体系中分离出来。$PCl_5$ 则用来制取高沸点的酰氯，因为生成的副产物 $POCl_3$ 沸点较低，可以先蒸馏除去。而用 $SOCl_2$ 反应生成的副产物都是气体，容易提纯，且产率较高，所以 $SOCl_2$ 可以制取任何酰氯，是制备酰氯常用的试剂。

$$m-NO_2C_6H_4COOH + SOCl_2 \longrightarrow m-NO_2C_6H_4COCl + SO_2\uparrow + HCl\uparrow$$

$$CH_3COOH + SOCl_2 \longrightarrow CH_3COCl + SO_2\uparrow + HCl\uparrow$$

3）酸酐的生成

羧酸在脱水剂（如五氧化二磷）作用下或加热失水而生成酸酐。

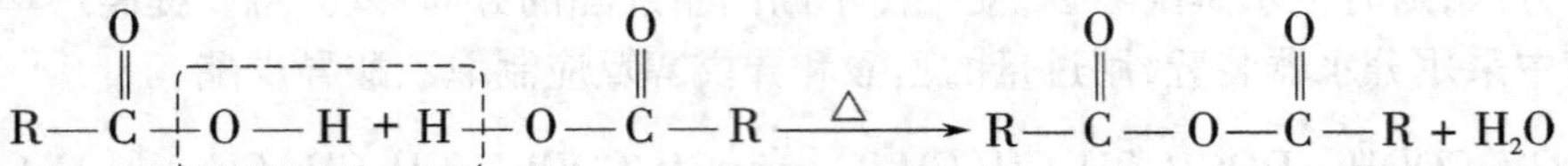

$$R-\overset{O}{\overset{\|}{C}}-O-H+H-O-\overset{O}{\overset{\|}{C}}-R \xrightarrow{\triangle} R-\overset{O}{\overset{\|}{C}}-O-\overset{O}{\overset{\|}{C}}-R+H_2O$$

这个反应产率很低，一般是将羧酸与乙酸酐共热，生成较高级的酸酐。因乙酸酐能较迅速地与水反应，且价格便宜，生成的乙酸又易除去，因此，常用乙酐作为制备酸酐的脱水剂。例如：

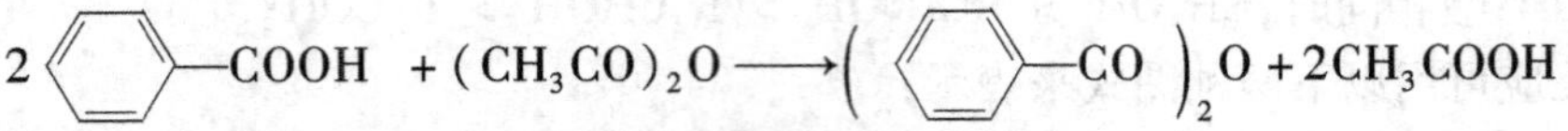

$$2\,C_6H_5-COOH+(CH_3CO)_2O \longrightarrow (C_6H_5-CO)_2O+2CH_3COOH$$

1,4 和 1,5 二元酸不需要任何脱水剂，加热就能脱水生成环状（五元或六元）酸酐。例如：

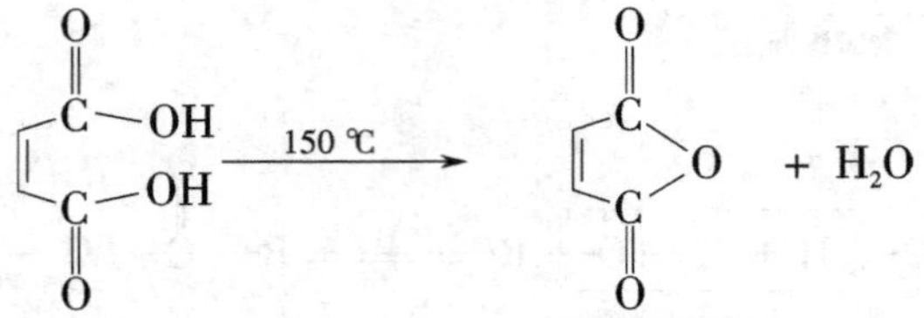

$$HOOC-CH=CH-COOH\ (顺式) \xrightarrow{150\ ℃} 顺丁烯二酸酐 + H_2O$$

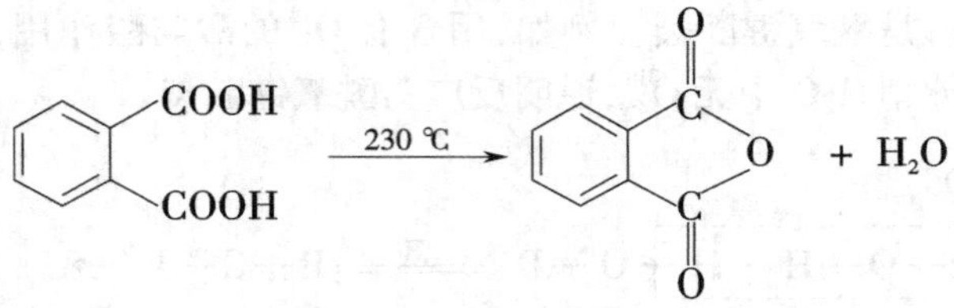

顺丁烯二酸酐

$$C_6H_4(COOH)_2\ (邻位) \xrightarrow{230\ ℃} 邻苯二甲酸酐 + H_2O$$

邻苯二甲酸酐

$$H_2C\begin{matrix}CH_2-COOH\\CH_2-COOH\end{matrix} \xrightarrow{300\ ℃} H_2C\begin{matrix}CH_2-\overset{O}{\overset{\|}{C}}\\CH_2-\underset{O}{\underset{\|}{C}}\end{matrix}\!\!>O + H_2O$$

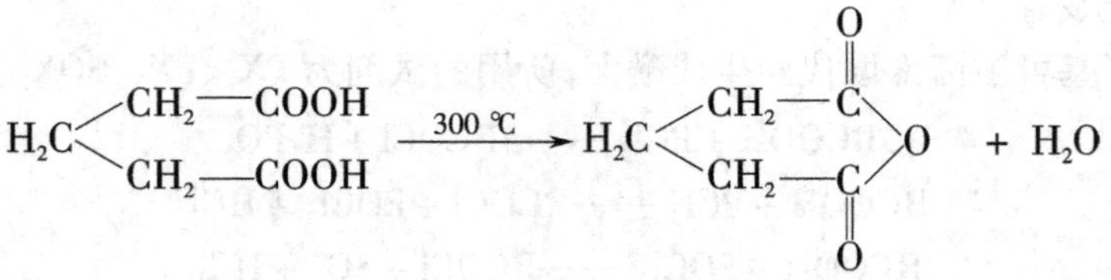

戊二酸酐

4）酰胺的生成

在羧酸中通入氨气或加入碳酸铵，可得到羧酸的铵盐，铵盐热解失水而生成酰胺。

$$CH_3COOH+NH_3 \longrightarrow CH_3COONH_4 \xrightarrow{\triangle} CH_3CONH_2+H_2O$$

酰胺是很重要的一类化合物。

3. 脱羧反应

羧酸在一定条件下受热可发生脱羧反应。无水醋酸钠和碱石灰混合后在强热条件下生成甲烷，这是实验室制取甲烷的方法。

$$CH_3COONa+NaOH(CaO) \xrightarrow{热熔} CH_4+Na_2CO_3$$

其他直链羧酸盐与碱石灰热熔的产物复杂，无制备意义。

$$CH_3CH_2COONa + NaOH(CaO) \xrightarrow{\text{热熔}} \underset{17\%}{CH_3CH_2CH_3} + \underset{20\%}{CH_4} + \text{烯及混合物}$$

当一元羧酸的 α - 碳原子上连有强吸电子基团时，羧酸变得不稳定，易发生脱羧反应。例如：

$$CCl_3COOH \xrightarrow{\triangle} CHCl_3 + CO_2\uparrow$$

$$CH_3\overset{O}{\overset{\|}{C}}CH_2COOH \xrightarrow{\triangle} CH_3\overset{O}{\overset{\|}{C}}CH_3 + CO_2\uparrow$$

$$\text{2-oxocyclohexanecarboxylic acid (COOH, =O)} \xrightarrow{\triangle} \text{cyclohexanone (=O)} + CO_2\uparrow$$

芳香酸比脂肪酸容易脱羧，尤其是芳环上连有吸电子基时，更容易发生脱羧反应。例如：

$$\text{2,4,6-}(O_2N)_3C_6H_2COOH \xrightarrow{100 \sim 150\ ℃} \text{1,3,5-}(O_2N)_3C_6H_3 + CO_2$$

1,3,5 - 三硝基苯为淡黄色菱形晶体。受热分解爆炸，可用作炸药，在分析化学中可用作 pH 指示剂。

羧酸的银盐在溴或氯存在下脱羧生成卤代烷的反应称为洪塞迪克尔(Hunsdiecker)反应。例如：

$$RCOOAg + Br_2 \xrightarrow[\triangle]{CCl_4} RBr + CO_2 + AgBr\downarrow$$

$$CH_3CH_2CH_2COOAg + Br_2 \xrightarrow[\triangle]{CCl_4} CH_3CH_2CH_2Br + CO_2 + AgBr\downarrow$$

此反应可用来合成比羧酸分子少一个碳原子的卤代烃。

4. α - H 的卤代反应

羧酸的 α - H 可在少量红磷、硫等催化剂存在下被溴或氯取代生成 α - 卤代酸。

$$RCH_2COOH \xrightarrow[\triangle]{Br_2/P} R\underset{Br}{\underset{|}{C}}HCOOH \xrightarrow[\triangle]{Br_2/P} R\overset{Br}{\overset{|}{\underset{Br}{\underset{|}{C}}}}COOH$$

通过控制反应条件，可使反应可停留在一元取代阶段，也可以继续发生多元取代。工业上利用此反应制取一氯乙酸、二氯乙酸和三氯乙酸。例如：

$$CH_3COOH \xrightarrow{Cl_2/P} \underset{Cl}{\underset{|}{CH_2}}COOH \xrightarrow{Cl_2/P} \overset{Cl}{\overset{|}{\underset{Cl}{\underset{|}{C}}}}HCOOH \xrightarrow{Cl_2/P} Cl-\overset{Cl}{\overset{|}{\underset{Cl}{\underset{|}{C}}}}-COOH$$

一氯乙酸、三氯乙酸是无色晶体，二氯乙酸是无色液体。三者都是重要的有机化工原料，广泛用于有机合成和制药工业。如一氯乙酸是制备农药乐果、植物生长激素2,4-D和增产灵的原料。

$$CH_3CH_2CH_2CH_2COOH + Br_2 \xrightarrow[70\ ℃]{P} CH_3CH_2CH_2\underset{\underset{Br}{|}}{C}HCOOH + HBr$$

80%

$\alpha$-卤代酸中的卤原子可以被—CN、—$NH_2$、—OH等基团取代生成各种$\alpha$-取代酸，因此羧酸的$\alpha$-卤代反应在有机合成中具有重要意义。

5. 还原反应

羧酸很难被还原，只有用强还原剂$LiAlH_4$才能将其还原为相应的伯醇。$LiAlH_4$不能还原碳碳重键。$H_2/Ni$、$NaBH_4$等都不能使羧酸被还原。

$$RCOOH \xrightarrow{LiAlH_4} RCH_2OH$$

**(二)羧酸衍生物的化学性质**

羧酸衍生物分子中都含有羰基，和醛、酮相似，由于羰基的存在，它们也能够与亲核试剂(如水、醇、氨等)发生反应(但不易和羰基试剂发生加成反应)，从而由一种羧酸衍生物转变为另一种羧酸衍生物，或通过水解转变为原来的羧酸。

1. 水解、醇解和氨解

1) 水解反应

酰卤、酸酐、酯和酰胺都可以和水反应，生成相应的羧酸。

$$R-\overset{\overset{O}{\|}}{C}-X \xrightarrow[H_2O]{立即反应} RCOOH + HX$$

$$(RCO)O(COR') \xrightarrow[H_2O]{\triangle} RCOOH + R'COOH$$

$$R-\overset{\overset{O}{\|}}{C}-OR' \xrightarrow[H_2O,\ \triangle]{H^+或OH^-} RCOOH + R'OH$$

$$R-\overset{\overset{O}{\|}}{C}-NH_2 \xrightarrow[H_2O,\ 长时间回流]{H^+或OH^-} RCOOH + NH_3$$

酰卤遇冷水即能迅速水解，酸酐需与热水作用，酯的水解需加热，并使用酸或碱催化剂，而酰胺的水解则在酸或碱的催化下，经长时间的回流才能完成。因此，羧酸衍生物水解反应的活性次序是：酰卤>酸酐>酯>酰胺。

2) 醇解反应

酰卤、酸酐、酯和酰胺与醇反应，生成相应的酯。

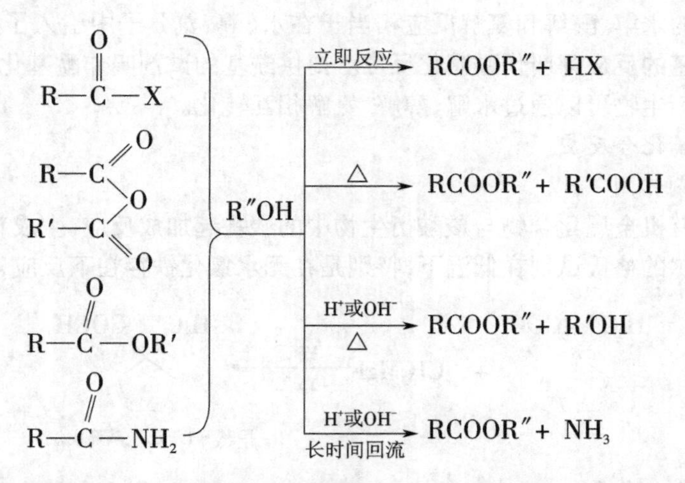

酰卤、酸酐可直接和醇作用生成酯。酯和醇需要在酸或碱催化下发生反应,酰胺的醇解反应,需用过量的醇才能生成酯并放出氨,酰胺的醇解反应难以进行。

酯的醇解反应可生成另一种酯,这个反应称为酯交换反应,常用于工业生产中。例如,工业上合成涤纶树脂的单体——对苯二甲酸二乙二醇酯的方法之一,采用了酯交换反应。

$$HOOC-C_6H_4-COOH \xrightarrow[70\sim80\ ℃]{2CH_3OH,\ H_2SO_4} CH_3OOC-C_6H_4-COOCH_3 \xrightarrow[ZnAc_2,\ 200\ ℃]{2HOCH_2CH_2OH} HOCH_2CH_2OOC-C_6H_4-COOCH_2CH_2OH$$

若直接采用对苯二甲酸与乙二醇反应,不但要求原料纯度高,且反应慢,成本高,目前已不采用。在上述生产中,粗对苯二甲酸难以提纯,而对苯二甲酸二甲酯可以通过结晶或蒸馏的方法提纯,故上述方法就成为长期以来生产对苯二甲酸二乙二醇酯的主要方法。

3)氨解反应

酰卤、酸酐和酯都可以顺利地与氨作用生成相应的酰胺。

$$R-\overset{O}{\overset{\|}{C}}-X + NH_3 \xrightarrow{\text{立即反应}} RCONH_2 + HX$$

$$(RCO)O(COR') + NH_3 \xrightarrow{\triangle} RCOONH_2 + R'COOH$$

$$R-\overset{O}{\overset{\|}{C}}-OR' + NH_3 \xrightarrow[\triangle]{H^+\text{或}OH^-} RCOONH_2 + R'OH$$

$$RCONH_2 \xrightarrow{\text{过量 } R'NH_2} RCONHR' + NH_3\uparrow$$

酰卤的氨解过于剧烈,并放出大量的热,操作难以控制,生成的酰胺易含杂质,难于提纯,故工业生产中常用酸酐的氨解来制取酰胺。酰胺的氨解反应和醇解反应一样,也是可逆反应,必须用过量的胺才能得到 N－烷基取代酰胺。

羧酸衍生物的水解、醇解和氨解反应相当于在水、醇、氨分子中引入了酰基。**凡是向其他分子中引入酰基的反应都叫作酰基化反应。**提供酰基的试剂叫作酰基化试剂。

羧酸及羧酸衍生物可以通过水解、醇解、氨解相互转化。

2. 与有机金属化合反应

1)与格氏试剂作用

格氏试剂等有机金属化合物与羧酸衍生物中的羰基起加成反应,生成新的碳碳键。

酰氯与等摩尔的格氏试剂在低温下,特别是在无水氯化铁存在下反应,产物是酮。

$$\text{1-甲基环戊烷-1-COCl} + CH_3MgI \xrightarrow[-15\ ℃]{FeCl_3} \text{1-甲基环戊烷-1-}COCH_3$$

1-甲基-1-乙酰基环戊烷

$$CH_3\overset{O}{\overset{\|}{C}}Cl + CH_3CH_2CH_2CH_2MgCl \xrightarrow[-70\ ℃]{无水乙醚/FeCl_3} CH_3COCH_2CH_2CH_2CH_3$$

如用过量的格氏试剂,则生成的酮继续反应,得到的产物为叔醇。

$$C_6H_5\overset{O}{\overset{\|}{C}}-Br \xrightarrow{C_6H_5MgBr} \left[(C_6H_5)_2C(OMgBr)-Br\right] \xrightarrow{H_2O} C_6H_5\overset{O}{\overset{\|}{C}}C_6H_5$$

$$\xrightarrow{C_6H_5MgBr} (C_6H_5)_3C-OMgBr \xrightarrow{H_2O} (C_6H_5)_3C-OH$$

对于有空间阻碍的反应物,能满意地得到酮,产率很高。这种空间因素可以是酰氯(脂肪或芳香的)或者是格氏试剂,特别是三级基团直接连接在—MgX 基团上:

$$(CH_3)_2CHCOCl + CH_3CH_2\underset{CH_3}{\overset{CH_3}{C}}MgCl \xrightarrow[16\sim18\ ℃]{乙醚} CH_3CH_2\underset{CH_3}{\overset{CH_3}{C}}COCH(CH_3)_2$$

酸酐与格氏试剂反应,生成羰基酸。例如:

$$\text{6-}CH_3O\text{-1-萘基}MgX + \begin{matrix}CH_2-C{=}O\\ \quad\quad\ \ O\\ CH_2-C{=}O\end{matrix} \xrightarrow[室温]{H_2O} \text{6-}CH_3O\text{-1-萘基}-\overset{O}{\overset{\|}{C}}-CH_2CH_2COOH$$

酯与格氏试剂反应生成酮,由于格氏试剂与酮反应比酯还快,反应很难停留在酮的阶段,所以最终生成产物是叔醇。如用甲酸酯与格氏试剂反应,产物为仲醇。

酰胺分子中含有活性氢,能使格氏试剂分解,N,N－二烃基酰胺与格氏试剂反应生成酮,但在合成上的价值不大。

$$\mathrm{RCONR'_2} + \mathrm{R''MgX} \longrightarrow \mathrm{R{-}C(OMgX)(R''){-}NR'_2} \xrightarrow{\mathrm{H_3O^+}} \mathrm{RCOR''}$$

2)与烃基铜锂反应

除格氏试剂外,酰卤还可以与二烃基铜锂反应,而酯、酰胺和腈则不起反应,可用于酮的合成。例如:

$$\underset{\text{己酰氯}}{\mathrm{CH_3CH_2CH_2CH_2CH_2COCl}} + \underset{\text{二甲基铜锂}}{\overset{-\ +}{\mathrm{LiCu(CH_3)_2}}} \xrightarrow[\text{5 min}]{-78\ ℃} \underset{\text{2－庚酮}}{\mathrm{CH_3CH_2CH_2CH_2CH_2COCH_3}} + \underset{\text{甲基铜}}{\mathrm{CuCH_3}} + \mathrm{H_2O}$$

3.还原反应

羧酸衍生物都比羧酸易被还原,可以催化加氢还原,也可用氢化铝锂还原,酰卤、酸酐和酯的还原产物均为伯醇,酰胺的还原产物为胺。

$$\left.\begin{array}{l}\mathrm{RCOX}\\ \mathrm{RCOOOCR'}\\ \mathrm{RCOOR'}\\ \mathrm{RCONH_2}\end{array}\right\} \xrightarrow[\text{或 LiAlH}_4]{\text{催化加氢}} \left\{\begin{array}{l}\mathrm{RCH_2OH}\\ \mathrm{RCH_2OH + R'CH_2OH}\\ \mathrm{RCH_2OH + R'CH_2OH}\\ \mathrm{RCH_2NH_2}\end{array}\right.$$

在特殊活性较低的钯催化剂($Pd/BaSO_4$)存在下可以选择还原酰氯,使反应终止在醛的阶段(罗森门德还原法)。

$$\mathrm{RCOCl} \xrightarrow{\mathrm{H_2,Pd/BaSO_4}} \mathrm{RCHO}$$

在有机合成中酯的还原是使羧酸间接转变为伯醇的重要方法,因为羧酸的还原比酯困难。酰卤、酸酐、酯和酰胺都比羧酸容易被还原,其中以酯的还原最易。酰卤、酸酐在强还原剂(如氢化铝锂)作用下,被还原成相应的伯醇。酯被还原时,多种还原剂均可使用,可生成两种伯醇。酰胺被还原成相应的伯胺。

$$\left.\begin{array}{l}\mathrm{RCOX}\\ \mathrm{RCOOOCR'}\\ \mathrm{RCOOR'}\\ \mathrm{RCONH_2}\end{array}\right\} \xrightarrow[②\mathrm{H_3O^+}]{①\mathrm{LiAlH_4}} \left\{\begin{array}{l}\mathrm{RCH_2OH}\\ \mathrm{RCH_2OH + R'CH_2OH}\\ \mathrm{RCH_2OH + R'CH_2OH}\\ \mathrm{RCH_2NH_2}\end{array}\right.$$

$$\mathrm{C_{15}H_{31}COCl} \xrightarrow[②\mathrm{H_3O^+}]{①\mathrm{LiAlH_4}} \mathrm{C_{15}H_{31}CH_2OH}$$

$$\text{邻苯二甲酸酐} \xrightarrow[②\mathrm{H_3O^+}]{①\mathrm{LiAlH_4},\text{乙醚}} \mathrm{C_6H_4(CH_2OH)_2}$$

$$\text{C}_6\text{H}_{11}\text{-CON(CH}_3)_2 \xrightarrow[\text{回流}]{\text{LiAlH}_4\text{, 乙醚}} \text{C}_6\text{H}_{11}\text{-CH}_2\text{N(CH}_3)_2$$

氢化铝锂中的氢被烷氧基取代后，还原性逐渐减弱。若烷基位阻加大，则还原性能更弱。利用这种试剂可进行选择性还原。例如：

$$O_2N\text{-}C_6H_4\text{-}COCl \xrightarrow[\text{②}H_2O]{\text{①}LiAlH[OC(CH_3)_3]_3} O_2N\text{-}C_6H_4\text{-}CHO$$

$$O_2N\text{-}C_6H_{10}\text{-}CON(CH_3)_2 \xrightarrow[\text{②}H_2O]{\text{①}LiAlH[OC(CH_3)_3]_3\text{, 乙醚}} O_2N\text{-}C_6H_{10}\text{-}CH_2N(CH_3)_2$$

酯还能被醇和金属钠还原而不影响分子中的C═C双键，这在工业生产中具有实际意义。例如：

$$\underset{\text{油酸丁酯}}{CH_3(CH_2)_7CH{=}CH(CH_2)_7COOC_4H_9} \xrightarrow{Na,\ C_2H_5OH} \underset{\text{油醇}}{CH_3(CH_2)_7CH{=}CH(CH_2)_7CH_2OH}$$

采用此法可得到长碳链的醇。

$$\underset{\text{月桂酸甲酯}}{CH_3(CH_2)_{10}COOCH_3} \xrightarrow{Na,\ C_2H_5OH} \underset{\text{月桂醇}}{CH_3(CH_2)_{10}CH_2OH}$$

月桂醇（十二醇）是制造增塑剂及洗涤剂的原料。

4. 酯缩合反应

1）克莱森酯缩合反应

酯分子中的$\alpha$－H比较活泼，在强碱试剂（如乙醇钠）作用下，两分子酯失去一分子醇，生成$\beta$－酮酸酯。此反应称为克莱森（Claisen）酯缩合反应。例如乙酸乙酯在乙醇钠或金属钠的作用下，发生酯缩合反应，生成乙酰乙酸乙酯：

$$CH_3COOC_2H_5 + CH_3COOC_2H_5 \xrightarrow{C_2H_5ONa} \underset{\text{乙酰乙酸乙酯}}{CH_3COCH_2COOC_2H_5} + C_2H_5OH$$

一般克莱森酯缩合反应是在两种相同的酯间进行。若用两个不同的酯可以发生混合酯缩合反应，理论上可以得到四种产物，在制备上没有很大价值。但如两种酯只有一种酯有$\alpha$－H，互相缩合就能得到一种单纯产物。

$$CH_3CH_2COOC_2H_5 + CH_3CH_2COOC_2H_5 \xrightarrow{C_2H_5ONa} CH_3CH_2CO\underset{\displaystyle CH_3}{\underset{|}{C}H}COOC_2H_5 + C_2H_5OH$$

2）狄克曼缩合反应

酯的缩合反应也可以在分子内进行，形成环酯，这种环化酯缩合反应又称为狄克曼（Dieckmann）反应，是合成五元环、六元环的一个重要方法。假若分子中的两个酯基被四个或四个以上的碳原子隔开，就发生分子内的缩合反应，形成五元环或更大环的内酯。例如：

$$\begin{array}{l}CH_2CH_2COOC_2H_5\\ |\\ CH_2CH_2COOC_2H_5\end{array} \xrightarrow[C_6H_5CH_3]{Na,\ C_2H_5OH} \text{2-(COOC}_2\text{H}_5\text{)环戊酮}$$

缩合产物经酸性水解生成$\beta$－羰基酸，$\beta$－羰基酸受热易脱羧，最后产物是环酮。

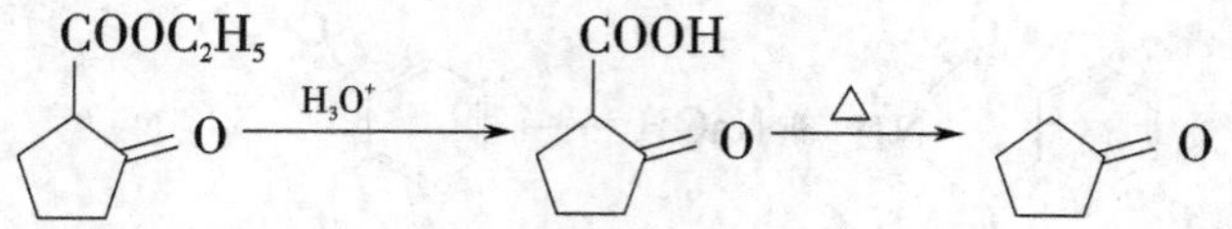

$COOC_2H_5$ O $\xrightarrow{H_3O^+}$ COOH O $\xrightarrow{\triangle}$ O

利用狄克曼缩合反应，可以合成多种环状化合物，下面是几个例子：

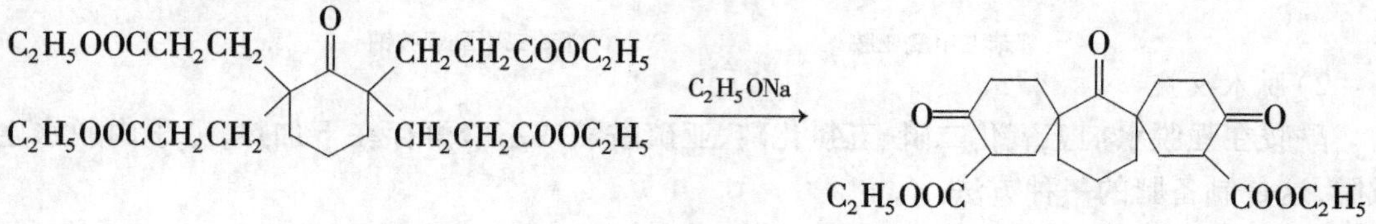

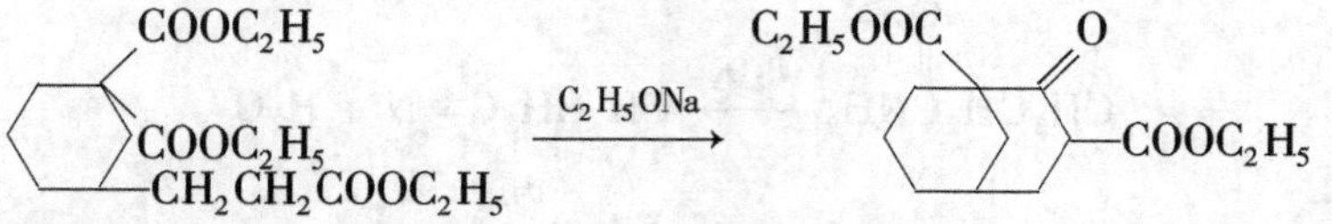

$C_2H_5OOCCH_2CH_2$ O $CH_2CH_2COOC_2H_5$ $C_2H_5OOCCH_2CH_2$ $CH_2CH_2COOC_2H_5$ $\xrightarrow{C_2H_5ONa}$ O O O $C_2H_5OOC$ $COOC_2H_5$

$COOC_2H_5$ $COOC_2H_5$ $CH_2CH_2COOC_2H_5$ $\xrightarrow{C_2H_5ONa}$ $C_2H_5OOC$ O $—COOC_2H_5$

在适当的条件下，也可利用这个反应合成大环酮。在金属的作用下，二元羧酸酯除发生关环的酯缩合反应外，通过不同的反应机制，还可以发生另一种所谓的酮醇反应，这是目前制备大环化合物最有效的一种方法。

丁二酸二乙酯在乙醇钠催化下，发生分子间的缩合，生成 2，5－二（乙氧羰基）－1，4－环己二酮：

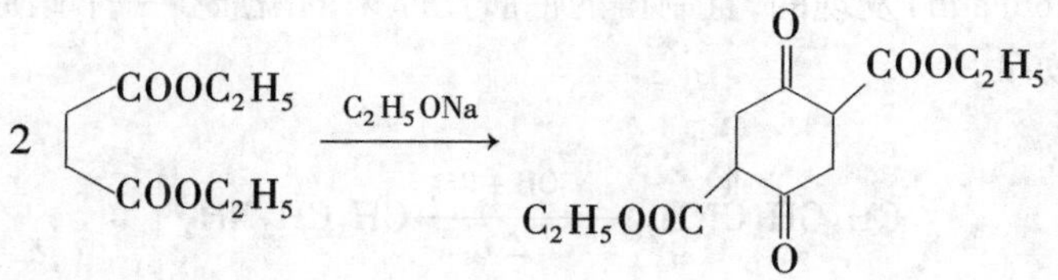

2 $COOC_2H_5$ $COOC_2H_5$ $\xrightarrow{C_2H_5ONa}$ O $COOC_2H_5$ $C_2H_5OOC$ O

5．酰胺的特殊反应

1）弱碱性和弱酸性

胺是碱性物质，而酰胺一般是中性化合物。酰胺分子中的酰基与氨基氮原子上的未共用电子对形成 p－π 共轭，由于酰基吸电子共轭效应的影响，氮原子上的电子云密度有所降低，接受氢离子的能力下降，因而减弱了碱性显中性。

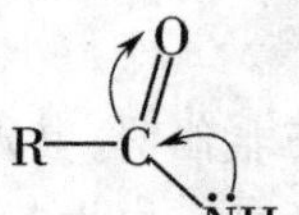

R—C(=O)—$\ddot{N}H_2$

酰胺有时显出弱碱性，与强酸生成不稳定的盐，但遇水立即分解。例如：

$$CH_3CH_2CONH_2 + HCl \longrightarrow CH_3CH_2CONH_2 \cdot HCl$$

若 $NH_3$ 的两个氢原子被酰基取代，生成的酰亚胺将显示出弱酸性，它能与强碱的水溶液作用生成盐。例如邻苯二甲酰亚胺可与氢氧化钠生成邻苯二甲酰亚胺钠。

$$\text{邻苯二甲酰亚胺(C}_6\text{H}_4(\text{CO})_2\text{NH)} + NaOH \longrightarrow \text{邻苯二甲酰亚胺钠(C}_6\text{H}_4(\text{CO})_2\overset{-}{N}\cdot\overset{+}{Na}\text{)}$$

邻苯二甲酰亚胺　　　　邻苯二甲酰亚胺钠

2）脱水反应

酰胺在强脱水剂五氧化二磷、五氯化磷、亚硫酰氯或乙酸酐存在下加热，分子内脱水生成腈，这是制备腈的一种方法。

$$CH_3CH_2\overset{O}{\overset{\|}{C}}NH_2 \xrightarrow{P_2O_5} CH_3CH_2C\equiv N + H_2O$$

丙腈

$$(CH_3)_2CHCONH_2 \xrightarrow[\triangle]{P_2O_5} (CH_3)_2CHCN + H_2O$$

异丁腈为无色有恶臭的液体，是有机磷杀虫剂二嗪农的中间体。

3）霍夫曼降级反应

酰胺和次氯（或溴）酸钠溶液共热时，酰胺分子失去羰基转变为伯胺（$RNH_2$）。由于这个反应是霍夫曼（Hofmann）发现的，且制得的伯胺比原来的酰胺少一个碳原子，因此称为霍夫曼降级反应。例如：

$$CH_3CH_2\overset{O}{\overset{\|}{C}}NH_2 \xrightarrow[\triangle]{NaOH + Br_2} CH_3CH_2NH_2$$

乙胺

$$(CH_3)_2CH\overset{O}{\overset{\|}{C}}NH_2 \xrightarrow[\triangle]{NaOH + Br_2} (CH_3)_2CHNH_2$$

异丙胺

$$C_6H_5-CH_2-\underset{CH_3}{\underset{|}{CH}}-CONH_2 \xrightarrow[NaOH]{NaOBr} C_6H_5-CH_2-\underset{CH_3}{\underset{|}{CH}}-NH_2$$

苯丙胺

苯丙胺又叫苯异丙胺、苯齐巨林或安非他明，其游离生物碱是一种挥发性的油状液体。它的硫酸盐为无色粉末，味微苦随后有麻感。由于其对中枢神经有兴奋作用，可用于治疗发作性睡眠、中枢抑制药中毒和精神抑郁症。在阿片等麻醉用品和安眠药等中毒时服用本品急救。

取代酰胺不能发生脱水反应和霍夫曼降级反应，这是值得注意的。

4）与 $HNO_2$ 的反应

氮原子上连有两个氢原子的酰胺与 $HNO_2$ 反应生成羧酸，同时定量放出 $N_2$。

$$RCONH_2 + HO-NO \longrightarrow RCOOH + H_2O + N_2\uparrow$$

**此反应可用于酰胺的鉴别和定量分析。**

**问题 7－7** 完成下列反应式。

(1) 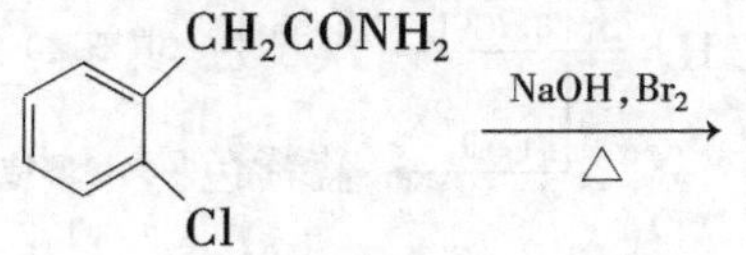 (邻氯苯基)$CH_2CONH_2$ $\xrightarrow[\triangle]{NaOH, Br_2}$

(2) $CH_3CH_2COCl + NH(CH_3)_2 \xrightarrow{\triangle}$

(3) $CH_3CH_2COOC_2H_5 + C_6H_5COOC_2H_5 \xrightarrow{C_2H_5ONa} \xrightarrow{H^+}$

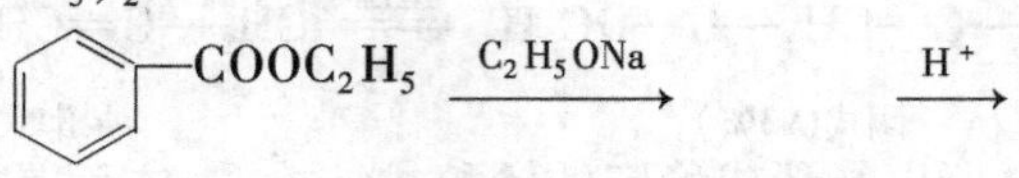

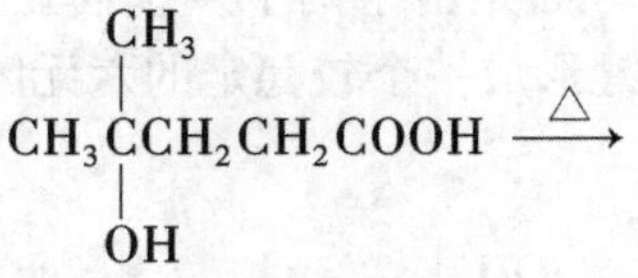

(4) $CH_3C(CH_3)(OH)CH_2CH_2COOH \xrightarrow{\triangle}$

(5) (4-氯-γ-丁内酯) $+ NaOH \xrightarrow{H_2O}$

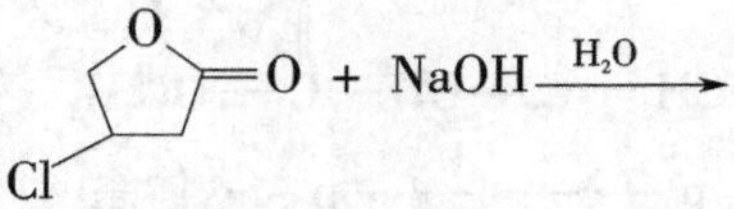

## 第三节* β－二羰基化合物

分子中含有两个羰基官能团的化合物称为二羰基化合物,其中两个羰基间隔一个亚甲基的化合物叫作β－二羰基化合物。例如:

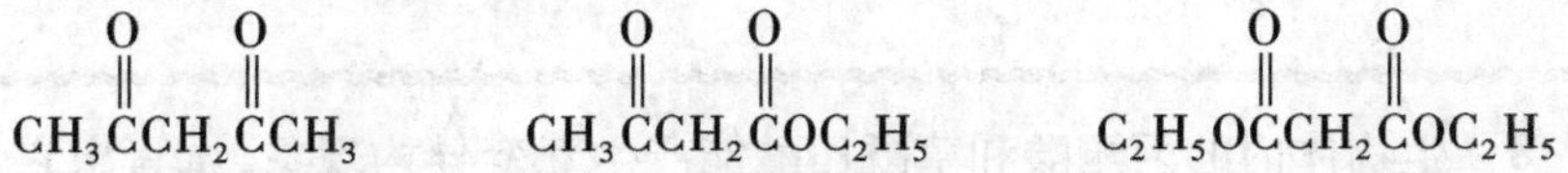

$CH_3\overset{O}{\overset{\|}{C}}CH_2\overset{O}{\overset{\|}{C}}CH_3$　　2,4－戊二酮（乙酰丙酮）

$CH_3\overset{O}{\overset{\|}{C}}CH_2\overset{O}{\overset{\|}{C}}OC_2H_5$　　乙酰乙酸乙酯（β－丁酮酸酯）

$C_2H_5O\overset{O}{\overset{\|}{C}}CH_2\overset{O}{\overset{\|}{C}}OC_2H_5$　　丙二酸二乙酯

亚甲基受两个羰基吸电子的影响,α 碳上的氢原子变得很活泼。因此β－二羰基化合物也叫作活泼亚甲基化合物。

### 一、乙酰乙酸乙酯

#### (一)乙酰乙酸乙酯的互变异构现象

乙酰乙酸乙酯存在着互变异构现象。乙酰乙酸乙酯分子具有羰基,这可由它与羰基试剂(苯肼、羟胺等)反应,与亚硫酸氢钠、氢氰酸加成得到证明。但是还有一些反应是不能用分子中含有羰基来说明的。例如:

(1)乙酰乙酸乙酯可与金属钠反应放出氢气,生成钠盐,说明分子中含有活泼氢;

(2)乙酰乙酸乙酯可使溴的四氯化碳溶液褪色,说明分子中含有不饱和键;

(3)乙酰乙酸乙酯与三氯化铁反应,溶液呈蓝紫色,说明分子中具有烯醇型结构(R—CH＝CH—OH)。

无论用物理方法或化学方法都证明乙酰乙酸乙酯是一个酮式和烯醇式的混合物所形成的平衡体系。

$$
\text{白}\downarrow \xleftarrow{NaHSO_3},\quad \text{白}\downarrow \xleftarrow{NH_2OH},\quad \text{黄}\downarrow \xleftarrow{2,4-\text{二硝基苯肼}} \quad CH_3-\overset{O}{\overset{\|}{C}}-CH_2-\overset{O}{\overset{\|}{C}}-OC_2H_5 \quad \xrightarrow{Na} H_2\uparrow\ (\text{有活性氢}),\quad \xrightarrow{Br_2/CCl_4} \text{溴褪色}(\text{具双键}),\quad \xrightarrow{FeCl_3} \text{蓝紫色}(\text{具烯醇结构})
$$

$$
\underset{\text{酮式}(93\%)}{CH_3-\overset{O}{\overset{\|}{C}}-CH_2-\overset{O}{\overset{\|}{C}}-OC_2H_5} \xrightleftharpoons{\text{室温}} \underset{\text{烯醇式}(7\%)}{CH_3-\overset{OH}{\overset{|}{C}}=CH-\overset{O}{\overset{\|}{C}}-OC_2H_5}
$$

乙酰乙酸乙酯之所以能形成稳定的烯醇式结构，一方面是由于两个羰基使亚甲基上的氢特别活泼，另一方面是由于烯醇式可以通过分子内氢键形成一个较稳定的六元闭合环，使体系的能量降低。

$$
CH_3-\overset{O}{\overset{\|}{C}}-CH_2-\overset{O}{\overset{\|}{C}}-OC_2H_5 \rightleftharpoons CH_3-\overset{:OH}{\overset{|}{C}}=CH-\overset{O}{\overset{\|}{C}}-OC_2H_5
$$

$$
p-\pi-\pi-\pi-p-\pi\ \text{体系}
$$

$$
CH_3-\overset{OH}{\overset{|}{C}}=CH-\overset{O}{\overset{\|}{C}}-OC_2H_5 \longrightarrow \text{(六元环：}H_3C-C(-O-H\cdots O=)C(-OC_2H_5)\text{，}C=CH\text{)}
$$

---

**问题 7-8** 生物体内的丙酮酸和草酰乙酸能产生互变异构现象，试写出它们的互变平衡体系。

---

**(二) 乙酰乙酸乙酯在有机合成中的应用**

乙酰乙酸乙酯在结构上存在着 $\beta$-二羰基，相邻的两个吸电子基（羰基和酯基）使中间的亚甲基酸性增强，与碱作用生成碳负离子，可以发生亲核反应，使它在有机合成上占有很重要的地位。乙酰乙酸乙酯的另一个结构特征就是在碱的作用下可以发生酮式分解或酸式分解。

1. 酮式分解和酸式分解

乙酰乙酸乙酯及其取代衍生物与稀碱作用，水解生成 $\beta$-羰基酸，受热后脱羧生成甲基酮，故称为酮式分解。

例如：

$$
CH_3-\overset{O}{\overset{\|}{C}}-CH_2-\overset{O}{\overset{\|}{C}}-OC_2H_5 + H_2O \xrightarrow{\text{稀碱}} CH_3-\overset{O}{\overset{\|}{C}}-CH_3 + C_2H_5OH + CO_2\uparrow
$$

$$CH_3-\overset{O}{\overset{\|}{C}}-\underset{R}{\underset{|}{CH}}-\overset{O}{\overset{\|}{C}}-OC_2H_5 + H_2O \xrightarrow{稀碱} CH_3-\overset{O}{\overset{\|}{C}}-CH_2R + C_2H_5OH + CO_2\uparrow$$

$$CH_3-\overset{O}{\overset{\|}{C}}-\underset{COR}{\underset{|}{CH}}-\overset{O}{\overset{\|}{C}}-OC_2H_5 + H_2O \xrightarrow{稀碱} CH_3-\overset{O}{\overset{\|}{C}}-CH_2COR + C_2H_5OH + CO_2\uparrow$$

乙酰乙酸乙酯及其取代衍生物在浓碱作用下，主要发生乙酰基的断裂，生成乙酸或取代乙酸，故称为酸式分解。

例如：

$$CH_3-\overset{O}{\overset{\|}{C}}-CH_2-\overset{O}{\overset{\|}{C}}-OC_2H_5 + 2H_2O \xrightarrow{浓碱} 2CH_3-\overset{O}{\overset{\|}{C}}-OH + C_2H_5OH$$

$$CH_3-\overset{O}{\overset{\|}{C}}-\underset{R}{\underset{|}{CH}}-\overset{O}{\overset{\|}{C}}-OC_2H_5 + 2H_2O \xrightarrow{浓碱} CH_3-\overset{O}{\overset{\|}{C}}-OH + R-CH_2-\overset{O}{\overset{\|}{C}}-OH + C_2H_5OH$$

$$CH_3-\overset{O}{\overset{\|}{C}}-\underset{COR}{\underset{|}{CH}}-\overset{O}{\overset{\|}{C}}-OC_2H_5 + 2H_2O \xrightarrow{浓碱} CH_3-\overset{O}{\overset{\|}{C}}-OH + RCOCH_2-\overset{O}{\overset{\|}{C}}-OH + C_2H_5OH$$

2. 在有机合成中的应用

1）甲基酮的合成

卤烷与乙酰乙酸乙酯在强碱作用下生成烷基或二烷基乙酰乙酸乙酯，经酮式分解便得甲基酮。例如：用乙酰乙酸乙酯及其他必要的试剂合成$CH_3-\overset{O}{\overset{\|}{C}}-\underset{CH_3}{\underset{|}{C}H}CH_2CH{=}CH_2$。

$$CH_3-\overset{O}{\overset{\|}{C}}-CH_2-\overset{O}{\overset{\|}{C}}-OC_2H_5 \xrightarrow[②CH_3Br]{①C_2H_5ONa} CH_3-\overset{O}{\overset{\|}{C}}-\underset{CH_3}{\underset{|}{CH}}-\overset{O}{\overset{\|}{C}}-OC_2H_5 \xrightarrow[②CH_2{=}CHCH_2Br]{①C_2H_5ONa}$$

$$CH_3-\overset{O}{\overset{\|}{C}}-\underset{CH_3}{\underset{|}{\overset{CH_2CH{=}CH_2}{\overset{|}{C}}}}-\underset{O}{\underset{\|}{C}}-OC_2H_5 \xrightarrow[②H^+,\triangle]{①5\%\ NaOH} CH_3-\overset{O}{\overset{\|}{C}}-\underset{CH_3}{\underset{|}{C}H}CH_2CH{=}CH_2$$

2）羧酸的合成

烷基取代后的乙酰乙酸乙酯经酸式分解即可得到一元羧酸。例如：用乙酰乙酸乙酯及其他必要的试剂合成$CH_3CH_2CH_2\overset{CH_2CH_3}{\overset{|}{C}}HCOOH$。

$$CH_3-\overset{O}{\overset{\|}{C}}-CH_2-\overset{O}{\overset{\|}{C}}-OC_2H_5 \xrightarrow[②CH_3CH_2Br]{①C_2H_5ONa} CH_3-\overset{O}{\overset{\|}{C}}-\underset{C_2H_5}{\underset{|}{CH}}-\overset{O}{\overset{\|}{C}}-OC_2H_5 \xrightarrow[②CH_3CH_2CH_2Cl]{①C_2H_5ONa}$$

$$CH_3-\overset{O}{\overset{\|}{C}}-\overset{CH_2CH_2CH_3}{\underset{CH_3-CH_2}{\overset{|}{\underset{|}{C}}}}-\underset{O}{\underset{\|}{C}}-OC_2H_5 \xrightarrow[②H^+,\triangle]{①40\%\ NaOH} CH_3CH_2CH_2\overset{CH_2CH_3}{\overset{|}{C}}HCOOH$$

合成羧酸时,一般常用丙二酸二乙酯合成法,因为用乙酰乙酸乙酯合成,在进行酸式分解时总是伴随着酮式分解的发生,产率不高。

3)酮酸的合成

乙酰乙酸乙酯负离子与卤代烷、卤代酸酯或 $\alpha,\beta$ - 不饱和酸酯反应生成乙酰基取代的二元羧酸酯,经酮式分解并脱羧便得到 $\beta$ - 、$\gamma$ - 或 $\delta$ - 酮酸。与卤代酮、$\alpha,\beta$ - 不饱和羰基化合物反应的产物经酸式分解也分别得到酮酸。例如:用乙酰乙酸乙酯及其他必要的试剂合成 $CH_3CO\underset{CH_3}{\underset{|}{C}}HCH_2COOH$。

$$CH_3-\overset{O}{\overset{\|}{C}}-CH_2-\overset{O}{\overset{\|}{C}}-OC_2H_5 \xrightarrow[②CH_3Cl]{①C_2H_5ONa} CH_3-\overset{O}{\overset{\|}{C}}-\underset{CH_3}{\underset{|}{CH}}-\overset{O}{\overset{\|}{C}}-OC_2H_5 \xrightarrow[②CH_2ClCOOC_2H_5]{①C_2H_5ONa}$$

$$CH_3-\overset{O}{\overset{\|}{C}}-\overset{CH_2COOC_2H_5}{\underset{CH_3}{\overset{|}{\underset{|}{C}}}}-\underset{O}{\underset{\|}{C}}-OC_2H_5 \xrightarrow[②H^+,\triangle]{①5\%\ NaOH} CH_3CO\underset{CH_3}{\underset{|}{C}}HCH_2COOH$$

再如:用乙酰乙酸乙酯及其他必要的试剂合成 $CH_3COCH_2CH_2CH_2COOH$。

$$CH_3-\overset{O}{\overset{\|}{C}}-CH_2-\overset{O}{\overset{\|}{C}}-OC_2H_5 \xrightarrow[②CH_2=CHCOOC_2H_5]{①C_2H_5ONa} CH_3-\overset{O}{\overset{\|}{C}}-\underset{CH_2CH_2COOC_2H_5}{\underset{|}{CH}}-\overset{O}{\overset{\|}{C}}-OC_2H_5$$

$$\xrightarrow[②H^+,\triangle]{①5\%\ NaOH} CH_3COCH_2CH_2CH_2COOH$$

4)二酮的合成

乙酰乙酸乙酯负离子与 $\alpha,\beta$ - 不饱和酮、卤代酮或酰卤反应即生成酰基取代的乙酰乙酸乙酯。酰基取代的乙酰乙酸乙酯经酮式分解并脱羧分别制得 $\delta$ - 、$\gamma$ - 和 $\beta$ - 二酮。例如:用乙酰乙酸乙酯及其他必要的试剂合成 $CH_3-\overset{O}{\overset{\|}{C}}-CH_2CH_2-\overset{O}{\overset{\|}{C}}-CH_3$ 。

$$CH_3-\overset{O}{\overset{\|}{C}}-CH_2-\overset{O}{\overset{\|}{C}}-OC_2H_5 \xrightarrow[②CH_2ClCOCH_3]{①C_2H_5ONa} CH_3-\overset{O}{\overset{\|}{C}}-\underset{CH_2COCH_3}{\underset{|}{CH}}-\overset{O}{\overset{\|}{C}}-OC_2H_5$$

$$\xrightarrow[\text{②}H^+,\triangle]{\text{①}5\%\ NaOH} CH_3-\overset{\overset{\displaystyle O}{\|}}{C}-CH_2CH_2-\overset{\overset{\displaystyle O}{\|}}{C}-CH_3$$

再如:用乙酰乙酸乙酯及其他必要的试剂合成$CH_3CO\underset{\underset{\displaystyle CH_3}{|}}{}\overset{\overset{\displaystyle CH_3}{|}}{C}HCH_2CH_2COCH_2CH_3$。

$$CH_3-\overset{\overset{\displaystyle O}{\|}}{C}-CH_2-\overset{\overset{\displaystyle O}{\|}}{C}-OC_2H_5 \xrightarrow[\text{②}CH_3Cl]{\text{①}C_2H_5ONa} CH_3-\overset{\overset{\displaystyle O}{\|}}{C}-\underset{\underset{\displaystyle CH_3}{|}}{CH}-\overset{\overset{\displaystyle O}{\|}}{C}-OC_2H_5$$

$$\xrightarrow[\text{②}CH_3CH_2COCH=CH_2]{\text{①}C_2H_5ONa} CH_3-\overset{\overset{\displaystyle O}{\|}}{C}-\overset{\overset{\displaystyle CH_2CH_2COC_2H_5}{|}}{\underset{\underset{\displaystyle CH_3}{|}}{C}}-\underset{\underset{\displaystyle O}{\|}}{C}-OC_2H_5 \xrightarrow[\text{②}H^+,\triangle]{\text{①}5\%\ NaOH} CH_3CO\overset{\overset{\displaystyle CH_3}{|}}{C}HCH_2CH_2COC_2H_5$$

5)二元羧酸的合成

乙酰乙酸乙酯或其一取代衍生物与卤代酯反应经酸式分解即生成二元羧酸。例如:用乙酰乙酸乙酯及其他必要的试剂合成$HOOCCH_2\underset{\underset{\displaystyle CH_3}{|}}{C}HCOOH$。

$$CH_3-\overset{\overset{\displaystyle O}{\|}}{C}-CH_2-\overset{\overset{\displaystyle O}{\|}}{C}-OC_2H_5 \xrightarrow[\text{②}CH_3CHClCOOC_2H_5]{\text{①}C_2H_5ONa} CH_3-\overset{\overset{\displaystyle O}{\|}}{C}-\overset{\overset{\displaystyle H_3C-CHCOOC_2H_5}{|}}{CH}-\underset{\underset{\displaystyle O}{\|}}{C}-OC_2H_5$$

$$\xrightarrow[\text{②}H^+,\triangle]{\text{①}40\%\ NaOH} HOOCCH_2\underset{\underset{\displaystyle CH_3}{|}}{C}HCOOH$$

6)$\alpha,\beta$-不饱和酮和$\alpha,\beta$-不饱和酸的合成

乙酰乙酸乙酯或其一取代衍生物与羰基化合物反应的产物脱水后,经酸式或酮式分解,分别生成$\alpha,\beta$-不饱和酸或$\alpha,\beta$-不饱和酮。例如:用乙酰乙酸乙酯及其他必要的试剂合成$(Ph)(H_3C)C=CHCOOH$和$(Ph)(H_3C)C=CHCOCH_3$。

$$CH_3-\overset{\overset{\displaystyle O}{\|}}{C}-CH_2-\overset{\overset{\displaystyle O}{\|}}{C}-OC_2H_5 \xrightarrow[\text{②}CH_3COPh]{\text{①}C_2H_5ONa} CH_3-\overset{\overset{\displaystyle O}{\|}}{C}-\underset{\underset{\displaystyle CH_3-CHPh}{|}}{CH}-\overset{\overset{\displaystyle O}{\|}}{C}-OC_2H_5$$

$$\xrightarrow[\text{②}H^+,\triangle]{\text{①}40\%\ NaOH} (Ph)(H_3C)C=CHCOOH$$

$$CH_3-\overset{O}{\overset{\|}{C}}-CH_2-\overset{O}{\overset{\|}{C}}-OC_2H_5 \xrightarrow[②CH_3COPh]{①C_2H_5ONa} CH_3-\overset{O}{\overset{\|}{C}}-\underset{CH_3-CHPh}{\underset{|}{CH}}-\overset{O}{\overset{\|}{C}}-OC_2H_5$$

$$\xrightarrow[②H^+,\triangle]{①5\%\ NaOH} (Ph)(H_3C)C=CHCOCH_3$$

乙酰乙酸乙酯合成法主要用其酮式分解制取酮，酸式分解制酸很少，制酸一般用丙二酸二乙酯合成法。

**问题7-9** 由乙酰乙酸乙酯合成下列化合物：

(1)2-己醇 (2)2,5-己二酮 (3)正戊酸

## 二、丙二酸二乙酯

### (一)丙二酸二乙酯的制法

$$CH_3COOH \xrightarrow{Cl_2/P} \underset{Cl}{\underset{|}{CH_2}}COOH \xrightarrow[NaOH]{NaCN} \underset{CN}{\underset{|}{CH_2}}COONa \xrightarrow[H_2SO_4]{C_2H_5OH} H_2C(COOC_2H_5)_2$$

### (二)丙二酸二乙酯在有机合成中的应用

1. 制备取代酸

丙二酸二乙酯的反应类型与乙酰乙酸乙酯相似，丙二酸二乙酯的 $\alpha$-H 易被烷基取代，产物经水解酸化便得到羧酸。丙二酸二乙酯在有机合成中广泛用于合成各种类型的羧酸(一取代乙酸、二取代乙酸、环烷基甲酸、二元羧酸等)。

$$H_2C(COOC_2H_5)_2 \xrightarrow[无水乙醇]{C_2H_5ONa} [HC(COOC_2H_5)_2]^- Na^+ \xrightarrow{RX} RHC(COOC_2H_5)_2$$

$$\xrightarrow[无水乙醇]{C_2H_5ONa} [RC(COOC_2H_5)_2]^- Na^+ \xrightarrow{R'X} (R)(R')C(COOC_2H_5)_2 \xrightarrow[\triangle]{H_2O} (R)(R')CHCOOH$$

2. 制备二元羧酸

1)与二卤代烷的反应

一分子丙二酸二乙酯与二卤代烷反应，生成环烷烃的衍生物，可用于合成环烷基甲酸、$\alpha$-卤代环烷基甲酸等化合物。

$$(H_2C)_n(CH_2Br)_2 + [HC(COOC_2H_5)_2]^- Na^+ \xrightarrow{-NaBr} (H_2C)_n\begin{matrix}CH_2\\CH_2\end{matrix}C(COOC_2H_5)_2$$

$$\xrightarrow[\text{无水乙醇}]{C_2H_5ONa} (H_2C)_n \begin{matrix} CH_2 \\ \\ CH_2 \end{matrix} C \begin{matrix} COOH \\ \\ COOH \end{matrix} \xrightarrow[\triangle]{-CO_2} (H_2C)_n \begin{matrix} CH_2 \\ \\ CH_2 \end{matrix} CHCOOH$$

$$\xrightarrow[-CO_2]{CaO,\triangle} (H_2C)_n \begin{matrix} CH_2 \\ \\ CH_2 \end{matrix} CH_2$$

两分子丙二酸二乙酯与二卤代烷反应,生成四元羧酸酯,四元羧酸酯经水解酸化可得到二元羧酸,可用于合成二元羧酸类化合物。

$$(H_2C)_n \begin{matrix} CH_2Br \\ \\ CH_2Br \end{matrix} +2\left[ HC \begin{matrix} COOC_2H_5 \\ \\ COOC_2H_5 \end{matrix} \right]^- Na^+ \xrightarrow{-2NaBr} (H_2C)_n \begin{matrix} CH_2CH(COOC_2H_5)_2 \\ \\ CH_2CH(COOC_2H_5)_2 \end{matrix}$$

$$\xrightarrow[②HCl]{①NaOH} (H_2C)_n \begin{matrix} CH_2CH(COOH)_2 \\ \\ CH_2CH(COOH)_2 \end{matrix} \xrightarrow[\triangle]{-CO_2} (H_2C)_n \begin{matrix} CH_2CH_2COOH \\ \\ CH_2CH_2COOH \end{matrix}$$

2)与碘分子的反应

碘作为温和的氧化剂,与丙二酸二乙酯负离子反应,生成四元羧酸酯,再经水解脱羧,生成二元羧酸,用于合成丁二酸及其衍生物。

$$I_2 + 2\overset{+}{Na}\overset{-}{C}R(COOC_2H_5)_2 \xrightarrow{-2NaI} \begin{matrix} CR(COOC_2H_5)_2 \\ | \\ CR(COOC_2H_5)_2 \end{matrix} \xrightarrow{\text{水解}} \begin{matrix} CR(COOH)_2 \\ | \\ CR(COOH)_2 \end{matrix}$$

$$\xrightarrow[\triangle]{-CO_2} \begin{matrix} CHRCOOH \\ | \\ CHRCOOH \end{matrix}$$

式中 R 为 H 或烷基。

3)与卤代酸酯的反应

卤代酸酯与卤代烷一样含有活泼的卤素原子,卤素原子易被丙二酸二乙酯的负离子取代,产物经水解酸化即得二元羧酸,用于合成二元羧酸及其衍生物。

$$ROOC(CH_2)_nX + \left[ HC \begin{matrix} COOC_2H_5 \\ \\ COOC_2H_5 \end{matrix} \right]^- Na^+ \xrightarrow{-NaX} ROOC(CH_2)_nCH(COOC_2H_5)_2$$

$$\xrightarrow{H_2O} ROOC(CH_2)_nCH(COOH)_2$$

3. 制备环烷酸

在强碱的作用下,丙二酸二乙酯与一分子二卤代烷反应即生成脂环类的衍生物。所用的二卤代烷不同,得到的脂环的大小也不同。另外,利用碘与取代丙二酸二乙酯负离子的氧化还原反应,也可得到脂环类化合物。例如:由丙二酸二乙酯及其他必要的试剂合成 ◇—COOH。

$$CH_2(COOC_2H_5)_2 \xrightarrow[\text{②}BrCH_2CH_2CH_2Br]{\text{①}C_2H_5ONa} \text{(cyclobutane-1,1-}(COOC_2H_5)_2\text{)} \xrightarrow[\triangle]{H_2O/H^+} \text{(cyclobutyl)}-COOH$$

再如：由丙二酸二乙酯、乙炔及其他必要的无机试剂合成环戊烷。

$$CH{\equiv}CH \xrightarrow[NH_4Cl]{Cu_2Cl_2} CH_2{=}CH{-}C{\equiv}CH \xrightarrow[\text{林德拉催化剂}]{H_2} CH_2{=}CH{-}CH{=}CH_2$$

$$\xrightarrow{Br_2} \underset{Br}{CH_2}{-}CH{=}CH{-}\underset{Br}{CH_2} \xrightarrow[Ni]{H_2} \underset{Br}{CH_2}{-}CH_2{-}CH_2{-}\underset{Br}{CH_2}$$

$$\xrightarrow{C_2H_5ONa+CH_2(COOC_2H_5)_2} \text{(cyclopentane-1,1-}(COOC_2H_5)_2\text{)} \xrightarrow[\text{②}H^+,\ \triangle]{\text{①}OH^-} \text{(cyclopentyl)}-COOH$$

$$\xrightarrow[CaO,\ \triangle]{-CO_2} \text{(cyclopentane)}$$

**问题7－10** 由丙二酸二乙酯及其他原料合成下列化合物：

(1)3－甲基丁酸　　(2)庚二酸

**问题7－11** 写出下列反应的产物：

(1) $(CH_3)_2C(COOH)_2 \xrightarrow{\triangle}$

(2) (邻苯二甲酸酐) $+ 2CH_3CH_2OH \xrightarrow{H_2SO_4}$

(3) (邻苯二甲酸, $C_6H_4(COOH)_2$) $\xrightarrow{\triangle} \xrightarrow[\triangle]{NH_3(\text{过量})} \xrightarrow[NaOH]{NaOBr}$

**问题7－12** 完成下列转变：

(1) $C_6H_5COOC_2H_5 \longrightarrow C_6H_5CH_2OH$

(2) $CH_2{=}CH(CH_2)_9COOCH_3 \longrightarrow CH_2{=}CH(CH_2)_9CH_2OH$

# 第四节　油脂和蜡

## 一、油脂

### (一)油脂的结构和组成

油脂普遍存在于动植物体的脂肪组织中，它是动植物贮存和供给能量的主要物质之一。1 g 油脂在人体内氧化时，可放出 38.9 kJ 热量，是同样的碳水化合物或蛋白质的 2.25 倍，因此，油脂是人类必需的高能量食物。油脂在生物体内还承担着极为重要的生理功能，如溶解维生素、保护内脏器官免受震动和撞击以及御寒等。此外,油脂在工业上也具有十分广泛的用途,如制备肥皂、护肤品和润滑剂等。

习惯上把在常温下为固态或半固态的叫作脂,液态的叫作油。从化学结构和组成上看,油脂是直链高级脂肪酸和甘油生成的酯的混合物。

油脂常用下列结构式表示:

$$\begin{array}{l} CH_2-O-\overset{\displaystyle O}{\overset{\|}{C}}-R \\ | \\ CH-O-\overset{\displaystyle O}{\overset{\|}{C}}-R' \\ | \\ CH_2-O-\overset{\displaystyle O}{\overset{\|}{C}}-R'' \end{array}$$

如果 R,R′,R″相同,叫作单甘油酯,R,R′,R″不同则叫作混合甘油酯。天然的油脂大都为混合甘油酯。组成油脂的脂肪酸的种类很多,但主要是含偶数碳原子的饱和或不饱和的直链羧酸。常见的饱和酸以十六碳酸(棕榈酸)分布最广,几乎所有的油脂都含有;十八碳酸(硬脂酸)在动物脂肪中含量最多。不饱和酸以油酸、亚油酸分布最广。油脂中常见的脂肪酸见表 7-4。脂肪酸越不饱和,由它所组成的油脂的熔点也越低。因此固体的脂含较多的饱和脂肪酸甘油酯,而液体的油则含有较多的不饱和脂肪酸甘油酯。

**表 7-4　油脂中常见的脂肪酸**

| 类别 | 俗名 | 系统命名 | 结构式 | 熔点/℃ |
|---|---|---|---|---|
| 饱和脂肪酸 | 月桂酸 | 十二酸 | $CH_3(CH_2)_{10}COOH$ | 44 |
| | 豆蔻酸 | 十四酸 | $CH_3(CH_2)_{12}COOH$ | 52 |
| | 棕榈酸 | 十六酸 | $CH_3(CH_2)_{14}COOH$ | 68 |
| | 硬脂酸 | 十八酸 | $CH_3(CH_2)_{16}COOH$ | 70 |
| | 花生酸 | 二十酸 | $CH_3(CH_2)_{18}COOH$ | 76.5 |
| 不饱和脂肪酸 | 油酸 | $\Delta^9$-十八碳烯酸 | $CH_3(CH_2)_7CH=CH(CH_2)_7COOH$ | 18 |
| | 亚油酸 | $\Delta^{9,12}$-十八碳二烯酸 | $CH_3(CH_2)_4CH=CHCH_2CH=CH(CH_2)_7COOH$ | -5 |
| | 蓖麻油酸 | 12-羟基-$\Delta^9$-十八碳烯酸 | $CH_3(CH_2)_5CHOHCH_2CH=CH(CH_2)_7COOH$ | 50 |
| | 亚麻油酸 | $\Delta^{9,12,15}$-十八碳三烯酸 | $CH_3CH_2(CH=CHCH_2)_3(CH_2)_6COOH$ | -11 |
| | 桐油酸 | $\Delta^{9,11,13}$-十八碳三烯酸 | $CH_3(CH_2)_3(CH=CH)_3(CH_2)_7COOH$ | 49 |

### (二)油脂的化学性质

1. 水解与皂化

与酯类的水解反应相同,在适当的条件(如有酸、碱或高温水蒸气存在)下,油脂与水能够发生水解反应,生成甘油和相应的高级脂肪酸。

(1)酸性条件下的水解——制高级脂肪酸和甘油。

$$\begin{array}{l} CH_2-O-\overset{O}{\overset{\|}{C}}-C_{17}H_{35} \\ | \\ CH-O-\overset{O}{\overset{\|}{C}}-C_{17}H_{35} \\ | \\ CH_2-O-\overset{O}{\overset{\|}{C}}-C_{17}H_{35} \end{array} + 3H_2O \underset{\triangle}{\overset{H_2SO_4}{\rightleftharpoons}} \begin{array}{l} CH_2-OH \\ | \\ CH-OH \\ | \\ CH_2-OH \end{array} + 3C_{17}H_{35}COOH$$

(2)碱性条件下的水解(皂化反应)——制肥皂和甘油。

$$\begin{array}{l} CH_2-O-\overset{O}{\overset{\|}{C}}-C_{17}H_{35} \\ | \\ CH-O-\overset{O}{\overset{\|}{C}}-C_{17}H_{35} \\ | \\ CH_2-O-\overset{O}{\overset{\|}{C}}-C_{17}H_{35} \end{array} + 3NaOH \xrightarrow{\triangle} \begin{array}{l} CH_2-OH \\ | \\ CH-OH \\ | \\ CH_2-OH \end{array} + 3C_{17}H_{35}COONa$$

此反应称为皂化反应。

硬脂酸甘油酯在 NaOH 作用下发生皂化后,生成的硬脂酸钠与甘油和 NaOH 的混合液,用 NaCl 进行盐析再经过滤可得肥皂的主要成分——高级脂肪酸钠。

2. 油脂的氢化(还原反应)

$$\begin{array}{l} CH_2-O-\overset{O}{\overset{\|}{C}}-C_{17}H_{33} \\ | \\ CH-O-\overset{O}{\overset{\|}{C}}-C_{17}H_{33} \\ | \\ CH_2-O-\overset{O}{\overset{\|}{C}}-C_{17}H_{33} \end{array} + 3H_2 \xrightarrow[\text{加热加压}]{\text{催化剂}} \begin{array}{l} CH_2-O-\overset{O}{\overset{\|}{C}}-C_{17}H_{35} \\ | \\ CH-O-\overset{O}{\overset{\|}{C}}-C_{17}H_{35} \\ | \\ CH_2-O-\overset{O}{\overset{\|}{C}}-C_{17}H_{35} \end{array}$$

这个反应叫油脂的氢化,也叫油脂的硬化。这样制得的油脂叫人造脂肪,通常又叫硬化油。

## 二、磷脂

磷脂是一类含有磷、氮元素的类脂化合物,不仅是生物膜结构和血浆脂蛋白的重要组成成分,而且在细胞识别和信号转导方面起着十分重要的作用。机体中主要含有两大类磷脂,由甘油构成的磷脂称为甘油磷脂;由神经鞘氨醇构成的磷脂称为鞘磷脂。

鞘磷脂是含鞘氨醇或二氢鞘氨醇的磷脂。鞘氨醇或二氢鞘氨醇是具有脂肪族长链的氨基二元醇,有疏水的长链脂肪烃基尾、两个羟基及一个氨基的极性头。其化学结构式如下所示。

$$\begin{array}{r} CH_3(CH_2)_{12}CH{=}CHCHOH \\ | \quad\;\; \\ CHNH_2 \\ | \quad\;\; \\ CH_2OH \end{array} \qquad \begin{array}{r} CH_3(CH_2)_{14}-CHOH \\ | \quad\;\; \\ CHNH_2 \\ | \quad\;\; \\ CH_2OH \end{array}$$

鞘氨醇　　　　二氢鞘氨醇

甘油磷脂由甘油、脂肪酸、磷酸及含氮化合物等合成。根据羟基连接的不同基团形成六种甘油磷脂:①磷脂酰胆碱;②磷脂酰乙醇胺;③磷脂酰肌醇;④磷脂酰丝氨酸;⑤磷脂酰甘油;⑥二磷脂酰甘油。合成主要在各组织细胞的内质网中进行,肝、肾和肠比较活跃,主要原料为甘油、脂肪酸磷酸盐、胆碱、丝氨酸、肌醇等。

磷脂多为甘油酯,以脑磷脂及卵磷脂为最重要,其结构如下所示。

$$\begin{array}{l} CH_2{-}O{-}\overset{\overset{\displaystyle O}{\|}}{C}{-}R \\ | \\ CH{-}O{-}\overset{\overset{\displaystyle O}{\|}}{C}{-}R' \\ | \\ CH_2{-}O{-}\underset{\underset{\displaystyle O^-}{|}}{\overset{\overset{\displaystyle O}{\|}}{P}}{-}OCH_2CH_2\overset{+}{N}H_3 \end{array}$$

α-脑磷脂

$$\begin{array}{l} CH_2{-}O{-}\overset{\overset{\displaystyle O}{\|}}{C}{-}R \\ | \\ CH{-}O{-}\overset{\overset{\displaystyle O}{\|}}{C}{-}R' \\ | \\ CH_2{-}O{-}\underset{\underset{\displaystyle O^-}{|}}{\overset{\overset{\displaystyle O}{\|}}{P}}{-}OCH_2CH_2\overset{+}{N}(CH_3)_3 \end{array}$$

α-卵磷脂

磷脂中的酰基都是由相应的十六个碳以上的高级脂肪酸,如硬脂酸、软脂酸、油酸、亚油酸(顺,顺-9,12-十八二烯酸)等形成的;磷酸中尚有一个羟基具有强的酸性,可以与具有碱性的胺形成离子偶极键;这样在分子中就分为两个部分,一部分是长链的非极性的烃基(疏水部分),另一部分是偶极离子(亲水部分),因此磷脂的结构与前面所讲的肥皂结构类似。如果将磷脂放在水中,可以排成两列,它的极性基团指向水,而疏水性基团因对水的排斥而聚集在一起,尾尾相连,与水隔开,形成脂双分子层。

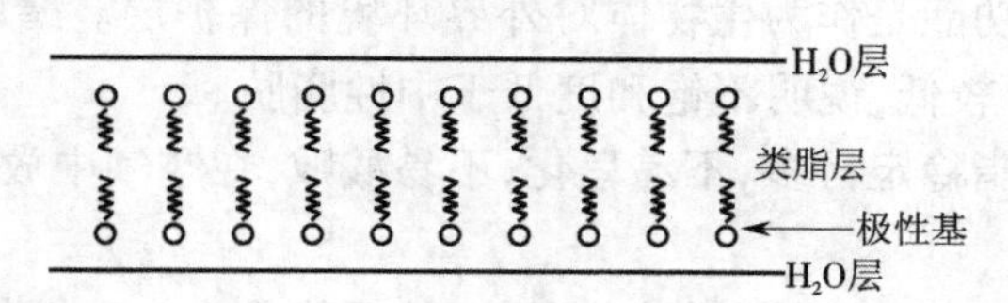


磷脂在植物的种子、蛋黄及脑子中含量较多,由家畜被屠宰后的新鲜脑或由大豆榨油后的副产物中提取而得。往往卵磷脂和脑磷脂不加分离而作为卵磷脂粗制品。磷脂可以用作乳化剂、抗氧剂、食品添加剂,医学上用于治疗神经系统疾病。脑磷脂用于肝功能检验。

在各种食品里添加磷脂,可以保持水分和盐分,使外形美观。由于磷脂有乳化性,在制面包、蛋糕、炸面饼、油酥糕的面粉中添加磷脂,能增强这些食品的弹性,延缓变硬过程,保持盐分,还能使面包、蛋糕体积增加5%以上。

生物细胞膜是由蛋白质和脂类(主要是磷脂)构成的。磷脂的疏水部分相接而亲水端朝向膜的内外两面,这样构成脂双层。所有的膜都由不同成分的脂双层和相连的蛋白质组成。一些蛋白质松散地连接在脂双层的亲水表面,而另一些蛋白质则埋入脂双层的疏水基质中,或穿过脂双层。细胞膜对各类物质的渗透性不一样,可以选择性地透过各种物质,在细胞内的吸收和分泌代谢过程中起着重要的作用。

## 三、蜡

蜡广泛分布在自然界,通常以混合物的形式存在。蜡是高级脂肪酸与高级一元醇形成的酯,此外还包含少量的高级烷烃、高级醇、高级脂肪酸甚至高级醛、酮等化合物。

蜡按来源分为植物蜡和动物蜡,如表7-5所示。

表 7-5 主要蜡的成分

| 类别 | 蜡名 | 主要成分 | 熔点/℃ | 来源 |
| --- | --- | --- | --- | --- |
| 植物蜡 | 巴西蜡 | $C_{25}H_{51}COOC_{30}H_{61}$ | 83 ~ 90 | 巴西棕榈叶 |
| | 棕榈蜡 | $C_{25}H_{51}COOC_{26}H_{53}$ 和 $C_{15}H_{31}COOC_{30}H_{61}$ | 100 ~ 103 | 棕榈树干 |
| 动物蜡 | 蜂蜡 | $C_{15}H_{31}COOC_{30}H_{61}$ | 63 ~ 80 | 蜜蜂腹部 |
| | 鲸蜡 | $C_{15}H_{31}COOC_{16}H_{33}$ | 41 ~ 46 | 鲸鱼头部 |
| | 虫蜡 | $C_{25}H_{51}COOC_{26}H_{53}$ | 80 ~ 83 | 白蜡 |
| | 羊毛脂 | 甾醇类、脂肪醇类和三萜烯醇类与大约等量的脂肪酸生成的酯 | 80 ~ 83 | 羊毛 |

植物蜡成薄层盖在茎、叶、树干、花等植物组织或器官的表层，或者覆盖在种子和果实的表皮。可减少植物水分蒸发，防止微生物和昆虫侵袭。巴西蜡是巴西棕榈树的叶面分泌物。动物蜡存在于不同动物的皮肤、毛皮、羽毛和昆虫的外骨骼上，也能起保护作用。虫蜡是造蜂窝的主要物质，鲸蜡是从抹香鲸脑中提取的，羊毛脂是从羊的皮脂腺分泌出来的天然物质，也属蜡，其主要成分是甾醇类、脂肪醇类和三萜烯醇类与大约等量的脂肪酸所生成的酯，约占 95%，还含有 4% 的游离醇以及少量的脂肪酸和烃类物质。

蜡是不溶于水的固体，溶于醚、苯、氯仿、四氯化碳等有机溶剂。其温度稍高时变软，温度下降时变硬。其生物功能是作为生物体对外界环境的保护层。蜡的凝固点都比较高，在 38 ~ 90 ℃，碘值(1 ~ 15)较低，说明不饱和度低于中性脂肪。

蜡的化学性质比油脂稳定得多，不易皂化，不易酸败，在空气中放置也不氧化变质，不被微生物侵袭腐败。

蜡的水解产物不溶于水，不被肠胃消化吸收，故不能作为人和动物的养料。

蜡经过加工可制成蜡烛、鞋油、蜡纸、软膏、化妆品、药丸壳，可制作模型和用于地板打蜡等。

## 第五节* 碳酸衍生物

在结构上可以把碳酸看成羟基甲酸，或把它看成是共有一个羰基的二元酸。有的碳酸衍生物较为重要，如：中性碳酰胺（尿素）是有价值的肥料；氨基甲酸酯是很重要的一类高效低毒杀虫剂。

### 一、碳酰氯（光气）

碳酰氯由一氧化碳和氯气在日光作用下，或在活性炭催化下加热至 200 ℃制得：

$$CO + Cl_2 \xrightarrow[200\ ℃]{\text{活性炭}} COCl_2$$

光气在常温时为气体，沸点 8.3 ℃，易溶于苯及甲苯，相对密度比空气大，具有窒息性，毒性很强，主要损害呼吸系统导致产生化学性肺炎、肺气肿，工业生产中一旦发生事故，会造成较大伤亡。我国规定光气的接触限值为 0.5 mg/m$^3$。光气可以看作碳酸的酰氯。

光气与等物质的量的乙醇在低温时作用，生成氯甲酸乙酯，用过量乙醇则得到碳酸二乙酯。

$$COCl_2 + 2C_2H_5OH \longrightarrow C_2H_5O-\overset{O}{\overset{\|}{C}}-OC_2H_5 + 2HCl$$

光气是一种活泼试剂,用作有机合成的原料。但由于其毒性很强,所以在绿色化学工艺中以碳酸二甲酯替代光气。

$$Cl-\overset{O}{\overset{\|}{C}}-Cl \xrightarrow{H_2O} Cl-\overset{O}{\overset{\|}{C}}-OH \dashrightarrow CO_2 + HCl$$

$$Cl-\overset{O}{\overset{\|}{C}}-Cl \xrightarrow{NH_3} Cl-\overset{O}{\overset{\|}{C}}-NH_2$$

$$Cl-\overset{O}{\overset{\|}{C}}-Cl \xrightarrow{C_2H_5OH} Cl-\overset{O}{\overset{\|}{C}}-OC_2H_5 \xrightarrow{C_2H_5OH} C_2H_5O-\overset{O}{\overset{\|}{C}}-OC_2H_5$$

$$Cl-\overset{O}{\overset{\|}{C}}-OC_2H_5 \xrightarrow{NH_3} H_2N-\overset{O}{\overset{\|}{C}}-OC_2H_5$$

## 二、碳酸的酰胺

1. 尿素

尿素简称脲,是一种高氮含量的氮肥。尿素是蛋白质在哺乳动物体内最后的代谢产物,它通过尿液排出体外,尿素也由此得名。成人每日排出的尿中约含 30 g 尿素。尿素是碳酸的二酰胺,是无色晶体,熔点 133 ℃,是极性较强的化合物,溶于水和乙醇,不溶于乙醚。尿素在实验室中可通过加热氰酸铵溶液制得,工业上是由氨和二氧化碳在高压(14 ~ 20 MPa)下加热(180 ℃左右)合成的。

$$2NH_3 + CO_2 \longrightarrow H_2N-\overset{O}{\overset{\|}{C}}-NH_2 + H_2O$$

2. 尿素的化学性质

1)双缩脲反应

把固体的脲小心加热,则两分子间脱去一分子氨生成双缩脲。

$$2H_2N-\overset{O}{\overset{\|}{C}}-NH_2 \xrightarrow{\triangle} H_2N-\overset{O}{\overset{\|}{C}}-NH-\overset{O}{\overset{\|}{C}}-NH_2 + NH_3$$

双缩脲与碱及少量硫酸铜溶液反应,生成紫红色产物,这个颜色反应称为双缩脲反应。凡化合物含有不止一个酰胺链段($-\overset{O}{\overset{\|}{C}}-NH-$)的都有这个反应。

2)脲具有弱碱性

脲具有很弱的碱性,它的水溶液不使石蕊变色,与强酸作用可生成盐。

$$H_2N-\overset{O}{\overset{\|}{C}}-NH_2 + HNO_3 \longrightarrow CO(NH_2)_2 \cdot HNO_3$$

生成的硝酸脲不溶于浓硝酸,只能微溶于水。

3)脲的水解

脲与酸或碱共热,或在尿素酶作用下能水解。

$$H_2N-\overset{\overset{\displaystyle O}{\|}}{C}-NH_2 \begin{cases} \xrightarrow{H^+} NH_4^+ + CO_2 \\ \xrightarrow{OH^-} NH_3 + CO_3^{2-} \\ \xrightarrow{\text{尿素酶}} NH_3 + CO_2 \end{cases}$$

4)脲与酯反应

$$H_2C\begin{matrix} / COOC_2H_5 \\ \backslash COOC_2H_5 \end{matrix} + H_2N-\overset{\overset{\displaystyle O}{\|}}{C}-NH_2 \xrightarrow{C_2H_5ONa} H_2C\begin{matrix} / CONH \backslash \\ \backslash CONH / \end{matrix}C=O + 2C_2H_5OH$$

丙二酰胺

5) 脲与亚硝酸反应

尿素能与亚硝酸作用,其产物为氮气及二氧化碳。这个反应常被用来破坏亚硝酸及氮的氧化物。

$$CO(NH_2)_2 + 2HNO_2 \longrightarrow CO_2 + 2N_2 + 3H_2O$$

6)脲与肼反应

尿素与肼作用发生酰胺的交换反应,生成结晶固体氨基脲,是用于鉴定醛、酮的羰基试剂。

$$H_2N-\overset{\overset{\displaystyle O}{\|}}{C}-NH_2 + NH_2NH_2 \longrightarrow H_2N-\overset{\overset{\displaystyle O}{\|}}{C}-NHNH_2 + NH_3$$

脲的用途很广,它是高效固体氮肥,含氮量达46.6%,适用于各种土壤和作物。脲与甲醛作用可生成脲甲醛树脂。脲还是有机合成的原料。

3. 氨基甲酸酯

氨基甲酸酯不能从碳酸直接取代得到,而是以光气为原料,通过先部分醇解再氨解,或者先部分氨解后醇解来制得。

制备方法1:

$$Cl-\overset{\overset{\displaystyle O}{\|}}{C}-Cl + ROH \longrightarrow Cl-\overset{\overset{\displaystyle O}{\|}}{C}-OR + HCl$$

$$Cl-\overset{\overset{\displaystyle O}{\|}}{C}-OR + R'NH_2 \longrightarrow R'NH-\overset{\overset{\displaystyle O}{\|}}{C}-OR + HCl$$

制备方法2:

$$Cl-\overset{\overset{\displaystyle O}{\|}}{C}-Cl + RNH_2 \longrightarrow RN=C=O + 2HCl$$

$$RN=C=O + R'OH \longrightarrow RNH-\overset{\overset{\displaystyle O}{\|}}{C}-OR'$$

氨基甲酸酯类农药是发展得很快的一类高效低毒农药,其中典型的代表——西维因可由光气、甲胺和$\alpha$-萘酚合成。

西维因是白色结晶固体,熔点 142 ℃,微溶于水,易溶于有机溶剂,由于它高效低毒,杀虫范围广,对作物无药害,对光、热、酸性物质较稳定,是一类发展很快的农药。

除西维因外,还有许多氨基甲酸酯类农药,有的是杀虫剂,还有的是除草剂、杀菌剂等。如杀虫剂“速灭威”、杀菌剂“灭菌灵”等。

西维因:$CH_3—NH—\overset{\overset{O}{\|}}{C}—O—$(1-萘基)

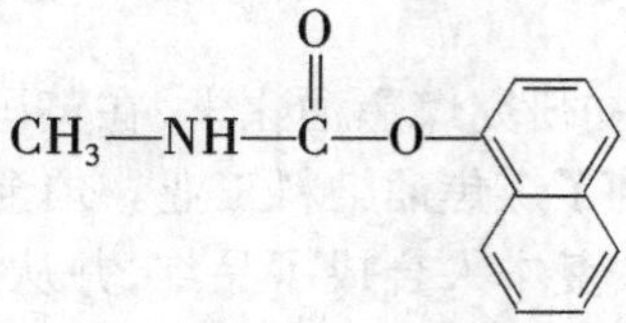

杀虫剂“速灭威”:$O—\overset{\overset{O}{\|}}{C}—NHCH_3$ 连于苯环,苯环间位连 $H_3C$

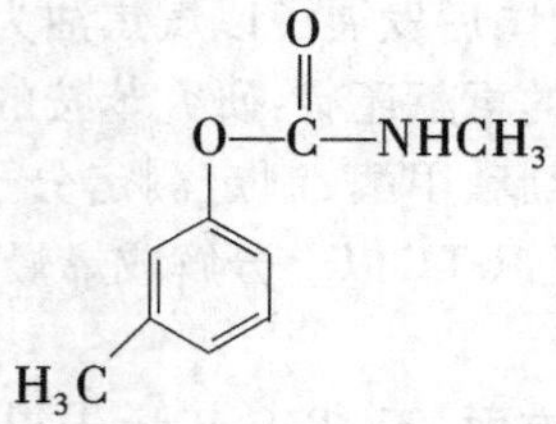

杀菌剂“灭菌灵”:(苯并咪唑-2-基,N—H)$C—NH—\overset{\overset{O}{\|}}{C}—OCH_3$

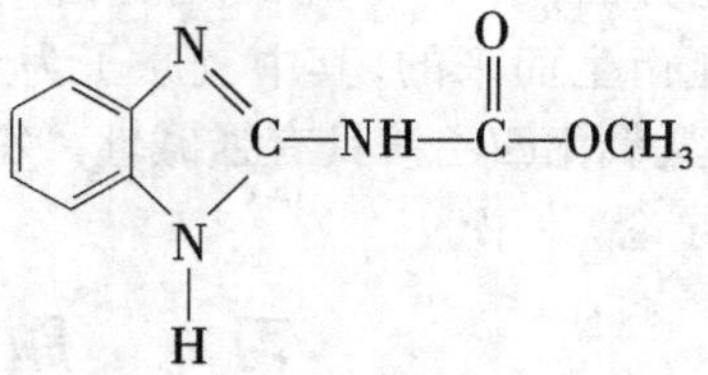

## 三、胍

胍、硫脲也可以看作碳酰胺或碳酸的衍生物。在脲的衍生物中,胍是一个强碱性物质;胍是氨基腈与氨的加成产物(可将胍视为尿素中的羰基与 $NH_3$ 加成后的脱水产物),熔点为 50 ℃的易潮解晶体。

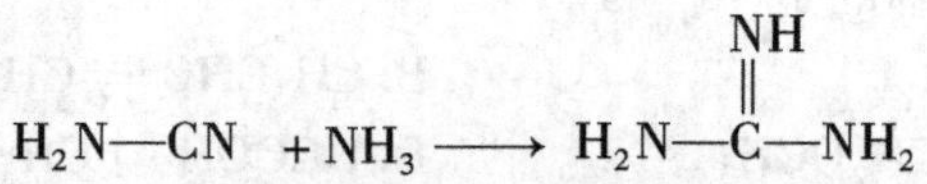

$$H_2N—CN + NH_3 \longrightarrow H_2N—\overset{\overset{NH}{\|}}{C}—NH_2$$

胍的碱性强,是由于它与质子形成的正离子是稳定的共振极限结构。

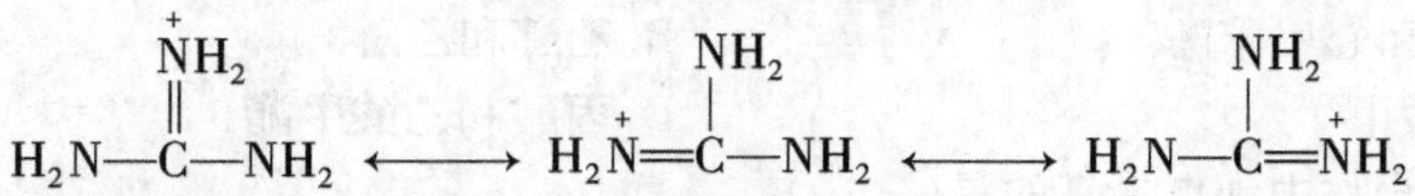

$$H_2N—\overset{\overset{\overset{+}{N}H_2}{\|}}{C}—NH_2 \longleftrightarrow H_2\overset{+}{N}{=}\overset{\overset{NH_2}{|}}{C}—NH_2 \longleftrightarrow H_2N—\overset{\overset{NH_2}{|}}{C}{=}\overset{+}{N}H_2$$

两分子胍加热时可发生分子间脱氨反应生成双胍。

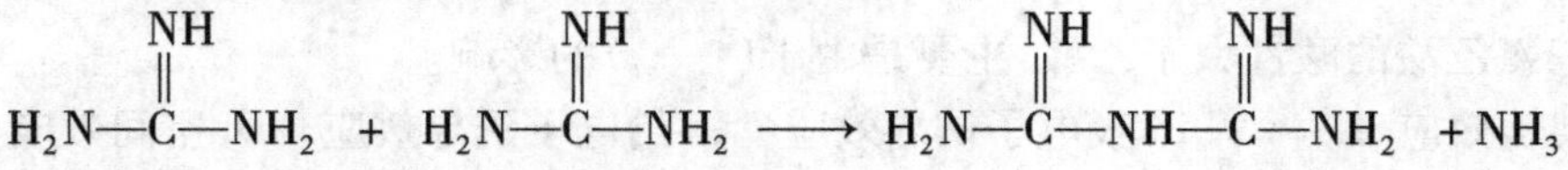

$$H_2N—\overset{\overset{NH}{\|}}{C}—NH_2 + H_2N—\overset{\overset{NH}{\|}}{C}—NH_2 \longrightarrow H_2N—\overset{\overset{NH}{\|}}{C}—NH—\overset{\overset{NH}{\|}}{C}—NH_2 + NH_3$$

双胍是白色结晶粉末,具有抗病毒作用。

**阅读材料**

### 奥格斯特·威廉·冯·霍夫曼

奥格斯特·威廉·冯·霍夫曼(August Wilhelm von Hofmann,1818—1892),生于德国吉森,1836 年入吉森大学学习法律,后受到化学家李比希的影响,改学化学,1841 年获博士学位，即留校任李比希的助手。1845 年任伦敦皇家化学学院首任院长和化学教授。1865 年回国，任柏林大学教授。1851 年当选英国皇家学会会员。1868 年创建德国化学会并任会长多年。1892 年卒于柏林。

霍夫曼最先将实验教学介绍到英国，并培养了 W. H. Jr. 珀金和 E. 弗兰克兰等著名化学家，回国后又把实验教学带到柏林。

霍夫曼的研究范围非常广泛。最初研究煤焦油化学，在英国期间解决了英国工业革命中面临的煤焦油副产品处理问题，开创了煤焦油染料工业。珀金在霍夫曼的指导下于 1856 年合成了第一个人造染料苯胺紫；霍夫曼本人合成了品红，并从品红开始，合成了一系列紫色染料，称霍夫曼紫。回国后发展了以煤焦油为原料的德国染料工业。

他在有机化学方面的贡献还有：研究苯胺的组成；由氨和卤代烷制得胺类；发现异氰酸苯酯、二苯肼、二苯胺、异腈、甲醛；制定测定分子量用的蒸气密度法，改进有机分析和操作法；发现四级铵碱加热至 100℃以上分解成烯烃、三级胺和水的反应，称霍夫曼反应（见下文霍夫曼规则）。

霍夫曼在化学理论方面，于 1849 年最先提出“氨型”的概念，成为后来“类型说”的基础。他提出胺类是由氨衍生而来的，其中氢原子为烃基取代而成。伯、仲、叔胺由此命名。他发现了季铵盐，指出氢氧化四乙铵具有强碱性。霍夫曼发表论文 300 多篇，著有《有机分析手册》和《现代化学导论》等书。

## 习　　题

### 一、选择题

1. 下列化合物中沸点最高的是（　　）。

A. 乙醚　　B. 乙醇　　C. 丁酸　　D. 乙酸

2. 下列物质互为同系物的是（　　）。

A. $CH_3OH$ 与苯甲醇　　B. $CH_3CHO$ 与 $CH_3COCH_3$

C. $CH_3CH_2OH$ 与 $CH_3CH_2OCH_3$　　D. HCOOH 与 $CH_3CH_2COOH$

3. 下列各组物质中，不为同分异构体的是（　　）。

A. 苯甲醇和邻甲苯酚　　B. 乙醇和乙醚

C. 丙醛和丙酮　　D. 丙酸和乙酸甲酯

4. 下列化合物中沸点最高的是（　　）。

A. $CH_3CH_2COOH$　　B. $CH_3COCH_3$　　C. $CH_3CH_2CHO$　　D. $CH_3CH_2OH$

5. 三氯乙酸的酸性大于乙酸，主要是由于（　　）的影响。

A. 共轭效应　　B. 吸电子诱导效应　　C. 给电子诱导效应　　D. 空间效应

6. 下列化合物中酸性最强的是（　　）。

A. 乙酸　　B. 甲酸　　C. 苯甲酸　　D. 丙酸

7. 下列化合物中酸性最弱的是（　　）。

A. 苯甲酸　　B. *o* - 硝基苯甲酸　　C. *p* - 硝基苯甲酸　　D. *m* - 硝基苯甲酸

8. 下列化合物中酸性最强的是（　　）。

A. 丙二酸　　B. 丁二酸　　C. 戊二酸　　D. 草酸

9. 下列化合物与乙醇最易发生反应的是(　　)。

A. 乙酸酐　　B. 乙酸乙酯　　C. 乙酰氯　　D. 乙酰胺

10. 下列化合物互为同分异构体是(　　)。

A. 丙酸和2-羟基丙醛　　B. 乙烯和乙炔

C. 环丁烷和丁烷　　D. 乙醇和乙醚

11. 能区别甲酸和乙酸的试剂是(　　)。

A. 硫酸溶液　　B. 希夫试剂　　C. 碳酸钠溶液　　D. 氯化铁溶液

12. 下列物质中不能发生银镜反应的是(　　)。

A. 甲醛　　B. 甲酸　　C. 丙醛　　D. 丙酸

13. 鉴别甲酸、乙酸、丙醛应选用的试剂组是(　　)。

A. 希夫试剂和三氯化铁溶液　　B. 托伦试剂和碳酸氢钠溶液

C. 托伦试剂和碘液　　D. 希夫试剂和碳酸氢钠溶液

14. $\alpha$-羟基酸受热脱水可生成(　　)。

A. 交酯　　B. 内酯　　C. 环酮　　D. 烯酸

15. 下列物质中沸点最高的是(　　)。

A. 乙烷　　B. 乙醚　　C. 乙酸　　D. 乙醇

16. 合成乙酸乙酯时,为了提高收率,最好采取何种方法?(　　)。

A. 在反应过程中不断蒸出水　　B. 增加酸的浓度

C. 使乙醇过量　　D. A和C并用

17. 下列化合物中不能用四氢铝锂还原的是(　　)。

A. 醛　　B. 酯　　C. 腈　　D. 烯

18. 下列物质中对人体毒害相对较小的是(　　)。

A. 苯酚　　B. 甲酸　　C. 甲醇　　D. 乙醇

19. 克莱森缩合反应经常用于制备下列哪一类化合物?(　　)。

A. $\alpha,\beta$-羟基酯　　B. $\beta$-酮酸酯　　C. $\gamma$-羟基酯　　D. $\gamma$-酮酸酯

20. 下列化合物中,(　　)是克莱森酯缩合反应的催化剂。

A. Na/甲苯　　B. NaOH　　C. $NaOC_2H_5$　　D. 异丙醇铝

21. 现代家庭装修中给人类生存环境带来最大污染的物质是(　　)。

A. 甲醛　　B. 丙酮　　C. 苯　　D. 甲酸

22. 下列有机溶剂中,具有最大火灾危险的是(　　)。

A. 乙醇　　B. 四氯化碳　　C. 乙醚　　D. 乙酸

23. 邻羟基苯甲酸的俗名是(　　)。

A. 福尔马林　　B. 阿司匹林　　C. 石炭酸　　D. 水杨酸

24. 能与氢氧化铜生成深蓝色溶液的有机物是(　　)。

A. 苯酚　　B. 甘油　　C. 乙醇　　D. 醋酸

25. 下列物质中,既能发生酯化反应,又能发生银镜反应的是(　　)。

A. 乙醇　　B. 乙醛　　C. 乙酸　　D. 甲酸

26. 下列各组物质中互为同分异构体的是(　　)。

A. 乙醇与乙醚　　B. 甲酸甲酯与乙酸　　C. 甲醛与乙醛　　D. 苯与环己烷

27. 化合物乙酸、甲酸、碳酸、乙二酸、苯酚的酸性由强至弱的顺序是(　　)。

A. 乙酸＞甲酸＞碳酸＞乙二酸＞苯酚　　B. 苯酚＞乙酸＞甲酸＞乙二酸＞碳酸

C. 乙二酸＞甲酸＞乙酸＞碳酸＞苯酚　　D. 乙酸＞碳酸＞苯酚＞乙二酸＞甲酸

28. $\alpha$ -,$\beta$ -,$\gamma$ -羟基酸受热时,可依次生成(　　)。

A. 内酯、烯酸、交酯　　B. 交酯、内酯、内酯

C. 交酯、烯酸、内酯　　D. 交酯、烯酸、交酯

29. 油脂在碱性条件下的水解反应称为(　　)。

A. 油脂的氢化　　B. 油脂的皂化　　C. 油脂的硬化　　D. 油脂的乳化

30. 下列物质中属于油脂的是(　　)。

A. 煤油　　B. 润滑油　　C. 凡士林　　D. 牛油

31. 下列物质中既能发生水解反应,又能发生氢化反应的是(　　)。

A. 油酸　　B. 油酸甘油酯　　C. 异戊酸乙酯　　D. 硬脂酸甘油酯

32. 下列关于油脂的叙述不正确的是(　　)。

A. 油脂没有固定的熔点和沸点,所以油脂是混合物

B. 油脂是高级脂肪酸和甘油所生成的酯

C. 固态脂肪分子中的烃基都是饱和的

D. 油脂都不能和溴水反应

33. 22.5 g 某油脂皂化时需要 3 g NaOH,则该油脂的相对分子质量为(　　)。

A. 450　　B. 600　　C. 900　　D. 300

34. 某饱和脂肪酸的甘油酯 3.5 g 加入 50 mL 0.5 mol/L 的 NaOH 溶液后共热,当水解完全时,过量的 NaOH 恰好被 13 mL 0.1 mol/L 的盐酸中和,此水解后的饱和脂肪酸碳原子个数为(　　)。

A. 13　　B. 14　　C. 17　　D. 18

35. 下列反应属于皂化反应的是(　　)。

A. 乙酸乙酯在碱性条件下水解　　B. 硬脂酸甘油酯在酸性条件下水解

C. 软脂酸甘油酯在碱性条件下水解　　D. 油酸甘油酯在酸性条件下水解

36. 下列物质不是同系物的有(　　)。

A. 油酸和硬脂酸　　B. 乙酸和硬脂酸　　C. 乙酸和丁酸　　D. 油酸和丙烯酸

## 二、填空题

1. 实验室中,用________和________混合加强热制备甲烷。

2. 水杨酸化学名称为________,由于分子中含有________基,故遇三氯化铁溶液呈现________色。乙酰水杨酸俗名为________,它是________药。

3. 羧酸分子中烃基上的________原子被其他原子或________取代后生成的化合物称为取代羧酸,重要的取代羧酸包括________、________、________和________等。

4. 根据分子中烃基的不同,羧酸可分为________和________;根据羧基数目不同,可分为________、________和________。

5. $CH_3CO$—,—COOH,—CO—,—H,—OH 相互结合,可组成不同的化合物,其分别是________、________、________、________、________、________和________。

6. $\alpha$ -羟基丙酸俗称________,在体内酶催化下,能脱氢生成________。

7. $\beta$ -丁酮酸又叫________,它在体内酶催化下加氢生成________,受热脱羧生成

________。

8. 甲酸俗名________,其分子结构比较特殊,分子中既有________基,又有________基,是一个双官能团化合物。因此甲酸不仅有酸性,而且有________性,能与________反应发生银镜反应,能与________反应产生砖红色沉淀,还能使高锰酸钾溶液________。

9. ________俗称醋酸,是具有刺激性气味,无色透明液体,纯醋酸在低于________时呈冰状晶体,故称为冰醋酸。

10. 羧酸衍生物一般是指羧酸分子中的—OH 被________、________、________、________取代后得到的产物。分别叫________、________、________、________。

11. 苦味酸近似于强无机酸,它的酸性比碳酸________,它能与________反应,放出 $CO_2$ 气体。

12. 油脂是________和________总称。从化学结构和组成来看,油脂是________和________形成的酯类混合物,结构可用________来表示,________叫单甘油酯,________不同叫混甘油酯,天然油脂为________,属于混合物。

13. 油脂分子烃基里所含的不饱和键越多,熔点越________。

14. 写出常见高级脂肪酸的分子式:硬脂酸________,软脂酸________,油酸________。

## 三、简答题

1. 写出下列化合物的名称。

(1) 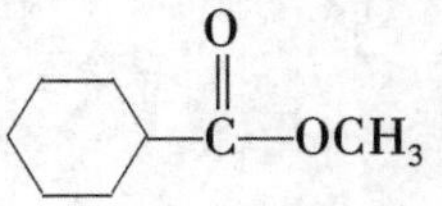 环己基—C(=O)—$OCH_3$

(2) $CH_3CH_2\overset{O}{\overset{\|}{C}}NHCH_3$

(3) $(CH_3CH_2CH_2CO)_2O$

(4) $C_6H_5CH_2\overset{O}{\overset{\|}{C}}Cl$

(5) $C_6H_5CH_2CH_2CN$

(6) 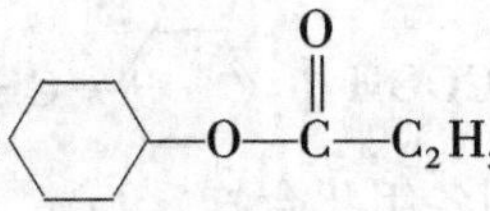 环己基—O—C(=O)—$C_2H_5$

(7) $CH_3\underset{CH_3}{\underset{|}{C}}HCH_2COOH$

(8) 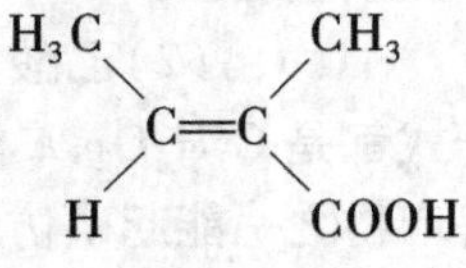 $(H_3C)(H)C{=}C(CH_3)(COOH)$

2. 写出下列化合物的结构式。

(1) 丁酸丙酯　　(2) N－甲基苯甲酰胺

(3) N,N－二乙基乙酰胺　　(4) 乙酸苯酯

(5) 苯甲酸苄酯　　(6) 对苯二甲酰氯

(7) 乙酸酐　　(8) 丁酰溴

3. 如何将 3－甲基丁酸转变成下列产物?

(1) 3－甲基丁酸乙酯　　(2) 3－甲基丁腈

(3)3－甲基丁酰胺　　　　　　　　　　(4)3－甲基－1－丁醇

(5)3－甲基丁酰氯　　　　　　　　　　(6)2－溴－3－甲基丁酸

4. 写出下列反应的产物。

(1) 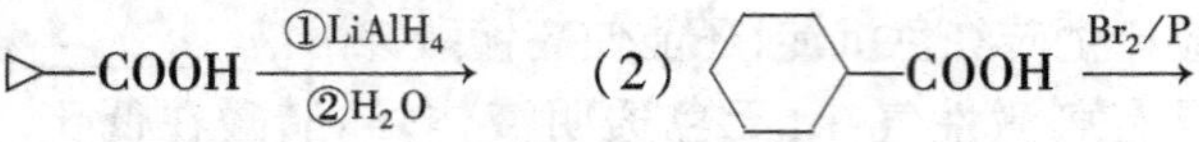 ▷—COOH $\xrightarrow[\text{②}H_2O]{\text{①}LiAlH_4}$　　(2) 环己基—COOH $\xrightarrow{Br_2/P}$

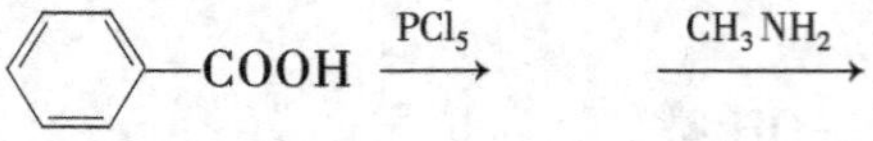

(3) $C_6H_5$—COOH $\xrightarrow{PCl_5}$　　$\xrightarrow{CH_3NH_2}$

(4) $C_6H_5$—$CH_2CH(CH_3)COOH$ + $NH_3$ $\longrightarrow$　　$\xrightarrow[NaOH]{NaOBr}$

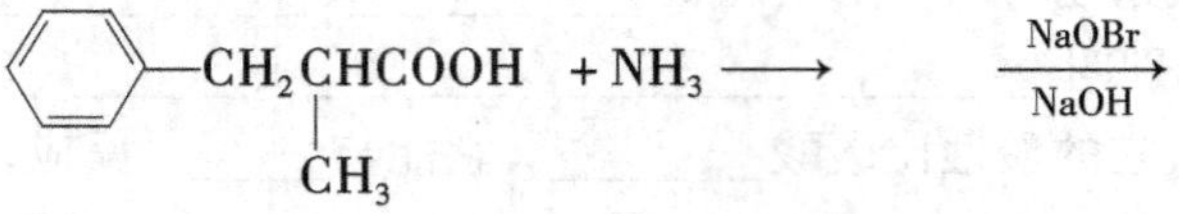

(5) $CH_3COOH + CH_3CH_2OH \xrightarrow{H^+}$　　$\xrightarrow{CH_3(CH_2)_4CH_2OH}$

5. 如何实现下列转化?

(1) 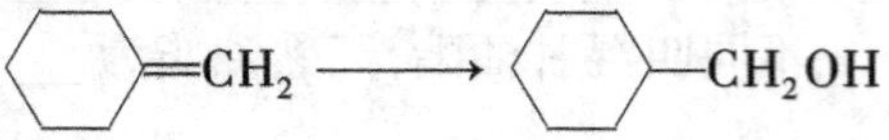 亚甲基环己烷（环己基$=CH_2$） $\longrightarrow$ 环己基—$CH_2OH$

(2) $H_2C=CH_2 \longrightarrow$ 丁二酸酐（$CH_2$—C(=O)—O—C(=O)—$CH_2$，环状）

(3) 萘 $\longrightarrow$ 邻苯二甲酸二甲酯（苯环邻位两个 $COOCH_3$）

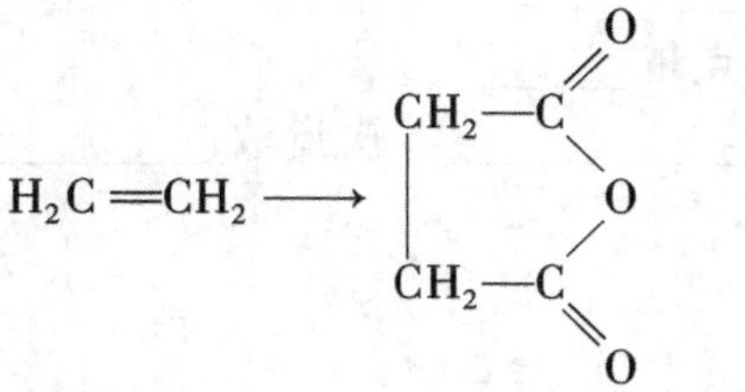

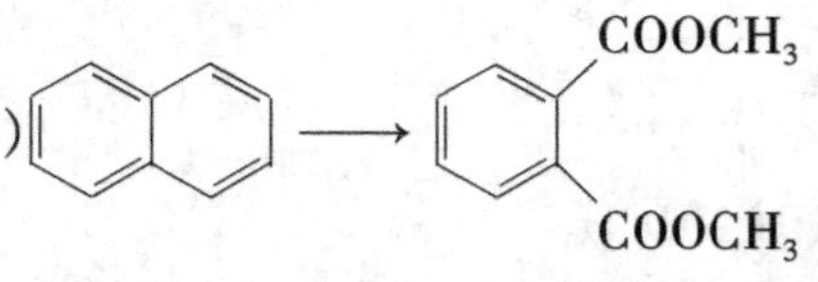

(4) $(CH_3)_2CHOH \longrightarrow (CH_3)_2CHCONH_2$

6. 由括号内的指定原料合成下列化合物。

(1) $(CH_3)_3CCH_2COOH$（$CH_3COCH_3$）

(2) 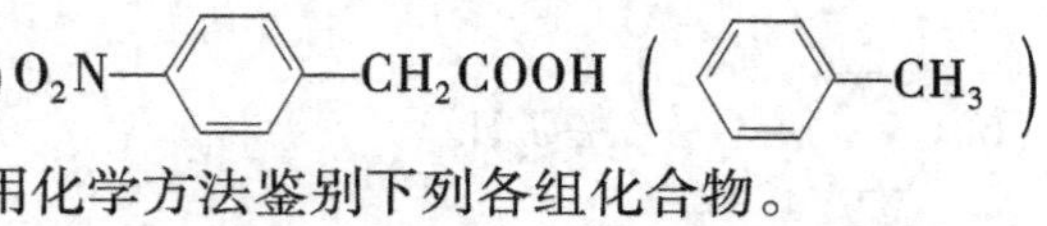 $O_2N$—$C_6H_4$—$CH_2COOH$（$C_6H_5$—$CH_3$）

7. 用化学方法鉴别下列各组化合物。

(1)甲酸、乙酸、乙醛　　　　　　　　(2)乙酸、草酸、丙二酸

8. 化合物A、B、C的分子式都是$C_3H_6O_2$，A能与碳酸钠作用放出二氧化碳，B和C在氢氧化钠溶液中水解，B的水解产物之一能起碘仿反应。试推测A、B、C的构造式。

9. 化合物A、B的分子式都是$C_4H_6O_2$，它们都有令人愉快的香味，不溶于碳酸钠和氢氧化钠的水溶液，可使溴水褪色，和氢氧化钠水溶液共热则发生反应，A的反应产物为乙酸钠和乙醛，而B的反应产物为甲醇和一个羧酸的钠盐，将后者用酸中和后，蒸馏所得的有机物仍可使溴水褪色。试推测A和B的构造式，并写出推导过程。

10. 某化合物$C_5H_6O_3$(A)能与乙醇作用得到两个互为异构体的化合物B和C。将B和C分别与$SOCl_2$作用，得到的产物再加入乙醇，均可得到同一种化合物(D)。试推导化合物A、B、C、D的结构式，并写出有关反应式。

# 第八章　有机含氮化合物

**学习指南**

分子中含有氮元素的有机化合物叫作有机含氮化合物。其种类很多，本章主要讨论硝基化合物、胺、氰、重氮及偶氮化合物。它们分别是分子中含有硝基（$—NO_2$）、氨基（$—NH_2$）、氰基（—CN）和氮氮重键（$—N_2—$）官能团的有机化合物，其化学反应主要发生在官能团上。

本章重点介绍：硝基化合物的还原反应及环上取代反应；胺的碱性、烷基化、酰基化、与亚硝酸反应、芳胺的环上取代与氧化反应；腈的水解与还原反应；重氮盐失去氮和保留氮的反应以及这些反应的实际应用。

学习本章内容，应在了解各类有机含氮化合物结构特点的基础上做到：

1. 了解各类含氮有机物的分类，掌握各类含氮有机物的命名方法；
2. 了解各类含氮有机物的物理性质及其变化规律；
3. 掌握各类含氮有机物的重要化学反应及其在生产实际中的应用；
4. 熟悉官能团的特征反应，掌握伯、仲、叔胺的鉴别方法；
5. 熟悉各类含氮有机物的制备方法。

有机含氮化合物是指分子中的含碳氮键的化合物，它们可以看作烃分子中的氢原子被含氮官能团取代的产物。这类化合物种类很多，包括硝基化合物、胺、重氮和偶氮化合物、腈、异腈、酰胺、氨基酸、腙、胍等，广泛存在于自然界中，在生命活动和化工产品生产中起着重要作用。本章介绍硝基化合物、胺类、重氮和偶氮化合物、腈类等有机含氮化合物。

## 第一节　硝基化合物

**分子中含有硝基（$—NO_2$）官能团的有机化合物叫作硝基化合物**，它可以看成是烃分子中的氢原子被硝基取代后的产物。其中硝基与脂肪族烃基相连的叫脂肪族硝基化合物，与芳香族烃基相连的叫芳香族硝基化合物。硝基化合物的通式是 $R—NO_2$（脂肪族硝基化合物）和 $Ar—NO_2$（芳香族硝基化合物）。

### 一、硝基化合物的分类与结构

1. 分类

（1）按烃基的不同，硝基化合物可分为脂肪族硝基化合物（$RNO_2$）和芳香族硝基化合物（$Ar—NO_2$）。

$CH_3NO_2$
硝基甲烷

$C_6H_5—NO_2$
硝基苯

β－硝基萘

（2）根据硝基所连的碳原子的不同，硝基化合物可分为伯硝基化合物、仲硝基化合物和叔硝基化合物。

$CH_3CH_2NO_2$ 硝基乙烷(伯硝基化合物)

$CH_3CH(NO_2)CH_3$ 2－硝基丙烷(仲硝基化合物)

$(CH_3)_3CNO_2$ 2－甲基－2－硝基丙烷(叔硝基化合物)

(3)根据硝基的个数,硝基化合物可分为一元硝基化合物和多元硝基化合物。

$CH_3CH_2CH_2NO_2$ 硝基丙烷

$NO_2CH_2CH_2NO_2$ 二硝基乙烷

2. 命名

硝基化合物的命名与卤代烃相似,是以烃基为母体,硝基作为取代基。例如:

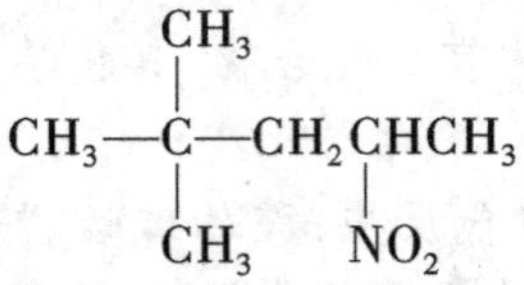

2,2－二甲基－4－硝基戊烷 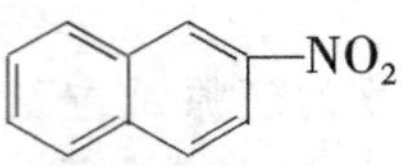　β－硝基萘　$CH_3CH_2NO_2$ 硝基乙烷

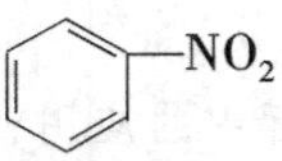

硝基苯 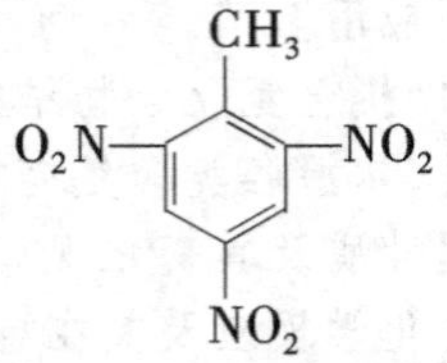　2,4,6－三硝基甲苯(TNT) 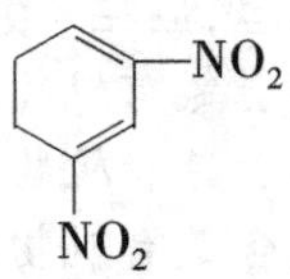　间二硝基苯

3. 结构

硝基的结构一般表示为由一个 N ═O 和一个 N—O 配位键组成。物理测试表明,两个氮氧键键长相等,这说明硝基为 p－π 共轭体系,N 原子是以 $sp^2$ 杂化成键的,其结构表示如下:

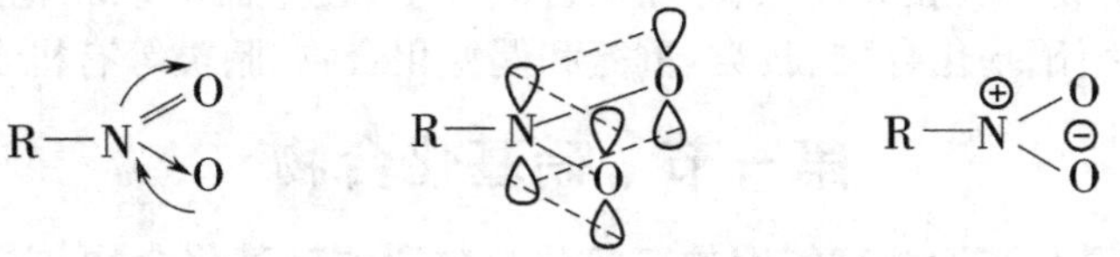

硝基化合物与亚硝酸酯互为同分异构体,硝基化合物分子中 N 原子和 C 原子相连,而亚硝酸酯分子中则是 C 原子和 O 原子相连。它们的化学性质不同,例如,硝基化合物不能水解,亚硝酸酯水解生成醇和亚硝酸。

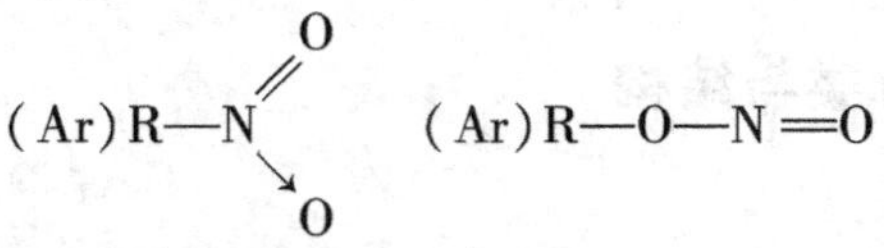

(Ar)R—O—N ═O

硝基化合物　亚硝酸酯

## 二、硝基化合物的性质

### (一)硝基化合物的物理性质

硝基具有强极性,所以硝基化合物分子是极性分子,硝基化合物有较高的沸点和较大的密度。随着分子中硝基数目的增加,其熔点、沸点升高,密度增大,苦味增加,热稳定性降低,

受热易分解爆炸(如 TNT 是强烈的炸药)。脂肪族硝基化合物多数是油状液体,芳香族硝基化合物除了硝基苯是高沸点液体外,其余多是淡黄色固体,有苦杏仁气味,味苦。不溶于水,溶于有机溶剂和浓硫酸(形成锌盐)。多数硝基化合物有毒,其蒸气能透过皮肤被机体吸收中毒,故生产上应尽可能不用它作溶剂。

一些硝基化合物的物理常数见表 8-1。

**表 8-1 硝基化合物的物理常数**

| 名称 | 熔点/℃ | 沸点/℃ | 相对密度 |
|---|---|---|---|
| 硝基苯 | 5.7 | 210 | 1.203 |
| 邻二硝基苯 | 118 | 319(99.2 kPa) | 1.565(17 ℃) |
| 间二硝基苯 | 89.8 | 303(102.7 kPa) | 1.571(0 ℃) |
| 对二硝基苯 | 174 | 299(103.6 kPa) | 1.625 |
| 1,3,5-三硝基苯 | 122 | 分解 | 1.688 |
| 邻硝基甲苯 | -9.3 | 222 | 1.168 |
| 间硝基甲苯 | 16 | 231 | 1.157 |
| 对硝基甲苯 | 52 | 238.5 | 1.286 |
| 2,4-二硝基甲苯 | 70 | 300 | 1.521(15 ℃) |
| 2-硝基萘 | 61 | 304 | 1.332 |

### (二)脂肪族硝基化合物的化学性质

1. 还原

硝基化合物被还原可以生成胺,例如:硝基化合物可在酸性还原系统中(Fe、Zn、Sn 和盐酸)或催化氢化(如 $H_2$ 和 Ni)生成一级胺。

$$CH_3CH_2NO_2 \xrightarrow[Ni]{H_2} CH_3CH_2NH_2$$

2. 酸性

硝基为强吸电子基,能活化 α-H,所以有 α-H 的硝基化合物能产生假酸式-酸式互变异构,从而具有一定的酸性。

$$R-CH_2-\overset{+}{N}(=O)-O^- \rightleftharpoons R-CH=\overset{+}{N}(-OH)-O^- \xrightarrow{NaOH} \left[R-CH=\overset{+}{N}(-O)-O^-\right]^- Na^+$$

假酸式(主) 酸式(较少)

例如硝基甲烷、硝基乙烷、硝基丙烷的 $pK_a$ 值分别为 10.2、8.5、7.8。

3. 与羰基化合物缩合

有 α-H 的硝基化合物在碱性条件下能与某些羰基化合物起缩合反应。其缩合过程是:硝基烷在碱的作用下脱去 α-H 形成碳负离子,碳负离子再与羰基化合物发生缩合反应。例如:

$$CH_3NO_2 + 3HCHO \xrightarrow{OH^-} HO-CH_2-C(CH_2OH)_2-NO_2$$

4. 和亚硝酸反应(区别三种硝基烷)

$$RCH_2NO_2 + HONO \longrightarrow \underset{\substack{| \\ NO}}{RCHNO_2} \xrightarrow{NaOH} \left[ \underset{\substack{| \\ NO}}{RCNO_2} \right]^- Na^+$$

蓝色结晶　溶于NaOH,呈红色溶液

$$R_2CHNO_2 + HONO \longrightarrow \underset{\substack{| \\ NO}}{R_2CNO_2} \xrightarrow{NaOH} \text{不反应}$$

蓝色结晶　不溶于NaOH,蓝色不变

三级硝基烷 $R_3CNO_2$ 由于没有 $\alpha-H$,不与亚硝酸反应。

**(三)芳香族硝基化合物的化学性质**

1. 还原反应

芳香族硝基化合物易被还原,还原产物因反应条件(还原剂及反应介质)不同而不同。硝基容易被还原,若选用适当的还原试剂,则可以使硝基生成各种不同的还原产物。

1)在酸性介质中被还原为苯胺

$$C_6H_5-NO_2 \xrightarrow[HCl]{Fe} C_6H_5-NH_2$$

2)在中性介质中生成苯基羟胺

在中性或弱酸性溶液中,被还原为 N-苯基羟胺。

$$C_6H_5-NO_2 \xrightarrow[HCl]{Zn, NH_4Cl} C_6H_5-NHOH$$

N-苯基羟胺

3)在碱性溶液中发生双分子还原

在碱性溶液中,被还原为氢化偶氮苯或其他还原产物。

$$C_6H_5-NO_2 \xrightarrow{Zn, NaOH} C_6H_5-NHNH-C_6H_5$$

氢化偶氮苯

$$C_6H_5-NO_2 \xrightarrow{Fe, NaOH} C_6H_5-N{=}N-C_6H_5$$

偶氮苯

$$C_6H_5-NO_2 \xrightarrow{Zn, H_2O} C_6H_5-NO$$

亚硝基苯

4)选择性还原

多硝基芳烃在 $Na_2S$,$NaHS$,$(NH_4)_2S$ 等硫化物还原剂作用下,可以被部分还原或全部还原。例如间二硝基苯的还原反应中,如果选用硫氢化钠作还原剂,可只还原其中一个硝基,生成间硝基苯胺。

$$m\text{-}C_6H_4(NO_2)_2 \xrightarrow[\triangle]{NaHS, H_2O} m\text{-}NO_2C_6H_4NH_2$$

间硝基苯胺为黄色晶体，主要用于生产偶氮染料。

如果选用铁和盐酸作还原剂或催化加氢，则两个硝基全部被还原，生成间苯二胺。例如：

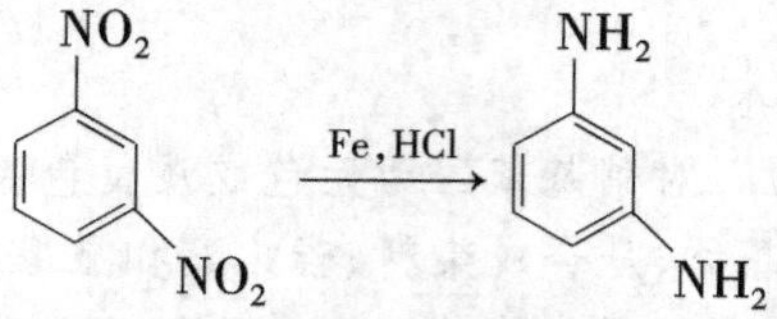

$$\text{间二硝基苯}\xrightarrow{Fe,HCl}\text{间苯二胺}(NH_2,\ NH_2)$$

间苯二胺为白色晶体，是合成聚氨酯和杀菌剂的原料，也用作毛皮染料和环氧树脂固化剂。

2. 苯环上的取代反应

硝基是间位定位基，可以使苯环钝化，是强钝化基团。所以，硝基苯的环上取代反应主要发生在间位且只能发生卤代、硝化和磺化，不能发生傅－克反应。

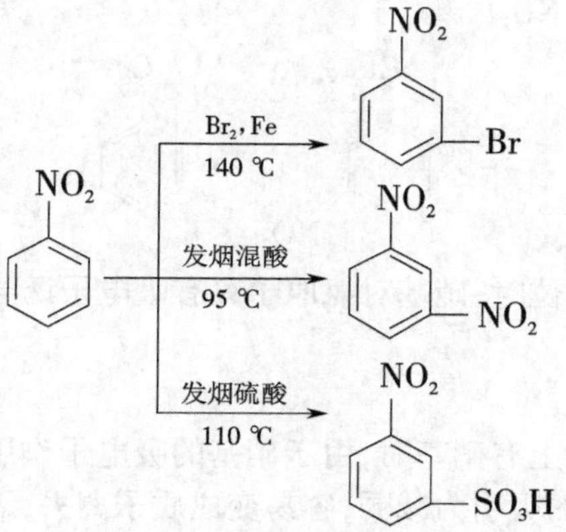

$$C_6H_5NO_2\xrightarrow[140\ ℃]{Br_2,Fe}\text{间溴硝基苯}(NO_2,\ Br)$$

$$C_6H_5NO_2\xrightarrow[95\ ℃]{\text{发烟混酸}}\text{间二硝基苯}(NO_2,\ NO_2)$$

$$C_6H_5NO_2\xrightarrow[110\ ℃]{\text{发烟硫酸}}\text{间硝基苯磺酸}(NO_2,\ SO_3H)$$

3. 硝基对取代基的影响

1）对卤原子亲核取代活泼性的影响

氯苯分子中的氯原子对亲核取代反应不活泼，将氯苯与氢氧化钠溶液共热到 200 ℃，也不能发生水解；当氯苯的邻位或对位有硝基时，氯原子就比较活泼。硝基数目越多，氯原子越活泼。例如：2,4,6－三硝基氯苯在稀 $Na_2CO_3$溶液中温热即可水解生成苦味酸。

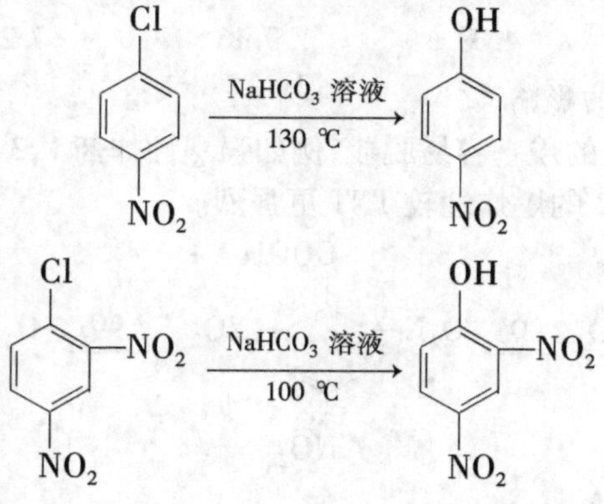

$$\text{对硝基氯苯}(Cl,\ NO_2)\xrightarrow[130\ ℃]{NaHCO_3\ \text{溶液}}\text{对硝基苯酚}(OH,\ NO_2)$$

$$\text{2,4-二硝基氯苯}(Cl,\ NO_2,\ NO_2)\xrightarrow[100\ ℃]{NaHCO_3\ \text{溶液}}\text{2,4-二硝基苯酚}(OH,\ NO_2,\ NO_2)$$

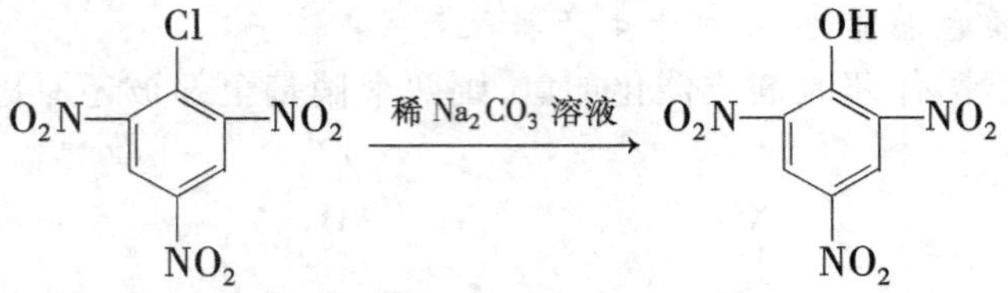

$$\text{2,4,6-三硝基氯苯} \xrightarrow{\text{稀 } Na_2CO_3 \text{ 溶液}} \text{2,4,6-三硝基苯酚}$$

此反应可用于制备硝基酚。对硝基苯酚为无色或淡黄色晶体，主要用于合成染料、药物等。2,4－二硝基苯酚为黄色晶体，是合成染料、苦味酸和显像剂的原料。2,4,6－三硝基苯酚为黄色晶体，用于合成染料，也可用作炸药。

反应的活性大小顺序如下：

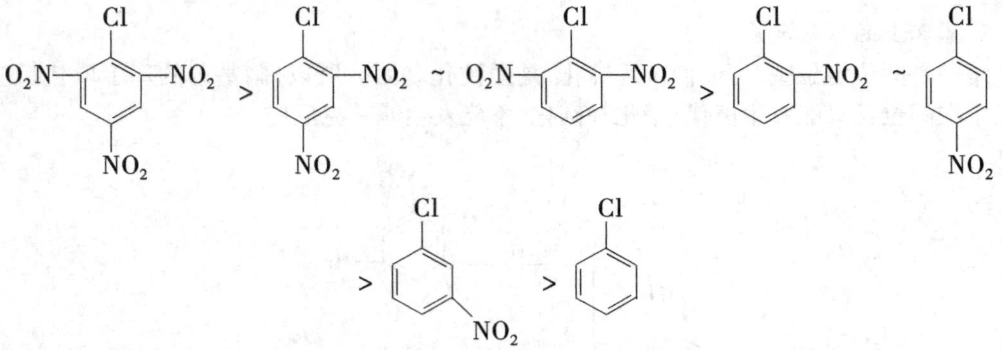

2,4,6-三硝基氯苯 > 2,4-二硝基氯苯 ~ 2,6-二硝基氯苯 > 邻硝基氯苯 ~ 对硝基氯苯 > 间硝基氯苯 > 氯苯

当硝基处于氯原子的间位时，硝基对氯原子只有吸电子诱导效应的影响，因此它对氯原子活泼性的影响不显著。

2）对酚羟基酸性的影响

当酚羟基的邻位或对位上有硝基时，由于硝基的吸电子作用，使酚羟基氧原子上的电子云密度大大降低，对氢原子的吸引力减弱，容易变成质子离去，因而使酚的酸性增强，硝基越多，酸性越强。例如：

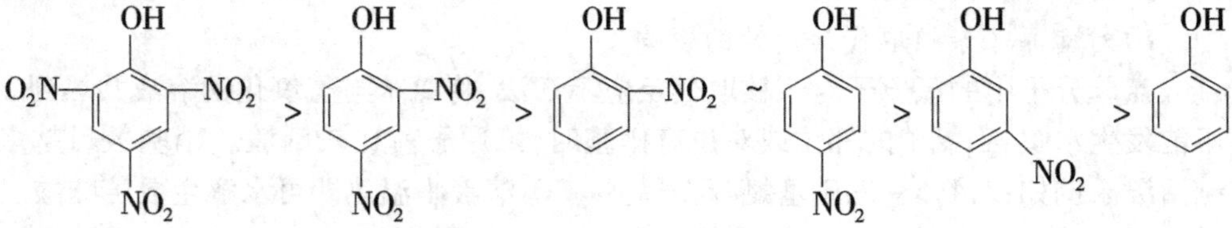

| | 2,4,6-三硝基苯酚 | > 2,4-二硝基苯酚 | > 邻硝基苯酚 | ~ 对硝基苯酚 | > 间硝基苯酚 | > 苯酚 |
|---|---|---|---|---|---|---|
| $pK_a$ | 0.80 | 4.00 | 7.16 | 7.21 | 8.00 | 10.00 |

3）对苯环上羧基脱羧的影响

硝基的存在，使苯环上的羧基容易脱羧，例如强烈性炸药1,3,5－三硝基苯（TNB）就是通过下列反应制造的。TNB的爆炸性较TNT更强烈。

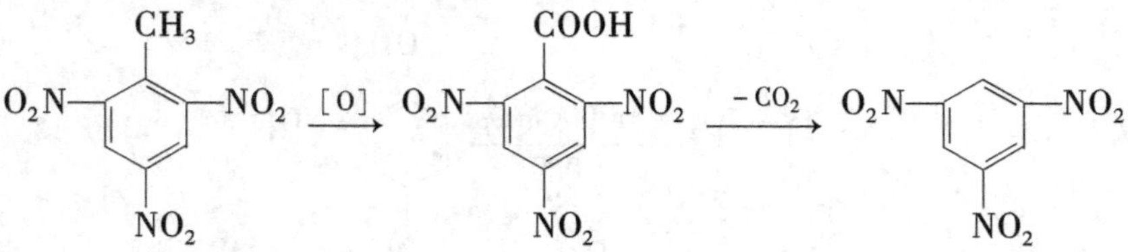

$$\text{2,4,6-三硝基甲苯} \xrightarrow{[O]} \text{2,4,6-三硝基苯甲酸} \xrightarrow{-CO_2} \text{1,3,5-三硝基苯}$$

4）对苯环上甲基氢的影响

由于硝基的强吸电子效应与共轭效应，使处于邻对位的甲基酸性增强，能与羰基发生加

成-消除反应：

$$\text{2,4,6-}(O_2N)_3C_6H_2\text{—}CH_3 + C_6H_5\text{—}CHO \xrightarrow[\triangle,\ -H_2O]{OH^-} \text{2,4,6-}(O_2N)_3C_6H_2\text{—}CH{=}CH\text{—}C_6H_5$$

**问题 8-1** 用化学方法区别下列各组化合物：
(1)硝基苯和硝基乙烷　　(2)苯酚和 2,4,6-三硝基苯酚

## 第二节 胺

**分子中含有氨基（—$NH_2$）官能团的有机化合物叫作胺。**胺可以看成是氨的烃基衍生物，氨分子中的氢原子被一个或几个烃基取代后的化合物统称为胺，常用通式 R—$NH_2$ 表示。

### 一、胺的结构

氮原子的电子构型是 $1s^22s^22p^3$，最外层有三个未成对电子，占据着 3 个 2p 轨道，氨和胺分子中的氮原子为不等性的 $sp^3$ 杂化，其中三个 $sp^3$ 杂化轨道分别与三个氢原子或碳原子形成三个 σ 键，氮原子上的另一个 $sp^3$ 杂化轨道被一对孤对电子占据，位于棱锥形的顶端，类似第四个基团。氨分子的空间结构与甲烷分子的正四面体结构相类似，氮原子在四面体的中心。

氨、甲胺和三甲胺的结构如图 8-1 所示。

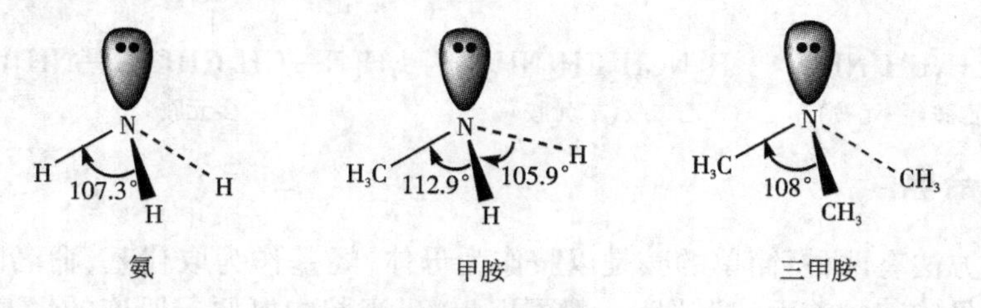


**图 8-1　胺的结构**

苯胺分子中，氨基的结构虽然与氨的结构相似，但未共用电子对所占杂化轨道的 p 成分要比氨多。因此，苯胺氮原子上的未共用电子对所在的轨道与苯环上的 p 轨道虽不完全平行，但仍可与苯环的 π 轨道形成一定的共轭。苯环倾向于与氮原子上的孤对电子占据的轨道形成 p-π 共轭，即它们与苯环不共平面，只发生了部分重叠，使 H—N—H 键角加大，苯环平面与 H—N—H 平面交叉角度为 39.4°。苯胺分子中氮原子仍然是棱锥形结构，H—N—H 键角 113.9°，较氨分子中 H—N—H 键角（107.3°）大。如图 8-2 所示。

### 二、胺的分类

胺可以看作氨（$NH_3$）分子中的氢原子被烃基取代的衍生物，正如醇、醚是水的衍生物一

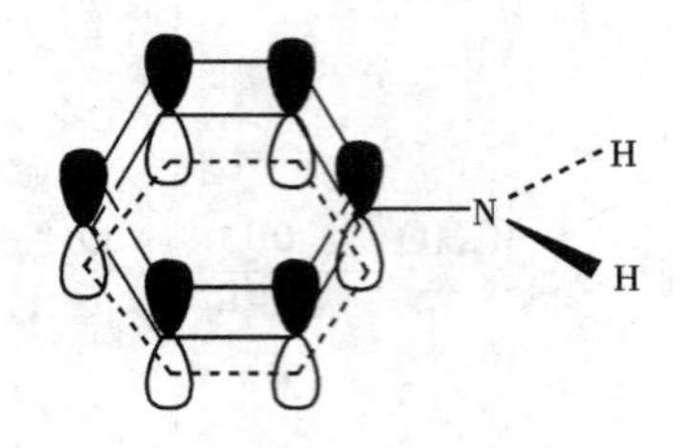


**图 8－2　苯胺的结构**

样。根据氨分子中一个、两个或三个氢原子被烃基取代的情况，将胺分为伯胺（1°胺）、仲胺（2°胺）和叔胺（3°胺）。铵离子（$NH_4^+$）中氮原子所连接的四个氢原子被烃基取代所形成的化合物称为季铵盐。季铵盐分子中的酸根离子被“$OH^-$”取代而成的化合物，叫季铵碱。

| $NH_3$ | $RNH_2$ | $R_2NH$ | $R_3N$ | $[R_4N]^+X^-$ | $[R_4N]^+OH^-$ |
|---|---|---|---|---|---|
| 氨 | 伯胺 | 仲胺 | 叔胺 | 季铵盐 | 季铵碱 |

应该注意：伯、仲、叔胺中的伯、仲、叔的含量与卤代烃和醇中的不同，后两者均以官能团所连接的碳分为伯、仲、叔卤代烃或醇，而胺则是以氮原子上所连接的烃基的个数为分类标准。例如：

$$H_3C-C(CH_3)(OH)-CH_3$$
叔丁醇（叔醇）

$$H_3C-C(CH_3)(NH_2)-CH_3$$
叔丁胺（伯胺）

也可以根据分子中氮原子所连接烃基的种类不同，将胺分为脂肪胺和芳香胺。氮原子直接与脂肪烃基相连的胺称为脂肪胺，氮原子直接与芳环相连的胺称为芳香胺。还可以根据胺分子中所含氨基（$—NH_2$）的数目不同而将胺分为一元胺、二元胺、多元胺。例如：

| $CH_3CH_2NH_2$ | $H_2NCH_2CH_2NH_2$ | $H_2N—CH_2CH(NH_2)CH_2—NH_2$ |
|---|---|---|
| 乙胺（一元胺） | 乙二胺（二元胺） | 多元胺 |

## 三、胺的命名

胺的命名方法有两种：简单的胺是以胺作为母体，烃基作为取代基，命名时将烃基的名称和数目写在母体胺的前面，“基”字一般可以省略；当胺中氮原子所连的烃基不同时，按顺序规则中的较优基团后列出原则。例如：

| $CH_3CH_2NH_2$ | $CH_3NHCH_3$ | $CH_3CH_2NHCH_3$ | $C_6H_5-NH_2$ |
|---|---|---|---|
| 乙胺 | 二甲胺 | 甲乙胺 | 苯胺 |

当氮原子上同时连有芳香基和脂肪烃基时以芳香胺作为母体，命名时在脂肪烃基前加上字母“N”，表示该脂肪烃基直接连在氮原子上。例如：

| $CH_3-C_6H_4-NHCH_2CH_3$ | $C_6H_5-N(CH_3)CH_2CH_3$ |
|---|---|
| 对甲基－N－乙基苯胺 | N－甲基－N－乙基苯胺 |

比较复杂的胺,是以烃作为母体,氨基作为取代基来命名。例如:

$$\begin{array}{c} \quad CH_3 \quad\quad NH_2 \\ \quad | \quad\quad\quad | \\ CH_3CHCH_2CHCH_2CH_3 \end{array}$$

2-甲基-4-氨基己烷

铵盐及季铵化合物可看作是胺的衍生物,铵盐亦可直接称为某胺的某盐。例如:

$CH_3NH_3^+Cl^-$　　$[(CH_3)_4N]^+I^-$　　$[(CH_3)_3NCH_2CH_3]^+OH^-$

氯化甲铵　　碘化四甲铵　　氢氧化三甲乙铵

命名时注意“氨”、“胺”和“铵”的含义,当表示官能团时用“氨”字;表示 $NH_3$ 的烃基衍生物时用“胺”字;表示铵盐或季铵碱时用“铵”字。

**问题 8-2**　写出下列化合物的结构,并指出它们属伯胺、仲胺、叔胺还是季铵类化合物。

(1)三甲胺　(2)甲基异丙基胺　(3)苯胺　(4)氯化三甲基乙基铵

## 四、胺的性质

### (一)胺的物理性质

1. 物态

常温常压下,甲胺、二甲胺、三甲胺、乙胺为无色气体,其他胺为液体或固体。低级胺有类似氨的气味,高级胺无味。很多胺类有难闻的气味,如三甲胺有鱼腥臭,1,4-丁二胺称腐肉胺,1,5-戊二胺称尸胺等。

2. 沸点

胺的沸点比相对分子质量相近的烃和醚高,比醇和羧酸低。在相对分子质量相同的脂肪胺中,伯胺的沸点最高,仲胺次之,叔胺最低。例如:丙胺沸点为 47.8 ℃,甲乙胺沸点为 36~37 ℃,三甲胺沸点为 3.0 ℃。

这是因为伯胺和仲胺可以形成分子间氢键,而叔胺的氮原子上不连氢原子,分子间不能形成氢键,故伯胺和仲胺的沸点比碳原子数目相同的叔胺高。同样的道理,伯胺和仲胺的沸点较分子量相近的烷烃高。但是,由于氮的电负性不如氧的强,胺分子间的氢键比醇分子间的氢键弱,所以胺的沸点低于相对分子质量相近的醇的沸点。常见胺的物理常数见表 8-2。

**表 8-2　常见胺的物理常数**

| 名称 | 结构简式 | 沸点/℃ | 熔点/℃ | 相对密度 |
|---|---|---|---|---|
| 甲胺 | $CH_3NH_2$ | -6.3 | -93.5 | 0.699 0(-11 ℃) |
| 二甲胺 | $(CH_3)_2NH$ | 7.4 | -93 | 0.680 4(9 ℃) |
| 三甲胺 | $(CH_3)_3N$ | 2.9 | -117.2 | 0.635 6 |
| 乙胺 | $C_2H_5NH_2$ | 16.6 | -81 | 0.632 9 |
| 正丙胺 | $C_3H_7NH_2$ | 47.8 | -83 | 0.717 3 |

续表

| 名称 | 结构简式 | 沸点/℃ | 熔点/℃ | 相对密度 |
|---|---|---|---|---|
| 正丁胺 | $C_4H_9NH_2$ | 77.8 | -49.1 | 0.741 4 |
| 苯胺 | $C_6H_5NH_2$ | 184.13 | -6.3 | 1.021 7 |
| N-甲基苯胺 | $C_6H_5NHCH_3$ | 196.25 | -57 | 0.989 1 |
| N,N-二甲基苯胺 | $C_6H_5N(CH_3)_2$ | 194.15 | 2.54 | 0.955 7 |
| 乙二胺 | $NH_2CH_2CH_2NH_2$ | 116.5 | 8.5 | 0.899 5 |

3. 水溶性

低级胺易溶于水，随着相对分子质量的增大，胺的溶解度降低。例如，甲胺、二甲胺、乙胺、二乙胺等可与水以任意比例混溶，$C_6$以上的胺则不溶于水。

4. 毒性

有机胺类大多有毒性，芳胺有特殊气味且毒性较大，与皮肤接触或吸入其蒸气都会引起中毒，所以使用时应注意防护。有些芳胺(如萘胺、联苯胺等)还能致癌。如大气中苯胺浓度达到1 μg/g，人在此环境中逗留12 h后会中毒；如食入0.25 mL苯胺就会引起严重中毒；β-萘胺及联苯胺均有强烈的致癌作用，长期接触联苯胺可引起膀胱癌，潜伏期为15～20年，现在工业上已停止使用。

**问题8-3** 将下列各组化合物按沸点从高到低的顺序排列：

(1) $CH_3CH_2CH_2OH$　　$CH_3CH_2CH_2NH_2$　　$CH_3CH_2CH_2CH_3$

(2) $CH_3CH_2CH_2CH_2NH_2$　　$CH_3CH_2NHCH_3$　　$(CH_3)_2NCH_2CH_3$

**问题8-4** 脂肪族伯胺、仲胺的沸点比相对分子质量相近的烃和醚高，但比醇和羧酸低，为什么？

**(二) 胺的化学性质**

胺的化学反应主要发生在官能团氨基上。

1. 碱性

胺和氨相似，具有碱性，能与大多数酸作用成盐。

$$R\ddot{N}H_2 + HCl \longrightarrow R\overset{+}{N}H_3\overset{-}{Cl}$$

$$R\ddot{N}H_2 + HOSO_3H \longrightarrow R\overset{+}{N}H_3\overset{-}{O}SO_3H$$

胺的碱性较弱，其盐与氢氧化钠溶液作用时，释放出游离胺。

$$R\overset{+}{N}H_3\overset{-}{Cl} + NaOH \longrightarrow RNH_2 + NaCl + H_2O$$

**利用这一性质，可分离、提纯和鉴别不溶于水的胺类化合物。**如：

$$C_6H_5NH_2 \xrightarrow{HCl} C_6H_5\overset{+}{N}H_3\overset{-}{Cl} \xrightarrow{NaOH} C_6H_5NH_2$$

胺的碱性强弱，可用其解离常数$K_b$或解离常数的负对数$pK_b$表示。其碱性越强，$K_b$越大，$pK_b$越小。一些胺的 $pK_b$ 值见表8－3。

**表8－3　一些胺的 $pK_b$ 值（在水溶液中）**

| 名称 | $pK_b$（25 ℃） | 名称 | $pK_b$（25 ℃） |
|---|---|---|---|
| 甲胺 | 3.38 | 苯胺 | 9.40 |
| 二甲胺 | 3.27 | 对甲苯胺 | 8.92 |
| 三甲胺 | 4.21 | 对氯苯胺 | 10.00 |
| 环已胺 | 3.63 | 对硝基苯胺 | 13.00 |
| 苄胺 | 4.07 | 二苯胺 | 13.21 |

从表8－3可以看出，**脂肪胺的碱性比氨（$pK_b$ = 4.76）强，芳胺的碱性比氨弱**。

在气态时，仅有烷基的供电子效应，烷基越多，供电子效应越大，故碱性次序为：$(CH_3)_3N > (CH_3)_2NH > CH_3NH_2 > NH_3$。在水溶液中，碱性强弱取决于电子效应、溶剂化效应等，碱性强弱顺序为：$(CH_3)_2NH > CH_3NH_2 > (CH_3)_3N > NH_3$。

胺的氮原子上的氢越多，溶剂化作用越大，胺正离子越稳定，胺的碱性越强。

芳胺的碱性强弱顺序为：$ArNH_2 > Ar_2NH > Ar_3N$。例如：

| | $NH_3$ | $PhNH_2$ | $(Ph)_2NH$ | $(Ph)_3N$ |
|---|---|---|---|---|
| $pK_b$ | 4.75 | 9.38 | 13.21 | 中性 |

对取代芳胺，苯环上连供电子基时，碱性略有增强，如对甲苯胺的碱性比苯胺强；连有吸电子基时，碱性则降低，如对硝基苯胺的碱性比苯胺弱。

**问题8－5**　比较下列化合物碱性的强弱：

（1）对甲苯胺和对硝基苯胺

（2）$CH_3CH_2NH_2$，$(CH_3CH_2)_2NH$，$CH_3CONH_2$，$(CH_3CH_2)_3N$

2. 氮上的烷基化和酰基化

1）烷基化反应

胺作为亲核试剂与卤代烃发生取代反应，生成仲胺、叔胺和季铵盐。此反应可用于工业上生产胺类，但往往得到的是混合物。

$$RNH_2 + RX \longrightarrow R_2NH + HX$$

$$R_2NH + RX \longrightarrow R_3\overset{+}{N}H\,X \longrightarrow R_3N + HX$$

$$R_3N + RX \longrightarrow R_4N^+X^-$$

工业上用甲醇和氨在三氧化二铝催化下，生产甲胺、二甲胺和三甲胺。利用苯胺与甲醇在硫酸催化下，加热、加压制取N－甲基苯胺和N，N－二甲基苯胺。

$$C_6H_5\text{—}NH_2 \xrightarrow[230\ ℃,\ 2.5\sim3.0\ MPa]{CH_3OH,\ H_2SO_4} C_6H_5\text{—}NHCH_3$$

$$C_6H_5\text{—}NH_2 \xrightarrow[230\ ℃,\ 2.5\sim3.0\ MPa]{2CH_3OH,\ H_2SO_4} C_6H_5\text{—}N(CH_3)_2$$

当苯胺过量时,主要产物为N-甲基苯胺;若甲醇过量,则主要产物为N,N-二甲基苯胺。

N-甲基苯胺为无色液体,用于提高汽油的辛烷值及有机合成,也可作溶剂。N,N-二甲基苯胺为淡黄色油状液体,用于制备香草醛、偶氮染料和三苯甲烷染料等。

2)酰基化反应

伯胺和仲胺能与酰卤、酸酐、苯磺酰氯等酰基化试剂反应生成酰胺或苯磺酰胺。例如:

$$C_2H_5NHCH_3 + C_6H_5-\overset{O}{\overset{\|}{C}}-Cl \longrightarrow C_6H_5-\overset{O}{\overset{\|}{C}}-\underset{}{N}(C_2H_5)CH_3 + HCl$$

$$R_2NH + (R'CO)_2O \longrightarrow R_2N-\overset{O}{\overset{\|}{C}}-R' + R'COOH$$

N,N-二取代酰胺

$$C_6H_5-NH_2 + (CH_3CO)_2O \xrightarrow{\triangle} C_6H_5-NH-\overset{O}{\overset{\|}{C}}-CH_3$$

叔胺分子中的氮原子上没有连接氢原子,所以不能进行酰基化反应。

能够进行酰基化反应的伯胺、仲胺经酰基化反应后得到具有一定熔点的结晶固体,因此酰基化反应可用于鉴别伯胺和仲胺。

伯胺、仲胺在碱存在下与苯磺酰氯作用,生成苯磺酰胺。伯胺生成的苯磺酰胺,氨基上的氢原子受磺酰基的影响呈弱酸性,所以能溶于碱而生成水溶性的盐。仲胺所生成的苯磺酰胺,氨基上没有氢原子不显酸性,不能溶于碱溶液中。叔胺与苯磺酰氯不起反应。所以常利用苯磺酰氯(或对甲基苯磺酰氯)来分离鉴别三种胺类化合物。这个反应称为兴斯堡反应。

$$RNH_2 + C_6H_5-SO_2Cl \longrightarrow C_6H_5-SO_2NHR \xrightarrow{NaOH} [C_6H_5-SO_2NR]^- Na^+ \text{(可溶于水的盐)}$$

$$R_2NH + C_6H_5-SO_2Cl \longrightarrow C_6H_5-SO_2NR_2 \text{(不溶于水的盐)}$$

$$R_3N + C_6H_5-SO_2Cl \longrightarrow \text{无反应现象(可溶于酸)}$$

在有机合成上,利用酰基化反应来保护氨基。如苯胺进行硝化时,硝酸能使苯胺氧化成苯醌,如果用乙酸酐将苯胺中的氨基进行酰基化保护起来后,再进行硝化反应,最后将产物水解,便可得硝基苯胺。

$$C_6H_5-NH_2 \xrightarrow{\text{乙酸酐}} C_6H_5-NH-\overset{O}{\overset{\|}{C}}-CH_3 \xrightarrow[5\sim10\ ℃]{HNO_3,H_2SO_4}$$

$$O_2N-C_6H_4-NH-\overset{O}{\overset{\|}{C}}-CH_3 \xrightarrow[H^+]{H_2O} O_2N-C_6H_4-NH_2$$

酰基化反应在药物合成上也有重要应用。

**问题 8-6** 用化学方法区别化合物 $(CH_3)_2NH$ 和 $(CH_3)_3N$。

**问题 8-7** 简要写出用酸、碱和有机溶剂分离提纯苯甲酸、对甲苯酚、苯胺和苯等混合物的方法。

3. 与亚硝酸反应

各级胺都可与亚硝酸反应,但有各种不同的反应现象和产物,因此可以用来鉴别伯、仲、叔胺。由于亚硝酸不稳定,反应中一般用亚硝酸钠与盐酸或硫酸作用产生。

1)伯胺与亚硝酸的反应

伯胺与亚硝酸反应生成重氮盐。脂肪族重氮盐极不稳定,即使在低温下也会自动分解,并发生取代、消除等一系列反应,生成醇与烯烃类的混合物,并定量放出氮气。例如乙胺与亚硝酸的反应:

$$CH_3CH_2NH_2 + NaNO_2 + HCl \longrightarrow [CH_3CH_2-\overset{+}{N}\equiv NCl^-] \longrightarrow CH_3\overset{+}{C}H_2 + Cl^- + N_2$$

生成的碳正离子可以发生各种不同的反应:

$$CH_3CH_2Cl \xleftarrow{Cl^-} CH_3\overset{+}{C}H_2 \xrightarrow{OH^-} CH_3CH_2OH$$

$$CH_3\overset{+}{C}H_2 \xrightarrow{-H^+} CH_2=CH_2$$

由于脂肪族伯胺与亚硝酸反应产物比较复杂,在合成上用途不大,但这个反应释放出的氮是定量的,因此可以测定某一物质或混合物中氨基的含量。

芳香族伯胺与亚硝酸在低温条件下反应生成芳香族重氮盐,这一反应称为重氮化反应。

$$C_6H_5-NH_2 + NaNO_2 + 2HCl \xrightarrow{0\sim5\ ℃} C_6H_5-\overset{+}{N}\equiv NCl^- + NaCl + 2H_2O$$

氯化重氮苯

芳香族重氮盐只有在水溶液中和低温时才稳定。遇热分解,干燥时易爆炸,故制备后直接在水溶液中应用。芳香族重氮盐的用途很广,将在下一节介绍。

2)仲胺与亚硝酸的反应

脂肪族仲胺和芳香族仲胺与亚硝酸反应的结果基本相同,都得到亚硝基化合物。例如:

$$(C_2H_5)_2NH \xrightarrow{NaNO_2 + HCl} (C_2H_5)_2N-NO$$

N-亚硝基二乙胺

$$C_6H_5-NHCH_3 \xrightarrow{NaNO_2 + HCl} C_6H_5-N(CH_3)-NO$$

N-甲基-N-亚硝基苯胺

这种反应生成的产物因氮原子上没有连接可供转移的氢原子,因此产物是稳定的。但生成的 N-亚硝基化合物与稀酸共热,则分解成原来的仲胺,因此可利用此性质来精制仲胺。

N-亚硝基胺是难溶于水的黄色油状物或固体。大量的实验证明亚硝基胺是一种强致癌物，现认为它在生物体内可以转化成活泼的烷基化试剂并可与核酸反应，这是它会诱发癌变的原因。

不对称硝胺可诱发食道癌，环状亚硝胺可诱发肝癌和食道癌等。亚硝酸盐、硝酸盐进入人体，在胃肠道会和仲胺作用生成亚硝胺，成为潜在的危险因素。

过去腌制腊肉、火腿及制作罐头食品时常加入少量$NaNO_2$以防腐并保持色泽鲜艳，但这会产生亚硝胺，所以现在已基本禁止使用。

3）叔胺与亚硝酸的反应

叔胺的氮原子上没有氢，与亚硝酸的作用和伯、仲胺不同，脂肪族叔胺与亚硝酸作用生成不稳定的盐，该盐若以强碱处理则重新游离析出叔胺。

$$R_3N + HNO_2 \longrightarrow R_3\overset{+}{N}HNO_2^- \xrightarrow{NaOH} R_3N$$

芳香族叔胺因为氨基的强致活作用，芳环上电子云密度较大，易与亲电试剂反应。因此，在芳环上发生亲电取代反应生成对－亚硝基胺，如对位已被占据，则反应发生在邻位。例如：

$$C_6H_5N(CH_3)_2 \xrightarrow{NaNO_2 + HCl} p\text{-}ON\text{-}C_6H_4\text{-}N(CH_3)_2$$

*p*－亚硝基－N，N－二甲基苯胺（绿色叶片状）

$$p\text{-}CH_3C_6H_4N(CH_3)_2 \xrightarrow{NaNO_2 + HCl} \text{2-NO-4-}CH_3C_6H_3N(CH_3)_2$$

*p*－甲基－*o*－亚硝基－N，N－二甲基苯胺

*p*－亚硝基－N，N－二甲基苯胺在酸性条件下是橘黄色的盐，在碱性条件下显翠绿色。

$$(CH_3)_2NH\text{—}C_6H_4\text{—}N{=}O \underset{OH^-}{\overset{H^+}{\rightleftharpoons}} (CH_3)_2N{=}C_6H_4{=}N\text{—}OH$$

翠绿色　　　　橘黄色

**由于伯、仲、叔胺与亚硝酸作用的产物不同，现象有明显差异，故常利用这些反应来鉴别三类不同的胺。**

---

**问题 8－8**　试用两种化学方法区别下列化合物：

（1）苯胺　（2）N－甲基苯胺　（3）N，N－二甲基苯胺

---

4. 芳环上的亲电取代反应

1）卤代反应

苯胺很容易发生卤代反应，但难控制在一元阶段。

$$C_6H_5NH_2 + 3Br_2 + H_2O \longrightarrow 2,4,6\text{-}Br_3C_6H_2NH_2 + 3HBr$$

**2,4,6－三溴苯胺为白色沉淀,此反应可用于鉴别苯胺。**

如要制取一溴苯胺,则应先降低苯胺的活性,再进行溴代,其方法有两种。

方法一:

$$C_6H_5NH_2 \xrightarrow{(CH_3CO)_2O} C_6H_5NHCOCH_3 \xrightarrow[\text{干 } CH_3COOH]{Br_2} p\text{-}BrC_6H_4NHCOCH_3 \xrightarrow[OH^- \text{ 或 } H^+]{H_2O} p\text{-}BrC_6H_4NH_2$$

方法二:

$$C_6H_5NH_2 \xrightarrow{H_2SO_4} C_6H_5NH_3HSO_4 \xrightarrow{Br_2} m\text{-}BrC_6H_4NH_3HSO_4 \xrightarrow{NaOH} m\text{-}BrC_6H_4NH_2$$

2)磺化反应

苯胺在 180 ℃时与浓硫酸共热脱水,先生成不稳定的苯胺磺酸,然后重排生成对氨基苯磺酸:

$$C_6H_5NH_2 \xrightarrow{H_2SO_4} C_6H_5NH_3HSO_4 \xrightarrow[\triangle]{OH^-} C_6H_5NHSO_3H \xrightarrow{180\ ℃} p\text{-}H_2NC_6H_4SO_3H \longleftrightarrow p\text{-}H_3N^+C_6H_4SO_2O^-$$

对氨基苯磺酸分子中,因同时含有碱性氨基和酸性磺酸基,故分子内部成盐,是内盐。对氨基苯磺酸为白色固体,主要用于制造偶氮染料。其钠盐俗名敌锈钠,可防止小麦锈病的发生。

临床上常用的各种磺胺类药物,其母体是对氨基苯磺酰胺:

$$C_6H_5NHCOCH_3 \xrightarrow{Cl—SO_3OH} p\text{-}CH_3CONHC_6H_4SO_2Cl \xrightarrow{RNH_2} p\text{-}CH_3CONHC_6H_4SO_2NHR \xrightarrow[\triangle]{H_2O/H^+} p\text{-}H_2NC_6H_4SO_2NHR$$

当 R 不同时,就得到了各种不同的磺胺药物。

3)硝化反应

芳伯胺直接硝化易被硝酸氧化,必须先把氨基保护起来(乙酰化或成盐),然后再进行硝化。

$$\text{C}_6\text{H}_5\text{NH}_2 \xrightarrow{(CH_3CO)_2O} \text{C}_6\text{H}_5\text{NHCOCH}_3 \begin{cases} \xrightarrow[\text{在乙酸中}]{HNO_3} p\text{-}O_2N\text{-}C_6H_4\text{-}NHCOCH_3\ (\text{主产物}) \xrightarrow{H_2O/OH^-} p\text{-}O_2N\text{-}C_6H_4\text{-}NH_2 \\ \xrightarrow[\text{在乙酸酐中}]{HNO_3} o\text{-}O_2N\text{-}C_6H_4\text{-}NHCOCH_3\ (\text{主产物}) \xrightarrow{H_2O/OH^-} o\text{-}O_2N\text{-}C_6H_4\text{-}NH_2 \end{cases}$$

$$C_6H_5NH_2 \xrightarrow{H_2SO_4} C_6H_5NH_3HSO_4 \xrightarrow{HNO_3} m\text{-}O_2N\text{-}C_6H_4\text{-}NH_3HSO_4 \xrightarrow[H_2O]{NaOH} m\text{-}O_2N\text{-}C_6H_4\text{-}NH_2$$

5. 胺的氧化

芳胺很容易被氧化，例如，新的纯苯胺是无色的，但暴露在空气中很快就变成黄色，然后变成红棕色。用氧化剂处理苯胺时，生成复杂的混合物。在一定的条件下，苯胺的氧化产物主要是对苯醌。

$$C_6H_5NH_2 \xrightarrow[10\ ℃]{H_2SO_4,\ MnO_2} \text{对苯醌}\ (O{=}C_6H_4{=}O) \xrightarrow{[O]} \text{苯胺黑}$$

用不同的氧化剂可以得到不同的氧化产物，叔胺的氧化最有意义。

$$\text{C}_6\text{H}_{10}(H)\text{-}CH_2N(CH_3)_2 \xrightarrow{H_2O_2} \text{C}_6\text{H}_{10}(H)\text{-}CH_2\overset{+}{N}(O^-)(CH_3)_2$$

N,N－二甲基环己基甲胺－N－氧化物

具有 $\beta$－H 的氧化叔胺加热时发生消除反应，产生烯烃。

$$\text{C}_6\text{H}_{10}(H)\text{-}CH_2\overset{+}{N}(O^-)(CH_3)_2 \xrightarrow{160\ ℃} \text{C}_6\text{H}_{10}{=}CH_2$$

此反应称为科普（Cope）消除反应。

科普消除反应是一种立体选择性很高的顺式（同侧）消除反应。反应是通过形成平面五元环的过程完成的。

$$\text{(cyclohexyl)}-CH_2\overset{+}{N}(CH_3)_2(O^-)\ (\beta\text{-}H) \xrightarrow{160\ ℃} \text{(cyclohexylidene)}=CH_2$$

例如：

$$H_3C(C_6H_5)C(H)-C(CH_3)(H)\overset{+}{N}(CH_3)_2O^- \xrightarrow{115\ ℃} \underset{96\%}{\overset{H_3C}{C_6H_5}}\!\!>C=C<\!\!{\overset{CH_3}{H}} + \underset{0.1\%}{\overset{H_3C}{C_6H_5}}\!\!>C=C<\!\!{\overset{H}{CH_3}}$$

## 五、季铵盐和季铵碱

### (一)季铵盐

叔胺和卤代烷作用生成季铵盐。季铵盐具有盐类的特性，是晶体，易溶于水。

$$R_3N + R'X \longrightarrow R_3\overset{+}{N}R'X^-$$

具有长碳链的季铵盐有表面活性作用，可作为阳离子表面活性剂。例如，溴化二甲基苄基十二烷基铵，商品名为“新洁尔灭”，是具有去污能力的表面活性剂，也是具有强的杀菌能力的消毒剂。

季铵盐还可以用作抗静电剂、柔软剂、杀菌剂等。

矮壮素是一种季铵盐，它的结构式为 $ClCH_2CH_2\overset{+}{N}(CH_3)_3Cl^-$，化学名称为2－氯乙基三甲基氯化铵，简称为CCC，是一种人工合成的植物生长调节剂。纯的矮壮素是白色棱柱状晶体，熔点238～242 ℃，工业品略带鱼腥味，易溶于水，难溶于有机溶剂。矮壮素具有抑制植物细胞伸长的作用，它能使植株变矮，茎部变粗，节间缩短，叶片变阔等，用来防止小麦等作物倒伏，棉花徒长，减少落蕾落铃，使作物增产。

对于非均相的有机反应，由于反应物之间难以充分接触，因而反应速率极慢。为使反应速率加快，近年来发现能使水相中的反应物转入有机相的试剂，这种试剂称为相转移催化剂。季铵盐是常用的相转移催化剂。

### (二)季铵碱

季铵盐与湿的氧化银作用，可转变为氢氧化四烃基铵——季铵碱。

$$R_4\overset{+}{N}\overset{-}{Cl} + Ag_2O \xrightarrow{H_2O} R_4\overset{+}{N}\overset{-}{OH} + AgCl$$

某些季铵碱具有生理功能，例如胆碱是卵磷脂的组成部分，有降低血压的作用。因其最初来源于胆汁，故称胆碱。它具有调节肝中脂肪代谢和抗脂肪肝的作用。胆碱学名为氢氧化三甲基－β－羟乙基铵，分子式如下所示：

$$\left[CH_3-\underset{CH_3}{\overset{CH_3}{N}}-CH_2CH_2OH\right]^+ OH^-$$

动物体内有一种胆碱酯酶，能催化胆碱与乙酸作用产生乙酰胆碱，也可催化其逆反应。

$$[HOCH_2CH_2\overset{+}{N}(CH_3)_3]OH^- + CH_3COOH \xrightarrow{\text{胆碱酯酶}}$$

$$\left[ CH_3-\overset{\overset{CH_3}{|}}{\underset{\underset{CH_3}{|}}{N^+}}-CH_2CH_2O\overset{\overset{O}{\|}}{C}CH_3 \right]OH^- + H_2O$$

乙酰胆碱是生物体内的神经传导物质,它在体内的正常合成与分解可保证生理代谢的正常进行。有些有机磷农药(如1605、1059等)对于昆虫的毒杀作用正是由于这些农药对机体内的胆碱酯酶有强烈的抑制作用,使胆碱酯酶不能再分解乙酰胆碱,而使运动神经受到乙酰胆碱无休止的刺激冲动,造成神经过度兴奋,直至神经紊乱,导致生理代谢失常而死亡。人畜有机磷中毒的机理和上述相似,因此在使用这些农药时必须注意人畜的安全防护。

季铵碱具有强碱性,其碱性与NaOH相近,易潮解,易溶于水。它的化学特性反应为加热分解反应。

烃基上无$\beta-H$的季铵碱在加热下分解生成叔胺和醇。例如:

$$(CH_3)_4\overset{+}{N}OH^- \xrightarrow{\triangle} (CH_3)_3N + CH_3OH$$

$\beta-C$上有氢原子时,加热分解生成叔胺、烯烃和水。例如:

$$[(CH_3)_3\overset{+}{N}CH_2CH_2CH_3]OH^- \xrightarrow{\triangle} (CH_3)_3N + CH_3CH=CH_2 + H_2O$$

当季铵碱具有两个或两个以上$\beta-H$时,受热分解的主要产物为双键碳原子上取代基较少的烯烃,这个消去反应的取向正好与卤代烷的消去反应相反,此规则称为霍夫曼规则,这样生成的烯烃叫霍夫曼烯烃。例如:

$$CH_3-CH_2-\underset{\underset{\overset{+}{N}(CH_3)_3\ OH^-}{|}}{CH}-CH_3 \xrightarrow{\triangle} \underset{95\%}{CH_3CH_2CH=CH_2} + \underset{5\%}{CH_3CH=CHCH_3} + (CH_3)_3N$$

$$\left[(CH_3)_2\overset{+}{N}\begin{matrix} \diagup CH_2CH_3 \\ \diagdown CH_2CH_2CH_3 \end{matrix}\right]OH^- \xrightarrow{\triangle} \underset{98\%}{CH_2=CH_2} + \underset{2\%}{CH_3CH=CH_2} + (CH_3)_2NC_3H_7$$

这种反应称为霍夫曼彻底甲基化或霍夫曼降解。

导致霍夫曼消除的原因有以下几种。

1. $\beta-H$的酸性

季铵碱的热分解是按E2历程进行的,由于氮原子带正电荷,它的诱导效应影响到$\beta-C$,使$\beta-H$的酸性增加,容易受到碱性试剂的进攻。如果$\beta-C$上连有供电子基团,则可降低$\beta-H$的酸性,$\beta-H$也就不易被碱性试剂进攻。

2. 立体因素

季铵碱受热分解时,要求被消除的氢和氮基团在同一平面上,且处于对位交叉。能形成对位交叉式的氢越多,且与氮基团处于邻位交叉的基团的体积越小,越有利于消除反应的发生。

当$\beta-C$上连有苯基、乙烯基、羰基、氰基等吸电子基团时,霍夫曼规则不适用。

例如：

$$\text{C}_6\text{H}_5\text{—CH}_2\text{CH}_2\text{—}\overset{+}{\text{N}}(\text{CH}_3)_2\text{—CH}_2\text{CH}_2\text{OH}^- \xrightarrow{\triangle} \underset{94\%}{\text{C}_6\text{H}_5\text{—CH}=\text{CH}_2} + \underset{6\%}{\text{CH}_2=\text{CH}_2}$$

霍夫曼消除反应的应用之一为测定胺的结构。例如：

$$\text{RCH}_2\text{CH}_2\text{NH}_2 \xrightarrow{3\text{CH}_3\text{I}} \text{RCH}_2\text{CH}_2\overset{+}{\text{N}}(\text{CH}_3)_3\text{I}^- \xrightarrow{\text{AgOH}} \text{RCH}_2\text{CH}_2\overset{+}{\text{N}}(\text{CH}_3)_3\text{OH}^-$$

$$\xrightarrow{\triangle} \text{RCH}=\text{CH}_2 + (\text{CH}_3)_3\text{N} + \text{H}_2\text{O}$$

根据消耗的碘甲烷的摩尔数可推知胺的类型；测定烯烃的结构即可推知 R 的骨架。例如：

$$\text{2-甲基吡咯烷} \xrightarrow[\text{② AgOH}]{\text{① 2CH}_3\text{I}} [\text{1,1,2-三甲基吡咯烷鎓}]\text{OH}^- \xrightarrow{\triangle} \text{CH}_2=\text{CHCH}(\text{CH}_2)_2\text{N}(\text{CH}_3)_2$$

$$\xrightarrow[\text{② AgOH}]{\text{① CH}_3\text{I}} [\text{CH}_2=\text{CHCH}_2\text{CH}_2\text{CH}_2\overset{+}{\text{N}}(\text{CH}_3)_3]\text{OH}^- \xrightarrow{\triangle} \text{CH}_2=\text{CHCH}_2\text{CH}=\text{CH}_2$$

$$\text{3-甲基吡咯烷} \xrightarrow[\text{② AgOH}]{\text{① 2CH}_3\text{I}} [\text{1,1,3-三甲基吡咯烷鎓}]\text{OH}^- \xrightarrow{\triangle} \text{CH}_2=\text{CHC}(\text{CH}_3)\text{HCH}_2\text{N}(\text{CH}_3)_2$$

$$\xrightarrow[\text{② AgOH}]{\text{① CH}_3\text{I}} [\text{CH}_2=\text{CHCH}(\text{CH}_3)\text{CH}_2\overset{+}{\text{N}}(\text{CH}_3)_3]\text{OH}^- + \text{CH}_2=\text{CH—C}(\text{CH}_3)=\text{CH}_2$$

## 第三节　重氮盐和偶氮化合物

重氮和偶氮化合物都含有氮氮双键（$—N_2—$）官能团。其中$—N_2—$基团的一端与烃基相连，另一端与非碳原子相连的化合物，叫作重氮化合物。例如：

$$\text{C}_6\text{H}_5\text{—}\overset{+}{\text{N}}\equiv\text{NHSO}_4^- \qquad \text{C}_6\text{H}_5\text{—}\overset{+}{\text{N}}\equiv\text{NCl}^-$$

硫酸氢重氮苯　　氯化重氮苯

$—N_2—$基团以$—N=N—$的形式两端都与烃基相连的化合物叫作偶氮化合物。例如：

$$\text{C}_6\text{H}_5\text{—N}=\text{N—C}_6\text{H}_5 \qquad \text{C}_6\text{H}_5\text{—N}=\text{N—C}_6\text{H}_4\text{—OH}$$

偶氮苯　　对羟基偶氮苯

$$C_6H_5-N=N-C_6H_4-NH_2$$

对氨基偶氮苯

$$C_6H_5-N=N-CH_3$$

甲基偶氮苯

## 一、重氮盐的制备

芳香族伯胺在低温(0~5 ℃)和强酸(盐酸或硫酸)溶液中与亚硝酸钠作用,生成重氮盐的反应称为重氮化反应。

重氮盐是通过重氮化反应来制备的。例如:

$$C_6H_5NH_2 + NaNO_2 \xrightarrow{HCl} [C_6H_5\overset{+}{N}\equiv N]Cl^-$$

重氮化反应的机理可能是铵盐和亚硝酸先生成 N－亚硝基化合物,然后经过重排、脱水而成重氮盐:

$$C_6H_5\overset{+}{N}H_3\bar{Cl} + HONO \xrightarrow{-H_2O} [C_6H_5\overset{+}{N}(H)(H)-N=O]Cl^-$$

$$\xrightarrow{重排} [C_6H_5\overset{+}{N}(H)=N-OH]Cl^- \xrightarrow{-H_2O} [C_6H_5\overset{+}{N}\equiv N]Cl^-$$

## 二、重氮盐的结构

在芳香重氮正离子中, C—N≡N 键呈线形结构,—N ═N—键中的 π 轨道与苯环上的 π 轨道形成共轭体系,电子离域,使重氮盐在低温、强酸介质中能稳定存在。

苯环上有吸电子基团的重氮盐较为稳定,这是由于强化了 N≡N 与苯环的共轭,同时也说明具正电荷的空轨道是不与苯环共轭的。

$$O_2N-C_6H_4-\overset{+}{N}\equiv N \qquad HO_3S-C_6H_4-\overset{+}{N}\equiv N$$

$$Ar-\overset{+}{N}\equiv N: \longleftrightarrow Ar-\ddot{N}=\overset{+}{N}:$$

上述两重氮盐可以在 40~60 ℃时制备。

干燥的重氮盐不稳定,易分解(放 $N_2$)甚至引起爆炸,因此重氮盐的制备及使用都要保持在低温的酸性介质中。

## 三、重氮盐在有机合成中的应用

### (一)放氮反应

1. 被羟基取代(水解反应)

当重氮盐和酸液共热时发生水解生成酚并放出氮气。

$$C_6H_5NH_2 \xrightarrow[0\sim5\ ^\circ C]{NaNO_2/H_2SO_4} C_6H_5\overset{+}{N_2}HSO_4^- \xrightarrow[\triangle]{H_3O^+} C_6H_5OH + N_2\uparrow + H_2SO_4$$

利用这个反应来引进一个羟基于苯环的某一指定位置的碳原子上,在有机合成上有很重要的意义。例如,从苯制取间硝基苯酚,若先制成苯酚后直接硝化不可能得到间硝基苯酚。但从苯制取间二硝基苯,然后部分还原为间硝基苯胺,再经重氮化及与酸液共热,则可以制得间硝基苯酚。

重氮盐水解成酚时只能用硫酸盐,不用盐酸盐,因盐酸盐水解易发生副反应。

在有机合成中可通过重氮盐的途径将氨基转变为羟基,制备一些不能由其他方法合成的酚。

例如,间溴苯酚不宜用间溴苯磺酸钠碱熔法制取,因为溴原子在碱熔时也会被酚羟基所取代,所以在有机合成中,可用间溴苯胺经重氮化反应再水解制得:

$$m\text{-}BrC_6H_4NH_2 \xrightarrow[0\sim5\ ^\circ C]{NaNO_2/H_2SO_4} m\text{-}BrC_6H_4\overset{+}{N_2}HSO_4^- \xrightarrow[\triangle]{H_3O^+} m\text{-}BrC_6H_4OH$$

2. 被卤原子取代

重氮盐与氯化亚铜的浓盐酸溶液或溴化亚铜的浓氢溴酸溶液共热,重氮基可被氯原子或溴原子取代,生成氯苯或溴苯,同时放出氮气。例如:

$$C_6H_5N_2Cl \xrightarrow[HCl]{Cu_2Cl_2} C_6H_5Cl + N_2$$

$$C_6H_5N_2Br \xrightarrow[HBr]{Cu_2Br_2} C_6H_5Br + N_2$$

再如:由 $C_6H_6$ 制备 $m\text{-}BrC_6H_4Cl$ ,过程如下。

$$C_6H_6 \xrightarrow[H_2SO_4]{HNO_3} C_6H_5NO_2 \xrightarrow{Cl_2/FeCl_3} m\text{-}ClC_6H_4NO_2 \xrightarrow{Fe/HCl} m\text{-}ClC_6H_4NH_2$$

$$\xrightarrow[HBr]{NaNO_2} m\text{-}ClC_6H_4N_2Br \xrightarrow[HBr]{Cu_2Br_2} m\text{-}BrC_6H_4Cl$$

在氯的重氮盐水溶液中加入碘化钾,然后加热,则生成碘苯并放出氮气。此反应是将碘原子引进苯环的好方法,但此法不能用来引进氯原子或溴原子。

$$C_6H_5N_2Cl \xrightarrow{KI} C_6H_5I + N_2$$

例如,由于对碘苯甲酸中的碘原子不能直接引入苯环,只能由重氮基转化,所以由甲苯制取对碘苯甲酸可通过下列步骤进行。

$$C_6H_5CH_3 \xrightarrow[H_2SO_4]{HNO_3} p\text{-}CH_3C_6H_4NO_2 \xrightarrow[Ni]{H_2} p\text{-}CH_3C_6H_4NH_2 \xrightarrow[0\sim5\ ℃]{NaNO_2/HCl} p\text{-}CH_3C_6H_4N_2Cl \xrightarrow[\triangle]{KI} p\text{-}CH_3C_6H_4I \xrightarrow{KMnO_4} p\text{-}HOOCC_6H_4I$$

3. 被氰基取代

重氮盐与氰化亚铜的氰化钾溶液共热,重氮基被氰基取代生成苯甲腈,同时放出氮气。例如:

$$C_6H_5N_2Cl \xrightarrow{CuCN + KCN} C_6H_5CN + N_2$$

苯甲腈

氰基可水解成羧基,也可以被还原成氨甲基。

$$C_6H_5CN \xrightarrow{H_3O^+} C_6H_5COOH$$

$$C_6H_5CN \xrightarrow[Ni]{H_2} C_6H_5CH_2NH_2$$

通过此反应可在芳环上引入羧基或氨甲基。

苄胺是无色油状液体,对皮肤及黏膜有强烈刺激性。主要用作有机合成中间体,如可用于制磺胺类药物磺胺米隆等。

4. 被氢原子取代(去氨基反应)

$$C_6H_5N_2Cl + HCHO + 2NaOH \longrightarrow C_6H_6 + N_2 + HCOONa + NaCl + H_2O$$

上述重氮基被其他原子或基团取代的反应,可用来制备一般不能用直接方法制取的化合物。例如:从甲苯制间溴甲苯,就不可能用甲苯直接溴化,或溴苯直接甲基化,只能通过间接的方法制取。

再如:由苯制备 1,3,5-三溴苯,通过苯硝化、还原、溴代、重氮化,重氮盐再与次磷酸的反应非常容易得到。

$$C_6H_6 \xrightarrow[H_2SO_4]{HNO_3} C_6H_5NO_2 \xrightarrow{Fe/HCl} C_6H_5NH_2 \xrightarrow{Br_2} 2,4,6\text{-}Br_3C_6H_2NH_2$$

$$\xrightarrow[\text{HCl}]{\text{NaNO}_2} \text{2,4,6-三溴苯基-}N_2Cl \xrightarrow[H_2O]{H_3PO_2} \text{1,3,5-三溴苯}$$

**问题 8-9** 以甲苯为原料合成下列化合物:间甲苯胺、间甲苯甲醚。

**(二)留氮反应**

1. 还原反应

重氮盐可被氯化亚锡、锡和盐酸、锌和乙酸、亚硫酸钠、亚硫酸氢钠等还原成苯肼。

$$C_6H_5N_2Cl \xrightarrow[0\ ℃]{SnCl_2/HCl} C_6H_5NHNH_2 \cdot HCl \xrightarrow{NaOH} C_6H_5NHNH_2$$

苯肼为无色油状液体。在空气中容易被氧化而呈红棕色,但它的盐比较稳定。肼类不溶于水,显碱性,是检验羰基化合物与糖类化合物的重要试剂。肼类有毒,使用时需注意安全。

2. 偶联反应

在适当条件下,重氮盐与芳香族伯胺或酚类化合物作用,生成颜色鲜艳的偶氮化合物的反应称为偶联反应。

偶联反应是亲电取代反应,是重氮阳离子(弱的亲电试剂)进攻苯环上电子云密度较大的碳原子而发生的反应。

1)与胺偶联

$$C_6H_5N_2X + C_6H_5N(CH_3)_2 \xrightarrow{pH=5\sim6} C_6H_5-N{=}N-C_6H_4-N(CH_3)_2$$

反应要在中性或弱酸性溶液中进行,原因在于:①在中性或弱酸性溶液中,重氮离子的浓度最大,且氨基是游离的,不影响芳胺的反应活性;②若溶液的酸性太强(pH <5),会使胺生成不活泼的铵盐,偶联反应就难以进行。

2)与酚偶联

反应要在弱碱性条件下进行,因为在弱碱性条件下酚生成酚盐负离子,使苯环更活化,有利于亲电试剂重氮阳离子的进攻。重氮盐与酚在微碱性溶液中很快发生偶联反应。但碱性不能太大(pH 不能大于10),因为碱性太强,重氮盐会转变为不活泼的苯基重氮酸或重氮酸盐离子。而苯基重氮酸或重氮酸盐离子都不能发生偶联反应。

$$\underset{\text{可偶合}}{C_6H_5-\overset{+}{N}{\equiv}N:} \underset{H^+}{\overset{OH^-}{\rightleftharpoons}} \underset{\text{不偶合}}{C_6H_5-N{=}N-OH} \underset{H^+}{\overset{OH^-}{\rightleftharpoons}} \underset{\text{不偶合}}{C_6H_5-N{=}N-O^-}$$

偶联反应总是优先发生在对位,若对位被占,则在邻位上反应,间位不能发生偶联反应。

例如：

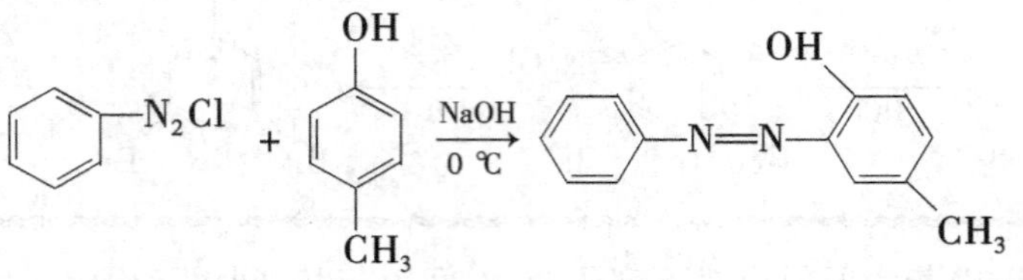

$$\text{C}_6\text{H}_5\text{N}_2\text{Cl} + \text{(4-methylphenol)} \xrightarrow[0\ ℃]{\text{NaOH}} \text{C}_6\text{H}_5\text{—N=N—(2-hydroxy-5-methylphenyl)}$$

# 第四节　腈类化合物

## 一、腈的结构及命名

腈的通式为 R—C≡N 及 Ar—C≡N，氰基的氮原子处于 sp 杂化状态，它以一个 sp 轨道与碳原子的一个 sp 轨道重叠形成 σ 键，以两个 p 轨道与碳原子的两个 p 轨道形成两个互相垂直的 π 键，未共用的电子对占据一个 sp 轨道。腈的分子结构如下所示：

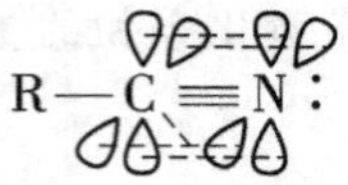

$$R—C\equiv N:$$

sp 杂化氮原子的电负性很大，π 键容易被极化，故腈分子的极性较大。

腈的命名常按照腈分子中所含碳原子的数目称“某腈”。例如：

$CH_3CN$　乙腈　　$(CH_3)_2CHCN$　异丙腈

## 二、腈的性质

### (一)腈的物理性质

腈的沸点比相应相对分子质量的烃、醚、醛、酮、胺均高，而与醇相近，较羧酸为低，如表 8－4 所示。

表 8－4　几种相对分子质量相近的有机物沸点比较

| 化合物 | $CH_3CN$ | $C_2H_5NH_2$ | $CH_3CHO$ | $C_2H_5OH$ | HCOOH |
|---|---|---|---|---|---|
| 相对分子质量 | 41 | 45 | 44 | 46 | 46 |
| 沸点/℃ | 82 | 16.6 | 21 | 78.3 | 100 |

腈与水形成氢键，所以在水中溶解度较大。低级腈与水混溶，也能溶解盐类等离子化合物。腈常用作溶剂及萃取剂，但毒性较大，使用时需加强防护。氰基的红外特征吸收区与炔键一样，均在 2 000～2 400 $cm^{-1}$处。

### (二)腈的化学性质

氰基与羰基的结构相似，因此它们也有某些相似的化学性质。

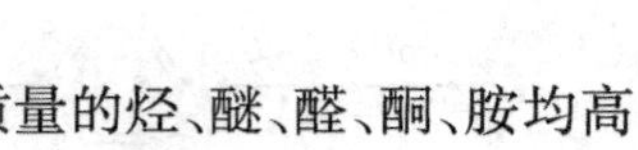

$$—\overset{\delta^+}{C}\equiv\overset{\delta^-}{N} \qquad >\overset{\delta^+}{C}=\overset{\delta^-}{O}$$

1. 加氢还原

可用催化加氢、氢化铝锂或金属钠/乙醇还原腈。

$$R—C\equiv N \xrightarrow[Ni]{H_2} RCH═NH \xrightarrow[Ni]{H_2} RCH_2NH_2$$

为了抑制副反应，需加入过量的 $NH_3$，也可加些 KOH 等碱类。工业上用己二腈催化加氢制己二胺。

$$NCCH_2CH_2CH_2CH_2CN \xrightarrow[Ni]{H_2} NH_2CH_2CH_2CH_2CH_2CH_2CH_2NH_2$$

2. 水解与醇解

腈很容易水解，酸或碱均可催化水解反应，得到羧酸：

$$R—C\equiv N + H—OH \xrightarrow{OH^- 或 H^+} \left[\begin{array}{c} R—C═NH \\ | \\ OH \end{array}\right] \longrightarrow RCONH_2 \xrightarrow{H_2O} RCOOH$$

工业上用己二腈水解制备己二酸。

腈醇解，得到酯：

$$R—C\equiv N + R'—OH \xrightarrow{H_3O^+} RCOOR' + NH_3$$

3. 与格氏试剂作用

$$R—C\equiv N + R'—MgX \longrightarrow R—\underset{R'}{\underset{|}{C}}═NMgX \xrightarrow{H_2O} R—\underset{R'}{\underset{|}{C}}═NH$$

$$\xrightarrow{H_3O^+} R—\underset{R'}{\underset{|}{C}}═O \xrightarrow[②H_2O]{①R''MgX} R—\underset{R'}{\underset{|}{\overset{R''}{\overset{|}{C}}}}—OH$$

4. α－H 的活泼性

氰基是强极性基团，其吸电子作用仅次于硝基，因此，腈的 α－H 很活泼，可以发生自身缩合反应，也可以与芳醛发生缩合反应，称为索普(Thorpe)腈缩合反应。

$$CH_3CH_2C\equiv N + CH_3\underset{H}{\underset{|}{C}}HC\equiv N \xrightarrow{Na} CH_3CH_2\underset{NH}{\underset{\|}{C}}—\underset{CH_3}{\underset{|}{C}}HCN$$

$$C_6H_5C\equiv N + C_6H_5\underset{H}{\underset{|}{C}}HC\equiv N \xrightarrow[C_2H_5OH]{C_2H_5ONa} \xrightarrow{-H_2O} C_6H_5CH═\underset{C_6H_5}{\underset{|}{C}}CN$$

## 三、异腈和异氰酸酯

### （一）异腈

异腈又称为胩，通式为 RNC。腈和异腈是同分异构体。在腈分子中，氰基上的碳原子和烃基相连，而在异腈分子中，氰基上的氮原子和烃基相连。

异腈的结构可以用共振式表示：

$$R—\ddot{N}═C: \longleftrightarrow R—N^+≡C:^-$$

异腈是一类比较稳定的含两价碳的化合物。

异腈可以由碘代烷与氰化银或氰化亚铜在乙醇溶液中加热的方法制备，其中含有少量腈。

$$RI + AgCN \longrightarrow RNC + AgI$$

如用银氰化四甲铵$(CH_3)_4\overset{+}{N}[Ag(CN)_2]^-$代替氰化银与碘代烷反应，异腈的产率可接近100%。

伯胺与氯仿及氢氧化钾的醇溶液反应，也能生成异腈。

异腈的沸点比相应的腈低，分子量小的异腈是具有恶臭味、有毒性的液体。异腈对碱稳定，而用稀酸就可以使其水解生成N－烃基甲酰胺，后者进一步水解生成甲酸和比异腈少一个碳原子的伯胺。

$$RNC + H_2O \xrightleftharpoons{H^+} HCONHR \xrightarrow[H_2O]{H^+} RNH_2 + HCOOH$$

异腈催化加氢，则生成仲胺：

$$RNC + 2H_2 \xrightarrow{Ni或Pt} RNHCH_3$$

异腈与卤素发生加成反应，生成二卤代物：

$$RNC + Cl_2 \longrightarrow RN═CCl_2$$

将异腈加热到250～300 ℃，则发生异构化生成相应的腈：

$$RNC \xrightarrow{250\sim300\ ℃} RCN$$

异腈与氧化汞或硫反应，分别生成异氰酸酯和异硫氰酸酯：

$$RNC + HgO \longrightarrow R—N═C═O + Hg$$

$$RNC + S \longrightarrow R—N═C═S$$

**（二）异氰酸酯**

制备脂肪族或芳香族异氰酸酯的常用方法是用伯胺与光气作用，先生成氨基甲酰氯，然后受热脱去氯化氢即分解为异氰酸酯。例如：

$$2RNH_2 + COCl_2 \longrightarrow RNHCOCl + RNH_2\cdot HCl$$

$$RNHCOCl \xrightarrow[-HCl]{\triangle} R—N═C═O$$

$$C_6H_5—NH_2 \xrightarrow{COCl_2} C_6H_5—NHCOCl \xrightarrow{\triangle} C_6H_5—N═C═O$$

光气与二胺作用则生成二异氰酸酯。例如：

$$(2\text{-}CH_3)(5\text{-}NH_2)C_6H_3—NH_2 \xrightarrow{COCl_2} (2\text{-}CH_3)(5\text{-}NH_2\cdot HCl)C_6H_3—NHCOCl \xrightarrow[-180\ ℃]{COCl_2} (2\text{-}CH_3)(5\text{-}N═C═O)C_6H_3—N═C═O$$

甲苯－2,4－二异氰酸酯

异氰酸酯是难闻的催泪性液体。其分子中有一个碳原子与两个双键相连,其结构与烯酮相似。异氰酸酯的化学性质很活泼,可与水、醇、胺等含有活泼氢的各类化合物发生反应,例如:

$$R{-}N{=}C{=}O + H_2O \longrightarrow RNH_2 + CO_2$$

$$R{-}N{=}C{=}O + R'COOH \longrightarrow R{-}NH{-}\underset{\displaystyle OCOR'}{\underset{|}{C}}{=}O \xrightarrow{\triangle} R{-}NH{-}\underset{\displaystyle R'}{\underset{|}{C}}{=}O$$

氨基酮

$$C_6H_5{-}N{=}C{=}O + CH_3NH_2 \longrightarrow C_6H_5{-}NH{-}\overset{\displaystyle O}{\overset{\|}{C}}{-}NHCH_3$$

N-甲基-N′-苯基脲

$$C_6H_5{-}N{=}C{=}O + ROH \longrightarrow C_6H_5{-}NH{-}\overset{\displaystyle O}{\overset{\|}{C}}{-}OR$$

N-苯氨基甲酸酯

异氰酸苯酯的N,N′-二取代脲和N-苯氨基甲酸酯为结晶固体,具有一定的熔点,在有机分析中常用来鉴定醇类、酚类和伯、仲胺。

某些芳基异氰酸酯是合成树脂、香料、农药及除草剂的重要原料。例如:二异氰酸酯与二元醇作用可生成聚氨基甲酸酯类高分子化合物,即聚氨酯类树脂。工业上先将己二酸和乙二醇缩聚成低分子量的聚酯,该聚酯的两端带有两个醇羟基,可把它看作二元醇:

$$n\mathrm{HOOC(CH_2)_4COOH} + (n+1)\mathrm{HOCH_2CH_2OH} \longrightarrow$$

$$\mathrm{HOCH_2CH_2O}\left[\underset{\displaystyle O}{\underset{\|}{C}}{-}(CH_2)_4{-}\underset{\displaystyle O}{\underset{\|}{C}}{-}O{-}CH_2CH_2O\right]_n H + 2n\mathrm{H_2O}$$

然后再和甲苯-2,4-二异氰酸酯作用,即可制得聚氨基甲酸酯树脂。

$$m\mathrm{HOCH_2CH_2O}\left[\underset{\displaystyle O}{\underset{\|}{C}}{-}(CH_2)_4{-}\underset{\displaystyle O}{\underset{\|}{C}}{-}CH_2CH_2O\right]_n H + m\ \text{(甲苯-2,4-二异氰酸酯, OCN, NCO, CH}_3\text{)} \longrightarrow$$

$$\left[{-}NH{-}C_6H_3(CH_3){-}NH{-}\underset{\displaystyle O}{\underset{\|}{C}}{-}OCH_2CH_2O\left[\underset{\displaystyle O}{\underset{\|}{C}}{-}(CH_2)_4{-}\underset{\displaystyle O}{\underset{\|}{C}}{-}O{-}CH_2CH_2O\right]_n \overset{\displaystyle O}{\overset{\|}{C}}{-}\right]_m$$

聚氨基甲酸酯

该高聚物是很好的弹性体,具有良好的耐磨性和抗油性,可用于制造轮胎、耐油胶管、运输带、传送带、鞋底等橡胶制品。制备时如果在乙二醇中加入少量水,那么在聚合时则有少量二异氰酸酯与水作用,生成二元胺和二氧化碳,待产品固化时,$CO_2$形成的小气泡便留在高分子聚合体中,形成海绵状泡沫塑料。这就是常见的聚氨酯泡沫塑料。该泡沫塑料无臭无毒,手感舒适,可用作家具、坐垫、衣服衬里及生活日用材料。

3,4－二氯苯氨基甲酸甲酯又称为灭草灵，是高效、低毒、低残留的稻田除草剂。它以氯苯为原料制造。

$$\text{C}_6\text{H}_5\text{—Cl} \xrightarrow{\text{混酸}} \text{Cl—C}_6\text{H}_4\text{—NO}_2 \xrightarrow[\triangle]{Cl_2/Fe} \text{Cl—C}_6\text{H}_3(\text{Cl})\text{—NO}_2 \xrightarrow{[H]}$$

$$\text{Cl—C}_6\text{H}_3(\text{Cl})\text{—NH}_2 \xrightarrow{COCl_2} \text{Cl—C}_6\text{H}_3(\text{Cl})\text{—N=C=O} \xrightarrow{CH_3OH} \text{Cl—C}_6\text{H}_3(\text{Cl})\text{—NHCOOCH}_3$$

阅读材料

## 阿尔弗雷德·贝恩哈德·诺贝尔

阿尔弗雷德·贝恩哈德·诺贝尔(Alfred Bernhard Nobel,1833—1896)，瑞典著名化学家、工程师、发明家、军工装备制造商和炸药的发明者。

诺贝尔1833年10月21日出生于斯德哥尔摩他曾拥有卜福斯(Bofors)军工厂，主要生产军火，在第二次世界大战中该公司多项产品曾授权多国生产，并受军队广泛好评。1896年12月10日诺贝尔在意大利圣雷莫因病去世，终年63岁。

1841年，诺贝尔进了当地的约台小学，这是他一生中接受正规教育的唯一的一所学校。诺贝尔由于生病上课出勤率最低，但是在学校里，他学习努力，所以成绩经常名列前茅。

1842年，诺贝尔全家移居俄国的圣彼得堡。9岁的诺贝尔因不懂俄语，身体又不好，不能进当地学校。他父亲请了一位家庭教师，辅导他兄弟三人学习文化。老师经常进行成绩考核，向父亲汇报学习情况，诺贝尔进步很快。

1850年，17岁的诺贝尔便以工程师的名义远渡重洋到了美国，在有名的艾利逊工程师的工场里实习。实习期满后，他又到欧美各国考察了4年才回到家中。在考察过程中，他每到一处，就立即开始工作，深入了解各国工业发展的情况。

1852年，回到圣彼得堡。

1858年，为筹措父亲的事业资金前往伦敦。

1859年，因父亲生意失败带着弟弟耶米尔回到斯德哥尔摩。

1860年，开始从事硝化甘油炸药的研究。

1863年，发明硝化甘油炸药用雷管；同年10月，取得硝化甘油炸药的专利。

1864年，因硝化甘油工厂爆炸，弟弟耶米尔惨死，关闭瑞典工厂，前往德国建厂；同年10月，成立硝化甘油炸药公司。

1865年，在德国汉堡设立火药公司，并在克鲁伯建厂。

1866年，硝化甘油爆炸事件不断在世界各地发生，因此各地争相取缔，硝化甘油公司陷入困境；同年发明了甘油炸药。

1867年5月，获得英国的炸药专利，新的诺贝尔雷管发明成功。

1867年，在欧洲各地开设诺贝尔公司，炸药事业鼎盛，与父亲同时获得瑞典科学研究院的亚斯特奖。

1871年，在英国创办炸药公司，与保罗·鲍合作创业。

1873年，定居巴黎。

1876 年,雇用斯陀夫人为秘书,之后逐渐热衷于和平运动。

1878 年,发明可塑炸药;同年 5 月,加入石油业,成立诺贝尔兄弟石油公司。

1880 年,获得瑞典国王创议颁发的科学勋章,又得到法国大勋章。、

1884 年,被推荐为伦敦皇家协会、巴黎技术协会、瑞典皇家科学协会的会员。

1887 年,取得喷射炮弹火药的专利。

1890 年,受法国人迫害,离开居住十八年之久的巴黎,搬到意大利圣雷莫,在当地创立研究所。

1893 年,成为瑞典芜普撒勒大学的荣誉教授,讲授哲学。

1895 年 11 月 27 日,立下遗嘱,诺贝尔奖因此产生。

1896 年,诺贝尔得了非常严重的心脏病,具有讽刺意味的是医生建议他服用硝化甘油(当时试验证明有效,但没有理论支持,直到 1998 年,获得诺贝尔医学奖的科学家发现硝化甘油中的一氧化氮是机体产生的一种信号分子,能够舒张血管从而有利于血液循环,对心血管系统产生益处,这才得到了理论上的支持),他不予理睬,直到去世。

诺贝尔一生主要从事硝化甘油系列炸药的研究和制造。他一生勤奋,终身未娶,把毕生的精力都献给了人类的科学事业。办事认真、精细入微,是他取得巨大成就的关键。他虽然十分富有,但生活非常简朴,一生的大部分时间都是在实验室里度过。

诺贝尔一生拥有 355 项专利发明。在他逝世的前一年,立嘱用多达 3 300 多万瑞典克朗的遗产建立诺贝尔奖金,将每年所得利息分为 5 份,设立物理、化学、生理或医学、文学及和平 5 种奖金(即诺贝尔奖),授予世界各国在这些领域对人类做出重大贡献的人。

诺贝尔奖创立于 1901 年,包括金质奖章、证书和奖金支票。

颁奖仪式于每年 12 月 10 日在瑞典的斯德哥尔摩举行,由瑞典国王亲自颁发。

诺贝尔奖分下列六项。

(1)物理奖:由瑞典科学研究院决定,授予在物理方面有重要发明和发现的人。

(2)化学奖:由瑞典科学研究院决定,授予在化学方面有重要发现和改良的人。

(3)医学奖:由斯德哥尔摩的加罗林学会决定,授予在生理学或医学上有重要发现的人。

(4)文学奖:由斯德哥尔摩学术院决定,授予对文学思想有启发、引导作用的人。

(5)和平奖:由挪威议会组成的五人委员会决定。为促进国际友好关系,且为和平会议的设立和普及竭尽心力,授予在军备的废除和缩减上有重要贡献的人。

(6)经济学奖:并非诺贝尔遗嘱中提到的五大奖励领域之一,是由瑞典银行在 1968 年为纪念诺贝尔而增设的,获奖者由瑞典皇家科学院决定。

从 1901 年颁发首届诺贝尔奖迄今,已超过 100 年,在这期间有 700 多位专家学者和著名人士获得诺贝尔奖金。诺贝尔奖金虽然不是世界奖赏中数额最高的,但它是最权威的,有力地推动了科学技术的进步。20 世纪以来,诺贝尔科学奖金获得者走过的道路,就是现代科学技术发展的历史轨迹。为纪念这位曾为化学做出卓越贡献的人,化学家把第 102 号元素命名为锘(No)。

# 习　题

## 一、选择题

1. 下列化合物中碱性最强的是(　　)。

A. 苯酚　B. $(CH_3)_3N$　C. 1-丙胺　D. 硝基苯

2. 甲胺、苯胺、氨按碱性由强到弱排列是(　　)。

A. 甲胺>氨>苯胺　B. 甲胺>苯胺>氨

C. 苯胺>氨>甲胺　D. 氨>甲胺>苯胺

3. 下列化合物中碱性最弱的是(　　)。

A. 三甲基胺　B. 苯胺　C. 吡啶　D. 甲基乙基胺

4. 下列物质能发生缩二脲反应的是(　　)。

A. 尿素　B. 苯胺　C. 缩二脲　D. N,N-二甲基乙酰胺

5. 下列物质能与 $HNO_2$ 作用并放出 $N_2$ 的是(　　)。

A. 正丙基胺　B. N-甲基苯胺　C. N-甲基乙酰胺　D. N,N-二甲基乙酰胺

6. 下列物质中能与亚硝酸作用生成强致癌物的是(　　)。

A. 甲乙丙胺　B. 苯胺　C. N-甲基苯胺　D. N,N-二甲基苯胺

7. 与亚硝酸在低温条件可以生成重氮盐的胺是(　　)。

A. 对甲基苯胺　B. 二甲基胺　C. 苄胺　D. N,N-二甲基苯胺

8. 下列化合物中能溶于稀盐酸的是(　　)。

A. 对氯苯胺　B. N-甲基乙酰胺

C. N,N-二甲基苯甲酰胺　D. 苯甲酰胺

9. 下列化合物中能与乙酰氯发生反应的是(　　)。

A. 三甲基胺　B. 苯胺

C. N,N-二甲基苯胺　D. 二甲基乙基胺

10. 下列化合物中能与苯磺酰氯发生反应且产物可溶于氢氧化钠的是(　　)。

A. 三甲基胺　B. 对甲基苯胺

C. N,N-二甲基苯胺　D. 甲基乙基胺

11. 下列化合物中能与溴水发生反应且生成沉淀的是(　　)。

A. 甲基胺　B. 苯胺

C. N,N-二甲基苯胺　D. 甲基乙基胺

12. 下列化合物中能与氯化重氮苯发生反应且生成偶氮化合物的是(　　)。

A. 甲基胺　B. 对硝基苯胺

C. N,N-二甲基苯胺　D. 甲基乙基胺

13. 下列物质中,能与亚硝酸反应生成 N-亚硝基化合物的是(　　)。

A. $CH_3NH_2$　B. $C_6H_5NHCH_3$　C. $(CH_3)_2CHNH_2$　D. $(CH_3)_3N$

14. 在碱性条件下,下列各组物质能用苯磺酰氯鉴别的是(　　)。

A. 苯胺和 N-甲基苯胺　B. 甲胺和乙胺

C. 二甲胺和甲乙胺　D. 二苯胺和 N-甲基苯胺

15. 偶氮化合物的用途不包括(　　)。

A. 酸碱指示剂　B. 染料　C. 消毒剂　D. 乳化剂

16. 下列胺中碱性最弱的是(　　)。

A. 二乙胺　B. 三乙胺　C. 二苯胺　D. 三苯胺

## 二、填空题

1. 胺是______的烃基衍生物,可看作______分子中的一个或多个______被烃基取代后的化合物。

2. 根据氮原子所连烃基的种类不同,胺可分为______和______;根据氮原子上所连烃基的数目不同,胺可分为______、______和______;根据分子中氨基的数目不同,胺可分为______、______和______。

3. 脂肪族胺的碱性比氨______,芳香族胺的碱性比氨______。

4. 偶联反应一般发生在______位,若______位已被基团占据,则发生在______位。

5. ______与______在低温(0 ~ 5 ℃)下反应生成重氮盐,这个反应叫重氮化反应。

6. ______和______与亚硝酸反应都生成 N – 亚硝基胺类化合物。N – 亚硝基胺为难溶于水的______油状液体或固体。经动物实验证明,N – 亚硝基胺类化合物是______。

7. 重氮盐与胺偶联时,在______性或______性介质中进行;与酚偶联时,在______性介质中进行。

8. 烃分子中的______被______取代后所形成的化合物称为硝基化合物。根据分子中烃基的不同,硝基化合物可分为______和______;根据分子中硝基的数目不同可分为______、______和______。

9. 苯胺与______作用,立即生成______色沉淀,此反应灵敏迅速,可用于苯胺的______和______分析。

10. 重氮化合物是指______一端与______相连,另一端与______相连的化合物;偶氮化合物是指______的两端与两个______相连的化合物。

11. 最简单的芳香胺是______,为______色油状______体,有______气味,______溶于水,易溶于______溶剂。

12. N 原子上连接______个烃基的______型有机化合物为季铵化合物,季铵碱的碱性与______相近。

## 三、简答题

1. 命名下列化合物。

(1) $H_3C-C_6H_4-N{=}N-C_6H_4-NH_2$ (对位取代)

(2) $(CH_3)_3N^+CH(CH_3)_2OH^-$

(3) $CNCHCH_2CN$，其中 CH 上连 $CH_3$

(4) 苯环上连 $NHC_2H_5$，间位连 $CH_3$

2. 完成下列反应。

(1) 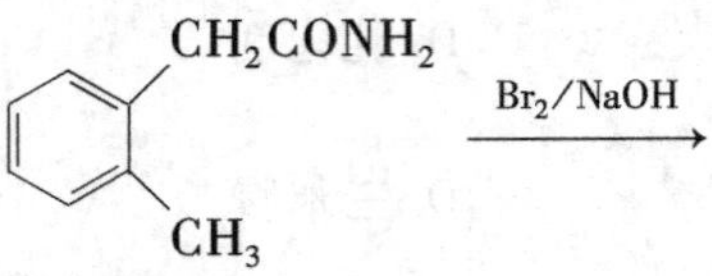 $o$-$CH_3C_6H_4CH_2CONH_2 \xrightarrow{Br_2/NaOH}$

(2) $CH_3CH(NH_2)COOH \xrightarrow{HNO_2}$

(3) 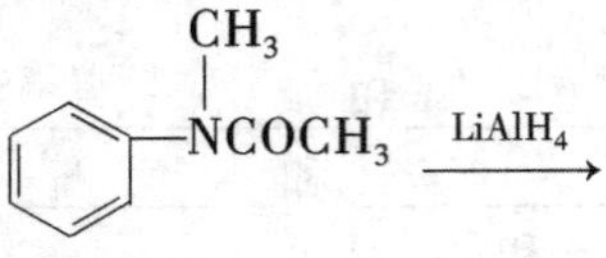 $C_6H_5N(CH_3)COCH_3 \xrightarrow{LiAlH_4}$

(4) $C_6H_5N_2^+Cl^- + HO-C_6H_4-CH_3(p) \longrightarrow$

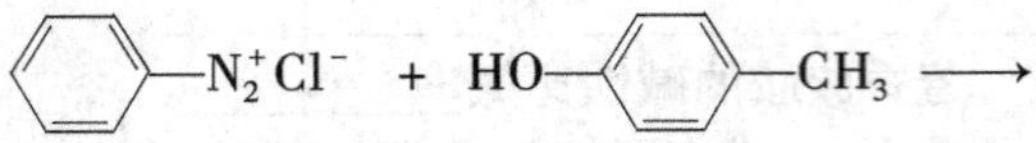

(5) $CH_3CH(NH_2)CH_2CH_2COOH \xrightarrow{\triangle}$

(6) $CH_3CH_2COCl + CH_3-C_6H_4-NHC_2H_5(p) \longrightarrow$

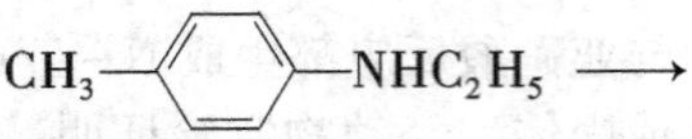

3. 比较下列化合物的碱性强弱。

(1)乙胺、氨、苯胺、二苯胺、N－甲基苯胺

(2)苯胺、苯甲胺、对氯苯胺、对硝基苯胺、氢氧化四乙基铵、邻苯二甲酰亚胺

4. 用化学方法分离苯酚、苯胺和对氯苯甲酸的混合物。

5. 由括号内的指定原料合成下列化合物。

(1) $(CH_3)_3CCH_2CH_2NH_2$ ($(CH_3)_3CCH_2Br$)

(2) 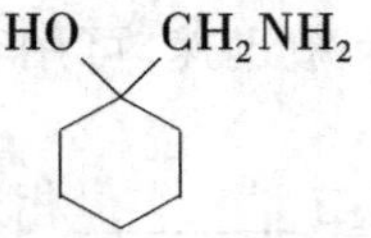 1-羟基环己基甲胺（HO, $CH_2NH_2$ 同在环己烷的1位）　（环己酮）

6. 用化学方法区别下列各组化合物。

(1)苯胺、N－甲基苯胺、N,N－二甲基苯胺

(2)甲胺、二甲胺、三甲胺

(3) 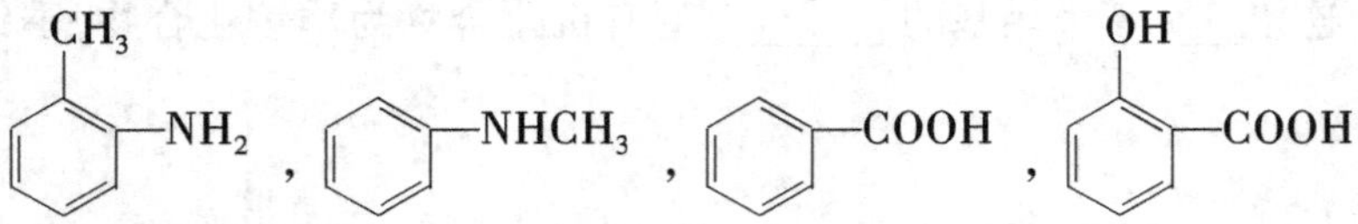 $o$-$CH_3C_6H_4NH_2$, $C_6H_5NHCH_3$, $C_6H_5COOH$, $o$-$HOC_6H_4COOH$

7. 分离对甲苯胺、对甲苯酚和萘的混合物。

8. 分子式为 $C_{15}H_{15}NO$ 的化合物 A 不溶于水、稀盐酸和稀氢氧化钠。A 与氢氧化钠一起回流时慢慢溶解，同时有油状化合物浮在液面上。用水蒸气蒸馏法将油状产物分出，得化合物 B。B 能溶于稀盐酸，与对甲苯磺酰氯作用，生成不溶于碱的沉淀。把去掉 B 以后的碱性溶液酸化，有化合物 C 分出。C 能溶于碳酸氢钠，其熔点为 182 ℃。

# 第九章 杂环化合物

**学习指南**

杂环化合物是由碳原子和杂原子(N、S、O 等)共同组成的环状化合物。杂环化合物的结构与芳环相似,是闭合共轭体系,所以具有芳香性,可以发生环上的卤代、硝化、磺化等取代反应;而杂原子又可以看作环内的官能团,可以发生官能团的一些特征反应。在学习杂环化合物时,要注意把它们与芳香族和脂肪族化合物加以比较并掌握它们的异同点。

本章主要介绍杂环化合物的分类及命名,重要的五元、六元杂环化合物及其衍生物的化学反应和实际应用。

学习本章内容,应在了解杂环化合物结构特点的基础上做到:

1. 了解杂环化合物的分类,掌握其命名方法;
2. 理解杂环化合物的芳香性及其与芳香族化合物的异同点;
3. 掌握重要杂环化合物的来源、制法、性质和用途;
4. 了解生物碱的一般概念及其生理功能。

**杂环化合物是分子中含有杂环结构的有机化合物**。构成环的原子除碳原子外,还至少有一个杂原子,杂原子包括氧、硫、氮等。从理论上讲,可以把杂环化合物看成是苯的衍生物,即苯环中的一个或几个 CH 被杂原子取代而生成的化合物。杂环化合物可以与苯环并联成稠环杂环化合物。最常见的杂环化合物是五元和六元杂环及苯并杂环化合物等。五元杂环化合物有呋喃、噻吩、吡咯、噻唑、咪唑、吡唑等。六元杂环化合物有吡啶、吡嗪、嘧啶等。稠环杂环化合物有吲哚、喹啉、喋啶、吖啶等。杂环化合物中,最小的杂环为三元环,最常见的是五、六元环,其次是七元环。

在具有生物活性的天然化合物中,大多数是杂环化合物。例如,中草药的有效成分生物碱大多是杂环化合物;动植物体内起重要生理作用的血红素、叶绿素、核酸的碱基都是含氮杂环;一些维生素、抗生素、植物色素、植物染料、合成染料都含有杂环。许多杂环化合物还是合成药物、染料、树脂和纤维的重要原料。

## 第一节 杂环化合物的分类和命名

### 一、杂环化合物的分类

杂环化合物可以根据环的大小、多少及所含杂原子的数目进行分类。按环的大小,杂环化合物主要分为五元环和六元环两大类;按环的多少,可分为单杂环化合物和稠杂环化合物。

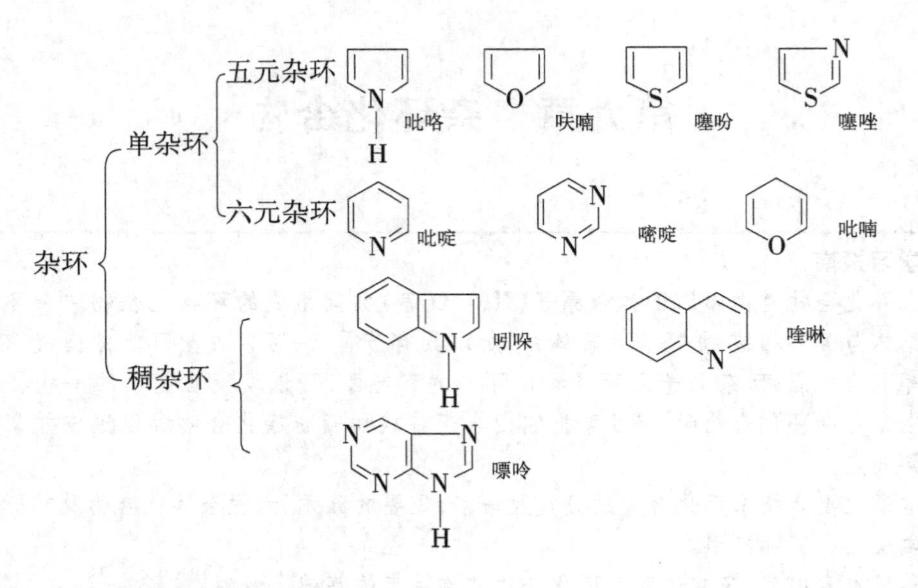


## 二、杂环化合物的命名

### 1. 音译法

杂环化合物的命名一般采用音译法，根据英文名称的读音，选择带口字旁的同音汉字来命名。例如：

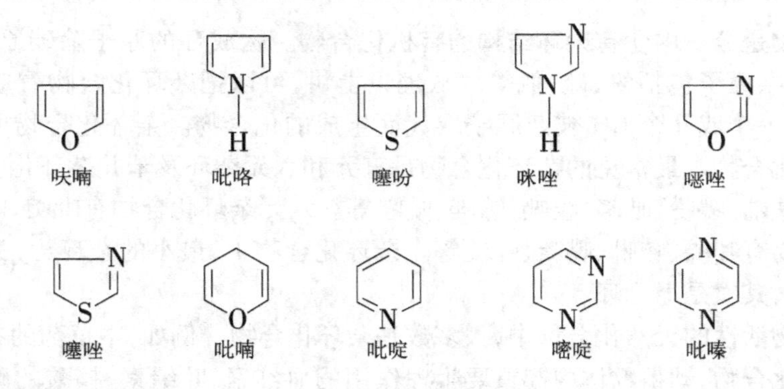


### 2. 系统命名法

1）单杂环的命名方法

当环上连有取代基时，必须给母体环编号，其编号规则如下：

（1）杂环的编号从杂原子起依次编为 1，2，3 ……（或：$\alpha,\beta,\gamma$……）；

（2）如环上不止一个杂原子，则按 O，S，N 的顺序依次编号；

（3）有两个相同杂原子的，应从连有 H 原子或取代基的开始编号；

（4）编号时注意杂原子或取代基的位次之和最小。

例如：

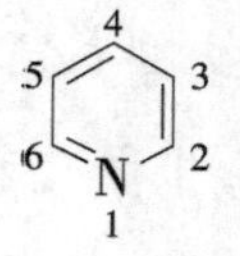

吡啶 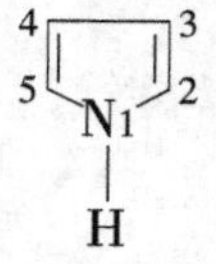　吡咯 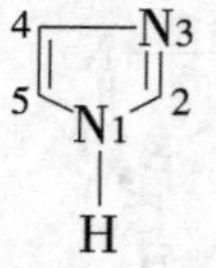　咪唑 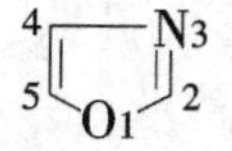　噁唑 　噻唑

当环上的取代基为—R，—$NO_2$，—X，—$NH_2$，—OH 时，一般以杂环为母体；而取代基为—CHO，—$SO_3H$，—COOH，—$CONH_2$时，则以杂环为取代基。

例如：

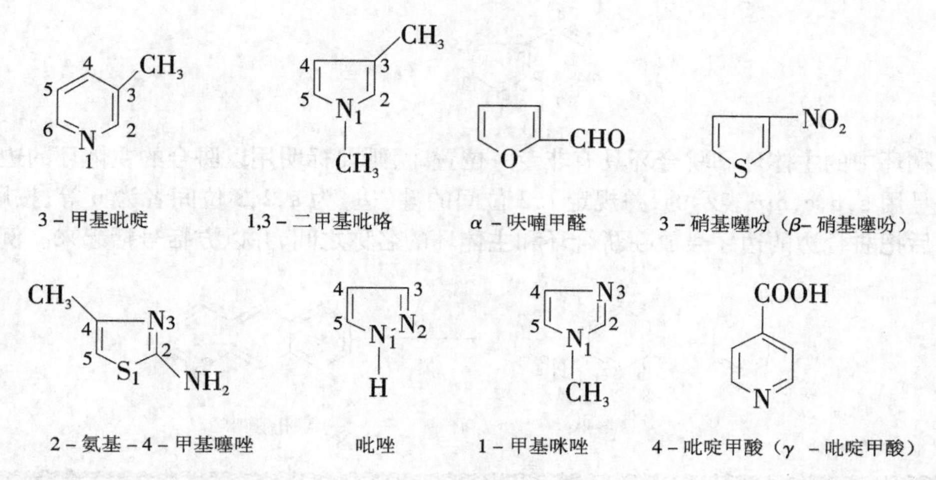

3－甲基吡啶　1,3－二甲基吡咯　α－呋喃甲醛　3－硝基噻吩（β－硝基噻吩）

2－氨基－4－甲基噻唑　吡唑　1－甲基咪唑　4－吡啶甲酸（γ －吡啶甲酸）

2）稠杂环的命名方法

（1）对于一些简单的稠杂环，可以直接采用与单杂环相同的命名方法。例如：

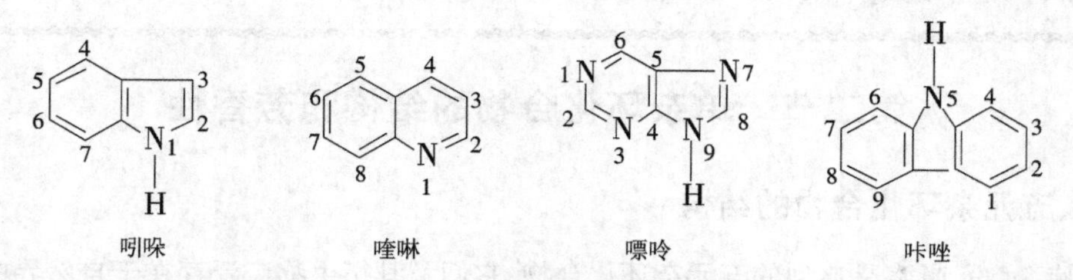

吲哚　喹啉　嘌呤　咔唑

杂环母体名称及编号确定后，环上的取代基可按照芳香族化合物的命名原则来处理。例如：

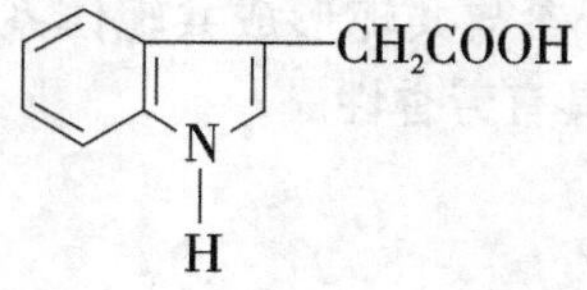

3－吲哚乙酸（β－吲哚乙酸） 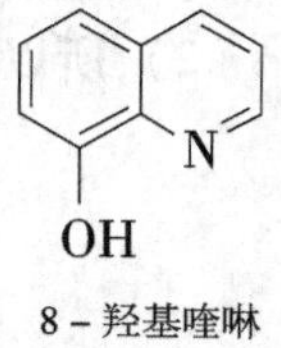　8－羟基喹啉

有些稠杂环化合物的命名与芳香族化合物不相同，命名时应特别注意。例如：

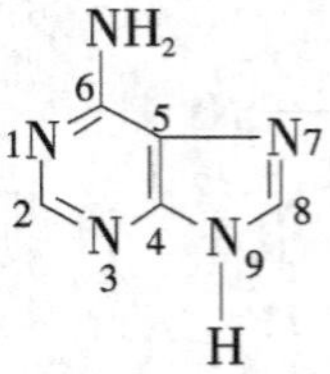

6－氨基嘌呤

（2）对于大多数稠杂环，命名时先确定稠杂环中的主体环（当然必须是分子中的杂环部分），并以它的名字作为整个稠环分子的基本名称，其他与之骈合的环的名字都看成是这个主体环的前缀而放在主体环名称的前面，如下所示。

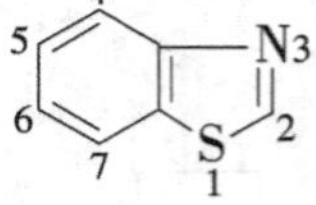

苯骈噻唑

当稠环中的主体环和骈合环具有非专一位置时，则要标明用以骈合的主体环的边序号。边序号是用 a，b，c，d…表示的，并规定 1，2 位间的键（边）为 a，2，3 位间者为 b 等，按顺序标记。最后把骈合边的边序号放在骈合环和主体环的名称之间，并以方括号括起来。例如：

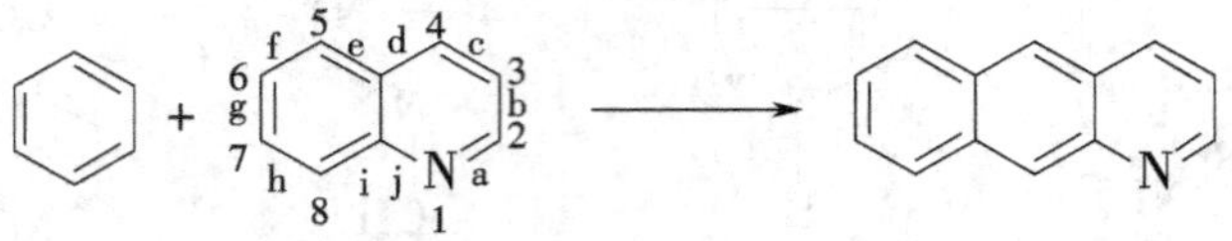

苯　　喹啉　　苯骈[g]喹啉

**问题 9－1**　写出下列化合物的结构式：

（1）3－吡咯磺酸　（2）2－呋喃甲酸　（3）$\gamma$－甲基吡啶　（4）4－吡啶甲酸

## 第二节　单杂环化合物的结构和芳香性

### 一、五元杂环化合物的结构

呋喃、噻吩、吡咯是典型的五元杂环化合物，它们及其衍生物广泛存在于自然界中，有些是重要的化工原料，有些具有重要的生理作用。

呋喃、噻吩、吡咯在结构上具有共同点，即构成环的五个原子都为 $sp^2$ 杂化，故成环的五个原子处在同一平面，杂原子上的孤对电子参与共轭形成共轭体系，其 $\pi$ 电子数符合休克尔规则（$\pi$ 电子数 $= 4n+2$），所以，它们都具有芳香性。

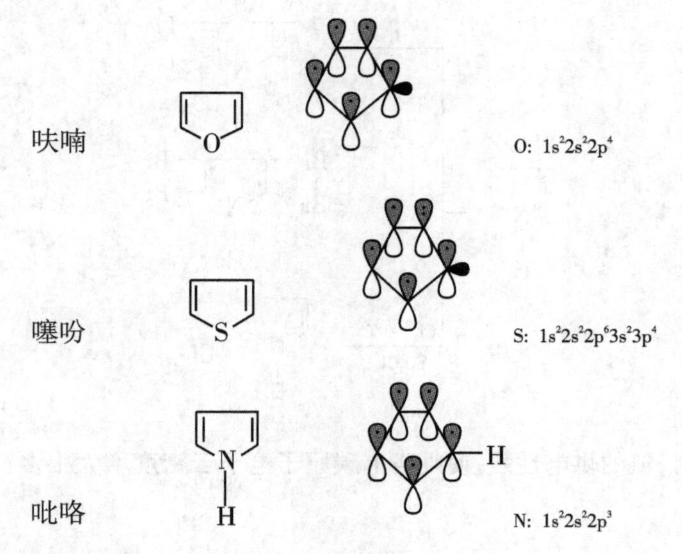


据现代物理方法证明：

(1)呋喃、吡咯、噻吩是平面结构；

(2)环上的 C 原子和杂原子都是以 $sp^2$ 杂化轨道成键的；

(3)五个没有杂化的 p 轨道垂直于环平面，形成闭合共轭体系；

(4)属于富电子芳环；

(5)环形 π 电子分布于杂环平面的上、下两方；

(6) 噻吩、吡咯、呋喃与苯(152 kJ/mol)比较，其共轭能分别为 125.5，90.4，71.1 kJ/mol。

## 二、五元杂环化合物的化学性质

### 1. 亲电取代反应

富电子芳杂环和缺电子芳杂环均能发生亲电取代反应。但是，富电子芳杂环的亲电取代反应主要发生在电子云密度更大的 α 位上，而且比苯容易；缺电子芳杂环如吡啶的亲电取代反应主要发生在电子云密度相对较大的 β 位上，而且比苯困难。吡啶不易发生亲电取代，而易发生亲核取代，主要进入 α 位，其反应与硝基苯类似。

#### 1)卤代反应

呋喃、噻吩、吡咯比苯活泼，一般不需催化剂就可直接卤代。

呋喃 $\xrightarrow[0\ ℃]{Br_2}$ 2-溴呋喃（O, Br）

呋喃 $\xrightarrow[-40\ ℃]{Cl_2}$ 2-氯呋喃（O, Cl） + 2,5-二氯呋喃（Cl, O, Cl）

呋喃与卤素反应激烈，卤素稍过量，就会得到多卤化合物。

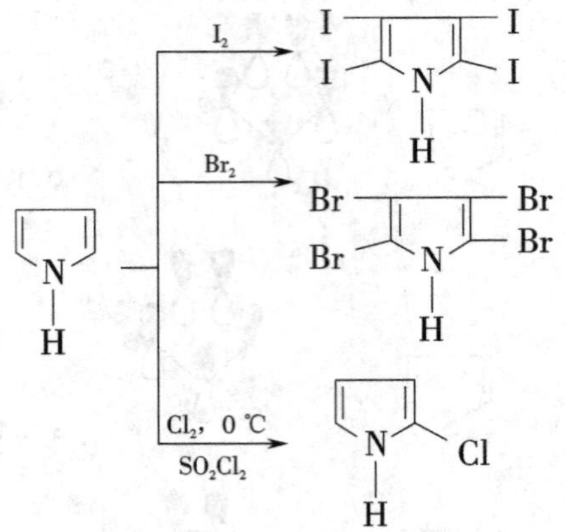

$I_2$

I I I I N H

$Br_2$

Br Br Br Br N H

N H

$Cl_2$，0 ℃ $SO_2Cl_2$

N Cl H

从偶极矩来看，氮的供电性强，使吡咯上碳原子电子云密度增大很多，极易发生取代反应。

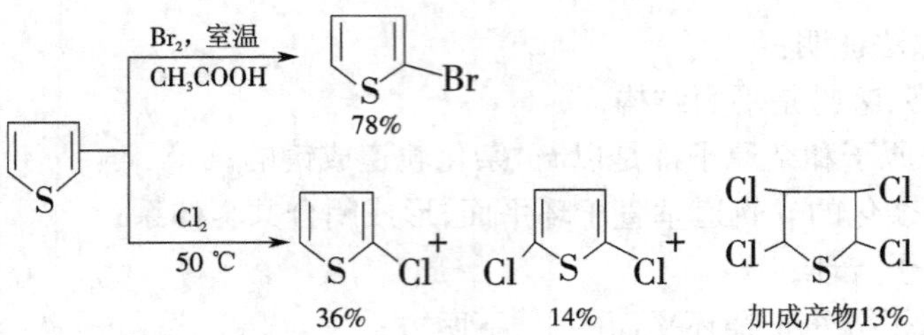

$Br_2$，室温 $CH_3COOH$

S Br 78%

S

$Cl_2$ 50 ℃

S Cl 36% + Cl S Cl 14% + Cl Cl Cl S Cl 加成产物13%

2）硝化反应

在强酸作用下，呋喃与吡咯很容易开环形成聚合物，因此不能像苯那样用一般的方法进行硝化。五元杂环的硝化，一般用比较温和的非质子硝化剂——乙酰基硝酸酯（$CH_3COONO_2$）在低温度下进行，硝基主要进入 $\alpha$ 位。

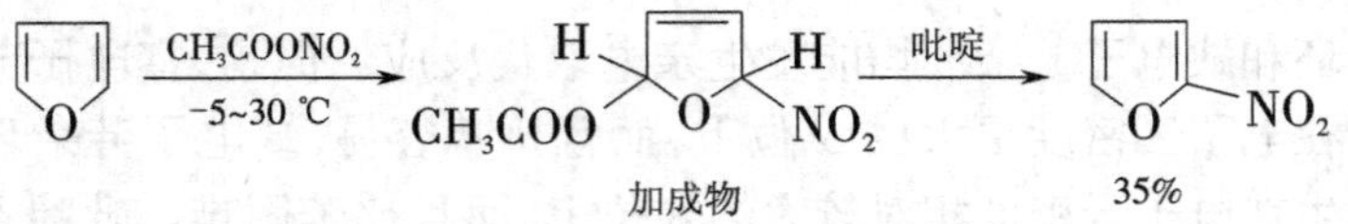

O $\xrightarrow[-5\sim30\ ℃]{CH_3COONO_2}$ H H $CH_3COO$ O $NO_2$ 加成物 $\xrightarrow{吡啶}$ O $NO_2$ 35%

乙酰基硝酸酯是较为温和的硝化剂，用时临时制备。

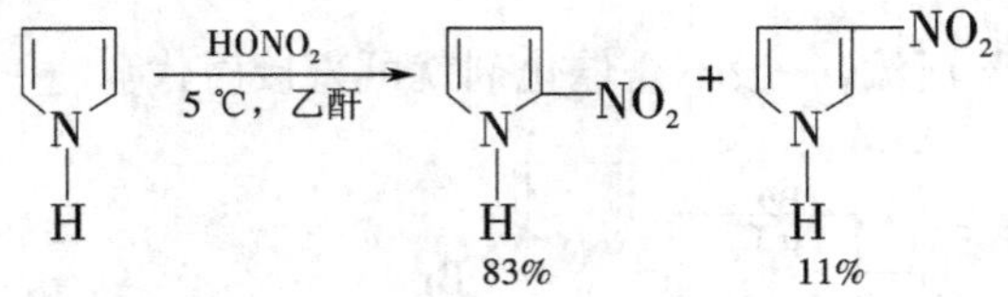

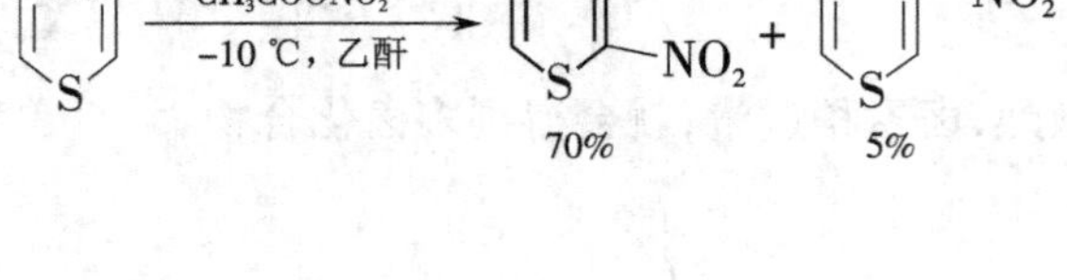

N H $\xrightarrow[5\ ℃，乙酐]{HONO_2}$ N H $NO_2$ 83% + $NO_2$ N H 11%

S $\xrightarrow[-10\ ℃，乙酐]{CH_3COONO_2}$ S $NO_2$ 70% + $NO_2$ S 5%

3) 磺化反应

噻吩在室温下即可直接磺化，生成易溶于水的 α－噻吩磺酸。这个反应常用来除去粗苯中的噻吩。吡咯和呋喃对酸敏感，吡咯在酸性条件下易聚合；呋喃遇酸会开环，故需用吡啶与三氧化硫的复合物作磺化剂。例如：

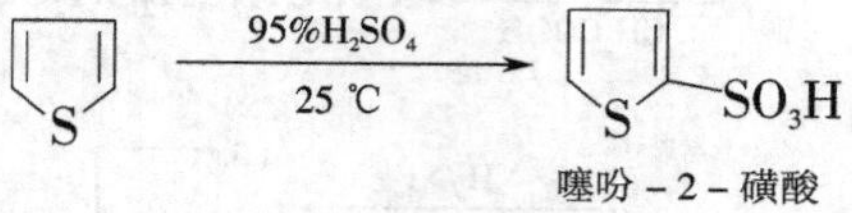

95% $H_2SO_4$, 25 ℃ → $SO_3H$

噻吩－2－磺酸

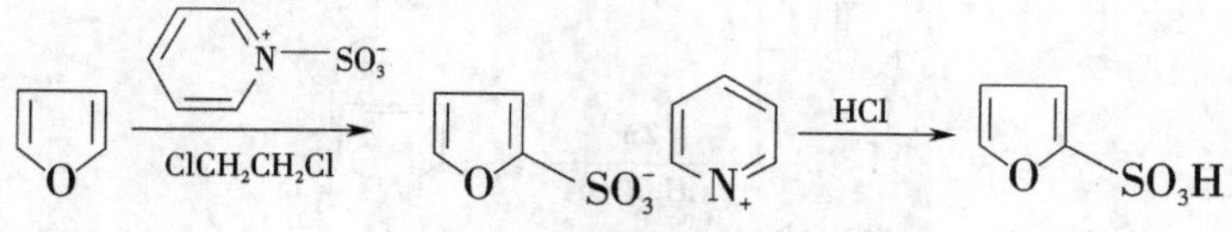

$ClCH_2CH_2Cl$ → $SO_3^-$ $N^+$ —HCl→ $SO_3H$

呋喃－2－磺酸吡啶盐　41%

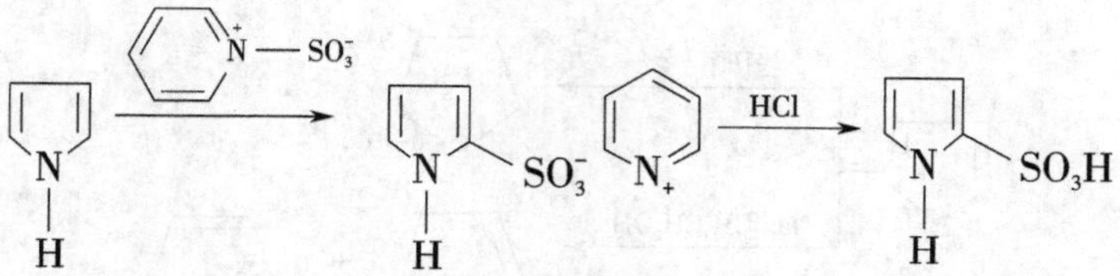

$N^+—SO_3^-$ → $SO_3^-$ $N^+$ —HCl→ $SO_3H$

吡咯－2－磺酸吡啶盐

**问题 9－2**　用化学方法除去混在苯中的少量噻吩。

4) 傅－克酰基化反应

由于呋喃、噻吩、吡咯的亲电取代反应活性较高，因此进行傅－克酰基化反应时，一般用比较缓和的催化剂。例如：

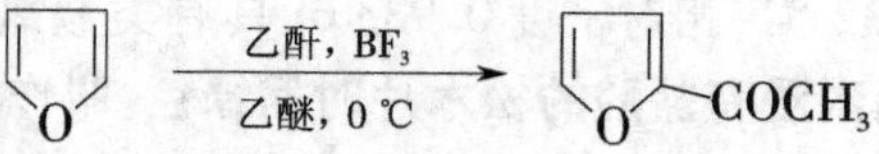

乙酐，$BF_3$ / 乙醚，0 ℃ → $COCH_3$

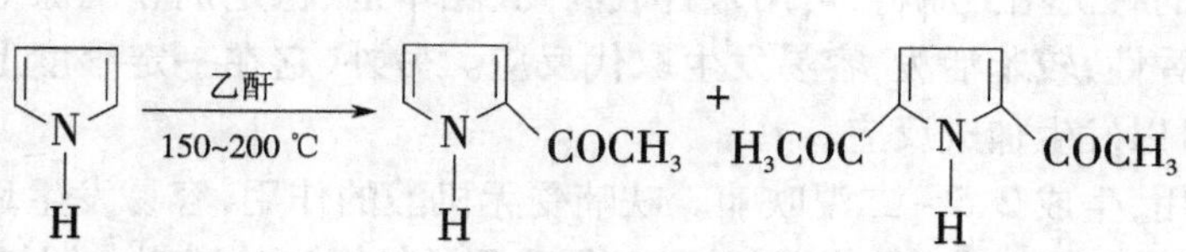

乙酐 / 150~200 ℃ → $COCH_3$ + $H_3COC$ $COCH_3$

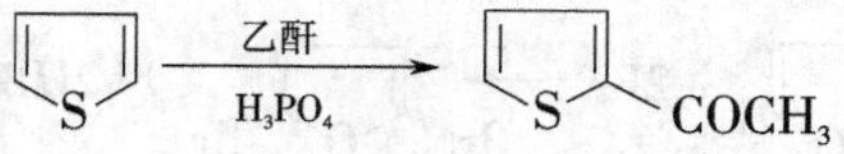

乙酐 / $H_3PO_4$ → $COCH_3$

2. 加成反应

呋喃、噻吩、吡咯均可进行催化加氢反应，产物是失去芳香性的饱和杂环化合物。呋喃、吡咯可用一般催化剂还原。噻吩中的硫能使催化剂中毒，不能用催化氢化的方法还原，需使用特殊催化剂。例如：

$$\text{呋喃} \xrightarrow[25\ ℃,\ 加压]{H_2/Ni} \text{四氢呋喃}$$

$$\text{呋喃} \xrightarrow[CH_3COOH]{H_2/Pt} CH_3CH_2CH_2CH_2OH$$

$$\text{吡咯} \xrightarrow{H_2/Ni} \text{四氢吡咯}$$

$$\text{吡咯} \xrightarrow[CH_3COOH]{Zn} \text{3-吡咯啉}$$

$$\text{噻吩} \xrightarrow{[H]} \text{四氢噻吩}$$

$$\text{噻吩} \xrightarrow{Na,\ CH_3CH_2OH} \text{2,3-二氢噻吩} + \text{2,5-二氢噻吩}$$

$$\text{呋喃} + Br_2 \xrightarrow{-50\ ℃} \text{2,5-二溴-2,5-二氢呋喃} \xrightarrow{CH_3OH} \text{2,5-二甲氧基-2,5-二氢呋喃}$$

## 三、重要的五元杂环化合物及其衍生物

1. 呋喃

呋喃为无色液体，沸点 32 ℃，相对密度 0.933 6，具有类似氯仿的气味，难溶于水，易溶于有机溶剂。**呋喃的蒸气遇到浸有盐酸的松木片时呈绿色，叫作松木片反应，可用来鉴定呋喃。**呋喃是重要的有机化工原料，可用来合成药物、除草剂、稳定剂和洗涤剂等精细化工产品。呋喃具有芳香性，较苯活泼，容易发生取代反应。另外，它在一定程度上还具有不饱和化合物的性质，可以发生加成反应。

呋喃与溴作用，生成 2,5－二溴呋喃。呋喃受无机酸的作用，容易发生环的断裂和树脂化，因此不能使用一般的硝化、磺化试剂，而必须采用比较缓和的试剂。例如：

$$\text{呋喃} + 2Br_2 \longrightarrow \text{2,5-二溴呋喃} + 2HBr$$

$$\text{呋喃} + CH_3COONO_2 \xrightarrow{-30\sim-5\ ℃} \text{2-硝基呋喃} + CH_3COOH$$

$$\text{呋喃} \xrightarrow[\text{ClCH}_2\text{CH}_2\text{Cl}]{\text{C}_5\text{H}_5\overset{+}{\text{N}}-\text{SO}_3^-} \text{呋喃-2-}\text{SO}_3^- \ \text{C}_5\text{H}_5\text{N}^+\text{H} \xrightarrow{\text{HCl}} \text{呋喃-2-SO}_3\text{H}$$

呋喃可起傅－克酰基化反应，反应时一般用比较缓和的路易酸催化剂。

例如：

$$\text{呋喃} + (CH_3CO)_2O \xrightarrow[\text{或 } (C_2H_5)_2O\cdot BF_3]{SnCl_4} \text{呋喃-2-}COCH_3 + CH_3COOH$$

呋喃具有共轭双键的性质，它和顺丁烯二酸酐发生1,4－加成作用，即双烯合成反应，产率很高。

$$\text{呋喃} + \text{顺丁烯二酸酐 (CH—CO—O—CO—CH)} \longrightarrow \text{加成产物}$$

在催化剂作用下，呋喃加氢生成四氢呋喃：

$$\text{呋喃} + 2H_2 \xrightarrow[100\ ℃,\ 5\ MPa]{Ni} \text{四氢呋喃}$$

四氢呋喃为无色液体，沸点65 ℃，是一种优良的溶剂和重要的合成原料，常用以制取己二酸、己二胺、丁二烯等产品。

2. 糠醛（α－呋喃甲醛）

糠醛学名为α－呋喃甲醛，是呋喃衍生物中最重要的一个，它最初由米糠与稀酸共热制得，所以叫作糠醛。

纯糠醛为无色具有苦杏仁气味的油状液体，沸点162 ℃，熔点－36.5 ℃，相对密度1.160，可溶于水，并能与醇、醚混溶。在酸性或铁离子催化下易被空气氧化，颜色逐渐变深，由黄色→棕色→黑褐色。为防止氧化，可加入少量氢醌作为抗氧剂，再用碳酸钠中和游离酸。糠醛可发生银镜反应。**糠醛在醋酸存在下，与苯胺作用显红色，也可用来检验糠醛。**

1）制备

工业上以米糠、麦秆、玉米芯、棉子壳、甘蔗渣、花生壳等农副产品为原料，在稀酸催化下，这些农副产品中的多缩戊糖发生水解生成戊糖，进一步脱水环化即制得糠醛。

$$\text{甘蔗渣、花生壳等} \xrightarrow{\text{稀酸}} \text{戊多糖}[(C_5H_8O_4)_n] \xrightarrow[\triangle]{3\%\sim5\%\text{稀硫酸}}$$

$$\text{戊糖} \xrightarrow[\triangle]{H^+} \text{糠醛（呋喃-CHO）}$$

戊糖

2) 化学性质

糠醛的化学反应分为醛基上的反应和环上的取代反应。糠醛的化学性质与苯甲醛或甲醛相似，其醛基既能被氧化生成羧基，也能被还原成醇羟基。如采用催化加氢，则可将糠醛还原成四氢糠醇。

还原反应：

$$\text{C}_4\text{H}_3\text{O-CHO} + H_2 \xrightarrow[150\ ℃,\ 10\ MPa]{CuO,\ Cr_2O_3} \text{C}_4\text{H}_3\text{O-CH}_2\text{OH} \xrightarrow{H_2/Pt} \text{C}_4\text{H}_7\text{O-CH}_2\text{OH}$$

氧化反应：

$$\text{C}_4\text{H}_3\text{O-CHO} \xrightarrow[V_2O_5\text{-}MoO_3,\ 320\ ℃]{\text{气相催化氧化}} \text{顺丁烯二酸酐}$$

顺丁烯二酸酐

$$\text{C}_4\text{H}_3\text{O-CHO} \xrightarrow[KOH+KMnO_4]{\text{中性或碱性氧化}} \text{C}_4\text{H}_3\text{O-COOH}$$

糠醛还能在强碱作用下发生歧化反应——康尼查罗反应。例如：

$$\text{C}_4\text{H}_3\text{O-CHO} \xrightarrow{\text{浓}NaOH} \text{C}_4\text{H}_3\text{O-CH}_2\text{OH} + \text{C}_4\text{H}_3\text{O-COOH}$$

糠醛还可以用来合成四氢呋喃，进而可以制得己二酸、己二醇或己二胺等。例如：

$$\text{C}_4\text{H}_3\text{O-CHO} \xrightarrow[Ni,\ 280\ ℃]{\text{催化脱羰基}} \text{呋喃} \xrightarrow[125\ ℃,10\ MPa]{H_2/Pt} \text{四氢呋喃} \xrightarrow[140\ ℃]{HCl} \xrightarrow{NaCN}$$

$$\text{C}_4\text{H}_3\text{O-CHO} \xrightarrow[400\sim415\ ℃]{ZnO\text{-}Cr_2O_3\text{-}MnO_2,\ H_2O} \text{呋喃}$$

$$NCCH_2CH_2CH_2CH_2CN \begin{cases} \xrightarrow{\text{水解}} \text{己二酸} \xrightarrow{\text{还原}} \text{己二醇} \\ \xrightarrow{\text{还原}} \text{己二胺} \end{cases}$$

3) 用途

糠醛是良好的溶剂，广泛用于油漆及树脂工业；可用于合成苯酚糠醛塑料。

**问题 9 -3**　鉴别下列各组化合物：

(1)苯甲醛和糠醛　(2)苯、噻吩和苯酚　(3)呋喃和四氢呋喃

3. 吡咯

吡咯为无色油状液体，沸点 131 ℃，相对密度 0.969 8，有微弱的类似苯胺的气味，**吡咯的蒸气或醇溶液能使浸过盐酸的松木片呈红色，叫作松木片反应，可用来鉴定吡咯。**吡咯是许多重要的生物分子(如血红素、叶绿素、胆汁色素、某些氨基酸、许多生物碱及个别酶)的基本结构单元，其衍生物在工业上有广泛的应用。

吡咯虽可看作环状的亚胺(分子中存在—NH—原子团)，但由于 N 上的未共用电子对参与了杂环上的共轭体系，不易与质子结合，故而碱性极弱(比一般的仲胺弱得多)。它遇浓酸不能形成稳定的盐，而聚合成红色树脂状物质。相反，氮原子上的氢却具有弱酸性，可与固体氢氧化钾作用成盐。例如：

$$C_4H_4NH + KOH \longrightarrow C_4H_4N^-K^+ + H_2O$$

吡咯催化加氢生成四氢吡咯。四氢吡咯又称吡咯烷，为无色液体。四氢吡咯有脂肪仲胺的性质，有较强的碱性，是重要的化工原料，可用于制备药物、杀菌剂、杀虫剂等。

**问题 9 -4**　比较吡咯与四氢吡咯的碱性，并说明理由。

4. 吲哚

吲哚是由苯环和吡咯稠合而成的稠杂环化合物，因此又叫作苯并吡咯。苯并吡咯类化合物有吲哚和异吲哚两类。

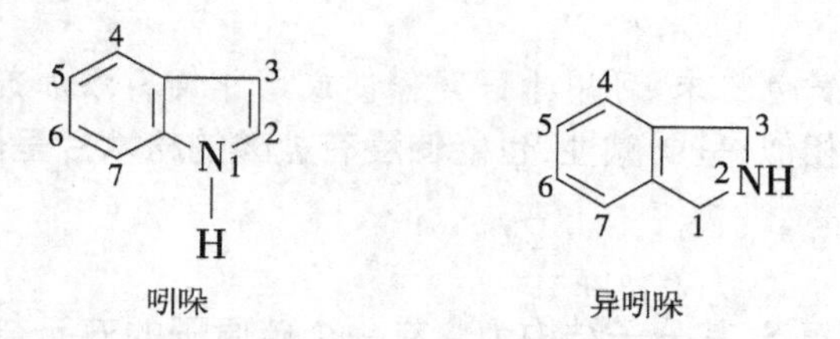


吲哚　　　　异吲哚

吲哚及其衍生物在自然界分布很广，主要存在于茉莉花与橙菊花内。在动物粪便中，也含有吲哚及其同系物 $\beta$ - 甲基吲哚(俗称粪臭素)，这是粪便产生臭味的主要原因。另外，煤焦油和从某些石油(如科威特原油)分馏出的煤油中都含有一定量的吲哚。天然植物激素 $\beta$ - 吲哚乙酸，一些生物碱如利血平、麦角碱等都是吲哚的衍生物，它们在动植物体内起着重要的生理作用。

吲哚为无色片状结晶，熔点 52 ℃，可溶于热水、乙醇、乙醚和苯等溶剂。其具有粪臭味，但纯吲哚的极稀溶液则有香味，可用于配制茉莉型香精，在香料中用作固香剂。吲哚与吡咯相似，几乎无碱性，也能与钾作用生成吲哚钾。吲哚的亲电取代反应发生在 $\beta$ 位上，加成和

取代都在吡咯环上进行。**吲哚也能使浸有盐酸的松木片显红色。**

吲哚的许多衍生物如靛蓝、色氨酸及$\beta$-吲哚乙酸等是用途广泛的染料和医药。

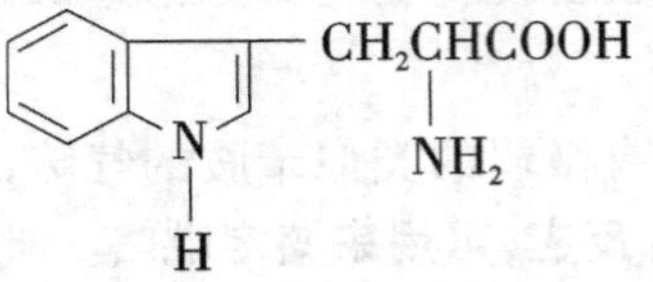

$CH_2CHCOOH$ / $NH_2$ / N—H　　　$CH_2COOH$ / N—H　　　O / H—N / N—H / O

色氨酸 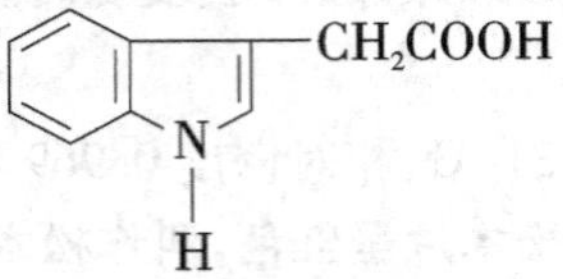　　　$\beta$-吲哚乙酸 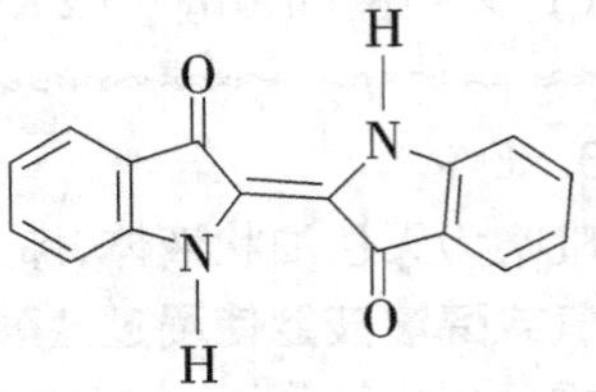　　　靛蓝

色氨酸是人体八种必需的氨基酸之一，主要用于制药业，也可用作饲料添加剂，以提高动物蛋白的质量。

$\beta$-吲哚乙酸（俗称茁长素）存在于动植物体中，是无色晶体。它是一种植物生长激素，能促使植物插枝生根，并对促进果实的成熟与形成无子果实有良效，在农业上具有广泛应用。

靛蓝是最早发现的一种天然染料，为深蓝色固体，熔点391 ℃，不溶于水，它是我国古代使用得很广泛的一种蓝色染料，色泽鲜艳，现在常用作牛仔布染料。此外，靛蓝在医药上可用作清热解毒剂，治疗腮腺炎。由于靛蓝不溶于水，因此染色时应先用保险粉（$Na_2S_2O_3$）将它还原为靛白，靛白能溶于碱溶液，对纤维有很强的亲和力，可以附着于织物上。将浸过靛白溶液的织物取出晾干，靛白在空气中很容易被氧化成靛蓝，并牢固地附着在织物纤维上。靛蓝现已以苯胺为原料合成。

褪黑素（又称松果体素或脑白金）也是吲哚的衍生物，其结构式为

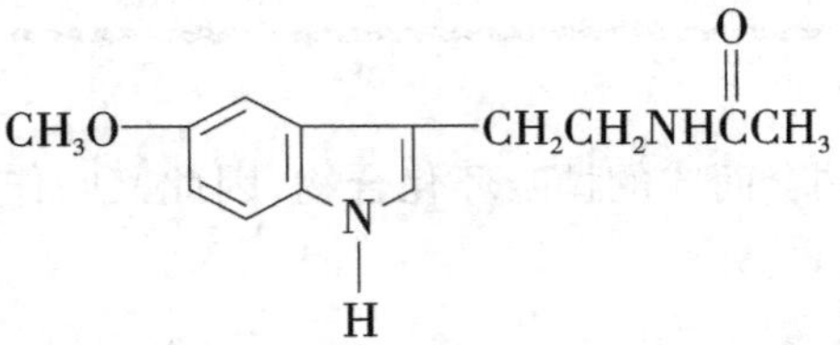

$CH_3O$—　—$CH_2CH_2NHCCH_3$（C=O）/ N—H

褪黑素为白色或微黄色粉末，可用于医药保健或用作饲料添加剂。

吲哚的性质与吡咯相似，呈弱碱性，**也能使浸有盐酸的松木片呈红色**。它在空气中颜色变深，渐渐变成树脂状。

5. 噻吩

噻吩的分子式为$C_4H_4S$，其分子结构为含有一个硫原子的五元杂环。噻吩是无色、有难闻臭味的液体，熔点为 -38.2 ℃，沸点为84.2 ℃，相对密度为1.064 9，主要存在于煤焦油和页岩油中。由于沸点与苯接近，很难用蒸馏的方法将它们分开。噻吩溶于乙醇、乙醚、丙酮、苯等。

噻吩具有芳香性，与苯相似，但比苯更容易发生亲电取代反应，主要取代发生在2位上。噻吩2位上的氢也很容易被金属取代，生成汞和钠等的衍生物。噻吩环对氧化剂具有一定的稳定性，例如，烷基取代的噻吩氧化后可以形成噻吩羧酸。用金属钠在液氨和甲醇溶液内还原噻吩，可得二氢噻吩以及某些开环化合物。用催化氢化法还原噻吩，可得四氢噻吩。工业上噻吩用丁烷与硫反应制取，实验室中噻吩用1,4-二羰基化合物与五硫化二磷反应制

取。乙酰基丁酮与硫化磷反应,能生成2,5-二甲基噻吩。噻吩在许多场合可代替苯,用作制取染料和塑料的原料,但由于性质较为活泼,一般不如由苯制造出来的产品性质优良。噻吩也可用作溶剂。

## 四、呋喃、噻吩、吡咯的制备

吡咯、呋喃、噻吩的制备方法如下所示。

$$\text{呋喃} + NH_3 \xrightarrow[430\ ℃]{Al_2O_3} \text{吡咯(N-H)}$$

$$\text{糠醛(2-CHO)} \xrightarrow[\text{Ni, 280 ℃}]{\text{催化脱羰基}} \text{呋喃}$$

$$\text{糠醛(2-CHO)} \xrightarrow[400\sim415\ ℃]{ZnO-Cr_2O_3-MnO_2,\ H_2O} \text{呋喃}$$

$$CH_3CH_2CH_2CH_3 + S \xrightarrow{650\ ℃} \text{噻吩}$$

$$\left.\begin{matrix} CH_3CH{=}CHCH_3 \\ CH_3CH_2CH{=}CH_2 \end{matrix}\right\} + SO_2 \longrightarrow \text{噻吩}$$

$$R\text{-CO-CH}_2\text{CH}_2\text{-CO-}R \xrightarrow{P_2O_5} \text{2,5-R}_2\text{-呋喃}$$

$$R\text{-CO-CH}_2\text{CH}_2\text{-CO-}R \xrightarrow[\triangle]{P_2S_5} \text{2,5-R}_2\text{-噻吩}$$

$$R\text{-CO-CH}_2\text{CH}_2\text{-CO-}R \xrightarrow[H^+]{R'NH_2} \text{2,5-R}_2\text{-吡咯(N-H)}$$

**问题9-5** 呋喃、噻吩、吡咯和吲哚都有特殊的颜色反应,请加以总结比较。

# 第三节 六元杂环化合物

六元杂环化合物中最重要的有吡啶、嘧啶和吡喃等。吡啶是重要的有机碱试剂,嘧啶是组成核糖核酸的重要生物碱母体。

## 一、吡啶

### （一）吡啶的结构

六元杂环化合物中最重要的是吡啶。吡啶的分子结构从形式上看与苯十分相似，可以看作苯分子中的一个 CH 基团被 N 原子取代后的产物。根据杂化轨道理论，吡啶分子中五个碳原子和一个氮原子都是经过 $sp^2$ 杂化而成键的，同时这六个原子的 p 轨道也相互平行重叠，形成一个闭合共轭大 π 键。吡啶符合休克尔规则，所以吡啶具有芳香性。吡啶存在于煤焦油、页岩油、骨焦油及某些石油催化裂化的煤油馏分中。在工业上，一般从煤焦油中提取。方法是将煤焦油分馏出的轻油组分用硫酸处理，吡啶和硫酸成盐后溶解于酸中，然后加碱中和，游离出吡啶，再经蒸馏制得。

### （二）吡啶的性质

吡啶为有特殊臭味的无色液体，沸点 115 ℃，相对密度为 0.982，可与水、乙醇、乙醚、苯等混溶，能溶解许多有机化合物和无机盐，是良好的有机溶剂。吡啶能和无水氯化钙生成配合物，所以不能使用氯化钙干燥吡啶。吡啶是一种弱碱，能使湿润的石蕊试纸变蓝，可由此来鉴定吡啶。吡啶是重要的有机合成原料（如合成药物）、良好的有机溶剂和有机合成催化剂。

1. 碱性及成盐

由于吡啶环上的氮原子有一对未共用电子对没有参与共轭，能接受质子，因此具有碱性，易接受亲电试剂而成盐。吡啶的碱性比苯胺强，但比脂肪胺和氨要弱得多。

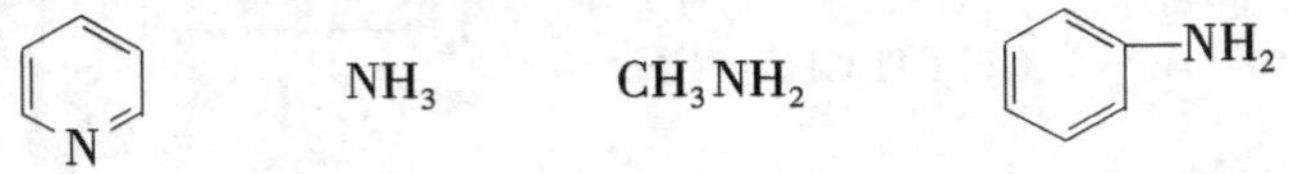

| | 吡啶（N） | $NH_3$ | $CH_3NH_2$ | 苯胺（$C_6H_5NH_2$） |
|---|---|---|---|---|
| $pK_b$ | 8.8 | 4.74 | 3.36 | 9.38 |

胺分子中氮原子上的未共用电子对和苯环产生 p－π 共轭，使氮原子上的电子云密度减小，而吡啶分子中氮原子上的未共用电子对不参与环上的共轭体系，所以吡啶的碱性比苯胺强。由于吡啶分子中氮原子的未共用电子对处于 $sp^2$ 杂化轨道上，而脂肪胺分子中氮原子的未共用电子对处于 $sp^3$ 杂化轨道上。$sp^2$ 杂化轨道的 s 成分大于 $sp^3$ 杂化轨道的 s 成分，离核近，电子更靠近核，不容易与质子结合，所以吡啶的碱性比脂肪胺弱。

**问题 9－6** 将下列化合物按碱性由强到弱的顺序排列：

（1）吡咯 （2）吡啶 （3）苯胺 （4）三甲胺

吡啶易与酸和活泼的卤代物成盐。

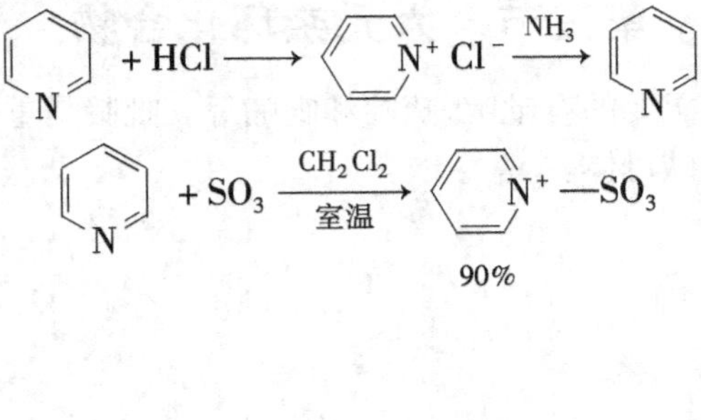

$$\text{吡啶} + HCl \longrightarrow \text{吡啶}N^+H\ Cl^- \xrightarrow{NH_3} \text{吡啶}$$

$$\text{吡啶} + SO_3 \xrightarrow[\text{室温}]{CH_2Cl_2} \text{吡啶}N^+\text{—}SO_3^-$$

90%

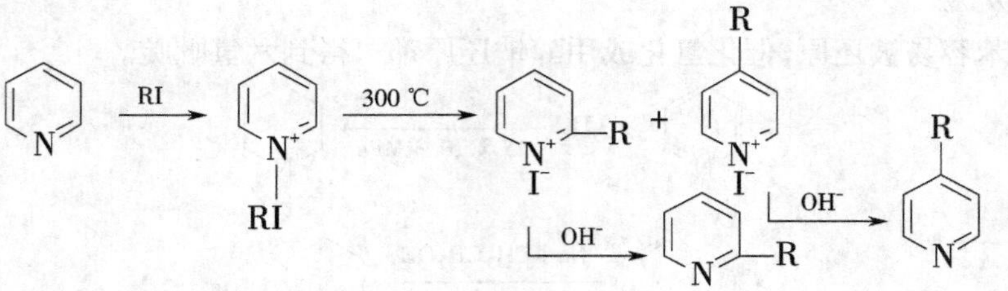

Pyridine $\xrightarrow{RI}$ N-RI pyridinium $\xrightarrow{300\ ℃}$ 2-R-pyridinium $I^-$ + 4-R-pyridinium $I^-$; $\xrightarrow{OH^-}$ 2-R-pyridine; $\xrightarrow{OH^-}$ 4-R-pyridine

2. 亲电取代反应

吡啶环上氮原子为吸电子基，故吡啶环属于缺电子的芳杂环，与硝基苯相似。其亲电取代反应很不活泼，反应条件要求很高，不起傅-克烷基化和酰基化反应。亲电取代反应主要在$\beta$-位上。

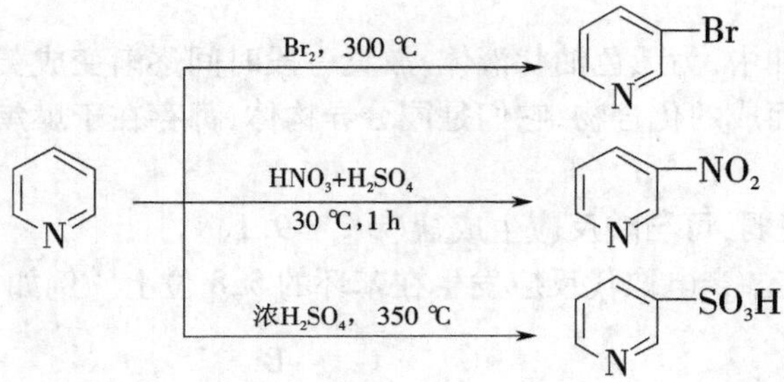

Pyridine $\xrightarrow{Br_2,\ 300\ ℃}$ 3-Br-pyridine

Pyridine $\xrightarrow[30\ ℃,\ 1\ h]{HNO_3+H_2SO_4}$ 3-$NO_2$-pyridine

Pyridine $\xrightarrow{浓H_2SO_4,\ 350\ ℃}$ 3-$SO_3H$-pyridine

3. 亲核取代反应

由于吡啶环上的电荷密度降低，且分布不均，故可发生亲核取代反应，主要生成$\alpha$-取代物。例如：

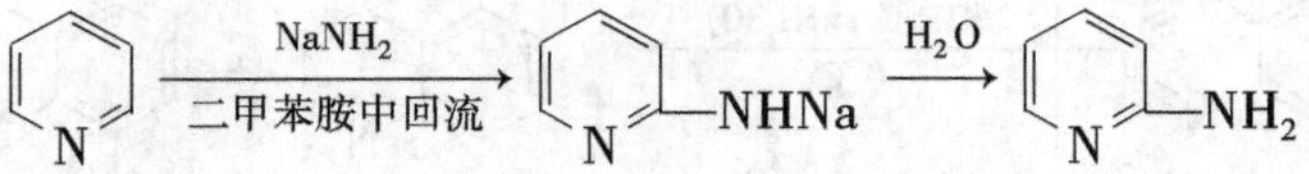

Pyridine $\xrightarrow[二甲苯胺中回流]{NaNH_2}$ 2-NHNa-pyridine $\xrightarrow{H_2O}$ 2-$NH_2$-pyridine

4. 氧化反应

吡啶比苯稳定，不易被氧化剂氧化。吡啶的同系物被氧化时，总是侧链先被氧化而芳杂环不被破坏，结果生成相应的吡啶甲酸。例如：

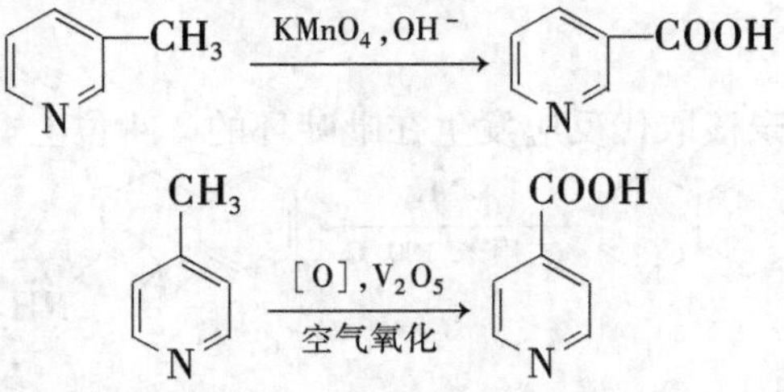

3-$CH_3$-pyridine $\xrightarrow{KMnO_4,OH^-}$ 3-COOH-pyridine

4-$CH_3$-pyridine $\xrightarrow[空气氧化]{[O],V_2O_5}$ 4-COOH-pyridine

3-吡啶甲酸俗名烟酸，又称维生素 PP。烟酸是 B 族维生素之一，为白色晶体，味苦，存在于肉类、花生、米糠和酵母中，体内缺乏烟酸会引起癞皮病。主要用于治疗癞皮病、口腔类及血管硬化等病症。

4-吡啶甲酸俗名异烟酸，为无色晶体，能升华，是合成抗结核药物——异烟肼（俗名雷米封）的中间体。

5. 还原反应

吡啶较苯容易被还原，催化氢化或用醇钠还原都可得到六氢吡啶。

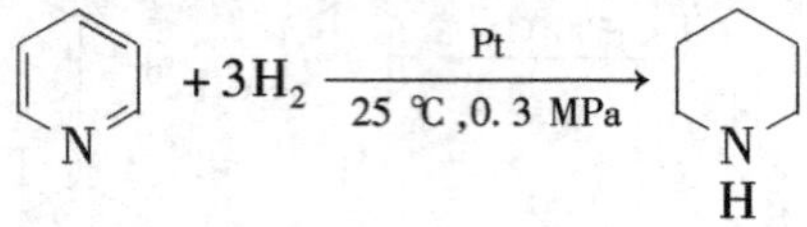

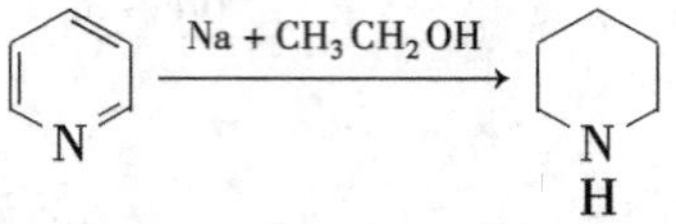

$$\text{吡啶} + 3H_2 \xrightarrow[25\ ℃, 0.3\ MPa]{Pt} \text{六氢吡啶（NH）}$$

$$\text{吡啶} \xrightarrow{Na + CH_3CH_2OH} \text{六氢吡啶（NH）}$$

吡啶衍生物广泛存在于自然界，例如，植物所含的生物碱不少都具有吡啶环结构，维生素 PP、维生素 $B_6$、辅酶Ⅰ及辅酶Ⅱ也含有吡啶环。

## 二、喹啉

喹啉存在于煤焦油中，为无色油状液体，放置一段时间逐渐变成黄色。喹啉和异喹啉都是苯环与吡啶环稠合而成的化合物，它们是同分异构体，都存在于煤焦油和骨焦油中。喹啉具有如下特点。

(1)碱性比吡啶稍弱，可与酸反应生成盐（$pK_a = 9.1$）。

(2)亲电取代反应。亲电取代反应发生在苯环的 5,8 位上。例如：

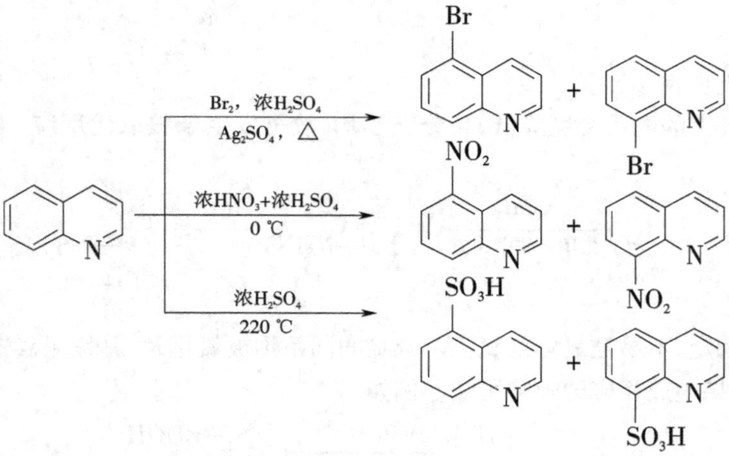

$$\text{喹啉} \xrightarrow[Ag_2SO_4,\ \triangle]{Br_2,\ 浓H_2SO_4} \text{5-溴喹啉（Br）} + \text{8-溴喹啉（Br）}$$

$$\text{喹啉} \xrightarrow[0\ ℃]{浓HNO_3+浓H_2SO_4} \text{5-硝基喹啉（}NO_2\text{）} + \text{8-硝基喹啉（}NO_2\text{）}$$

$$\text{喹啉} \xrightarrow[220\ ℃]{浓H_2SO_4} \text{5-喹啉磺酸（}SO_3H\text{）} + \text{8-喹啉磺酸（}SO_3H\text{）}$$

(3)亲核取代反应。亲核取代反应发生在吡啶环的 2、4 位上。例如：

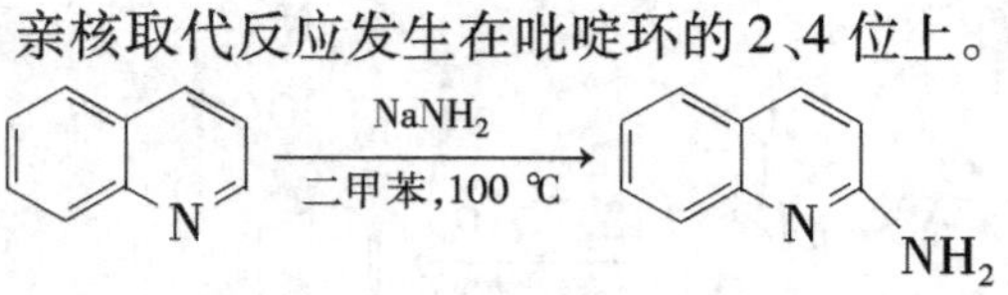

$$\text{喹啉} \xrightarrow[二甲苯,100\ ℃]{NaNH_2} \text{2-氨基喹啉（}NH_2\text{）}$$

(4)还原反应。例如：

$$\text{喹啉} \xrightarrow[或\ Na + CH_3CH_2OH]{Sn + HCl} \text{1,2,3,4-四氢喹啉（NH）}$$

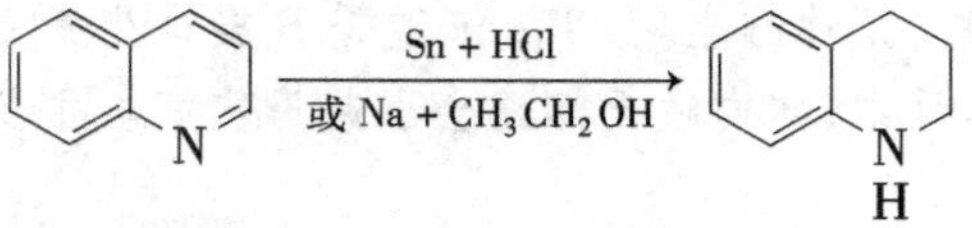

如果在强烈条件下还原，则喹啉被还原为十氢喹啉。

(5)氧化反应。例如：

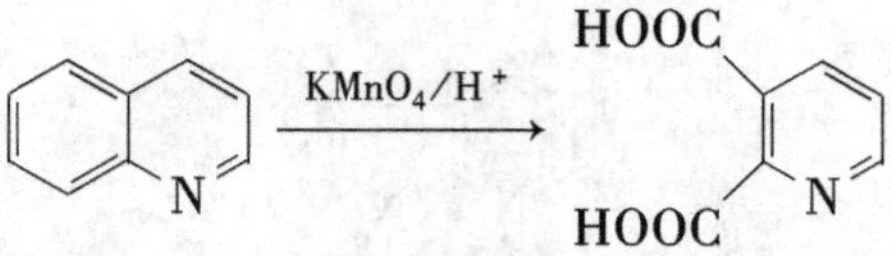

$\xrightarrow{KMnO_4/H^+}$ HOOC, HOOC, N

问题 9-7　完成下列反应式。

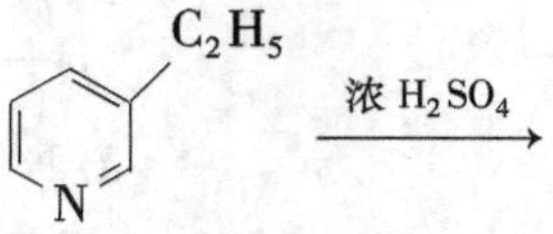

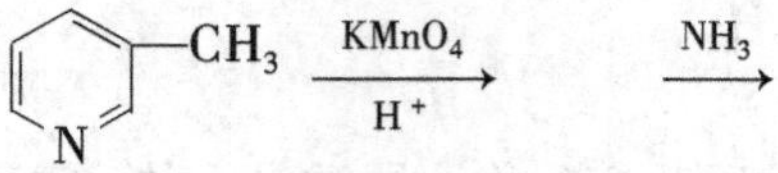

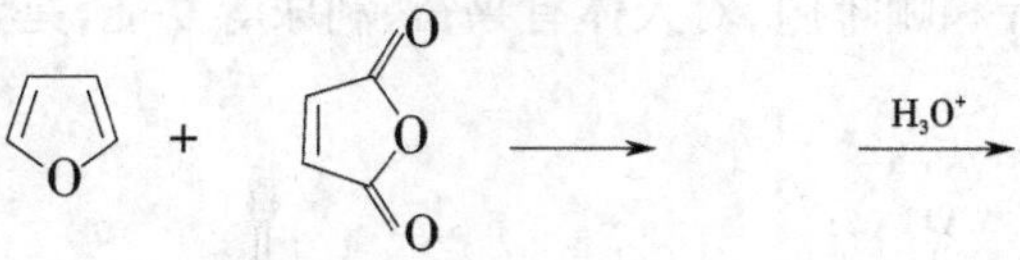

S $\xrightarrow{\text{浓}H_2SO_4}$

$C_2H_5$, N $\xrightarrow{\text{浓 }H_2SO_4}$

N, $-CH_3$ $\xrightarrow[H^+]{KMnO_4}$ $\xrightarrow{NH_3}$

O + O, O, O $\longrightarrow$ $\xrightarrow{H_3O^+}$

三、嘧啶和嘌呤

1. 嘧啶

嘧啶又称间二嗪，是含有两个氮原子的六元杂环化合物，本身并不存在于自然界中。它为无色结晶，熔点 22 ℃，易溶于水。嘧啶的衍生物广泛分布于生物体内，在生理和药物上都具有重要的作用。含有嘧啶环的碱性化合物也常称为嘧啶碱，例如，嘧啶的衍生物——尿嘧啶和胸腺嘧啶以及尿嘧啶的胺衍生物——胞嘧啶，是核酸的重要组成部分。维生素 $B_1$ 和磺胺嘧啶中也含有嘧啶环。

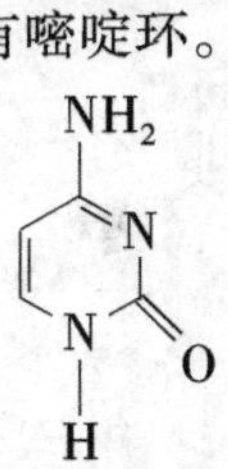

$NH_2$, N, N, O, H　　O, N—H, N, O, H　　O, $H_3C$, N—H, N, O, H

胞嘧啶（C） 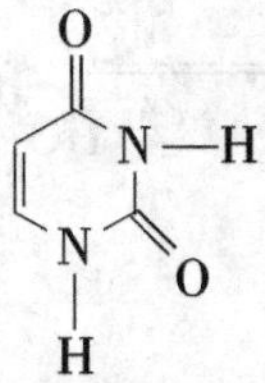　　尿嘧啶（U） 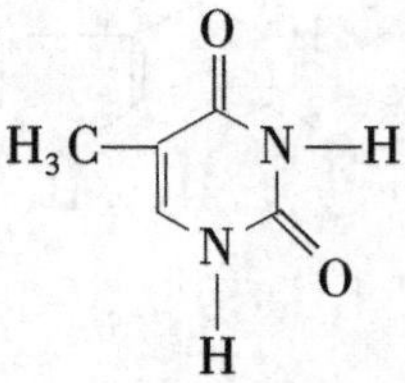　　胸腺嘧啶（T）

2. 嘌呤

嘌呤是由一个嘧啶环和一个咪唑环稠合而成的。嘌呤为无色晶体，熔点 216～217 ℃，易溶于水，其水溶液呈中性，但却能与酸或碱生成盐。嘌呤的结构式及原子编号如下：

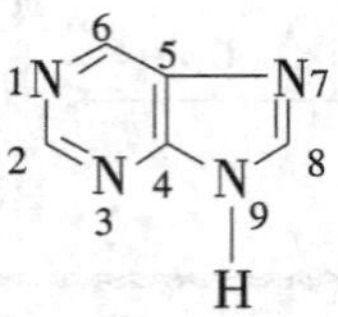

1N 6 5 N7 2 N 3 4 N 9 8 H

嘌呤本身不存在于自然界中，但其衍生物（也常称为嘌呤碱）在自然界分布很广。如腺嘌呤和鸟嘌呤是核酸的组成部分。

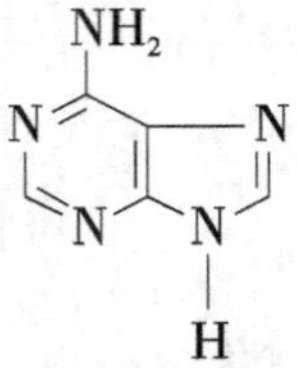

$NH_2$ N N N N H

腺嘌呤（A）

O H—N N $H_2N$ N N H

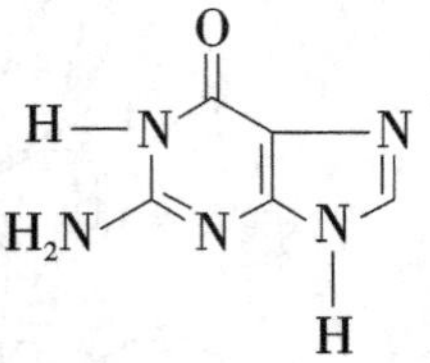

鸟嘌呤（G）

尿酸和咖啡碱也是常见的嘌呤衍生物。尿酸是人体和高等动物核酸的代谢产物，存在于尿中。咖啡碱含于茶叶和咖啡内，对人体有兴奋、利尿等功能，是常用退热药 APC 的成分之一。

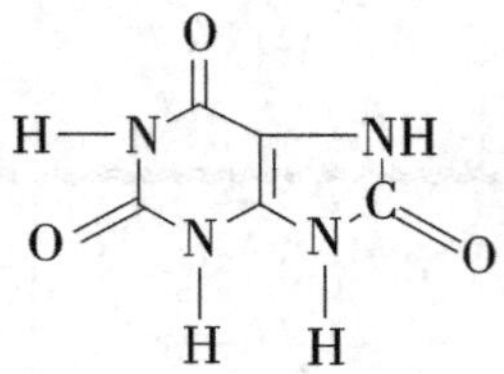

O H—N NH C O N N O H H

尿酸

O $H_3C$—N N—$CH_3$ CH O N N $CH_3$

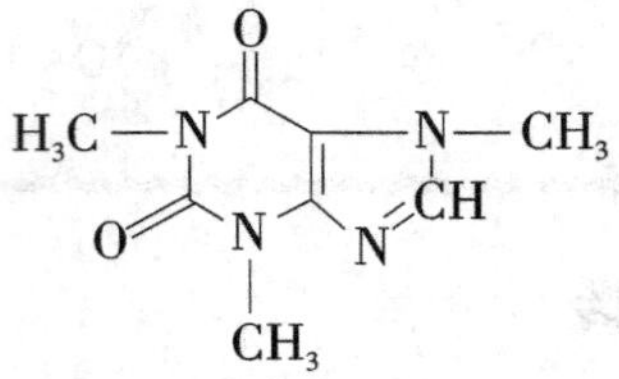

咖啡碱

嘌呤的氨基及羟基衍生物广泛存在于动植物体中。存在于生物体内组成核酸的嘌呤碱基有腺嘌呤（Adenine，简写 A）和鸟嘌呤（Guanine，简写 G），是嘌呤的重要衍生物。它们都存在互变异构体，在生物体内，主要以右边异构体的形式存在。

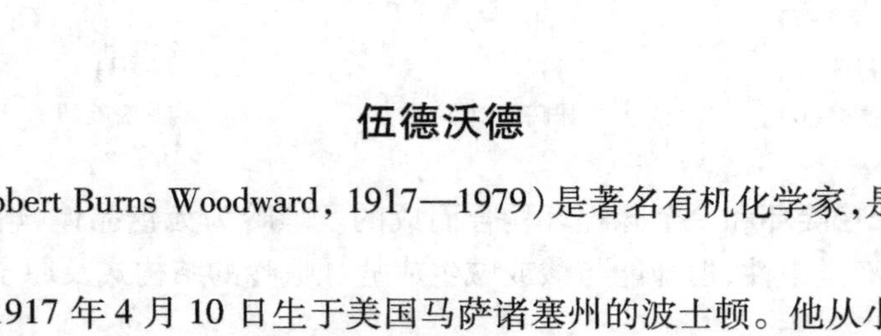

O HN NH O N H N H O ⇌ OH N N HO N N H OH

**阅读材料一**

## 伍德沃德

伍德沃德（Robert Burns Woodward，1917—1979）是著名有机化学家，是复杂有机化合物的合成大师。

伍德沃德于 1917 年 4 月 10 日生于美国马萨诸塞州的波士顿。他从小喜读书，善思考，学习成绩优异。1933 年夏，只有 16 岁的伍德沃德就以优异的成绩考入美国的著名大学麻省理工学院。在全班学生中，他是年龄最小的一个，素有“神童”之称，学校为了培养他，为他单独安排了许多课程。他聪颖过人，只用了3年时间就学完了大学的全部课程，并以出色的成绩获得了学士学位。伍德沃德获学士学位后，直接攻取博士学位，只用了1年的时间，学完了博士生的所有课程，通过论文答辩获博士学位。从学士到博士，普通人往往需要6年左右的时间，而伍德沃德只用了1年，这在他同龄人中是最快的。获博士学位以后，伍德沃德在哈佛大学执教，1950年被聘为教授。他教学极为严谨，且有很强的吸引力，特别重视化学演示实验，着重训练学生的实验技巧。他培养的学生，许多成了化学界的知名人士，其中包括获得1981年诺贝尔化学奖的波兰裔美国化学家霍夫曼（R. Hoffmann）。伍德沃德在化学上的出色成就使他名扬全球。1963年，瑞士人集资办了一所化学研究所，此研究所就以伍德沃德的名字命名，并聘请他担任了第一任所长。

伍德沃德是20世纪在有机合成化学实验和理论上取得划时代成果的罕见的有机化学家，他以极其精巧的技术合成了胆甾醇、马钱子碱、利血平、叶绿素等多种复杂有机化合物。据不完全统计，他合成的各种极难合成的复杂有机化合物达24种以上，所以他被称为“现代有机合成之父”。伍德沃德还探明了金霉素、土霉素、河豚素等复杂有机物的结构与功能，探索了核酸与蛋白质的合成问题，发现了以他的名字命名的伍德沃德有机反应和伍德沃德有机试剂。他在有机化学合成、结构分析、理论说明等多个领域都有独到的见解和杰出的贡献，他还独立地提出了二茂铁的夹心结构，这一结构与英国化学家威尔金森（G. Wilkinson）、菲舍尔（E. O. Fischer）的研究结果完全一致。

1965年，伍德沃德因在有机合成方面的杰出贡献而荣获诺贝尔化学奖。获奖后，他并没有因为功成名就而停止工作，而是向着更艰巨复杂的化学合成方向前进。他组织了14个国家的110位化学家，协同攻关，探索维生素$B_{12}$的人工合成问题。在他以前，这种极为重要的药物只能从动物的内脏中经人工提炼，所以价格极为昂贵，且供不应求。维生素$B_{12}$的结构极为复杂，伍德沃德经研究发现，它有181个原子，在空间呈魔毡状分布，性质极为脆弱，受强酸、强碱、高温的作用都会分解，这就给人工合成造成极大的困难。伍德沃德设计了一个拼接式合成方案，即先合成维生素$B_{12}$的各个局部，然后再把它们对接起来。这种方法后来成了合成有机大分子普遍采用的方法。

在合成维生素$B_{12}$的过程中，不仅存在一个创立新的合成技术的问题，还遇到一个传统化学理论不能解释的有机理论问题。为此，伍德沃德参照了日本化学家福井谦一提出的“前线轨道理论”，和他的学生兼助手霍夫曼一起，提出了分子轨道对称守恒原理，这一理论用对称性简单直观地解释了许多有机化学过程，如电环合反应过程、环加成反应过程、σ键迁移过程等。该原理指出，反应物分子外层轨道对称一致时，反应就易进行，这叫“对称性允许”；反应物分子外层轨道对称性不一致时，反应就不易进行，这叫“对称性禁阻”。分子轨道理论的创立，使霍夫曼和福井谦一共同获得了1981年诺贝尔化学奖。因为当时，伍德沃德已去世2年，而诺贝尔奖又不授给已去世的科学家，所以学术界认为，如果伍德沃德还健在的话，他必是获奖人之一，那样，他将成为少数两次获得诺贝尔奖金的科学家之一。

伍德沃德为合成维生素$B_{12}$共做了近千个复杂的有机合成实验，历时11年，终于在他谢世前几年完成了复杂的维生素$B_{12}$的合成工作。参加维生素$B_{12}$之合成的化学家，除了霍夫曼以外，还有瑞士著名化学家埃申莫塞（A. Eschenilloser）等。

在有机合成过程中，伍德沃德以惊人的毅力夜以继日地工作。例如在合成番木鳖碱、奎宁碱等复杂物质时，需要长时间的守护和观察、记录，那时，伍德沃德每天只睡4个小时，其他时间均在实验室工作。

伍德沃德谦虚和善,不计名利,善于与人合作,一旦出了成果,发表论文时,总喜欢把合作者的名字署在前边,他自己有时干脆不署名。对他的这一高尚品质,学术界和他共过事的人都交口称赞。

伍德沃德对化学教育尽心竭力,他一生共培养研究生、进修生500多人,他的学生已布满世界各地。伍德沃德在总结他的工作时说:“之所以能取得一些成绩,是因为有幸和世界上众多能干又热心的化学家合作。”

1979年6月8日,伍德沃德因积劳成疾,与世长辞,终年62岁。他在辞世前还面对他的学生和助手,念念不忘许多需要进一步研究的复杂有机物的合成工作。他逝世以后,人们经常以各种方式悼念这位有机化学巨星。

## 屠呦呦

北京时间2015年10月5日,中国女药学家屠呦呦因为在创制新型抗疟药青蒿素上的贡献,获得诺贝尔生理学或医学奖。屠呦呦也是首位获得诺贝尔科学类奖项的中国女科学家。

当地时间12月7日下午(北京时间7日晚),屠呦呦在卡罗琳医学院诺贝尔大厅用中文做题为《青蒿素的发现:传统中医献给世界的礼物》的演讲。屠呦呦在演讲中说:“‘中国医药学是一个伟大宝库,应当努力发掘,加以提高。’青蒿素正是从这一宝库中发掘出来的。通过抗疟药青蒿素的研究经历,深感中西医药各有所长,二者有机结合,优势互补,当具有更大的开发潜力和良好的发展前景。”

屠呦呦于1930年12月30日出生于浙江省宁波市,祖籍宁波鄞县(今宁波鄞州区)。父亲给她起名“呦呦”,源自中国古籍《诗经》中的诗句:“呦呦鹿鸣,食野之苹。”

1951年,屠呦呦如愿考入北京医学院(现为北京大学医学部)药学系,所选专业正是当时一般人缺乏兴趣的生药学。她觉得生药专业最接近具有悠久历史的中医药领域,符合自己的志趣和理想。在专业课程中,她尤其对植物化学、本草学和植物分类学有着极大的兴趣。1955年,大学毕业后她被分配到卫生部直属的中医研究院(现中国中医研究院)工作。

1977年3月,她首次以“青蒿素结构研究协作组”的名义撰写的论文《一种新型的倍半萜内酯——青蒿素》发表于《科学通报》,引起了世界各国的密切关注和高度重视。

1981年10月,在北京召开的由世界卫生组织等主办的国际青蒿素会议上,屠呦呦以首席发言人的身份做《青蒿素的化学研究》的报告,引起国内外代表的极大兴趣。

在长达50多年的中药和中西药结合研究中,屠呦呦最为突出的贡献,就是带领课题组在发现青蒿素的道路上写下了浓浓一笔。其研究成果斩获诸多大奖:1978年,青蒿素抗疟研究课题荣获全国科学大会“国家重大科技成果奖”;1979年,获国家科委授予的发明奖;1982年出席全国技术奖励大会,领取发明奖章和证书;1984年,青蒿素的研制成功被中华医学会等评为“中华人民共和国成立35年以来20项重大医药科技成果”之一。

青蒿在中国民间又称作臭蒿和苦蒿,属菊科一年生草本植物。中国《诗经》中的“呦呦鹿鸣,食野之蒿”中所指之物即为青蒿。早在公元前2世纪,中国先秦医方书《五十二病方》已经对植物青蒿有所记载;公元前340年,东晋葛洪在其撰写的中医方剂《肘后备急方》一书中，首次描述了青蒿的退热功能；李时珍的《本草纲目》则说它能"治疟疾寒热"。

据世界卫生组织统计，每年有32亿人处于罹患疟疾的风险之中，导致约1.98亿（不确定范围为1.24亿至2.83亿）例疟疾病例，估计发生58.4万（不确定范围为36.7万至75.5万）例疟疾死亡病例。中国20世纪70年代初的疟疾发病人数多达2 400万，到90年代后大幅缩小至数万，近年来每年数千人发病。医疗卫生的普及、青蒿素的发明拯救了千万中国人，也给第三世界国家带来了福音。2001年，世界卫生组织向恶性疟疾流行的所有国家推荐以青蒿素为基础的联合疗法。其实，抗疟疾青蒿素药物，也是我国唯一被世界承认的原创新药。

第二次世界大战结束后，引发疟疾的疟原虫产生了抗药性；20世纪60年代初，疟疾再次肆疟东南亚，疫情难以控制。

1969年，38岁的屠呦呦接受了中草药抗疟研究的艰巨任务，开始着手找寻新的抗疟药。她查阅了大量的古代医学书籍和民间的药方，寻找可能的配方。几年时间，她"几乎把南方的老中医都采访遍了"。

青蒿就是在这样的情况下进入了屠呦呦的视野。

不过，在第一轮的药物筛选和实验中，青蒿提取物对疟疾的抑制率只有68%，还不及胡椒有效果。在第二轮的药物筛选和实验中，青蒿的抗疟效果一度甚至只有12%。因此，在相当长的一段时间里，青蒿并没有引起大家的重视。

屠呦呦不甘心，她反复思考为什么青蒿古方记载和中药常用的煎熬法不同。

"1971年10月4日，那是第191号样品。"终于，在190次失败之后，1971年屠呦呦课题组在第191次低沸点实验中发现了抗疟效果为100%的青蒿提取物。

1972年，该成果得到重视，研究人员从这一提取物中提炼出抗疟有效成分青蒿素，后来被广泛应用。

## 习　题

### 一、填空题

1. 杂环化合物是根据________进行分类的，试各举例两个：五元杂环化物______、______，六元杂环化合物______、______。

2. 生物碱是________。生物碱多根据其来源命名，如______、______。

### 二、简答题

1. 写出下列化合物的构造式。

(1) $\alpha$ - 呋喃甲醇　　(2) $\alpha,\beta'$ - 二甲基噻吩

(3) 溴化 N,N - 二甲基四氢吡咯　　(4) 2 - 甲基 - 5 - 乙烯基吡啶

(5) 2,5 - 二氢噻吩

2. 命名下列化合物。

(1) 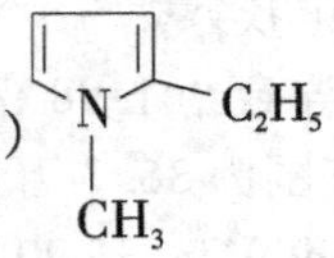 $C_2H_5$ N $CH_3$　(2) $H_3C$ S N　(3) $CH_2COOH$ N H

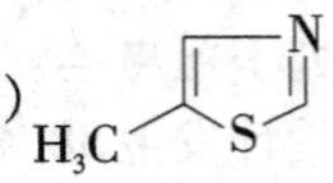

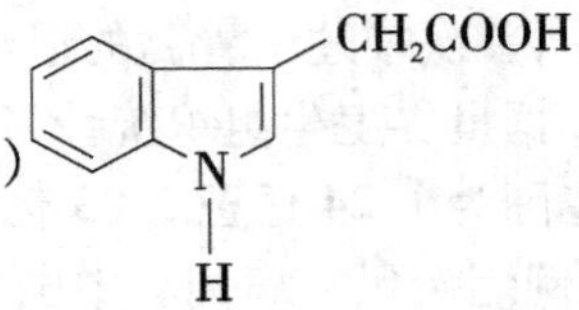

(4) 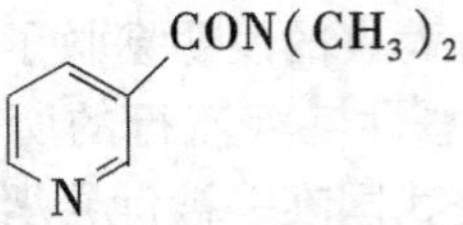 $CON(CH_3)_2$ N

3. 将下列化合物按碱性强弱排列顺序。

(1) 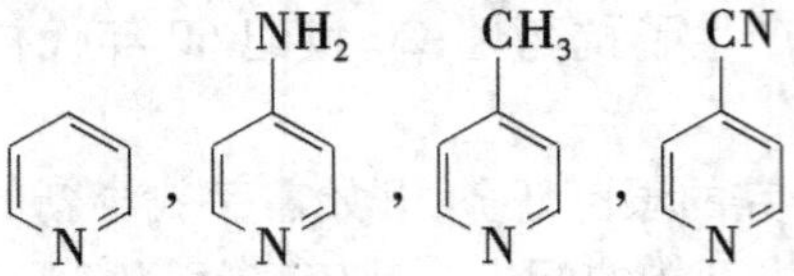 N, $NH_2$ N, $CH_3$ N, CN N

(2) N H, N, F N, O N H, N H

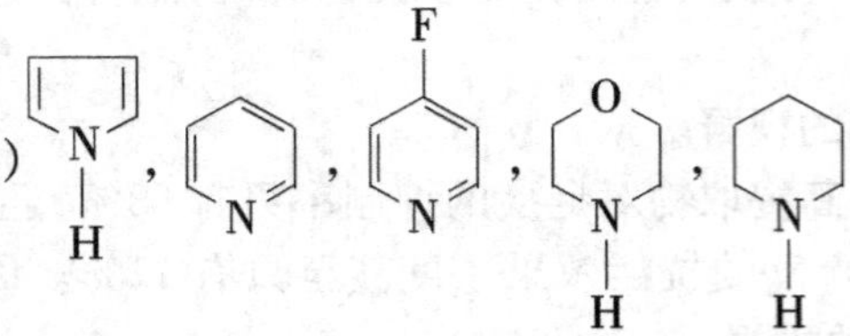

4. 完成下列反应式,写出主要反应产物:

(1) 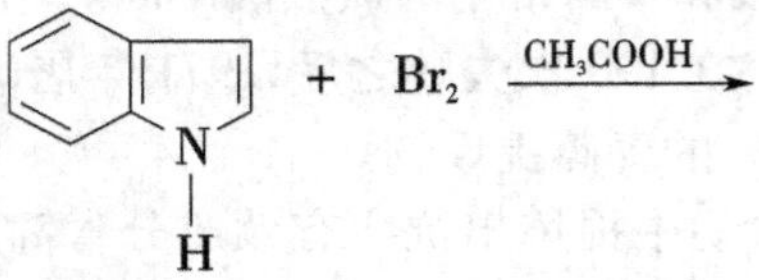 N H $+ Br_2 \xrightarrow{CH_3COOH}$

(2) COOH N COOH $\xrightarrow[\triangle]{-CO_2}$

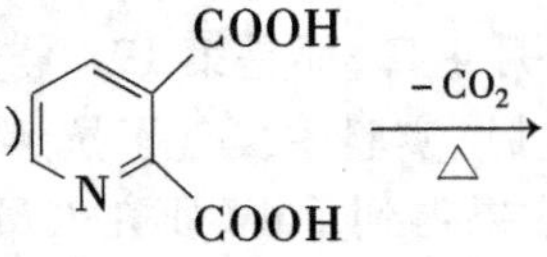

(3) 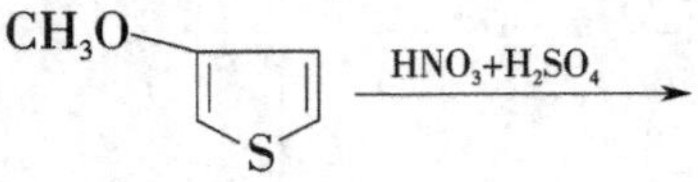 $CH_3O$ S $\xrightarrow{HNO_3+H_2SO_4}$

(4) S $COCH_3$ $\xrightarrow{HNO_3+H_2SO_4}$

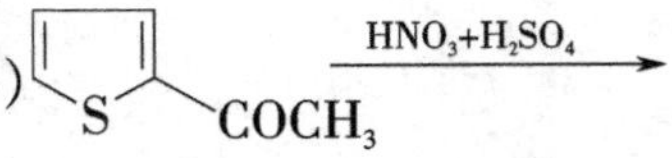

(5) 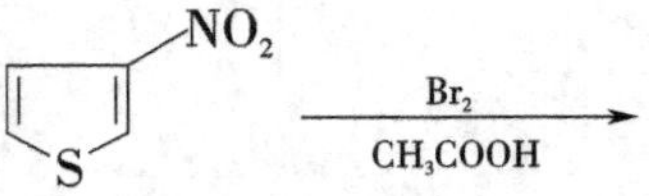 $NO_2$ S $\xrightarrow[CH_3COOH]{Br_2}$

(6) 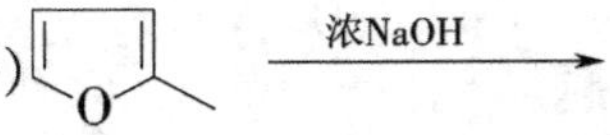 O $\xrightarrow{浓NaOH}$

(7) 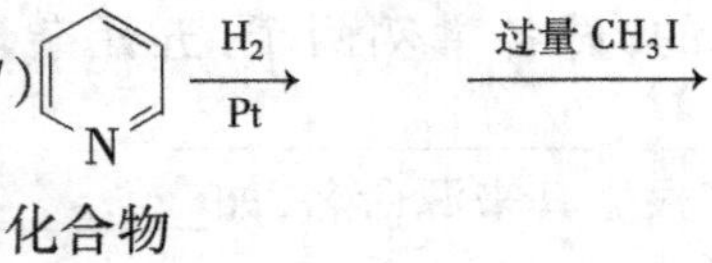 N $\xrightarrow[Pt]{H_2}$ $\xrightarrow{过量\ CH_3I}$

(8) 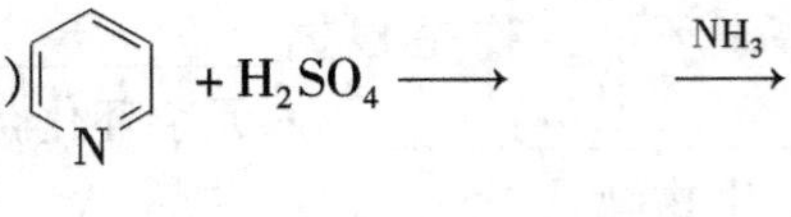 N $+ H_2SO_4 \longrightarrow$ $\xrightarrow{NH_3}$

5. 化合物

A. 　B.  O　C. 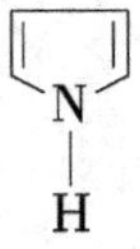 N H　D.  S　E. 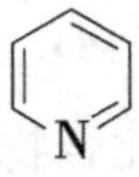 N

(1)写出稳定性顺序;

(2)写出亲电取代反应活性顺序。

# 第十章* 对映异构

**学习指南**

对映异构是极为重要的一种立体异构现象。对映异构体是具有相同的构造,但分子中的原子在空间的排列方式不同,且互成实物与镜像关系的一对构型异构体。

本章重点介绍含一个和两个手性碳原子的化合物的对映异构现象,对映异构体的构型表示与标记方法,以及物质的旋光性、分子的手性和对映异构三者之间的关系。

学习本章内容,应在了解对映异构体结构特点的基础上做到:

1. 了解对映异构与分子结构的关系以及物质产生旋光性的原因;
2. 了解含一个和两个手性碳原子化合物的对映异构现象;
3. 掌握手性、对映体、非对映体、外消旋体、内消旋体等概念;
4. 掌握构型的表示和标记方法。

异构现象是有机化学中存在着的极为普遍的现象。异构现象可归纳如下:

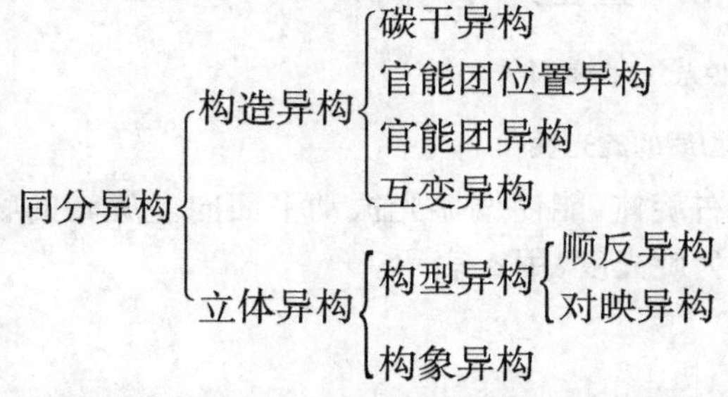


对映异构是指分子式、构造式相同,构型不同,互成镜像对映关系的立体异构现象。

## 第一节 物质的旋光性

### 一、平面偏振光和物质的旋光性

1. 平面偏振光

光波是一种电磁波,它的振动方向与传播方向互相垂直。普通光的光波在所有与其传播方向垂直的平面上振动,如图 10-1 所示。

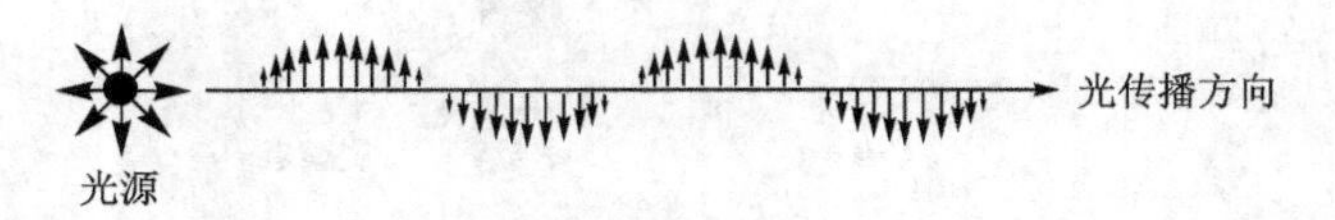


**图 10-1 普通光线振动平面示意**

在光前进的方向上放一个尼科尔(Nicol)棱镜或人造偏振片,只允许在与棱镜晶轴平行的平面上振动的光线透过棱镜,而在其他平面上振动的光线则被挡住。这种只在一个平面上振动的光称为平面偏振光，简称偏振光或偏光。如图 10－2 所示。

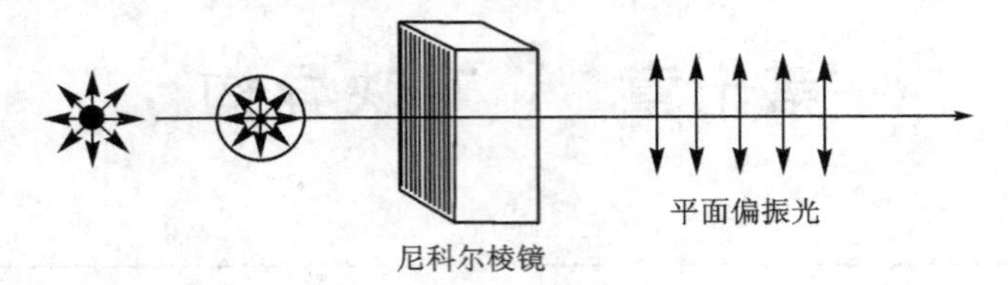


图 10－2　偏振光的产生

2. 物质的旋光性

能使平面偏振光振动平面旋转的物性称为物质的旋光性（图 10－3），具有旋光性的物质称为旋光性物质（也称为光学活性物质）。

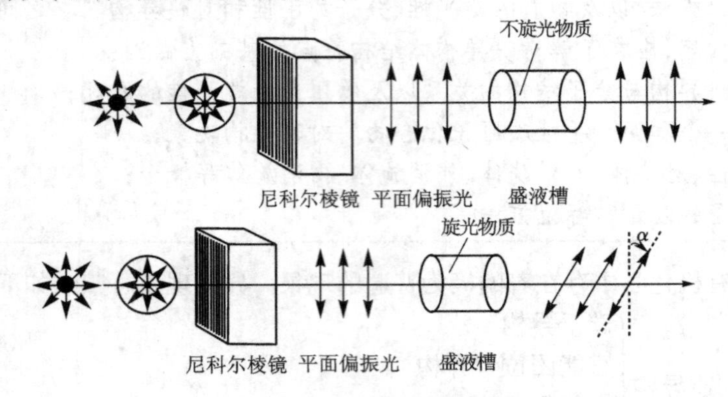


图 10－3　物质的旋光性

能使偏振光振动平面向右旋转的物质称右旋体，能使偏振光振动平面向左旋转的物质称左旋体。使偏振光振动平面旋转的角度称为旋光度，用 $\alpha$ 表示。

## 二、旋光仪与比旋光度

1. 旋光仪

测定化合物的旋光度用旋光仪，旋光仪的主要部分是两个尼科尔棱镜（起偏棱镜和检偏棱镜）、一个盛液管和一个刻度盘，如图 10－4 所示。

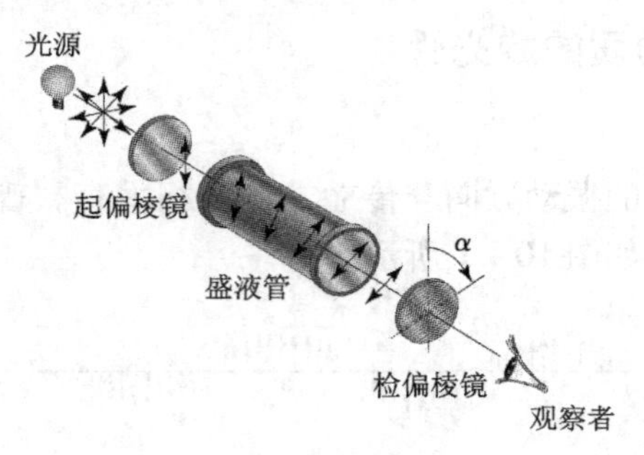


图 10－4　旋光仪

若盛液管中为旋光性物质，当偏光透过该物质时会使偏光向左或右旋转一定的角度，如要使旋转一定的角度后的偏光透过检偏棱镜光栅，则必须将检偏棱镜旋转一定的角度，目镜处视野才明亮,测其旋转的角度即为该物质的旋光度 α。如图 10-5 所示。

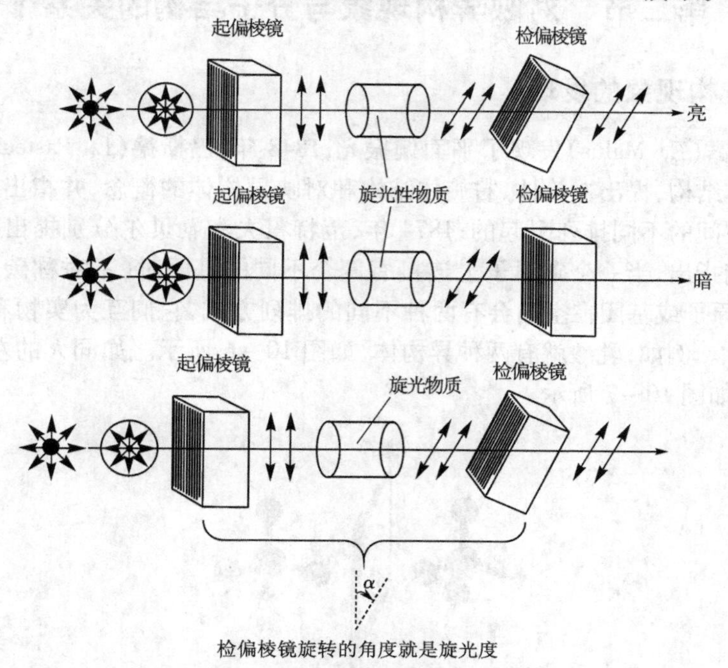


**图 10-5　偏振光通过位置不同的检偏棱镜**

2. 比旋光度

每一种具有旋光性的物质,在一定条件下,都有一定的旋光度。通常规定 1 mL 含有 1 g 旋光性物质的溶液,放在 1 dm(10 cm)长的盛液管中测得的旋光度称为该物质的比旋光度,比旋光度是旋光性物质特有的物理常数,通常用$[\alpha]_{\lambda}^{t}$表示。

$$[\alpha]_{\lambda}^{t}=\frac{\alpha}{l\times\rho_{B}}$$

式中　$\alpha$——测定的旋光度("+"表示右旋,"-"表示左旋);

$t$——测定时的温度,℃;

$\lambda$——测定时光源的波长(一般为钠光,$\lambda=589.3$ nm);

$l$——盛液管的长度,dm;

$\rho_{B}$——溶液的质量浓度,g/mL。

若所测物质为纯液体,计算比旋光度时,只要把公式中的$\rho_{B}$换成液体的密度$\rho$即可。

$$[\alpha]_{\lambda}^{t}=\frac{\alpha}{l\times\rho}$$

所用溶剂不同也会影响物质的旋光度,因此,需注明溶剂的名称(溶剂为水除外)。例如:右旋的酒石酸在5%的乙醇中,其比旋光度为$[\alpha]_{D}^{20}=+3.79$(乙醇,5%)。

**问题 10-1**　20 ℃时,5.654 g 蔗糖溶解在 20 mL 水中,在 10 cm 管中测得其旋光度为 +18.8°。计算蔗糖的比旋光度。

## 第二节　对映异构现象与分子结构的关系

### 一、对映异构现象的发现

1808 年,马露(E. Malus)发现了平面偏振光;1848 年,巴斯德(L. Pasteur)通过研究酒石酸钠铵的晶体结构,提出左旋体、右旋体结构和对映异构体的概念,并指出对映异构现象是由于原子在空间的不同排列引起的;1874 年,范特霍夫和勒贝尔分别提出了碳原子的四面体构型。他们指出,当一个碳原子上连接有四个不同的基团时(不对称碳原子或手性碳原子),这四个原子或基团在空间会有两种不同的排列方式,它们互为实物和镜像的关系,并且具有旋光性。例如,乳酸就有两种异构体,如图 10 - 6 所示。如同人的左右手,外形相似但不能重叠,如图 10 - 7 所示。

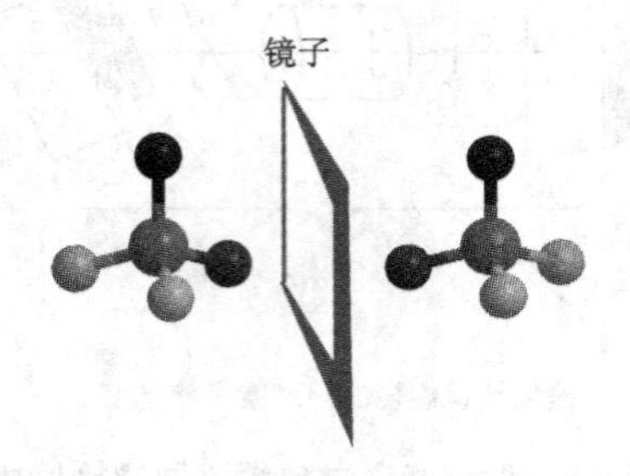


图 10 - 6　乳酸的对映异构体

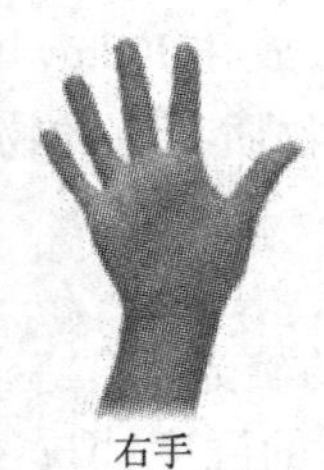


图 10 - 7　手的镜像

### 二、手性和对称因素

物质和它的镜像不能重叠的性质,称为手性。具有手性的分子称为手性分子。由于化合物是否具有手性与其分子中特征的中心碳原子有关,因此把这个特性碳原子称为手性中心,而把连接四个不同基团的不对称碳原子称为手性碳原子。

手性是物质具有旋光性和对映异构现象的必要条件(但非充分条件,如内消旋体);分子中有无手性碳原子并不是物质具有旋光性的必要条件。此外有很多具有两个或更多个手性碳原子的分子并不具有手性。

既然物质具有手性就有旋光性和对映异构现象,那么,物质具有怎样的分子结构才与镜像不能重叠而具有手性呢?也就是说手性分子在结构上必须具有哪些特点呢?要判断某一物质是否具有手性,必须考虑它是否缺少某些对称因素。下面介绍分子中常见的几种对称因素。

**问题 10－2** 下列化合物中有无手性碳原子?用星号标出下列化合物中的手性碳原子。

(1)$CH_3CH_2CH_2CH(CH_3)CH_2CH_3$　　(2)$C_6H_5CHDCH_3$

(3)$C_6H_5CH_2CH(CH_3)CH_2C_6H_5$

1. 对称面

假设分子中有一平面能把分子切成互为镜像的两半,该平面就是分子的对称面,如图 10－8 所示。

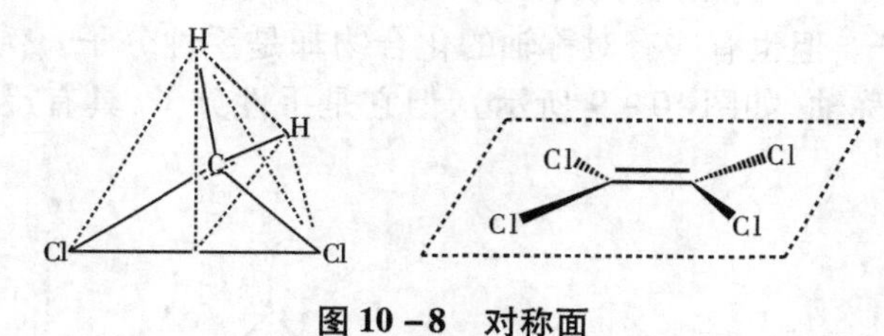


图 10－8　对称面

具有对称面的分子和它的镜像是能够重叠的,因此不具有手性。

**问题 10－3** 下列分子的构型中各有哪些对称面?

(1)$CHCl_3$　　(2)顺－1,2－二溴乙烯　　(3)间二甲苯

2. 对称中心

若分子中有一点 $i$,通过 $i$ 点画任何直线,在离 $i$ 等距离的直线两端都有相同的原子或基团,则点 $i$ 称为分子的对称中心。例如,反－1,3－二氟－反－2,4－二氯环丁烷即具有对称中心 $i$。

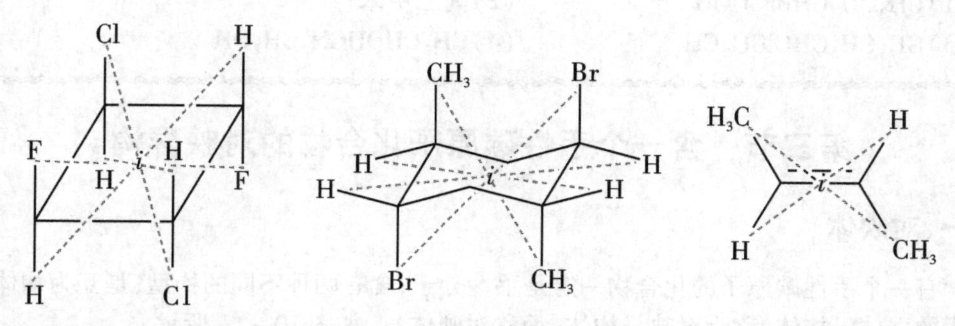


具有对称中心的分子和它的镜像是能重叠的,因此不具有手性。物质分子在结构上具有对称面或对称中心的,就无手性,因而没有旋光性。物质分子在结构上既无对称面也无对

称中心的,就具有手性,因而有旋光性。

3. 对称轴

如果穿过分子画一直线,分子以它为轴旋转一定角度后,可以获得与原来分子相同的形象,这一直线即为分子的对称轴。

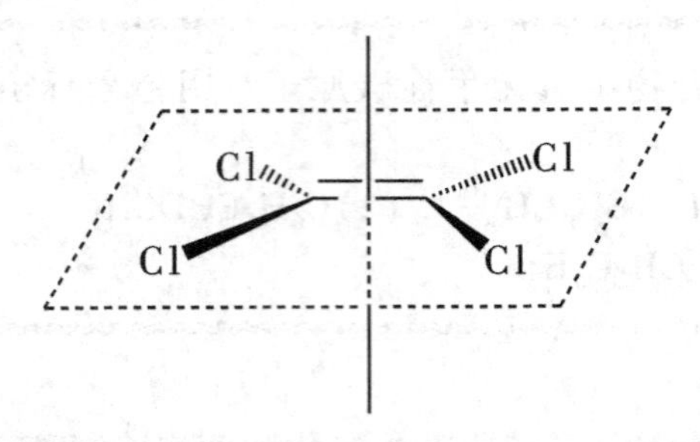


像四氯乙烯沿对称轴旋转 90°,分子的形象与原来完全重合,因此不具有手性。具有对称轴的化合物大多数是非手性分子。例如,(*E*)-1-二氯乙烯有二重对称轴,苯有六重对称轴,都是非手性分子。但也有些有对称轴的化合物却是手性分子。例如,反-1,2-二氯环丙烷有一个二重对称轴(如图 10-9 所示),但它是手性分子,具有旋光性。如图 10-10 所示。

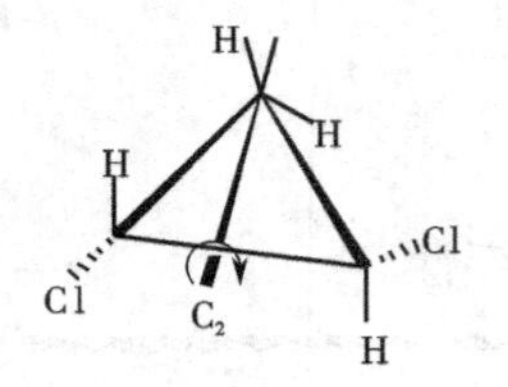


**图 10-9　反-1,2-二氯环丙烷的二重对称轴**

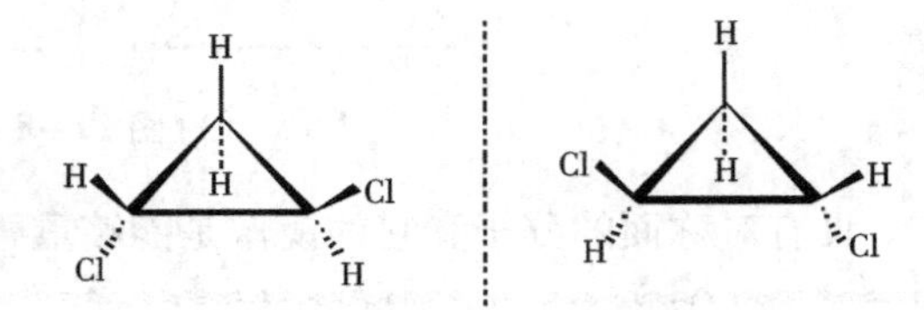


**图 10-10　反-1,2-二氯环丙烷的对映异构**

综上所述,分子具有手性的充分必要条件是:①无对称面;②无对称中心;③无四重更替对称轴。

**问题 10-4**　下列分子中哪些是手性分子?

(1) $CH_3CH_2CHBrCOOH$　　(2)间二甲苯

(3) $CH_3CH_2CHClCH_2CH_3$　　(4) $CH_3CHOHCH_2CH_2OH$

## 第三节　含一个手性碳原子化合物的对映异构

### 一、对映体

含有一个手性碳原子的化合物一定是手性分子,含有两种不同的构型,是互为物体与镜像关系的立体异构体,称为对映异构体(简称对映体)。如图 10-11 所示。

**对映异构体都有旋光性,其中一个是左旋的,一个是右旋的。所以对映异构体又称为旋光异构体**。其物理性质和化学性质一般都相同,比旋光度的数值相等,仅旋光方向相反。在手性环境条件下,对映体会表现出某些不同的性质,如反应速度有差异,生理作用不同等。

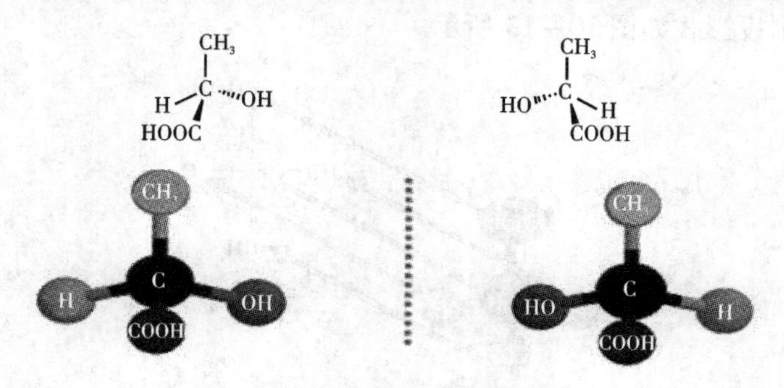


图 10-11　乳酸的对映异构体

## 二、外消旋体

**等量的左旋体和右旋体的混合物称为外消旋体,一般用(±)来表示。**

外消旋体与对映体的比较(以乳酸为例):

| | 旋光性 | 物理性质 | 化学性质 | 生理作用 |
|---|---|---|---|---|
| 外消旋体 | 不旋光 | 熔点 18 ℃ | 基本相同 | 各自发挥其作用 |
| 对映体 | 旋光 | 熔点 53 ℃ | 基本相同 | 生理功能不相同 |

外消旋体不显示旋光性,它是等量的左旋体和右旋体的混合物,它们对偏振光的作用互相抵消,所以没有旋光性。外消旋体与对映体的其他物理常数也有差异(如熔点);化学活性为其有效对映体的一半(如合霉素抗菌能力为其左旋体的一半)。

## 三、对映体构型的表示方法

对映异构体的构造式相同,仅空间排布的构型不同,所以须用构型式表示。有机化学中常用透视式和费歇尔投影式表示构型。

1. 透视式

透视式是用三种类型的线条表示的构型式。在透视式中,假定手性碳原子位于纸平面上,楔形线表示伸向纸平面前方的键;实线表示在纸平面上的键;虚线表示伸向纸平面后方的键。乳酸的透视式如图 10-12 所示。

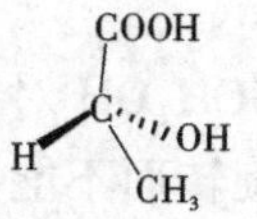

图 10-12　乳酸的透视式

2. 费歇尔投影式

为了便于书写和进行比较,对映体的构型常用费歇尔投影式表示。

投影原则:

(1)横、竖两条直线的交叉点代表手性碳原子(*),位于纸平面;

(2)横线表示与 C* 相连的两个键指向纸平面的前面,竖线表示指向纸平面的后面,“横前竖后”的原则;

(3)将含有碳原子的基团写在竖线上,编号最小的碳原子写在竖线上端。

乳酸的费歇尔投影式如图 10－13 所示。

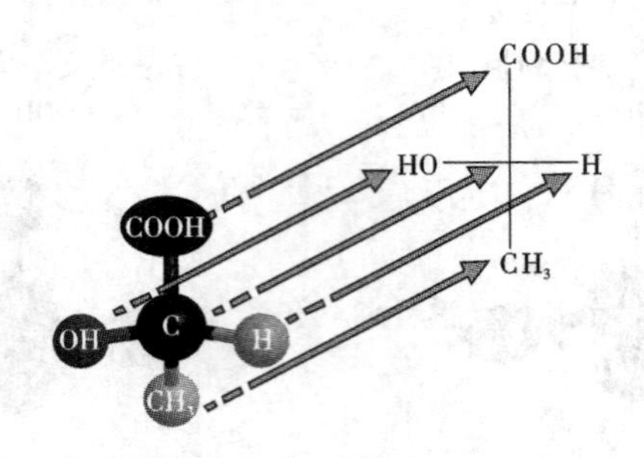


**图 10－13　乳酸的费歇尔投影式**

使用费歇尔投影式应注意以下问题。

(1)将投影式在纸平面上旋转 180°,仍为原构型。

$$\begin{array}{c} COOH \\ H-\!\!\!+\!\!\!-OH \\ CH_3 \end{array} \xrightarrow{\text{在纸平面} \circlearrowleft 180^\circ} \begin{array}{c} CH_3 \\ HO-\!\!\!+\!\!\!-H \\ COOH \end{array}$$

(2)任意固定一个基团不动,依次顺时针或反时针调换另三个基团的位置,不会改变原构型。

$$\begin{array}{c} COOH \\ NH_2-\!\!\!+\!\!\!-H \\ CH_3 \end{array} = \begin{array}{c} COOH \\ CH_3-\!\!\!+\!\!\!-NH_2 \\ H \end{array} = \begin{array}{c} COOH \\ H-\!\!\!+\!\!\!-CH_3 \\ NH_2 \end{array}$$

(3)对调任意两个基团的位置,对调偶数次构型不变,对调奇数次则为原构型的对映体。例如:

$$\underbrace{\begin{array}{c} CHO \\ HO-\!\!\!+\!\!\!-H \\ CH_2OH \end{array} \longrightarrow \begin{array}{c} CH_2OH \\ H-\!\!\!+\!\!\!-OH \\ CHO \end{array}}_{\text{同一构型}}$$

—OH 与—H 对调一次;—CHO 与—$CH_2OH$ 对调一次。

(4)费歇尔投影式只能在纸平面上旋转而不能翻转。

$$\begin{array}{c} COOH \\ H-\!\!\!+\!\!\!-OH \\ CH_3 \end{array} \xrightarrow{\text{翻转}180^\circ} \begin{array}{c} COOH \\ HO-\!\!\!+\!\!\!-H \\ CH_3 \end{array}$$

*R*构型　　　　*S*构型

(5)费歇尔投影式不能在纸平面上旋转$(2n-1)\times 90°$。

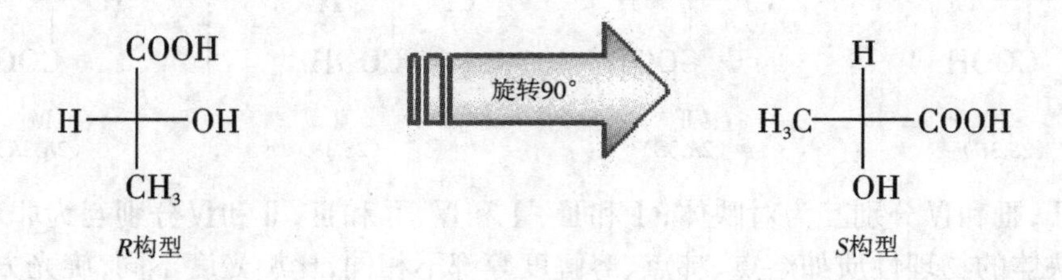


## 第四节　含两个手性碳原子化合物的对映异构

从上面的讨论已知,含一个手性碳原子的化合物有一对对映体,那么含有两个手性碳原子的化合物有多少个对映异构体呢?

### 一、含两个不同手性碳原子的化合物

这类化合物中两个手性碳原子所连的四个基团不完全相同。例如:

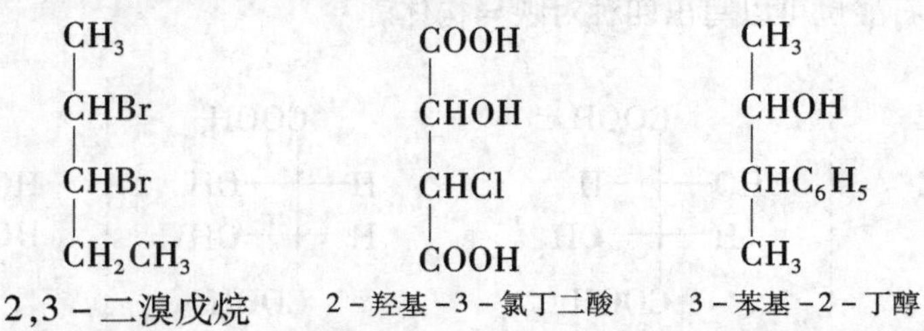


以氯代苹果酸为例。含两个不相同的手性碳原子的化合物应有四种不同的构型,其费歇尔投影式如下:

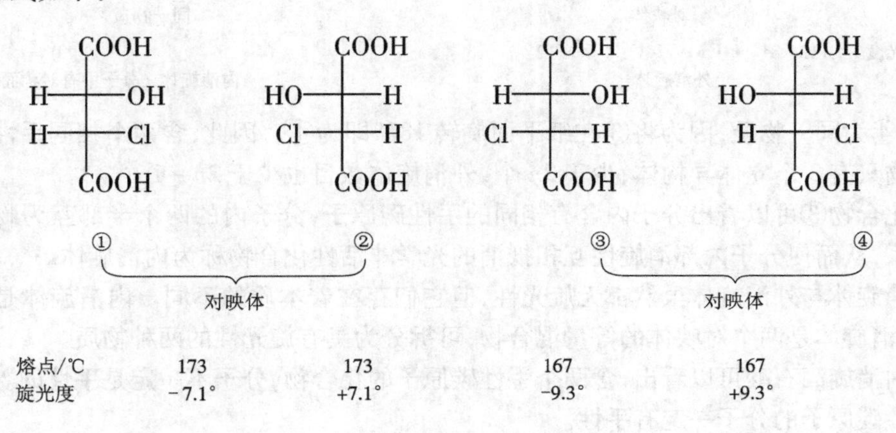

①、③的投影式中，上面手性碳原子的构型相同，但下面的构型相反，因此整个分子不呈镜像对映体，像这种不呈镜像对映体的立体异构体称为非对映异构体。分子中有两个以上手性中心时，就有非对映异构现象。

含 $n$ 个不同手性碳原子的化合物，对映体的数目为 $2n$ 个，外消旋体的数目为 $2n-1$ 个。

```
      COOH    |       COOH              COOH      |       COOH
 H —2— OH     |  HO —2— H          H —2— OH       |  HO —2— H
 H —3— Cl     |  Cl —3— H         Cl —3— H        |   H —3— Cl
      COOH    |       COOH              COOH      |       COOH

       Ⅰ               Ⅱ                 Ⅲ                 Ⅳ
   (2S,3R)          (2R,3S)           (2S,3S)           (2R,3R)
```

Ⅰ和Ⅱ，Ⅲ和Ⅳ分别互为对映体，Ⅰ和Ⅲ，Ⅰ和Ⅳ，Ⅱ和Ⅲ，Ⅱ和Ⅳ分别互为非对映体。

非对映体的物理性质如熔点、沸点、溶解度等都不相同，比旋光度不同，旋光方向可能相同也可能不同，化学性质相似，但反应速度有差异。

## 二、含两个相同手性碳原子的化合物

酒石酸、2,3－二氯丁烷等分子中含有两个相同的手性碳原子。

```
          *     *                        *     *
HOOC—CH—CH—COOH          H3C—CH—CH—CH3
          |     |                        |     |
          OH    OH                       Cl    Cl
```

同上讨论，酒石酸也可以写出四种对映异构体。

```
      COOH     |      COOH              COOH      |       COOH
  H ——— OH     |  HO ——— H          H ——— OH      |  HO ——— H
 HO ——— H      |   H ——— OH         H ——— OH      |  HO ——— H
      COOH     |      COOH              COOH      |       COOH

      ①                 ②                 ③                  ④
      └──────对映体──────┘                 └─────同一物质─────┘
旋光度 +12°              -12°               0°                 0°
             外消旋体                    内消旋体（分子中有对称面）
```

③、④为同一物质，因为将③在纸平面旋转 180°即为④。因此，含两个相同手性碳原子的化合物只有 3 个立体异构体，少于 $2n$ 个，外消旋体数目也少于 $2n-1$ 个。

从化合物③可以看出分子内含有相同的手性碳原子，分子内的两个半部互为物体与镜像的关系，从而使分子内部消旋性互相抵消的光学非活性化合物称为内消旋体。

内消旋体与外消旋体虽然都无旋光性，但它们存在着本质的不同。内消旋体是一种纯物质，外消旋体是两个对映体的等量混合物，可拆分为具有旋光性的两种物质。

从内消旋酒石酸可以看出，含两个手性碳原子的化合物，分子不一定是手性的。故不能说含手性碳原子的分子一定有手性。

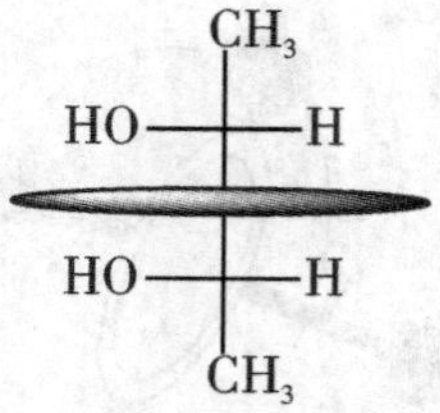

$CH_3$
HO—┼—H
HO—┼—H
$CH_3$

## 第五节　构型的标记——*R*,*S* 命名规则

1970 年国际上根据 IUPAC 的建议,构型的命名采用 *R*,*S* 法,这种命名法根据化合物的实际构型或投影式就可命名。

*R*,*S* 标记法的原则如下。

(1)根据次序规则,将手性碳原子上所连的四个原子或基团(a,b,c,d)按优先次序排列,设:a > b > c > d。

(2)将次序最小的原子或基团(d)放在距离观察者视线最远处,并令最小的原子或基团(d)、手性碳原子和眼睛三者成一条直线,这时,其他三个原子或基团(a,b,c)则分布在距眼睛最近的同一平面上。

(3)按优先次序观察其他三个原子或基团的排列顺序,如果 a→b→c 按顺时针排列,该化合物的构型为 *R* 型,如果 a→b→c 按反时针排列,则是 *S* 型。

含有一个手性碳原子的化合物乳酸的命名方法如下。

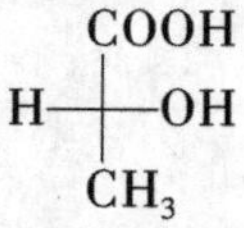

COOH
H—┼—OH
$CH_3$

首先,按次序规则将手性碳原子上的四个基团排序。

$$—OH > —COOH > —CH_3 > —H$$

其次,把次序最小的基团放在离观察者眼睛最远的位置。

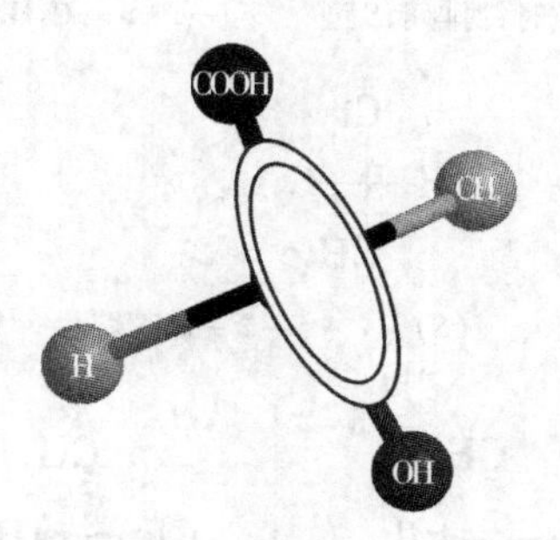


最后,观察其余三个基团由大→中→小的顺序,若是顺时针方向,则其构型为 *R*(*R* 是拉丁文 Rectus 的字头,是右的意思);若是反时针方向,则构型为 *S*(Sinister,左的意思)。

*R*,*S* 构型也可以按照“右手规则”来判断。大拇指放在最小基团的方向上,看其他三个基团的大小变化方向与其他四个手指的弯曲方向是否一致。如果一致,则为 *R* 构型;如果不一致,则为 *S* 构型。

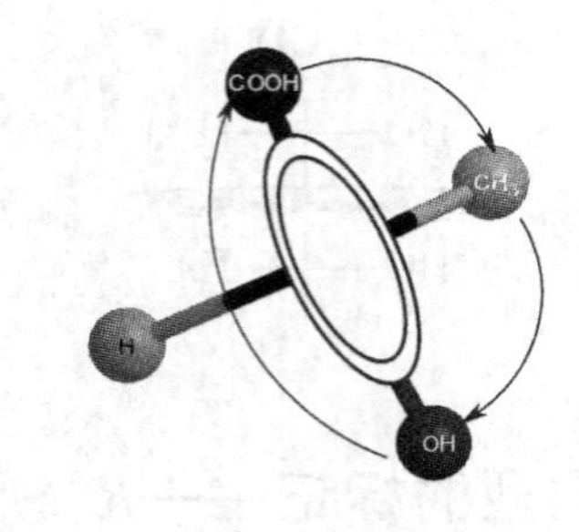


(*R*) - 乳酸

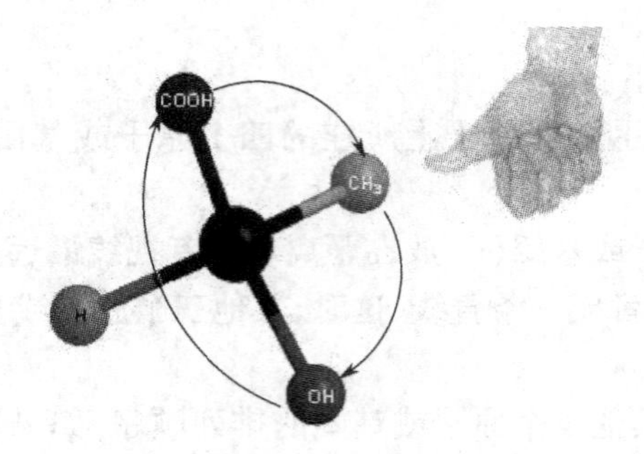


变化方向一致，(*R*) - 乳酸

实例：

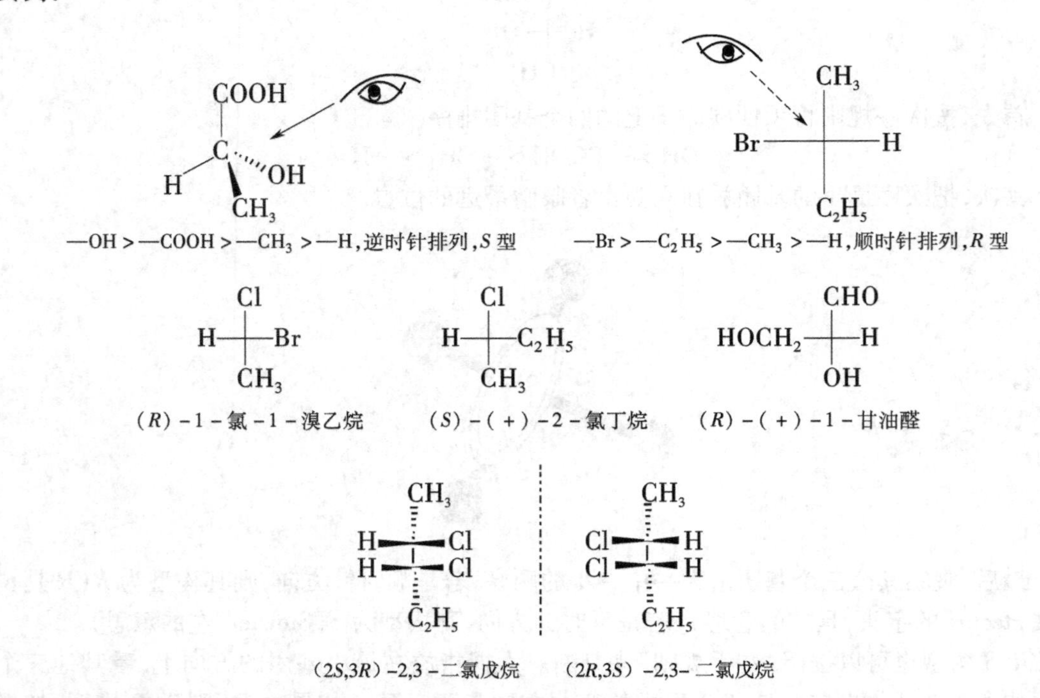


快速判断费歇尔(Fischer)投影式构型有两种方法。

(1)当最小基团位于横线时，若其余三个基团由大→中→小为顺时针方向，则此投影式

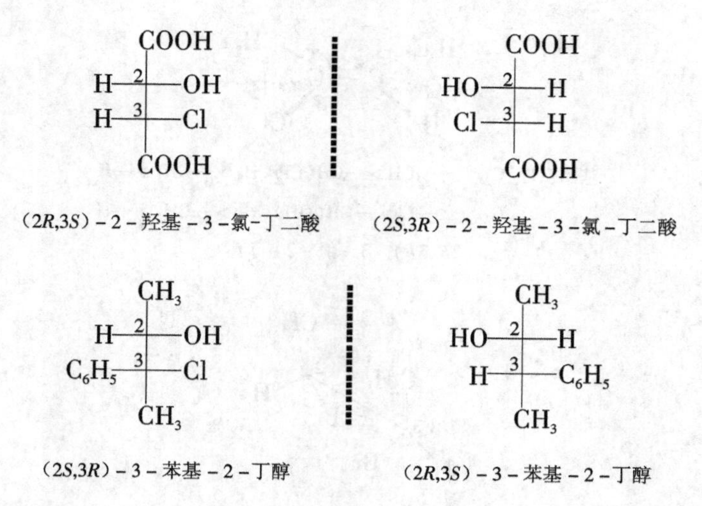

（2*R*,3*S*）-2-羟基-3-氯-丁二酸　　（2*S*,3*R*）-2-羟基-3-氯-丁二酸

（2*S*,3*R*）-3-苯基-2-丁醇　　（2*R*,3*S*）-3-苯基-2-丁醇

的构型为 *S*，反之为 *R*。

（2）当最小基团位于竖线时，若其余三个基团由大→中→小为顺时针方向，则此投影式的构型为 *R*，反之为 *S*。

实例：

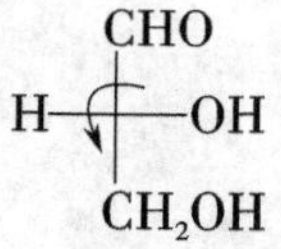

—OH＞—CHO＞$—CH_2OH$＞—H，*R* 型

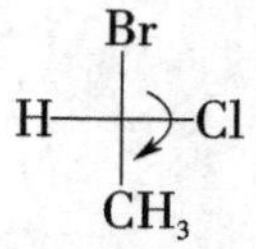

—Br＞—Cl＞$—CH_3$＞—H，*S* 型

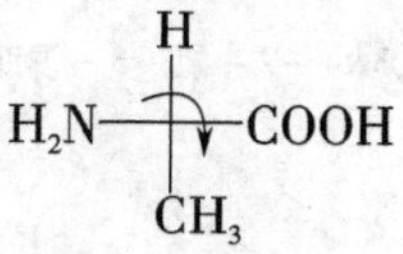

基团次序：$—NH_2$＞—COOH＞$—CH_3$＞—H，最小基团（—H）位于竖线，*R* 型

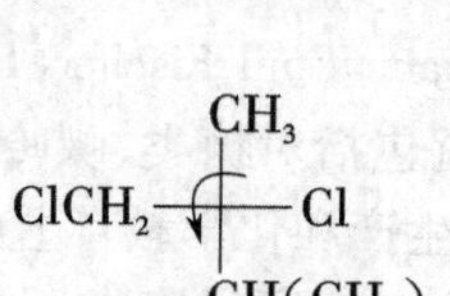

基团次序：—Cl＞$—CH_2Cl$＞$—CH(CH_3)_2$＞$—CH_3$，最小基团（—H）位于竖线，*S* 型

含两个以上 C* 化合物的构型或投影式，也用同样的方法对每一个 C* 进行 *R*、*S* 标记，然后注明各标记的是哪一个手性碳原子。

例如：

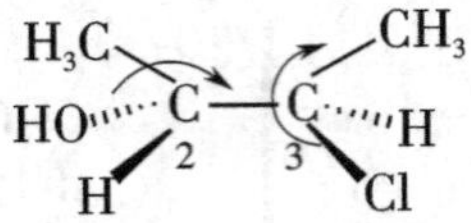

基团次序：$C_2^*$　$—OH > —CH(Cl)CH_3 > —CH_3 > —H$

$C_3^*$　$—Cl > —CH(OH)CH_3 > —CH_3 > —H$

(2*R*,3*R*)－3－氯－2－丁醇

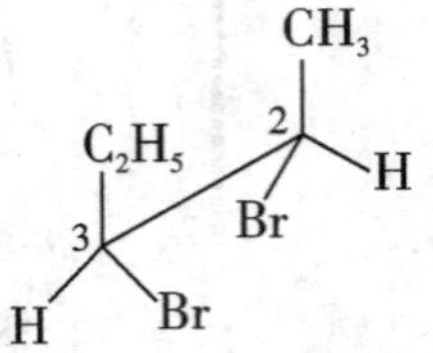

基团次序：$C_2^*$　$—Br > —CH(Br)CH_2CH_3 > —CH_3 > —H$

$C_3^*$　$—Br > —CH(Br)CH_3 > —CH_3 > —H$

(2*S*,3*S*)－2,3－二溴戊烷

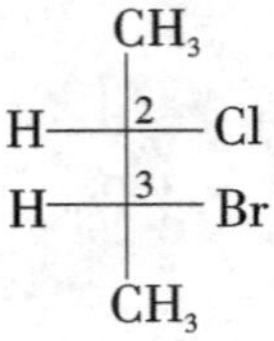

基团次序：$C_2^*$　$—Cl > —CH(Br)CH_3 > —CH_3 > —H$

$C_3^*$　$—Br > —CH(Cl)CH_3 > —CH_3 > —H$

(2*S*,3*R*)－2－氯－3－溴丁烷

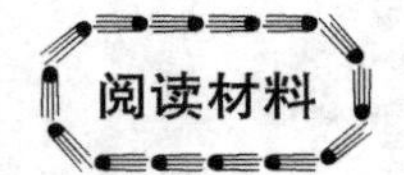


## 赫尔曼·艾米尔·费歇尔

赫尔曼·艾米尔·费歇尔(Hermann Emil Fischer,1852—1919),德国有机化学家,1902年诺贝尔化学奖得主。他的主要成就包括对糖类、嘌呤类、蛋白质(主要是氨基酸和多肽)等化合物的合成和研究,以及在化工生产和化学教育上的贡献。

费歇尔于1852年10月9日出生于德国科隆市附近的奥伊尔斯金亨镇。两个哥哥早亡,余下的是五个姐姐,所以他既是幼子又是独子,在家里受到大家的喜爱。

他父亲劳伦斯·费歇尔是个富有商人,除经营葡萄酒、啤酒外,还是一些啤酒厂、毛纺厂、钢管厂、玻璃厂及矿山企业的董事。在费歇尔少年时代,他父亲正倾注全力发展他的毛纺厂,并亲自动手建立了一个小染坊,将买来的染料反复调和进行试验。由于缺乏化学知识,实验总不像做买卖那么顺心,为此他常唠叨:“如果家里有一个化学家,这些困难便好解决了。”后来相继建立的钢铁厂、水泥厂也迫切需要化学知识,致使他父亲对化学这门科学更加崇拜。父亲的这一思想给费歇尔留下了深刻的印象,他暗暗下定决心,将来一定要做一个化学家。

1869 年费歇尔以第一名的成绩从中学毕业,他没有忘记父亲过去的嘱咐:“要把自己的一生献给科学,你就应该选择化学。”于是毅然决定投考大学化学系。当他将这一决定付诸行动时,他父亲却犹豫了,那么大的家产和企业由谁来继承? 只有费歇尔。于是父亲改变了主张,动员费歇尔从商:“你还不满 17 岁,这么小的岁数就进入大学也没什么意思,是不是花一年半载时间学点商业事务?”父命难违,费歇尔只好到他姐夫经营的一家木材公司见习。

此时的费歇尔早已一心扑在了化学这门科学里,所以他来到木材场后,很快建了一个简易的化学实验室。白天就关在实验室里按照书本埋头做实验,什么商业买卖,他根本不去考虑。他姐夫不得不向他父亲汇报:“费歇尔这孩子在商业上不会有出息。”面对这一状况,他父亲实在没办法,只好让步,“既然他不愿做买卖,就让他上学吧!”就这样,费歇尔实现了自己的愿望,进入波恩大学化学系。

在波恩大学,主要的化学教授是著名的凯库勒。凯库勒的讲课水平很高,给学生们留下了深刻的印象,但是该校的化学实验室却非常简陋,连天平都是不准确的。对此费歇尔有自己的看法,他认为学习化学就必须做化学实验,只有掌握了高超的实验技术,才能成为一个有作为的化学家。他的这一观点几乎贯穿于他一生的治学活动。他对于创立一整套假说或某一学说丝毫不感兴趣,而是致力于发现和阐明新的实验事实,依靠坚忍不拔的意志和出类拔萃的实验技巧,开辟有机化学研究的新领域。为此,他在波恩大学学习了一年之后,就忍痛离开了他尊敬的老师凯库勒,转学到舒特拉斯堡大学,从学于实验有机化学家拜耳。当时,正是德国以染料为中心的有机合成工业蓬勃发展的时候,许多化学家都把合成染料的研究选作自己的课题,拜耳当时的主要研究对象就是曙红、靛蓝等有机染料。费歇尔在拜耳指导下所做的许多实验大多与染料有关,他的毕业论文就是关于酚染料的研究。在拜耳的指导下,费歇尔不仅全面掌握了化学的最基础的知识,而且获得了化学实验技巧的严格训练。1874 年,他以优异的成绩从大学毕业,随后留校做拜耳的助手。

1875 年,拜耳应聘去慕尼黑大学,接替刚去世的李比希留下的教职。留恋自己老师的费歇尔跟着来到慕尼黑大学,在这里他开始研究碱性品红。由于成绩突出,1878 年,他被聘为讲师,第二年被提升为副教授。当时他还不满 27 岁。

1882 年,他接受了艾尔兰根大学的聘书,出任化学教授。两年后又转到维尔茨堡大学任教。他之所以选择这所大学,是因为这里为他创造了一个较好的实验研究条件;在他完成了教学任务后,可以专心致志地从事他所喜爱的研究。1883 年,德国最著名的化工企业——巴登苯胺和纯碱制造公司曾以超过任何大学教授收入的 10 万马克高薪聘请费歇尔出任公司的研究室主任,被他果断拒绝。尽管他对染料工业很感兴趣,但是他喜欢不受拘束地进行科学研究。就在维尔茨堡大学的 10 年中,他在糖类和嘌呤类化合物的研究中取得了突破性进展。

1892 年,柏林大学化学教授霍夫曼去世。柏林大学是当时德国的最高学府,化学教授一职必聘请德国化学界最有威望的教授出任,所以谁来接替霍夫曼留下的空缺是化学界所关注的。第一位候选人是凯库勒,第二位候选人是拜耳,但是他们两位均因年事已高而不愿离开原地。费歇尔是大家公认最合适的候选人,而费歇尔对自己在维尔茨堡的工作环境很满意,无意离开。柏林大学和教育当局热切邀请,费歇尔的父亲和妻子也都鼓励他去柏林应聘,尤其是柏林大学拥有更丰富的科学活动、更可观的研究经费和一大批优秀的学生,这使他动心了。整整思索了10天，最后他决定去柏林接受聘任。年仅40岁的费歇尔成了德国化学界的最高权威，关于蛋白质和氨基酸的研究就是从这里开始的。当时柏林大学的化学教授，除了完成本校教学任务外，必须兼任军医学院的化学教授，还必须参加医师、药剂师、教师的资格审定以及医疗事件的裁定。他经常参加普鲁士科学院的有关组织和活动，连续几届被选为德国化学会会长。这些繁忙的工作和事务花费了他不少精力，为了不中断在科学中的继续探索，他只好有意识地躲避各种社交活动。长期的劳累终于拖垮了他的健康。到第一次世界大战爆发时，他已未老先衰，身患多种疾病。即便这样，他所处的地位仍迫使他为解决战时所需求的科学技术问题而奔忙。1919年7月15日他不幸病逝，终年67岁。

费歇尔最初的研究领域是染料，其中最主要的成绩是对品红的研究。1858年霍夫曼曾用四氯化碳处理粗的苯胺，得到一种红色染料，他称它为碱性品红。它可以直接染毛、丝及棉织品，还是鉴别酮和醛的较好试剂。但是碱性品红究竟是什么？霍夫曼没有解答。费歇尔仔细地研究了品红的性质，为合成这一染料提供了实验基础。就在研究各种染料的过程中，他发现了化合物苯肼，它是联氨（$NH_2NH_2$）中氢原子被苯基所取代而生成的化合物（$C_6H_5$—$NHNH_2$）。通过进一步研究，费歇尔还发现它是鉴定醛和酮的更好试剂，为他以后的研究提供了一种重要的手段。

在染料研究中积累一定经验后，费歇尔把研究对象转向了碳水化合物，因为他觉得碳水化合物与人类生活关系更密切。碳水化合物最基本的物质是各种糖类，其次是淀粉和纤维素。费歇尔开始研究糖类化合物时，科学家仅知道四种单糖（葡萄糖、果糖、半乳糖、山梨糖），它们的分子式都为$C_6H_{12}O_6$。双糖有蔗糖、乳糖，其分子式为$C_{12}H_{22}O_{11}$，还知道淀粉、纤维素水解的最终产物也是糖类。但是由于相当多的糖类在不纯时不易取得结晶而妨碍了对糖类的鉴别和进一步的深入研究。费歇尔发现苯肼与糖反应产生脎，不同的糖可以形成不同结晶状态和熔点的脎，运用这一简单的机理便可以鉴别各种糖。在费歇尔之前，德国化学家吉里安尼已发现葡萄糖与氢氰酸（HCN）的加成反应，其产物经水解和还原后得到了正庚酸，并以此推断出葡萄糖是一种直链的五羟基醛、果糖是直链的五羟基酮。运用这一机理还可以将戊糖变成己糖、己糖变成庚糖。主要是运用上述两机理，费歇尔从1884年起，断断续续地花费了10年时间，系统地研究了各种糖类。他还发现并给出将糖类还原为多元醇、将醛糖氧化为酸等研究糖类的新方法，在此基础上他得心应手地合成了50多种糖分子。通过研究，费歇尔确定了许多糖类的构型。例如己醛糖的16种旋光异构体中，有12种是他鉴定的。由于费歇尔的努力，终于探明了单糖类的本性及其相互间的关系。

费歇尔根据他所掌握的有关糖类的丰富知识，还提出了一个有关发酵机理的著名假说。他认为糖类物质由于酶的存在而发生分解，而不同的糖需要不同的酶的作用才能分解，这可能是因为糖和酶的分子结构有某些共同点，犹如锁头与钥匙的关系。

对双糖类的研究，费歇尔也取得了很大成绩，但是对于淀粉、纤维素等多糖类化合物的研究，他却没有如愿地进行下去。由于实验中常使用苯肼，这使他慢性中毒，他不得不停止接触这一试剂。

从1882年到1906年，嘌呤类化合物也是费歇尔的主要研究对象。这类化合物包括可可碱、茶碱、咖啡碱等有生理活性的物质。因为它们分别是可可、茶、咖啡中起兴奋作用的成分，因此费歇尔决定研究它们。费歇尔的研究从尿酸入手，尿酸是人们最早认识的嘌呤化合物中的一种。通过深入研究，他逐个确定了上述物质的组成和结构，还合成了上述物质的母体化合物——嘌呤及其众多衍生物。他制备了当时尚未被认识的天然的嘌呤衍生物,其中包括他发现的安眠药——二乙基巴比妥酸。他还探索了嘌呤类化合物与糖类及磷酸的结合,指出由它们能够得到构成细胞的主要成分——核酸,从而为生物化学的发展奠定了基础。

从1899年开始,费歇尔选择了一个更难的课题,即对氨基酸、多肽及蛋白质的研究。蛋白质与人类的生活、生命的关系更为密切。蛋白质的结构非常复杂,一个分子往往有几千个原子。面对这一难题,费歇尔充满信心地说:"关于有机合成的这项研究,由于先辈们留下了宝贵的经验和方法,在短短的63年内征服了尿素、脂肪、多种酸类、碱基、染料等,并进而征服了尿酸和糖类。从而可以断言,面对任何活着的有机体产物,我们都不必胆怯。"对蛋白质的研究,费歇尔决定从它的基本组成氨基酸开始。为了认识所有的氨基酸,他发展和改进了许多分析方法,将各种氨基酸分离出来进行鉴别。由于他的辛勤劳动,人们认识了19种氨基酸,自然界中有几十万种蛋白质,而它们都是由20种氨基酸以不同数量比例和不同排列方式结合而成的。在进一步探索蛋白质的组成和结构及合成方法时,他发现将氨基酸合成首先得到的不是蛋白质,而是他命名为多肽的一类化合物。将蛋白质进行分解首先得到的也是多肽一类化合物。根据这一实验事实,1902年他提出了蛋白质的多肽结构学说,指出蛋白质分子是许多氨基酸以肽键结合而成的长链高分子化合物。两个氨基酸分子结合成二肽,三个氨基酸分子结合成三肽,多个氨基酸分子结合成多肽。随后他合成了100多种多肽化合物,由简单到复杂,开始只采用同一氨基酸使其链逐步增长,发展到采用多种氨基酸使其氨基双链伸长。1907年,他制取了由18种氨基酸分子组成的多肽,成为当时的重要科学新闻。由于积劳成疾,身体状况恶化,也由于第一次世界大战爆发,费歇尔不得不中断了这一重要的研究。

"生命是蛋白体的存在方式"。用现代的观点来看,"蛋白体"实际上就是蛋白质和核酸的复合体。鉴于这一点,可见费歇尔研究工作的重要意义,他为现代蛋白质和核酸的研究奠定了重要的基础。

对费歇尔来说,他在科学征途上更令人敬仰的成就,却是在他获得诺贝尔奖之后完成的。他对科学发展的贡献,归纳起来,主要有以下四个方面:一是对糖类的研究;二是对嘌呤类化合物的研究;三是对蛋白质(主要是氨基酸、多肽)的研究;四是在化工生产和化学教育上的贡献。由此可见,他的研究领域集中在对有机化学中那些与人类生活、生命有密切关系的有机物质的探索。可以说他是生物化学的创始人。费歇尔的精神十分可佳,临终前仍念念不忘化学的发展,在遗嘱中他吩咐从他的遗产中拿出75万马克,献给科学院,作为基金提供给年轻化学家使用,鼓励他们为发展化学科学而努力。

## 习　题

### 一、选择题

1. 旋光性物质具有旋光性的根本原因是(　　)。

A. 分子中含有手性碳原子　　B. 分子中不含有手性碳原子

C. 分子不存在对称面　　D. 分子具有不对称性

2. 化合物(+)和(-)甘油醛的性质不同的是(　　)。

A. 熔点　　B. 相对密度　　C. 折光率　　D. 旋光性

3. 具有旋光异构体的化合物是(　　)。

A. $(CH_3)_2CHCOOH$　　B. $CH_3COCOOH$

C. $CH_3CH(OH)COOH$　　D. $HOOCCH_2COOH$

4. *D*-(+)-甘油醛氧化生成左旋甘油酸,则甘油酸的名称是(　　)。

A. *D*-(+)-甘油酸　　B. *D*-(-)-甘油酸

C. *L*-(+)-甘油酸　　D. *L*-(-)-甘油酸

5. 下列叙述正确的是(　　)。

A. 具有手性碳原子的化合物必定具有旋光性

B. 含有一个手性碳原子且为 *D* 型或 *L* 型的化合物,其旋光方向必为右旋

C. 分子中含有 $n$ 个手性碳原子的化合物具有 $2n$ 个旋光异构体

D. 手性分子必定具有旋光性

6. 下列说法正确的是(　　)。

A. 有机分子中若有对称中心,则无手性　　B. 有机分子中若没有对称面,则必有手性

C. 手性碳是分子具有手性的必要条件　　D. 一个分子具有手性碳原子,则必有手性

## 二、填空题

1. 一个分子是否具有手性是由________引起的,大多数的手性分子含有________。

2. 一对对映体中的左旋体和右旋体的比旋光度________,旋光方向________。

3. 分子中含有多个手性碳原子而又没有手性的化合物称为__________,等量混合一对对映体得到________。

4. *D*-葡萄糖在不同条件下结晶,得到两种 *D*-葡萄糖:从乙醇中得到熔点为 146 ℃、旋光度为 +112°的结晶;从吡啶中析出熔点为 150 ℃、旋光度为 +18.7°的结晶。上述任何一种结晶的新配制水溶液在放置过程中________都会逐渐变化,直至达到 +52.5°的恒定值。这种在水溶液中物质的比旋光度自行改变最终达到定值的现象称为___________。

## 三、简答题

1. 写出 2,3,4-三羟基丁醛的四种异构体中各个不对称碳原子的构型(*R* 或 *S*)。

2. 化合物 A($C_5H_{10}$)有光学活性,能使 $Br_2-CCl_4$ 溶液褪色,但不能使 $KMnO_4$ 的水溶液褪色。A 加 1 mol $H_2$ 能生成两种化合物,都无光学活性,请推测 A 的结构式。

3. 判断下列化合物是否具有光学活性。

(1) 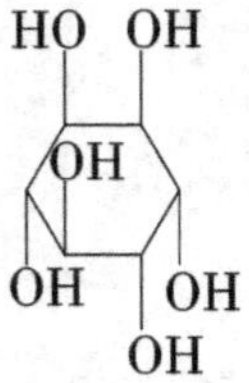 HO OH OH OH OH OH　　(2) 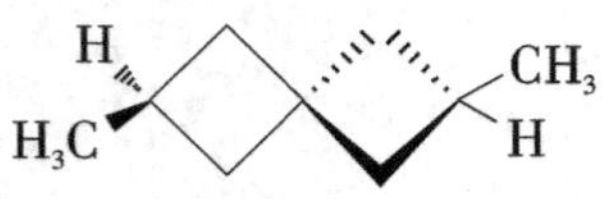 H $H_3C$ $CH_3$ H　　(3) $CH_3$

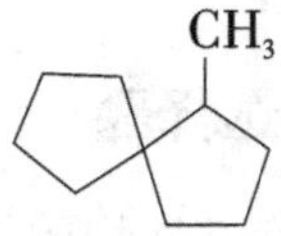

4. 用 *R*,*S* 法标记下列化合物中手性碳原子的构型。

(4) $H_3C$

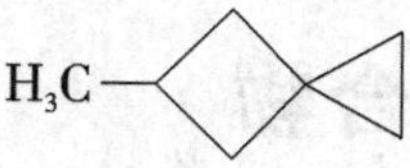

(5) COOH / H—OH / H—OH / COOH

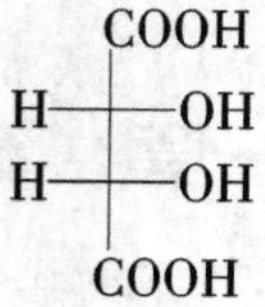

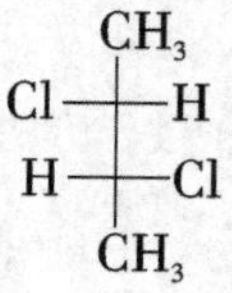

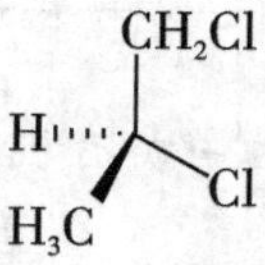

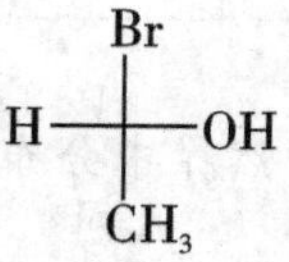

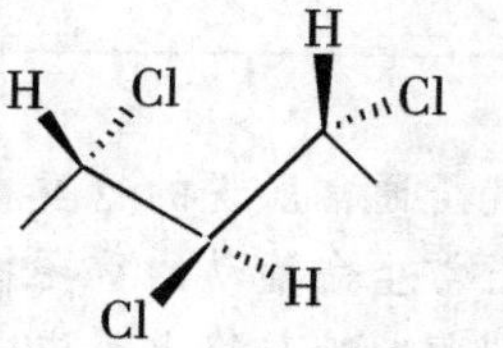

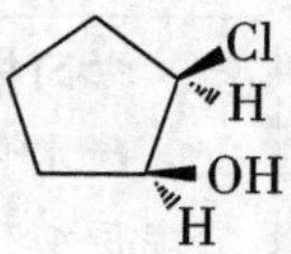

(6) $CH_3$ / Cl—H / H—Cl / $CH_3$

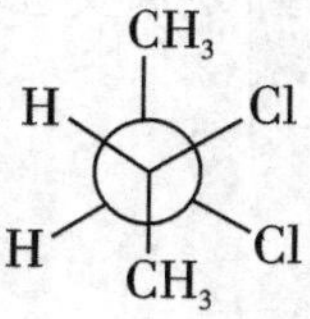

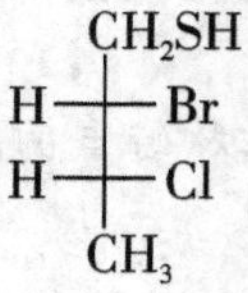

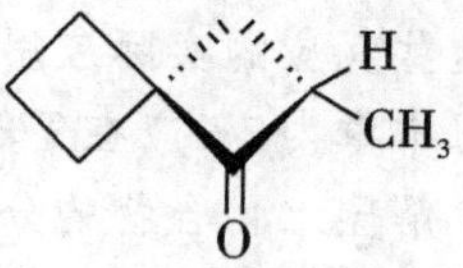

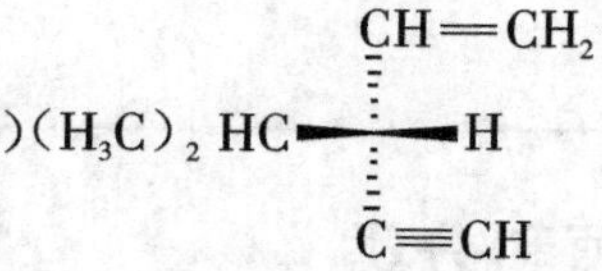

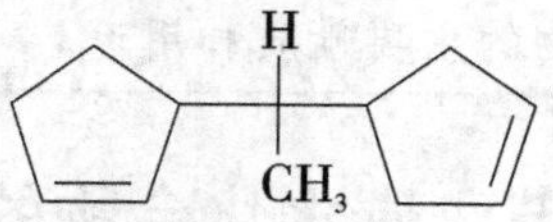

(1) $CH_2Cl$ / H / Cl / $H_3C$

(2) Br / H—OH / $CH_3$

(3) H / Cl / H / Cl / Cl / H

(4) Cl / H / OH / H

(5) $CH_3$ / H / Cl / H / Cl / $CH_3$

(6) $CH_2SH$ / H—Br / H—Cl / $CH_3$

(7) H / $CH_3$ / O

(8) $(H_3C)_2HC$ / CH═$CH_2$ / H / C≡CH

(9) H / $CH_3$

(10) H / $CH_3$ / H / OH / $H_3C$ / OH

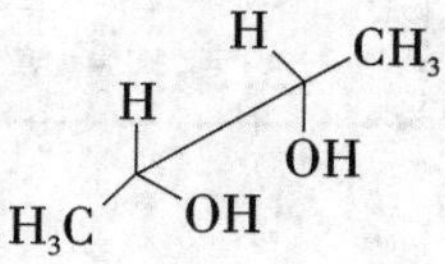

5. 写出下列化合物的立体结构式。

(1)(*R*)-3-甲基己醇

(2)(*R*)-2-氯戊烷

(3)(*S*)-$CH_3CHDOH$

(4)(*R*,*S*)-1,2-二氯环已烷

(5)(1*S*,3*R*)-1-乙基-3-溴环戊烷

(6)(2*R*,3*S*)-2-氯-3-碘丁烷

# 第十一章　碳水化合物

**学习指南**

碳水化合物就是通常所说的糖类。它是自然界中分布最广泛的一类有机化合物，是维持动植物体正常生命活动的重要物质。

本章重点介绍葡萄糖与溴水反应、与托伦试剂和斐林试剂反应、还原反应、成脎反应以及这些反应的实际应用。

学习本章内容，应在了解碳水化合物结构特点的基础上做到：

1. 了解碳水化合物的分类；
2. 掌握一些重要碳水化合物的鉴别方法；
3. 掌握重要碳水化合物的主要性质和用途。

## 第一节　碳水化合物的来源和分类

碳水化合物又称为糖类，是一类重要的天然有机化合物，对于维持动植物的生命起着重要的作用。糖类化合物广泛存在于自然界中，是植物进行光合作用的产物。植物在日光的作用下，在叶绿素催化下，将空气中的二氧化碳和水转化成葡萄糖，并放出氧气：

$$6CO_2 + 6H_2O \xrightarrow[\text{叶绿素}]{\text{日光}} C_6H_{12}O_6 + 6O_2$$

葡萄糖在植物体内还进一步结合生成多糖——淀粉及纤维素。地球上每年由绿色植物经光合作用合成的糖类物质达数千亿吨。它既是构成植物的组织基础，又是人类和动物赖以生存的物质基础，还为工业提供如粮、棉麻、竹、木等众多的有机原料。

**糖是多羟基醛或多羟基酮及其缩合物，或水解后能产生多羟基醛、酮的一类有机化合物。**

因为这类化合物都是由C、H、O三种元素组成的，且都符合$C_m(H_2O)_n$的通式，所以称之为碳水化合物。例如：葡萄糖的分子式为$C_6H_{12}O_6$，可表示为$C_6(H_2O)_6$；蔗糖的分子式为$C_{12}H_{22}O_{11}$，可表示为$C_{12}(H_2O)_{11}$等。但有的糖不符合碳水化合物的比例，如鼠李糖($C_6H_{12}O_5$，甲基糖)、脱氧核糖($C_5H_{10}O_4$)。有些化合物的组成虽然符合碳水化合物的比例，但不是糖，如乙酸($C_2H_4O_2$)、乳酸($C_3H_6O_3$)等。所以，“碳水化合物”这个名称虽然沿用至今，但早已失去原有的含义。

根据能否水解以及水解后生成的物质不同，可将碳水化合物分为单糖、低聚糖和多糖。

(1)单糖——不能再水解的多羟基醛或多羟基酮，如葡萄糖、果糖、核糖等。

(2)低聚糖——含2~10个单糖结构的缩合物，水解后能生成几个分子的单糖。以二糖最为多见，如蔗糖、麦芽糖、乳糖等。

(3)多糖——含10个以上单糖结构的缩合物，水解后能生成多个分子的单糖。如淀粉、纤维素等。

## 第二节　单糖

根据分子中所含碳原子的数目,单糖可分为丙糖、丁糖、戊糖、己糖和庚糖。分子中含醛基的叫醛糖,含酮基的叫酮糖。通常这两种方法结合使用,如葡萄糖是己醛糖,果糖是己酮糖,核糖是戊醛糖。

### 一、单糖的结构

葡萄糖分子中有四个手性碳原子,因此,它有 $2^4=16$ 个旋光异构体,即八对对映体。所以,只测定糖的构造式是不够的,还必须确定它的构型。

19 世纪末 20 世纪初,费歇尔首先对糖进行了系统的研究,确定了葡萄糖的结构。葡萄糖的构型如下:

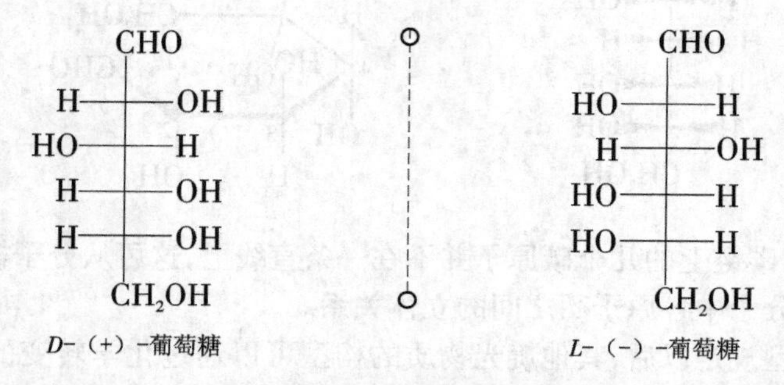


*D*-(+)-葡萄糖　　*L*-(-)-葡萄糖

费歇尔几乎花了十年时间,确证了八种 *D*-己醛糖和四种 *D*-戊醛糖的空间构型,所以被誉为"糖化学之父",也因而获得了 1902 年的诺贝尔化学奖。

在 1951 年以前还没有适当的方法测定旋光物质的真实构型。这给有机化学的研究带来了很大的困难。当时,为了研究方便,为了能够表示旋光物质构型之间的关系,就选择一些物质作为标准,并人为地规定它们的构型,如甘油醛有一对对映体:*D*-(+)-甘油醛和 *L*-(-)-甘油醛。

| CHO | CHO |
| --- | --- |
| H—OH | HO—H |
| $CH_2OH$ | $CH_2OH$ |
| *D*-(+)-甘油醛 | *L*-(-)-甘油醛 |
| (Ⅰ) | (Ⅱ) |

当时人为规定右旋的甘油醛具有(I)的构型(即当醛基—CHO 排在上面时,—H 在左边,—OH 在右边),并且用符号"*D*"标记它的构型"dextro",即右旋;左旋的甘油醛具有(Ⅱ)的构型,用符号"*L*"标记它的构型"levo",即左旋。右旋甘油醛称为 *D*-(+)-甘油醛,左旋甘油醛称为 *L*-(-)-甘油醛,在这里 +,- 表示旋光方向,*D*,*L* 表示构型。

构型与旋光性之间没有一一对应关系。

糖的构型一般用费歇尔式表示,但为了书写方便,也可以写成简写式。其常见的几种表示方法为

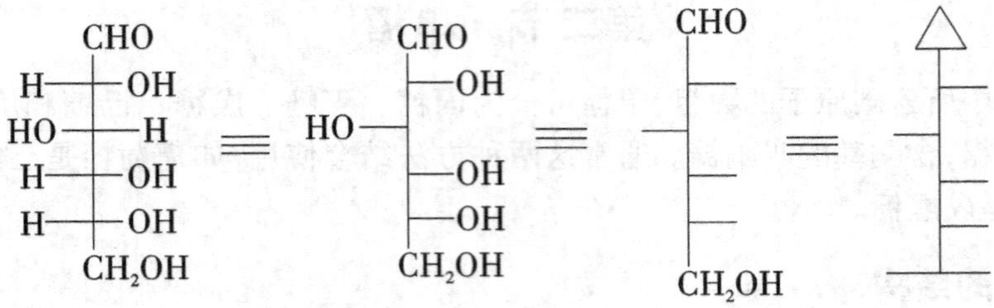

另一种表示方法是用楔形线表示指向纸平面的键，虚线表示指向纸平面后面的键。如 *D*－（＋）－葡萄糖可表示为

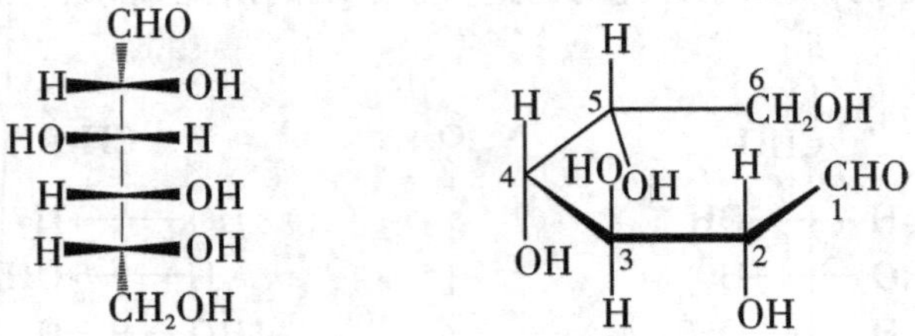

应当注意的是：碳链上的几个碳原子并不在一条直线上，这可从分子模型看出。把结构式横写更容易看出分子中各原子团之间的立体关系。

标准物质的构型规定以后，其他旋光物质的构型可以通过化学转变的方法与标准物质进行联系来确定。由于这样确定的构型是相对于标准物质而言的，所以是相对构型。把构型相当于右旋甘油醛的物质都用 *D* 来表示，而相当于左旋甘油醛的都用 *L* 表示。即由 *D*－甘油醛转化的物质，构型为 *D*（转化过程不涉及手性碳化学键的断裂）。

这样，通过与标准物质的反应联系，一系列化合物的相对构型也就可确定了。

确定了甘油醛的构型以后，就可以通过一定的方法，把其他糖类化合物和甘油醛联系起来，确定其相对构型，如：

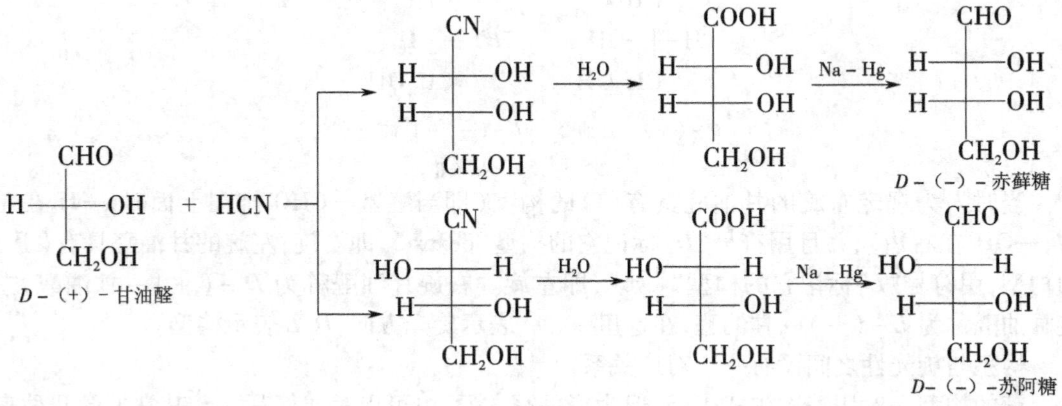

*D*－（+）－甘油醛 + HCN → （$H_2O$）→（Na－Hg）→ *D*－（－）－赤藓糖

*D*－（+）－甘油醛 + HCN → （$H_2O$）→（Na－Hg）→ *D*－（－）－苏阿糖

从 *D*－（－）－赤藓糖和 *D*－（－）－苏阿糖出发，用与 HCN 加成、水解、还原等同样的方法，可各衍生出两个戊糖，共四个 *D*－戊醛糖，从四个 *D*－戊醛糖出发可各得两个己糖，共八个 *D*－己醛糖。

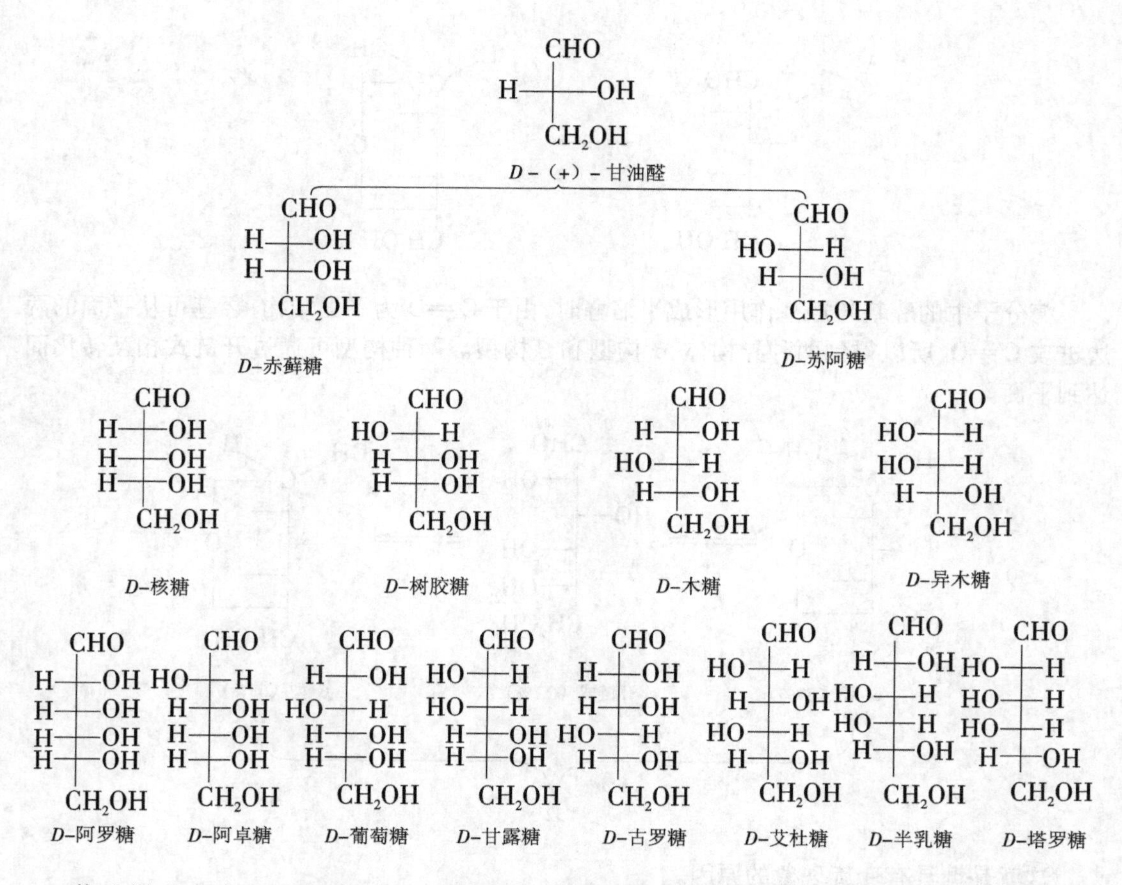


像这样含有多个手性碳原子的异构体中,相应的手性碳原子只有一个构型不同,其余构型都相同,这种异构体称为差向异构体。这里是 $C_2$ 构型不同,所以称为 $C_2$ 差向异构体。

1. 单糖的氧环式结构

单糖的开链结构是由它的一些性质推出来的,因此,开链结构能说明单糖的许多化学性质,但不能解释单糖的所有性质。例如:

(1)不与品红醛试剂反应,与 $NaHSO_4$ 反应非常迟缓(这说明单糖分子内无典型的醛基)。

(2)单糖只能与一分子醇生成缩醛(说明单糖是一个分子内半缩醛结构)。

(3)有变旋现象,如:

| 葡萄糖晶体 | 常温下用乙醇结晶而得($\alpha$ 型) | 高温下用醋酸结晶而得($\beta$ 型) |
| --- | --- | --- |
| 熔点/℃ | 146 | 150 |
| 新配溶液的$[\alpha]_D$ | $+112°$ | $+19°$ |
| 新配溶液放置 | $[\alpha]_D$ 逐渐减小至 52° | $[\alpha]_D$ 逐渐增大至 52° |

变旋现象

变旋现象说明,单糖并不是仅以开链式存在,还有其他的存在形式。1925—1930 年,由 X 射线等现代物理方法证明,葡萄糖主要是以氧环式(环状半缩醛结构)存在的。

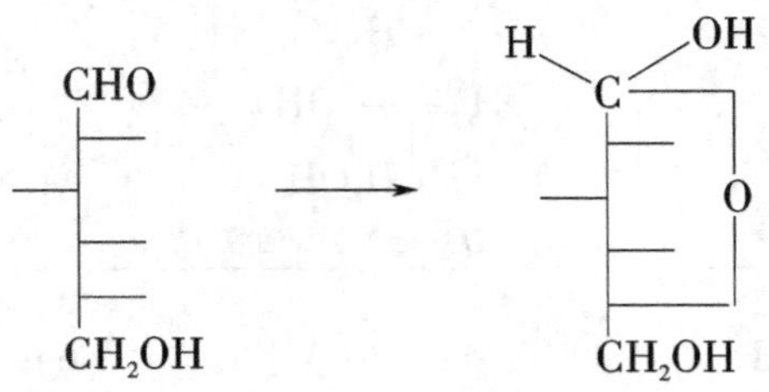

糖分子中的醛基与羟基作用形成半缩醛时，由于 C ═O 为平面结构，羟基可从平面的两边进攻 C ═O，所以得到两种异构体：α 构型和 β 构型。两种构型可通过开链式相互转化而达到平衡。

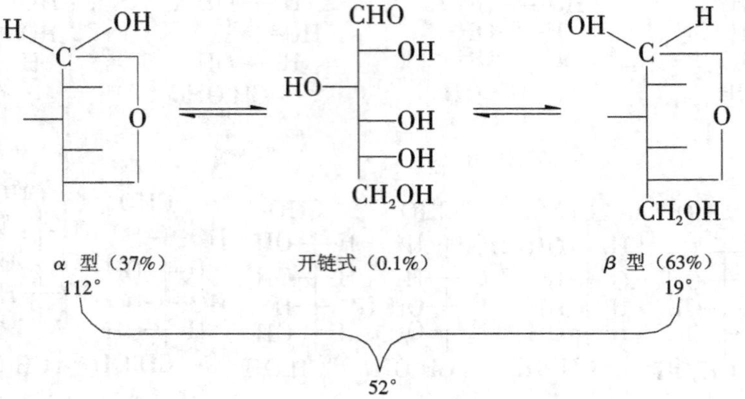

α 型（37%） 开链式（0.1%） β 型（63%）

112° 19°

52°

这就是糖具有变旋现象的原因。

2．环状结构的 α 构型和 β 构型

α 构型糖与 β 构型糖是一对非对映体，α 构型与 β 构型的不同在 $C_1$ 的构型上，故又称为端基异构体和异头物。

α 构型——生成的半缩醛羟基与决定单糖构型的羟基在同一侧。

β 构型——生成的半缩醛羟基与决定单糖构型的羟基在不同的两侧。

3．环状结构的哈沃斯（Haworth）透视式

糖的半缩醛氧环式结构不能反映出各个基团的相对空间位置。为了更清楚地反映糖的氧环式结构，哈沃斯透视式是最直观的表示方法。

将链状结构书写成哈沃斯式的步骤如下。

（1）将碳链向右放成水平，使原基团处于左上右下的位置。

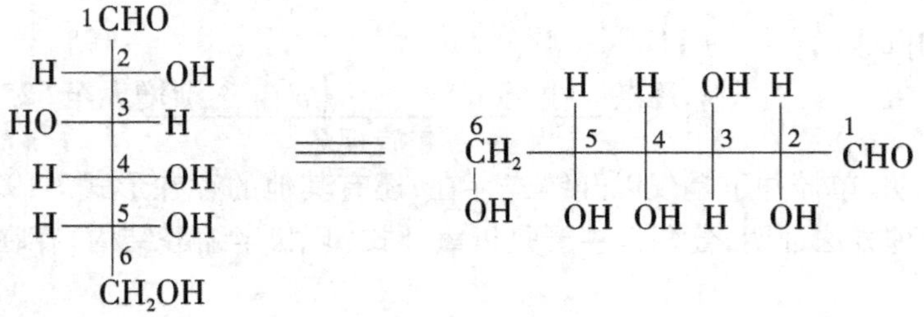

(2)将碳链沿水平位置弯成六边形状。

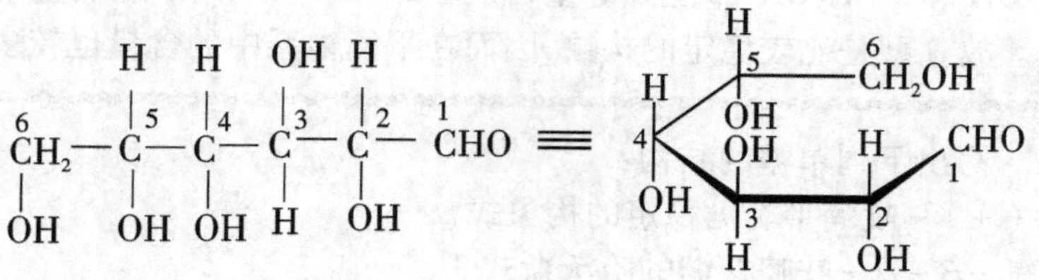

H H OH H
6 5 4 3 2 1
$CH_2$—C—C—C—C—CHO ≡
OH OH OH H OH

H 5 6 $CH_2OH$
H 4 OH H CHO 1
OH 3 2
H OH

(3)以 $C_4—C_5$ 为轴旋转 120°,使 $C_5$ 上的羟基与醛基接近,然后成环(因羟基在环平面的下面,它必须旋转到环平面上才易与 $C_1$ 成环)。

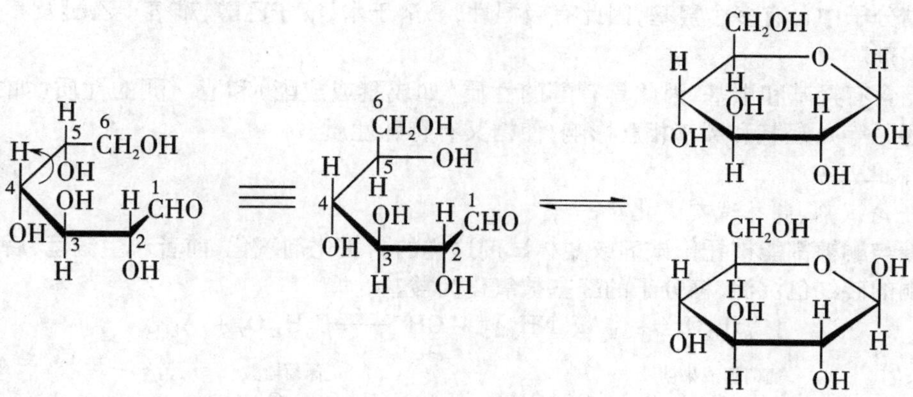

H 5 6 $CH_2OH$
H OH
4 OH H 1 CHO
OH 3 2
H OH

≡

6 $CH_2OH$
H 5 OH
H
4 OH H 1 CHO
OH 3 2
H OH

⇌

$CH_2OH$
H O H
H
OH H
OH OH
H OH

$CH_2OH$
H O OH
H
OH H
OH H
H OH

α 构型

β 构型

糖的哈沃斯结构和吡喃相似,所以六元环单糖又称为吡喃型单糖。葡萄糖分子结构有以下两种。

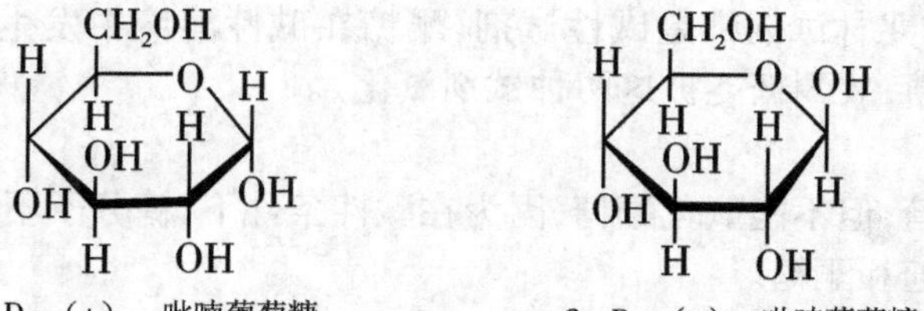

$CH_2OH$
H O H
H
OH H
OH OH
H OH

α-D-(+)-吡喃葡萄糖

$CH_2OH$
H O OH
H
OH H
OH H
H OH

β-D-(+)-吡喃葡萄糖

4. 葡萄糖的构象

研究证明,吡喃型糖的六元环主要是呈椅式构象存在于自然界的。

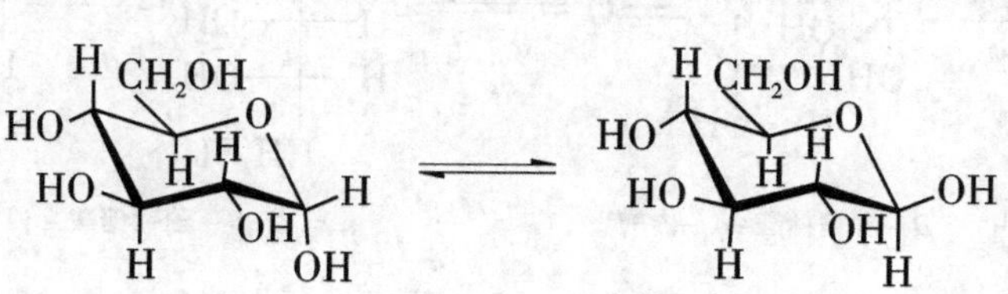

H $CH_2OH$
HO O
H
HO H
OH H
H OH

α 型(37%)

⇌

H $CH_2OH$
HO O
H
HO H OH
OH
H H

β型(63%)

从 $D-(+)$-吡喃葡萄糖的构象可以清楚地看到，在 $\beta-D-(+)$-吡喃葡萄糖中，体积大的取代基—OH 和—$CH_2OH$ 都在 e 键上；而在 $\alpha-D-(+)$-吡喃葡萄糖中，有一个—OH 在 a 键上。故 $\beta$ 型是比较稳定的构象，因而在平衡体系中的含量也较多。

**问题 11-1** 写出下列单糖的结构：

(1) $\beta-D-(+)$-吡喃半乳糖稳定的构象式

(2) 2-脱氧-$\beta$-$D$-呋喃核糖的哈沃斯式

## 二、单糖的性质

单糖分子中含有多个羟基，因此有吸湿性，易溶于水，溶于乙醇，难溶于乙醚及其他非极性有机溶剂。

单糖含有羟基和羰基，因此具有醇的性质（如成醚或成酯）和醛、酮的性质（如加成、氧化、还原等）；羟基和羰基相互影响，使糖又有特殊性质。

1. 氧化反应

1) 托伦试剂、斐林试剂氧化

醛糖与酮糖都能被托伦试剂或斐林试剂这样的弱氧化剂氧化，前者产生银镜，后者生成氧化亚铜的砖红色沉淀，糖分子的醛基被氧化为羧基。

$$\underset{\text{葡萄糖或果糖}}{C_6H_{12}O_6} + [Ag(NH_3)_2]^+OH^- \longrightarrow \underset{\text{葡萄糖酸}}{C_6H_{12}O_7} + Ag\downarrow$$

$$C_6H_{12}O_6 + Cu(OH)_2 \longrightarrow C_6H_{12}O_7 + \underset{\text{红色沉淀}}{Cu_2O\downarrow}$$

凡是能被上述弱氧化剂氧化的糖，都称为还原糖。单糖都是还原糖，所以果糖也是还原糖。

果糖具有还原性的原因是果糖在稀碱溶液中可发生酮式-烯醇式互变，酮基不断地变成醛基（托伦试剂和斐林试剂都是碱性试剂，酮糖在碱性溶液中发生差向异构化的结果是酮糖不断转化为醛糖，故酮糖能被这两种试剂氧化）。

2) 溴水氧化

溴水能氧化醛糖，但不能氧化酮糖，因为在酸性条件下，糖分子不会发生异构化作用，可用此反应来区别醛糖和酮糖。

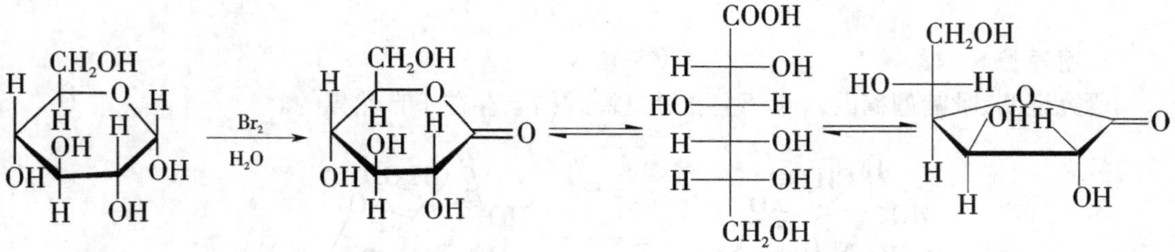

$D$-葡萄糖 $\xrightarrow[H_2O]{Br_2}$ $D$-葡萄糖酸-$\delta$-内酯 $\rightleftharpoons$ COOH / H—OH / HO—H / H—OH / H—OH / $CH_2OH$ $\rightleftharpoons$ $D$-葡萄糖酸-$\gamma$-内酯

3) 硝酸氧化

稀硝酸的氧化作用比溴水强，能使醛糖氧化成糖二酸。例如：

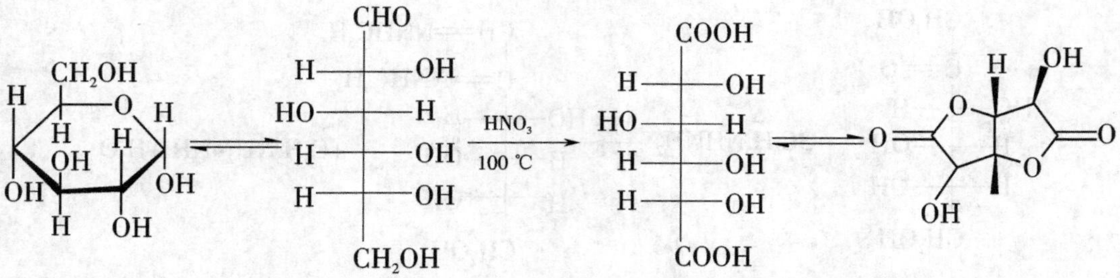

*D*－葡萄糖 $\xrightleftharpoons{}$ (开链式) $\xrightarrow[100\ ^{\circ}\mathrm{C}]{HNO_3}$ *D*－葡萄糖二酸 $\rightleftharpoons$ 内酯

4）高碘酸氧化

糖类与邻二醇或邻羟基醛（酮）类似，也能被高碘酸所氧化，使碳碳键发生断裂。反应是定量的，每破裂一个碳碳键消耗 1 mol 高碘酸。因此，此反应是研究糖类结构的重要手段之一。

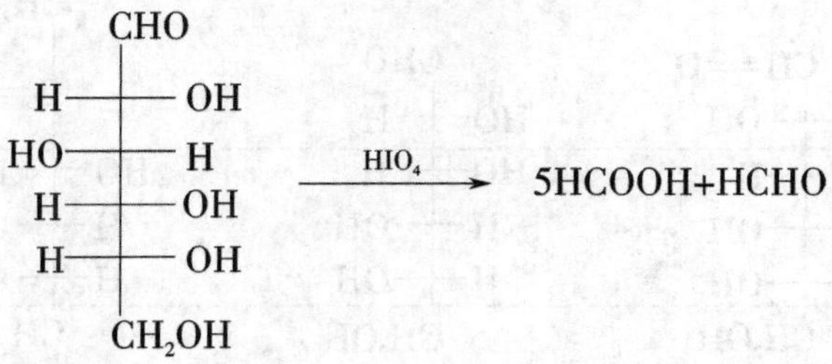

$$\text{D-葡萄糖（开链式）} \xrightarrow{HIO_4} 5HCOOH + HCHO$$

2. 还原反应

用化学试剂（如 $NaBH_4$）或催化氢化等还原方法，可把糖中的羰基还原成羟基，产物叫糖醇。*D*－葡萄糖被还原生成 *D*－山梨醇，*D*－甘露糖被还原生成 *D*－甘露醇，*D*－果糖被还原生成甘露醇和山梨醇的混合物。

山梨醇、甘露醇等多元醇存在于植物中，其中山梨醇无毒，有轻微的甜味和吸湿性，用于化妆品和药物中。

3. 成脎反应

单糖与苯肼反应生成的产物叫作脎。例如，*D*－葡萄糖与过量苯肼作用生成 *D*－葡萄糖脎。

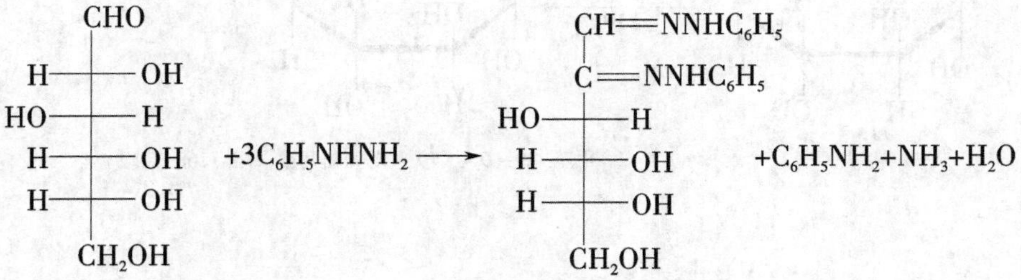

$$\text{D-(+)-葡萄糖} + 3C_6H_5NHNH_2 \longrightarrow \text{D-葡萄糖脎} + C_6H_5NH_2 + NH_3 + H_2O$$

果糖与苯肼反应生成果糖脎。

$$
\begin{array}{c} CH_2OH \\ C{=}O \\ HO-\!\!-H \\ H-\!\!-OH \\ H-\!\!-OH \\ CH_2OH \end{array}
+3C_6H_5NHNH_2 \longrightarrow
\begin{array}{c} CH{=}NNHC_6H_5 \\ C{=}NNHC_6H_5 \\ HO-\!\!-H \\ H-\!\!-OH \\ H-\!\!-OH \\ CH_2OH \end{array}
+C_6H_5NH_2+NH_3+H_2O
$$

*D*-（-）-果糖　　　　　　　　　　*D*-果糖脎

由上述反应可以看出，无论是醛糖还是酮糖，生成糖脎的反应发生在 $C_1$ 和 $C_2$ 上，不涉及其他的碳原子。所以，仅在 $C_2$ 上构型不同而其他碳原子构型相同的差向异构体，必然生成同一个脎。例如，*D*-葡萄糖、*D*-甘露糖、*D*-果糖的 $C_3$、$C_4$、$C_5$ 的构型都相同，因此它们生成同一个糖脎。

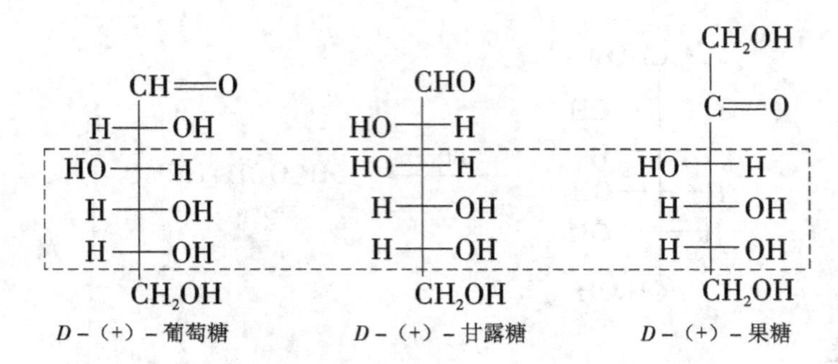

*D*-（+）-葡萄糖　　　*D*-（+）-甘露糖　　　*D*-（+）-果糖

糖脎为黄色结晶，不同的糖脎有不同的晶型，反应中生成速度也不同。因此，可根据糖脎的晶型和生成的时间来鉴别糖。

4. 成苷反应（生成配糖物）

糖分子中的活泼半缩醛羟基与其他含羟基的化合物（如醇、酚）、含氮杂环化合物作用，失水而生成缩醛的反应称为成苷反应。其产物称为配糖物，简称为“苷”，全名为某糖某苷。

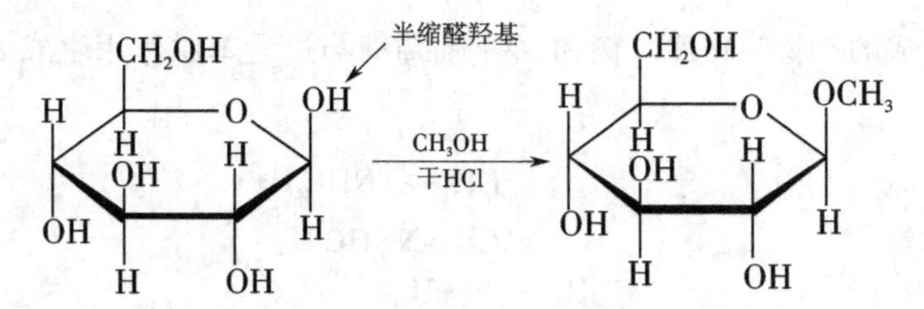


甲基-*β*-*D*-（+）-吡喃葡萄糖（熔点168 ℃）

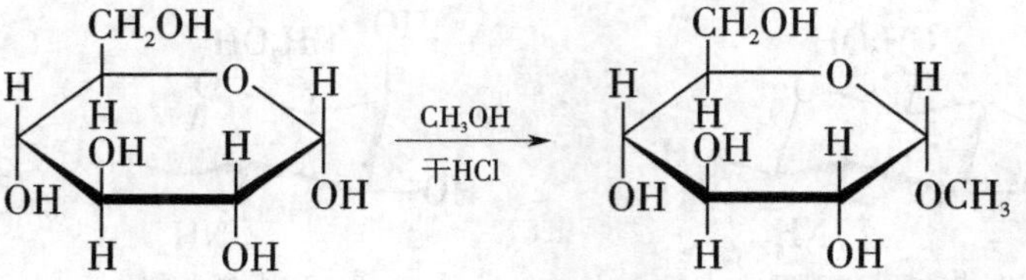

甲基 – α – D – (+) – 吡喃葡萄糖（熔点115 ℃）

（1）苷似醚不是醚，它比一般的醚键易形成，也易水解。

（2）苷用酶水解时有选择性。例如：

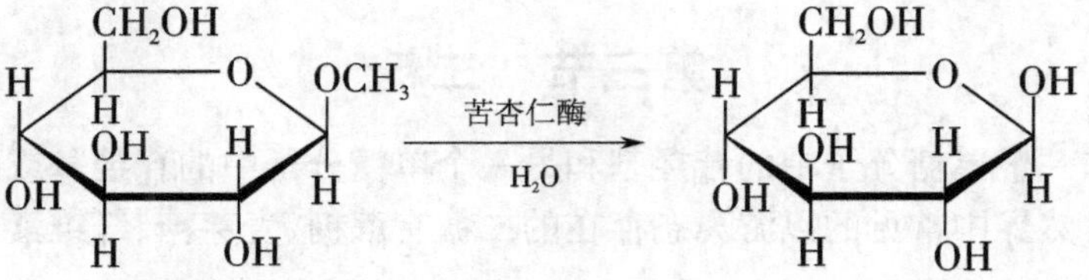

β – 甲基葡萄糖苷 →（苦杏仁酶，$H_2O$）→ β – 葡萄糖

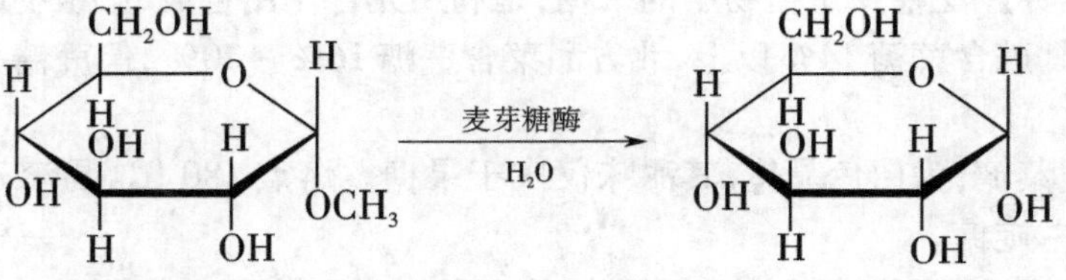

α – 甲基葡萄糖苷 →（麦芽糖酶，$H_2O$）→ α – 葡萄糖

（3）糖苷没有变旋现象，没有还原糖的反应。

（4）糖苷在自然界的分布极广，与人类的生命和生活密切相关。

**问题 11 – 2** 用化学方法区别下列各组化合物：

（1）丙醛、丙酮、甘露糖、果糖 （2）葡萄糖、果糖、核糖、脱氧核糖

## 三、单糖的衍生物

### （一）脱氧单糖

单糖的羟基被氢取代所构成的化合物称为脱氧单糖。例如：D – 2 – 脱氧核糖为 DNA 的成分；L – 岩藻糖为一些糖蛋白的成分，它是 L – 6 – 脱氧半乳糖。

### （二）氨基糖

氨基糖是与单糖很相似的一类化合物。从结构来看，单糖分子中的某个羟基被氨基或烃氨基取代就成为氨基糖。如氨基葡萄糖和氨基半乳糖是两个典型的氨基糖。

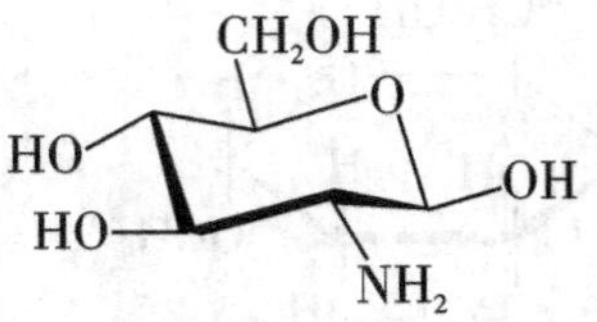

β－D－2－氨基葡萄糖　　　　β－D－2－氨基半乳糖

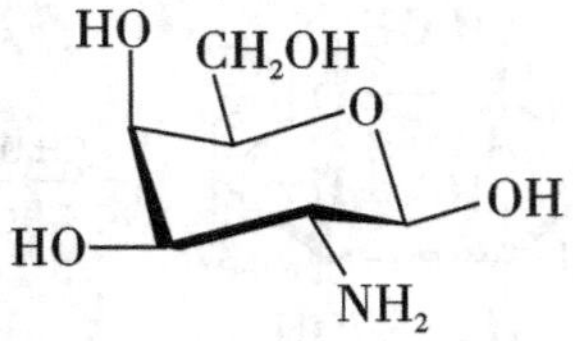

它们常以结合状态存在。例如，甲壳素，也称为“甲壳质”，是由 $\beta-D-2-$氨基葡萄糖形成的高聚物，是甲壳动物（虾、蟹）或某些昆虫等的骨骼和菌类（地衣）等的细胞膜的重要成分。

## 第三节　二糖

二糖可看作一个单糖分子中的苷羟基和另一个单糖分子中的苷羟基或醇羟基之间脱水后的缩合物。自然界中常见的以游离态存在的二糖有蔗糖、麦芽糖、纤维素二糖等。

### 一、蔗糖

蔗糖是自然界广泛存在于植物中的二糖，是利用光合作用合成的，植物的各个部分都含有蔗糖。例如，甘蔗含蔗糖 14% 以上，北方甜菜含蔗糖 16% ~20%，但蔗糖一般不存在于动物体内。

蔗糖又叫甜菜糖，为白色晶体，其甜味仅次于果糖。熔点 180 ℃，易溶于水。具有旋光性，天然蔗糖是右旋糖。

蔗糖没有还原性，不能被托伦试剂氧化，也不能与苯肼作用生成糖脎。但在无机酸或酶的催化下可发生水解，生成一分子葡萄糖和一分子果糖。

$$\underset{\text{蔗糖}}{C_{12}H_{22}O_{11}} \xrightarrow{\text{酶}} \underset{\text{葡萄糖}}{C_6H_{12}O_6} + \underset{\text{果糖}}{C_6H_{12}O_6}$$

水解后生成的混合物叫作转化糖，因其中含有一半的果糖，所以转化糖比原来的蔗糖甜。

蔗糖水解可得到一分子 $D-$葡萄糖和一分子 $D-$果糖，所以蔗糖是由一分子 $D-$葡萄糖和一分子 $D-$果糖组成的。其结构如下：

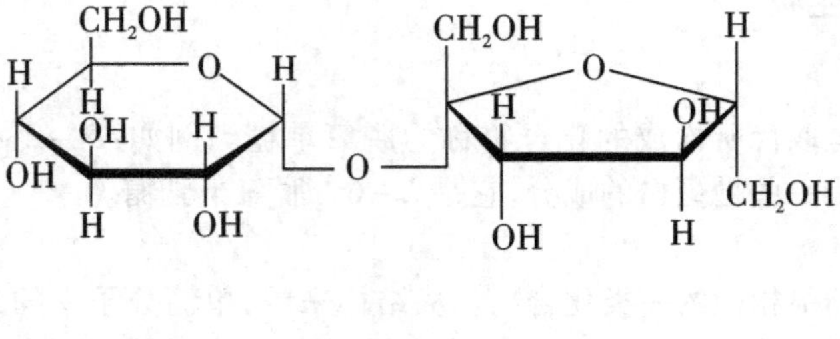

蔗糖的性质：

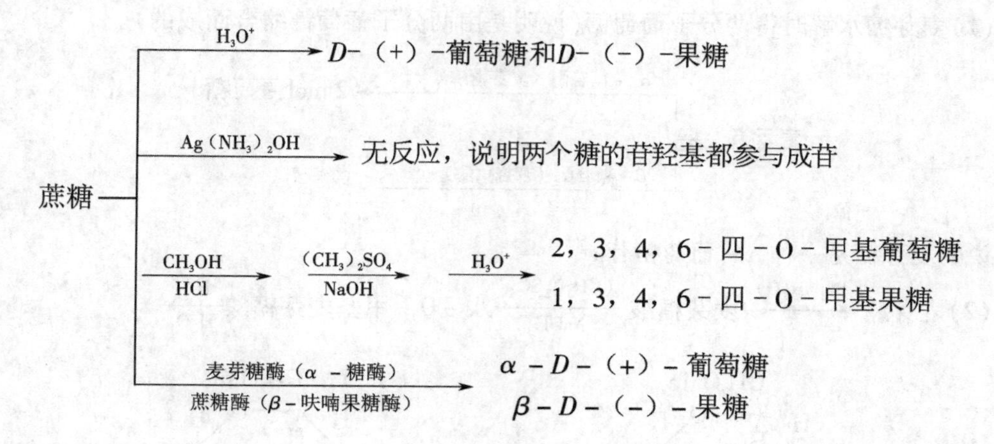


蔗糖有以下性质特点。

(1)不能与托伦试剂和斐林试剂反应(无游离的醛基),没有还原性,是非还原性双糖。

(2)不能与苯肼反应。

(3)无变旋现象。

(4)蔗糖水解后,旋光度发生改变。

$$\text{蔗糖} \xrightleftharpoons{H_3O^+} \text{葡萄糖} + \text{果糖}$$

$$[\alpha]_D^{20} = 66.5° \qquad \underbrace{+52° \qquad -92°}_{[\alpha]_D^{20} = -20°}$$

由于水解前后旋光度发生改变(由右旋变为左旋),所以蔗糖的水解产物叫作转化糖,转化糖具有还原糖的一切性质。

## 二、麦芽糖

自然界中不存在游离的麦芽糖。麦芽糖通常是用含淀粉较多的农产品(大米、玉米、薯类等)作为原料,在淀粉酶作用下,于 60 ℃发生水解反应制得:

$$2(C_6H_{10}O_5)_n + nH_2O \xrightarrow{\text{淀粉酶}} nC_{12}H_{22}O_{11}$$

麦芽糖为白色晶体,甜度约为蔗糖的40%,熔点为102~103 ℃,可溶于水,微溶于乙醇,不溶于乙醚。具有旋光性,是右旋糖。

麦芽糖是还原糖,能被托伦试剂、斐林试剂氧化,也能与苯肼作用生成糖脎。在无机酸或酶的催化下,发生水解反应,生成两分子葡萄糖。

$$\underset{\text{麦芽糖}}{C_{12}H_{22}O_{11}} + H_2O \xrightarrow{\text{酶}} \underset{\text{葡萄糖}}{2C_6H_{12}O_6}$$

麦芽糖 $\xrightarrow{3C_6H_5NHNH_2}$ 黄色↓

麦芽糖 $\xrightarrow{Ag(NH_3)_2OH}$ Ag↓

说明麦芽糖有游离的苷羟基。

(1)麦芽糖水解时得两分子葡萄糖(说明是由两分子葡萄糖缩合而成的)。

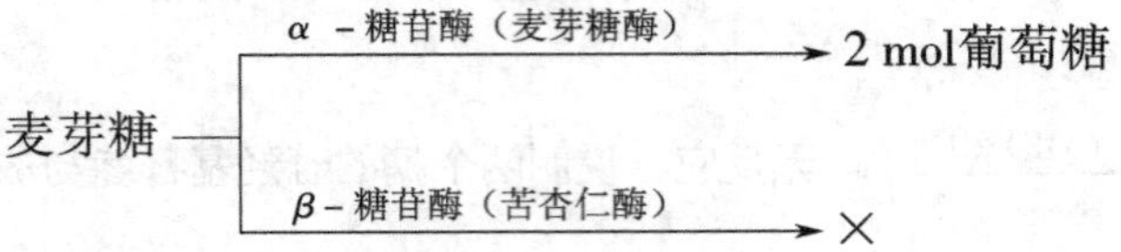

$$\text{麦芽糖}\begin{cases}\xrightarrow{\alpha\text{-糖苷酶（麦芽糖酶）}} 2\ \text{mol葡萄糖}\\ \xrightarrow{\beta\text{-糖苷酶（苦杏仁酶）}} \times\end{cases}$$

说明麦芽糖是一种 $\alpha$ - 葡萄糖苷。

(2)麦芽糖 $\xrightarrow{Br_2(H_2O)}$ 麦芽糖酸 $\xrightarrow[NaOH]{(CH_3)_2SO_4}$ 八 - O - 甲基麦芽糖酸 $\xrightarrow[H_2O]{H^+}$

2，3，4，6 - 四 - O - 甲基 - *D* - 葡萄糖 + 2，3，6 - 三 - O - 甲基 - *D* - 葡萄糖

说明麦芽糖是 $\alpha$ - 1,4 苷键结合的。

由上推得麦芽糖的结构为

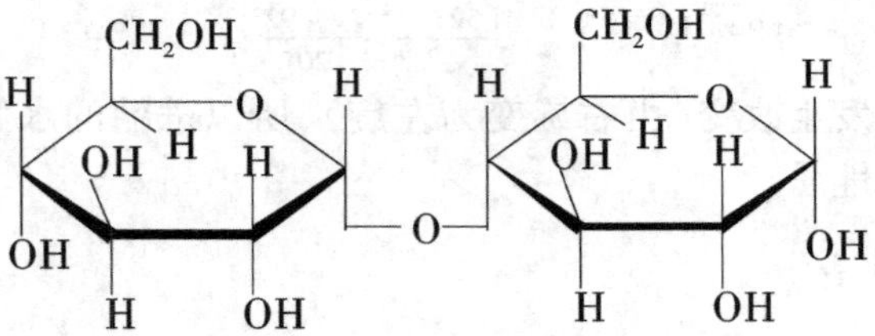

（+）-麦芽糖

## 三、纤维二糖

纤维二糖可由纤维素用酶水解得到。像麦芽糖一样,它可水解为两分子 *D* - 葡萄糖,所不同的是水解纤维二糖必须用 $\beta$ - 葡萄糖苷酶(苦杏仁酶)。纤维二糖是还原糖,化学性质与麦芽糖相似,纤维二糖与麦芽糖的唯一区别是苷键的构型不同,麦芽糖为 $\alpha$ - 1,4 苷键,而纤维二糖为 $\beta$ - 1,4 苷键。纤维二糖的结构为

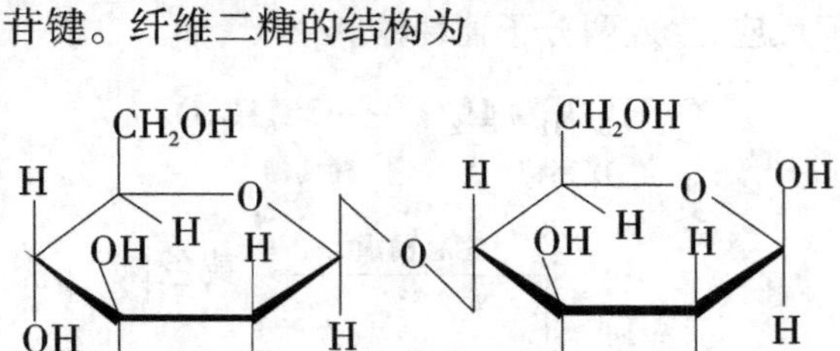

（+）-纤维二糖

纤维二糖为白色结晶，熔点 225 ℃。它也有 $\alpha$ 和 $\beta$ 两种异构体，变旋达到平衡时 $[\alpha]_D^{20} = +34.6°$。它具有半缩醛羟基，是典型的还原性二糖，具有单糖的化学性质。

### 四、乳糖

乳糖存在于哺乳动物的乳汁中，人乳中含乳糖 6% ~8%，牛乳中含乳糖 4% ~6%。乳糖的甜度只有蔗糖的 70%。它还是奶酪生产的副产物。

乳糖经酸水解或苦杏仁酶水解得到一分子 $\beta-D-$半乳糖和一分子 $D-$葡萄糖。由 $\beta-D-$吡喃半乳糖的苷羟基与 $\beta-D-$吡喃葡萄糖 $C_4$ 上的羟基缩合而成的半乳糖苷，具有还原糖的通性。

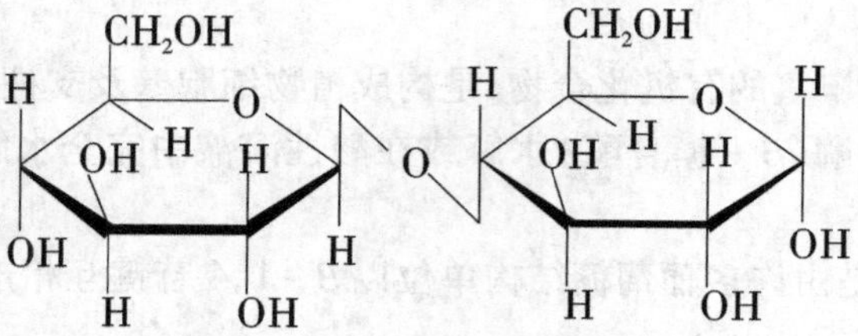

$\beta-D-$吡喃半乳糖　　　　$\beta-D-$吡喃葡萄糖

乳糖为无色晶体，熔点 201.5 ℃，能溶于水，没有吸湿性，有变旋现象，变旋达到平衡时 $[\alpha]_D^{20} = +55.4°$。乳糖因具有半缩醛羟基，属还原性糖，化学性质与单糖相似。

## 第四节　多糖

多糖是由几百乃至数千个单糖以糖苷键相连形成的高聚物。植物储存的养分淀粉及动物储存的养分糖原都是由 $D-$葡萄糖构成的多糖，昆虫的甲壳素主要是由氨基糖构成的多糖。重要的天然高分子化合物，是由单糖通过苷键连接而成的高聚体。

多糖与单糖和低聚糖在性质上有较大的差别。一般多糖无还原性和变旋光现象，无甜味，大多难溶于水，有的能和水形成胶体溶液。

在自然界分布最广，最重要的多糖是淀粉和纤维素。

### 一、淀粉

淀粉大量存在于植物的种子和地下块茎中，是人类的三大食物之一。淀粉用淀粉酶水解得麦芽糖，在酸的作用下，能彻底水解为葡萄糖。所以，淀粉是麦芽糖的高聚体。

淀粉是白色无定形粉末，分子式可以表示为 $(C_6H_{10}O_5)_n$。淀粉由直链淀粉和支链淀粉两部分组成：直链淀粉为可溶性淀粉，可溶于热水，占 10% ~20%；支链淀粉为不溶性淀粉，占 80% ~90%。

淀粉是由 $\alpha-D-(+)-$葡萄糖以 $\alpha-1,4$ 苷键结合而成的链状高聚物。

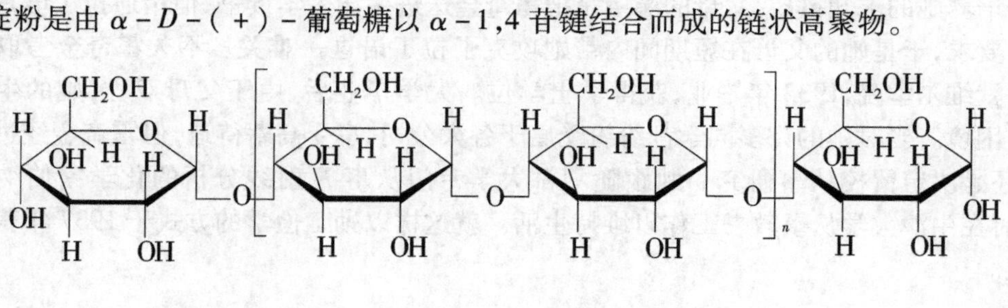

淀粉不溶于冷水，不能发生还原糖的一些反应，遇碘显深蓝色，可用于鉴定碘的存在。这是因为直链淀粉不是伸开的一条直链，而是螺旋状结构。螺旋状空穴正好与碘的直径相匹配，允许碘分子进入空穴中，形成包合物而显色。淀粉－碘包合物呈深蓝色，加热解除吸附，则蓝色褪去。

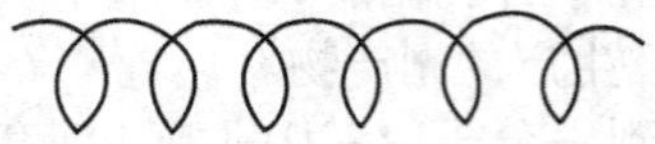

每一螺圈约含
六个葡萄糖单位

## 二、纤维素

纤维素是自然界最丰富的有机化合物，是构成植物细胞壁及支柱的主要组分。

将纤维素用纤维素酶（$\beta$－糖苷酶）水解或在酸性溶液中完全水解，生成 $D$－（＋）－葡萄糖。

由此推断，纤维素是由许多葡萄糖结构单位以 $\beta$－1,4 苷键互相连接而成的。

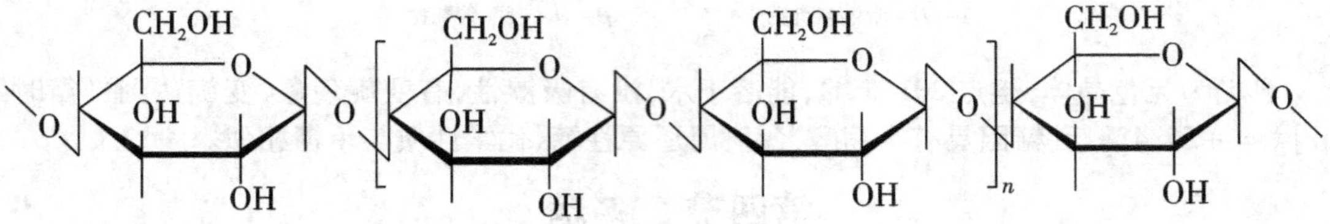

$CH_2OH$ O OH OH O $CH_2OH$ O OH OH O $CH_2OH$ O OH OH O $n$ $CH_2OH$ O OH OH O

人的消化道中没有水解 $\beta$－1,4 葡萄糖苷键的纤维素的酶，所以人不能消化纤维素，但纤维素对人又是必不可少的，因为纤维素可帮助肠胃蠕动，以提高消化和排泄能力。

阅读材料

### 多萝西·玛丽·克拉福特·霍奇金

多萝西·玛丽·克拉福特·霍奇金（Dorothy Mary Crowfoot Hodgkin，1910—1994），英国化学家。1910 年 5 月 12 日生于开罗。她曾入牛津大学萨默维尔学院学习，毕业后到剑桥大学工作（1932—1934），研究测定甾族化合物、胃蛋白酶和维生素 B 等的结构。1934 年回到牛津大学教化学，1960 年任教授，在牛津大学工作 33 年。1970 年去布里斯托尔大学任名誉校长。1947 年入选英国皇家学会。

霍奇金出生于英国的一个知识分子家庭，她的父亲毕业于牛津大学，是一位考古学权威。由于父亲所从事工作的性质，霍奇金小时候很难有固定的就读学校。父母总是利用一切机会培养她的求知欲望，父母的愿望是把霍奇金送进牛津大学读书，但精通拉丁语是入学的基本要求，于是她的父母在短期间内帮她攻克了拉丁语这一难关。不久霍奇金考取牛津大学萨默维尔学院，1932 年毕业，获得学士学位。大学毕业后，由于父母双亡，她的生活也陷入了困境。当时她的许多同学都纷纷受雇于各大公司，享受高薪待遇，但霍奇金经过再三考虑，还是决定留校从事研究。她跟随剑桥大学专门从事 X 射线分析的化学家伯纳尔学习，同时在牛津大学从事教书工作以维持生活。就这样以勤工俭学的方式于 1937 年获得博士学位。

1928 年英国细菌学家弗莱明在培养葡萄球菌时意外地发现了青霉素，随后又发现了它的奇异疗效。青霉素是最早出现的抗生素药物，它为人类战胜疾病、恢复健康建立了丰功伟绩。今天，青霉素仍是最常用的广谱抗细菌感染药物。

第二次世界大战爆发后，战场上对青霉素的需求量剧增，科学家迫切希望知道青霉素的分子结构，以便大规模用化学法合成。一直从事 X 射线分析研究的霍奇金开始了对青霉素晶体结构的测定。由于当时计算方法比较原始，资料又少，该项工作历时 4 年才告完成，她精确地测出了青霉素的分子结构。在此基础上，青霉素的人工合成于 1957 年终于实现。1948 年，霍奇金在完成了青霉素分子结构的分析后又测定了维生素 $B_{12}$ 的分子结构，费时 8 年。由于她解开了化学领域中难度较大的未解之谜，人们称她为"化学界的奇才"。

霍奇金主要从事结构化学方面的研究。在 1932 年以前，X 射线分析仅限于验证化学分析的结果，但霍奇金将 X 射线分析技术发展成一种非常有用的分析方法。她在剑桥大学期间最先用 X 射线结晶学正确测定了复杂有机大分子的结构。1934 年回到牛津大学后，研究了许多具有生理作用的化合物并做出第一幅蛋白质的 X 射线衍射图。1949 年第一次成功地测定了青霉素的结构。1957 年测定了维生素 $B_{12}$ 的结构。霍奇金因测定抗恶性贫血的生化化合物的基本结构而获 1964 年诺贝尔化学奖（在获得诺贝尔自然科学奖的妇女中，她是继居里夫人以后第二位单独获得诺贝尔化学奖的女科学家）。1965 年获得英国功绩勋章。

霍奇金的科学生涯，正如高尔基所说："人的天赋就像火花，它既可以熄灭，也可以燃烧起来，而迫使它燃烧成熊熊大火的方法只有一个，就是劳动，再劳动。"霍奇金以其一生的劳动，创造了辉煌的成就。

## 习　题

### 一、选择题

1. 下列化合物不能与 $AgNO_3$ 的氨水溶液反应的是（　　）。

A. 葡萄糖　　B. 乙醛　　C. 甲酸　　D. 蔗糖

2. 下列糖中既能发生水解反应，又有还原性和变旋光现象的是（　　）。

A. 麦芽糖　　B. $\alpha$ - $D$ - 甲基吡喃葡萄糖苷

C. 蔗糖　　D. $\alpha$ - $D$ - 呋喃果糖

3. 下列哪种糖类化合物被硝酸氧化后可生成无旋光活性的糖二酸？（　　）。

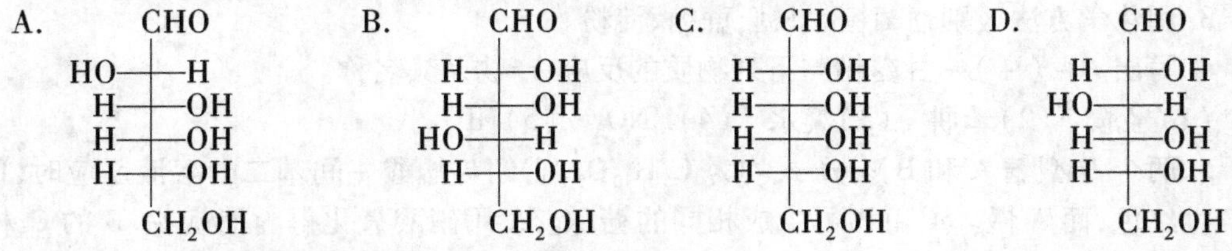


4. 下列化合物的溶液不能与溴水反应的是（　　）。

A. $D$ - 果糖　　B. $D$ - 核糖　　C. $D$ - 葡萄糖　　D. $D$ - 甘露糖

5. 下列化合物中不具有还原性的是（　　）。

A. 核糖　　B. 麦芽糖　　C. 蔗糖　　D. 乳糖

6. 具有变旋光现象的葡萄糖衍生物是（　　）。

A. 葡萄糖酸　　B. 葡萄糖二酸　　C. 葡萄糖醛酸　　D. 甲基葡萄糖苷

7. 下列化合物不能与 $AgNO_3$ 的氨水溶液反应的是(　　)。

A. 葡萄糖　　B. 乙醛　　C. 甲酸　　D. 蔗糖

## 二、填空题

1. 单糖是不能水解的__________ 或____________,如葡萄糖、果糖、核糖等。

2. 碳原子数相同的醛糖和酮糖互为____________,但酮糖比醛糖______ 一个手性碳原子,所以对映异构体的数目比相应的醛糖少。

3. 单糖还能与溴水或稀硝酸的反应。*D* - 葡萄糖用溴水氧化,生成__________并导致溴水的褪色,而酮糖不发生反应,故可用溴水区别醛糖和酮糖。*D* - 葡萄糖若用稀硝酸加热氧化则生成__________ 。

4. 多糖可以水解,淀粉、糖原、纤维素水解的最终产物都是________。

5. 将蔗糖溶于水配成10%的溶液,分装在两支试管中,第一支试管中加入银氨溶液,进行水浴加热,没有变化,原因是蔗糖分子中____________,第二支试管中加入几滴稀硫酸,再进行水浴加热,加 NaOH 溶液中和酸后,也加入银氨溶液,则现象是____________,原因是____________,稀硫酸的作用是____________。

## 三、简答题

1. 完成下列反应。

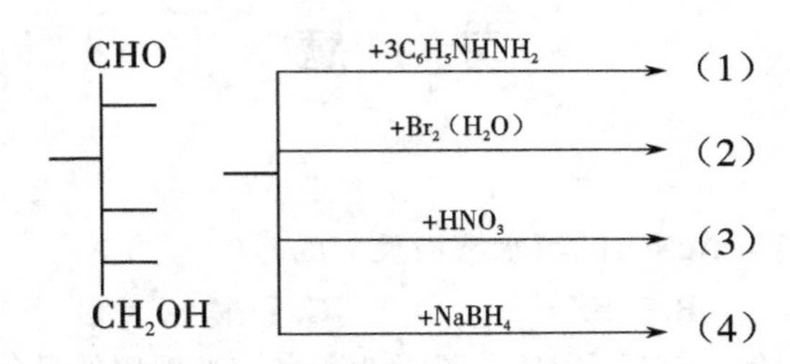


2. 写出下列化合物的结构式。

(1)*β* - *D* - ( + ) - 吡喃葡萄糖

(2)*α* - *D* - ( + ) - 甲基吡喃葡萄糖苷

3. 用化学方法区别葡萄糖、果糖、蔗糖、淀粉。

4. 写出 *D* - ( + ) - 甘露糖与下列物质的反应、产物及其名称。

(1)羟胺　(2)苯肼　(3)溴水　(4)$HNO_3$　(5)$HIO_4$

5. 两个 *D* 型糖 A 和 B,分子式均为 $C_5H_{10}O_5$,它们与盐酸 - 间苯二酚溶液反应时,B 很快产生红色,而 A 慢。A 和 B 可生成相同的糖脎。A 用硝酸氧化得内消旋物,B 的 $C_3$ 构型为 *R*。试推断 A 和 B 的结构式。

6. 怎样能证明 *D* - 葡萄糖、*D* - 甘露糖、*D* - 果糖这三种糖的 $C_3$,$C_4$ 和 $C_5$ 具有相同的构型?

# 第十二章　氨基酸、蛋白质及核酸

**学习指南**

本章重点介绍氨基酸的两性和等电点、与水和茚三酮的反应、缩合反应；蛋白质的两性和等电点、胶体性质、盐析、变性和显色反应以及这些反应的实际应用。

学习本章内容，应在了解氨基酸、蛋白质及核酸的组成和结构特点的基础上做到：

1. 了解氨基酸的分类，掌握其命名、性质及应用；
2. 了解蛋白质的组成和分类，掌握其性质；
3. 了解核酸的组成及生物功能。

氨基酸、蛋白质、核酸广泛存在于生物体中。它们都是具有重要生理功能的物质，在各种生命现象中发挥着重要作用。

## 第一节　氨基酸的分类及构型

### 一、氨基酸的分类

**羧酸分子中烃基上的氢原子被氨基代替后的生成物，称为氨基酸。**根据氨基在烃基上的位置不同，而分为$\alpha$-，$\beta$-，$\gamma$-，…$\omega$-氨基酸，其中以$\alpha$-氨基酸最为重要，因为由蛋白质水解所得的氨基酸，除个别外，全都是$\alpha$-氨基酸。

根据$\alpha$-氨基酸分子中氨基和羧基的相对数目不同，可分为中性氨基酸（氨基和羧基的数目相等）、酸性氨基酸（氨基的数目少于羧基的数目）和碱性氨基酸（氨基的数目多于羧基的数目）。例如：

中性氨基酸：

$$\begin{array}{l}CH_2—COOH\\ |\\ NH_2\end{array}$$

氨基乙酸（俗名甘氨酸）

酸性氨基酸：

$$\begin{array}{r}HOOC—CH_2—CH_2—CH—COOH\\ |\qquad\quad\;\\ NH_2\qquad\;\;\end{array}$$

$\alpha$-氨基戊二酸（俗名谷氨酸）

碱性氨基酸：

$$\begin{array}{r}H_2N—(CH_2)_4—CH—COOH\\ |\qquad\quad\;\\ NH_2\qquad\;\;\end{array}$$

$\alpha,\omega$-二氨基己酸（俗名赖氨酸）

由于α-氨基酸是组成蛋白质的基石，而且通常由蛋白质水解而来，所以一般都采用俗名，并广泛应用。氨基酸的名称通常还使用三个字母的缩写符号表示，即由各种α-氨基酸英文名字的前三个字母组成，如Gly、Ala分别表示甘氨酸、丙氨酸。使用这种符号来表示蛋白质或多肽中α-氨基酸的排列顺序颇为方便。常见的α-氨基酸见表12-1。

**表12-1　蛋白质中的α-氨基酸**

| 名称 | 缩写符号 | 构造式 | 等电点 |
| --- | --- | --- | --- |
| （一）　中性氨基酸 | | | |
| 甘氨酸(Glycine)<br>氨基乙酸 | 甘<br>Gly | $CH_2(NH_2)COOH$ | 5.97 |
| 丙氨酸(Alanine)<br>α-氨基丙酸 | 丙<br>Ala | $CH_3CH(NH_2)COOH$ | 6.00 |
| 丝氨酸(Serine)<br>α-氨基-β-羟基丙酸 | 丝<br>Ser | $CH_2(OH)CH(NH_2)COOH$ | 5.68 |
| 半胱氨酸(Cysteine)<br>α-氨基-β-巯基丙酸 | 半胱<br>Cys | $CH_2(SH)CH(NH_2)COOH$ | 5.05 |
| 苏氨酸(Threonine)*<br>α-氨基-β-羟基丁酸 | 苏<br>Thr | $CH_3CH(OH)CH(NH_2)COOH$ | 6.16 |
| 蛋氨酸(Methionine)*<br>α-氨基-γ-甲硫基丁酸 | 蛋<br>Met | $CH_3SCH_2CH_2CH(NH_2)COOH$ | 5.74 |
| 缬氨酸(Valine)*<br>β-甲基-α-氨基丁酸 | 缬<br>Val | $(CH_3)_2CHCH(NH_2)COOH$ | 5.96 |
| 亮氨酸(Leucine)*<br>γ-甲基-α-氨基戊酸 | 亮<br>Leu | $(CH_3)_2CHCH_2CH(NH_2)COOH$ | 6.02 |
| 异亮氨酸(Isoleucine)*<br>β-甲基-α-氨基戊酸 | 异亮<br>Ile | $CH_3CH_2CH(CH_3)CH(NH_2)COOH$ | 5.98 |
| 苯丙氨酸(Phenylalanine)*<br>β-苯基-α-氨基丙酸 | 苯丙<br>Phe | $C_6H_5$—$CH_2CH(NH_2)COOH$ | 5.48 |
| 酪氨酸(Tyrosine)<br>α-氨基-β-对羟苯基丙酸 | 酪<br>Tyr | HO—$C_6H_4$—$CH_2CH(NH_2)COOH$ | 5.68 |
| 脯氨酸(Proline)<br>α-四氢吡咯氨酸 | 脯<br>Pro | —COOH，N—H | 6.30 |
| 色氨酸(Tryptophan)*<br>α-氨基-β-吲哚基丙酸 | 色<br>Trp | —$CH_2CH(NH_2)COOH$，N—H | 5.89 |
| （二）　酸性氨基酸 | | | |
| 门冬氨酸(Aspartic acid)<br>α-氨基丁二酸 | 门冬<br>Asp | $HOOCCH_2CH(NH_2)COOH$ | 2.77 |
| 门冬酰胺(Asparagines)<br>2-氨基-4-羧基丁酰胺 | 门—$NH_2$<br>Asn | $NH_2COCH_2CH(NH_2)COOH$ | 5.41 |
| 谷氨酰胺(Glutamine)<br>2-氨基-5-羧基戊酰胺 | 谷—$NH_2$<br>Gln | $NH_2COCH_2CH_2CH(NH_2)COOH$ | 5.65 |

续表

| 名称 | 缩写符号 | 构造式 | 等电点 |
| --- | --- | --- | --- |
| 谷氨酸(Glutamic acid)<br>-氨基戊二酸 | 谷<br>Glu | $HOOCCH_2CH_2CH(NH_2)COOH$ | 3.22 |
| （三） 碱性氨基酸 | | | |
| 精氨酸(Arginine)<br>α-氨基-δ-胍基戊酸 | 精<br>Arg | $H_2NCNH(CH_2)_3CH(NH_2)COOH$（C=NH） | 10.76 |
| 赖氨酸(Lysine)*<br>α,ω-二氨基己酸 | 赖<br>Lys | $H_2N(CH_2)_4CH(NH_2)COOH$ | 9.74 |
| 组氨酸(Histidine)<br>α-氨基-β-咪唑基丙酸 | 组<br>His | 咪唑基-$CH_2CH(NH_2)COOH$（N-H） | 7.59 |

表中带*号的八个氨基酸称作人体必需氨基酸，由于人体不能合成它们，所以必须从食物中得到。如果缺乏这些氨基酸，人体就会发生某些疾病，所以它们是生命的必需物质。人们不能从某一种食物中获得全部必需的氨基酸，因此人们的饮食应多样化。

## 二、氨基酸的构型

α-氨基酸除甘氨酸外，都至少含一个手性碳原子，因此水解蛋白质所得到的α-氨基酸，除甘氨酸外，都具有旋光性，它们的相对构型(*D*,*L*标记)以丝氨酸为标准，标其α-碳原子。例如：

```
      COOH                  COOH
H2N ——+—— H          H2N ——+—— H
      |                 H ——+—— H
     CH2OH                  COOH
```

*L*-(-)-丝氨酸　　　　*L*-门冬氨酸

它们都属于*L*构型。对于绝大多数氨基酸，*L*构型相当于*S*型。例如：

```
      COOH
H2N ——+—— H
      CH3
```

*L*-丙氨酸(或*S*-丙氨酸)

氨基酸的系统命名法是把氨基作为烃基的取代基命名，但通常是根据它们的来源和性质而命名。

# 第二节　氨基酸的来源及制法

## 一、蛋白质水解

蛋白质在酸、碱或酶的作用下水解，最后生成的是α-氨基酸的混合物，将混合物用各种分离手段(如色层分离法、离子交换法、电泳法等)进行分离，即可得到各种光学纯的氨基酸。

## 二、$\alpha$-卤代酸氨解

$\alpha$-卤代酸与过量的 $NH_3$ 作用，容易生成 $\alpha$-氨基酸，但反应产率不高。

$$R-\underset{X}{\overset{H}{\underset{|}{\overset{|}{C}}}}-COOH + 2NH_3 \longrightarrow R-\underset{NH_2}{\overset{H}{\underset{|}{\overset{|}{C}}}}-COOH + NH_4X$$

## 三、斯特雷克尔合成法

醛或酮在氨存在下与无水氰化氢加成生成 $\alpha$-氨基腈，后者再经酸或碱催化水解生成 $\alpha$-氨基酸的反应称为斯特雷克尔(Strecker)合成法。

$$RCHO + NH_3 + HCN \longrightarrow \underset{\substack{| \\ NH_2 \\ \alpha-\text{氨基腈}}}{RCHCN} \longrightarrow \underset{\substack{| \\ NH_2}}{RCHCOOH}$$

这种方法合成的氨基酸是外消旋体。

## 四、盖布瑞尔合成法

盖布瑞尔(Gabriel)合成法与合成纯的伯胺方法类似，可以用 $\alpha$-卤代酸酯合成 $\alpha$-氨基酸，该方法产率高，产品容易纯化。例如：

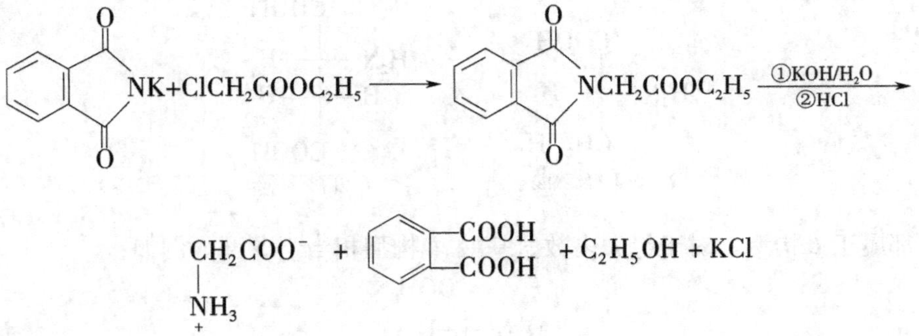

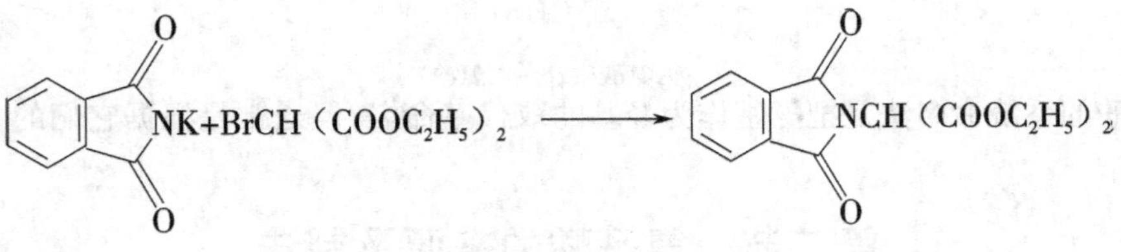

$$\text{邻苯二甲酰亚胺钾 (C}_6\text{H}_4\text{(CO)}_2\text{NK)} + ClCH_2COOC_2H_5 \longrightarrow C_6H_4(CO)_2NCH_2COOC_2H_5 \xrightarrow[\text{②HCl}]{\text{①KOH/}H_2O}$$

$$\underset{\substack{| \\ \overset{+}{N}H_3}}{CH_2COO^-} + C_6H_4(COOH)_2 + C_2H_5OH + KCl$$

$$C_6H_4(CO)_2NK + BrCH(COOC_2H_5)_2 \longrightarrow C_6H_4(CO)_2NCH(COOC_2H_5)_2$$

$$\xrightarrow[\text{②}ClCH_2CH_2SCH_3]{\text{①}C_2H_5ONa} \text{(邻苯二甲酰亚氨基)}N—C(COOC_2H_5)_2—CH_2CH_2SCH_3 \xrightarrow[\text{②}HCl]{\text{①}NaOH/H_2O} CH_3SCH_2CH_2CH(\overset{+}{N}H_3)COO^-$$

一般化学方法合成的氨基酸是外消旋体,拆分后才能得到 $D$－和 $L$－氨基酸。可用生物拆分方法拆分氨基酸。例如,将 $D,L$－氨基酸酰基化,然后用脱酰酶选择脱去 $L$－乙酰氨基酸中的乙酰基,得到 $L$－氨基酸与 $D$－乙酰氨基酸,分离后再将 $D$－乙酰氨基酸水解,得到两种纯光学活性氨基酸。

$$D,L-RCH(\overset{+}{N}H_3)COO^- \xrightarrow{(CH_3CO)_2O} D,L-RCH(NHC(=O)—CH_3)COOH$$

$$\xrightarrow[\text{分离}]{\text{脱酰酶}} \begin{cases} D-RCH(NHCOCH_3)—COOH \xrightarrow{H^+/H_2O} D—RCH(\overset{+}{N}H_3)—COO^- \\ L-RCH(\overset{+}{N}H_3)—COO^- \end{cases}$$

## 第三节　氨基酸的性质

### 一、$\alpha$－氨基酸的物理性质

$\alpha$－氨基酸都是不易挥发的无色晶体,一般都易溶于水而难溶于乙醚等非极性有机溶剂中。具有较高的熔点(一般在 200 ℃以上),且大多数在熔化的同时发生分解。氨基酸都显示其盐的物理性质。表 12－2 列出了常见的 $\alpha$－氨基酸的物理常数。

表 12－2　常见的 $\alpha$－氨基酸的物理常数

| 名称 | 溶解度(25 ℃)/[g/(100 g $H_2O$)] | $[\alpha]_D^{25}$ | $pk_1$ | $pk_2$ | $pk_3$ | 分解温度/℃ |
|---|---|---|---|---|---|---|
| 甘氨酸 | 25 | — | 2.35 | 9.78 | — | 233 |
| 丙氨酸 | 16.7 | +8.5 | 2.35 | 9.87 | — | 297 |
| 丝氨酸 | 5.0 | −6.8 | 2.19 | 9.44 | −10.34 | 228 |
| 半胱氨酸 | — | +6.5 | 1.86 | 8.35 | 10.34 | — |
| 苏氨酸* | 易溶 | −28.3 | 2.09 | 9.10 | — | 225 |
| 蛋氨酸* | 3.4 | −8.2 | 2.17 | 9.27 | — | 280 |
| 缬氨酸* | 8.9 | +13.9 | 2.29 | 9.72 | — | 315 |

续表

| 名称 | 溶解度(25 ℃)/[g/(100 g $H_2O$)] | $[\alpha]_D^{25}$ | $pk_1$ | $pk_2$ | $pk_3$ | 分解温度/℃ |
|---|---|---|---|---|---|---|
| 亮氨酸* | 2.4 | −10.8 | 2.33 | 9.74 | — | 293 |
| 异亮氨酸* | 4.1 | +11.3 | 2.32 | 9.76 | — | 284 |
| 苯丙氨酸* | 3.0 | −35.1 | 2.58 | 9.24 | — | 283 |
| 酪氨酸 | 0.04 | −10.6 | 2.20 | 9.11 | 10.07 | 342 |
| 脯氨酸 | 162 | −85.0 | 1.95 | 10.64 | — | 220 |
| 色氨酸* | 1.1 | −31.5 | 2.43 | 9.44 | — | 289 |
| 门冬氨酸 | 0.54 | +25.0 | 1.99 | 3.90 | 10.00 | 270 |
| 谷氨酸 | 0.86 | +31.4 | 2.13 | 4.32 | 9.95 | 247 |
| 精氨酸 | 15 | +12.5 | 1.82 | 8.99 | 13.20 | 244 |
| 赖氨酸* | 易溶 | +14.6 | 2.16 | 9.20 | 10.80 | 225 |
| 组氨酸 | 4.2 | −39.7 | 1.81 | 6.05 | 9.15 | 287 |

## 二、氨基酸的化学性质

氨基酸分子中同时含有氨基和羧基,它们具有胺和羧酸的某些典型性质,又由于这两种官能团的相互影响,表现出一些综合的特性。

### (一)两性和等电点

氨基酸分子中既含有碱性的氨基,又含有酸性的羧基,所以呈现两性,既能与酸反应生成铵盐,又能与碱反应生成羧酸盐。例如:

$$H_2N—CH_2—COOH + HCl \longrightarrow (H_3\overset{+}{N}—CH_2—COOH)Cl^-$$

氨基酸本身的氨基与羧基作用也能形成盐,称为内盐。由于这种分子同时具有两种离子的性质,所以又称两性离子或偶极离子。

$$\underset{\displaystyle NH_2}{R—\underset{|}{CH}—COOH} \rightleftharpoons \underset{\displaystyle \overset{+}{N}H_3}{R—\underset{|}{CH}—COO^-}$$

氨基酸在固态时主要以内盐形式存在。氨基酸在水溶液中形成下列平衡体系,并表现出两性离子的性质,即这种两性离子既可以作为酸和 $OH^-$ 反应,也可作为碱和 $H^+$ 反应:

$$\underset{\displaystyle NH_2}{R—\underset{|}{CH}—COO^-} \underset{OH^-}{\overset{H^+}{\rightleftharpoons}} \underset{\displaystyle \overset{+}{N}H_3}{R—\underset{|}{CH}—COO^-} \underset{OH^-}{\overset{H^+}{\rightleftharpoons}} \underset{\displaystyle \overset{+}{N}H_3}{R—\underset{|}{CH}—COOH}$$

(Ⅰ)负离子 (Ⅱ)两性离子 (Ⅲ)正离子

氨基酸中羧基的解离能力要大于氨基接受质子的能力。如中性氨基酸,其酸性稍大于碱性,即分子中—COOH 或—$\overset{+}{N}H_3$ 的解离能力比—$COO^-$ 或—$NH_2$ 接受质子的能力大些。也就是在水溶液中,负离子(Ⅰ)的浓度要比正离子(Ⅲ)的大一些。若要使(Ⅰ)与(Ⅲ)两者浓度相等,必须加一些酸来抑制前者的过多生成,即溶液的 pH 要小于 7,如甘氨酸为 5.97。

当把上述溶液调制为碱性时,氨基酸主要以(Ⅰ)的形式存在,这时(Ⅲ)的浓度很小,在电场中，氨基酸向阳极移动；反之，则（Ⅲ）的浓度大，在电场中，氨基酸就向阴极移动。就每一个氨基酸而言，当溶液的 pH 达到某一值时（如甘氨酸为 5.97），这两者的浓度相等，这时氨基酸主要是以（Ⅱ）的形式存在，在电场中，既不移向阳极，也不移向阴极，这时溶液的 pH 叫作该氨基酸的等电点，常用符号 p$I$ 表示。通常，中性氨基酸的 p$I$ 在 5.6～6.3，酸性氨基酸在 2.8～3.2，碱性氨基酸在 7.6～10.8。

氨基酸的等电点并非是它的中性点。在等电点时，两性离子的浓度最大，溶解度最小。根据等电点可以鉴定氨基酸，而用调节等电点的方法可以分离氨基酸的混合物。常用方法有两种，一是利用其在等电点时的溶解度最小，可以将某氨基酸从混合物中沉淀出来；二是利用在同一 pH 下不同的氨基酸所带电荷的不同而进行分离。例如，在 pH≈6 时，甘氨酸、丙氨酸等主要以两性离子形式存在，而门冬氨酸、谷氨酸等则主要以负离子形式存在。若将此混合液通过阳离子交换树脂的层析柱，门冬氨酸、谷氨酸等就和树脂的阳离子交换而留在柱中，再根据它们的 pH 值，选用不同的 pH 缓冲溶液将后者洗脱出来。

**问题 12-1** 何谓氨基酸的等电点？为什么中性氨基酸的等电点都小于 7？

**问题 12-2** 下列氨基酸分别溶于水，使之达到等电点，应当加入酸还是碱？

（1）甘氨酸　（2）门冬氨酸

**（二）受热后的消除反应**

不同的氨基酸受热后所发生的反应是不同的。

（1）$\alpha$-氨基酸受热时发生两分子间的氨基和羧基的脱水反应，生成六元环的交酰胺：

$$R-CH(NH_2)-COOH + HOOC-CH(NH_2)-R \xrightarrow{\triangle} \text{交酰胺} + 2H_2O$$

交酰胺

（2）$\beta$-氨基酸受热后分子内脱去一分子 $NH_3$，生成 $\alpha,\beta$-不饱和酸：

$$R-\underset{NH_2}{CH}-\underset{H}{CH}-COOH \xrightarrow{\triangle} R-CH=CH-COOH + NH_3$$

（3）$\gamma$-或 $\delta$-氨基酸加热至熔化时，分子内的氨基与羧基脱水生成相应的内酰胺：

$$R-\underset{NH_2}{CH}-CH_2-CH_2-COOH \xrightarrow{\triangle} \gamma\text{-内酰胺} + H_2O$$

$\gamma$-内酰胺

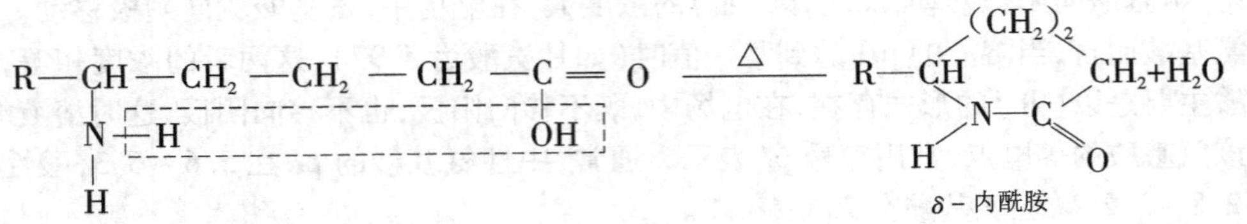

$$R-\underset{NH_2}{CH}-CH_2-CH_2-CH_2-\underset{OH}{C}=O \xrightarrow{\triangle} \text{δ-内酰胺} + H_2O$$

内酰胺用酸或碱水解可得到相应的氨基酸。

(4)当氨基与羧基相距更远时(如 $\omega$－氨基酸),受热后多个分子间脱水,生成链状的聚酰胺:

$$nH_2N(CH_2)_mCOOH \xrightarrow[\triangle]{-H_2O} H_2N(CH_2)_m-\overset{O}{\overset{\|}{C}}+NH(CH_2)_m-\overset{O}{\overset{\|}{C}}+_{n-2}NH(CH_2)_mCOOH$$

这个反应属于缩聚反应,生成的聚酰胺常用作合成纤维或工程塑料。

**(三)与水合茚三酮的显色反应**

$\alpha$－氨基酸都能与水合茚三酮反应生成蓝紫色物质。该显色反应可用来鉴定 $\alpha$－氨基酸(N 取代的 $\alpha$－氨基酸及 $\beta$－氨基酸等都不发生该显色反应),也常用于 $\alpha$－氨基酸的比色测定和色层分析的显色。反应如下:

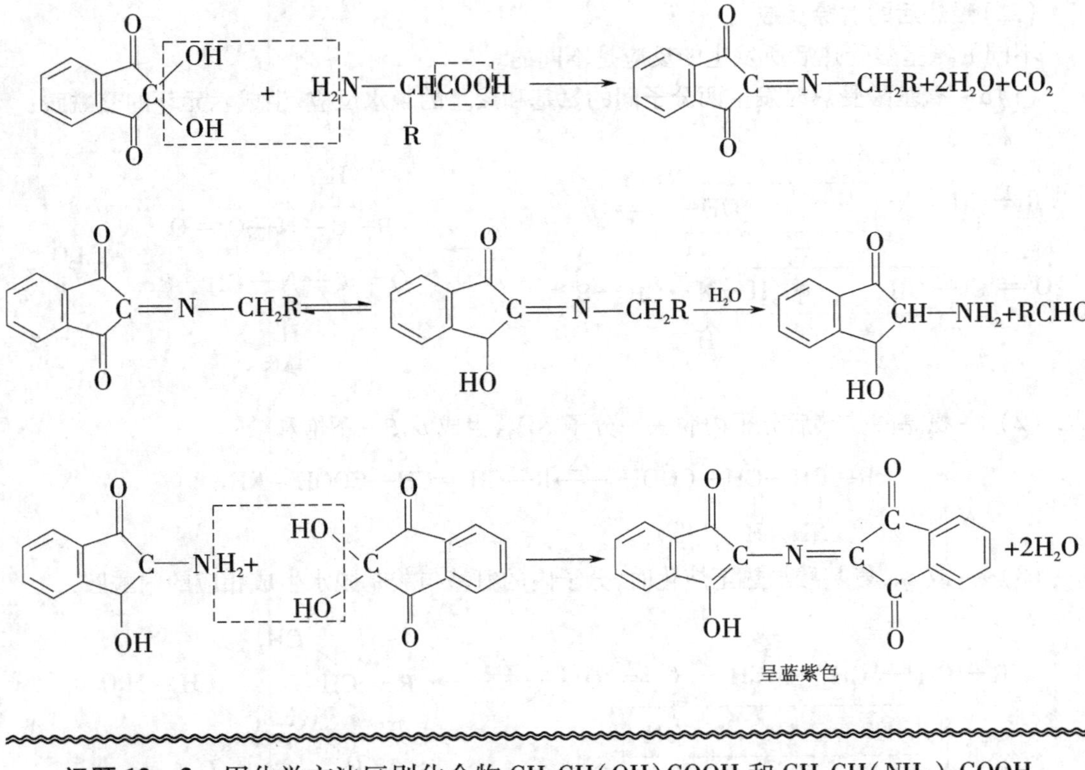

$$\text{水合茚三酮} + H_2N-\underset{R}{CH}COOH \longrightarrow \text{茚三酮}C=N-CH_2R + 2H_2O + CO_2$$

$$\text{茚三酮}C=N-CH_2R \rightleftharpoons \text{茚酮(HO)}C=N-CH_2R \xrightarrow{H_2O} \text{茚酮(HO)}CH-NH_2 + RCHO$$

$$\text{茚酮(HO)}C-NH_2 + \text{水合茚三酮} \longrightarrow \text{茚酮(OH)}C-N=C\text{茚二酮} + 2H_2O$$

呈蓝紫色

**问题 12－3** 用化学方法区别化合物 $CH_3CH(OH)COOH$ 和 $CH_3CH(NH_2)COOH$。

**(四)与亚硝酸的反应**

氨基酸与 $HNO_2$ 作用,生成羟基酸,同时放出 $N_2$,反应迅速且定量完成。

$$R-CH_2-\underset{\displaystyle NH_2}{\underset{|}{CH}}-COOH + HNO_2 \longrightarrow R-CH_2-\underset{\displaystyle OH}{\underset{|}{CH}}-COOH + N_2 + H_2O$$

根据所放出 $N_2$ 的体积,可以计算出试样中氨基酸的含量,这个方法叫范斯莱克法。

# 第四节 肽

## 一、肽的结构和命名

**(一)肽的结构**

一个 α-氨基酸分子中的氨基可与另一个 α-氨基酸分子中的羧基发生缩合反应,失去一分子水,生成的以酰胺键连接的化合物叫肽,形成的酰胺键(—CONH—)又叫肽键。

一般肽中含有的氨基酸的数目为 2~9,根据肽中氨基酸数量的不同,肽有多种不同的称呼,由 2 个氨基酸分子脱水缩合而成的化合物叫作二肽,同理类推还有三肽、四肽、五肽等,一直到九肽。

$$NH_2-\underset{\displaystyle R'}{\underset{|}{CH}}-CONH-\underset{\displaystyle R}{\underset{|}{CH}}-COOH$$

二肽

$$NH_2-\underset{\displaystyle R'}{\underset{|}{CH}}-CONH-\underset{\displaystyle R''}{\underset{|}{CH}}-CONH-\underset{\displaystyle R}{\underset{|}{CH}}-COOH$$

三肽

通常由 10~100 个氨基酸分子脱水缩合而成的化合物叫多肽,其分子量低于 10 000 Da (Dalton,道尔顿),能透过半透膜,不被三氯乙酸及硫酸铵所沉淀。也有文献把由 2~10 个氨基酸组成的肽称为寡肽(小分子肽);由 10~50 个氨基酸组成的肽称为多肽;由 50 个以上的氨基酸组成的肽称为蛋白质。换言之,蛋白质有时也被称为多肽。

多肽简称为肽,是 20 世纪被发现的。多肽有生物活性多肽和人工合成多肽两种。从生物中提取的多肽具有很强的活性,所以叫作活性肽。人工合成的多肽有很多是没有活性的,需要筛选,只有活性肽才能被人体安全使用。

由氨基酸连接而成的肽链的一端具有游离的氨基,称为 N 端;链的另一端有游离的羧基,称作 C 端。一般 N 端写在左边,C 端写在右边。

$$\text{N端}\quad NH_2-\underset{\displaystyle R'}{\underset{|}{CH}}-CONH-\underset{\displaystyle R''}{\underset{|}{CH}}-CO-\cdots\cdots-NH-\underset{\displaystyle R}{\underset{|}{CH}}-COOH\quad \text{C端}$$

多肽

**(二)肽的命名**

多肽的命名是以含 C 端的氨基酸为母体,把肽链中其他氨基酸中的酸字改为酰字,按链中的排列顺序写在母体名称之前。例如:

$$\text{N端}\quad NH_2-\underset{\displaystyle CH_3}{\underset{|}{CH}}-CONH-\underset{\displaystyle CH_2-C_6H_4-OH}{\underset{|}{CH}}-CONH-CH_2-COOH\quad \text{C端}$$

丙氨酰酪氨酰甘氨酸或丙-酪-甘(Ala-Tyr-Gly)

**问题 12-4** 写出下列多肽的构造式。

(1)丙-缬-甘-谷　　(2)Ala-His-Phe-Val

## 二、多肽链的测定

端基分析法就是选用适当的分析方法，确定多肽链的两端，即 N 端和 C 端，是哪两种氨基酸。

### (一)N 末端测定

1. 二硝基氟苯法(FDNB 法)

1945 年，桑格(Sanger)提出此方法，这是他的重要贡献之一。DNP-氨基酸用有机溶剂抽提后，通过层析位置可鉴定它是何种氨基酸。桑格用此方法测定出胰岛素的 N 末端分别为甘氨酸及苯丙氨酸。

2. 氰酸盐法

1963 年斯坦克(Stank)及斯迈斯(Smyth)介绍了一种测定 N 末端的新方法：氰酸盐法。

由于乙内酰脲氨基酸不带电荷，因此可用离子交换层析法将它与游离氨基酸分开，分离所得的乙内酰脲氨基酸再被盐酸水解，重新生成游离的氨基酸，鉴别此氨基酸即可了解 N 末端是何种氨基酸。

$$\text{R—CH—CO(—NH—C(=O)—NH—)} \xrightarrow{6\ \text{mol/L盐酸}} NH_2CH(R)COOH + NH_3 + CO_2$$

3. 二甲基氨基萘磺酰氯法

1956 年 Hartley 等报告了一种测定 N 末端的灵敏方法，采用二甲基氨基萘-5-磺酰氯，简称丹磺酰氯。它与游离氨基末端作用，方法类似于桑格的二硝基氟苯法，产物是磺酰胺衍生物。丹磺酰链酸具有强烈的黄色荧光。此法优点为灵敏性较高(比 FDNB 法提高 100 倍)，丹磺酰氨基酸稳定性较 DNP-氨基酸高，可用纸电泳或聚酰胺薄膜层析鉴定。

### (二)C 末端分析

1. 肼解法

这是测定 C 末端最常用的方法。将多肽溶于无水肼中，在 100 ℃下进行反应，结果羧基末端氨基酸以游离氨基酸状释放，而其余肽链部分与肼生成氨基酸肼。

这样可以采用抽提或离子交换层析的方法将羧基末端氨基酸分出而进行分析。如果羧基末端氨基酸侧链带有酰胺(如门冬酰胺和谷氨酰胺)，则肼解时不能产生游离的羧基末端氨基酸。此外肼解时注意避免任何少量的水解，以免释出的氨基酸混淆末端分析。

2. 羧肽酶水解法

羧肽酶可以专一性地水解羧基末端氨基酸。根据酶解的专一性不同，可区分为羧肽酶 A、B 和 C。应用羧肽酶测定末端时，需要事先进行酶的动力学实验，以便选择合适的酶浓度及反应时间,使释放出的氨基酸主要是C末端氨基酸。

## 第五节 蛋白质

蛋白质是由多种 $\alpha$－氨基酸组成的一类天然高分子化合物,分子量一般由一万左右到几百万,有的分子量甚至可达几千万。蛋白质是结构复杂的多肽,是一类含氮高分子化合物,是生物体内组成细胞的基础物质。

### 一、蛋白质的组成

蛋白质是由C(碳)、H(氢)、O(氧)、N(氮)组成的,一般蛋白质可能还会含有P(磷)、S(硫)、Fe(铁)、Zn(锌)、Cu(铜)、B(硼)、Mn(锰)、I(碘)、Mo(钼)等。这些元素在蛋白质中的组成百分比为:碳50%～55%、氢6%～7%、氧19%～24%、氮15%～17%、硫0～0.4%,其他微量。

各种蛋白质的含氮量很接近,平均为16%,即每克氮相当于6.25 g蛋白质,生物体中的氮元素绝大部分都是以蛋白质形式存在的,因此,常用定氮法测出农副产品样品的含氮量,然后计算成蛋白质的近似含量,称为粗蛋白含量。

$$W_{粗蛋白} = W_{氮} \times 6.25$$

### 二、蛋白质的性质

#### (一)两性与等电点

蛋白质是由 $\alpha$－氨基酸通过肽键构成的高分子化合物,在蛋白质分子中存在着氨基和羧基,因此跟氨基酸相似,蛋白质也是两性物质。某一蛋白质在一定pH时,净电荷为零,在电场中,既不向阳极移动,也不向阴极移动,这时溶液的pH值就是蛋白质的等电点。

蛋白质在酸、碱或酶的作用下发生水解反应,经过多肽,最后得到多种 $\alpha$－氨基酸。

#### (二)盐析

少量的盐(如硫酸铵、硫酸钠等)能促进蛋白质的溶解,如向蛋白质水溶液中加入浓的无机盐溶液,可使蛋白质的溶解度降低,而从溶液中析出,这种作用叫作盐析。

这样盐析出的蛋白质仍旧可以溶解在水中,而不影响原来蛋白质的性质,因此盐析是个可逆过程。利用这个性质,采用盐析的方法可以分离提纯蛋白质。

#### (三)变性

在热、酸、碱、重金属盐、紫外线等作用下,蛋白质会发生性质上的改变而凝结起来。这种凝结是不可逆的,不能再使它们恢复成原来的蛋白质,蛋白质的这种变化叫作变性。

蛋白质变性后,就失去了原有的可溶性,也就失去了它们生理上的作用。因此蛋白质的变性凝固是个不可逆过程。

造成蛋白质变性的原因有物理和化学因素。物理因素包括加热、加压、搅拌、振荡、紫外线照射、超声波等。化学因素包括强酸、强碱、重金属盐、三氯乙酸、乙醇、丙酮等。

#### (四)胶体的性质

蛋白质分子的直径在1～100 nm之间(胶粒范围内),因此其水溶液具有胶体性质。

蛋白质一般不能透过半透膜,而相对分子质量较小的有机化合物和无机盐则能透过半透膜。**可利用半透膜分离和提纯蛋白质,这种方法叫作透析。**人体的细胞膜都具有半透膜的性质,可使蛋白质分布在细胞外不同的部位,这对维持细胞内外水和电解质的平衡及调节各类物质的代谢都具有重要意义。

**（五）颜色反应**

蛋白质可以跟许多试剂发生颜色反应。例如在鸡蛋白溶液中滴入浓硝酸，则鸡蛋白溶液呈黄色。这是由于蛋白质（含苯环结构）与浓硝酸发生了颜色反应。还可以用双缩脲试剂对其进行检验，该试剂遇蛋白质变紫。

蛋白质在灼烧分解时，可以产生一种烧焦羽毛的特殊气味。利用这一性质可以鉴别蛋白质。

**问题 12－5** 根据蛋白质的性质，回答下列问题。

（1）为什么高温高压可以消毒？

（2）为什么铜、汞、铅等重金属盐对人畜有毒？

（3）血红蛋白具有缓冲作用，为什么？

## 三、蛋白质的结构

蛋白质是具有特定构象的大分子，为研究方便，将蛋白质结构分为四个结构水平，即一级结构、二级结构、三级结构和四级结构。

**（一）一级结构**

蛋白质的一级结构就是蛋白质多肽链中氨基酸的排列顺序，也是蛋白质最基本的结构。它是由基因上遗传密码的排列顺序所决定的。各种氨基酸按遗传密码的顺序，通过肽键连接起来，成为多肽链，故肽键是蛋白质结构中的主键。

迄今已有 1 000 种左右蛋白质的一级结构被研究确定，如胰岛素、胰核糖核酸酶、胰蛋白酶等。

**（二）二级结构**

蛋白质的一级结构决定了蛋白质的二级、三级等高级结构，成百亿的天然蛋白质各有其特殊的生物学活性。决定每一种蛋白质的生物学活性的结构特点，首先在于其肽链的氨基酸序列，由于组成蛋白质的 20 种氨基酸各具特殊的侧链，侧链基团的理化性质和空间排布各不相同，当它们按照不同的序列关系组合时，就可形成多种多样的空间结构和不同生物学活性的蛋白质分子。

蛋白质的二级结构是指多肽链骨架盘绕折叠所形成的有规律性的结构。最基本的二级结构类型有 $\alpha$－螺旋结构和 $\beta$－折叠结构，此外还有 $\beta$－转角和自由回转。$\alpha$－螺旋结构是在纤维蛋白和球蛋白中发现的最常见的二级结构，每圈螺旋含有 3.6 个氨基酸残基，螺距为 0.54 nm，螺旋中的每个肽键均参与氢键的形成以维持螺旋的稳定。$\beta$－折叠结构也是一种常见的二级结构，在此结构中，多肽链以较伸展的曲折形式存在，肽链（或肽段）的排列可以有平行和反平行两种方式。氨基酸之间的轴心距为 0.35 nm，相邻肽链之间借助氢键彼此连成片层结构。

**（三）三级结构**

蛋白质的三级结构就是在二级结构的基础上进一步盘绕，折叠形成的更复杂的结构，有的称此为“螺旋的螺旋”。形成三级结构的作用力有静电引力（盐键）、憎水基团间的亲和力、二硫键（—S—S—）以及氢键等，这些作用力比共价键弱得多，常称为次级键或副键。在扭曲折叠时,倾向于把亲水的极性基团暴露于表面,而疏水的非极性基团包在中间。球状蛋白质往往比纤维状蛋白质扭曲得更厉害。鲸肌红蛋白是一种球蛋白,其一级结构是由 153 个氨基酸组成的一条多肽链,其二级结构基本上是 α-螺旋体,此 α-螺旋体的肽链进一步扭曲形成近似球状的三级结构。如图 12-1 所示。

**图 12-1 鲸肌红蛋白的三级结构**

**(四)四级结构**

由一条或几条多肽链构成的蛋白质的最小单位常称为亚基,由几个亚基再借助于副键进一步相互结合形成特定的空间结构,这种结构称为蛋白质的四级结构。例如血红蛋白的四级结构就是由四个相当于肌红蛋白三级结构的亚基缔合而成的。如图 12-2 所示。

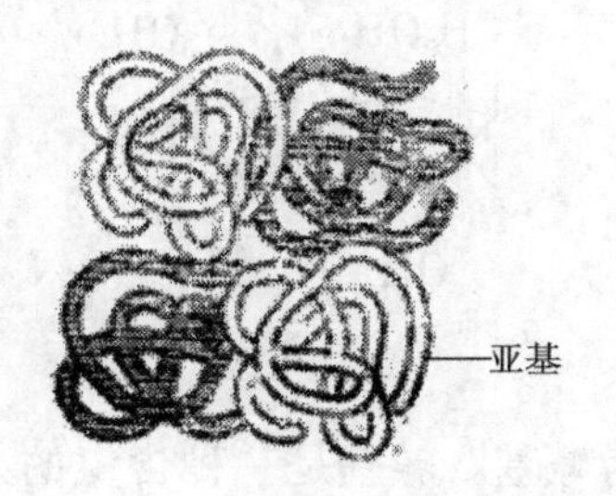


**图 12-2 血红蛋白的四级结构**

蛋白质的四级结构是指亚基的种类、数目及各个亚基在寡聚蛋白中的空间排布和亚基之间的相互作用。

一般将二级结构、三级结构和四级结构称为三维构象或高级结构。肽键是蛋白质中氨基酸之间的主要连接方式,即由一个氨基酸的 α-氨基和另一个氨基酸的 α-羧基之间脱去一分子水相互连接而成的。肽键具有部分双键的性质,所以整个肽单位是一个刚性的平面结构。多肽链的含有游离氨基的一端称为肽链的氨基端或 N 端,含有游离羧基的一端称为肽链的羧基端或 C 端。

## 第六节 核酸

核酸是由许多核苷酸聚合成的生物大分子化合物,为生命的最基本物质之一。核酸广泛存在于动物、植物、微生物体内。生物体内核酸常与蛋白质结合形成核蛋白。不同的核酸,其化学组成、核苷酸排列顺序等不同。根据化学组成不同,核酸可分为核糖核酸(简称RNA)和脱氧核糖核酸(简称 DNA)。DNA 是储存、复制和传递遗传信息的主要物质基础,RNA 在蛋白质合成过程中起着重要作用,其中转移核糖核酸(简称 tRNA)起着携带和转移活化氨基酸的作用;信使核糖核酸(简称 mRNA)是合成蛋白质的模板;核糖体的核糖核酸(简称 rRNA)是细胞合成蛋白质的主要场所。

## 一、核酸的组成

核酸是生物体内的高分子化合物,它包括脱氧核糖核酸和核糖核酸两大类。DNA 和 RNA 都是由一个一个核苷酸头尾相连而形成的,由 C、H、O、N、P 五种元素组成,个别核酸分子还含有硫元素。构成核酸的基本单位是核苷酸,核苷酸进一步水解生成磷酸、戊糖和碱基。

### (一)戊糖

戊糖包括核糖和脱氧核糖。

核糖是一种单糖,分子式为 $C_4H_9O_4CHO$。$D$-核糖和 $D$-2-脱氧核糖是核酸中的碳水化合物组分,以呋喃糖型广泛存在于植物和动物细胞中。$D$-核糖也是多种维生素、辅酶以及某些抗生素,如新霉素 A、B 和巴龙霉素的成分。核糖是核糖核酸分子的一个组成部分,是生命现象中非常重要的一种糖。

另一种重要的核糖是脱氧核糖,分子式为 $C_5H_{10}O_4$,是分子中氢原子数和氧原子数不符合2∶1的一种戊醛糖,它是脱氧核糖核酸(DNA)的重要组成部分。

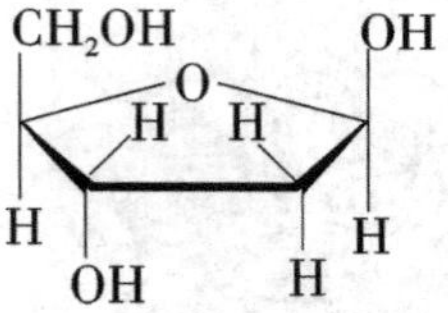

CH₂OH OH O H H H H OH H

### (二)碱基

核酸中所含的杂环碱常称为碱基。碱基是一种含氮的杂环化合物,它的母体是嘌呤和嘧啶,是嘌呤和嘧啶的衍生物。其中嘌呤衍生物有两种,即腺嘌呤和鸟嘌呤;嘧啶衍生物有三种,即胞嘧啶、尿嘧啶和胸腺嘧啶。构造式如下所示。

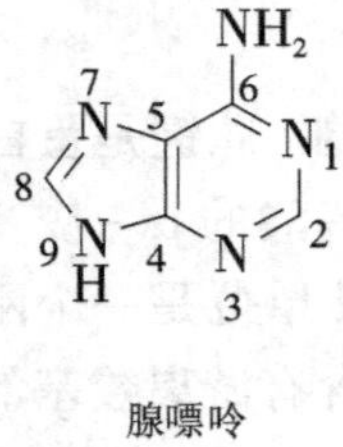

腺嘌呤 　　　　鸟嘌呤 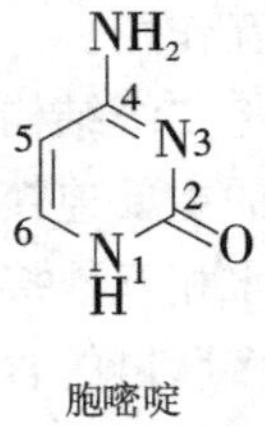　　　　胞嘧啶

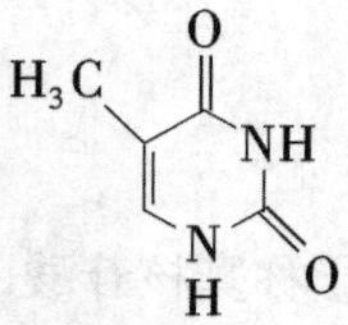

胸腺嘧啶 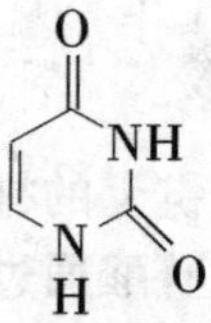　　　　尿嘧啶

## 二、核苷

在核酸和脱氧核酸中，核糖和脱氧核糖都形成五元环的呋喃糖的形式，在 3 位或 5 位的羟基和磷酸成酯。所有的碱基都以 $\beta$ – 苷键的形式在 1 位上结合，因此由以上组分形成的核苷和核酸具有下列结构，现举例说明：

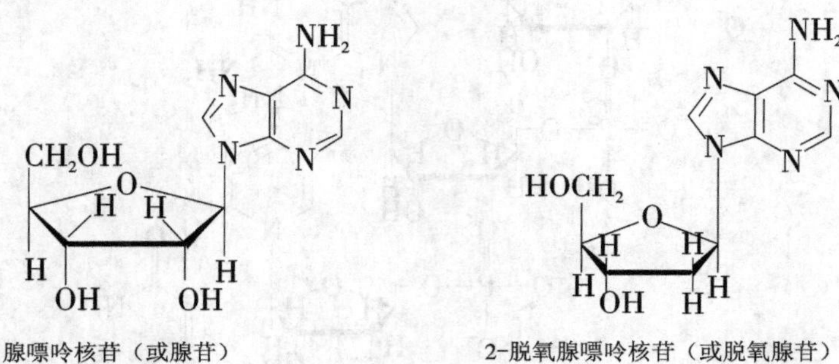

腺嘌呤核苷（或腺苷）　　　　2-脱氧腺嘌呤核苷（或脱氧腺苷）

## 三、核苷酸

核苷中的戊糖 5′碳原子上的羟基被磷酸酯化形成核苷酸。核苷酸分为核糖核苷酸与脱氧核糖核苷酸两大类。依磷酸基团的多少，有一磷酸核苷、二磷酸核苷、三磷酸核苷。核苷酸在体内除构成核酸外，尚有一些游离核苷酸参与物质代谢、能量代谢与代谢调节，如三磷酸腺苷（ATP）是体内重要的能量载体；三磷酸尿苷参与糖原的合成；三磷酸胞苷参与磷脂的合成；环腺苷酸（cAMP）和环鸟苷酸（cGMP）作为第二信使，在信号传递过程中起重要作用；核苷酸还参与某些生物活性物质的组成，如：烟酰胺腺嘌呤二核苷酸（$NAD^+$），烟酰胺腺嘌呤二核苷酸磷酸（$NADP^+$）和黄素腺嘌呤二核苷酸（FAD）。

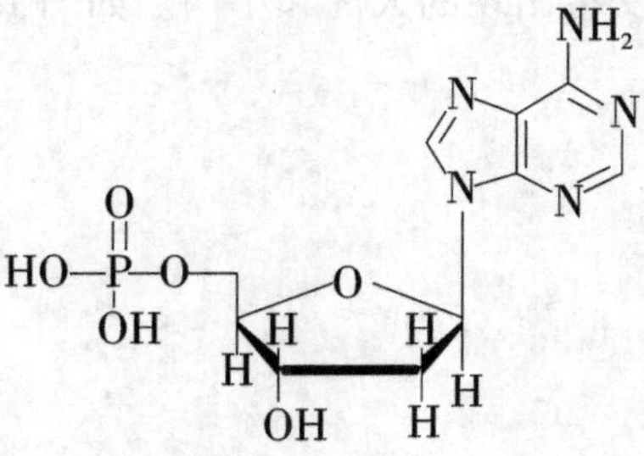

腺嘌呤脱氧核苷酸 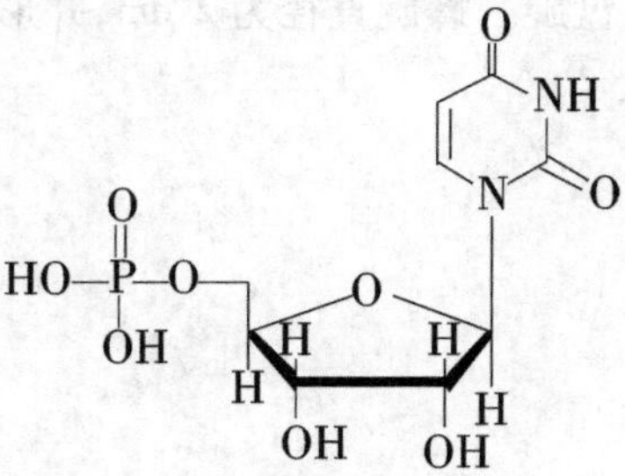　　　　尿嘧啶核苷酸

## 四、多聚核苷酸

核苷酸在核酸长链上的排列顺序称为碱基序列。

几个或十几个核苷酸通过磷酸二酯键连接而成的分子称寡核苷酸，由更多的核苷酸连接而成的聚合物就是多聚核苷酸。多聚核苷酸链的方向：5′→3′。

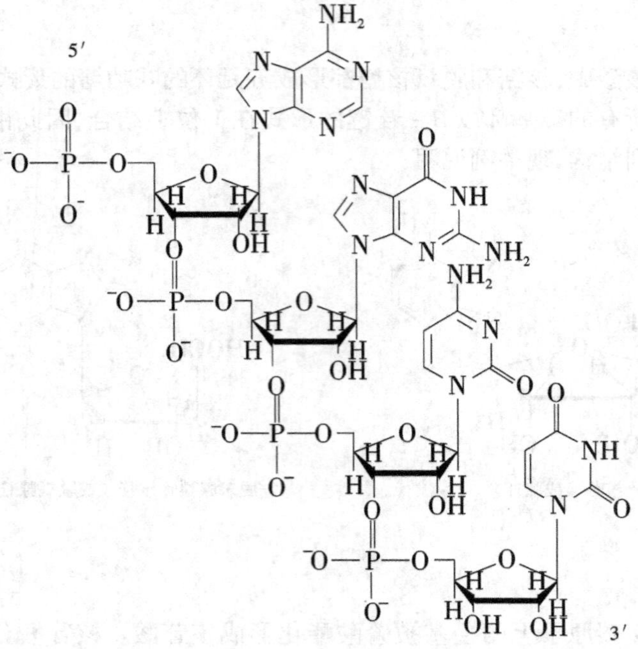

DNA 碱基组成规律为：

(1) A = T，G = C；

(2) 碱基组成有种属特异性；

(3) 碱基组成无组织或器官特异性；

(4) 碱基组成一般不受环境影响。

DNA 分子由两条以脱氧核糖 - 磷酸做骨架的双链组成，以右手螺旋的方式围绕同一公共轴有规律地盘旋。螺旋直径为 2 nm，并形成交替出现的大沟和小沟。如图 12 - 3 所示。

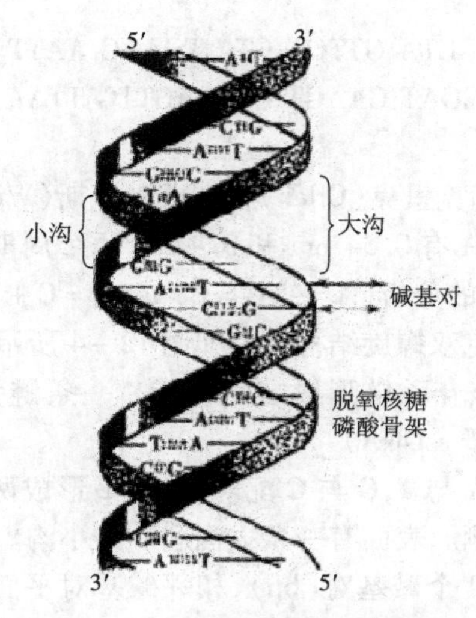


图 12－3　DNA 双螺旋结构模型

# 第七节*　核糖核酸和脱氧核糖核酸

## 一、DNA 和 RNA 的基本化学组成

DNA 和 RNA 的基本化学组成如表 12－3 所示。

表 12－3　DNA 和 RNA 的基本化学组成

| 类别 | DNA | RNA |
|---|---|---|
| 基本单位 | 脱氧核糖核苷酸 | 核糖核苷酸 |
| 核苷酸 | 腺嘌呤脱氧核苷酸<br>鸟嘌呤脱氧核苷酸<br>胞嘧啶脱氧核苷酸<br>胸腺嘧啶脱氧核苷酸 | 腺嘌呤核苷酸<br>鸟嘌呤核苷酸<br>胞嘧啶核苷酸<br>尿嘧啶核苷酸 |
| 碱基 | 腺嘌呤(A) 鸟嘌呤(G)<br>胞嘧啶(C) 胸腺嘧啶(T) | 腺嘌呤(A) 鸟嘌呤(G)<br>胞嘧啶(C) 尿嘧啶(U) |
| 五碳糖 | 脱氧核糖 | 核糖 |
| 酸 | 磷酸 | 磷酸 |

## 二、DNA 和 RNA 的结构

### (一) DNA 的一级结构

DNA 的一级结构是指核酸分子中各脱氧核苷酸的排列顺序，常被简单地认为是碱基序列(base sequence)。在核酸中各核苷酸单位以磷酸酯键相连接，连接的位置在3′位和5′位。碱基序有严格的方向性和多样性，一般将5′磷酸端作为多核苷酸链的“头”，写在左侧。

在 DNA 的一级结构中，有一种回文结构的特殊序列，所谓回文结构即 DNA 互补链上一段反向重复顺序，正读和反读意义相同，经反折可形成“十字形”结构，在转录成 RNA 后可形成“发夹”样结构，有调控意义。

→ GCTA GTTCA CTC TGAAC AATT →

← CGAT CAAGT GAG ACTTG TTAA ←

**（二）DNA 的二级结构**

1953 年，华森（Watson）和克里克（Crick）根据威尔金斯（Wilkins）和富兰克林（Franklin）拍摄的 DNA X 射线照片（DNA 有 0.34 nm 和 3.4 nm 两个周期性变化）以及查加夫（Chargaff）等人对 DNA 的碱基组成的分析（A = T，G = C，A + G = C + T），推测出 DNA 由两条相互缠绕的链形成。华森 - 克里克双螺旋结构模型如图 12 - 4 所示。

（1）两条反向平行的多核苷酸链形成右手螺旋。一条链为 5′→3′，另一条为 3′→5′。（某些病毒的 DNA 是单链分子 ssDNA）

（2）碱基在双螺旋内侧，A 与 T，G 与 C 配对，A 与 T 形成两个氢键，G 与 C 形成三个氢键。糖基 - 磷酸基骨架在外侧。表面有一条大沟和一条小沟。

（3）螺距为 3.4 nm，含 10 个碱基对（bp），相邻碱基对平面间的距离为 0.34 nm。螺旋直径为 2 nm。

氢键维持双螺旋的横向稳定。碱基对平面几乎垂直于螺旋轴，碱基对平面间的疏水堆积力维持螺旋的纵向稳定。

（4）碱基在一条链上的排列顺序不受限制。遗传信息由碱基序列所携带。

（5）DNA 构象有多态性。

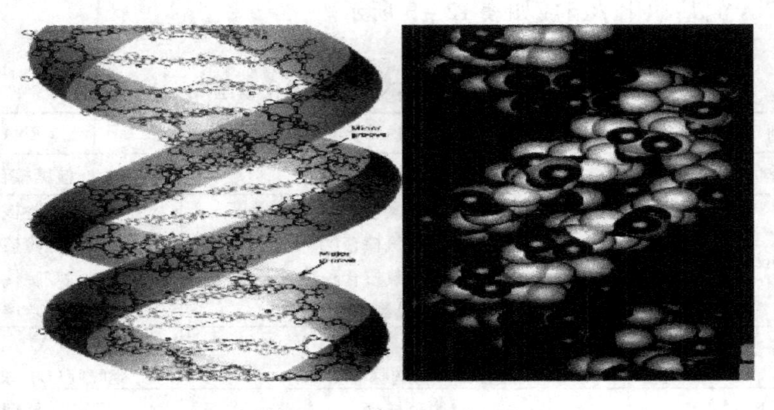

**图 12 - 4　DNA 双螺旋结构**

**（三）RNA 的结构**

绝大部分 RNA 分子都是线状单链，但是 RNA 分子的某些区域可自身回折进行碱基互补配对，形成局部双螺旋。在 RNA 局部双螺旋中 A 与 U 配对、G 与 C 配对，除此以外，还存在非标准配对，如 G 与 U 配对。RNA 分子中的双螺旋与 A 型 DNA 双螺旋相似，而非互补区则膨胀形成凸出（bulge）或者环（loop），这种短的双螺旋区域和环称为发夹结构（hairpin）。发夹结构是 RNA 中最普通的二级结构形式，二级结构进一步折叠形成三级结构，RNA 只有在具有三级结构时才能成为有活性的分子。RNA 也能与蛋白质形成核蛋白复合物，RNA 的四级结构是 RNA 与蛋白质的相互作用。

tRNA 二级结构：tRNA 的三叶草结构如图 12 - 5 所示。

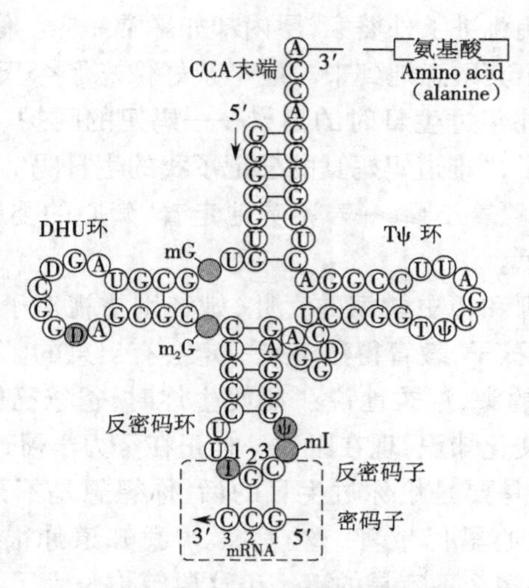


**图 12－5　tRNA 的三叶草结构**

tRNA 二级结构为三叶草形(见图 12－5)。配对碱形基形成局部双螺旋而构成臂,不配对的单链部分则形成环。三叶草形结构由 4 臂 4 环组成。氨基酸臂由 7 对碱基组成,双螺旋区的 3′末端为一个 4 个碱基的单链区—NCCA—OH 3′,腺苷酸残基的羟基可与氨基酸的 $\alpha$－羧基结合而携带氨基酸。二氢尿嘧啶环以含有 2 个稀有碱基二氢尿嘧啶(DHU)而得名,不同 tRNA 大小并不恒定,在 8～14 个碱基之间变动,二氢尿嘧啶臂一般由 3～4 对碱基组成。反密码环由 7 个碱基组成,大小相对恒定,其中 3 个核苷酸组成反密码子(anticodon),在蛋白质生物合成时,可与 mRNA 上相应的密码子配对。反密码臂由 5 对碱基组成。额外环在不同 tRNA 分子中变化较大,可在 4～21 个碱基之间变对,又称为可变环,其大小往往是 tRNA 分类的重要指标。TψC 环含有 7 个碱基,大小相对恒定,几乎所有的 tRNA 在此环中都含 TψC 序列,TψC 臂由 5 对碱基组成。

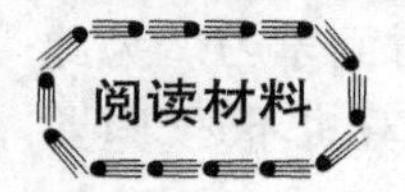


## 阿道夫·冯·拜耳

阿道夫·冯·拜耳(Adolf von Baeyer,1835—1917),德国有机化学家。由于合成靛蓝,对有机染料和芳香族化合物的研究做出重要贡献,获得 1905 年诺贝尔化学奖。

1835 年 10 月 31 日,当东方刚刚透射出一道微弱的晨曦时,从柏林的约翰·佐柯白中将的家中突然传出一阵阵婴儿啼泣的声音。约翰望着这个刚诞生的小生命,脸上露出了欣慰的笑容。这个婴儿名叫阿道夫·冯·拜耳,他后来成为世界著名的有机化学家。现代三大基本染素靛青、天蓝、绯红的分子结构,就是拜耳发现的。

1845 年秋天,柏林城秋高气爽,小拜耳的心情就像这天气一样晴朗。他盼望着 10 月 31 日的到来,这是他 10 岁的生日。拜耳已经是一个大孩子了,他琢磨着父母一定会好好地给他庆祝一番的。时间一天天地过去了,可是什么动静也没有。30 日晚上,拜耳倚在窗前,心里默念着:“明天、明天快来吧,爸爸妈妈一定会给我一个惊喜的。”

10 月 31 日这一天终于来了,母亲竟好像没事人儿一样,领他到外婆家去了。小拜耳心想:“也许精彩的节目在外婆家呢。”

满心欢喜的拜耳蹦蹦跳跳进了外婆家,屋内却如平常一样。他有些失望,但还是每时每刻都在想象着生日活动会出其不意地到来。但母亲好像忘了今天是他的生日,一句有关过生日的话都没有说。想起往年过生日时的情景——妈妈的呵护、爸爸的祝福、精美的礼品……小拜耳难过得快要哭了,“难道妈妈真的忘记了我的生日吗?”

晚上回家的路上,拜耳噘着小嘴,一声不吭地走着,满心的委屈又不便直说出来。细心的母亲早就看出了他的心思。

拜耳的母亲是著名律师和历史学家的女儿,她特别重视对子女的教育;她爱自己的儿子,深知拜耳是一个聪明的孩子,教育得法将来一定会有出息的。

母亲慈爱地摸摸拜耳的头,温柔地说:“妈妈生你时,爸爸已经41岁了,还是一个大老粗。但他不甘心自己没有文化知识,现在跟你一样正在努力学习,明天就要参加考试了。妈妈当然记得你的生日了,可是要是给你过生日的话,你想想是不是要耽误爸爸的学习呀?”拜耳似懂非懂地点了点头,心里仍带着一丝遗憾。“我知道你很想过生日。”母亲接着说,“但年纪大了再学习是一件多么不容易的事……这要等你长大了才会知道。爸爸小时候没有像你一样的学习机会,现在才开始学习,虽说晚了一点,但是只要坚持下去就一定会取得成果的。我们支持爸爸学习,他会非常高兴的,爸爸会更爱你的。这不也是很好的生日礼物吗?”

母子俩走着、说着,小拜耳的眉头渐渐地舒展开了。他爱学习,也爱爸爸,尽管没有生日礼物,他也幸福地笑了。母亲又趁机教育他:“你现在正是学习的大好时候,你一定要努力,长大了才可以为社会做更多的事情,才会成为一个有本领的人。”

母亲的一番话说得拜耳心里热乎乎的,爸爸已经50多岁了,还在努力学习,他那有些发白的头发和灯下看书的专注神情不时浮现在拜耳眼前。父亲就是他学习的榜样。

从此拜耳更加勤奋地读书。10岁生日当晚回家路上,母亲所说的话对他一生都产生了深刻的影响。后来他回忆道:“这是母亲送给我10岁生日的最丰厚的礼品。”

拜耳的父亲约翰·佐柯白曾长期在普鲁士军队中服务,官至总参谋部陆军中将。他虽然出身行伍,却对科学技术的发展非常感兴趣,但是日常工作很繁忙,没有时间学习。为此他非常苦恼,经常向一位牧师诉说自己的心愿。牧师劝他退休后再作学习打算也不迟,只要坚持必能有一技之长。

拜耳的父亲牢记牧师之言,50岁时开始从师学习地质学。周围的人对他冷嘲热讽,他全然不顾。拜耳的母亲深知丈夫的心志,全力支持他学习。通过多年学习,拜耳的父亲成了专家,76岁时竟出任柏林地质研究院院长。父亲的刻苦勤奋为拜耳树立了极好的榜样,也使幼年的拜耳受到了影响。

父亲不仅学习努力,而且谦虚尊师,这种品德也深深地影响着拜耳的成长。那一年拜耳还在上大学,他与父亲随便谈起凯库勒教授。凯库勒那时已经是德国有机化学的权威了。年轻气盛的拜耳随口对父亲说:“凯库勒吗?只比我大6岁……”父亲立刻摆手打断了他的话,狠狠地瞪了他一眼,问道:“难道学问是与年龄成正比的吗?大6岁怎么样,难道就不值得学习吗?我学地质时,几乎没有几个老师比我大,老师的年龄比我小30岁都有,难道就不要学了?”

此事对拜耳的震动很大,教育极深,后来他常对人讲:“父亲一向是我的榜样,他给我的教育很多,最深刻的算是这一次了。”

拜耳敬重父母，不仅是因为父母经常纠正他的错误、关心他的成长，更重要的是父母的言行给了他最好的教育。每当学习、研究遇到困难的时候，他的脑海就会浮现出戴着老花眼镜的父亲在灯下伏案学习的情景。一个五六十岁的老人竟有从头开始学习的信心和毅力，而年纪轻轻的他难道还有什么不能克服的困难吗？

拜耳没有辜负父母的期望，他先在柏林大学学习了两年物理和数学。因在陆军部队中服兵役一年，学业间断。1856 年，他发表的科学论文《有机化合物凝结作用综合研究》，受到专家们的一致赞赏，同年他获得柏林大学博士学位，当时年仅 23 岁。1858 年先后师从本生和凯库勒学习化学。本生和凯库勒都是德国当时著名的化学家，本生发明了发射光谱仪，并发现了铷、铯两种新金属；而凯库勒则在睡梦中悟出了苯环的结构。在两位名师的指导下，拜耳的学业有了很大的进展。

4 年之后，他被皇家学会推选出任欧洲规模最大的柏林国家化验所的主任。拜耳一个个奇迹般的研究成果，引起了普鲁士国王腓德烈·威廉四世的浓厚兴趣，特地邀请拜耳到皇宫去做客。当国王见到这位科学家时，不禁大吃一惊："没想到，这位誉满全欧的大学者，原来是个小青年。"

37 岁时，他出任斯特拉斯堡大学教授，享誉欧洲，慕名求教者不绝于途。

当时在斯特拉斯堡大学出现了建校 307 年中最年轻的博士埃米尔·费歇尔，他认为拜耳无论在学问上还是在人品上均可为人师，于是他谢绝了不少大学聘任他为教授的聘书，甘心跟随拜耳做一名助教。在拜耳的精心指导下，通过几年的学习和研究工作，费歇尔在有机化学方面的研究水平渐渐地超过了老师拜耳。这一点拜耳是最清楚不过的了。经过认真思考，拜耳觉得，学生超过老师，说明师生都尽了力，应该给费歇尔找一个更有利于发展的地方。

1882 年夏日的一天，拜耳把费歇尔请到了自己的办公室。拜耳说："费歇尔，这几年你在我这里干得不错，在有机化学方面的研究已经超过我了。再干下去不会有更多的收获，还是换一个地方吧。"

费歇尔从来没有想过要离开老师，他有点着急："不，我不想离开您，老师。没有您，我不会有今天的成绩。……"

拜耳没有让费歇尔说下去："就这样定了吧，我推荐你去下厄南津大学任教，换一个环境会使你增长才干。"

拜耳没有看错，费歇尔的确才能出众，1902 年他荣获了诺贝尔化学奖。3 年之后，拜耳也获得了诺贝尔化学奖。

拜耳就是这样一个谦虚、诚恳的人。除了费歇尔之外，拜耳还培养了许多优秀人才，其中一些人也获得了诺贝尔奖，如他的学生维兰德(1927 年诺贝尔化学奖得主)。

特别有趣的是，费歇尔的学生瓦尔堡获 1931 年诺贝尔生理学或医学奖，瓦尔堡的学生克雷希斯又获得 1953 年的诺贝尔生理学或医学奖。可见，拜耳品格和治学方法就像遗传基因一样被传下去了。

拜耳毕生从事有机化学方面的科学研究，尤其在有机染料、芳香剂、合成靛蓝和含砷物的研究方面，取得了卓越的成就。他第一个研究和分析了靛青、天蓝、绯红三种现代基本染素的性质与分子结构，创建了第一流的新型化学实验室，建立了著名的拜耳碳环种族理论。他研究和合成了多种染料与芳香剂，使世界上的妇女们能打扮得比以往更漂亮、更动人。当我们今天置身于那色彩斑斓的纺织品世界和香气扑鼻的化妆品世界时，怎么能忘记这位为美化人类生活而辛劳一生的科学家呢？

拜耳的研究成果，使世界上建起了无数个化工厂。从此，世界有机化学工业进入了一个新的发展阶段。晚年，拜耳仍孜孜不倦地致力于科学研究工作，直至82岁逝世。

## 习　题

### 一、选择题

1. 下列对蛋白质的叙述中错误的是(　　)。

A. 组成蛋白质的氨基酸都是 $\alpha$ －氨基酸

B. 蛋白质是两性化合物

C. 蛋白质变性后不能再溶于水

D. 蛋白质盐析后不能再溶于水

2. 下列因素不会引起蛋白质变性的是(　　)。

A. 酒精　　B. 氯化钡　　C. 硫酸铵　　D. 紫外线

3. 氨基酸相互结合成肽的主要化学键是(　　)。

A. 肽键　　B. 氢键　　C. 离子键　　D. 苷键

4. 下列化合物中酸性最强的是(　　)。

A. 丙酸　　B. 苯酚　　C. 甘氨酸　　D. 乳酸

5. 下列物质中，不能水解的是(　　)。

A. 油脂　　B. 蛋白质　　C. 蔗糖　　D. 葡萄糖

6. 味精的主要成分是(　　)。

A. 酪氨酸钠　　B. 脯氨酸钠　　C. 谷氨酸钠　　D. 天冬氨酸钠

7. 某氨基酸溶液在电场作用下不发生迁移，这时溶液的 pH 值叫(　　)。

A. 等当点　　B. 中和点　　C. 低共熔点　　D. 等电点

8. 非必需氨基酸是指(　　)。

A. 在组成蛋白质结构中可有可无　　B. 在蛋白质体现功能时是不必要的

C. 在营养中是无用的　　D. 在营养中是不必依赖外源的

9. 人类必需的氨基酸共有(　　)种。

A. 4　　B. 6　　C. 8　　D. 10

10. 下列氨基酸中，属于必需氨基酸的是(　　)。

A. 酪氨酸　　B. 蛋氨酸　　C. 谷氨酸　　D. 精氨酸

11. 某氨基酸在 pH = 5 的溶液中主要以正离子的形式存在，则该氨基酸的等电点为(　　)。

A. $pI = 5$　　B. $pI > 5$　　C. $pI < 5$　　D. $pI \geqslant 5$

12. 谷氨酸的($pI = 3.22$)在 pH = 2.00 的溶液中，主要存在形式为(　　)

A. 正离子　　B. 负离子　　C. 两性离子　　D. 中性离子

## 二、填空题

1. 氨基酸分子中含有酸性的______基和碱性的____基，是________化合物。等电点是指__________。

2. 组成蛋白质的基本单位是____________。

3. 氨基酸是一类分子中既含有______基又含有______基的化合物，根据分子中烃基的结构不同，氨基酸可分为________、_________和______。根据分子中______基和____基的数目不同，氨基酸又可分为中性氨基酸、______氨基酸和______氨基酸。

4. 将氨基酸水溶液的 pH 调到某一特定数值，使其____电离程度和____电离程度相等，则氨基酸几乎全部以____形式存在，整个氨基酸分子是______性的，在电场中不向任何一极移动，此时溶液的 pH 称为氨基酸的______，常用______表示。

## 三、简答题

1. 解释下列名词。

(1) $\alpha$－氨基酸　(2) 等电点　(3) 蛋白质变性　(4) 核苷

2. 写出下列化合物的结构式。

(1) 谷－胱－甘肽　(2) 腺苷　(3) 胸腺苷－5－磷酸

3. 如何分离亮氨酸与赖氨酸？

4. DNA 和 RNA 在结构上有什么区别？

5. 鉴别蛋白质、$\alpha$－氨基酸、水杨酸。

# 参考文献

[1] 高占龙. 有机化学[M]. 2 版. 北京:高等教育出版社,2007.
[2] 曾绍琼. 有机化学[M]. 4 版. 北京:高等教育出版社,2003.
[3] 初玉霞. 有机化学[M]. 3 版. 北京:化学工业出版社,2013.
[4] 杨红. 有机化学[M]. 3 版. 北京:中国农业出版社,2012.
[5] 叶孟兆. 有机化学[M]. 北京:中国农业出版社,2000.
[6] 谷亨杰,吴泳,丁金昌. 有机化学[M]. 2 版. 北京:高等教育出版社,2007.
[7] 徐寿昌. 有机化学[M]. 2 版. 北京:高等教育出版社,1993.
[8] 高鸿宾. 有机化学[M]. 4 版. 北京:高等教育出版社,2005.
[9] 汪秋安. 高等有机化学[M]. 3 版. 北京:化学工业出版社,2015.
[10] 李文忠. 有机化学[M]. 上海:上海交通大学出版社,1997.
[11] 傅建熙. 有机化学[M]. 2 版. 北京:高等教育出版社,2009.
[12] 钱旭红. 有机化学[M]. 3 版. 北京:化学工业出版社,2014.
[13] 张明哲. 有机化学命名浅谈[M]. 北京:化学工业出版社,1991.
[14] 戴大模. 实用化学基础[M]. 上海:华东师大出版社,2000.